12 × 12 Schlüsselkonzepte zur Mathematik

Oliver Deiser · Caroline Lasser ·
Elmar Vogt · Dirk Werner

12 × 12 Schlüsselkonzepte zur Mathematik

2. Auflage

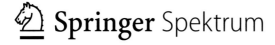

Oliver Deiser
München, Deutschland

Caroline Lasser
Lehrstuhl für Numerische Mathematik
Technische Universität München
Garching, Deutschland

Elmar Vogt
Institut für Mathematik
Freie Universität Berlin Fachbereich Mathematik und Informatik
Berlin, Deutschland

Dirk Werner
Freie Universität Berlin Fachbereich Mathematik und Informatik
Berlin, Deutschland

ISBN 978-3-662-47076-3   ISBN 978-3-662-47077-0 (eBook)
DOI 10.1007/978-3-662-47077-0

Die Deutsche Nationalbibliothek verzeichnet diese Publikation in der Deutschen Nationalbibliografie; detaillierte bibliografische Daten sind im Internet über http://dnb.d-nb.de abrufbar.

Springer Spektrum
© Springer-Verlag Berlin Heidelberg 2011, 2016

Planung: Dr. Andreas Rüdinger

Gedruckt auf säurefreiem und chlorfrei gebleichtem Papier.

Springer Berlin Heidelberg ist Teil der Fachverlagsgruppe Springer Science+Business Media
(www.springer.com)

Vorwort zur 2. Auflage

In der 2. Auflage haben wir die uns bekannt gewordenen Tippfehler korrigiert und Unstimmigkeiten bereinigt. Wir danken allen Leserinnen und Lesern, die uns über kleinere und größere Fehler informiert haben, und wir möchten Sie auch weiterhin bitten, uns Ihre Kommentare zu schicken!

Ferner haben wir jedes Kapitel um einen Abschnitt mit Literaturhinweisen ergänzt, die zum Weiterlesen anregen sollen. Natürlich handelt es sich nicht um eine erschöpfende Bibliographie, was ja bei der Fülle der existierenden und rasant wachsenden Lehrbuchliteratur auch gar nicht möglich wäre.

Berlin und München, im April 2015
Oliver Deiser, Caroline Lasser
Elmar Vogt, Dirk Werner

Vorwort

Das Ziel des vorliegenden Buches ist, wichtige mathematische Begriffsbildungen, Methoden, Ideen und Resultate zu sammeln, anzuordnen und in je etwa zwei Seiten lesbar und informativ darzustellen. Die Darstellung ist informell und sorgt sich nicht – wie bei einer mathematischen Monographie – allzu sehr um systematische und hierarchische Aspekte, will aber die die Mathematik kennzeichnende Genauigkeit nicht preisgeben.

Die Leserinnen und Leser, die wir in erster Linie im Blick haben, sind Studierende der Mathematik, die neben den Vorlesungsskripten und den zugehörigen Lehrbüchern gerne einen Text zur Hand haben möchten, der zwischen Lexikon und Lehrbuch einzuordnen ist und Überblick, Hilfestellung und Orientierung bietet, einen Text, der sich zur Wiederholung zentraler Konzepte der mathematischen Grundvorlesungen ebenso eignet wie zur Gewinnung erster Einblicke in noch unbekannte Teilgebiete der Mathematik.

Was das Buch nicht kann und will, ist einen vollständigen Katalog der Schlüsselkonzepte der Mathematik zu geben. Die Auswahl der Begriffe ist subjektiv, und auch ihre Darstellung ist von unseren wissenschaftlichen Erfahrungen bestimmt, die keinen Anspruch auf Allgemeingültigkeit erheben. Auf der anderen Seite haben wir natürlich versucht, unsere Auswahl am Lernenden zu orientieren, der das gewaltige Wissensgebäude der modernen Mathematik betritt. Was ihm dort fast sicher begegnet, sollte reichlich vorhanden sein, zusammen mit einigen Ausblicken, die ihn auf etwas hinweisen, das ihn vielleicht einmal besonders fesseln und beschäftigen wird.

Das Buch ist in zwölf Kapitel unterteilt und jedes Kapitel in zwölf Unterkapitel, die wir in Querverweisen als Abschnitte bezeichnen. Diese Einteilung dient der Organisation und damit der Lesbarkeit des Buches. Sie soll keineswegs andeuten, dass die Mathematik in zwölf Disziplinen so zerfallen würde wie Gallien in drei Teile. Das Bedürfnis nach Ordnung und Symmetrie ist ein menschliches, und die Leserinnen und Leser sind explizit dazu aufgerufen, Linien nicht als Gräben zu verstehen und sie kritisch zu hinterfragen.

Das Kap. 1 beschäftigt sich mit der mathematischen Methode und den überall verwendeten sprachlichen Grundbegriffen der Mathematik. In Kap. 2 wird das Zahlsystem von den natürlichen Zahlen bis hin zu den p-adischen Zahlen behandelt. Die Zahlentheorie, also die Theorie der natürlichen Zahlen, bildet das Thema des 3. Kapitels. Kapitel 4 beschäftigt sich mit der diskreten Mathematik, wobei die Graphentheorie im Zentrum steht, die der diskreten Mathematik einen flexiblen sprachlichen Rahmen zur Verfügung stellt. Das 5. Kapitel behandelt grundlegende Konzepte der linearen Algebra im Umfeld von Vektoren, linearen Abbildungen und Matrizen. Im algebraischen 6. Kapitel reicht der Bogen von den algebraischen Grundstrukturen bis hin zu einem Ausblick auf die Galois-Theorie. Der Analysis sind die Kap. 7 und 8 gewidmet; sie zeichnen den langen Weg nach, der von Folgen, Grenzwerten und stetigen Funktionen zum Gaußschen Integralsatz und der Analysis für die komplexen Zahlen führt. Aspekte der Topologie und Geometrie werden in Kap. 9 betrachtet, und gerade hier wird der Auswahlcharakter der einzelnen Abschnitte augenfällig. Grundgedanken der Numerik – vor allem in Bezug auf die lineare Algebra – werden in Kap. 10 vorgestellt, und Kap. 11 wählt aus dem weiten Feld der Stochastik und Wahrscheinlichkeitstheorie einige Grundbegriffe und Ausblicke aus. Das abschließende 12. Kapitel widmet sich der mathematischen Logik, wobei hier Themen der Mengenlehre dominieren, die in der mathematischen Grundausbildung oft angesprochen, aber nicht im Detail ausgeführt werden. Jedes der zwölf Kapitel beginnt mit einem einführenden Vorspann, so dass wir uns an dieser Stelle mit diesem knappen Überblick begnügen können.

Besonders danken möchten wir Herrn Dr. Andreas Rüdinger vom Spektrum-Verlag, der das Projekt initiiert und von den ersten Ideen bis zur Fertigstellung kontinuierlich gestalterisch begleitet hat. Seine kritische Lektüre von Vorabversionen des Texts hat zu zahlreichen Verbesserungen geführt.

Berlin und München, im Oktober 2010   Oliver Deiser, Caroline Lasser
                                                    Elmar Vogt, Dirk Werner

Inhaltsverzeichnis

Grundlagen

1

Unter „Grundlagen" verstehen wir in diesem Kapitel weniger die logischen Fundamente der Mathematik, sondern vielmehr die Elemente der mathematischen Sprache, die einen universellen Charakter besitzen. Hierunter fällt die Art und Weise des mathematischen Formulierens und Argumentierens an sich, weiter aber auch das flexible inhaltliche Gerüst, mit dessen Hilfe verschiedene mathematische Theorien errichtet werden können: Mengen, Funktionen und Relationen. Den Zahlen, die man auch den derart verstandenen inhaltlichen Grundlagen zuordnen könnte, ist ein eigenes Kapitel gewidmet.

Im ersten Abschnitt beschreiben wir die drei klassischen charakteristischen Merkmale mathematischer Texte: Definitionen, Sätze und Beweise. Bei der Formulierung mathematischer Aussagen spielen Junktoren wie „und", „impliziert", „genau dann, wenn" und Quantifizierungen des Typs „für alle" und „es gibt" eine Schlüsselrolle, und wir erläutern ihre Verwendung in der Mathematik im zweiten und dritten Abschnitt. Der vierte Abschnitt schließt dann unsere Beschreibung der Struktur der mathematischen Sprache mit einem Blick auf einige häufig auftauchende Muster der mathematischen Beweisführung ab. Wir können uns nun den universellen inhaltlichen Konzepten zuwenden.

Der Grundbegriff der Mathematik schlechthin ist der Mengenbegriff, den wir im fünften und sechsten Abschnitt samt all den mengentheoretischen Operationen vorstellen, die in der Mathematik durchgehend im Einsatz sind. Im siebten und achten Abschnitt führen wir dann Relationen als bestimmte Mengen und Funktionen als bestimmte Relationen ein. Weiter versammeln wir die wichtigsten Sprechweisen und Notationen im Umfeld von Relationen und Funktionen.

Zwei fundamentale Typen von Relationen diskutieren wir in den Abschnitten neun und zehn, nämlich die Äquivalenzrelationen, die mathematische Abstraktionen beschreiben, und die Ordnungsrelationen, die vielfältige Möglichkeiten der Strukturierung von Mengen zur Verfügung stellen. In den beiden letzten Abschnitten steht dann der Funktionsbegriff im Vordergrund: Der Unterschied zwischen mathematischer Existenz und algorithmischer Berechenbarkeit ist das Thema des

© Springer-Verlag Berlin Heidelberg 2016
O. Deiser, C. Lasser, E. Vogt, D. Werner, *12 × 12 Schlüsselkonzepte zur Mathematik*,
DOI 10.1007/978-3-662-47077-0_1

elften Abschnitts, und im zwölften Abschnitt betrachten wir in allgemeiner, aber auch informaler Weise den Begriff einer mathematischen Struktur und das zugehörige Konzept einer strukturerhaltenden Abbildung.

1.1 Die Mathematik und ihre Sprache

Beim Überfliegen wissenschaftlicher mathematischer Texte fallen dem Betrachter drei zentrale Elemente ins Auge: Definitionen, Sätze und Beweise. Daneben finden sich Motivationen, Bemerkungen, Diagramme, Beispiele und Gegenbeispiele, anschauliche Erläuterungen, Berechnungen, Hinweise auf Spezialfälle und Fehlerquellen, Diskussionen von Anwendungen, historische Bemerkungen und Anekdoten, Literaturverweise und Computerprogramme in Pseudocode. Doch diese Dinge dienen letztendlich alle dem Trio Definition-Satz-Beweis. Wir wollen also diese drei Grundbausteine etwas genauer betrachten.

Eine *Definition* führt einen neuen Begriff oder ein neues mathematisches Objekt ein. Dabei dürfen nur bereits definierte Begriffe und Objekte verwendet werden. Da man irgendwo anfangen muss, bleiben einige wenige Grundbegriffe undefiniert, deren Eigenschaften mit Hilfe von Axiomen beschrieben werden.

Begriffsdefinitionen haben die Form: „Ein Objekt X heißt *soundso*, falls gilt: ...". Den Begriff einer Basis können wir zum Beispiel wie folgt definieren: „Eine Teilmenge B eines Vektorraumes V heißt eine *Basis* von V, falls B linear unabhängig und erzeugend ist." Hier muss zuvor definiert worden sein, was „linear unabhängig" und „erzeugend" bedeutet.

Objektdefinitionen werden durch „Wir setzen ..." oder ähnliche Formulierungen eingeleitet, und häufig wird dem definierten Objekt dann auch noch ein Name gegeben. Ein Beispiel ist: „Wir setzen $e = \sum_{n \in \mathbb{N}} \frac{1}{n!}$. Die Zahl e heißt die *Euler'sche Zahl*." Hierzu müssen bekannt sein: unendliche Summen von Folgen reeller Zahlen, die Menge der natürlichen Zahlen, die Fakultätsfunktion und die Kehrwertbildung. Zudem muss vor oder unmittelbar nach der Definition bewiesen werden, dass die unendliche Reihe $\sum_{n \in \mathbb{N}} \frac{1}{n!}$ konvergiert. Da nicht beliebig viele Zeichen zur Verfügung stehen, kommt es zu Überschneidungen und Doppelverwendungen: In der Analysis ist e der Euler'schen Zahl vorbehalten, in der Gruppentheorie dagegen wird das Zeichen e oft für das eindeutig bestimmte neutrale Element einer gerade betrachteten Gruppe benutzt.

In Definitionen kommt es auf größte Genauigkeit an. Insbesondere wird zwischen bestimmtem und unbestimmtem Artikel streng unterschieden. Wir sprechen von *dem* Supremum einer beschränkten nichtleeren Menge reeller Zahlen, aber von *einer* Basis eines Vektorraumes. Entsprechendes gilt dann für die Verwendung der Begriffe. Der Satz „Die Vektoren $(1, 0, 0)$, $(0, 1, 0)$, $(0, 0, 1)$ sind *die* Basis des $\mathbb{R}^3$" ist eine mathematische Todsünde.

Der strenge hierarchische Aufbau unterscheidet die mathematischen von den umgangssprachlichen Definitionen – und von denen anderer Wissenschaften. Ein Kleinkind kann nicht jedes Mal nachfragen, wenn es irgendein Wort nicht versteht. Ein Physiker will und kann Elektronen erforschen und verstehen, aber nicht mathematisch definieren. Ein Mathematiker muss dagegen zurückblättern oder nachschlagen, wenn er die Definition *Basis* liest und vergessen hat, was lineare Unabhängigkeit bedeutet. Dessen ungeachtet kann man mathematische Begriffe so ausführlich vorbereiten und motivieren, dass die eigentliche Definition dann nur noch als natürliche Präzisierung empfunden wird.

Mathematische *Sätze* sind beweisbare Aussagen über mathematische Begriffe und Objekte. Sie beschreiben, welchen Umfang Begriffe haben und wie sie miteinander zusammenhängen, und sie geben an, welche Eigenschaften Objekte besitzen. Hat man den Basisbegriff definiert, so wird man fragen, ob jeder Vektorraum eine Basis besitzt. In der Tat gilt der Satz: „Jeder Vektorraum besitzt eine Basis." Ein Ergebnis über die Euler'sche Zahl e ist: „Die Zahl e ist irrational."

Neben „Satz" finden sich auch „Theorem", „Lemma", „Proposition" und „Korollar". Alle diese Varianten bezeichnen mathematische Sätze, geben aber informale Hinweise auf die Stellung des Ergebnisses: Ein Theorem ist ein besonders wichtiger Satz, eine Proposition ein vorbereitendes Ergebnis, ein Lemma ein auch andernorts einsetzbares Resultat, manchmal aber auch nur ein kleiner Hilfssatz. Ein Korollar bezeichnet schließlich einen Satz, der sich relativ einfach aus einem anderen Satz gewinnen lässt. Das Wort geht auf das lateinische „corollarium" zurück, das „Geschenk, Zugabe" bedeutet.

Was ein *Beweis* ist, ist wesentlich schwieriger zu beschreiben und zu beantworten. Ohne die Begriffe „Wahrheit" oder „Gültigkeit" zu verwenden, lässt sich Folgendes sagen: Ein Beweis überzeugt seinen Leser genau dann, wenn er die logischen Spielregeln der Mathematik einhält, die der Leser akzeptiert.

Beweise werden in einer modifizierten und reduzierten Form der Umgangssprache geführt, die man durch Nachahmung lernt. Wir diskutieren unten einige Strukturen und Sprechweisen, die in Beweisen häufig auftauchen (siehe Abschn. 1.4). Einen genauen Beweisbegriff stellt schließlich die mathematische Logik zur Verfügung (siehe Abschn. 12.9).

Das Gerüst aus Definitionen, Sätzen und zugehörigen Beweisen bleibt ohne Anschauung nackt und unverstanden. Novizen wie erfahrene Mathematiker durchlaufen deswegen ständig den folgenden zweiteiligen Prozess: Neuen in der präzisen mathematischen Sprache definierten Begriffen wird eine individuelle abstrakte Anschauung zugeordnet, die durch das Betrachten von Beispielen und Gegenbeispielen, durch das Durchführen von Berechnungen und spielerischen Experimenten und vor allem durch das Studium von Beweisen entwickelt und oft auch korrigiert wird. Sollen nun eigene Beweise notiert werden, so wird die Anschauung in eine formale Form übersetzt, die andere Mathematiker lesen können. Diese beiden zueinander inversen Tätigkeiten bereiten Anfängern oft große Schwierigkeiten. Zum Aneignungsproblem „Ich verstehe diesen Begriff nicht" tritt das Übersetzungsproblem „Ich weiß nicht, wie ich das aufschreiben soll". Der klassische Weg der Begegnung dieser Schwierigkeiten besteht im selbständigen und selbstkritischen Bearbeiten von Übungsaufgaben, die den Lernenden auffordern, ein bereits bekanntes Stück Mathematik erneut zu entdecken und zu formulieren.

1.2   Junktoren

Unter einer (mathematischen) Aussage verstehen wir eine Behauptung über mathematische Objekte: „7 ist eine Primzahl“, „8 ist eine Primzahl“, „Jede natürliche Zahl $n \geq 2$ besitzt eine eindeutige Primfaktorzerlegung“.

Aussagen werden mit Hilfe von *Junktoren* zu neuen Aussagen kombiniert. Dabei werden vor allem die Negation (in Zeichen $\neg$), die Konjunktion *und* ($\wedge$), die Disjunktion *oder* ($\vee$), die Implikation *impliziert/folgt* ($\rightarrow$) und die Äquivalenz *genau dann, wenn* ($\leftrightarrow$) verwendet. Die Negation ist ein einstelliger Junktor: Für jede Aussage A ist $\neg A$ wieder eine Aussage. Alle anderen angegebenen Junktoren sind zweistellig: Für alle Aussagen A und B sind $A \wedge B$, $A \vee B$, $A \rightarrow B$ und $A \leftrightarrow B$ wieder Aussagen.

Wenden wir Junktoren wiederholt an, so verwenden wir Klammern, um den Aufbau der entstehenden Aussage unmissverständlich festzulegen:

$$A \wedge (B \vee C),\ (A \wedge B) \vee C,\ A \rightarrow (B \rightarrow C),\ (A \leftrightarrow B) \vee ((\neg A) \rightarrow C),\ \ldots$$

Um Klammern zu sparen, vereinbart man folgende Bindungsstärke (von stark nach schwach bindend): $\neg, \wedge, \vee, \rightarrow, \leftrightarrow$. Damit ist etwa $\neg A \rightarrow B \wedge C$ die Aussage $(\neg A) \rightarrow (B \wedge C)$, und $A \leftrightarrow B \rightarrow C$ ist die Aussage $A \leftrightarrow (B \rightarrow C)$.

Oft verbindet man mit den Junktoren folgendes (nicht unproblematische) Weltbild: Jede Aussage ist entweder wahr oder falsch, und die Verwendung eines Junktors liefert einen von den Wahrheitswerten der beteiligten Aussagen abhängigen neuen Wahrheitswert. Wir schreiben „w“ für „wahr“ und „f“ für „falsch“ und legen für unsere Junktoren folgende Wahrheitstafeln fest, siehe Abb. 1.1.

In der Mathematik ist also eine Konjunktion $A \wedge B$ genau dann wahr, wenn sowohl A als auch B wahr sind. Eine Disjunktion $A \vee B$ ist genau dann falsch, wenn sowohl A als auch B falsch sind. Eine Implikation $A \rightarrow B$ ist wahr, es sei denn, A ist wahr und B ist falsch. Und $A \leftrightarrow B$ ist wahr, wenn die Wahrheitswerte von A und B übereinstimmen, und falsch sonst.

Oft sieht man z. B. lediglich $\wedge$ und $\neg$ als Basisjunktoren an und definiert dann die anderen Junktoren mit Hilfe dieser Basisjunktoren wie folgt:

$$A \vee B \text{ als } \neg(\neg A \wedge \neg B),\ A \rightarrow B \text{ als } \neg A \vee B,\ A \leftrightarrow B \text{ als } (A \rightarrow B) \wedge (B \rightarrow A).$$

Diese Definitionen liefern genau die obigen Wahrheitstafeln für $\vee$, $\rightarrow$ und $\leftrightarrow$.

$\neg$	A
f	w
w	f

A	$\wedge$	B
w	w	w
w	f	f
f	f	w
f	f	f

A	$\vee$	B
w	w	w
w	w	f
f	w	w
f	f	f

A	$\rightarrow$	B
w	w	w
w	f	f
f	w	w
f	w	f

A	$\leftrightarrow$	B
w	w	w
w	f	f
f	f	w
f	w	f

Abb. 1.1 Wahrheitstafeln für $\neg$, $\wedge$, $\vee$, $\rightarrow$, $\leftrightarrow$

A	→	B	↔	¬	B	→	¬	A
w	w	w	w	f	w	w	f	w
w	f	f	w	w	f	f	f	w
f	w	w	w	f	w	w	w	f
f	w	f	w	w	f	w	w	f
	1		5	2		4	3	

Abb. 1.2 Wahrheitstafel des Kontrapositionsgesetzes

Dass $A \to B$ äquivalent zu $\neg A \vee B$ ist, ist gewöhnungsbedürftig: Die Implikation $A \to B$ wird als „dynamisch" empfunden, die Disjunktion $\neg A \vee B$ dagegen als „statisch". Der Leser vergleiche etwa die Aussage „Wenn es regnet, benutze ich einen Schirm" mit „Es regnet nicht oder ich benutze einen Schirm". Niemand würde sich umgangssprachlich der zweiten Form bedienen.

Die Umgangssprache weicht auch in anderen Fällen von der mathematischen Semantik der Junktoren ab. In „Adam isst nichts und wird krank" und „Adam wird krank und isst nichts" wird eine Kausalität nahegelegt, die in der Mathematik niemals – auch nicht in der Implikation – vorhanden ist. Speziell ist $A \wedge B$ mathematisch stets gleichbedeutend mit $B \wedge A$. Ebenso wird das „oder" umgangssprachlich oft ausschließlich verwendet, und zudem wirken Vertauschungen oft befremdlich. Man sagt „Gehen Sie oder ich schieße!", aber nicht „Ich schieße oder Sie gehen!"

Die Wahrheitstafeln für komplexe zusammengesetzte Aussagen lassen sich algorithmisch mit Hilfe obiger Tafeln für die Junktoren berechnen. Die Wahrheitstafel einer aus $A_1, \ldots, A_n$ zusammengesetzten Aussage hat dabei 2^n Zeilen, so dass die Berechnung schnell sehr aufwändig wird. Die Wahrheitstafel des sog. *Kontrapositionsgesetzes* $A \to B \leftrightarrow \neg B \to \neg A$ hat zum Beispiel vier Zeilen, und das Verfahren ihrer Berechnung verläuft wie in Abb. 1.2.

Die Ziffern geben dabei die durch den Aufbau der Aussage gegebene Reihenfolge an, in der die Spalten der Tabelle gefüllt werden. Die letzte gefüllte Spalte ist das Ergebnis der Berechnung. Ist die Ergebnisspalte wie im obigen Beispiel durchgehend mit dem Wert „w" gefüllt, so nennt man die betrachtete Aussage eine *Tautologie*. Eine Aussage ist also eine Tautologie, wenn sie bei jeder beliebigen wahr-falsch-„Belegung" ihrer Grundaussagen wahr ist. Weitere Beispiele für Tautologien sind die *Distributivgesetze* $A \wedge (B \vee C) \leftrightarrow (A \wedge B) \vee (A \wedge C)$ und $A \vee (B \wedge C) \leftrightarrow (A \vee B) \wedge (A \vee C)$, die *de Morgan'schen Regeln* für die Verneinung $\neg(A \wedge B) \leftrightarrow \neg A \vee \neg B$ und $\neg(A \vee B) \leftrightarrow \neg A \wedge \neg B$. Eine Erwähnung verdient auch die Tautologie $A \to (B \to C) \leftrightarrow (A \wedge B) \to C$.

Von grundlegender Bedeutung für die klassische Mathematik sind die bereits im Mittelalter diskutierten Tautologien für die Negation:

$\neg\neg A \leftrightarrow A$ *(duplex negatio affirmat)*,

$A \vee \neg A$ *(tertium non datur)*,

$(A \wedge \neg A) \to B$ *(ex falso quodlibet)*.

1.3 Quantoren

In der Mathematik betrachten wir Aussagen über die Objekte eines bestimmten kontextabhängigen Bereichs, etwa der Menge der natürlichen Zahlen oder der Menge der reellen Funktionen. Einige Objekte interessieren uns als solche: Wir sagen z. B. „2 ist eine Primzahl", „$\sqrt{2}$ ist irrational", „Die Sinus-Funktion hat die Periode 2π". Daneben sind aber Aussagen von Interesse, die alle oder einige Objekte des Bereichs betreffen: „Alle Primzahlen größergleich 3 sind ungerade", „es gibt transzendente Zahlen", „alle differenzierbaren Funktionen sind stetig", usw. Zudem verwenden wir derartige Quantifizierungen auch, um Aussagen über spezielle Objekte formulieren zu können. So kann man obige Aussage über den Sinus auf $\mathbb{R}$ schreiben als „für alle x gilt $\sin(x) = \sin(x + 2\pi)$".

Zwei Quantoren spielen in der Mathematik eine Hauptrolle: der Allquantor „für alle", in Zeichen $\forall$ (ein umgekehrtes A), und der Existenzquantor „es gibt (mindestens) ein", in Zeichen $\exists$ (ein gespiegeltes E). Sprechen wir von den natürlichen Zahlen $\mathbb{N}$, so bedeutet „$\forall n \ A(n)$", dass die Aussage $A(n)$ für alle natürlichen Zahlen n gilt. Analog bedeutet „$\exists x \ B(x)$" im Kontext von $\mathbb{R}$, dass es eine reelle Zahl x gibt, für die $B(x)$ gilt. Unmissverständlich können wir den Bereich mit Hilfe von Mengen konkret angeben und $\forall n \in \mathbb{N} \ A(n)$ oder $\exists x \in \mathbb{R} \ B(x)$ schreiben. Ähnlich bedeutet $\forall x > 0 \ A(x)$ die Aussage $\forall x \ (x > 0 \to A(x))$ und $\exists x \neq 0 \ B(x)$ bedeutet die Aussage $\exists x \ (x \neq 0 \wedge B(x))$.

Wir betrachten einige Beispiele für Formulierungen mit Quantoren. Für den Bereich $\mathbb{N}$ können wir ausdrücken:

„$d \mid n$ (d. h. d ist ein Teiler von n)": $\exists k \ d \cdot k = n$.
„p ist eine Primzahl": $p \geq 2 \wedge \forall d \mid p \ (d = 1 \vee d = p)$.
„Es gibt unendlich viele Primzahlen": $\forall n \ \exists p \geq n \ (p$ ist eine Primzahl$)$.

Für Funktionen $f \colon \mathbb{R} \to \mathbb{R}$ können wir mit Hilfe von reellwertigen Quantoren schreiben:

„f ist beschränkt": $\exists y > 0 \ \forall x \ |f(x)| \leq y$,
„f ist periodisch": $\exists a \neq 0 \ \forall x \ f(x + a) = f(x)$,
„f ist stetig bei x": $\forall \varepsilon > 0 \ \exists \delta > 0 \ \forall y \ (|x - y| < \delta \to |f(x) - f(y)| < \varepsilon)$.

Ein Beispiel aus der reinen Logik: „Es gibt genau zwei verschiedene Dinge" können wir schreiben als $\exists x \ \exists y \ (x \neq y \wedge \forall z \ (z = x \vee z = y))$.

Im Umgang mit Quantoren ist Vorsicht geboten. So ist etwa $\forall x \ \exists y \ A(x, y)$ von $\exists y \ \forall x \ A(x, y)$ zu unterscheiden. Wir betrachten hierzu den Bereich M, über den die Quantoren laufen, und tragen alle (x, y), für die $A(x, y)$ gilt, als einen Punkt in $M \times M$ ein. Die Aussage $\forall x \ \exists y \ A(x, y)$ bedeutet dann, dass in jeder Spalte des Diagramms ein Punkt erscheint. Dagegen bedeutet $\exists y\,\forall x\,A(x,y)$ viel stärker, dass das Diagramm eine volle Zeile aus Punkten enthält! Im Allgemeinen dürfen All- und Existenzquantoren also nicht vertauscht werden. Vertauschen darf man dagegen offenbar Quantoren des gleichen Typs: $\forall x\,\forall y\,A(x,y)$ ist gleichbedeutend mit $\forall y\,\forall x\,A(x,y)$. Analoges gilt für den Existenzquantor. Man schreibt kurz auch $\forall x, y\,A(x,y)$ anstelle von $\forall x\,\forall y\,A(x,y)$, usw.

Für die Quantoren „für alle" und „es gibt" gelten die folgenden Verneinungs-regeln, die im mathematischen Alltag durchgehend im Einsatz sind: $\neg\forall x\,A(x)$ ist gleichbedeutend mit $\exists x\,\neg A(x)$, $\neg\exists x\,B(x)$ ist gleichbedeutend mit $\forall x\,\neg B(x)$. Wiederholt angewendet erhalten wir: $\neg\forall x\,\exists y\,A(x,y)$ ist gleichbedeutend mit $\exists x\,\forall y\,\neg A(x,y)$, $\neg\exists x\,\forall y\,A(x,y)$ ist gleichbedeutend mit $\forall x\,\exists y\,\neg A(x,y)$, usw. Dieses „Durchziehen der Negation mit Quantorenwechsel" beherrscht man nach kurzer Zeit im Schlaf. Wir hatten oben formuliert:

„f ist stetig bei x" : $\quad\forall\varepsilon>0\,\exists\delta>0\,\forall y\,(|x-y|<\delta\rightarrow|f(x)-f(y)|<\varepsilon)$.

Die Verneinungsregeln liefern:

„f ist unstetig bei x" : $\quad\exists\varepsilon>0\,\forall\delta>0\,\exists y\,(|x-y|<\delta\wedge|f(x)-f(y)|\geq\varepsilon)$,

wobei wir hier auch noch die Tautologie $\neg(A\rightarrow B)\leftrightarrow A\wedge\neg B$ verwenden.

Wir stellen schließlich noch einige Regeln zum Umgang mit Quantoren in Kombination mit aussagenlogischen Junktoren zusammen:

$$\forall x\,(A(x)\wedge B(x))\leftrightarrow\forall x\,A(x)\wedge\forall x\,B(x),$$
$$\forall x\,A(x)\vee\forall x B(x)\rightarrow\forall x\,(A(x)\vee B(x)),$$
$$\forall x\,(A(x)\rightarrow B(x))\rightarrow\forall x\,A(x)\rightarrow\forall x\,B(x),$$
$$\exists x\,(A(x)\vee B(x))\leftrightarrow\exists x\,A(x)\vee\exists x\,B(x),$$
$$\exists x\,(A(x)\wedge B(x))\rightarrow\exists x\,A(x)\wedge\exists x\,B(x),$$
$$\exists x\,(A(x)\rightarrow B(x))\leftrightarrow\forall x\,A(x)\rightarrow\exists x\,B(x).$$

Die fehlenden Implikationen von rechts nach links sind im Allgemeinen nicht gültig. Ist $A(x)=$ „x liebt mich" und $B(x)=$ „x macht mich glücklich", so sind also nach der letzten Äquivalenz die Aussagen „Es gibt jemanden, der mich glücklich macht, wenn er mich liebt" und „Wenn alle mich lieben, so gibt es jemanden, der mich glücklich macht" logisch (aber sicher nicht poetisch) gleichwertig.

1.4 Beweise

Die Sätze der Mathematik werden aus bestimmten Annahmen durch logische Argumentation hergeleitet. Beweise werden oft sehr kompakt notiert, aber letztendlich lassen sich alle verwendeten Argumente immer in leicht nachvollziehbare Schritte auflösen. In diesem Sinne ist die Mathematik sowohl die einfachste als auch die friedlichste aller Wissenschaften.

Jeder Mathematiker entwickelt eine eigene abstrakte Anschauung, mit deren Hilfe er die Gegenstände der Mathematik durchdringt und sich aneignet. Beweise führt er dagegen in einer Form, die von dieser Anschauung keinen Gebrauch macht. Diese Form ist von bestimmten Strukturen und Sprechweisen geprägt. Wir stellen einige häufig vorkommende Beispiele zusammen.

Direkter Beweis einer Implikation $A \to B$ Man nimmt an, dass A gilt, und versucht, B zu beweisen. Implikationen sind in diesem Sinne beweisfreundlich, da man für den Beweis von $A \to B$ die Gültigkeit von A als Voraussetzung „geschenkt" bekommt.

Indirekter Beweis einer Implikation $A \to B$ Man beweist die nach dem Kontrapositionsgesetz gleichwertige Implikation $\neg B \to \neg A$. Die geschenkte Voraussetzung lautet hier also $\neg B$ und das Beweisziel ist $\neg A$. Statt „Ist n^2 ungerade, so ist n ungerade" kann man also gleichwertig indirekt zeigen: „Ist n gerade, so ist n^2 gerade."

Widerspruchsbeweis von A (reductio ad absurdum) Man nimmt $\neg A$ als geschenkte Voraussetzung an und versucht einen Widerspruch wie $0 = 1$ zu erzeugen. Widerspruchsbeweise haben oft einen unkonstruktiven Charakter: Man sieht am Ende in vielen Fällen nur, dass A deswegen gelten muss, weil $\neg A$ nicht gelten kann.

Beweis von A durch Beweis einer stärkeren Aussage B Zum Beweis von A kann es zuweilen einfacher sein, eine Aussage B zu beweisen, für die die Implikation $B \to A$ bereits bekannt ist. Die Irrationalität von π wird zum Beispiel gerne bewiesen, indem stärker gezeigt wird, dass π^2 irrational ist.

Beweis von $A \wedge B$ Es bleibt einem nichts anderes übrig, als zwei Beweise zu führen. Die Reihenfolge kann aber eine Rolle spielen, da A zum Beweis von B nützlich sein kann.

Beweis von $A \vee B$ Man kann gleichwertig zeigen: $\neg A \to B$. Dieser Trick stellt die implikativen Methoden zur Verfügung.

Beweis der Äquivalenz von A, B, C Statt alle sechs Implikationen $A \to B, \ldots,$ $C \to A$ zwischen A, B und C zu zeigen, genügt es, drei Implikationen zu beweisen, die einen „logischen Kreis" bilden. (Die Methode ist auch als „Ringschluss" bekannt.) Der Gewinn wird für vier oder mehr Aussagen deutlicher, und spätestens wenn man zeigen soll, dass sieben Versionen des Stetigkeitsbegriffs äquivalent sind, wird man die Methode schätzen lernen. Eine geschickte Anordnung des Implikationskreises zeigt Gespür und spart Arbeit.

Beweis von A durch Fallunterscheidung Zum Beweis von A zeigt man für ein geschickt gewähltes B die beiden Implikationen $B \to A$ und $\neg B \to A$. Statt einer hat man also zwei Aussagen zu zeigen, die aber eine angenehme implikative Form haben.

Beweis einer Aussage $\forall x \in M \; A(x)$ Zum Beweis arbeitet man mit einem beliebigen Element x von M und versucht $A(x)$ zu zeigen. Gelingt dies nicht, sind oft Fallunterscheidungen wie z. B. „$x \geq 0$" und „$x < 0$" für $M = \mathbb{R}$ oder „x ist gerade" und „x ist ungerade" für $M = \mathbb{N}$ hilfreich.

Beweis einer Aussage $\exists x \in M \; A(x)$ Der Beweis „konstruiert" im Idealfall ein $x \in M$ mit $A(x)$. Gelingt dies nicht, so kann man durch „reductio ad absurdum" die Annahme $\forall x \, \neg A(x)$ zu einem Widerspruch führen. Dann ist $\neg \forall x \, \neg A(x)$ bewiesen, was nach den Verneinungsregeln gleichwertig zu $\exists x \, A(x)$ ist.

In Beweisen sind naturgemäß Begründungen von Bedeutung. Typische Begründungen sind Rückgriffe der Form „Nach Voraussetzung ist die Funktion f stetig", Zitate der Form „Nach dem Zwischenwertsatz gibt es ein x mit $f(x) = 0$", Komplexitätshinweise wie „Offenbar ist $x = 0$ eine Lösung der Gleichung" oder „Der Beweis der Eindeutigkeit ist keineswegs trivial", und schließlich Kurzbegründungen wie z. B. „Es gilt $2 \cdot k \neq n$, da n ungerade ist".

Es ist immer gut, die behandelten Objekte beim Namen zu nennen, etwa durch „Sei also $f \colon [0, 1] \to \mathbb{R}$ stetig" oder „Sei nun $x \in M$ beliebig". Bei längeren Argumentationen ist es nicht nur für den Leser, sondern auch für den Beweisführenden oft hilfreich, das aktuelle Beweisziel explizit zu notieren, etwa als „Es bleibt zu zeigen, dass ..." oder „Als Nächstes zeigen wir, dass ...". Erreichte Zwischenziele sind erfreulich und können durch „Dies zeigt, dass ..." oder „Damit haben wir bewiesen, dass ..." festgehalten werden. Daneben gibt es die berühmtberüchtigten Vereinfachungen wie „Ohne Einschränkung sei $x \leq y$", z. B. für zwei reelle Lösungen x, y einer Gleichung, deren Namen man verlustfrei austauschen kann. Schließlich darf und soll man Wiederholungen vermeiden und schreiben „Das zweite Distributivgesetz wird analog bewiesen", wenn der Beweis des ersten Gesetzes alle wesentlichen Ideen vorgestellt hat.

1.5 Menge und Element

Mathematische Objekte treten zusammengefasst, gebündelt, vereint auf und bilden so ein neues mathematisches Objekt, eine *Menge*. Die Objekte, die die Menge bilden, heißen die *Elemente* der Menge. Ist M eine Menge und ist m ein Element von M, so schreiben wir $m \in M$ und lesen dies als „m Element M" oder „m in M". Ist m kein Element von M, so schreiben wir $m \notin M$. Das „$\in$" ist ein stilisiertes griechisches Epsilon „ε".

Wir sprechen heute fast selbstverständlich von der Menge der natürlichen Zahlen, der Menge der reellen Zahlen, der Menge der reellwertigen Funktionen, der Menge der Punkte eines topologischen Raumes, usw. Je mehr man sich auf den Jargon der Mengen einlässt, desto fremder erscheint eine Welt, in der nicht oder nur nebenbei von Mengen die Rede war. Und doch ist die mengentheoretische Neuschreibung und Expansion der Mathematik relativ jung. Sie stammt aus der zweiten Hälfte des 19. Jahrhunderts und ist mit Namen wie Georg Cantor und Richard Dedekind verbunden.

Die gesamte moderne Mathematik kann aus dem auf den ersten Blick unproble-
matischen und unscheinbaren Mengenbegriff heraus entwickelt werden. Diese in
den ersten Jahrzehnten des 20. Jahrhunderts sichtbar gewordene fundamentbilden-
de Kraft des Mengenbegriffs hat die Mathematik tiefgreifend verändert und geprägt.
Auch außerhalb der Grundlagenforschung sind diese Veränderungen heute überall
spürbar: Die Sprache der modernen Mathematik ist die Sprache der Mengenlehre.

Die Mathematik beschreibt ihre Grundbegriffe traditionell axiomatisch, und sie
kann und will deswegen nicht im üblichen strengen Sinne definieren, was eine
Menge „wirklich" ist (vgl. Abschn. 12.4). Zur Vermittlung des Mengenbegriffs bedient man sich intuitiver Beschreibungen und vertraut dann auf das Erlernen des
Begriffs durch Sichtbarmachung all der Eigenheiten, die im täglichen Gebrauch
auftreten. Die bekannteste intuitive Beschreibung des Mengenbegriffs stammt von
Georg Cantor aus dem Jahre 1895:

> *„Unter einer ‚Menge' verstehen wir jede Zusammenfassung M von bestimmten wohlunter-*
> *schiedenen Objekten m unserer Anschauung oder unseres Denkens (welche die ‚Elemente'*
> *von M genannt werden) zu einem Ganzen. "*

Mengen werden hier als „Zusammenfassungen" beschrieben und bleiben damit
im strengen Sinne undefiniert. Dessen ungeachtet bleibt die Wendung der „Zusammenfassung zu einem Ganzen" glänzend für die Intuition.

Cantors Beschreibung geht in „Anschauung und Denken" über die Welt der
Mathematik hinaus. In der wissenschaftlichen Mathematik beschränkt man sich
naturgemäß auf Mengen, die aus mathematischen Objekten gebildet werden (und
verzichtet also auf Äpfel und Birnen).

Bestimmte mathematische Objekte m werden also zu einer Menge M zusammengefasst. Da nun Mengen M wieder mathematische Objekte sind, können wir
bestimmte Mengen M wiederum zu einer neuen Menge $\mathcal{M}$ – einem sog. Mengensystem – zusammenfassen, usw. Daneben sind natürlich auch Mischformen möglich, z. B. die Zusammenfassung eines einfachen Objekts und eines komplexen
Mengensystems. Der Mengenbegriff ist insgesamt iterativ: Die Operation „Menge
von . . . " kann wiederholt angewendet werden.

Prinzipiell kann jedes Zeichen für eine beliebig verschachtelte Menge stehen.
Zudem ist aus grundlagentheoretischer Sicht jedes Objekt eine Menge, so dass
strenge notationelle Unterscheidungen künstlich erscheinen. In der mathematischen
Praxis ist aber oft folgende Typologie nützlich: Man verwendet a, b, c, . . ., x, y,
z, usw. für die Grundobjekte des betrachteten Bereichs, etwa reelle Zahlen. Weiter
stehen dann A, B, C, . . ., X, Y, Z für Mengen von Grundobjekten (in unserem
Beispiel: Mengen reeller Zahlen). Schließlich werden $\mathcal{A}$, $\mathcal{B}$, $\mathcal{C}$, . . ., $\mathcal{X}$, $\mathcal{Y}$, $\mathcal{Z}$ für
Mengensysteme verwendet (hier: Systeme von Mengen reeller Zahlen wie z. B. das
System der offenen reellen Intervalle). Die Dreistufung „a, A, $\mathcal{A}$" genügt in vielen Fällen. Allerdings können die Grundobjekte bereits recht komplex sein, etwa
reellwertige Funktionen, die als „Punkte" einen Funktionenraum bilden.

Mengen werden vollständig durch ihre Elemente bestimmt: Zwei Mengen A und
B sind genau dann gleich, wenn sie dieselben Elemente besitzen. Diese Aussage ist

als *Extensionalitätsprinzip* bekannt. Es gibt also keine „rote" Menge zweier Objekte a, b, die man von einer entsprechenden „grünen" Menge unterscheiden könnte.

Eine Menge A heißt *Teilmenge* einer Menge B, in Zeichen $A \subseteq B$, falls jedes Element von A ein Element von B ist. Ist zudem $A \neq B$, so heißt A eine *echte Teilmenge* von B, in Zeichen $A \subset B$. Die Inklusions-Zeichen $\subseteq$ und $\subset$ erinnern an $\leq$ und $<$. (Viele Mathematiker verwenden das Zeichen $\subset$ für $\subseteq$ und fügen dann ein Ungleichheitszeichen unter $\subset$ hinzu, wenn die echte Inklusion ausgedrückt werden soll. Ursache hierfür ist, dass die Inklusion viel öfter vorkommt als die echte Inklusion. Die Analogie zu $\leq$ und $<$ rechtfertigt aber den Mehraufwand.) Statt $A \subseteq B$ schreiben wir auch $B \supseteq A$ und nennen die Menge B dann eine *Obermenge* von A. Analoges gilt für $A \supset B$. Oft zeigt man die Gleichheit zweier Mengen A und B, indem man in zwei Schritten $A \subseteq B$ und $B \subseteq A$ beweist. Nach dem Extensionalitätsprinzip gilt dann in der Tat $A = B$.

Zur Notation von Mengenbildungen haben sich die geschweiften Klammern durchgesetzt, die ja heute oft schon Mengenklammern genannt werden. Der einfachste Fall ist die direkte Angabe der Elemente. Für beliebige Objekte $a_1, a_2, \ldots, a_n$ sei $M = \{a_1, \ldots, a_n\}$ die Menge, deren Elemente genau die Objekte $a_1, \ldots, a_n$ sind. Für alle Objekte x ist also $x \in M$ gleichwertig mit $x = a_1$ oder ... oder $x = a_n$. Auf Reihenfolge und Wiederholungen kommt es nach dem Extensionalitätsprinzip nicht an, es gilt z. B. $\{a, b\} = \{b, a\} = \{a, a, b\} = \{a, b, a, b\} = \ldots$ Dagegen ist jedoch $\emptyset \neq \{\emptyset\}$, wobei $\emptyset$ die *leere Menge* bezeichnet, die keine Elemente besitzt. Statt $\emptyset$ schreiben wir auch $\{\}$.

Viel umfassender und stärker ist die Definition von Mengen über Eigenschaften. Für eine mathematische Eigenschaft $\mathcal{E}(x)$ sei

$$M = \{a \mid \mathcal{E}(a)\}$$

die Menge aller Objekte a, die die Eigenschaft $\mathcal{E}$ besitzen. Für alle x ist also $x \in M$ gleichwertig mit $\mathcal{E}(x)$. Diese sog. *Mengenkomprehension* über Eigenschaften wirft überraschende und komplexe logische Probleme auf, auf die wir im Abschnitt über die Russell-Antinomie (Abschn. 12.3) zu sprechen kommen.

Viele mit $\{x \mid \mathcal{E}(x)\}$ verwandte Schreibweisen sind üblich und nützlich: Ist F eine Funktion auf A, so ist $\{F(x) \mid x \in A \text{ und } \mathcal{E}(x)\}$ besser lesbar als $\{y \mid$ es gibt ein $x \in A$ mit $\mathcal{E}(x)$ und $y = F(x)\}$. Die Menge der ungeraden Zahlen notiert man oft einfach als $\{1, 3, 5, 7, \ldots\}$ anstelle der korrekten, aber umständlicheren Notation $\{2n + 1 \mid n \in \mathbb{N}\}$, usw.

Wir hatten schon erwähnt, dass sich der Mengenbegriff hervorragend dafür eignet, andere fundamentale Objekte der Mathematik definieren zu können. Ein wichtiges Beispiel für diese Interpretationskraft ist die Einführung des geordneten Paares. Für beliebige Objekte a, b setzen wir $(a, b) = \{\{a\}, \{a, b\}\}$ (*geordnetes Kuratowski-Paar, Tupel*). Man zeigt leicht, dass $(a, b) = (c, d)$ genau dann gilt, wenn $a = c$ und $b = d$. Diese Eigenschaft ist alles, was benötigt wird. Wie üblich definieren wir nun $A \times B = \{(a, b) \mid a \in A \text{ und } b \in B\}$ (*Kreuzprodukt, kartesisches Produkt*). Tripel (a, b, c) definieren wir durch $(a, b, c) = ((a, b), c)$, usw. Entsprechend ist $A^3 = (A \times A) \times A = \{(a, b, c) \mid a, b, c \in A\}$.

Obwohl man „in der Praxis" die Kuratowski-Definition wieder vergessen kann, sind derartige Rückführungen von mathematischen Begriffen auf den Mengenbegriff von großer Bedeutung. Wir müssen uns nicht mit weiteren Grundbegriffen und zugehörigen axiomatisch gezähmten Vagheiten belasten. Zudem werden wir zu einem hohen Maß an Exaktheit gezwungen. Die Präzisierung eines mathematischen Begriffs bedeutet, eine mengentheoretische Definition desselben hinzuschreiben.

Auch die natürlichen Zahlen lassen sich mengentheoretisch einführen oder, wie man vielleicht besser sagt, interpretieren. Wir setzen:

$$0 - \{\}, \ 1 = \{0\}, \ 2 = \{0, 1\}, \ 3 = \{0, 1, 2\}, \ldots$$

und allgemein $n + 1 = \{0, 1, 2, \ldots, n\}$. Die formale Durchführung (und Motivation) dieser Idee ist Aufgabe der axiomatischen Mengenlehre. Auch hier gilt, dass man die Definition gar nicht zu kennen braucht, um z. B. tiefsinnige Sätze über Primzahlen zu beweisen. Dennoch ist es ein zu Recht gefeierter Triumph, dass sich die natürlichen Zahlen in einer mengentheoretischen Umgebung definieren lassen. Wichtige „Prinzipien" wie z. B. die vollständige Induktion und die Rekursion werden so zu beweisbaren Sätzen.

1.6 Mengenoperationen

Aus gegebenen Mengen lassen sich in vielfacher Weise neue Mengen bilden. Es gibt eine Vielzahl von Operationen, die in allen Bereichen der Mathematik gebraucht werden. Am einfachsten sind hier die logischen oder Booleschen Operationen. Aussagenlogische Argumentation überträgt sich auf die Mengenbildung. So entspricht dem logischen „und" die Bildung des Durchschnitts zweier Mengen, dem logischen „oder" deren Vereinigung. Wir definieren für alle Mengen A, B *Durchschnitt, Vereinigung* und *Differenz*:

$$A \cap B = \{x \mid x \in A \text{ und } x \in B\},$$
$$A \cup B = \{x \mid x \in A \text{ oder } x \in B\},$$
$$A - B = A \setminus B = \{x \mid x \in A \text{ und } x \notin B\}.$$

Gilt $A \cap B = \emptyset$, so heißen die Mengen A und B disjunkt.

Wurde eine Menge X spezifiziert, innerhalb derer sich unsere Betrachtungen abspielen, so können wir auch die logische Negation mengentheoretisch nachbilden. Wir definieren für alle $A \subseteq X$ die *Komplementbildung* durch

$$A^c = X - A = \{x \in X \mid x \notin A\}.$$

Beispiele für derartige „lokale Objektuniversen" X sind die Zahlbereiche $\mathbb{N}$, $\mathbb{R}$, $\mathbb{C}$ oder topologische Räume. Ist z. B. $G = \{n \mid n \text{ ist gerade}\}$ im Kontext von $\mathbb{N}$ definiert worden, so ist $G^c = \{n \mid n \text{ ist ungerade}\}$.

Für obige Operationen gelten die *de Morgan'schen Regeln* $(A \cup B)^c = A^c \cap B^c$ und $(A \cap B)^c = A^c \cup B^c$, sowie die *Distributivgesetze* $A \cap (B \cup C) = (A \cap B) \cup (A \cap C)$ und $A \cup (B \cap C) = (A \cup B) \cap (A \cup C)$.

Eine interessante elementare Operation ist die *symmetrische Differenz*. Wir setzen für alle Mengen A, B:

$$A \triangle B = (A - B) \cup (B - A) = (A \cup B) - (A \cap B).$$

Es gilt also $x \in A \triangle B$, wenn x genau einer der beiden Mengen A und B angehört, und damit entspricht $\triangle$ dem logischen „entweder oder". Diese Operation ist, was gar nicht selbstverständlich ist, assoziativ, d. h., es gilt $(A \triangle B) \triangle C = A \triangle (B \triangle C)$. Iterierte symmetrische Differenzen haben eine überraschend klare Bedeutung, denn es gilt $A_1 \triangle A_2 \triangle \ldots \triangle A_n = \{ x \mid \text{die Anzahl der Indizes } i \text{ mit } x \in A_i \text{ ist ungerade}\}$, wie man leicht durch Induktion nach n zeigt.

Schnitt und Vereinigung lassen sich auch allgemein für Mengensysteme definieren. Ist $\mathcal{A}$ ein Mengensystem, so definieren wir den *Durchschnitt von* $\mathcal{A}$ bzw. die *Vereinigung von* $\mathcal{A}$:

$$\bigcap \mathcal{A} = \{x \mid \text{für alle } A \in \mathcal{A} \text{ gilt } x \in A\}, \text{ falls } \mathcal{A} \neq \emptyset,$$

$$\bigcup \mathcal{A} = \{x \mid \text{es gibt ein } A \in \mathcal{A} \text{ mit } x \in A\}.$$

Ist wie bei der Komplementbildung ein Objektbereich X unserer Überlegungen festgelegt worden, so ist auch die Konvention $\bigcap \emptyset = X$ üblich.

Für alle Mengen A, B gilt $\bigcap \{A, B\} = A \cap B$ und $\bigcup \{A, B\} = A \cup B$. Statt $\bigcap \mathcal{A}$ schreibt man oft suggestiv auch $\bigcap_{A \in \mathcal{A}} A$, und analog ist $\bigcup_{A \in \mathcal{A}} A$ gleichbedeutend mit $\bigcup \mathcal{A}$. Viele Anfänger haben mit den „großen" Versionen des Durchschnitts und der Vereinigung Schwierigkeiten, die sich aber bald in nichts auflösen: $\bigcap$ = „alles, was überall vorkommt", $\bigcup$ = „alles, was (mindestens) einmal vorkommt".

Die vielleicht rätselhafteste elementare Operation der modernen Mathematik ist die Bildung der *Potenzmenge*. Für jede Menge A setzen wir $\mathcal{P}(A) = \{B \mid B \subseteq A\}$. Es gilt $\emptyset \in \mathcal{P}(A)$ und $A \in \mathcal{P}(A)$ für alle Mengen A. Speziell ist $\mathcal{P}(\emptyset) = \{\emptyset\}$ und $\mathcal{P}(\{\emptyset\}) = \{\emptyset, \{\emptyset\}\}$. Für alle a, b gilt $\mathcal{P}(\{a, b\}) = \{\emptyset, \{a\}, \{b\}, \{a, b\}\}$. Ist $A = \{x_1, \ldots, x_n\}$ eine Menge mit genau n Elementen, so hat die Potenzmenge von A genau 2^n Elemente. (Dies gilt auch für $A = \emptyset$, denn die Potenzmenge der leeren Menge hat genau ein Element; die arithmetische Festsetzung $2^0 = 1$ ist also auch aus diesem Grund sinnvoll.) Bereits im Endlichen haben wir also ein exponentielles Wachstum vorliegen. Wie sieht es nun mit unendlichen Mengen aus? Wie groß ist $\mathcal{P}(\mathbb{N})$ oder sogar $\mathcal{P}(\mathbb{R})$? Hier ist zunächst einmal der Mächtigkeits- oder Kardinalitätsbegriff für unendliche Mengen zu klären. Dies kann in überzeugender Weise geschehen, aber es zeigt sich dann – und dieses Resultat rechtfertigt obiges Adjektiv „rätselhaft" –, dass wir in der klassischen Mathematik die Größe von $\mathcal{P}(\mathbb{N})$ oder $\mathcal{P}(\mathbb{R})$ nicht bestimmen können. Brisant wird die Angelegenheit dadurch, dass $\mathcal{P}(\mathbb{N})$ und die Menge der reellen Zahlen gleichmächtig sind. Wir wissen also nicht, wie groß die Menge der reellen Zahlen ist! Wir diskutieren dieses bemerkenswerte negative Ergebnis im Abschnitt über die Kontinuumshypothese genauer (siehe Abschn. 12.12).

Die symmetrische Differenz liefert eine algebraisch hochwertige Operation auf der Potenzmenge einer beliebigen nichtleeren Menge M: $\mathcal{P}(M)$ ist mit der Operation Δ eine abelsche Gruppe, und weiter ist $\mathcal{P}(M)$ mit Δ als Vektoraddition ein Vektorraum über dem Körper $K = \{0, 1\}$, mit der Skalarmultiplikation $0 \cdot A = \emptyset$ und $1 \cdot A = A$ für alle $A \subseteq M$.

1.7 Relationen

Zwei Objekte zueinander in Beziehung zu setzen, in Beziehung zu sehen oder ihre realen Beziehungen ergründen zu wollen ist ein fester (manchmal sogar allzu fester) Bestandteil unseres Denkens und Handelns. Beispiele sind die Beziehungen „größer als", „gleich groß wie", „schneller als", „besser als", „früher als", „verwandt mit", „beeinflusst durch", „Ursache von", „ähnlich zu", „unabhängig von", und diese Liste ließe sich noch lange fortsetzen.

Relationen spielen offenbar in der Mathematik eine fundamentale Rolle. Betrachtet man die ungeheure Weite des Konzepts, so ist die moderne Definition einer mathematischen Relation auf den ersten Blick vielleicht verblüffend und irritierend einfach, nach einer kurzen Gewöhnungsphase erscheint sie dann aber ebenso natürlich wie sympathisch:

Eine Menge R heißt eine *(zweistellige) Relation,* falls R eine Menge von geordneten Paaren ist. Gilt $(x, y) \in R$, so sagen wir, dass x in der Relation R zu y steht. Statt $(x, y) \in R$ schreiben wir oft auch $x \, R \, y$. Allgemeiner heißt für $n \geq 1$ eine Menge R von n-Tupeln eine *n-stellige Relation.* Statt $(x_1, \ldots x_n) \in R$ schreibt man auch $R(x_1, \ldots, x_n)$.

In dieser Definition steckt ein ganzes Stück Mathematikgeschichte, und sie spiegelt das moderne extensionale mathematische Denken wider, das einen Begriff mit seinem Umfang identifiziert. Aufbauend auf dem Relationsbegriff erhalten wir zudem auch eine Definition des allgemeinen mathematischen Funktionsbegriffs, die frei von Unklarheiten ist (siehe Abschn. 1.8).

Die Kleiner-Relation $<$ auf den natürlichen Zahlen kann zum Beispiel durch $< = \{(n, m) \in \mathbb{N} \times \mathbb{N} \mid$ es gibt ein $k > 0$ mit $n + k = m\}$ definiert werden. Es gilt $(2, 4) \in <$, aber $(5, 4) \notin <$, also $2 < 4$ und non$(5 < 4)$ in der besser lesbaren Schreibweise.

Zumeist „leben" Relationen auf einem bestimmten Bereich von Objekten: Eine Relation R heißt eine Relation *auf* einer Menge M, falls $R \subseteq M \times M$ gilt. So ist etwa obige Kleiner-Relation eine Relation auf $\mathbb{N}$. Der zugrundeliegende Bereich ist zumeist aus dem Kontext heraus klar. Genauer müssten wir z. B. $<_{\mathbb{N}}$ schreiben, aber wir würden dadurch in vielen Fällen die Lesbarkeit erschweren und das Satzbild unnötig belasten.

Wir stellen einige Eigenschaften von Relationen zusammen, die häufig auftauchen. Eine Relation R auf M heißt:

reflexiv,	falls für alle $x \in M$ gilt:	$x R x$,
irreflexiv,	falls für alle $x \in M$ gilt:	non($x R x$),
symmetrisch,	falls für alle $x, y \in M$ gilt:	Ist $x R y$, so ist auch $y R x$,
antisymmetrisch,	falls für alle $x, y \in M$ gilt:	Ist $x R y$ und $y R x$, so ist $x = y$,
transitiv,	falls für alle $x, y, z \in M$ gilt:	Ist $x R y$ und $y R z$, so ist $x R z$.

Obige $<$-Relation ist irreflexiv und transitiv. Diese beiden Eigenschaften kennzeichnen die sog. *partiellen Ordnungen* (siehe Abschn. 1.10).

Für jede Menge M ist $\mathrm{Id}_M = \{(x, x) \mid x \in M\}$ eine reflexive, symmetrische und transitive Relation auf M, die *Identität* auf M. Die Kombination „reflexiv, symmetrisch, transitiv" definiert die sog. *Äquivalenzrelationen,* denen wir ebenfalls einen eigenen Abschnitt widmen (siehe Abschn. 1.9).

Ist R eine Relation, so heißt $R^{-1} = \{(y, x) \mid (x, y) \in R\}$ die *Umkehrrelation* von R. Offenbar gilt $(R^{-1})^{-1} = R$.

Zwei beliebige Relationen können wir miteinander verknüpfen. Sind R und S zwei Relationen, so heißt $R \circ S = \{(x, z) \mid$ es gibt ein y mit $x R y$ und $y S z\}$ die *Verknüpfung* von R und S. Leicht einzusehen sind die folgenden Äquivalenzen für eine Relation R auf M:

R ist reflexiv genau dann, wenn $\mathrm{Id}_M \subseteq R$,
R ist symmetrisch genau dann, wenn $R = R^{-1}$,
R ist antisymmetrisch genau dann, wenn $R \cap R^{-1} \subseteq \mathrm{Id}_M$,
R ist transitiv genau dann, wenn $R \circ R \subseteq R$.

Eine Relation R auf M kann man sich auf verschiedene Arten veranschaulichen. Eine Möglichkeit ist die Darstellung als „Punktwolke" in einem abstrakten Koordinatensystem $M \times M$. Die Reflexivität besagt dann, dass die Diagonale, also Id_M, ein Teil der Punktwolke ist. Die Symmetrie besagt, dass die Spiegelung der Punktwolke an der Diagonalen die Punktwolke nicht ändert.

Oft ist auch eine ganz andere Visualisierung hilfreich: Wir betrachten M als Punktmenge und zeichnen für alle $x, y \in M$ mit $x R y$ einen Pfeil von x nach y. Die Relation $x R y$ besagt dann, dass wir auf diesem „gerichteten Graphen" in einem Schritt von x nach y gelangen können. Die Transitivität bedeutet bei dieser Sicht, dass die Erreichbarkeit in zwei Schritten mit der Erreichbarkeit in einem Schritt zusammenfällt. Ist R symmetrisch, so können wir statt der Pfeile einfache Linien verwenden.

Nicht zuletzt für rechnerische Aspekte ist es oft auch nützlich, eine Relation R auf $M = \{x_1, \ldots, x_n\}$ durch eine $n \times n$-Matrix $A = (a_{i,j})_{1 \le i, j \le n}$ mit 0-1-Einträgen darzustellen: Wir setzen $a_{ij} = 1$, falls $x_i R x_j$ gilt, und $a_{ij} = 0$ sonst. Der Verknüpfung $R \circ R$ entspricht nun eine Variante der bekannten Matrizenmultiplikation (siehe hierzu auch Abschn. 4.11).

1.8 Funktionen

Die Entwicklung des mathematischen Funktionsbegriffs lässt sich grob (und historisch vereinfachend) in drei Stufen einteilen:

Erste Stufe (Rechnen mit Zahlen) Eine Zahl x eines gewissen Bereichs wird in eine Zahl y nach einer bestimmten Vorschrift umgerechnet. Man schreibt $y = f(x)$ [gelesen: f von x], wobei das Symbol f die Rechenvorschrift bezeichnet. Durch Abstraktion entsteht ein diesem Vorgehen entsprechender Funktionsbegriff.

Zweite Stufe (eindeutige beliebige Zuordnung von Objekten) Eine Funktion f ordnet bestimmten Objekten jeweils eindeutig andere Objekte zu. Man schreibt $y = f(x)$, falls die Funktion f dem Objekt x das Objekt y zuordnet. Die Objekte sind hier beliebig, und die Art und Weise der Zuordnung muss nicht explizit vorliegen.

Dritte Stufe (Formalisierung der zweiten Stufe, moderner Funktionsbegriff) Eine Relation f heißt eine *Funktion,* falls für alle x, y, z gilt: Ist $(x, y) \in f$ und $(x, z) \in f$, so ist $y = z$ *(Rechtseindeutigkeit)*. Man schreibt $y = f(x)$, falls $(x, y) \in f$ gilt. Statt von Funktionen spricht man, besonders im geometrischen Kontext, gleichwertig auch von *Abbildungen*.

Die Vorstellung, dass x durch eine Funktion f vermöge einer algorithmischen Berechnung in $f(x)$ verwandelt wird, wird heute im Begriff der *berechenbaren Funktion* präzisiert (siehe Abschn. 12.8). Die für die moderne Mathematik unerlässliche allgemeine Fassung des Funktionsbegriffs ist dagegen von jeder algorithmischen Dynamik befreit. Funktionen sind bestimmte Relationen, und Relationen selbst sind Mengen von geordneten Paaren. Anschaulich sind Funktionen beliebige zweispaltige rechtseindeutige Zuordnungstabellen, und nur bestimmte Tabellen erlauben eine algorithmische Berechnung ihrer Einträge.

Für eine Funktion f sei $\mathrm{dom}(f) = \{ x \mid$ es gibt ein y mit $(x, y) \in f \}$ und $\mathrm{rng}(f) = \{ y \mid$ es gibt ein x mit $(x, y) \in f\} = \{ f(x) \mid x \in \mathrm{dom}(f)\}$. Die Menge $\mathrm{dom}(f)$ heißt der *Definitionsbereich* von f (engl. *domain*), die Menge $\mathrm{rng}(f)$ der *Wertebereich* von f (engl. *range*). Wir schreiben $f \colon A \to B$ [gelesen: f ist eine Funktion oder Abbildung von A nach B] für eine Funktion f mit $\mathrm{dom}(f) = A$ und $\mathrm{rng}(f) \subseteq B$. Die Menge B bezeichnet man dann auch als einen *Wertevorrat* von f. Gilt $f \colon A \to B$ und ist C eine Obermenge von B, so können wir auch schreiben $f \colon A \to C$. Definitions- und Wertebereich werden bei dieser Notation also unterschiedlich behandelt. Es gilt beispielsweise $\sin \colon \mathbb{R} \to [-1, 1]$ und auch $\sin \colon \mathbb{R} \to \mathbb{R}$.

Ist $f \colon A^n \to A$, so spricht man auch von einer (n-stelligen) *Operation* oder *Verknüpfung* auf A. Eine Teilmenge X von A heißt dann *abgeschlossen* unter f, falls für alle $x_1, \ldots, x_n \in X$ gilt, dass $f(x_1, \ldots, x_n) \in X$. Ist beispielsweise $f \colon \mathbb{R}^2 \to \mathbb{R}$ definiert durch $f(x, y) = x \cdot y$, so ist die Menge der positiven reellen Zahlen abgeschlossen unter f, im Gegensatz zur Menge der negativen Zahlen. Ebenso ist die Menge der geraden Zahlen abgeschlossen unter der Verdopplungsfunktion g:

$\mathbb{N} \to \mathbb{N}$ mit $g(n) = 2n$. Die ungeraden Zahlen sind dagegen nicht abgeschlossen unter g.

Ist f eine Funktion und $X \subseteq \mathrm{dom}(f)$, so heißt $f|X = \{(x, f(x)) \mid x \in X\}$ die *Einschränkung* von f auf X. Ist $f: A \to B$, so ist $f|X: X \to B$. So ist etwa $\sin|[0, 2\pi]$ eine natürliche Einschränkung der periodischen Sinusfunktion.

Von universeller Bedeutung in der Mathematik sind die folgenden Struktureigenschaften einer Funktion. Eine Funktion $f: A \to B$ heißt

injektiv,   falls für alle $x, y \in \mathrm{dom}(f)$ gilt: Ist $f(x) = f(y)$, so ist $x = y$,
surjektiv,   falls für alle $y \in B$ ein $x \in A$ existiert mit $f(x) = y$,
bijektiv,   falls f injektiv und surjektiv ist.

Die Injektivität – im Deutschen manchmal auch etwas künstlich als *Eineindeutigkeit* bezeichnet – besagt also, dass kein Wert doppelt angenommen wird (Linkseindeutigkeit der Relation f). Die Surjektivität bedeutet dagegen, dass jeder Wert des angegebenen Wertevorrats B tatsächlich auch angenommen wird, d. h., es gilt $\mathrm{rng}(f) = B$. Die Begriffe „injektiv, surjektiv, bijektiv" sind der Ausgangspunkt der Mächtigkeitstheorie und weiter grundlegend für das allgemeine Konzept der strukturerhaltenden Abbildungen (siehe Abschn. 12.1 und 1.12).

Ist $f: A \to B$ injektiv, so ist die *Umkehrfunktion* f^{-1} durch $f^{-1}(f(x)) = x$ für alle $x \in A$ definiert. Formal ist $f^{-1} = \{(y, x) \mid (x, y) \in f\}$, d. h. f^{-1} ist einfach die Umkehrrelation von f. Die Injektivität von f sichert die Rechtseindeutigkeit von f^{-1}. Es gilt $f^{-1}: \mathrm{rng}(f) \to A$ bijektiv.

Sind $f: A \to B$ und $g: B \to C$ Funktionen, so ist die (funktionale) *Verknüpfung* oder *Komposition* $g \circ f: A \to C$ [gelesen: g nach f] definiert durch

$$(g \circ f)(x) = g(f(x)) \text{ für alle } x \in A.$$

Damit ist $g \circ f: A \to C$. Ist beispielsweise $g(x) = x^2$ und $f(x) = x + 1$ für alle $x \in \mathbb{R}$, so gilt $(g \circ f)(x) = (x + 1)^2$ und $(f \circ g)(x) = x^2 + 1$ für alle $x \in \mathbb{R}$. Die Verknüpfung ist also i. A. nicht kommutativ. Dagegen ist die Verknüpfung assoziativ, d. h., es gilt stets $(h \circ g) \circ f = h \circ (g \circ f)$.

Funktionen lassen sich auch in *Folgenschreibweise* angeben und notieren. Ist I eine Menge, so schreiben wir auch $\langle x_i \mid i \in I \rangle$, $(x_i \mid i \in I)$ oder $(x_i)_{i \in I}$ für eine Funktion f mit $f(i) = x_i$ für alle $i \in I$ und nennen $f = \langle x_i \mid i \in I \rangle$ eine *Folge* oder *Familie* mit *Indexmenge* I oder kurz I-*Folge*. Eine Folge $\langle x_i \mid i \in I \rangle$ heißt eine Folge *in* A, falls $x_i \in A$ für alle $i \in I$ gilt. Ist I die Menge der natürlichen Zahlen, so sprechen wir auch kurz von einer *Folge* schlechthin. So ist z. B. $(2n)_{n \in \mathbb{N}}$ die oben schon betrachtete Verdopplungsfunktion auf den natürlichen Zahlen.

Ist eine Funktion durch einen Term gegeben, so können wir den Term selbst als Funktion auffassen. Man ersetzt dann manchmal auch die Variable durch einen Punkt. So ist z. B. $(\cdot)^2 + 2: \mathbb{R} \to \mathbb{R}$ die Funktion f mit $f(x) = x^2 + 2$ für alle reellen Zahlen x. Weiter ist $\sin(\cdot^2)|[0, 2\pi]$ die Funktion g mit $g(x) = \sin(x^2)$ für alle $x \in [0, 2\pi]$. Weiter ist $g \circ f = g(f(\cdot))$, usw.

Für alle Mengen A und B sei $^AB = \{f \mid f: A \to B\}$. Allgemeiner setzen wir für eine I-Folge $\langle M_i \mid i \in I \rangle$ von Mengen:

$$\underset{i \in I}{\times} M_i = \left\{ f \mid f: I \to \bigcup_{i \in I} M_i, f(i) \in M_i \text{ für alle } i \in I \right\}.$$

Diese Zusammenfassung von „Transversalfunktionen" ist insbesondere zur Konstruktion von unendlichen Produkträumen wichtig. Die Bildung von ^AB ist als Spezialfall enthalten, denn es gilt $^AB = \times_{a \in A} B$.

Erfahrungsgemäß etwas gewöhnungsbedürftig sind die folgenden Konstruktionen, die überall in der Mathematik zum Einsatz kommen. Für eine beliebige Funktion $f: A \to B$ sei

$$f[X] = \{f(x) \mid x \in X\} \text{ für alle } X \subseteq A \quad \textit{(Bild von X unter f)},$$
$$f^{-1}[Y] = \{x \mid f(x) \in Y\} \text{ für alle } Y \subseteq B \quad \textit{(Urbild von Y unter f)}.$$

Das Formen von Bild und Urbild liefert also neue durch f induzierte Funktionen $f[\cdot]: \mathcal{P}(A) \to \mathcal{P}(B)$ und $f^{-1}[\cdot]: \mathcal{P}(B) \to \mathcal{P}(A)$. Anschaulich ist $f[X]$ die Menge, die wir erhalten, wenn wir X „durch f hindurchjagen", und $f^{-1}[Y]$ ist alles, was vermöge f „in Y landet".

Die Eigenschaften dieser Funktionen sind überraschenderweise nicht durchweg symmetrisch. Es gelten zum Beispiel für alle $f: A \to B$, alle $X_1, X_2 \subseteq A$ und alle $Y_1, Y_2 \subseteq B$ die folgenden Eigenschaften:

$$f[X_1 - X_2] \supseteq f[X_1] - f[X_2], \quad f^{-1}[Y_1 - Y_2] = f^{-1}[Y_1] - f^{-1}[Y_2],$$
$$f[X_1 \cap X_2] \subseteq f[X_1] \cap f[X_2], \quad f^{-1}[Y_1 \cap Y_2] = f^{-1}[Y_1] \cap f^{-1}[Y_2],$$
$$f[X_1 \cup X_2] = f[X_1] \cup f[X_2], \quad f^{-1}[Y_1 \cup Y_2] = f^{-1}[Y_1] \cup f^{-1}[Y_2].$$

Wir betrachten zur Illustration die Funktion $f: \{0, 1\} \to \{0\}$ mit (logischerweise!) $f(0) = f(1) = 0$. Für $A = \{0, 1\}$, $B = \{0\}$ ist $f[A - B] = \{0\}$, aber $f[A] - f[B] = \emptyset$. Für $C = \{0\}$ und $D = \{1\}$ ist $f[C \cap D] = \emptyset$, aber $f[C] \cap f[D] = \{0\}$. Die Inklusionen in obiger Tabelle können also nicht durch Gleichheitszeichen ersetzt werden. Urbilder sind in diesem Sinne besser als Bilder! Ist aber f injektiv, so gilt auch für die Bilder von Differenzen und Schnitten überall Gleichheit.

Funktionen spielen in der Mathematik eine überragende Rolle. Zunächst sind hier die arithmetischen Operationen auf den Zahlbereichen zu nennen. Die Analysis untersucht (stetige, integrierbare, differenzierbare) Funktionen $f: \mathbb{R} \to \mathbb{R}$ und später mehrdimensionale Funktionen $f: \mathbb{R}^n \to \mathbb{R}^m$. Die Funktionentheorie errichtet das analytische Gebäude neu, indem sie die reellen Zahlen $\mathbb{R}$ durch die komplexen Zahlen $\mathbb{C}$ ersetzt. In der Funktionalanalysis bilden Räume von Funktionen und Abbildungen zwischen Funktionenräumen den Gegenstand der Untersuchung. Allgemein werden mathematische Strukturen mit Hilfe von strukturerhaltenden Abbildungen untersucht. Hierunter fallen die linearen Abbildungen, die Gruppenhomomorphismen, die Homöomorphismen der Topologie, die Isomorphismen der Graphentheorie, usw. (vgl. hierzu auch Abschn. 1.12).

1.9 Äquivalenzrelationen

Im Deutschen gibt es den feinsinnigen Unterschied zwischen „dasselbe" und „das Gleiche". Während es „dasselbe" immer nur genau einmal gibt, nennen wir oft zwei verschiedene Dinge „gleich", wenn ihre Unterschiede unmerklich oder kontextabhängig uninteressant sind. Das „gleiche Buch" gibt es in der Tat sehr oft, je nach Auflage des Werkes, dasselbe Buch nur einmal. Den „gleichen Löffel" benutzen in der Regel alle bei Tisch, denselben zumeist nur einer. „Mein Nachbar fährt das gleiche Auto wie ich" bedeutet, dass Hersteller, Typ und wahrscheinlich auch noch die Farbe übereinstimmen, während die Kennzeichen sicher verschieden sind. In der Oper können zwei verschiedene Frauen das gleiche Abendkleid tragen, aber nicht dasselbe. In diesem Sinne wird die Gleichheit in der natürlichen Sprache als Abschwächung der strengen Identität verwendet. Andererseits wird „gleich" auch nur dann verwendet, wenn die Unterschiede als unwesentlich empfunden werden. Für andere Fälle stellt die Sprache auch noch eine Reihe von Abschwächungen der Gleichheit zur Verfügung, etwa „gleichartig", „ähnlich", „verwandt". (In der Mathematik wird im Gegensatz zur Alltagssprache „identisch" und „gleich" zumeist ohne Unterschied verwendet. Wir lesen „$a = b$" als „a gleich b" oder „a ist identisch mit b".)

Hinter den umgangssprachlichen Phänomenen steht letztendlich die elementare Fähigkeit des menschlichen Geistes zur Abstraktion, dem Absehen von bestimmten Eigenschaften und Merkmalen (das Lateinische „abstrahere" bedeutet „wegnehmen"). Abstraktion als Methode kennzeichnet das mathematische Denken, und damit kommt den Abschwächungen der Identität eine zentrale Position in der Mathematik zu. Sie werden im Begriff der Äquivalenzrelation gefasst. Man kann diesen Begriff als „Abstraktion der Abstraktion" lesen, und vielleicht bereitet er auch deswegen vielen Anfängern größere Schwierigkeiten.

Eine Relation R auf A heißt eine *Äquivalenzrelation,* falls R reflexiv, symmetrisch und transitiv ist. Gilt $a \, R \, b$, so heißen a und b *R-äquivalent* oder kurz *äquivalent,* wenn R aus dem Kontext heraus klar ist. Zur Bezeichnung einer Äquivalenzrelation werden bevorzugt Symbole wie $\sim, \simeq, \equiv, \cong$, usw. verwendet, die an „$=$" erinnern.

Für jede Menge A ist die Identität $\mathrm{Id}_A = \{(x, x) \mid x \in A\}$ eine Äquivalenzrelation auf A. Ebenso ist $R = A^2$ eine Äquivalenzrelation auf A – diese Abschwächung der Identität ist vollkommen blind, je zwei Elemente von A gelten hier als äquivalent. Interessanter ist das Rechnen auf den ganzen Zahlen modulo einer natürlichem Zahl $m \geq 1$. Wir setzen für alle $a, b \in \mathbb{Z}$: $a \equiv_m b$, falls ein $k \in \mathbb{Z}$ existiert mit $a - b = k \cdot m$, falls also a und b bei Division durch m denselben ganzzahligen Rest ergeben. Man zeigt leicht, dass $\equiv_m$ eine Äquivalenzrelation auf $\mathbb{Z}$ ist. Gilt $a \equiv_m b$, so heißen a und b auch *äquivalent modulo m*. Man schreibt auch $a \equiv b \bmod(m)$.

Eine Äquivalenzrelation begleitet eine Reihe von Konstruktionen und Sprechweisen. Sei also $\sim$ eine Äquivalenzrelation auf A. Für jedes $a \in A$ heißt

$$a/\!\sim \; = \{b \in A \mid a \sim b\} \quad \text{[gelesen: } a \text{ modulo } \sim]$$

die zu a gehörige *Äquivalenzklasse* bezüglich $\sim$. Jedes $b \in a/\!\sim$ heißt ein *Repräsentant* der Klasse. Weiter setzen wir

$$A/\!\sim \; = \{a/\!\sim \; | \; a \in A\} \quad \text{[gelesen: } A \text{ modulo } \sim\text{]}.$$

Das Mengensystem $A/\!\sim$ heißt auch die *Faktorisierung* von A bezüglich $\sim$. Eine Menge $S \subseteq A$ heißt ein *vollständiges Repräsentantensystem* bzgl. $\sim$, falls die Elemente von S paarweise nicht äquivalent sind und zudem $\{a/\!\sim \; | \; a \in S\} = A/\!\sim$ gilt.

Ein auf den ersten Blick ganz anderer, aber letztendlich gleichwertiger Zugang zum Begriff der Äquivalenzrelation basiert auf Zerlegungen einer Menge. Ein Mengensystem $\mathcal{Z} \subseteq \mathcal{P}(A)$ heißt *Zerlegung* von A, falls die Elemente von $\mathcal{Z}$ nichtleer und paarweise disjunkt sind und zudem $\bigcup \mathcal{Z} = A$ gilt. Das System $\mathcal{Z}$ beschreibt also die Einteilung von A in verschiedene „Länder" oder „Gebiete". Ein vollständiges Repräsentantensystem wählt aus jedem „Land" genau einen „Bewohner" aus.

Ist $\mathcal{Z}$ eine Zerlegung von A, so setzen wir für alle $a, b \in A$:

$$a \sim_\mathcal{Z} b, \text{ falls ein } X \in \mathcal{Z} \text{ existiert mit } a, b \in X,$$

d. h., wir sehen Elemente von A als äquivalent an, wenn sie im selben Gebiet der Zerlegung liegen. Die Relation $\sim_\mathcal{Z}$ ist offenbar eine Äquivalenzrelation auf A. Ist umgekehrt $\sim$ eine Äquivalenzrelation auf A, so ist die Faktorisierung $\mathcal{Z} = A/\!\sim$ eine Zerlegung von A. Weiter gilt $\sim_\mathcal{Z} \; = \; \sim$.

Hat man eine Äquivalenzrelation $\sim$ auf A eingeführt, so werden häufig neue Objekte $f(a/\!\sim)$ auf den Äquivalenzklassen $a/\!\sim$ eingeführt. Zur Definition von $f(a/\!\sim)$ wird aber oft nur a und nicht $a/\!\sim$ verwendet. Bei diesem Vorgehen ist dann die *Wohldefiniertheit* oder die *Unabhängigkeit von der Wahl der Repräsentanten* zu zeigen. Man muss beweisen: Ist $a \sim b$, so stimmt die mit a durchgeführte Definition von $f(a/\!\sim)$ mit der mit b durchgeführten Definition von $f(b/\!\sim)$ überein. Kurz: Man zeigt, dass $f(a/\!\sim) = f(b/\!\sim)$ gilt.

Umgekehrt hat man in vielen Fällen bereits Operationen auf A vorliegen und möchte diese auf der Faktorisierung weiterhin benutzen. Ist $g \colon A \to A$, so setzt man

$$\bar{g}(a/\!\sim) = g(a)/\!\sim \text{ für alle } a \in A.$$

Im Falle der Wohldefiniertheit dieser Festsetzung liefert dieses Vorgehen eine Operation $\bar{g} \colon A/\!\sim \; \to \; A/\!\sim$. Die Äquivalenzrelation $\sim$ heißt dann eine *Kongruenzrelation* bzgl. g. Analog sind Kongruenzrelationen bzgl. mehrstelliger Operationen $g \colon A^n \to A$ definiert: Die Bedingung für eine Addition $+$ lautet z. B., dass die Festsetzung $\bar{g}(a/\!\sim + b/\!\sim) = g(a + b)/\!\sim$ für alle $a, b \in A$ wohldefiniert ist. Die wichtigsten Beispiele für Kongruenzrelationen liefert erneut das Rechnen modulo m. Die Relation $\equiv_m$ ist eine Kongruenzrelation bzgl. der Addition und der Multiplikation auf $\mathbb{Z}$, denn die Definitionen

$$a/\!\equiv_m + \, b/\!\equiv_m \; = (a + b)/\!\equiv_m, \quad a/\!\equiv_m \cdot \, b/\!\equiv_m \; = (a \cdot b)/\!\equiv_m$$

sind wohldefiniert.

1.10 Partielle und lineare Ordnungen

Zu jedem Adjektiv stellt uns die natürliche Sprache einen Komparativ zur Verfügung: „schöner", „schneller", „besser", „schwerer", usw. Wir ordnen dadurch die Welt und richten unsere Handlungen danach aus. Zuweilen vergessen wir dabei auch, dass sich viele Dinge in bestimmter Hinsicht gar nicht miteinander vergleichen lassen. Und der noch weiter simplifizierende zeitgenössische Ranking- und Mess-Zwang behindert oft nur die Wahrnehmung und Einschätzung komplexer Gebilde. Dabei können wir Vergleiche oft anstellen, bevor wir zählen, messen und wiegen. Viele Dinge sind in natürlicher Weise unter sich selbst angeordnet. Die Ordnung kommt vor Zahl und Maß.

Die Grundlage der mathematischen Ordnungstheorie bilden die sog. partiellen Ordnungen. Sie treten in zwei Typen auf, die dem „kleiner" bzw. dem „kleiner gleich" entsprechen:

Eine Relation R auf A heißt eine *partielle Ordnung vom strikten Typ,* falls R irreflexiv und transitiv ist. Dagegen heißt eine Relation R auf A eine *partielle Ordnung vom nichtstrikten Typ,* falls R reflexiv, antisymmetrisch und transitiv ist. (Der Tausch von „symmetrisch" zu „antisymmetrisch" führt also von den Äquivalenzrelationen zu den partiellen Ordnungen – zwei gänzlich verschiedene Welten!)

Die bevorzugten Zeichen für strikte partielle Ordnungen sind $<, <^*, \prec, \dots$; für nichtstrikte Ordnungen verwendet man $\leq, \leq^*, \preceq, \dots$. Durch die Wahl eines derartigen Zeichens ist der Typ klar und man kann einfach von partiellen Ordnungen sprechen. Zudem induzieren die beiden Typen einander: Ist $<$ eine (strikte) partielle Ordnung auf A, so setzen wir $a \leq b$, falls $a < b$ oder $a = b$. Ist umgekehrt $\leq$ eine (nichtstrikte) partielle Ordnung auf A, so setzen wir $a < b$, falls $a \leq b$ und $a \neq b$ gilt. Wir haben also immer automatisch partielle Ordnungen beider Typen vorliegen.

Das Paradebeispiel für eine partielle Ordnung ist die Inklusion: Für jede Menge A ist $\subseteq$ eine partielle Ordnung auf A (und $\subset$ die strikte Version).

Weitere wichtige partielle Ordnungen werden durch Folgen gegeben: Für jede Menge M ist die Menge A aller endlichen Folgen in M partiell geordnet durch die Anfangsstückrelation. Ist z. B. $M = \{0, 1\}$, so gilt $0110 < 011011$ aber non($0110 < 01001100$). Die Folgenordnung hat eine baumartige Struktur, während die Inklusionsordnung eine netzartige Struktur besitzt.

Für ein weiteres Beispiel sei A die Menge der Folgen natürlicher Zahlen, also $A = {}^{\mathbb{N}}\mathbb{N}$. Wir definieren $g <^* h$, falls ein n_0 existiert mit $g(n) < h(n)$ für alle $n \geq n_0$. Diese Relation der „schließlichen Dominanz" ist eine partielle Ordnung auf A.

Im Umfeld der partiellen Ordnungen gibt es viele Begriffsbildungen, die die Beschreibung und Untersuchung von Ordnungen erleichtern. Sie sind zumeist suggestiv und entsprechend einprägsam. Sei also $<$ eine partielle Ordnung auf A, und sei $B \subseteq A$. Wir schreiben zur Vereinfachung der Notation $B < a$, falls $b < a$ für alle $b \in B$ gilt. Analog sind $B \leq a$, $a < B$ und $a \leq B$ definiert, und $C \leq B$ bedeutet, dass $c \leq b$ für alle $c \in C$ und alle $b \in B$ gilt.

Ein $a \in A$ heißt: (1) ein *maximales Element von B*, falls $a \in B$ und kein $y \in B$ existiert mit $a < y$, (2) das *größte Element von B*, falls $a \in B$ und $B \leq a$, (3) eine *obere Schranke von B*, falls $B \leq a$, (4) *Supremum von B*, falls a die kleinste obere Schranke von B ist, d. h., a ist obere Schranke von B, und für alle oberen Schranken y von B gilt $a \leq y$. Analog sind minimale und kleinste Elemente sowie untere Schranken und Infima (größte untere Schranke) definiert.

Wir betrachten zur Illustration die partielle Ordnung $\subseteq$ auf $A = \mathcal{P}(\{0, 1, 2\})$. Sei $B = A - \{\emptyset, \{0, 1, 2\}\}$. Dann sind genau $\{0\}, \{1\}, \{2\}$ minimal in B und $\{0, 1\}, \{1, 2\}, \{0, 2\}$ maximal in B. B hat weder ein größtes noch ein kleinstes Element. Die leere Menge ist das Infimum von B und $\{0, 1, 2\}$ ist das Supremum von B.

Wir schreiben $a = \sup(B)$, falls a das Supremum von B ist, und analog $a = \inf(B)$, falls a das Infimum von B ist. B heißt *nach oben (unten) beschränkt,* falls eine obere (untere) Schranke von B existiert. B heißt *beschränkt,* falls B nach unten und oben beschränkt ist. Eine partielle Ordnung $<$ heißt *vollständig,* falls jede beschränkte nichtleere Teilmenge B von A ein Supremum (und folglich ein Infimum) besitzt. Für jede Menge M ist die Inklusion $\subseteq$ eine vollständige partielle Ordnung auf $\mathcal{A} = \mathcal{P}(M)$: Alle nichtleeren $\mathcal{B} \subseteq \mathcal{A}$ sind beschränkt (durch $\emptyset$ und M) und es gilt $\sup(\mathcal{B}) = \bigcup \mathcal{B}$ und $\inf(\mathcal{B}) = \bigcap \mathcal{B}$. Weiter sind die reellen Zahlen unter ihrer natürlichen Ordnung vollständig.

Eine partielle Ordnung $\leq$ auf A heißt eine *lineare* oder *totale* Ordnung, falls für alle $x, y \in A$ gilt, dass $x \leq y$ oder $y \leq x$. In einer linearen Ordnung sind also je zwei Elemente miteinander vergleichbar.

Die natürlichen Ordnungen auf den Zahlbereichen $\mathbb{N}, \mathbb{Z}, \mathbb{Q}$ und $\mathbb{R}$ sind lineare Ordnungen. In $\mathbb{N}$ und $\mathbb{Z}$ hat jedes Element einen direkten Nachfolger, d. h., es gilt $\forall x \, \exists y \, (x < y \land \neg \exists z \, (x < z < y))$. In $\mathbb{Z}$ hat jedes Element auch einen direkten Vorgänger. Die 0 ist in $\mathbb{N}$ das eindeutige Element, das keinen direkten Vorgänger besitzt.

Die Ordnungen $\mathbb{Q}$ und $\mathbb{R}$ sind *dicht,* d. h., zwischen je zwei Elementen der Ordnung liegt ein weiteres Element: $\forall x, y \, (x < y \rightarrow \exists z \, (x < z < y))$. Zum Beweis setzen wir einfach $z = (x + y)/2$.

Weitere Beispiele für lineare Ordnungen sind die *lexikographischen Ordnungen*: Sei $<$ eine lineare Ordnung auf einer Menge M, und sei $A = {}^{\mathbb{N}}M$ die Menge aller Folgen in M. Dann setzen wir für alle $g, h \in A$ mit $g \neq h$: $g <_{\text{lex}} h$, falls $g(n^*) < h(n^*)$, wobei $n^* = $ „das kleinste n mit $g(n) \neq h(n)$". Dann ist $<_{\text{lex}}$ eine lineare Ordnung auf A.

Noch spezieller als die linearen Ordnungen sind die Wohlordnungen: Eine lineare Ordnung $<$ auf A heißt eine *Wohlordnung,* falls jede nichtleere Teilmenge B von A ein kleinstes Element besitzt, d. h. $\exists x \in B \, \forall y \in B \, (x \leq y)$.

Die natürliche Ordnung auf $\mathbb{N}$ ist eine Wohlordnung. Dagegen ist $<$ auf $\mathbb{Z}$ keine Wohlordnung, da die Menge der negativen ganzen Zahlen kein kleinstes Element besitzt. Ebenso ist $<$ auf der Menge $\mathbb{Q}^+$ der positiven rationalen Zahlen keine Wohlordnung, denn die Menge $\{1/n \mid n \in \mathbb{N}, \, n \geq 1\}$ hat kein kleinstes Element.

„Wohlordnung" und „Induktion" hängen eng miteinander zusammen, wie wir bei der Diskussion der natürlichen und der transfiniten Zahlen noch sehen werden (siehe Abschn. 2.1 und 12.11).

1.11 Existenz und algorithmische Berechenbarkeit

Viele mathematische Beweise zeigen, dass Objekte mit bestimmten Eigenschaften existieren. Speziell im Bereich der diskreten Mathematik enthalten viele Beweise aber mehr Information als den bloßen Nachweis der Existenz. Sie erlauben die „Konstruktion" eines Objektes mit den gewünschten Eigenschaften: Aus dem Beweis lässt sich ein Verfahren gewinnen, das die gesuchten Objekte „produziert" oder „berechnet." Man spricht dann von *konstruktiven Beweisen* und aus Beweisen *extrahierten Algorithmen*. Da Algorithmen neben ihrer mathematischen Schönheit und Eleganz auch eine hohe praktische Bedeutung zukommt, steht weiter das Auffinden von effektiven und stabilen Verfahren im Vordergrund, die es erlauben, die gewünschten Objekte schnell und ohne großen Aufwand zu berechnen, siehe auch Kap. 10. Nicht selten sind diese geistreichen Algorithmen dann besonders elegant. Die Beispiele für die praktische Bedeutung von effektiven Algorithmen beginnen bei einfachen Taschenrechnern, die etwas mehr als die Grundrechenarten beherrschen, umschließen Navigationssysteme, die Routen in einem Verkehrsnetz bestimmen, und reichen bis zur Computersimulation physikalischer Systeme.

Als Beispiel für einen nichtkonstruktiven Beweis betrachten wir die Aussage:

(a) Es gibt irrationale $x, y \in \mathbb{R}$ derart, dass x^y rational ist.

Zum Beweis sei $z = \sqrt{2}$. Dann ist z irrational. Ist z^z rational, so ist $x = y = z$ wie gewünscht. Andernfalls sei $x = z^z$ und $y = z$. Dann sind x und y wie gewünscht, denn x und y sind irrational und es gilt $x^y = z^2 = 2$. Der Beweis produziert kein Beispiel für irrationale Zahlen x und y, für die x^y rational ist. Wir wissen nur, dass z^z oder $(z^z)^z$ für $z = \sqrt{2}$ rational ist.

Ein anderes Beispiel ist der Beweis von:

(b) Es gibt transzendente Zahlen

als Korollar der Überabzählbarkeit der reellen Zahlen und der Abzählbarkeit der algebraischen Zahlen. Der Beweis zeigt, dass „fast alle" reellen Zahlen die Aussage (b) belegen, aber wir können konkrete Zahlen wie die Kreiszahl π oder die Euler'sche Zahl e nicht unmittelbar als transzendent erkennen. Das zum Beweis der Überabzählbarkeit von $\mathbb{R}$ verwendete Diagonalverfahren ist andererseits konstruktiv in dem Sinne, dass es erlaubt, aus einer effektiv vorgelegten Liste reeller Zahlen eine reelle Zahl zu berechnen, die nicht in der Liste auftaucht. (Die Berechnung einer reellen Zahl wird dabei als Berechnung ihrer Dezimaldarstellung verstanden.)

Die Überabzählbarkeit von $\mathbb{R}$ zeigt auch, dass wir „die meisten" reellen Zahlen nicht berechnen können, denn es gibt nur abzählbar viele Algorithmen. Derartige

Diskrepanzen können den Ausgangspunkt für die Frage bilden, was „mathematische Existenz" eigentlich bedeuten soll. In der heutigen Mathematik sind jedenfalls „Existenz" und „algorithmische Berechenbarkeit" verschiedene Dinge.

Zur Diskussion von effektiven Algorithmen betrachten wir für natürliche Zahlen a und b die Aussage:

(c) Es gibt es einen größten gemeinsamen Teiler d^* von a und b.

Dies ist sicher richtig, denn alle gemeinsamen Teiler sind unter den endlich vielen Zahlen $1, 2, \ldots, \min(a, b)$ enthalten, und damit ist ein Teiler der größte. Wir können der Reihe nach die Zahlen $\min(a, b), \ldots, 1$ daraufhin überprüfen, ob sie a und b teilen. Damit können wir d^* durch einen ineffektiven und uneleganten „bruteforce"-Algorithmus ermitteln. Interessanter ist folgende Methode: Wir bestimmen die Primfaktorzerlegungen von a und b und lesen dann d^* durch Vergleich der Exponenten ab. Das ist geistreich und ansprechend, aber die Berechnung der Primfaktorzerlegung ist für große Zahlen in der Regel sehr aufwändig. In jeder Hinsicht untadelig ist der klassische Euklidische Algorithmus der „Wechselwegnahme" (siehe Abschn. 3.1). Er liefert effektiv den größten gemeinsamen Teiler und überzeugt darüber hinaus durch mathematischen Reichtum. Analoge Überlegungen gelten für viele Beispiele der Graphentheorie: In jedem zusammenhängenden Graphen ist es sicher richtig, dass es einen kürzesten Weg zwischen je zwei Punkten gibt. Das effektive Auffinden eines solchen Weges ist dann die eigentliche Aufgabe.

Zum Messen der Effektivität eines Verfahrens werden die sogenannten *Landau-Symbole* verwendet, die das Wachstum von Funktionen beschreiben. Sei hierzu $f \colon \mathbb{R} \to \mathbb{R}$ eine Funktion, und sei $k \in \mathbb{N}$. Dann schreibt man traditionell (unter Missbrauch des Gleichheitszeichens):

$$f = O(x^k), \quad \text{falls } c, x_0 \in \mathbb{R} \text{ existieren, so dass } |f(x)| \leq c x^k \text{ für alle } x \geq x_0,$$

$$f = o(x^k), \quad \text{falls } \lim_{x \to \infty} f(x)/x^k = 0,$$

$$f \sim x^k, \quad \text{falls } \lim_{x \to \infty} f(x)/x^k = 1.$$

So gilt z. B. $\cos(x) = O(1) \, (= O(x^0))$, $x = O(x)$, $x = o(x^2)$, $x + a \sim x$, $ax + b = O(x)$ und $ax^2 + bx + c = O(x^2)$ für alle $a, b, c \in \mathbb{R}$.

Genauso sind für exponentielle Betrachtungen $f = O(e^x)$, $f = o(e^x)$ und $f \sim e^x$ definiert, und allgemein erklärt man in analoger Weise $f = O(g)$, $f = o(g)$ und $f \sim g$ für reelle Funktionen g mit positiven Werten. Gilt $f \sim g$, d. h. $\lim_{x \to \infty} f(x)/g(x) = 1$, so heißen f und g *asymptotisch gleich*. Statt $f = o(g)$ schreibt man oft auch $f \prec g$ und sagt, dass g *(asymptotisch) schneller wächst* als f.

Diese Wachstumsbegriffe übertragen sich auf Funktionen $f \colon \mathbb{N} \to \mathbb{N}$, indem wir statt „$x \in \mathbb{R}$" nur „$n \in \mathbb{N}$" verwenden, und sie sind dann zur Beschreibung eines Algorithmus geeignet: Jedem Input a wird eine natürliche Zahl $n(a)$ zugeordnet, die sog. *Eingabegröße*, z. B. die Länge der Zeichenkette a, der Grad des Polynoms a, die Anzahl der Kanten des Graphen a, usw. Weiter wird dem Verfahren eine von der Eingabegröße n abhängige Komplexität $f(n)$ zugeordnet, die angibt, wie viel es „kostet", den Output für Inputs a mit $n(a) = n$ zu berechnen, z. B. die Anzahl der Rechenschritte (Laufzeit) oder die Größe des benötigten Speichers. Wir sagen, dass der Algorithmus von der Komplexität $O(g)$, $o(g)$ bzw. g ist, falls $f = O(g)$, $f = o(g)$ bzw. $f \sim g$ gilt. Speziell hat ein Algorithmus *quadratische Komplexität* (in einer bestimmten Eingabegröße und Kostenfunktion), falls $f = O(n^2)$ gilt.

1.12 Strukturen und strukturerhaltende Abbildungen

Mengen werden in der Mathematik selten nackt verwendet. Eine Menge M erhält Struktur, indem wir eine Reihe von Operationen, Relationen und Konstanten auf M einführen und studieren. So statten wir die natürlichen Zahlen $\mathbb{N}$ mit einer Addition und Multiplikation aus, mit einer linearen Ordnung $<$, und wir betrachten oftmals die speziellen Zahlen 0 und 1. Wir erhalten so die „Struktur" $(\mathbb{N}, +, \cdot, <, 0, 1)$ auf dem „Universum", „Träger" oder „Bereich" $\mathbb{N}$.

Im Laufe der Untersuchung der natürlichen Zahlen reichern wir diesen Ausgangspunkt an durch neue Funktionen wie die Exponentiation oder die Fakultät, und durch neue Relationen wie „a ist durch b teilbar" oder auch einstellige Relationen wie „p ist eine Primzahl". Das Studium dieser Begriffe führt dann wiederum zur Einführung neuer strukturierender Begriffe, usw. Wir erhalten die Eigendynamik der klassischen Zahlentheorie.

Analog haben die reellen Zahlen die Grundstruktur $(\mathbb{R}, +, \cdot, <, 0, 1)$, die wir im Laufe von analytischen Untersuchungen durch Funktionen wie $\sin(x)$, $\cos(x)$, $\tan(x)$, $\log(x)$, e^x und Konstanten wie π und e anreichern. Weiter gehen wir dann zu den komplexen Zahlen $(\mathbb{C}, +, \cdot, 0, 1, i)$ über, und ihre analytische Untersuchung liefert dann oft auch neue und überraschende Einsichten über die natürlichen Zahlen $\mathbb{N}$. So entsteht die analytische Zahlentheorie.

Neben diesen konkreten Strukturen mit unerreichter Bedeutung für die Mathematik gibt es allgemeine Strukturen, die axiomatisch eingeführt werden – oft auch deswegen, um konkrete Strukturen wie $\mathbb{N}$, $\mathbb{Z}$, $\mathbb{R}$ und $\mathbb{C}$ besser zu verstehen. Wir sagen zum Beispiel: Eine Menge G mit einer Operation $\circ: G^2 \to G$ heißt Gruppe, falls die und die Aussagen gelten, die sog. Gruppenaxiome. Wir definieren dadurch eine bestimmte Klasse $(G, \circ)$ von Strukturen. Ähnliches gilt z. B. für die Äquivalenzrelationen $(A, \equiv)$, die partiellen Ordnungen $(P, <)$, die Körper $(K, +, \cdot, 0, 1)$, die Graphen (E, K), die metrischen Räume (X, d), usw.

Im Umgang mit Strukturen reduzieren wir oft die Struktur auf ihren Träger und sprechen von einer Menge G als einer Gruppe, einer Menge M als einer linearen Ordnung, usw. Die strukturstiftenden Funktionen, Relationen und Konstanten sind dann stillschweigend mit dabei.

Bei der Untersuchung von allgemeinen Strukturen werden zunächst die konstituierenden Axiome ausgelotet. Am Beispiel der Gruppen geschieht vereinfacht geschildert Folgendes. Wir versuchen zunächst möglichst viele Aussagen zu beweisen, die in jeder beliebigen Gruppe gelten. Das „Weltbild" ist: Es liegt eine nicht weiter spezifizierte Gruppe G vor, und wir erkunden, nichts als die Gruppenaxiome im Gepäck, was in dieser Gruppe alles gelten muss. Wir erforschen dadurch diejenigen Eigenschaften, die wir den Gruppen implizit durch die Gruppenaxiome aufgenötigt haben, die wir aber, infolge der Beschränktheit unseres Geistes, nicht sofort sehen können.

Neben Aussagen, die für alle Gruppen gelten, werden wir auch interessante gruppentheoretische Aussagen entdecken, die wir mit unseren Gruppenaxiomen weder beweisen noch widerlegen können. Wir versuchen dann zwei Beispiele für Gruppen zu konstruieren, die eine derartige Aussage erfüllen bzw. verletzen. So finden wir, dass manche, aber nicht alle Gruppen kommutativ sind, und ebenso finden wir, dass manche, aber nicht alle Gruppen zyklisch sind. Nun wiederum werden wir nach der axiomatischen Methode die Eigenschaften aller kommutativen Gruppen untersuchen, danach die aller zyklischen Gruppen, usw.

Schnell tauchen bei diesem Unterfangen zwei wesentliche Erweiterungen des obigen Weltbildes auf: Zum einen entdecken wir, z. B. beim Sammeln von Beispielen für Gruppen, dass manche Teilmengen einer Gruppe G wieder eine Gruppe bilden, wenn sie die Struktur von G erben. Wir entdecken also die sog. Untergruppen. Zum anderen rücken Abbildungen zwischen zwei Gruppen, die ihre Struktur respektieren, in das Zentrum des Interesses. Wir entdecken sie z. B. bei der Beobachtung, dass viele Gruppen eine Untergruppe enthalten, die wie $(\mathbb{Z}, +)$ „aussieht".

Allgemein heißt eine Teilmenge N einer Struktur M eine *Unterstruktur* von M, wenn N abgeschlossen unter allen Operationen von M ist und zudem alle Konstanten von M enthält. Wird M nur durch Relationen strukturiert, so ist diese Bedingung leer, und damit sind alle Teilmengen von M auch Unterstrukturen. Dagegen ist die Menge U der ungeraden Zahlen keine Unterstruktur von $(\mathbb{N}, +)$, denn die Addition führt aus den ungeraden Zahlen heraus. Dagegen ist die Menge der geraden Zahlen eine Unterstruktur von $(\mathbb{N}, +)$.

Axiomatische Unterstrukturen sind nun diejenigen Unterstrukturen, die unter der ererbten Struktur alle betrachteten Axiome erfüllen. Die axiomatischen Unterstrukturen der Gruppen nennt man *Untergruppen,* die der Körper *Unterkörper,* die der partiellen Ordnungen *Teilordnungen,* usw. Jede Teilmenge einer linearen Ordnung ist unter der ererbten Ordnung wieder linear geordnet. Jede Unterstruktur ist hier also auch axiomatisch. Dagegen ist nicht jede Unterstruktur einer Gruppe auch eine Untergruppe: $\mathbb{N} \subseteq \mathbb{Z}$ ist abgeschlossen unter der Addition, aber mangels der Existenz von inversen Elementen für $n \neq 0$ keine Untergruppe von $(\mathbb{Z}, +)$.

Zur Definition einer strukturerhaltenden Abbildung betrachten wir (der notationellen Einfachheit halber) zwei Strukturen (M, f, R, c) und (N, g, P, d) mit zweistelligen Funktionen f, g, zweistelligen Relationen R, P und Konstanten c, d. Eine Abbildung $s\colon M \to N$ heißt *strukturerhaltend* oder ein *Homomorphismus,* falls die drei folgenden Bedingungen erfüllt sind:

(a) Für alle $a, b \in M$ gilt $s(f(a, b)) = g(s(a), s(b))$.
(b) Für alle $a, b \in M$ gilt $a\,R\,b$ genau dann, wenn $s(a)\,P\,s(b)$.
(c) Es gilt $d = s(c)$.

(Haben die Strukturen mehrere Funktionen $f_1, \ldots, f_n$ bzw. $g_1, \ldots, g_n$, so wird die Bedingung (a) für alle einander entsprechenden Paare f_i, g_i gefordert. Analoges

gilt für mehrere Relationen und Konstanten. Sind R und P einstellig, so lautet (b):
Für alle $a \in M$ gilt $a \in R$ genau dann, wenn $s(a) \in P$. Analog werden (a) und (b)
für n-stellige Relationen oder Funktionen modifiziert.)

Ist eine strukturerhaltende Abbildung injektiv, so heißt sie eine *Einbettung* oder
ein *Monomorphismus*. Ihr Wertebereich ist dann automatisch eine Unterstruktur von
N. Ist sie bijektiv, so heißt sie ein *Isomorphismus* zwischen M und N. Die Strukturen M und N heißen *isomorph*, falls ein Isomorphismus $s\colon M \to N$ existiert.
Analog heißt M *einbettbar* in N, falls ein Monomorphismus $s\colon M \to N$ existiert.

Wir betrachten einige Beispiele. Die Funktion $s\colon \mathbb{R} \to \mathbb{R}^2$ mit $s(x) = (x, 0)$
ist eine Einbettung von $(\mathbb{R}, +, \cdot, 0, 1)$ in $(\mathbb{C}, +, \cdot, 0, 1)$ und in diesem Sinne können
wir $\mathbb{R}$ samt Struktur als Teilmenge von $\mathbb{C}$ auffassen. Ebenso ist $s\colon \mathbb{Z} \to \mathbb{Z}$ mit
$s(z) = 2z$ eine Einbettung von $(\mathbb{Z}, +)$ in sich selbst (denn $2(a + b) = 2a + 2b$),
aber nicht von $(\mathbb{Z}, \cdot)$ in sich selbst (denn $2(a \cdot b) \neq 2a \cdot 2b$) für $a, b \neq 0$).

Zwei Strukturen M und N, auf denen jeweils gleichbezeichnete Operationen $+$
und $\cdot$ erklärt sind, sind isomorph, wenn es eine Bijektion $s\colon M \to N$ gibt mit

$$s(a + b) = s(a) + s(b) \text{ und } s(a \cdot b) = s(a) \cdot s(b)$$

für alle $a, b \in M$. Hier werden auf der linken Seite der beiden Gleichheitszeichen
die Operationen in M ausgewertet, auf der rechten Seite diejenigen in N. Im Allgemeinen haben diese Operationen nichts miteinander zu tun, aber die Lesbarkeit
der Isomorphiebedingung wird erhöht.

Sind auf M und N lediglich Relationen $R \subseteq M^2$ und $P \subseteq N^2$ gegeben, so
sind M und N bereits dann isomorph, wenn es ein bijektives $s\colon M \to N$ gibt,
das lediglich obige Bedingung (b) erfüllt. Diese Situation liegt sowohl für Äquivalenzrelationen $(M, \equiv)$, $(N, \sim)$, partielle Ordnungen $(A, <)$, $(B, \prec)$ und gerichtete
Graphen (E_1, K_1), (E_2, K_2) vor. Die Bedingung (b) lautet hier jeweils explizit:

Für alle $a, b \in M$ gilt $a \equiv b$ genau dann, wenn $s(a) \sim s(b)$.
Für alle $a, b \in A$ gilt $a < b$ genau dann, wenn $s(a) \prec s(b)$.
Für alle $a, b \in E_1$ gilt $(a, b) \in K_1$ genau dann, wenn $(s(a), s(b)) \in K_2$.

Allgemein hängt der Einbettungs- und Isomorphiebegriff nicht von einer axiomatischen Umgebung, sondern nur vom Typ der betrachteten Strukturen ab. Um zum
Beispiel zu notieren, wann zwei Körper isomorph sind, muss man gar nicht genau
wissen, was ein Körper ist.

Anschaulich drückt man die Einbettbarkeit von N in M zuweilen so aus, dass M
eine Kopie von N enthält. Und zwei Strukturen M und N sind isomorph, wenn sie
bis auf die Namen ihrer Elemente übereinstimmen. Als reine Strukturen aufgefasst
sind sie also identisch. Alle Eigenschaften, die sich in der „Sprache" einer Struktur
ausdrücken lassen, übertragen sich automatisch von M auf eine zu M isomorphe
Struktur N. Sind zwei partielle Ordnungen $(M, <)$ und $(N, <)$ isomorph und ist
M linear geordnet, so ist auch N linear geordnet. Ist M dicht, so ist auch N dicht.
Hat M ein kleinstes Element, so auch N. Sind zwei Graphen $G_1 = (E_1, K_1)$ und
$G_2 = (E_2, K_2)$ isomorph und ist G_1 zusammenhängend, so ist auch G_2 zusammenhängend. Enthält G_1 einen Kreis mit 5 Ecken, so auch G_2, usw.

Zwei Strukturen als isomorph zu erkennen kann ein schwieriges Problem sein, und zwar nicht nur aus theoretischer, sondern auch aus praktischer Sicht. Es gibt z. B. vermutlich keinen effektiven Algorithmus, der zwei Graphen daraufhin überprüft, ob sie isomorph sind oder nicht (siehe Abschn. 4.4).

Literaturhinweise

Allgemeine Lehrbücher und propädeutische Texte

O. DEISER: *Grundbegriffe der wissenschaftlichen Mathematik*. Springer 2010.

T. GOWERS: *Mathematik*. Reclam 2011; Übersetzung von *Mathematics. A Very Short Introduction*. Oxford University Press 2002.

I. HILGERT, J. HILGERT: *Mathematik – ein Reiseführer*. Springer Spektrum 2012.

J. HILGERT: *Lesebuch Mathematik für das erste Studienjahr*. Springer Spektrum 2013.

K. HOUSTON: *Wie man mathematisch denkt*. Springer Spektrum 2012.

H. SCHICHL, R. STEINBAUER: *Einführung in das mathematische Arbeiten*. Springer 2012.

Zwei Klassiker

R. COURANT, H. ROBBINS: *Was ist Mathematik?* 5. Auflage, Springer 2001 (1. Auflage 1941).

G. PÓLYA: *Mathematik und plausibles Schließen, Band 1*. 3. Auflage, Birkhäuser 1988 (1. Auflage 1954).

Zahlen

2

Die Mathematik gilt als die „Welt der Zahl" (so der Titel des Schulbuchs, das einer der Autoren in der Grundschule benutzte), und das folgende Kapitel führt in diese Welt ein. Dabei bleiben wir die Antwort auf die Frage, was eine Zahl eigentlich ist, schuldig; in dieser Allgemeinheit ist sie auch kaum zu beantworten. Stattdessen beschreiben wir den Weg, der von den natürlichen Zahlen zu den komplexen Zahlen und noch weiter führt.

Dabei folgen wir Kroneckers Diktum: „Die ganzen Zahlen hat der liebe Gott gemacht, alles andere ist Menschenwerk." Tatsächlich beginnen wir bei den natürlichen Zahlen, die durch einen Satz von auf Peano zurückgehenden Axiomen definiert werden. Im zweiten Abschnitt werden daraus durch geeignete Äquivalenzklassenbildung zuerst die ganzen Zahlen und aus diesen dann die rationalen Zahlen konstruiert. Schwieriger ist der Übergang von den rationalen zu den reellen Zahlen in Abschn. 2.3. Man kann $\mathbb{R}$ aus $\mathbb{Q}$ wiederum mittels einer geeigneten Äquivalenzklassenbildung erhalten; eine andere Möglichkeit bieten die Dedekind'schen Schnitte. Wir stellen beide Verfahren vor, die jeweils zum vollständigen archimedisch geordneten Körper der reellen Zahlen führen.

Demgegenüber ist der Weg von $\mathbb{R}$ zu $\mathbb{C}$ in Abschn. 2.4 für die moderne Mathematik fast trivial, wenngleich die komplexen Zahlen über Jahrhunderte auf einem nur schwachen gedanklichen Fundament standen. Heute stellt man sich unter $\mathbb{C}$ schlicht $\mathbb{R}^2$ mit einer passenden Addition und Multiplikation vor. Über die Versuche, auch Vektoren des $\mathbb{R}^n$ zu multiplizieren, berichtet Abschn. 2.5; das funktioniert nur noch in den Dimensionen 4 und 8, und das auch nur mit Abstrichen.

Der nächste Abschnitt beschäftigt sich wieder mit den reellen Zahlen, und zwar mit der Zifferndarstellung. Die Abschn. 2.7 und 2.8 diskutieren irrationale, algebraische und transzendente Zahlen, und in Abschn. 2.9 stellen wir mit π und e die (außer 0 und 1) wohl wichtigsten reellen Zahlen genauer vor. Schließlich werfen wir in Abschn. 2.10 einen Blick auf die „unendlich kleinen" Größen der Nichtstandardanalysis und in Abschn. 2.11 auf die mitunter bizarre Welt der p-adischen Zahlen. Der abschließende 2.12. Abschnitt ist Zufallszahlen gewidmet.

© Springer-Verlag Berlin Heidelberg 2016
O. Deiser, C. Lasser, E. Vogt, D. Werner, *12 × 12 Schlüsselkonzepte zur Mathematik*,
DOI 10.1007/978-3-662-47077-0_2

2.1 Natürliche Zahlen

Das Zählen gehört zu den grundlegenden menschlichen Tätigkeiten: Wir zählen Schafe, Pfeile, Geld, Schritte, Treppenstufen, Sterne, Tage, Jahre, Herzschläge, Kalorien, Blutkörperchen. Weiter bildet das Zählen auch die Grundlage des Messens von Längen, Flächen, Volumina und Zeiten. Die Ergebnisse von Zählungen notieren wir mit Hilfe eines bestimmten Notationssystems, etwa:

$$|, ||, |||, ||||, |||||, \ldots \quad (\textit{„Kerbennotation“})$$
$$\text{I, II, III, IV, V, VI, VII, VIII, IX, X}, \ldots \quad (\textit{römische Notation})$$
$$1, 2, 3, \ldots, 10, 11, 12, \ldots \quad (\textit{Dezimalnotation})$$

Da zuweilen der Köcher leer und nichts zu zählen ist, ist auch die Einführung eines Zeichens für eine „Zählung der Leere“ sinnvoll, etwa eine waagrechte Kerbe „-“ oder die 0 in unserem heutigen Dezimalsystem. Ob man die Null als eine natürliche Zahl ansieht oder nicht, ist letztendlich eine Frage der Konvention. In der mathematischen Logik und in der Informatik gilt die Null als natürliche Zahl, in der Zahlentheorie ist es dagegen oft bequemer, das Zählen mit der Eins zu beginnen. In jedem Falle existiert ein je nach Konvention eindeutig bestimmtes *Anfangselement* des Zählens.

Die Mathematik hat die natürlichen Zahlen lange als undefinierte Grundobjekte betrachtet. Erst im späten 19. Jahrhundert wurde von Richard Dedekind und anderen die von einem Notationssystem unabhängige Struktur der natürlichen Zahlen ans Licht gebracht und so eine Definition der natürlichen Zahlen ermöglicht. Das entscheidende Merkmal ist die *Nachfolgerbildung*, die einer natürlichen Zahl n ihren *(direkten) Nachfolger* $S(n)$ zuordnet. Die Nachfolgerbildung hat die folgenden Eigenschaften:

(1) Jede natürliche Zahl besitzt einen eindeutigen Nachfolger.
(2) Haben zwei natürliche Zahlen denselben Nachfolger, so sind sie gleich.
(3) Das Anfangselement ist kein Nachfolger einer natürlichen Zahl.
(4) Sei A eine Menge von natürlichen Zahlen, die das Anfangselement als Element enthält und die mit jedem n auch $S(n)$ als Element enthält. Dann ist jede natürliche Zahl ein Element von A. *(Induktionsprinzip)*

Möchte man also zeigen, dass alle natürlichen Zahlen n eine bestimmte Eigenschaft $\mathcal{E}$ besitzen, so genügt es, die beiden folgenden Aussagen zu beweisen:

(I1) Das Anfangselement besitzt die Eigenschaft $\mathcal{E}$. *(Induktionsanfang)*
(I2) Es gelte $\mathcal{E}(n)$ für ein n. Dann gilt auch $\mathcal{E}(S(n))$. *(Induktionsschritt)*

Hat man (I1) und (I2) bewiesen, so gilt $\mathcal{E}(n)$ für alle natürlichen Zahlen nach dem Induktionsprinzip für $A = \{n \mid \mathcal{E}(n)\}$. In (I2) bezeichnet man die Annahme $\mathcal{E}(n)$ (oder gleichwertig $n \in A$) als *Induktionsvoraussetzung*.

Die Eigenschaften (1)–(4) genügen bereits für eine strukturelle Definition der natürlichen Zahlen: Ein Tripel (N, S, d) heißt eine *Zählreihe* oder *Dedekind-Struktur* mit *Nachfolgerfunktion S* und *Anfangselement* $d \in N$, falls gilt:

(a) $S: N \to N$.
(b) S ist injektiv.
(c) $d \notin \text{rng}(S)$.
(d) Für alle $A \subseteq N$ gilt: $d \in A \wedge \forall n \, (n \in A \to S(n) \in A) \to A = N$. *(Induktionsprinzip)*

Die Eigenschaften (1)–(4) (bzw. (a)–(d)) oder äquivalente Formulierungen werden zuweilen auch *Peano-Axiome* genannt. Sie gehen aber auf Dedekind zurück.

Es lässt sich zeigen, dass es bis auf Isomorphie genau eine Zählreihe gibt. Wir fixieren also eine Zählreihe $(\mathbb{N}, S, 0)$ und nennen $\mathbb{N}$ die *Menge der natürlichen Zahlen*. Dass unser Anfangselement 0 die Rolle der Null übernimmt, wird erst bei der Einführung der Addition auf $\mathbb{N}$ klar werden.

Mit Hilfe des Induktionsprinzips lässt sich beweisen, dass eine Funktion f auf $\mathbb{N}$ wie folgt eindeutig definiert werden kann:

(R1) Man definiert $f(0)$. *(Rekursionsanfang)*
(R2) Man definiert, für alle $n \in \mathbb{N}$, den Wert $f(S(n))$ mit Hilfe von $f(n)$. *(Rekursionsschritt)*

Eine derartige Definition von f nennt man eine *Rekursion (nach $n \in \mathbb{N}$)*. Oft verwendet man im Rekursionsschritt die Sprechweise, dass der Wert $f(n)$ „bereits definiert" ist, und gibt an, wie sich $f(S(n))$ aus $f(n)$ errechnet.

Mit Rekursion kann eine Arithmetik auf $\mathbb{N}$ erklärt werden. Wir definieren für alle $m \in \mathbb{N}$ die Addition $m + n$ durch Rekursion nach n:

$$m + 0 = m$$

$$m + S(n) = S(m + n) \text{ für alle } n \in \mathbb{N}.$$

Mit Hilfe der Addition definieren wir nun für alle $m \in \mathbb{N}$ die Multiplikation $m \cdot n$ durch Rekursion nach n:

$$m \cdot 0 = 0,$$

$$m \cdot S(n) = (m \cdot n) + m \text{ für alle } n \in \mathbb{N}.$$

Damit sind wir bei einer arithmetischen Struktur $(\mathbb{N}, S, 0, +, \cdot)$ angelangt. Es gilt $S(n) = n + 1$ für alle $n \in \mathbb{N}$. Die Addition und die Multiplikation sind assoziativ und kommutativ, und es gilt das Distributivgesetz. All diese Eigenschaften kann man durch geeignete Induktionen beweisen. In analoger Weise erklärt man schließlich auch noch die Exponentiation, d. h., man definiert für alle m rekursiv $m^0 = 1$ und $m^{S(n)} = m^n \cdot m$.

Mit Hilfe der Addition definieren wir für alle $n, m \in \mathbb{N}$:

$$n < m, \quad \text{falls es ein } k \neq 0 \text{ mit } n + k = m \text{ gibt.}$$

Die Relation $<$ erweist sich als eine lineare Ordnung auf $\mathbb{N}$. Für alle $n \in \mathbb{N}$ sei $W(n) = \{m \in \mathbb{N} \mid m < n\}$ die Menge aller Vorgänger von n. Man kann nun zeigen, dass für alle $A \subseteq \mathbb{N}$ das *starke Induktionsprinzip* gilt:

(4^*) $\forall n \; (W(n) \subseteq A \to n \in A) \to A = \mathbb{N}$.

Wollen wir also $A = \mathbb{N}$ für eine Teilmenge A von $\mathbb{N}$ zeigen, so können wir wie folgt vorgehen: Sei $n \in \mathbb{N}$ beliebig. Wir nehmen an, dass $W(n) \subseteq A$ gilt, d. h., dass jedes $m < n$ ein Element von A ist. Diese Annahme bezeichnet man erneut als *(starke) Induktionsvoraussetzung*. Nun zeigen wir mit Hilfe der Induktionsvoraussetzung, dass n selbst ein Element von A ist. Dieses Argument nennt man wieder den *(starken) Induktionsschritt*. Nach (4^*) ist damit gezeigt, dass $A = \mathbb{N}$. (Ein Induktionsanfang entfällt bei der starken Induktion. Für $n = 0$ ist $W(n)$ die leere Menge und der allgemeine Induktionsschritt zeigt mit Hilfe der trivialen Induktionsvoraussetzung $\emptyset \subseteq A$, dass $0 \in A$ gilt.)

Den Beweisen durch starke Induktion entsprechen die *Wertverlaufsrekursionen* in Definitionen. Eine Funktion f auf $\mathbb{N}$ kann wie folgt eindeutig definiert werden:

(R*) Man definiert, für alle $n \in \mathbb{N}$, den Wert $f(n)$ mit Hilfe der Werte $f(m)$, $m < n$. *(Rekursionsschritt)*

Hier darf man also zur Definition von $f(n)$ annehmen, dass $f(m)$ für alle $m < n$ bereits definiert ist.

Wir wollen das starke Induktionsprinzip noch etwas umformulieren. Schreiben wir die Implikation in (4^*) kontrapositiv, so sehen wir, dass für alle $A \subseteq \mathbb{N}$ gilt:

$$A \neq \mathbb{N} \to \exists n \; \neg(W(n) \subseteq A \to n \in A),$$

d. h.,

$$A \neq \mathbb{N} \to \exists n \; (W(n) \subseteq A \land n \notin A).$$

Setzen wir hier $B = \mathbb{N} - A$, so erhalten wir, dass für alle $B \subseteq \mathbb{N}$ gilt:

(4^{**}) $B \neq \emptyset \to \exists n \; (W(n) \cap B = \emptyset \land n \in B)$. *(Prinzip vom kleinsten Element für $B \subseteq \mathbb{N}$)*

Jede nichtleere Teilmenge von $\mathbb{N}$ hat also ein kleinstes Element, d. h., die lineare Ordnung $<$ ist eine Wohlordnung auf $\mathbb{N}$. Unsere Überlegung zeigt zudem, dass die starke Induktion und die Wohlordnungseigenschaft von $<$ rein logisch äquivalent sind: Die beiden Aussagen gehen durch das Kontrapositionsgesetz auseinander hervor, die starke Induktion für $A \subseteq \mathbb{N}$ entspricht dem Prinzip des kleinsten Elements für $B = \mathbb{N} - A$.

2.2 Ganze und rationale Zahlen

Die natürlichen Zahlen $\mathbb{N}$ und die zugehörigen Operationen der Addition und der Multiplikation reichen für viele Zähl- und Messvorgänge nicht aus. Beispiele sind Reste („noch 4 von 10 Runden zu fahren"), Geldschulden („1210 Euro roter Kontostand"), Anteile („ein Drittel des Gewinns"), Verhältnisse („Meter zu Yard"). Diese Beispiele legen eine Erweiterung der natürlichen Zahlen zu einem Zahlbereich nahe, in welchem wir die Addition und Multiplikation so frei wie möglich umkehren können, d. h., für möglichst viele Zahlen a existieren Zahlen b und c mit $a + b = 0$ und $a \cdot c = 1$. Wir erreichen dies in zwei Schritten.

Gilt $m > n$ für natürliche Zahlen n und m, so können wir die Differenz $m - n$ definieren als das eindeutige k mit $n + k = m$. Beim Rechnen mit Differenzen entsteht schnell das Bedürfnis, dass „$-n$" für alle $n \in \mathbb{N}$ ein mathematisches Objekt ist und dass die Differenz $m - n$ als $m + (-n)$ gelesen werden kann. Dieses Bedürfnis kann durch eine formale Erweiterung der natürlichen Zahlen um die *negativen Zahlen* $-n, n \geq 1$, und eine geeignete Fortsetzung der Arithmetik befriedigt werden. Man gelangt so zum Zahlbereich $\mathbb{Z}$ der ganzen Zahlen. Alternativ zur Verwendung eines formalen Vorzeichens lässt sich $\mathbb{Z}$ aus $\mathbb{N}$ konstruieren, indem wir ein Paar (n, m) von natürlichen Zahlen als Differenz $n - m$ lesen. Aus dieser Idee entspringt die folgende elegante algebraische Konstruktion von $\mathbb{Z}$. Wir setzen für alle $n, m, n', m' \in \mathbb{N}$:

$$(n, m) \sim (n', m'), \text{ falls } n + m' = n' + m.$$

Die Relation $\sim$ ist eine Äquivalenzrelation auf $\mathbb{N} \times \mathbb{N}$, und wir setzen:

$$[n, m] = (n, m)/\sim \text{ für alle } n, m \in \mathbb{N},$$
$$\mathbb{Z} = \mathbb{N}^2/\sim = \{[n, m] \mid n, m \in \mathbb{N}\}.$$

Die Elemente von $\mathbb{Z}$ heißen *ganze Zahlen*. Für ganze Zahlen definieren wir:

$$-[n, m] = [m, n] \quad \text{(additive Inversenbildung)},$$
$$[n, m] + [n', m'] = [n + n', m + m'] \quad \text{(Addition)},$$
$$[n, m] - [n', m'] = [n, m] + (-[n', m']) \quad \text{(Subtraktion)},$$
$$[n, m] \cdot [n', m'] = [nn' + mm', mn' + nm'] \quad \text{(Multiplikation)},$$
$$[n, m] < [n', m'], \text{ falls } n + m' < n' + m \quad \text{(Ordnung)}.$$

Die Struktur $(\mathbb{Z}, +, \cdot)$ ist ein kommutativer Ring (siehe Abschn. 6.2), und $<$ ist eine lineare Ordnung auf $\mathbb{Z}$. Wir können $\mathbb{N} \subseteq \mathbb{Z}$ annehmen, indem wir $n \in \mathbb{N}$ mit $[n, 0] \in \mathbb{Z}$ identifizieren. Diese Einbettung respektiert die Arithmetik und Ordnung auf $\mathbb{N}$. Wie gewünscht gilt für alle $[n, m] \in \mathbb{Z}$:

$$[n, m] - [n, m] = [n, m] + [m, n] = [n + m, n + m] = [0, 0] = 0,$$
$$[n, m] = [n, 0] + [0, m] = [n, 0] - [m, 0] = n - m.$$

Die ganzen Zahlen erlauben eine Subtraktion, aber keine allgemeine Division (Umkehrung der Multiplikation). Wir führen deswegen obigen Erweiterungsprozess in analoger Weise noch einmal durch. Die Idee ist nun, ein Paar (a, b) von ganzen Zahlen mit $b \neq 0$ als Bruch a/b zu lesen. Die Null muss hier eine Sonderrolle spielen, denn wenn wir elementare Rechengesetze aufrechterhalten wollen, gilt $0 \cdot x = (0 + 0) \cdot x = 0 \cdot x + 0 \cdot x$ und folglich $0 = 0 \cdot x$ für alle x. Damit ist aber $0 \cdot 1/0 = 1$ unmöglich, im Gegensatz zu $b \cdot 1/b = 1$ für alle $b \neq 0$. Wir setzen also $\mathbb{Z}^* = \mathbb{Z} - \{0\}$ und definieren für alle ganzen Zahlen $a, c \in \mathbb{Z}$ und $b, d \in \mathbb{Z}^*$:

$$(a, b) \sim (c, d) \text{ falls } ad = cb.$$

Dann ist $\sim$ eine Äquivalenzrelation auf $\mathbb{Z} \times \mathbb{Z}^*$, und wir setzen:

$$a/b = (a, b)/\sim \quad \text{für alle } a \in \mathbb{Z},\ b \in \mathbb{Z}^*,$$
$$\mathbb{Q} = (\mathbb{Z} \times \mathbb{Z}^*)/\sim = \{a/b \mid a \in \mathbb{Z}, b \in \mathbb{Z}^*\}.$$

Die Elemente von $\mathbb{Q}$ heißen *rationale Zahlen*. Wir definieren analog zu oben:

$$-(a/b) = (-a)/b \text{ (additive Inversenbildung)},$$
$$(a/b)^{-1} = b/a, \text{ falls } a \neq 0 \text{ (multiplikative Inversenbildung)},$$
$$a/b + c/d = (ad + cb)/(bd) \text{ (Addition)},$$
$$a/b - c/d = a/b + (-c/d) \text{ (Subtraktion)},$$
$$a/b \cdot c/d = (ac)/(bd) \text{ (Multiplikation)},$$
$$(a/b)/(c/d) = (a/b) \cdot (c/d)^{-1}, \text{ falls } c \neq 0 \text{ (Division)},$$
$$a/b < c/d, \text{ falls } abd^2 < cdb^2 \text{ (Ordnung)}.$$

Die Struktur $(\mathbb{Q}, +, \cdot)$ ist ein Körper (siehe Abschn. 6.3), und $<$ ist eine lineare Ordnung auf $\mathbb{Q}$. Wir können wieder $\mathbb{Z} \subseteq \mathbb{Q}$ erreichen, indem wir $a \in \mathbb{Z}$ mit $a/1 \in \mathbb{Q}$ identifizieren. Dann ist insgesamt $\mathbb{N} \subseteq \mathbb{Z} \subseteq \mathbb{Q}$. Die Arithmetik auf $\mathbb{Q}$ hat die gewünschten Eigenschaften, speziell gelten

$$(a/b)/(a/b) = a/b \cdot (a/b)^{-1} = (ab)/(ba) = 1/1 = 1 \text{ für alle } a, b \in \mathbb{Z}^*,$$
$$a/b = a/1 \cdot 1/b = a \cdot b^{-1} \text{ für alle } a \in \mathbb{Z} \text{ und } b \in \mathbb{Z}^*.$$

Die Menge der rationalen Zahlen ist abzählbar, denn wir können alle rationalen Zahlen z. B. auflisten durch

$$\frac{0}{1}, \frac{1}{1}, -\frac{1}{1}, \frac{2}{1}, -\frac{2}{1}, \pm\frac{1}{2}, \pm\frac{3}{1}, \pm\frac{1}{3}, \pm\frac{4}{1}, \pm\frac{3}{2}, \pm\frac{2}{3}, \pm\frac{1}{4}, \ldots$$

Die Ordnung $<$ auf $\mathbb{Q}$ ist dicht, d. h., zwischen zwei rationalen Zahlen q und p liegt eine weitere rationale Zahl, etwa $(p + q)/2$. Zudem existiert kein größtes und kein kleinstes Element. Man kann zeigen, dass diese Eigenschaften eine abzählbare lineare Ordnung charakterisieren, d. h., jede abzählbare und dichte lineare Ordnung $(M, <)$ ohne größtes und ohne kleinstes Element ist isomorph zu $(\mathbb{Q}, <)$. Dieser ordnungstheoretische Satz stärkt noch einmal die Stellung der rationalen Zahlen. $\mathbb{Q}$ hat aber auch Schwächen, was uns zum nächsten Abschnitt bringt.

2.3 Reelle Zahlen

Die mathematische Modellierung eines räumlichen oder zeitlichen Kontinuums bildet die Grundlage der durch die Infinitesimalrechnung eingeleiteten Naturbeschreibung: Ein Stein fällt und ein Kreisel rotiert kontinuierlich, und auch die Zeit fließt in kontinuierlicher Weise. Obwohl bei diesem Ansatz gerade kein Fortschreiten von Punkt zu Punkt stattfinden soll, bleibt der Mathematik wohl nichts anderes übrig, als ein Kontinuum aus Punkten aufzubauen. Der fallende Stein wird durch eine Funktion beschrieben, die angibt, an welchem Punkt eines räumlichen Kontinuums sich der Stein zu einem gegebenen Punkt eines zeitlichen Konntinuums befindet. Räumliches und zeitliches Linearkontinuum werden mathematisch gleich behandelt, ein mehrdimensionales Kontinuum wird als ein kartesisches Produkt eines Linearkontinuums aufgefasst. Die Punkte eines Linearkontinuums sind durch ein „links und rechts", ein „vorher und nachher", ein „früher und später" geordnet. Zu diesen ordnungstheoretischen Gesichtspunkten gesellt sich der arithmetische Charakter der Punkte, denn wir wollen mit den Punkten eines Kontinuums rechnen und messen.

Die Mathematik hat die Aufgabe der Konstruktion eines arithmetischen Kontinuums durch eine Erweiterung der rationalen Zahlen $\mathbb{Q}$ gelöst, die den Zahlkörper $\mathbb{R}$ der *reellen Zahlen* erzeugt. Wie für die Schritte von $\mathbb{N}$ nach $\mathbb{Z}$ und von $\mathbb{Z}$ nach $\mathbb{Q}$ lässt sich die Erweiterung von $\mathbb{Q}$ nach $\mathbb{R}$ als die bis auf Isomorphie eindeutige Behebung eines gewissen Mangels ansehen, die nicht mehr neue Zahlen hinzufügt als zur Behebung des Mangels notwendig sind.

Auf den ersten Blick sehen die rationalen Zahlen $\mathbb{Q}$ schon wie ein gutes Modell für ein Kontinuum aus: Die Punkte von $\mathbb{Q}$ sind dicht geordnet, und wir können mit ihnen frei rechnen. Die folgende Eigenschaft, die *lineare Vollständigkeit*, ist nun aber geeignet, die Schwächen von $\mathbb{Q}$ ans Licht zu bringen: Eine lineare Ordnung K heißt *vollständig,* falls jede nichtleere beschränkte Teilmenge von K ein Supremum und ein Infimum besitzt.

Anschaulich bedeutet die lineare Vollständigkeit, dass wir eine obere Schranke einer beschränkten nichtleeren Teilmenge A von K so weit an A heranschieben können, dass sie A berührt. Dieser Berührpunkt – das Supremum von A – soll immer eindeutig existieren. Analoges gilt für die Existenz von Infima.

Die Ordnung der rationalen Zahlen ist unvollständig: $A = \{q \in \mathbb{Q} \mid q^2 < 2\}$ besitzt kein Supremum und kein Infimum in $\mathbb{Q}$ (siehe hierzu Abschn. 2.8, Irrationalität der Quadratwurzel aus 2). Die Funktion $f\colon \mathbb{Q} \to \mathbb{Q}$ mit $f(q) = q^2 - 2$ für alle q besitzt also keine Nullstelle. Damit ist $\mathbb{Q}$ als Kontinuum ungeeignet.

De facto wimmelt es nur so an derartigen Unvollständigkeiten in $\mathbb{Q}$, denn eine vollständige und dichte lineare Ordnung ist, wie man beweisen kann, notwendig überabzählbar. Der Vollständigkeitsbegriff ist damit weit weniger harmlos als er aussieht.

Es lässt sich zeigen, dass es bis auf Isomorphie genau eine Erweiterung der rationalen Zahlen gibt, die linear vollständig ist und die Rechengesetze von $\mathbb{Q}$ bewahrt. Genauer lautet das Ergebnis: Es gibt einen bis auf Isomorphie eindeutig bestimmten linear vollständigen angeordneten Körper $(\mathbb{R}, +, \cdot, <)$. $\mathbb{R}$ enthält automatisch $\mathbb{Q}$ als Unterkörper und dient als mathematisches Modell eines Kontinuums. Die Elemente von $\mathbb{R}$ heißen *reelle Zahlen*.

Zwei klassische Konstruktionen von $\mathbb{R}$ stammen von Cantor und Dedekind. Für die Cantor'sche Konstruktion sei F die Menge aller Cauchy-Folgen in $\mathbb{Q}$, d. h., die Menge aller Folgen $(x_n)_{n \in \mathbb{N}}$ rationaler Zahlen mit der Eigenschaft

$$\forall k \geq 1 \; \exists n_0 \; \forall n, m \geq n_0 \; |x_n - x_m| < 1/k.$$

Wir setzen $(x_n)_{n \in \mathbb{N}} \sim (y_n)_{n \in \mathbb{N}}$ für zwei Folgen in F, falls die Differenzenfolge der Folgen eine Nullfolge ist, d. h., $\forall k \geq 1 \; \exists n_0 \; \forall n \geq n_0 \; |x_n - y_n| < 1/k$. Die Relation $\sim$ ist eine Äquivalenzrelation auf F, und wir setzen

$$\mathbb{R} = F/\!\sim \; = \{(x_n)_{n \in \mathbb{N}}/\!\sim \; | \; (x_n)_{n \in \mathbb{N}} \in F\}.$$

Wir können $\mathbb{Q} \subseteq \mathbb{R}$ erreichen, indem wir $q \in \mathbb{Q}$ mit $(q)_{n \in \mathbb{N}}/\!\sim$ identifizieren. Auf der Menge $\mathbb{R}$ können wir eine Arithmetik durch punktweise Addition und Multiplikation von Folgen einführen. Schließlich setzen wir $(x_n)_{n \in \mathbb{N}}/\!\sim \; < \; (y_n)_{n \in \mathbb{N}}/\!\sim$, falls gilt: $\exists k \geq 1 \; \exists n_0 \forall n \geq n_0 \; y_n - x_n > 1/k$.

Bei der Konstruktion von Dedekind steht die Ordnung der rationalen Zahlen im Vordergrund und sie strebt ohne Umschweife die lineare Vollständigkeit an. Ein Paar (L, R) von nichtleeren Teilmengen von $\mathbb{Q}$ heißt ein *Schnitt* in $\mathbb{Q}$, falls gilt: (1) $L \cap R = \emptyset$, $L \cup R = \mathbb{Q}$, (2) für alle $q \in L$ und $p \in R$ gilt $q < p$, (3) existiert $\sup(L)$ in $\mathbb{Q}$, so gilt $\sup(L) \in L$. Ein Schnitt (L, R) beschreibt also eine Zerlegung der rationalen Zahlen in einen linken und einen rechten Teil, und er markiert genau dann eine Lücke in $\mathbb{Q}$, falls $\sup(L)$ nicht existiert. Die Idee ist nun, die Schnitte (und damit insbesondere die Lücken von $\mathbb{Q}$) als Punkte und dann weiter als Zahlen aufzufassen. Wir setzen also

$$\mathbb{R} = \{(L, R) \mid (L, R) \text{ ist ein Schnitt in } \mathbb{Q}\}.$$

Wir erhalten hier $\mathbb{Q} \subseteq \mathbb{R}$, indem wir $q \in \mathbb{Q}$ mit dem durch q markierten Schnitt (L_q, R_q) mit $L_q = \{r \in \mathbb{Q} \mid r \leq q\}$ identifizieren. Durch „$(L_1, R_1) \leq (L_2, R_2)$, falls $L_1 \subseteq L_2$" erhalten wir eine vollständige lineare Ordnung auf $\mathbb{R}$. Mit etwas Mühe lässt sich auch wieder die Arithmetik von $\mathbb{Q}$ nach $\mathbb{R}$ fortsetzen. Wir erhalten ein zur Cantor'schen Konstruktion gleichwertiges Ergebnis.

Die lineare Vollständigkeit lässt eine interessante Aufspaltung zu: Ein angeordneter Körper $(K, +, \cdot, <)$ heißt *metrisch vollständig*, falls jede Cauchy-Folge in K konvergiert, und er erfüllt das *archimedische Axiom*, falls für alle positiven x, y in K ein $n \in \mathbb{N}$ existiert mit $nx > y$. Beide Bedingungen zusammen sind äquivalent zur linearen Vollständigkeit. Damit können wir die reellen Zahlen auch als metrisch vollständigen angeordneten Körper charakterisieren, der das archimedische Axiom erfüllt. Aus dem archimedischen Axiom folgt, dass für alle positiven $x \in K$ ein $n \in \mathbb{N}$ existiert mit $1/n < x$. Damit schließt unser Kontinuumsbegriff infinitesimale Größen aus (vgl. hierzu auch Abschn. 2.11).

2.4 Komplexe Zahlen

Als Konsequenz der Vollständigkeit der Menge $\mathbb{R}$ kann man beweisen, dass dort alle Gleichungen, die „offensichtlich" eine Lösung haben, auch tatsächlich lösbar sind. Bei $x^5 + x = 1$ zum Beispiel glaubt man das dem Graphen anzusehen, und der Zwischenwertsatz aus Abschn. 7.3 schafft endgültige Gewissheit. Anders liegt der Fall bei der Gleichung $x^2 = -1$, die in $\mathbb{R}$ (natürlich) nicht lösbar ist. Seit mehr als 400 Jahren operiert man jedoch erfolgreich mit einer „imaginären Zahl" $i = \sqrt{-1}$, die das Quadrat -1 haben soll. Es ist zunächst vielleicht einen Kommentar wert, warum solche „imaginären" Größen nützlich sind.

Im 16. Jahrhundert wurden von italienischen Mathematikern, namentlich von N. Tartaglia, Methoden entwickelt, um kubische Gleichungen der Form $x^3 + a_2 x^2 + a_1 x + a_0 = 0$ zu lösen. Die Substitution $x = t - a_2/3$ eliminiert den quadratischen Term und führt zur standardisierten Form $t^3 = 3pt + 2q$ (mit gewissen reellen Koeffizienten p und q), für die Tartaglia die Lösung

$$\sqrt[3]{q + \sqrt{q^2 - p^3}} + \sqrt[3]{q - \sqrt{q^2 - p^3}} \qquad (2.1)$$

angab. Wendet man diese Formel im Beispiel $t^3 = 15t + 4$ an, ergibt sich $\sqrt[3]{2 + 11\sqrt{-1}} + \sqrt[3]{2 - 11\sqrt{-1}}$, also eine Größe, die in der Welt der reellen Zahlen nicht handhabbar ist. Und doch hat jede kubische Gleichung nach dem Zwischenwertsatz mindestens eine reelle Lösung, in unserem Beispiel $t = 4$. Das lässt einen Kalkül wünschenswert erscheinen, in dem die Rechenregeln von $\mathbb{R}$ gelten, aber eine „imaginäre Einheit" $i = \sqrt{-1}$ existiert, so dass man (2.1) auswerten kann.

Dieser Kalkül wird im Körper der komplexen Zahlen realisiert. Zum Begriff des Körpers vgl. Abschn. 6.3; es sei hier nur gesagt, dass in einem Körper die traditionellen Kommutativ-, Assoziativ- und Distributivgesetze der Addition und Multiplikation gelten. Diese Rechenregeln erzwingen wegen $i^2 = -1$ für die Summe $(x + iy) + (x' + iy')$ den Wert $(x + x') + i(y + y')$ und für das Produkt $(x + iy) \cdot (x' + iy')$ den Wert $(xx' - yy') + i(xy' + x'y)$. In der modernen Mathematik nimmt man solche Heuristiken als Ausgangspunkt einer rigorosen Begriffsbildung. Man definiert daher die Menge der komplexen Zahlen als Erweiterung von $\mathbb{R}$ wie folgt. Auf $\mathbb{R}^2$ werden eine Addition und eine Multiplikation gemäß

$$(x, y) + (x', y') = (x + x', y + y')$$
$$(x, y) \cdot (x', y') = (xx' - yy', xy' + x'y)$$

erklärt. (Warum man das so macht, ist nach der Vorbemerkung klar.) Man kann nun nachweisen, dass $\mathbb{R}^2$ so zu einem Körper wird, in den $\mathbb{R}$ mittels $x \mapsto (x, 0)$ kanonisch eingebettet ist; lax gesagt erhält man also eine Obermenge von $\mathbb{R}$, in der die gleichen Rechenregeln wie dort gelten. Definitionsgemäß ist $(0, 1) \cdot (0, 1) = (-1, 0)$, also ist $(0, 1)$ als Quadratwurzel aus -1 in dieser größeren Struktur anzusehen. Natürlich erhält man keinen *angeordneten* Körper, denn sonst wären ja alle Quadrate nichtnegativ.

Die übliche Bezeichnungsweise für diesen Körper ist $\mathbb{C}$. Man setzt $i := (0, 1)$ und kann dann jedes Element (x, y) von $\mathbb{R}^2$ als $x + iy \in \mathbb{C}$ schreiben. Die algebraische Definition von komplexen Zahlen als Paare reeller Zahlen nimmt ihnen alles Imaginäre und macht sie zu genauso realen mathematischen Objekten wie die reellen Zahlen.

Bei der komplexen Zahl $z = x + iy$ nennt man die reelle Zahl x den *Realteil* und die reelle Zahl y den *Imaginärteil*; die *konjugiert komplexe Zahl* ist $\overline{z} = x - iy$. Man nennt $|z| = \sqrt{x^2 + y^2} = \sqrt{z\overline{z}}$ den *Betrag* von z; wie der reelle Betrag erfüllt auch der komplexe Betrag die Eigenschaften $|z_1 z_2| = |z_1||z_2|$, $|z_1 + z_2| \leq |z_1| + |z_2|$. Weiter induziert der Betrag mittels $d(z_1, z_2) = |z_1 - z_2|$ eine Metrik, bezüglich der $\mathbb{C}$ vollständig ist.

Stellt man sich komplexe Zahlen geometrisch als Punkte in der Ebene vor, spricht man von der *Gauß'schen Zahlenebene*. Die Addition komplexer Zahlen entspricht dann der Addition von Vektoren in $\mathbb{R}^2$. Alle komplexen Zahlen vom Betrag 1 liegen in der Gauß'schen Zahlenebene auf dem Rand des Einheitskreises. Die in Abschn. 7.4 besprochene Euler'sche Formel $\cos \varphi + i \sin \varphi = e^{i\varphi}$ ermöglicht es, komplexe Zahlen vom Betrag 1 als $e^{i\varphi}$ mit $\varphi \in \mathbb{R}$ zu schreiben und allgemein eine komplexe Zahl in der *Polardarstellung* $z = |z|e^{i\varphi}$. Für $z \neq 0$ ist das *Argument* φ als Winkel zwischen dem Vektor z und der positiven reellen Achse zu interpretieren. Mit Hilfe der Polardarstellung kann man nun auch die Multiplikation komplexer Zahlen visualisieren; man multipliziert zwei komplexe Zahlen, indem man ihre Beträge multipliziert und ihre Argumente addiert:

$$|z_1|e^{i\varphi_1} \cdot |z_2|e^{i\varphi_2} = |z_1||z_2|e^{i(\varphi_1 + \varphi_2)}.$$

Sind weitere Ausdehnungen von $\mathbb{C}$ wünschenswert oder gar notwendig? Existiert z. B. $\sqrt{i}$ in $\mathbb{C}$? Was $\sqrt{i}$ angeht, so zeigt die Polardarstellung $i = e^{i\pi/2}$, dass sowohl $z_1 = e^{i\pi/4} = (1 + i)/\sqrt{2}$ als auch $z_2 = -e^{i\pi/4} = -(1 + i)/\sqrt{2}$ die Gleichung $z^2 = i$ lösen, also als „$\sqrt{i}$" angesehen werden können. Im Gegensatz zur reellen Analysis, wo $\sqrt{a}$ die nichtnegative Lösung von $x^2 = a$ (≥ 0) bezeichnet, ist in der komplexen Analysis das Wurzelsymbol mit Vorsicht zu gebrauchen. Im obigen Beispiel zeichnet keine natürliche Eigenschaft z_1 vor z_2 aus oder umgekehrt. Daher sollte man im Komplexen „$\sqrt{a}$" wirklich nur in Anführungszeichen benutzen, denn eine gedankenlose Verwendung führt zum Beispiel zur Gleichung

$$4 = \sqrt{16} = \sqrt{(-2) \cdot (-8)} = \sqrt{-2} \cdot \sqrt{-8} = \sqrt{2}i \cdot \sqrt{8}i = -4.$$

Ein korrekter Umgang mit komplexen Wurzeln basiert auf den *n-ten Einheitswurzeln* $\omega_{k,n} = e^{i2\pi k/n}$ mit $k = 1, \ldots, n$. Es sind dies die n komplexen Lösungen von $z^n = 1$. Die n-ten Einheitswurzeln bilden in der Gauß'schen Zahlenebene ein regelmäßiges n-Eck.

Dass eine weitere Ausdehnung von $\mathbb{C}$ nicht notwendig ist, um algebraische Gleichungen zu lösen, ist eine Folge des *Fundamentalsatzes der Algebra*, wonach jede Gleichung der Form $z^n + a_{n-1}z^{n-1} + \cdots + a_1 z + a_0 = 0$ mit Koeffizienten $a_j \in \mathbb{C}$ und $n \geq 1$ stets eine komplexe Lösung hat.

Über eine Ausdehnung von $\mathbb{C}$ anderer Natur berichtet der nächste Abschnitt.

2.5 Quaternionen

Das algebraische Fundament des Rechnens mit komplexen Zahlen in der Form einer Addition und Multiplikation auf $\mathbb{R}^2$, wie sie im letzten Abschnitt erklärt wurden, wurde 1835 von dem irischen Mathematiker W. R. Hamilton geschaffen. (Wir werden seinem Namen erneut in Abschn. 4.4 in ganz anderem Zusammenhang begegnen.) Durch diesen Erfolg angetrieben, beschäftigte er sich jahrelang mit dem Problem, die Multiplikation von $\mathbb{C} = \mathbb{R}^2$ auf $\mathbb{R}^3$ auf „vernünftige Weise" fortzusetzen – ohne Erfolg.

Dass das in der Tat unmöglich ist, kann man heute mit ein wenig linearer Algebra leicht einsehen. Hätte man auf $\mathbb{R}^3$ nämlich eine nullteilerfreie Multiplikation $(u, v) \mapsto uv$ mit einem Einselement e, könnte man die lineare Abbildung L_u: $v \mapsto uv$ betrachten; die Linearität ergibt sich aus dem Distributivgesetz, das man von einer „vernünftigen" Multiplikation auf dem Vektorraum $\mathbb{R}^3$ verlangen sollte. Nun hat jede lineare Abbildung auf $\mathbb{R}^3$ einen Eigenwert (Abschn. 5.10), es gibt also eine Zahl $\lambda \in \mathbb{R}$ und einen Vektor $v \neq 0$ mit $L_u(v) = \lambda v$, d. h. $(u - \lambda e)v = 0$, woraus wegen der Nullteilerfreiheit $u = \lambda e$ folgt: Ein beliebiges Element u von $\mathbb{R}^3$ wäre ein Vielfaches von e, was ein Widerspruch ist.

Zurück zu Hamilton. Er erkannte schließlich, dass es keine „vernünftige" kommutative Multiplikation auf $\mathbb{R}^3$ gibt, denn seine Überlegungen zeigen für $e_2 = (0, 1, 0)$ und $e_3 = (0, 0, 1)$, dass $e_2 e_3 = -e_3 e_2$ sein muss. Aber er kam nicht weiter bei der Frage, was der Wert des Produkts $e_2 e_3$ sein kann. Der entscheidende Durchbruch gelang am 16. Oktober 1843. Hamilton hatte die Idee, $e_2 e_3$ nicht in $\mathbb{R}^3$ zu suchen, sondern eine vierte Dimension hinzuzunehmen. So gelang es ihm schließlich, auf $\mathbb{R}^4$ eine Multiplikation einzuführen (die Addition ist kanonisch, nämlich die Vektoraddition), die bis auf die Kommutativität alle von $\mathbb{R}$ oder $\mathbb{C}$ bekannten Eigenschaften hat; dies ist der mit $\mathbb{H}$ bezeichnete Schiefkörper der Hamiltonschen *Quaternionen*. (Ein *Schiefkörper* erfüllt alle Axiome eines Körpers bis auf die Kommutativität der Multiplikation.) Aus Hamiltons Briefen weiß man nicht nur, wann ihm der Gedankenblitz mit der vierten Dimension gekommen ist, sondern auch, wo: unter der Brougham Bridge bei einem Spaziergang entlang des Royal Canal im Norden Dublins. Hamilton war so von seinen Quaternionen eingenommen, dass er dort seine Produktformeln buchstäblich in Stein gemeißelt hat; heute befindet sich an dieser Stelle eine Gedenkplakette, die an diesen Moment in der Geschichte der Mathematik erinnert.

Explizit definiert Hamilton für $e_1 = (1, 0, 0, 0)$, $e_2 = (0, 1, 0, 0)$, $e_3 = (0, 0, 1, 0)$, $e_4 = (0, 0, 0, 1)$

$$e_2 e_3 = -e_3 e_2 = e_4, \quad e_3 e_4 = -e_4 e_3 = e_2, \quad e_4 e_2 = -e_2 e_4 = e_3,$$

$$e_2^2 = e_3^2 = e_4^2 = -e_1$$

sowie $e_1 e_m = e_m e_1 = e_m$ für $m = 1, \ldots, 4$ und erhält durch distributives Ausrechnen einen Term für das Produkt $xy = (\sum_{m=1}^{4} x_m e_m)(\sum_{m=1}^{4} y_m e_m)$. Man kann dann nachrechnen, dass die so definierte Multiplikation das Distributivgesetz erfüllt, assoziativ ist, jedes von $0 \in \mathbb{R}^4$ verschiedene Element invertierbar ist und der Körper $\mathbb{C}$ in $\mathbb{H}$ durch $r + is \mapsto (r, s, 0, 0)$ eingebettet ist.

Einfacher ist es jedoch, $\mathbb{H}$ mittels komplexer (2×2)-Matrizen zu beschreiben. Der $\mathbb{R}$-Vektorraum $\mathcal{H}$ der komplexen (2×2)-Matrizen der Form $M(z, w) = \left(\begin{smallmatrix} z & -w \\ \bar{w} & \bar{z} \end{smallmatrix}\right)$ ist abgeschlossen unter der Matrixmultiplikation, die Matrixmultiplikation ist natürlich distributiv und assoziativ, und wegen $\det M(z, w) = |z|^2 + |w|^2$ ist jedes von $0 \in \mathcal{H}$ verschiedene Element invertierbar, wobei die Inverse ebenfalls in $\mathcal{H}$ liegt. Die Quaternionenmultiplikation lässt sich äquivalent durch diese Matrizen beschreiben: Für $x, y \in \mathbb{H}$ ist $xy = u$ genau dann, wenn $M(x_1 + ix_2, x_3 + ix_4)M(y_1 + iy_2, y_3 + iy_4) = M(u_1 + iu_2, u_3 + iu_4)$. Da, wie gerade begründet, $\mathcal{H}$ ein Schiefkörper ist, ist es $\mathbb{H}$ also auch.

Prägnant formuliert ist die Abbildung

$$\Phi \colon \mathbb{H} \to \mathcal{H}, \quad \Phi(x) = \begin{pmatrix} x_1 + ix_2 & -x_3 - ix_4 \\ x_3 - ix_4 & x_1 - ix_2 \end{pmatrix}$$

ein Isomorphismus von $\mathbb{R}$-Algebren. Dabei versteht man unter einer $\mathbb{R}$-*Algebra* einen $\mathbb{R}$-Vektorraum V, auf dem eine *Multiplikation* genannte Abbildung $(u, v) \mapsto uv$ von $V \times V$ nach V erklärt ist, für die nur die Distributivität vorausgesetzt wird (mit anderen Worten, die Abbildungen $v \mapsto uv$ und $v \mapsto vu$ sind stets linear); a priori wird weder die Kommutativität noch die Assoziativität noch die Existenz eines Einselements verlangt.

Eine (reelle) *Divisionsalgebra* ist eine $\mathbb{R}$-Algebra, in der die Gleichungen $xu = v$ und $uy = v$ für $u \neq 0$ stets eindeutig lösbar sind. $\mathbb{R}$, $\mathbb{C}$ und $\mathbb{H}$ sind Divisionsalgebren. Gibt es noch weitere? Von Frobenius wurde 1877 bewiesen, dass dies die einzigen endlich-dimensionalen assoziativen Divisionsalgebren sind. Aber schon 1845 hatte Cayley eine Multiplikation auf $\mathbb{R}^8$ entdeckt (die *Oktaven-* oder *Oktionenalgebra* $\mathbb{O}$), die nicht mehr assoziativ ist, aber zu einer Divisionsalgebra führt. Die Elemente von $\mathbb{O}$ heißen auch *Cayley-Zahlen*. Sie erfüllen noch eine schwache Form der Assoziativität, nämlich $u(uv) = (u^2)v$ und $(uv)v = u(v^2)$ für $u, v \in \mathbb{O}$. Außer $\mathbb{R}$, $\mathbb{C}$ und $\mathbb{H}$ ist $\mathbb{O}$ die einzige endlich-dimensionale Divisionsalgebra, die im obigen Sinn schwach assoziativ ist. Das letzte Wort in dieser Angelegenheit hat ein Satz von Kervaire und Milnor aus dem Jahr 1958: Jede endlich-dimensionale Divisionsalgebra hat notwendig die Dimension 1, 2, 4 oder 8. Der Beweis benutzt tiefliegende Resultate der algebraischen Topologie.

2.6 b-adische Darstellungen

Die reellen Zahlen hatten wir in Abschn. 2.3 aus den rationalen Zahlen durch eine Vervollständigung gewonnen, die entweder mit Hilfe von Cauchy-Folgen rationaler Zahlen oder mit Hilfe von Dedekind'schen Schnitten in $\mathbb{Q}$ durchgeführt wurde. Beiden Konstruktionen ist gemeinsam, dass eine reelle Zahl „von Geburt an" mit beliebig genauen rationalen Approximationen ausgestattet ist, ja sogar durch ein System von rationalen Approximationen definiert wird. Auch im rechnerischen Umgang mit reellen Zahlen sind rationale Approximationen von großer Bedeutung.

Die Mathematik kennt heute viele „rationale Entwicklungen" von reellen Zahlen, etwa die endlichen und unendlichen Kettenbrüche oder analytisch motivierte Summen wie etwa $\log(1 + x) = x - x^2/2 + x^3/3 \pm \cdots$, $|x| < 1$, die für rationale x rationale Approximationen von oftmals irrationalen Funktionswerten liefern. Aber es sind vor allem die Dezimaldarstellungen und ihre Verwandten, die sich im Alltag und im wissenschaftlichen Rechnen als Standard bewährt haben.

Die Idee der Dezimaldarstellung ist, das reelle Intervall $[0, 1]$ wiederholt in je 10 gleich lange Teilintervalle zu zerlegen. Nach einer derartigen Zerlegung kann man eine beliebige Zahl des Einheitsintervalls mit einer Genauigkeit von $1/10$ lokalisieren, nach zwei Zerlegungen mit einer Genauigkeit von $1/100$, nach drei Zerlegungen mit einer Genauigkeit von $1/1000$. (Der Leser hat dies vor Augen, wenn er einen üblichen Meterstab zur Hand nimmt.) Nach k Zerlegungen haben wir eine Genauigkeit von $1/10^k$ erreicht, und mit Hilfe eines Grenzübergangs kann jede reelle Zahl durch diese iterierte Intervallzerlegung exakt beschrieben werden, in vielen Fällen auch eindeutig.

Die skizzierte Idee wollen wir nun noch mathematisch präzisieren. Dabei bedeutet es kaum Mehraufwand, allgemeinere Zerlegungen zu betrachten, die das reelle Einheitsintervall nicht in je 10, sondern in je b Teile zerlegen, für eine beliebige vorgegebene natürliche Zahl $b \geq 2$. Sei also $b \geq 2$ eine natürliche Zahl. Für jede natürliche Zahl n und jede Folge $a_1, a_2, \ldots, a_i, \ldots, i \geq 1$, von natürlichen Zahlen $a_i \in \{0, \ldots, b - 1\}$ definieren wir

$$n.a_1 \ldots a_k = n + a_1/b + a_2/b^2 + \cdots + a_k/b^k = n + \sum_{i=1}^{k} a_i/b^i$$

sowie

$$n.a_1 \ldots a_k \ldots = n + a_1/b + a_2/b^2 + \cdots = n + \sum_{i=1}^{\infty} a_i/b^i.$$

Die unendliche Summe existiert, da für alle $k \geq 1$ gilt:

$$\sum_{i=1}^{k} a_i/b^i \leq \sum_{i=1}^{k} 1/b^{i-1} = \sum_{i=0}^{k-1} (1/b)^i.$$

Damit sind nach der Konvergenz der geometrischen Reihe die Partialsummen von $\sum_{i=1}^{\infty} a_i/b^i$ beschränkt, und wegen $a_i/b^i \geq 0$ existiert daher die unendliche Summe $\sum_{i=1}^{\infty} a_i/b^i$. Nach Konstruktion ist die reelle Zahl $n.a_1a_2 \ldots a_k \ldots$ das Supremum der rationalen Zahlen $n.a_1a_2 \ldots a_k$.

Gilt $x = \pm n.a_1a_2 \ldots a_k \ldots$ für eine reelle Zahl x, so heißt $\pm n.a_1a_2 \ldots a_k \ldots$ eine (unendliche) *b-adische Darstellung* oder *b-adische Entwicklung* von x. Für $b = 10$ sprechen wir auch von einer *Dezimaldarstellung*. Seit Leibniz findet auch die kleinstmögliche Basis $b = 2$ besondere Beachtung, und sie führt zu *Dual-* oder *Binärdarstellungen* reeller Zahlen. Für jedes i heißt a_i die i-te (b-adische) Nachkommaziffer der b-adischen Darstellung $\pm n.a_1a_2 \ldots a_k \ldots$, und $\pm n$ heißt der ganzzahlige Teil der Darstellung. Für alle k nennen wir die rationale Zahl $\pm n.a_1a_2 \ldots a_k$ die k-te b-adische Näherung von $\pm n.a_1a_2 \ldots$.

Ist ein $x \geq 0$ gegeben, so können wir eine b-adische Darstellung von x wie folgt finden. Wir definieren zunächst: $n = $ „die größte natürliche Zahl m mit $m \leq x$". Weiter definieren wir dann: $a_1 = $ „das größte $a \in \{0, \ldots, b-1\}$ mit $n + a/b \leq x$", und rekursiv für alle $i \geq 1$: $a_{i+1} = $ „das größte $a \in \{0, \ldots, b-1\}$ mit $n.a_1 \ldots a_i + a/b^{i+1} \leq x$". Es ist leicht zu zeigen, dass $x = n.a_1 \ldots a_k \ldots$ gilt, d. h., das Verfahren produziert eine b-adische Darstellung von x. Für eine negative reelle Zahl x wenden wir das Verfahren auf $-x$ an und erhalten dann durch Vorschalten eines Minuszeichens eine b-adische Entwicklung von x. Damit ist gezeigt, dass jede reelle Zahl mindestens eine b-adische Darstellung besitzt.

Für $x > 0$ können wir anstelle der Bedingung „$\leq x$" in der Definition von n und der Nachkommaziffern a_i auch die Bedingung „$< x$" einsetzen. Wir erhalten dann ebenfalls eine b-adische Entwicklung von x. Für $x = 1$ und $b = 10$ liefern die beiden Methoden zum Beispiel die Entwicklungen $x = 1.000\ldots$ und $x = 0.999\ldots$. In der Tat ist $1 = \sum_{i \geq 1} 9/10^i = 9/10 + 9/100 + 9/1000 + \cdots$. Nach unserer Definition ist eine Dezimaldarstellung ein Grenzwert, und dadurch wird befriedigend beantwortet, warum $0.999\ldots$ wirklich gleich 1 ist und nicht noch „immer etwas zur Eins fehlt".

Man kann leicht einsehen, dass keine weiteren b-adischen Entwicklungen reeller Zahlen existieren. Damit besitzt jede reelle Zahl also mindestens eine und höchstens zwei b-adische Darstellungen. Für irrationale Zahlen ist die Darstellung stets eindeutig, da dann die „$\leq x$"- und „$< x$"-Definitionen zusammenfallen. Für rationale Zahlen $x > 0$ finden wir genau dann zwei verschiedene Darstellungen, wenn x von der Form $n.a_1 \ldots a_k$ ist, mit $a_k \geq 1$. In diesem Fall sind $x = n.a_1 \ldots a_k 000\ldots$ und $x = n.a_1 \ldots \overline{a}_k ccc \ldots$ mit $\overline{a}_k = a_k - 1$ und $c = b - 1$ die beiden b-adischen Darstellungen von x. Der nichteindeutige Fall ist dadurch charakterisiert, dass die Primfaktoren des Nenners des gekürzten Bruchs $x = p/q$ allesamt Teiler von b sind. So hat also $1/125$ zwei unendliche Dezimaldarstellungen, $1/14$ dagegen nur eine. Schließlich ist leicht zu sehen, dass eine b-adische Darstellung $n.a_1 \ldots a_i \ldots$ genau dann eine rationale Zahl ist, wenn die Folge der Nachkommaziffern a_i periodisch ist, d. h., wenn ein $k \geq 1$ und ein $p \geq 1$ existieren derart, dass die Ziffern-Blöcke $a_{k+1} \ldots a_{k+p}, a_{k+p+1} \ldots a_{k+2p}, \ldots$ übereinstimmen.

2.7   Irrationale Zahlen

Die pythagoreische Verhältnislehre besagte, dass es zu jeder positiven Größe d natürliche Zahlen n und m gibt derart, dass sich d zur gewählten Maßeinheit 1 so verhält wie n zu m, d. h., das m-fache von d ist das n-fache der 1. Diese Lehre, die später oft mit „Alles ist Zahl" zusammengefasst wurde, war aber, wie die Pythagoreer erkennen mussten, nicht haltbar. Es gibt kompliziertere, sog. irrationale Größen. Ein Beispiel ist die Länge d der Diagonalen eines Quadrats mit Seitenlänge 1. Nach dem Satz des Pythagoras erfüllt d die Gleichung $d^2 = 1^2 + 1^2 = 2$. Wir nehmen an, es gilt $d = n/m$ für gewisse natürliche Zahlen n und m. Aufgrund von $d^2 = 2$ gilt dann also $2m^2 = n^2$. Ist $e_1 = Z(m)$ die Anzahl der Zweien in der Primfaktorzerlegung von m, so ist $2e_1 = Z(m^2)$, und damit ist $2e_1 + 1 = Z(2m^2)$. Die Zahl

$2m^2$ lässt sich also ungerade oft durch 2 ohne Rest teilen. Ist analog $e_2 = Z(n)$, so ist $2e_2 = Z(n^2)$, und damit lässt sich n^2 gerade oft durch 2 ohne Rest teilen. Aus $2m^2 = n^2$ erhalten wir einen Widerspruch.

Die Gleichung $x^2 = 2$ ist also in $\mathbb{Q}$ unlösbar. Mit anderen Worten: Die Menge $A = \{q \in \mathbb{Q} \mid q^2 < 2\}$ besitzt kein Infimum und kein Supremum in $\mathbb{Q}$. Die Erweiterung von $\mathbb{Q}$ zu $\mathbb{R}$ fügt also tatsächlich neue Zahlen zu den rationalen Zahlen hinzu (siehe Abschn. 2.3). Die Elemente von $\mathbb{R} - \mathbb{Q}$ heißen *irrationale Zahlen*. Wir haben gezeigt, dass die positive Quadratwurzel der Zahl 2 eine irrationale Zahl ist. Da die rationalen Zahlen abgeschlossen unter Addition und Multiplikation sind, sind auch alle reellen Zahlen $qd + r$ mit $q, r \in \mathbb{Q}$, $q \neq 0$, irrational. Damit haben wir bereits unendlich viele irrationale Zahlen vorliegen. Viel stärker sind „fast alle" reellen Zahlen irrational, denn die rationalen Zahlen bilden eine abzählbare Teilmenge der überabzählbaren Menge der reellen Zahlen (siehe Kap. 12).

Es sind verschiedene Methoden gefunden worden, die es erlauben, bestimmte reelle Zahlen als irrational zu erkennen. Eine starke Verallgemeinerung der Irrationalität der Quadratwurzel aus 2 ist der folgende Satz von Gauß: Jede reelle Lösung einer algebraischen Gleichung

$$x^k + a_{k-1}x^{k-1} + \ldots + a_1 x + a_0 = 0$$

mit ganzzahligen Koeffizienten a_i ist entweder eine ganze Zahl oder aber irrational. Offenbar hat die Gleichung $x^2 - 2 = 0$ keine Lösungen in den ganzen Zahlen, und damit sind die Lösungen von $x^2 = 2$ irrational. Ebenso sind alle Lösungen der Gleichungen $x^2 = 3$, $x^2 = 5$, $x^2 = 6$, usw. irrationale Zahlen.

Auch die Euler'sche Zahl e ist irrational: Nach Definition ist $e = \sum_{k \in \mathbb{N}} 1/k!$. Wäre nun $e = n/m$ für gewisse natürliche Zahlen $n, m \geq 1$, so wäre die Zahl $r = m!(e - \sum_{0 \leq k \leq m} 1/k!)$ eine natürliche Zahl ungleich 0, also $r \geq 1$. Aber

$$r = \sum_{k > m} m!/k! < \sum_{k \geq 1} 1/(m+1)^k = \frac{\frac{1}{m+1}}{1 - \frac{1}{m+1}} = \frac{1}{m} \leq 1,$$

also $r < 1$, im Widerspruch zu $r \geq 1$. Subtilere analytische Methoden liefern die Irrationalität der Kreiszahl π.

Ein herausragendes Werkzeug zur Darstellung und Untersuchung der irrationalen Zahlen sind die unendlichen Kettenbrüche. Wir definieren rekursiv:

$$[n_0] = n_0, \quad [n_0, \ldots, n_{k+1}] = n_0 + 1/[n_1, \ldots, n_{k+1}].$$

Hierbei ist n_0 eine beliebige ganze Zahl, während alle $n_1, \ldots, n_k$ als positive natürliche Zahlen vorausgesetzt werden. Die rationale Zahl $[n_0, \ldots, n_k]$ heißt ein (endlicher) *Kettenbruch* der Tiefe $k + 1$ (zu Kettenbrüchen siehe auch Abschn. 3.8). Auf die eigenartige Form der Kettenbrüche kommt man durch eine Analyse des Euklidischen Algorithmus aus Abschn. 3.1. Es gilt zum Beispiel

$$[1] = 1, \; [1, 1] = 2, \; [1, 1, 1] = 3/2, \; [1, 1, 1, 1] = 5/3, \; [1, 1, 1, 1, 1] = 8/5, \; \ldots.$$

Hier tauchen die Fibonacci-Zahlen1, 1, 2, 3, 5, 8, 13, ... auf, die rekursiv durch
$b_0 = 1, b_1 = 1, b_{n+2} = b_n + b_{n+1}$ für alle $n \in \mathbb{N}$ definiert sind.

Man kann nun zeigen, dass für jede Folge $(n_i)_{i \in \mathbb{N}}$ mit $n_0 \in \mathbb{Z}$ und positiven
natürlichen Zahlen $n_1, n_2, \ldots$ der Grenzwert

$$\lim_{k \to \infty} [n_0, \ldots, n_k]$$

der zugehörigen endlichen Kettenbrüche existiert. Wir bezeichnen diesen Grenzwert mit $[n_0, n_1, \ldots]$ und nennen $[n_0, n_1, \ldots]$ auch den unendlichen *Kettenbruch*
mit den *Näherungsbrüchen* $[n_0, \ldots, n_k]$, $k \in \mathbb{N}$. Es zeigt sich:

> Jeder unendliche Kettenbruch $[n_0, n_1, \ldots]$ ist eine irrationale Zahl. Jede ir-
> rationale Zahl lässt sich eindeutig als unendlicher Kettenbruch $[n_0, n_1, \ldots]$
> darstellen.

(Aus topologischer Sicht gilt stärker, dass die irrationalen Zahlen, ausgestattet
mit der Relativtopologie von $\mathbb{R}$, homöomorph sind zum Raum aller betrachteten
unendlichen Folgen $(n_i)_{i \in \mathbb{N}}$, ausgestattet mit der Produkttopologie der diskreten
Topologie. Siehe hierzu Kap. 9.)

Beschränkt man auch den ersten Index n_0 auf die positiven natürlichen Zahlen, so stellen die unendlichen Kettenbrüche genau die irrationalen Zahlen dar,
die größer als Eins sind. Der als Folge gesehen einfachste Kettenbruch lautet dann
$[1, 1, 1, \ldots]$. Es gilt

$$[1, 1, 1, 1 \ldots] = \lim_{n \to \infty} b_{n+1}/b_n = (\sqrt{5} + 1)/2 \approx 1.6180339887.$$

Als Verhältnis zweier Größen ist dieser Wert bekannt als *goldener Schnitt*.

Ein weiteres Beispiel einer konkreten Berechnung ist $[1, 2, 2, 2, \ldots] = \sqrt{2}$. Allgemein lässt sich zeigen, dass die periodischen Kettenbrüche genau die irrationalen
Lösungen von quadratischen Gleichungen mit ganzzahligen Koeffizienten darstellen.

Weiteres zu Kettenbrüchen findet man in den Abschn. 3.8 und 3.9.

2.8   Algebraische und transzendente Zahlen

Eine komplexe Zahl heißt *algebraisch*, wenn sie Nullstelle eines nichtkonstanten
Polynoms mit rationalen Koeffizienten ist, andernfalls heißt sie *transzendent*. Eine
Zahl $\alpha \in \mathbb{C}$ ist also algebraisch, wenn sie eine Gleichung der Form

$$a_n x^n + a_{n-1} x^{n-1} + \cdots + a_1 x + a_0 = 0 \tag{2.2}$$

mit $n \geq 1$, $a_n \neq 0$ und $a_j \in \mathbb{Q}$ löst. Es ist klar, dass man äquivalenterweise $a_j \in \mathbb{Z}$ fordern kann, denn man kann (2.2) mit dem Hauptnenner der rationalen Zahlen a_j multiplizieren. Zum Beispiel sind alle mit Wurzeln gebildeten Zahlen wie etwa $\sqrt[3]{7 - \sqrt[5]{2}}$ algebraisch; letztere löst die Gleichung $(7 - x^3)^5 = 2$. Es gibt jedoch auch andere algebraische Zahlen, wie z. B. die eindeutig bestimmte reelle Lösung der Gleichung $x^5 + 20x + 16 = 0$, von der man in der Algebra zeigt, dass sie nicht durch „Radikale" auflösbar ist (vgl. Abschn. 6.12). Auch i ist eine algebraische Zahl, da i ja $x^2 + 1 = 0$ löst.

Mit α sind auch $-\alpha$ und $1/\alpha$ algebraisch; löst α etwa (2.2), so löst $-\alpha$ die Gleichung $a_n x^n - a_{n-1} x^{n-1} + \cdots \pm a_1 x \mp a_0 = 0$ und $1/\alpha$ die Gleichung $a_n + a_{n-1} x + \cdots + a_1 x^{n-1} + a_0 x^n = 0$. Erstaunlicher ist, dass Summe und Produkt algebraischer Zahlen wieder algebraisch sind. Der Beweis hierfür ist nicht ganz offensichtlich, denn sind P_1 und P_2 nichtkonstante Polynome über $\mathbb{Q}$ mit $P_1(\alpha_1) = P_2(\alpha_2) = 0$, so drängt sich auf den ersten Blick kein Polynom Q mit $Q(\alpha_1 + \alpha_2) = 0$ auf. Hier helfen ein Trick und ein bisschen lineare Algebra: Man kann nämlich quadratische Matrizen M_1 und M_2 mit rationalen Einträgen sowie einen Vektor $v \neq 0$ mit $M_1 v = \alpha_1 v$ und $M_2 v = \alpha_2 v$ finden; in der Sprache der linearen Algebra haben M_1 bzw. M_2 die Eigenwerte α_1 und α_2 mit demselben Eigenvektor (zu diesen Begriffen siehe Abschn. 5.10). Es ist nun klar, dass v auch ein Eigenvektor von $M_1 + M_2$ zum Eigenwert $\alpha_1 + \alpha_2$ ist. Das charakteristische Polynom von $M_1 + M_2$ ist dann ein Polynom mit rationalen Koeffizienten, das $\alpha_1 + \alpha_2$ als Nullstelle hat. (Das Argument für das Produkt ist analog.)

Diese Resultate kann man so zusammenfassen, dass die algebraischen Zahlen einen Körper (Abschn. 6.3) bilden, der mit $\overline{\mathbb{Q}}$ bezeichnet wird. Nun könnte man versuchen, die Definition der algebraischen Zahlen zu iterieren, indem man jetzt die Nullstellen aller Polynome wie in (2.2) mit Koeffizienten in $\overline{\mathbb{Q}}$ statt in $\mathbb{Q}$ betrachtet. Es stellt sich jedoch heraus, dass man nichts Neues erhält: $\overline{\mathbb{Q}}$ ist *algebraisch abgeschlossen*, was bedeutet, dass ein nichtkonstantes Polynom mit Koeffizienten in $\overline{\mathbb{Q}}$ nur Nullstellen in $\overline{\mathbb{Q}}$ besitzt bzw., in der Sprache der Algebra, dass jedes Polynom über $\overline{\mathbb{Q}}$ in Linearfaktoren zerfällt.

Die Menge der algebraischen Zahlen ist abzählbar (zu diesem Begriff siehe Abschn. 12.1). Weil nämlich $\mathbb{Q}$ abzählbar ist, gibt es nur abzählbar viele Polynome über $\mathbb{Q}$ vom festen Grad n (hier wird benutzt, dass das Produkt zweier abzählbarer Mengen abzählbar ist) und daher nur abzählbar viele Polynome über $\mathbb{Q}$ überhaupt (hier wird benutzt, dass eine abzählbare Vereinigung abzählbarer Mengen abzählbar ist), und jedes dieser Polynome hat nur endlich viele Nullstellen. Da $\mathbb{C}$ überabzählbar ist, ist klar, dass es transzendente Zahlen gibt und diese sogar die überwältigende Mehrheit der komplexen Zahlen bilden. Damit liegt freilich noch kein einziges explizites Beispiel vor. Das erste konkrete Beispiel einer transzendenten Zahl stammt von Liouville, nämlich

$$\alpha_L = \sum_{k=1}^{\infty} 10^{-k!} = 0.110001 \underbrace{00\ldots00}_{17 \text{ Nullen}} 1 \underbrace{00\ldots00}_{95 \text{ Nullen}} 100\ldots.$$

Über diese Zahl bewies Liouville 1844, dass sie sich gut durch rationale Zahlen approximieren lässt, genauer gilt für $\alpha = \alpha_L$

$$\forall n \in \mathbb{N} \; \exists p_n, q_n \in \mathbb{Z}, \; q_n \geq 2 \quad \left| \alpha - \frac{p_n}{q_n} \right| \leq \frac{1}{q_n^n}, \tag{2.3}$$

und dass alle Zahlen, die diese Bedingung erfüllen, transzendent sind. Zahlen wie in (2.3) heißen *Liouville'sche Zahlen*; für die Liouville'sche Zahl α_L kann man $p_n = \sum_{k=1}^{n} 10^{n!-k!}$ und $q_n = 10^{n!}$ wählen. Weiteres zu Liouville'schen Zahlen berichten wir in Abschn. 3.9.

Viel tiefer liegt die Frage nach der Transzendenz klassischer mathematischer Konstanten wie e oder π. Die Transzendenz von e wurde 1873 von Hermite bewiesen und die von π 1882 von Lindemann, aber bis heute weiß man nicht, ob $e + \pi$ irrational geschweige denn transzendent ist. Die Transzendenzbeweise für e und π verlassen den Bereich der elementaren Zahlentheorie und benutzen Methoden der Analysis, insbesondere Abschätzungen von Integralen. Lindemann zeigte sogar, dass für eine algebraische Zahl $b \neq 0$ die Zahl e^b $(= \sum_{k=0}^{\infty} b^k / k!)$ transzendent ist. Wegen $e^{2\pi i} = 1$ liefert das insbesondere die Transzendenz von π.

Mit dem Beweis der Transzendenz von π ist das uralte Problem der Quadratur des Kreises gelöst: Es ist unmöglich, mit Zirkel und Lineal ein Quadrat zu konstruieren, das denselben Flächeninhalt wie ein Kreis vom Radius 1 hat. In der Algebra zeigt man, dass nur gewisse algebraische Zahlen mit Zirkel und Lineal konstruiert werden können, und da mit π auch $\sqrt{\pi}$ transzendent ist, ist die Quadratur des Kreises unmöglich.

Eine große Klasse transzendenter Zahlen liefert der *Satz von Gelfond-Schneider*, den wir für reelle Zahlen formulieren, um komplexe Potenzen zu umgehen: Sind $a > 0$ und $b \in \mathbb{R}$ algebraisch sowie $a \neq 1$ und b irrational, so ist a^b transzendent. Dieser Satz löst das siebte der 23 berühmten Probleme, die Hilbert 1900 auf dem Weltkongress in Paris formuliert hat. Hilbert hielt es in der Schwierigkeit der Riemann'schen Vermutung (Abschn. 3.6) oder dem Großen Fermat'schen Satz (Abschn. 3.10) für ebenbürtig, und noch 1919 vermutete er in einem Vortrag, zu Lebzeiten des Publikums werde selbst die Transzendenz von $2^{\sqrt{2}}$ nicht entschieden werden können. Mit dieser Einschätzung lag er falsch: Dieser Spezialfall wurde schon 1930 von Kuzmin bewiesen, bevor Gelfond und Schneider 1934 unabhängig voneinander ihren allgemeinen Satz veröffentlichten.

2.9 Die Zahlen π und e

Schon Archimedes wusste, dass der Flächeninhalt eines Kreises dem Quadrat seines Radius proportional ist und der Umfang seinem Durchmesser, und zwar mit derselben Proportionalitätskonstanten, die seit dem 17. Jahrhundert mit π bezeichnet wird: $F = \pi r^2$, $U = 2\pi r$. Im heutigen streng deduktiven Aufbau der Mathematik betritt π üblicherweise zum ersten Mal die Bühne als das Doppelte der kleinsten positiven Nullstelle der Cosinusfunktion (vgl. Abschn. 2.5); alle Eigenschaften der Zahl π werden daraus abgeleitet.

Für π sind diverse analytische Ausdrücke gefunden worden, angefangen beim *Wallis'schen Produkt* (2.4) aus dem Jahr 1655 bis zur *Bailey-Borwein-Plouffe-Formel* (2.9) aus dem Jahr 1997; hier eine Auswahl:

$$\frac{\pi}{2} = \frac{2 \cdot 2}{1 \cdot 3} \cdot \frac{4 \cdot 4}{3 \cdot 5} \cdot \frac{6 \cdot 6}{5 \cdot 7} \cdots \tag{2.4}$$

$$\frac{\pi}{4} = 1 - \frac{1}{3} + \frac{1}{5} - \frac{1}{7} \pm \cdots \; (= \arctan 1) \tag{2.5}$$

$$\frac{\pi^2}{6} = 1 + \frac{1}{4} + \frac{1}{9} + \frac{1}{16} + \cdots \tag{2.6}$$

$$\frac{\pi}{4} = 4 \arctan \frac{1}{5} - \arctan \frac{1}{239} \tag{2.7}$$

$$\frac{1}{\pi} = \frac{2\sqrt{2}}{9801} \sum_{k=0}^{\infty} \frac{(4k)!(1103 + 26390k)}{(k!)^4 396^{4k}} \tag{2.8}$$

$$\pi = \sum_{k=0}^{\infty} \frac{1}{16^k} \left(\frac{4}{8k+1} - \frac{2}{8k+4} - \frac{1}{8k+5} - \frac{1}{8k+6} \right) \tag{2.9}$$

In den vorangegangenen Abschnitten wurde bereits erwähnt, dass π irrational und sogar transzendent ist. Die Dezimaldarstellung ist daher nicht periodisch, und seit Jahrhunderten werden immer mehr Dezimalstellen von $\pi = 3.14159265\ldots$ berechnet. Zur praktischen Berechnung sind (2.4), (2.5) und (2.6) allerdings ungeeignet, da die Konvergenz viel zu langsam ist. Die Formel (2.7), die 1706 von Machin gefunden wurde, gestattet mittels der Reihenentwicklung der Arcustangensfunktion recht problemlos, 100 Stellen von π zu finden. Heute sind über 2 Billionen Stellen bekannt; die Berechnung benutzt Algorithmen, deren Urvater die seltsame Formel (2.8) von Ramanujan ist. Das Neue an (2.9) ist, dass man damit die n-te Stelle von π berechnen kann, ohne die vorhergehenden Stellen auszurechnen, allerdings nicht im Dezimalsystem, sondern im Binärsystem (Basis 2) oder Hexadezimalsystem (Basis 16).

Die Zahl π taucht nicht nur in den obigen Reihenentwicklungen auf überraschende Weise auf, sondern auch in anderen Gebieten der Mathematik, z. B. in der Wahrscheinlichkeitstheorie beim *Buffon'schen Nadelproblem*. Hierbei werden in der Ebene parallele Geraden im Abstand 1 gezogen. Dann lässt man zufällig eine Nadel der Länge 1 auf die Ebene fallen. Mit welcher Wahrscheinlichkeit trifft die Nadel dann eine der Geraden? Die Antwort ist $2/\pi$.

Die Zahl e, auch *Euler'sche Zahl* genannt, wird als Grenzwert

$$e = \lim_{n \to \infty} \left(1 + \frac{1}{n} \right)^n = \sum_{k=0}^{\infty} \frac{1}{k!}$$

erklärt; dass diese beiden Grenzwerte übereinstimmen, wurde zuerst von Euler gezeigt. Wie π ist auch e transzendent; der recht einfache Beweis der Irrationalität wurde in Abschn. 2.8 vorgeführt. Auch von $e = 2.71828\ldots$ wurden immer mehr Dezimalstellen berechnet, momentan sind über 200 Milliarden bekannt. Für e gibt es weit weniger spektakuläre Darstellungen als für π; erwähnenswert ist vielleicht der mit $[2, 1, 2, 1, 1, 4, 1, 1, 6, \ldots]$ abgekürzte Kettenbruch (siehe Abschn. 3.8)

$$e = 2 + \cfrac{1}{1 + \cfrac{1}{2 + \cfrac{1}{1 + \ddots}}}.$$

Die Zahlen e und π sind eng miteinander verwoben, z. B. im Integral

$$\sqrt{\pi} = \int_{-\infty}^{\infty} e^{-x^2}\, dx$$

oder in der *Stirling'schen Formel*

$$\lim_{n \to \infty} \frac{n!}{\sqrt{2\pi n}\left(\dfrac{n}{e}\right)^n} = 1,$$

am prägnantesten jedoch in der *Euler'schen Formel* (vgl. (7.3) in Abschn. 7.4)

$$e^{2\pi i} = 1.$$

Auch e tritt in der Wahrscheinlichkeitstheorie an vielleicht unerwarteter Stelle auf. Ein einfaches Beispiel ist folgende Aufgabe. Sind n Personen auf einer Party und greift am Ende jeder Gast zufällig einen Mantel (zugegebenermaßen kein realistisches Szenario), mit welcher Wahrscheinlichkeit trägt dann niemand seinen eigenen Mantel? Die Lösung lautet $1 - \frac{1}{1!} + \frac{1}{2!} - \frac{1}{3!} + \cdots + \frac{(-1)^n}{n!}$, was eine Partialsumme der Exponentialreihe für e^{-1} ist. Die gesuchte Wahrscheinlichkeit ist für große n also approximativ $1/e = 0.3678\ldots$. Subtiler ist die Allgegenwärtigkeit der Normalverteilung mit der Dichte $\frac{1}{\sqrt{2\pi}} e^{-x^2/2}$, die sich im Satz von de Moivre-Laplace und allgemeiner im zentralen Grenzwertsatz manifestiert (vgl. Abschn. 11.7); was Ersteren angeht, so ist es die Stirling'sche Formel, durch die die Zahl e und die Exponentialfunktion in die Stochastik Einzug halten.

2.10 Infinitesimale Größen

Seit dem 19. Jahrhundert hat es sich als Standard durchgesetzt, die Differenzierbarkeit einer Funktion mit Hilfe des Grenzwertbegriffs zu erklären; siehe Abschn. 7.5. Bei den Begründern der Differentialrechnung, insbesondere Leibniz, taucht die Ableitung jedoch als „Differentialquotient" dy/dx zweier „unendlich kleiner", aber – zumindest, was dx angeht – von 0 verschiedener Größen auf. In der Welt der reellen

Zahlen gibt es so etwas natürlich nicht, und die Leibniz'schen Differentiale dienen bestenfalls zum intuitiven Verständnis der in die präzise Form des Grenzwertkalküls gebrachten Aussagen.

Im Jahre 1960 gelang es A. Robinson jedoch, diese Ideen mit der rigorosen Präzision der zeitgenössischen Mathematik in Einklang zu bringen, indem er eine Erweiterung $^*\mathbb{R}$ des Körpers $\mathbb{R}$ definierte, die „unendlich kleine" Elemente enthält, aber in der im Übrigen „dieselben" Aussagen wie in $\mathbb{R}$ gelten (auf diese sehr vage Weise wird hier das in der Sprache der mathematischen Logik und Modelltheorie verankerte „Übertragungsprinzip" wiedergegeben).

Die Konstruktion von $^*\mathbb{R}$ aus $\mathbb{R}$ folgt derselben Idee wie die Konstruktion von $\mathbb{R}$ aus $\mathbb{Q}$ mit dem Cantor'schen Verfahren (siehe Abschn. 2.3). Diesmal gehen wir von der Menge F aller reeller Folgen aus. Wir wollen $(x_n) \sim (y_n)$ setzen, wenn „oft" $x_n = y_n$ ist. Das wird mit dem Begriff des *freien Ultrafilters* realisiert. Dies ist ein System $\mathcal{U}$ von Teilmengen von $\mathbb{N}$ mit den Eigenschaften:

$$\emptyset \notin \mathcal{U},$$
$$U \in \mathcal{U}, U \subseteq V \Rightarrow V \in \mathcal{U},$$
$$U_1, U_2 \in \mathcal{U} \Rightarrow U_1 \cap U_2 \in \mathcal{U},$$
$$U \in \mathcal{U} \text{ oder } \mathbb{N} \setminus U \in \mathcal{U} \text{ für alle Teilmengen } U \subseteq \mathbb{N},$$
$$\{ m \in \mathbb{N} \mid m \geq n \} \in \mathcal{U} \text{ für alle } n \in \mathbb{N}.$$

Mit dem Zorn'schen Lemma (Abschn. 12.6) kann man die Existenz freier Ultrafilter beweisen, aber leider ist dies ein nichtkonstruktiver Existenzbeweis, der kein explizites Beispiel liefert. Fixiert man nun einen solchen freien Ultrafilter, so setzt man $(x_n) \sim (y_n)$, falls $\{ n \mid x_n = y_n \} \in \mathcal{U}$. Der Raum der Äquivalenzklassen $^*\mathbb{R} = F/\sim$ enthält dann $\mathbb{R}$ via $x \mapsto (x, x, x, \ldots)/\sim$ auf kanonische Weise. Darüber hinaus trägt $^*\mathbb{R}$ die Struktur eines angeordneten Körpers, der $\mathbb{R}$ als Unterkörper enthält, im Gegensatz zu $\mathbb{R}$ aber weder vollständig noch archimedisch ist, und der Betrag generiert keine Metrik auf $^*\mathbb{R}$. Die Elemente von $^*\mathbb{R}$ werden auch *hyperreelle Zahlen* genannt.

In der Sprache der Algebra handelt es sich bei der Konstruktion von $^*\mathbb{R}$ um nichts anderes als die Bildung des Quotientenrings von F nach dem Ideal $\{ (x_n) \mid (x_n) \sim (0) \}$; die Ultrafiltereigenschaften implizieren, dass dieses Ideal maximal ist, so dass der Quotientenring $F/\sim$ sogar ein Körper ist (zu diesen Begriffen vgl. Abschn. 6.5).

Wir wollen nun die Stetigkeit und Differenzierbarkeit von Funktionen auf $\mathbb{R}$ im Rahmen der Analysis auf $^*\mathbb{R}$, der *Nichtstandardanalysis*, beschreiben; der klassische Zugang wird in den Abschn. 7.3 und 7.5 dargestellt. Zunächst einige Vokabeln. Man nennt $x \in {}^*\mathbb{R}$ *infinitesimal*, wenn $0 < |x| < \varepsilon$ für alle $\varepsilon \in \mathbb{R}$ mit $\varepsilon > 0$ gilt. Zwei hyperreelle Zahlen $x, y \in {}^*\mathbb{R}$ heißen *infinitesimal benachbart*, in Zeichen $x \cong y$, wenn $x - y$ infinitesimal oder $x = y$ ist. Ist $x \in {}^*\mathbb{R}$ *endlich* in dem Sinn, dass eine natürliche Zahl n mit $|x| \leq n$ existiert, so kann man zeigen, dass $\{ y \in {}^*\mathbb{R} \mid y \cong x \}$, die *Monade* von x, genau eine reelle Zahl enthält, die als *Standardteil* von x bezeichnet wird.

Sei nun $f\colon \mathbb{R} \to \mathbb{R}$ eine Funktion. f kann durch $(x_n)/\!\!\sim \;\mapsto (f(x_n))/\!\!\sim$ kanonisch zu einer Funktion ${}^*f\colon {}^*\mathbb{R} \to {}^*\mathbb{R}$ fortgesetzt werden. Dass f bei x_0 stetig ist, bedeutet intuitiv

$$x \approx x_0 \quad \Rightarrow \quad f(x) \approx f(x_0).$$

Ersetzt man hier $\approx$ durch $\cong$, so wird aus dieser ungenauen (und mathematisch unbrauchbaren) Aussage ein rigoros beweisbarer Satz:

> f ist genau dann bei x_0 stetig, wenn
>
> $$x \in {}^*\mathbb{R},\ x \cong x_0 \quad \Rightarrow \quad {}^*f(x) \cong f(x_0).$$

Auch die gleichmäßige Stetigkeit lässt sich nach diesem Muster charakterisieren, nämlich durch

$$x, x' \in {}^*\mathbb{R},\ x \cong x' \quad \Rightarrow \quad {}^*f(x) \cong {}^*f(x').$$

Nun zur Differenzierbarkeit. Sei dx eine beliebige infinitesimale Größe. Dann ist $dy := {}^*f(x_0 + dx) - f(x_0) \in {}^*\mathbb{R}$ wohldefiniert, und man kann im Körper ${}^*\mathbb{R}$ den Quotienten dy/dx bilden. Die Differenzierbarkeit lässt sich jetzt so charakterisieren.

> f ist genau dann bei x_0 differenzierbar mit Ableitung l, wenn für jedes infinitesimale dx
>
> $$\frac{dy}{dx} := \frac{{}^*f(x_0 + dx) - f(x_0)}{dx} \cong l$$
>
> ist, mit anderen Worten, wenn stets l der Standardteil von dy/dx ist.

Auf diese Weise hält die Leibniz'sche Notation dy/dx für eine Ableitung Einzug in die rigorose Mathematik.

Auch das Riemann'sche Integral (Abschn. 7.6) kann im Rahmen der Nichtstandardanalysis eingeführt werden, und in diverse Gebiete der höheren Analysis sind Nichtstandardmethoden eingebracht worden.

2.11 p-adische Zahlen

Die b-adische Darstellung einer ganzen Zahl $\sum_{k=0}^{n} a_k b^k$, $0 \le a_k < b$, erinnert äußerlich an ein Polynom in der Unbestimmten b; in der Tat werden beide durch die endliche Folge $a_0, \dots, a_n$ kodiert. Am Beginn des 20. Jahrhunderts hatte K. Hensel die Idee, diese Analogie auf unendliche Folgen auszudehnen, um diophantische

Gleichungen (Abschn. 3.10) zu lösen. Aus den Polynomen werden dann (formale) Potenzreihen, aber wie die in $\mathbb{R}$ nicht konvergente Reihe $\sum_{k=0}^{\infty} a_k b^k$ zu interpretieren ist, ist höchst unklar.

Schreibt man statt $\sum_{k=0}^{\infty} a_k b^k$ die Ziffernfolge $\ldots a_3 a_2 a_1 a_0$, so wie man für $\sum_{k=0}^{n} a_k b^k$ die Ziffernfolge $a_n \ldots a_1 a_0$ schreibt, so lassen sich auf der Menge $\mathbb{Z}_b = \{0, \ldots, b-1\}^{\mathbb{N}}$ dieser Ziffernfolgen eine Addition und Multiplikation gemäß den Regeln der Grundschularithmetik einführen, z. B. $\ldots 85479 + \ldots 22627 = \ldots 08106$. (Formal wird induktiv die *m*-te Ziffer von $\ldots a_3 a_2 a_1 a_0 + \ldots a_3' a_2' a_1' a_0'$ als die *m*-te Ziffer der natürlichen Zahl $\sum_{k=0}^{m} (a_k + a_k') b^k$ definiert.) Es zeigt sich, dass $\mathbb{Z}_b$ so mit der Struktur eines kommutativen Rings mit Einselement (siehe Abschn. 6.2) versehen wird, der $\mathbb{Z}$ als Unterring enthält. (In diesem Kontext darf $\mathbb{Z}_b$ nicht mit dem oft genauso bezeichneten Restklassenring $\mathbb{Z}/b\mathbb{Z}$ verwechselt werden.) Allerdings ist $\mathbb{Z}_b$ im Allgemeinen nicht nullteilerfrei; z. B. ist für $b = 10$

$$\ldots 10112 \cdot \ldots 03125 = \ldots 00000.$$

Genau dann ist $\mathbb{Z}_b$ nullteilerfrei, wenn *b* eine Primzahl ist. In diesem Fall ist es möglich, den zugehörigen Quotientenkörper (siehe Abschn. 6.7) $\mathbb{Q}_b$ zu bilden. Im Folgenden bezeichne *p* eine Primzahl; die Elemente von $\mathbb{Q}_p$ heißen *p-adische Zahlen* und die von $\mathbb{Z}_p$ ganze *p-adische Zahlen*.

p-adische Zahlen können durch unendliche Reihen dargestellt werden; allerdings ist die Konvergenz dieser Reihen anders zu verstehen als in der Analysis reeller Zahlen (siehe dazu Abschn. 7.2). Um das zu erklären, setzen wir für $y = \ldots a_2 a_1 a_0 \in \mathbb{Z}_p$, $y \neq 0$,

$$v(y) = \min\{s \mid a_s \neq 0\}$$

und

$$|y|_p = p^{-v(y)} \text{ für } y \neq 0, \quad |0|_p = 0$$

sowie für $x = y_1/y_2 \in \mathbb{Q}_p$ mit $y_1, y_2 \in \mathbb{Z}_p$, $y_2 \neq 0$,

$$|x|_p = \frac{|y_1|_p}{|y_2|_p}.$$

Dieser Ausdruck hängt nur von *x* und nicht von der Darstellung von *x* als Quotient ab. Die Funktion $|\,.\,|_p : \mathbb{Q}_p \to \mathbb{R}$, genannt *p-adische Bewertung*, hat ähnliche Eigenschaften wie der Betrag in $\mathbb{R}$ oder $\mathbb{C}$, nämlich $|x|_p \geq 0$ und $|x|_p = 0$ genau dann, wenn $x = 0$, $|x_1 x_2|_p = |x_1|_p |x_2|_p$. Ferner gilt nicht nur die übliche Dreiecksungleichung $|x_1 + x_2|_p \leq |x_1|_p + |x_2|_p$, sondern sogar die *ultrametrische Dreiecksungleichung*

$$|x_1 + x_2|_p \leq \max\{|x_1|_p, |x_2|_p\}. \tag{1}$$

Sie impliziert, dass $\mathbb{N}$ eine beschränkte Teilmenge von $\mathbb{Z}_p$ oder $\mathbb{Q}_p$ ist: $|n|_p = |1 + \cdots + 1|_p \leq 1$. Daher spricht man von einer *nichtarchimedischen Bewertung*.

Die p-adische Bewertung induziert gemäß $d_p(x_1, x_2) = |x_1 - x_2|_p$ eine Metrik auf $\mathbb{Q}_p$, die $\mathbb{Q}_p$ zu einem vollständigen metrischen Raum macht; $\mathbb{Z}_p = \{x \in \mathbb{Q}_p \mid |x|_p \le 1\}$ ist eine kompakte Teilmenge. Der metrische Raum $(\mathbb{Q}_p, d_p)$ hat einige vom Standpunkt der üblichen Analysis auf $\mathbb{R}$ ungewöhnliche Eigenschaften, die auf der ultrametrischen Dreiecksungleichung (1) beruhen. Zum Beispiel ist jedes Element einer Kugel $B(y, r) = \{x \mid d_p(x, y) < r\}$ ein Mittelpunkt, d. h., für $y' \in B(y, r)$ ist $B(y, r) = B(y', r)$, denn $d_p(x, y) \le \max\{d_p(x, y'), d_p(y', y)\}$ und daher $d_p(x, y) < r$ genau dann, wenn $d_p(x, y') < r$. Es stellt sich ferner heraus, dass eine Reihe $\sum_{n=0}^{\infty} x_n$ p-adischer Zahlen genau dann konvergiert, wenn (x_n) eine Nullfolge bildet, d. h. $|x_n|_p \to 0$ erfüllt.

Man kann beweisen, dass jede ganze p-adische Zahl $x = \dots a_2 a_1 a_0$, wobei $a_k \in \{0, \dots, p-1\}$, eine Darstellung als bezüglich der p-adischen Bewertung konvergente Reihe $x = \sum_{k=0}^{\infty} a_k p^k$ besitzt. Insbesondere ist $\mathbb{Z}$ dicht in $\mathbb{Z}_p$. Beachtet man z. B. (mit $q = p - 1$) die Addition $\dots qqqq + \dots 0001 = \dots 0000$, so folgt, dass $\dots qqqq$ additiv invers zu $\dots 0001$ ist. Also gilt $\sum_{k=0}^{\infty} qp^k = -1$.

Eine p-adische Zahl $x \in \mathbb{Q}_p$ kann eindeutig als Reihe

$$x = \sum_{k=-N}^{\infty} a_k p^k, \quad 0 \le a_k < p, \ n \in \mathbb{N}$$

dargestellt werden, symbolisch $x = \dots a_2 a_1 a_0 . a_{-1} \dots a_{-N}$. Umgekehrt konvergiert jede solche Reihe gegen eine p-adische Zahl. Im Gegensatz zur p-adischen Darstellung einer reellen Zahl (siehe Abschn. 2.6) hat man hier endlich viele „Nachkommastellen" und unendlich viele „Vorkommastellen", und die Ziffern sind eindeutig bestimmt.

In der Zahlentheorie liegt die Bedeutung der p-adischen Zahlen darin, dass die Lösbarkeit diophantischer und anderer Gleichungen in $\mathbb{Q}$ auf die Lösbarkeit der entsprechenden Gleichung in $\mathbb{Q}_p$ zurückgeführt werden kann. Ein einfaches Beispiel für dieses sogenannte *Lokal-Global-Prinzip* ist folgende Aussage: Sei $a \in \mathbb{Q}$, $a \ge 0$. Genau dann existiert eine rationale Zahl x mit $x^2 = a$, wenn die Gleichung $x^2 = a$ in allen $\mathbb{Q}_p$ lösbar ist. Der Satz von Minkowski-Hasse präzisiert Bedingungen, unter denen das Lokal-Global-Prinzip anwendbar ist.

2.12 Zufallszahlen

Welche Eigenschaften hat eine Folge von reellen Zahlen $x_1, x_2, x_3, \dots$ im Intervall $[0, 1]$, so dass wir sie als gleichverteilte *Zufallszahlen* ansehen wollen? Wahrscheinlichkeitsmaße und Zufallsvariablen haben eine etablierte mathematische Definition (siehe die Abschn. 11.1 und 11.3). Bei der Gleichverteilung auf dem Intervall $[0, 1]$ geht es beispielsweise um das Wahrscheinlichkeitsmaß μ, welches jedem Teilintervall $[a, b] \subseteq [0, 1]$ seine Länge $\mu([a, b]) = b - a$ zuweist. Welche Eigenschaften jedoch eine Folge von Zahlen zufällig machen, entzieht sich bislang dem präzisen mathematischen Zugriff. Der Begriff Zufallszahl hat keine Definition, und wir werden deshalb im Folgenden zumeist Gleichverteilungseigenschaften diskutieren.

Sei $d \in \mathbb{N}$. Man nennt eine Folge $x_1, x_2, x_3, \ldots$ im d-dimensionalen Einheitsintervall $[0,1]^d$ *gleichverteilt*, wenn für jedes Intervall $J = [a_1, b_1] \times \cdots \times [a_d, b_d] \subseteq [0,1]^d$ Folgendes gilt:

$$\lim_{n \to \infty} \frac{1}{n} \sum_{j=1}^{n} \chi_J(x_j) = (b_1 - a_1) \cdot \ldots \cdot (b_d - a_d).$$

Man zählt also über die charakteristische Funktion ($\chi_J(x) = 1$ für $x \in J$, $\chi_J(x) = 0$ sonst), wie oft die Folge in das Intervall J trifft, und möchte, dass die relative Häufigkeit dieser Ereignisse gegen das Volumen von J konvergiert.

Hermann Weyl hat in einer Arbeit aus dem Jahr 1916 gezeigt, dass für jede irrationale Zahl α die durch $x_n = \mathrm{frac}(\alpha n)$, $n \in \mathbb{N}$, definierte Folge der nichtganzzahligen Anteile von αn gleichverteilt auf $[0,1]$ ist. Ebenso ist die Folge $x_n = \mathrm{frac}(\theta^n)$, $n \in \mathbb{N}$, für fast alle reellen Zahlen θ mit $|\theta| > 1$ gleichverteilt auf $[0,1]$ (Jurjen Koksma, 1935), wobei „fast alle" sich auf das Lebesgue-Maß bezieht. Mit anderen Worten: Die $|\theta| > 1$, für welche die Folge $(\mathrm{frac}(\theta^n))_n$ nicht gleichverteilt ist, bilden eine Menge vom Lebesgue-Maß Null.

Es sind nun weitere Schritte möglich, systematisch die Anforderungen an eine gleichverteilte Zahlenfolge zu verschärfen. Man kann beispielsweise aus einer eindimensionalen Folge d-dimensionale Folgen konstruieren und überprüfen, ob diese gleichverteilt sind. Die einfachste Verschärfung in diese Richtung lautet: Eine Folge $x_1, x_2, x_3, \ldots$ im Einheitsintervall $[0,1]$ heißt *gleichmäßig gleichverteilt*, wenn für jede Dimension d die durch

$$y_n = (x_n, x_{n+1}, \ldots, x_{n+d-1}), \quad n \in \mathbb{N},$$

definierte Folge in $[0,1]^d$ gleichverteilt ist. Für die gleichverteilte Weyl-Folge $(\mathrm{frac}(\alpha n))_n$ mit irrationalem α scheitert die gleichmäßige Gleichverteilung bereits an der Dimension $d = 2$. Die Koksma-Folge $(\mathrm{frac}(\theta^n))_n$ ist hingegen für fast alle $|\theta| > 1$ auch gleichmäßig gleichverteilt (Joel Franklin, 1963).

Konstruiert man aus einer endlichen Menge mit M Elementen über eine Funktion $f \colon \{0, 1, \ldots, M-1\}^k \to \{0, 1, \ldots, M-1\}$ die Rekursionsvorschrift

$$z_{n+1} = f(z_{n-k+1}, \ldots, z_n), \qquad n = k, k+1, \ldots$$

mit Startwerten $z_1, z_2 \ldots, z_k$, so entsteht eine Folge natürlicher Zahlen (z_n), die durch die Division $x_n = z_n / M$ ins Einheitsintervall $[0,1]$ abgebildet wird. Mit diesem natürlichen und für stochastische Simulationsverfahren wichtigen Ansatz trifft man unausweichlich auf genuin Unzufälliges, nämlich Periodizität. Man kann sich leicht davon überzeugen, dass es für eine solche Rekursion natürliche Zahlen N und $P \geq 1$ gibt, so dass $x_{n+P} = x_n$ für alle $n \in \mathbb{N}$ gilt. Die kleinste solche Zahl P heißt die *Periode* der Folge $x_1, x_2, x_3, \ldots$ und wird im Folgenden mit $\mathrm{per}(x_n)$ bezeichnet. Es gilt $\mathrm{per}(x_n) \leq M^k$.

Die durch zwei vorgegebene natürliche Zahlen $a \geq 1$ und $c \geq 0$ definierte *lineare Kongruenzmethode*

$$z_{n+1} = (a z_n + c) \bmod M$$

ist besonders einfach. Sie erreicht ihre maximale Periode M genau dann, wenn c und M teilerfremd sind, $a = 1 \bmod p$ für jeden Primteiler p von M gilt, und, falls 4 ein Teiler von M ist, auch noch $a = 1 \bmod 4$ erfüllt ist. Ist M eine Potenz von 2, so ist also $(a, c) = (5, 1)$ ein Parametersatz, der den Kriterien für die maximale Periode entspricht.

Es sind jedoch nicht nur die kurzen Perioden $\mathrm{per}(x_n) \leq M$, welche lineare Kongruenzmethoden ins akademische Abseits stellen. Bilden wir wie zuvor für beliebige Dimensionen d aus der Folge $(x_n) \subset [0, 1]$ die Folge $(y_n) \subset [0, 1]^d$, so finden sich Gitterstrukturen. Für den obigen Parametersatz gilt beispielsweise

$$\{y_1, \ldots, y_M\} = \{\alpha_1 b_1 + \cdots + \alpha_d b_d \mid \alpha_1, \ldots, \alpha_d \in \mathbb{Z}\} \cap [0, 1]^d,$$

wobei $b_1 = \frac{1}{M}(1, a, \ldots, a^{d-1})$ ist und die b_j die j-ten kanonischen Einheitsvektoren des $\mathbb{R}^d$ für $j = 2, \ldots, d$ sind.

Das Verfahren der Wahl, nach dem derzeit in Software-Paketen wie Matlab, Maple oder R „gleichverteilte Zufallszahlen" $x_1, x_2, x_3, \ldots$ erzeugt werden, ist der 1998 von Makoto Matsumoto und Takuji Nishimura vorgeschlagene *Mersenne-Twister*. Hier wird auf einer Menge mit $M = 2^{32}$ Elementen eine Rekursion der Tiefe $k = 624$ angesetzt. Die Periode dieses Verfahrens ist eine Mersenne'sche Primzahl, welche in der Zusammenfassung der 1998er Arbeit von den beiden Autoren als „super astronomical" bezeichnet wird. Es gilt $\mathrm{per}(x_n) = 2^{19937} - 1$.

Literaturhinweise

Allgemeine Lehrbücher

O. Deiser: *Reelle Zahlen*. 2. Auflage, Springer 2008.

H.-D. Ebbinghaus et al.: *Zahlen*. 3. Auflage, Springer 1992.

F. Toenniessen: *Das Geheimnis der transzendenten Zahlen*. Spektrum 2010.

Zu Kettenbrüchen

A.Y. Khintchine: *Kettenbrüche*. Teubner (Leipzig) 1956.

O. Perron: *Die Lehre von den Kettenbrüchen, Band 1*. 3. Auflage, Teubner (Stuttgart) 1954.

Zur Nichtstandardanalysis

D. Landers, L. Rogge: *Nichtstandard Analysis*. Springer 1994.

Zu p-adischen Zahlen

S. Katok: *p-Adic Analysis Compared With Real*. American Mathematical Society 2007.

Zahlentheorie

Zahlentheorie ist eines der wenigen Gebiete der Mathematik, das auch bei Nichtmathematikern und in den Medien auf Interesse stößt. Das liegt sicher mit daran, dass es in ihr viele für nahezu jeden verständliche, aber meist ungelöste oder nur mit ungaublich komplexen Methoden lösbare Probleme gibt. Natürlich liegt es auch daran, dass jeder seine persönlichen Erfahrungen mit Zahlen gemacht hat. Viele dieser Probleme haben mit der Suche nach ganzzahligen Lösungen polynomialer Gleichungen oder Gleichungssysteme zu tun. Die dabei zu überwindenden Schwierigkeiten zwangen dazu, Fragen über Teilbarkeit, Primzahlen und Primfaktorzerlegungen intensiv zu studieren und führten auf natürlichem Weg zum Studium erweiterter Zahlbereiche und ihrer zugehörigen ganzen Zahlen. Waren im frühen 20. Jahrhundert viele Zahlentheoretiker fast stolz darauf, dass ihr Forschungsstreben nicht der Verwendbarkeit ihrer Resultate, sondern allein dem tieferen Verständnis und dem Aufdecken der Schönheit der Strukturen diente, so ist heute der Einsatz der Zahlentheorie bei Daten- und Internetsicherheit nicht mehr wegzudenken. Von all dem handelt dieses Kapitel ein wenig.

Wir beginnen im ersten Abschnitt mit den grundlegenden Definitionen zur Teilbarkeitstheorie. Bezüglich der Addition reicht uns ein Element, nämlich die 1, um alle natürlichen Zahlen zu erzeugen. Bezüglich der Multiplikation, der für die Teilbarkeit wichtigen Verknüpfung, brauchen wir unendlich viele, nämlich alle Primzahlen; sie bilden den Gegenstand des 3.2. Abschnitts. Abschnitt 3.3 führt in die Kongruenzrechnung ein, und mit den dabei gewonnenen Erkenntnissen besprechen wir einfache Primzahltests und das RSA-Verschlüsselungsverfahren. In Abschn. 3.6 wird versucht, die Aussage über Primzahlen „im Kleinen chaotisch, im Großen regelmäßig" plausibel zu machen. In diesem Abschnitt werfen wir auch einen Blick auf die für viele Fragen der Zahlentheorie wichtige Riemannsche ζ-Funktion. Abschnitt 3.7 handelt von einem Juwel der Zahlentheorie, dem Gaußschen Reziprozitätsgesetz, das beim Lösen quadratischer Gleichungen in der Kongruenzrechnung, und nicht nur da, von großer Bedeutung ist. Die Abschn. 3.8 und 3.9 widmen sich den Kettenbrüchen und deren Anwendung auf rationale Approximation. Damit lassen sich transzendente Zahlen nachweisen. Sie spielen aber auch beim Lösen von Gleichungen in ganzen Zahlen eine Rolle, was in Abschn. 3.10 deutlich wird. Ellip-

© Springer-Verlag Berlin Heidelberg 2016
O. Deiser, C. Lasser, E. Vogt, D. Werner, *12 × 12 Schlüsselkonzepte zur Mathematik*,
DOI 10.1007/978-3-662-47077-0_3

tische Kurven sind hilfreich beim ganzzahligen Lösen kubischer Gleichungen und werden sehr knapp im Abschn. 3.11 vorgestellt. Der etwas lange letzte Abschnitt über Zahlkörper gibt einen ersten Einblick in die algebraische Zahlentheorie, in der erweiterte Zahlbereiche und die Struktur ihrer ganzen Zahlen untersucht werden. An Beispielen wird klar, wie nützlich dies für Fragen über die gewöhnlichen ganzen Zahlen ist.

3.1 Teilbarkeit

Teilbarkeit, Primzahlen und Primfaktorzerlegung betrafen ursprünglich den Bereich der positiven ganzen Zahlen. Wir gönnen uns aber die Möglichkeit beliebiger Subtraktion zur Verkürzung einiger Schlussketten und betrachten die Menge $\mathbb{Z}$ der ganzen Zahlen. Addition und Multiplikation machen $\mathbb{Z}$ zu einem kommutativen Ring mit 1 (siehe Abschn. 6.2). Teilbarkeit betrifft die multiplikative Struktur.

Es seien $a, b \in \mathbb{Z}$. Wir sagen, *a ist ein Teiler von b* oder *a teilt b* und schreiben $a|b$, wenn es eine ganze Zahl c gibt, so dass $b = ac$ ist. Insbesondere gelten $a|0$ und $\pm 1|a$ für alle a. Ist $b \neq 0$ und $a|b$, so gilt $0 < |a| \leq |b|$, und die Menge aller Teiler von b ist endlich. Sind $a, b \in \mathbb{Z}$ und sind nicht beide gleich 0, so ist der *größte gemeinsame Teiler von a und b* die größte ganze Zahl, die a und b teilt. Wir bezeichnen sie mit $\mathrm{ggT}(a, b)$; $\mathrm{ggT}(a, b)$ ist immer positiv.

Eine schnelle Berechnung von $\mathrm{ggT}(a, b)$ liefert der *Euklidische Algorithmus*. Dieser beruht auf der Tatsache, dass es zu $a, b \in \mathbb{Z}$ mit $a \neq 0$ eindeutig bestimmte $q, r \in \mathbb{Z}$ gibt mit $b = qa + r$ und $0 \leq r < |a|$. Ist dann c ein Teiler von a und b, so gilt $c|r$, und ist c ein Teiler von a und r, so gilt $c|b$. Also gilt $\mathrm{ggT}(a, b) = \mathrm{ggT}(a, r)$. Die Zahlen q und r findet man wie folgt. Betrachte alle Intervalle $[ca, (c + 1)a) := \{x \in \mathbb{Z} \mid ca \leq x < (c + 1)a\}, c \in \mathbb{Z}$. Jede ganze Zahl liegt in genau einem dieser Intervalle. Dann ist q die ganze Zahl mit $b \in [qa, (q + 1)a)$ und $r = b - qa$. Wir sagen dann, dass Division (von b durch a) mit Rest die Gleichung $b = qa + r$ liefert. Der Algorithmus zur Berechnung von $\mathrm{ggT}(a, b)$ geht nun wie folgt; wir dürfen $a \neq 0$ annehmen. Setze $r_0 := |b|$, $r_1 := |a|$. Für $i = 0, 1, 2, \ldots$ liefert uns Division mit Rest, solange $r_{i+1} > 0$, die Gleichung

$$r_i = q_{i+1}r_{i+1} + r_{i+2}.$$

Wegen $r_i \geq 0$ und $r_1 > r_2 > \ldots$ gibt es ein kleinstes $k \geq 0$ mit $r_{k+2} = 0$. Dann ist r_{k+1} als Teiler von r_k gleich $\mathrm{ggT}(r_k, r_{k+1})$, und für jedes $i = 0, 1, \ldots, k - 1$ gilt $\mathrm{ggT}(r_i, r_{i+1}) = \mathrm{ggT}(r_{i+1}, r_{i+2})$. Also ist $\mathrm{ggT}(a, b) = r_{k+1}$.

Ist $k = 0$, so gilt $\mathrm{ggT}(a, b) = r_1 = |a| = (|a|/a) \cdot a + 0 \cdot b$. Ist $k > 1$, so ist $r_{k+1} = r_{k-1} - q_k r_k$, also r_{k+1} eine ganzzahlige Linearkombination von r_k und r_{k-1}. Nun ist für $i \geq 2$ jedes r_i eine ganzzahlige Linearkombination von r_{i-1} und r_{i-2}. Indem wir also sukzessive $r_k, r_{k-1}, \ldots, r_2$ durch Linearkombinationen von r_i's mit kleinerem Index substituieren, erhalten wir $\mathrm{ggT}(a, b) = r_{k+1}$ als ganzzahlige Linearkombination von r_0 und r_1 und damit als ganzzahlige Linearkombination von a und b. Wir halten fest:

Sind a und b zwei ganze Zahlen, die nicht beide gleich 0 sind, so gibt es ganze Zahlen c und d mit $\text{ggT}(a, b) = ac + bd$.

Zum Abschluss formulieren wir kurz einige häufig benutzte Bezeichnungen. Gilt $a|b$, so heißt b *Vielfaches von a*. Nach unserer Definition ist 0 Vielfaches jeder ganzen Zahl. Sind $a, b \in \mathbb{Z}$ und nicht beide 0, so ist das *kleinste gemeinsame Vielfache von a und b* die kleinste positive Zahl, die Vielfaches von a und von b ist. Wir bezeichnen sie mit $\text{kgV}(a, b)$. Aus dem Satz über die eindeutige Primfaktorzerlegung, über den wir im nächsten Abschnitt reden, folgt die Gleichung $|ab| = \text{ggT}(a, b) \cdot \text{kgV}(a, b)$. Die Zahlen a und b heißen *relativ prim* oder *teilerfremd*, wenn $\text{ggT}(a, b) = 1$ ist.

3.2 Primzahlen und der Fundamentalsatz der Arithmetik

Eine *Einheit in einem kommutativen Ring mit 1* ist ein Element, das ein multiplikatives Inverses besitzt, d. h., es ist ein Element a, zu dem es ein b mit $ab = 1$ gibt. Die Einheiten von $\mathbb{Z}$ sind ± 1. Ein Element a heißt *unzerlegbar*, wenn a keine Einheit ist und eine Gleichung $a = bc$ nur dann gelten kann, wenn b oder c eine Einheit ist. Traditionell heißen die positiven unzerlegbaren Elemente von $\mathbb{Z}$ *Primzahlen*.

In der Algebra (vgl. Abschn. 6.5) wird ein *Primelement* p durch folgende Eigenschaft gekennzeichnet: Teilt p das Produkt ab, so teilt p mindestens einen der Faktoren. Primzahlen in $\mathbb{Z}$ erfüllen dieses Kriterium. Denn sei die Primzahl p ein Teiler von ab und kein Teiler von a. Dann gibt es c mit $cp = ab$. Da p Primzahl ist, sind ± 1 und $\pm p$ die einzigen Teiler von p. Da p kein Teiler von a ist, ist $\text{ggT}(p, a) = 1$. Dann gibt es ganze Zahlen d, e mit $1 = dp + ea$ (siehe Abschn. 3.1), und es gilt $b = bdp + eab = bdp + ecp = (bd + ec)p$. Also ist p ein Teiler von b. Umgekehrt ist klar, dass eine ganze Zahl, die das Primelementkriterium erfüllt, unzerlegbar ist. Diese Begriffe fallen also in $\mathbb{Z}$ zusammen.

Ist n eine zerlegbare ganze Zahl, so gibt es von ± 1 verschiedene Zahlen a, b mit $n = ab$. Dann gilt, dass $|n| > \max\{|a|, |b|\}$. Durch starke Induktion nach $|n|$ (vgl. Abschn. 2.1) sehen wir, dass jede Zahl ein Produkt unzerlegbarer Elemente ist, dass also jedes von 0, ± 1 verschiedene Element von $\mathbb{Z}$ bis auf das Vorzeichen ein Produkt von Primzahlen ist. Dies ist der erste Teil des folgenden Satzes.

Fundamentalsatz der Arithmetik
Jede von 0 und ± 1 verschiedene ganze Zahl lässt sich bis auf einen eventuellen Faktor -1 als Produkt von Primzahlen darstellen. Diese Darstellung ist bis auf die Reihenfolge der Faktoren eindeutig.

Zum Nachweis der zweiten Aussage betrachten wir Primzahlen $p_1, \ldots, p_r$ und $q_1, \ldots q_s$ mit $p_1 p_2 \cdots p_r = q_1 q_2 \cdots q_s$. Aus dem Primelementkriterium folgt, dass

p_1 eines der q_i teilt. Nach Umordnen dürfen wir annehmen, dass p_1 ein Teiler von q_1 ist. Da p_1 keine Einheit und q_1 Primzahl ist, ist $p_1 = q_1$. In $\mathbb{Z}$ können wir kürzen, da das Produkt zweier von 0 verschiedenen ganzen Zahlen von 0 verschieden ist. Deshalb gilt $p_2 p_3 \cdots p_r = q_2 q_3 \cdots q_s$. Ist $r > 1$, so ist auch $s > 1$, denn Primzahlen sind keine Einheiten. Induktiv folgt nach eventuellem Umordnen der q_i, dass $r \leq s$, dass $p_1 = q_1$, $p_2 = q_2, \ldots, p_r = q_r$ und dass $1 = q_{r+1} \cdots q_s$. Da Primzahlen keine Einheiten sind, muss dann $s = r$ sein.

Mit Hilfe des Fundamentalsatzes sieht man auch leicht, dass es unendlich viele Primzahlen gibt. Denn ist $\{p_1, \ldots, p_k\}$ eine endliche Menge von Primzahlen, dann taucht in der Primfaktorzerlegung von $n = p_1 \cdots p_k + 1$ keines der p_i auf. Alle Primfaktoren von n sind somit weitere Primzahlen. Wegen $n > 2$ besitzt n eine Primfaktorzerlegung, und wir erhalten eine weitere Primzahl. Die Menge der Primzahlen ist also unendlich. Dieser Beweis stammt von Euklid (ca. 300 vor Christus). Übrigens ist die Menge $\mathbb{P}$ der Primzahlen sogar so groß, dass die Summe $\sum_{p \in \mathbb{P}} 1/p$ divergiert.

Auf einen weiteren Griechen geht ein hilfreiches Konzept für das Studium der Primzahlen zurück, das *Sieb des Eratosthenes* (ca. 250 vor Christus). Insbesondere liefert es einen schnellen Algorithmus, um alle Primzahlen bis zu einer gegebenen natürlichen Zahl n zu finden. Betrachte dazu die Menge aller Zahlen von 2 bis n. Ist $2^2 \leq n$, so entferne alle Vielfachen von 2. Das kleinste Element der übrigbleibenden Menge ist dann eine Primzahl p_2 (in unserem Fall 3, aber das spielt für das Verfahren keine Rolle), und zwar die kleinste nach $p_1 = 2$. Ist $p_2^2 \leq n$, so entferne alle Vielfachen von p_2. Es sei p_3 das kleinste Element der verbleibenden Menge. Dann ist p_3 wieder eine Primzahl, und zwar die kleinste nach p_2. Dies machen wir bis zum kleinsten k mit $p_k^2 > n$. Dann ist die verbliebene Menge vereinigt mit $\{p_1, p_2, \ldots, p_{k-1}\}$ die Menge aller Primzahlen kleiner gleich n. Denn ist p ein Element der verbliebenen Menge, so ist keines der $p_1, \ldots, p_{k-1}$ ein Teiler von p. Alle Primfaktoren von p sind also mindestens so groß wie p_k. Wegen $p \leq n < p_k^2$ gibt es höchstens einen solchen Faktor. Also ist p eine Primzahl. Dieses Argument zeigt auch, dass wir, falls $p_i \leq n$ ist, beim i-ten Schritt nur die Vielfachen $m p_i$ von p_i mit $p_i^2 \leq m p_i \leq n$ entfernen müssen.

Global kann man das Sieb auch wie folgt beschreiben: Beginne mit $N_1 = \{n \in \mathbb{N} \mid n > 1\}$; für $k \geq 1$ entstehe N_{k+1} aus N_k durch Aussieben aller Vielfachen des kleinsten Elements p_k von N_k, beginnend mit p_k^2. Dann ist $\{p_1 < p_2 < \ldots\}$ die Menge aller Primzahlen.

Diese einfache Idee lässt sich bei vielen Fragen über Primzahlen nutzen. Zum Beispiel sind die Lücken von N_k, d. h. die Differenzen zweier aufeinanderfolgender Elemente von N_k, leicht zu beschreiben. Sie sind periodisch mit der Periode $\varphi(p_1 \cdots p_{k-1})$, wobei für $n \in \mathbb{N}$ mit $\varphi(n)$ die Anzahl der zu n teilerfremden positiven Zahlen kleiner n bezeichnet wird. Rekursiv lassen sich die Lücken von N_{k+1} aus denen von N_k bestimmen und so Aussagen über die Lücken zwischen den Primzahlen gewinnen. Hier gibt es viele, viele ungelöste Probleme, zum Beispiel die Frage, ob es unendlich viele Primzahlzwillinge gibt. Ein *Primzahlzwilling* ist ein Paar von Primzahlen p, q mit $q = p + 2$ wie etwa 101 und 103. Es gibt so viele Primzahlzwillinge wie es in der Primzahlmenge Lücken der Länge 2 gibt. Der momentan größte bekannte Primzahlzwilling ist das Paar $65516468355 \cdot 2^{333333} - 1$ und $65516468355 \cdot 2^{333333} + 1$.

3.3 Kongruenzen

Im Folgenden sei m eine fest gewählte positive ganze Zahl. Wir nennen $a, b \in \mathbb{Z}$ *kongruent modulo m* und schreiben $a \equiv b \bmod m$, falls m ein Teiler von $a - b$ ist. Das ist gleichbedeutend damit, dass a und b nach Division durch m denselben Rest r haben. „Kongruenz modulo m" ist eine Äquivalenzrelation (siehe Abschn. 1.7), und die Äquivalenzklassen heißen aus naheliegenden Gründen *Restklassen* mod m. Die Menge aller Restklassen mod m bezeichnen wir mit $\mathbb{Z}/m\mathbb{Z}$. Insgesamt gibt es m Restklassen, für jeden Rest $0, 1, \ldots, m - 1$ eine. Die Restklasse von $a \in \mathbb{Z}$ bezeichnen wir mit $[a]$. Restklassen addieren und multiplizieren wir repräsentantenweise. D. h., wir setzen $[a]+[b] := [a+b]$ und $[a][b] := [ab]$. Dies ist wohldefiniert. Denn sind a' bzw. b' irgendwelche Repräsentanten von $[a]$ bzw. $[b]$, so gibt es $s, t \in \mathbb{Z}$ mit $a' = a + sm$ und $b' = b + tm$. Dann ist $a' + b' = a + b + (s + t)m$ und $a'b' = ab + (at + sb + stm)m$, also $a' + b' \equiv a + b$ und $a'b' \equiv ab$. Mit dieser Addition und Multiplikation ist $\mathbb{Z}/m\mathbb{Z}$ ein kommutativer Ring mit Einselement $[1]$ und Nullelement $[0] = \{mn \mid n \in \mathbb{Z}\} =: m\mathbb{Z}$, und die Abbildung $a \mapsto [a]$, die jeder ganzen Zahl ihre Restklasse mod m zuordnet, ist ein surjektiver Ringhomomorphismus. (Für diese Begriffe siehe die Abschn. 6.1 und 6.2.)

Als kleine Anwendung des eingeführten Begriffs geben wir einen kurzen Beweis der *11-er Probe*. Um diese zu formulieren, sei $n = a_0 10^0 + a_1 10^1 + \cdots + a_k 10^k$ mit $0 \leq a_i \leq 9$ die Dezimaldarstellung der natürlichen Zahl n. Die 11-er Probe besagt, dass n genau dann durch 11 teilbar ist, wenn die alternierende Quersumme $a_0 - a_1 \pm \cdots + (-1)^k a_k$, also die Summe der Ziffern mit abwechselnden Vorzeichen, durch 11 teilbar ist. Um das einzusehen, bemerken wir, dass n genau dann durch 11 teilbar ist, wenn $n \equiv 0 \bmod 11$, also wenn $[n]$ das Nullelement von $\mathbb{Z}/11\mathbb{Z}$ ist. Aber $[n] = [a_0][10]^0 + [a_1][10]^1 + \cdots + [a_k][10]^k$. Da $10 \equiv -1 \bmod 11$, ist $[10]^i = (-1)^i[1]$, also $n \equiv a_0 - a_1 \pm \cdots + (-1)^k a_k \bmod 11$.

Analog beweist man die *9-er* und *3-er Probe*. Diese besagen, dass n genau dann durch 9 bzw. 3 teilbar ist, wenn es die Quersumme ist. Beachte zum Beweis, dass $10 \equiv 1 \bmod 9$ und mod 3 ist, so dass modulo 3 und 9 jede Potenz von 10 gleich 1 ist.

Zerlegung ganzer Zahlen in Produkte hat ein Pendant bei den Restklassenringen: die direkte Summe. Dabei ist die direkte Summe $R \oplus S$ der Ringe R und S als Menge das kartesische Produkt $\{(r, s) \mid r \in R, s \in S\}$ mit der komponentenweisen Addition und Multiplikation: $(r, s) + (r', s') = (r + r', s + s')$, $(r, s)(r', s') = (rr', ss')$. Das Nullelement ist $(0, 0)$, das Einselement ist $(1, 1)$, wenn R und S ein Einselement haben, die wir beide mit 1 bezeichnen. Analog bilden wir direkte Summen von mehr als zwei Ringen.

Ist $k > 0$ ein Teiler von m, so definiert die Zuordnung $[a]_m \mapsto [a]_k$ einen Ringhomomorphismus von $\mathbb{Z}/m\mathbb{Z}$ nach $\mathbb{Z}/k\mathbb{Z}$, wobei der Index an den Restklassen andeuten soll, modulo welcher Zahl die Restklasse zu bilden ist. Beachte, dass jede Restklasse von $\mathbb{Z}/m\mathbb{Z}$ in genau einer Restklasse von $\mathbb{Z}/k\mathbb{Z}$ enthalten ist, wenn k ein Teiler von m ist. Unsere Zuordnung bildet jede Restklasse von $\mathbb{Z}/m\mathbb{Z}$ in die Klasse von $\mathbb{Z}/k\mathbb{Z}$ ab, in der sie liegt. Ist $m = m_1 \cdots m_r$, so liefert die Zuordnung $[a]_m \mapsto ([a]_{m_1}, \ldots, [a]_{m_r})$ einen Ringhomomorphismus

$$f: \mathbb{Z}/m\mathbb{Z} \to \mathbb{Z}/m_1\mathbb{Z} \oplus \cdots \oplus \mathbb{Z}/m_r\mathbb{Z}.$$

Das Element $[a]_m$ wird durch f auf 0 abgebildet, wenn $[a]_{m_i}$ für alle i das Null-element ist, d. h., dass a ein Vielfaches jedes m_i ist. Der Kern von f ist demnach die Menge der Vielfachen der Restklasse $[\mathrm{kgV}(m_1, \ldots, m_r)]_m$. Die Abbildung f ist also genau dann injektiv, wenn $m = m_1 \cdots m_r = \mathrm{kgV}(m_1, \ldots, m_r)$ gilt. Betrachtet man die Primzahlzerlegung der m_i, so gilt das genau dann, wenn je zwei der m_i relativ prim sind, also außer 1 keinen gemeinsamen positiven Teiler haben.

Da auf beiden Seiten des Pfeils Ringe mit m Elementen stehen, ist f bijektiv, falls es injektiv ist. Wir erhalten somit:

> Ist $m = m_1 \cdots m_r$ und sind $m_1, \ldots, m_r$ paarweise relativ prim, so ist die obige Abbildung f ein Isomorphismus von Ringen.

Dieses Ergebnis wird auch als *Chinesischer Restsatz* bezeichnet. Es ist nämlich äquivalent zu folgender Aussage:

> **Chinesischer Restsatz**
> Gegeben seien paarweise relativ prime natürliche Zahlen $m_1, \ldots, m_r$. Dann hat das Gleichungssystem
>
> $$
> \begin{aligned}
> x &\equiv a_1 \bmod m_1 \\
> &\;\;\vdots \\
> x &\equiv a_r \bmod m_r
> \end{aligned}
> $$
>
> für jedes r-Tupel ganzer Zahlen $(a_1, \ldots, a_r)$ eine ganzzahlige Lösung. Genauer gesagt ist die Menge aller ganzzahligen Lösungen des Gleichungs-systems eine Restklasse mod $m_1 \cdots m_r$.

Finden z. B. in einem Prüfungsamt jede Woche von Montag bis Freitag Prü-fungen statt und wechseln sich zwei Prüfer und drei Beisitzer im werktäglichen Rhythmus ab, so muss ein Prüfling maximal 6 Wochen warten, um einen Freitags-termin mit seinem Lieblingsprüfer und -beisitzer zu finden. Im nächsten Abschnitt beschreiben wir einige Primzahltests. Dafür benötigen wir Aussagen über die Ein-heiten des Rings $\mathbb{Z}/m\mathbb{Z}$. Ist R ein kommutativer Ring mit 1, so bezeichnen wir die Menge seiner Einheiten (siehe Abschn. 3.2) mit R^*. Bezüglich der Multiplikation in R ist R^* eine abelsche Gruppe. Denn ist R ein Ring mit 1, so erfüllt $(R, \cdot)$ alle Gruppenaxiome (siehe Abschn. 6.1) bis auf die Existenz eines Inversen, das aber wird für Einheiten explizit gefordert. Ein Ringisomorphismus $g\colon R \to S$ bildet dann die Gruppe R^* isomorph auf die Gruppe S^* ab. Die Menge der Einheiten $(R \oplus S)^*$ der direkten Summe der Ringe R und S ist die direkte Summe $R^* \oplus S^*$. Denn sind $a \in R$ und $b \in S$ Einheiten mit Inversen c bzw. d, so ist (c, d) Inverses von (a, b) in $R \oplus S$.

Die Einheiten von $\mathbb{Z}/m\mathbb{Z}$ sind genau die Restklassen $[r]$ mit $\mathrm{ggT}(r, m) = 1$. Denn $\mathrm{ggT}(r, m) = 1$ gilt genau dann, wenn es ganze Zahlen s und t mit $sr + tm = 1$ gibt. Dies ist genau dann der Fall, wenn es eine Restklasse $[s]$ mod m gibt mit $[r][s] = [1]$. Die *Euler'sche φ-Funktion* ordnet jeder positiven ganzen Zahl m die Anzahl $\varphi(m)$ aller zu m relativ primen Zahlen k mit $0 < k < m$ zu. Also ist $\varphi(m)$ die Ordnung, d. h. die Anzahl der Elemente, der Einheitengruppe $(\mathbb{Z}/m\mathbb{Z})^*$ von $\mathbb{Z}/m\mathbb{Z}$. Aus dem Chinesischen Restsatz folgt, dass $\varphi(m_1 m_2) = \varphi(m_1)\varphi(m_2)$ ist, falls m_1 und m_2 relativ prim sind.

Ist $m = p^i$ eine Primzahlpotenz, so sind bis auf die Vielfachen von p alle Zahlen zu p^i relativ prim. Also ist $\varphi(p^i) = p^{i-1}(p-1)$. Es folgt, dass

$$\varphi(m) = \prod_{j=1}^{r} p_j^{i_j - 1}(p_j - 1)$$

ist, wenn $m = p_1^{i_1} \cdots p_r^{i_r}$ die Primfaktorzerlegung von m ist. Die Ordnung des Elements $[r]$ in der Gruppe $(\mathbb{Z}/m\mathbb{Z})^*$ ist die kleinste positive ganze Zahl n mit $[r^n] = [1]$. Nach dem Satz von Lagrange (vgl. Abschn. 6.1) ist die Ordnung eines Elements einer endlichen Gruppe ein Teiler der Ordnung der Gruppe. Wir erhalten deshalb als Spezialfall des Satzes von Lagrange:

> **Satz von Euler**
> Sind r und m relativ prim, so gilt die Kongruenz
>
> $$r^{\varphi(m)} \equiv 1 \bmod m.$$

Ein Spezialfall hiervon wiederum ist der sogenannte *kleine Satz von Fermat*:

> Ist p eine Primzahl, die r nicht teilt, so ist $r^{p-1} \equiv 1 \bmod p$.

3.4 Einfache Primzahltests

In Abschn. 3.5 werden wir sehen, dass das Kennen vieler „großer" Primzahlen für sichere Datenübertragung wichtig ist. Aber wie stellt man fest, ob eine gegebene Zahl n prim ist? Kennt man alle Primzahlen unterhalb von $\sqrt{n}$, kann man einfach durch sukzessives Dividieren von n durch diese Primzahlen feststellen, ob n selbst prim ist. Aber selbst wenn wir eine Liste dieser Primzahlen hätten, würde für große n dieses Verfahren zu lange dauern. Zum Beispiel ist die größte bis Anfang 2010 bekannte Primzahl $2^{43112609} - 1$ eine Zahl mit 12 978 189 Ziffern. Die Wurzel davon hat etwa halb so viele Ziffern. Unterhalb von k gibt es stets mehr als $k/(8 \log k)$ Primzahlen (siehe Abschn. 3.6), und für $k \geq 64$ ist $\sqrt{k} > 8 \log(k)$. Wir müssten also über $10^{3 \cdot 10^6}$ Primzahlen gespeichert haben und ebenso viele Divisionen durchführen, um mit diesem Verfahren nachzuweisen, dass $2^{43112609} - 1$ prim ist. Um zu sehen, wie hoffnungslos die Situation ist, sei daran erinnert, dass die Anzahl der Teilchen unseres Universums auf unter 10^{90} geschätzt wird und dass wir in 1000 Jahren weniger als $3.16 \cdot 10^{15}$ Rechenoperationen durchführen können, die mindestens eine 10-Milliardstel Sekunde dauern. Wir benötigen bessere Testverfahren.

Es gibt eine Reihe von notwendigen und hinreichenden Kriterien zum Nachweis der Primalität einer natürlichen Zahl. Ein bekanntes, aber praktisch nicht sehr nützliches ist die *Wilson'sche Kongruenz*:

Satz von Wilson

Eine ganze Zahl $n > 1$ ist genau dann eine Primzahl, wenn $(n - 1)! \equiv -1$ mod n ist.

Ist $n > 1$ keine Primzahl, so hat n einen Teiler d mit $1 < d < n - 1$, also ist $\gcd((n - 1)!, n) > 1$ und $(n - 1)! \not\equiv \pm 1$ mod n. Ist n Primzahl, so ist jedes d mit $1 \leq d < n$ relativ prim zu n, und es gibt ein eindeutig bestimmtes e mit $1 \leq e < p$, so dass $de \equiv 1$ mod n. Dabei ist $e = d$ genau dann, wenn $d \equiv 1$ mod n. Für die letzte Behauptung nutzt man die Tatsache, dass $\mathbb{Z}/n\mathbb{Z}$ ein Körper ist und das Polynom $X^2 = 1$ in jedem Körper höchstens zwei Nullstellen hat (siehe Abschn. 6.8). Wir können daher die Faktoren von $2 \cdot 3 \cdots (n - 2)$ paarweise so zusammenfassen, dass das Produkt jedes Paares kongruent 1 mod n ist.

Etwas nützlicher ist folgendes Ergebnis, das wie die Sätze von Euler und Fermat auf dem Satz von Lagrange (Abschn. 6.1) beruht.

Die ganze Zahl $n > 1$ ist eine Primzahl, wenn zu jedem Primfaktor p von $n - 1$ eine Zahl q existiert, so dass

(a) $q^{n-1} \equiv 1$ mod n,

(b) $q^{\frac{n-1}{p}} \not\equiv 1$ mod n

gelten.

Gilt (a), so ist $[q]$ eine Einheit in $\mathbb{Z}/n\mathbb{Z}$, also ein Element von $(\mathbb{Z}/n\mathbb{Z})^*$, einer Gruppe mit $\varphi(n) \leq n - 1$ Elementen, und die Ordnung o von $[q]$ ist ein Teiler von

$n - 1$. (Zur Erinnerung (Abschn. 3.3): $\varphi(n)$ ist die Anzahl der zu n relativ primen Zahlen zwischen 0 und n.) Bedingung (b) besagt, dass o kein Teiler von $(n - 1)/p$ ist. Also muss p^k Teiler von o und damit auch von $\varphi(n)$ sein, wenn p^k die höchste Potenz von p ist, die $n - 1$ teilt. Da dies für alle Primteiler p von $n - 1$ gilt, ist $n - 1$ ein Teiler von $\varphi(n)$. Also ist $\varphi(n) = n - 1$. Dann muss jedes k mit $1 \leq k < n$ zu n relativ prim sein, also n eine Primzahl sein.

Übrigens gilt im letzten Satz auch die Umkehrung.

Der kleine Satz von Fermat, so leicht er zu beweisen ist, ist nützlich als notwendiges Kriterium für die Primalität einer Zahl n. Denn gibt es ein zu n relativ primes r mit $r^{n-1} \not\equiv 1 \bmod n$, so wissen wir, dass n keine Primzahl ist, und das, ohne eine Produktzerlegung von n zu kennen. Es gibt aber Nicht-Primzahlen n, so dass für jedes zu n relativ prime r die Gleichung $r^{n-1} \equiv 1 \bmod n$ gilt, die sogenannten *Carmichael-Zahlen*. Die kleinste von ihnen, 561, ist durch 3, 11 und 17 teilbar.

Aber eine leichte Verbesserung des Fermat'schen Satzes ist Grundlage des *Miller-Rabin-Tests*, mit dem man nachweisen kann, dass ein gegebenes n „höchstwahrscheinlich" eine Primzahl ist. Sei n ungerade und $n - 1 = 2^a b$ mit ungeradem b.

(i)   *Ist n prim und r relativ prim zu n, so gilt*

$$r^b \equiv 1 \bmod n \quad oder \quad r^{2^c b} \equiv -1 \bmod n \;\; für\ ein\ c\ mit\ 0 \leq c < a. \qquad (*)$$

(ii) *Ist n nicht prim, dann gibt es höchstens $(n - 1)/4$ zu n relativ prime Zahlen r, die $(*)$ erfüllen.*

Mit diesem Test kann man zwar zweifelsfrei feststellen, dass n nicht prim ist, nämlich wenn man ein zu n relativ primes $r < n$ findet, das $(*)$ nicht erfüllt. Erfüllt ein primer Rest r jedoch $(*)$, folgt daraus noch nicht, dass n eine Primzahl ist. Aber (ii) lässt folgende statistische Interpretation zu: Nehmen wir an, n ist keine Primzahl. Wir wählen zufällig bezüglich der Gleichverteilung auf $\{1, \ldots, n - 1\}$ einen Rest r. Dann ist die Wahrscheinlichkeit, dass r relativ prim ist und $(*)$ gilt, kleiner als $1/4$. Daher ist bei k unabhängigen zufälligen Wahlen solcher r die Wahrscheinlichkeit, dass jedes Mal $(*)$ erfüllt ist, kleiner als 4^{-k}, bei $k = 20$ also kleiner als 10^{-12}. Man wird sich dann auf den Standpunkt stellen, dass dies zu unwahrscheinlich ist, um wahr zu sein (obwohl es natürlich nicht ausgeschlossen ist), und die „Nullhypothese", dass n nicht prim ist, verwerfen (vgl. Abschn. 11.9 über statistische Tests). In diesem Sinn ist es dann sehr plausibel, n als Primzahl anzusehen.

Sollte die erweiterte Riemann'sche Vermutung (siehe unten) gelten, so lässt sich (i) zu einer notwendigen und hinreichenden Bedingung aufwerten:

Gilt die erweiterte Riemann'sche Vermutung und ist $n - 1 = 2^a b$ mit ungeradem b, so ist n genau dann eine Primzahl, wenn $(*)$ für alle zu n relativ primen r mit $0 < r < \frac{2}{(\log 3)^2}(\log n)^2$ gilt.

Die Riemann'sche Vermutung besagt etwas über die Nullstellen der ζ-Funktion, die wir in Abschn. 3.6 kennenlernen. Die *erweiterte Riemann'sche Vermutung* besagt etwas über die Nullstellen der Dedekind'schen L-Funktionen. Das sind gewisse Verallgemeinerungen der ζ-Funktion.

Ist n eine *Mersenne-Zahl*, d. h. eine Zahl der Form $n = 2^p - 1$ mit einer Primzahl p, so ist $n - 1 = 2(2^{p-1} - 1)$. In diesem Fall ist $a = 1$, und $(*)$ reduziert sich zu $r^b \equiv 1 \bmod n$ mit $b = 2^{p-1} - 1$. Es ist daher viel weniger zu prüfen. Mersenne-Zahlen sind sehr beliebt bei Menschen, die nach möglichst großen Primzahlen suchen. Tatsächlich sind die neun größten zurzeit (März 2010) bekannten Primzahlen alles Mersenne-Zahlen. Beachte, dass eine Zahl der Form $a^b - 1$ mit $a, b > 1$ höchstens dann eine Primzahl ist, wenn $a = 2$ und b prim ist. Denn $a - 1$ teilt $a^b - 1$ und $a^k - 1$ teilt $a^{kl} - 1$. Daher kommt die spezielle Form der Mersenne-Zahlen. Für Mersenne-Zahlen kennt man allerdings schon seit langem ein Primalitätskriterium, das ohne die erweiterte Riemann'sche Vermutung auskommt:

Primzahltest von Lucas und Lehner
Es sei $S_1 = 4$ und für $k \geq 2$ sei $S_k := S_{k-1}^2 - 2$. Ist p prim, so ist die Mersenne-Zahl $2^p - 1$ genau dann eine Primzahl, wenn sie ein Teiler von S_{p-1} ist.

Der Beweis benutzt die Theorie der Kettenbrüche, auf die wir in Abschn. 3.8 eingehen, insbesondere die Rolle der Kettenbrüche bei den ganzzahligen Lösungen der Pell'schen Gleichung $x^2 - dy^2 = 1$ für $d = 3$. Das Finden ganzzahliger Lösungen von Gleichungen mit ganzzahligen Koeffizienten ist Thema der Theorie der diophantischen Gleichungen, womit wir uns in Abschn. 3.10 beschäftigen.

Eine Bemerkung zum Zeitaufwand von Rechnungen (am Computer). Multiplizieren und Dividieren geht schnell. Auch Potenzieren geht schnell. Zum Beispiel erhalten wir a^{2^n} durch n-maliges sukzessives Quadrieren. Ebenso geht das Berechnen des ggT schnell mit Hilfe des Euklidischen Algorithmus. Damit hält sich der Zeitaufwand für das Überprüfen von $(*)$ in Grenzen.

3.5   Das RSA-Verfahren

Im letzten Abschnitt haben wir einige Primzahltests kennengelernt. Sie sind schnell in dem Sinne, dass die zugehörigen Algorithmen eine polynomiale Laufzeit haben. Das heißt, dass es ein k und C gibt, so dass die Laufzeit durch $C n^k$ beschränkt ist, wenn n die Eingabelänge für den Algorithmus ist. Man benötigt z. B. für die binäre Darstellung der positiven ganzen Zahlen der Form $m = \sum_0^n a_i 2^i$ mit $a_i \in \{0, 1\}$ und $a_n = 1$ genau $n < \log_2 m$ bits, so dass ein Algorithmus für das Testen der Primalität von m polynomial ist, wenn die Laufzeit für geeignete C und k durch $C(\log_2 m)^k$ beschränkt werden kann. Seit dem Jahr 2002 weiß man, dass es einen polynomialen Algorithmus mit $k = 13$ gibt (Algorithmus von Manindra Agrawal, Neeraj Kayal und Nitin Saxena).

Es lässt sich also relativ schnell entscheiden, ob eine gegebene Zahl prim ist. Aber die Algorithmen gewinnen die Aussage, dass m nicht prim ist, ohne eine Zerlegung von m in mindestens zwei Faktoren angeben zu müssen. Ist z. B. ggT$(r, m) = 1$ und $r^{m-1} \not\equiv 1 \bmod m$, so wissen wir nach dem kleinen Satz von Fermat (Abschn. 3.3), dass m nicht prim ist, ohne eine Zerlegung zu kennen.

Die Sicherheit des RSA-Verfahrens, benannt nach seinen Entwicklern Rivest, Shamir und Adelman, beruht auf der Überzeugung, dass das Faktorisieren zusammengesetzter Zahlen schwierig, d. h. überaus langwierig ist. Es wird in der Kryptographie zur Chiffrierung und Dechiffrierung von Nachrichten genutzt und ist ein sogenanntes *asymmetrisches Kryptoverfahren*. Ein asymmetrisches Verfahren lässt sich wie folgt beschreiben.

(i)   Der Empfänger von Nachrichten verfügt über zwei Schlüssel, von denen er einen veröffentlicht. Der andere bleibt geheim.

(ii) Mit Hilfe des öffentlichen Schlüssels kann jeder, der will, eine Nachricht verschlüsseln und an den Empfänger verschicken. Dabei ist der Verschlüsselungsprozess einfach.

(iii) Mit Hilfe des geheimen zweiten Schlüssels ist die Dechiffrierung einfach, aber ohne diesen zweiten Schlüssel schwierig, und zwar schwierig genug, dass eine Entschlüsselung in der Zeit, für die die Nachricht geheim bleiben soll, nicht zu erwarten ist.

Beim RSA-Verfahren verschafft sich der Empfänger zwei große Primzahlen p und q. Zurzeit wird empfohlen, Primzahlen mit mindestens 100 Dezimalziffern zu wählen. Weiter wählt er eine nicht allzu kleine zu $(p-1)(q-1)$ relativ prime Zahl a und verschafft sich mit Hilfe des Euklidischen Algorithmus eine Zahl b, so dass $ab \equiv 1 \bmod (p-1)(q-1)$ ist. Er veröffentlicht die beiden Zahlen a und $n = pq$.

Ein Absender verwandelt eine Nachricht nach einem vereinbarten einfachen Standardverfahren in eine Zahl m zwischen 0 und n. Ist die Nachricht zu lang, so zerlegt er sie in passende Blöcke. Dann bildet er $l := m^a \bmod n$ mit $0 \leq l < n$ und schickt l an den Empfänger. Der Empfänger bildet nun mit Hilfe seines geheimen Schlüssels b die Zahl $k := l^b \bmod n$ mit $0 \leq k < n$. Mit Hilfe des Standardverfahrens verwandelt der Empfänger die Zahl k wieder in eine Nachricht.

Dieses ist die ursprüngliche Nachricht. Dazu müssen wir nur zeigen, dass für jede ganze Zahl m die Gleichung $m^{ab} \equiv m \bmod n$ gilt. Das gilt, falls $m^{ab} \equiv m \bmod p$ und $m^{ab} \equiv m \bmod q$ gelten. Teilt p das m, so gilt $0 \equiv m \equiv m^{ab} \bmod p$. Ist m relativ prim zu p, so gilt nach dem kleinen Satz von Fermat $m^{p-1} \equiv 1 \bmod p$. Nach Konstruktion von b existiert ein ganzzahliges c mit $ab = c(p-1)(q-1)+1$. Also gilt $m^{ab} = (m^{p-1})^{c(q-1)} \cdot m \equiv 1 \cdot m \bmod p$. Das gleiche Argument zeigt, dass $m^{ab} \equiv m \bmod q$ gilt.

Wir haben schon bemerkt, dass Potenzieren schnell geht. Will man z. B. m^{43} berechnen, so bildet man durch sukzessives Quadrieren $m^2, m^4, m^8, m^{16}, m^{32}$ und anschließend $m^{32}m^8m^2m = m^{43}$. Das sind insgesamt weniger als $2 \cdot 5 = 2\log_2 32$

Multiplikationen. Allgemein braucht man bei diesem Vorgehen für die Berechnung m^a maximal $2\log_2 a$ Multiplikationen.

Zum Entschlüsseln ohne den geheimen Schlüssel benötigt man die Kenntnis von $(p-1)(q-1)$. Das ist gleichbedeutend mit der Kenntnis der Faktorisierung von $n = pq$. Denn kennt man pq und $(p-1)(q-1)$, so kennt man auch $p+q = pq - (p-1)(q-1) - 1$ und $(p-q)^2 = (p+q)^2 - 4pq$. Quadratwurzelziehen von Quadraten in $\mathbb{Z}$ geht schnell, so dass wir auch $p-q$ kennen und damit p und q. Bisher ist kein polynomialer Algorithmus für Faktorzerlegungen bekannt, und es wird vermutet, dass das Ziehen von a-ten Wurzeln mod pq, was der Entschlüsselung der Nachricht m^a mod pq entspricht, im Prinzip auf eine Faktorisierung von pq hinausläuft. Selbst das Ziehen von Quadratwurzeln mod n wird für große n als schwierig angesehen.

3.6   Die Verteilung der Primzahlen

Zwei sich scheinbar widersprechende Aspekte beschreiben die Verteilung der Primzahlen innerhalb der ganzen Zahlen: völlig unvorhersehbar, wenn es um die genaue Lage geht, und sehr regelmäßig, wenn nur die Asymptotik interessiert. Das offenbar chaotische Verhalten im Kleinen ist Rechtfertigung für Kryptosysteme, die davon ausgehen, dass das Faktorisieren großer ganzer Zahlen schwierig ist. Indiz für dieses unregelmäßige Verhalten ist die Existenz einer großen Anzahl unbewiesener relativ alter Vermutungen. Man weiß zwar, dass für $n > 1$ zwischen n und $2n$ immer eine Primzahl liegt, aber nicht, ob zwischen n^2 und $(n+1)^2$ auch immer eine zu finden ist. Da, wie wir sehen werden, mit wachsendem n der Anteil der Primzahlen unterhalb von n gegen 0 strebt, muss es beliebig große Lücken zwischen den Primzahlen geben. Man kann solche Lücken auch leicht angeben. Ist m gegeben und n das Produkt sämtlicher Primzahlen $p_j \leq m$, so ist jede der Zahlen $n+2, n+3, \ldots, n+m$ durch eine dieser Primzahlen p_j teilbar, so dass eine Lücke mindestens der Länge m vorliegt. Andererseits wird vermutet, dass es unendlich viele Primzahlzwillinge, d. h. Primzahlpaare der Form $(p, p+2)$ gibt, dass also die kleinstmögliche Lücke der Länge 2 unendlich oft vorkommt. Allgemeiner gibt es unendlich viele Lückenfolgen, von denen vermutet wird, dass sie unendlich oft auftreten. Dies wird z. B. von der Lückenfolge 2, 4, 2 vermutet. Beispiele für diese Folge sind die Primzahlquadrupel (101, 103, 107, 109), (191, 193, 197, 199), (821, 823, 827, 829) und (3251, 3253, 3257, 3259).

Eine dieser alten Vermutungen konnten 2004 Ben J. Green und Terence Tao beweisen. Diese besagt, dass es beliebig lange arithmetische Progressionen von Primzahlen gibt. Die Frage nach der Existenz beliebig langer arithmetischer Progressionen, also von Folgen der Form $\{a, a+d, a+2d, \ldots, a+kd\}$, in gewissen Teilmengen von $\mathbb{N}$ spielte in der Zahlentheorie stets eine wichtige Rolle. Eines der gefeierten Ergebnisse ist der Beweis einer langen offenen Vermutung von Erdős und Turàn durch Szemerédi im Jahre 1975. Er zeigte, dass jedes $A \subseteq \mathbb{N}$ mit $\limsup_N \#\{a \leq N \mid a \in A\}/N > 0$ beliebig lange arithmetische Progressionen enthält. Wie wir weiter unten sehen, ist $\#\{p \leq N \mid p \text{ prim}\}$ asymptotisch gleich $\log N$, so dass Szemerédis Satz nicht greift. Aber ein auf Methoden der

Wahrscheinlichkeitsrechnung beruhender Beweis des Satzes von Szemerédi diente Green und Tao als Leitfaden für ihre Arbeit. Wie bahnbrechend der Satz von Green und Tao ist, wird deutlich, wenn man bedenkt, dass es bis 2004 nur den Satz von van der Korput aus dem Jahr 1939 gab, der besagt, dass es unendlich viele arithmetische Progressionen der Länge 3 von Primzahlen gibt, und dass es mit intensiven Computersuchen erst 2004 gelang, *eine* arithmetische Progression der Länge 23 von Primzahlen zu finden. Der vorherige Rekord einer Progression der Länge 22 stammte aus dem Jahr 1995.

Um eine arithmetische Progression der Länge k zu garantieren, muss man schon bis zu sehr großen Primzahlen gehen, also einen globalen Blick entwickeln. Tut man das, so zeigt sich oft ein erstaunlich regelmäßiges Verhalten. Die naheliegende Frage, wie sich asymptotisch für wachsende x der Anteil der Primzahlen unterhalb x verändert, ist ein frappierendes Beispiel dafür. Der folgende Satz ist einer der Meilensteine der Zahlentheorie. Er wurde von Legendre und dem erst 15-jährigen Gauß ca. 1792 vermutet und 100 Jahre später von Jacques Hadamard und Charles-Jean de la Vallée Poussin unabhängig voneinander bewiesen. Zunächst nennen wir zwei für hinreichend große $x \in \mathbb{R}$ definierte Funktionen f und g asymptotisch gleich, falls $\lim_{x \to \infty} f(x)/g(x) = 1$ ist. Wir schreiben dafür $f(x) \sim g(x)$. Dann besagt der *Primzahlsatz*:

Ist $\pi(x)$ die Anzahl der Primzahlen kleiner oder gleich x, so gilt

$$\pi(x) \sim \frac{x}{\log(x)}.$$

Als Korollar erhält man daraus die Asymptotik $p_n \sim n \log n$ für die n-te Primzahl.

Der Beweis dieses Satzes ist inzwischen relativ einfach, wenn man mit den Methoden der Funktionentheorie, insbesondere mit dem Cauchy'schen Integralsatz und Residuenkalkül (vgl. Abschn. 8.9 und 8.10) ein wenig vertraut ist. Er steht in enger Verbindung mit der schon im Abschn. 3.4 angesprochenen ζ-Funktion, ganz besonders mit deren Nullstellen. Sie wurde von Euler für reelle Zahlen $x > 1$ durch die Reihe $\sum_{n=1}^{\infty} 1/n^x$ definiert, und Riemann dehnte diese Definition auf komplexe Zahlen z mit Realteil $\mathrm{Re}\, z > 1$ aus:

$$\zeta(z) = \sum_{n=1}^{\infty} 1/n^z.$$

Wegen $|n^{-z}| = n^{-\mathrm{Re}\, z}$ ist die Reihe gleichmäßig konvergent auf $\mathrm{Re}\, z \geq r$ für jedes $r > 1$. Also ist nach dem Weierstraßschen Konvergenzsatz (Abschn. 8.9) $\zeta(z)$ in der Halbebene $\mathrm{Re}\, z > 1$ holomorph. Für $z = 1$ erhält man die harmonische Reihe, deren Partialsummen gegen ∞ wachsen. Aber das ist schon das einzige Hindernis, ζ holomorph fortzusetzen. Denn eine clevere Umformung zeigt, dass $\zeta(z) - 1/(z-1)$ für $\mathrm{Re}\, z > 1$ mit einer in $\mathrm{Re}\, z > 0$ holomorphen Funktion übereinstimmt. Damit hat ζ eine meromorphe Erweiterung auf $\mathrm{Re}\,z > 0$ mit einem einfachen Pol bei 1. (Riemann hat gezeigt, dass ζ sogar auf ganz $\mathbb{C}$ meromorph fortsetzbar ist.)

Einen ersten Hinweis, dass ζ etwas mit Primzahlen zu tun hat, gibt die auf Euler zurückgehende Produktdarstellung

$$\zeta(z) = \sum_{n=1}^{\infty} \frac{1}{n^z} = \prod_{p} (1 - p^{-z})^{-1}, \quad \mathrm{Re}\,z > 1,$$

die man durch Einsetzen von $(1 - p^{-z})^{-1} = \sum_{k=0}^{\infty} p^{-zk}$ in das Produkt einsieht. Denn nach Ausmultiplizieren tritt jeder Term $(p_1^{k_1} \cdots p_r^{k_r})^{-z}$ genau einmal als Summand auf und entspricht dem Summanden n^{-z} in der ζ-Funktion, wenn $n = p_1^{k_1} \cdots p_r^{k_r}$ die Primfaktorzerlegung von n ist. Da alles absolut konvergiert, brauchen wir uns beim Umordnen keine Gedanken zu machen.

Was nun den Beweis des Primzahlsatzes angeht, sind es Funktionen wie $h(z) = \zeta'(z)/\zeta(z) - 1/(z-1)$, die dort auftauchen, und um den Cauchy'schen Integralsatz darauf anzuwenden, benötigt man Gebiete der rechten Halbebene, in denen h holomorph ist. Deswegen sind die Nullstellen von ζ so entscheidend. Aus der Euler'schen Produktdarstellung folgt $\zeta(z) \neq 0$ für $\mathrm{Re}\,z > 1$; erheblich raffinierter ist der Nachweis, dass sogar $\zeta(z) \neq 0$ für $\mathrm{Re}\,z \geq 1$ ist. Diese Aussage ist der archimedische Punkt des Beweises des Primzahlsatzes mit funktionentheoretischen Methoden.

Asymptotische Gleichheit zweier Funktionen sagt wenig aus über die Differenz der Funktionen. Schon Gauß hat anstelle von $x/\log x$ den dazu asymptotisch gleichen *Integrallogarithmus* $\mathrm{Li}(x) = \int_2^x \log t \, dt$ als Approximation für $\pi(x)$ herangezogen. Das Studium großer Primzahltabellen ließ ihn vermuten, dass der Anstieg von $\pi(x)$ gleich $1/\log(x)$ ist. Dass in der Tat $\mathrm{Li}(x)$ bessere Werte liefert, soll folgende Tabelle illustrieren.

x	$\pi(x)$	$[\mathrm{Li}(x)] - \pi(x)$	$\dfrac{\pi(x)}{\mathrm{Li}(x)}$	$\dfrac{\pi(x)}{x/\log x}$
10^4	1229	16	0.987	1.131
10^6	78 498	128	0.998	1.084
10^8	5 761 455	754	0.999 986	1.061
10^{10}	455 052 511	3104	0.999 993	1.047
10^{12}	37 607 912 018	38 263	0.999 998	1.039

Die Beziehung $\pi(x) \sim \mathrm{Li}(x)$ besagt nur, dass für jedes $\varepsilon > 0$ die Ungleichung $|\pi(x) - \int_2^x \log t \, dt| < \varepsilon x \log x$ für genügend große x gilt. Kann man aber die Lage der Nullstellen der auf die Halbebene $\mathrm{Re}\,z > 0$ erweiterten ζ-Funktion besser eingrenzen, erhält man deutlich bessere Abschätzungen. In dem kritischen Streifen $\{0 < \mathrm{Re}\,z < 1\}$ liegen die Nullstellen symmetrisch zur kritischen Geraden $\mathrm{Re}\,z = 1/2$. Auf der kritischen Geraden fand Riemann viele Nullstellen, abseits davon aber keine, und er stellte die heute nach ihm benannte *Riemann'sche Vermutung* auf:

Alle Nullstellen von ζ in $\mathrm{Re}\,z > 0$ liegen auf der Geraden $\mathrm{Re}\,z = 1/2$.

Dies ist eine der wichtigsten offenen Vermutungen der Mathematik mit vielen Konsequenzen nicht nur für die Primzahlen. (Es ist eines der sieben Millenniums-Probleme. Sie zu beweisen oder zu widerlegen, dafür hat die Clay-Stiftung ein Preisgeld von 1 Million Dollar ausgelobt.) Die folgende Aussage stellt die Beziehung zwischen Nullstellen von ζ und Abschätzungen für $\pi(x)$ her:

Hat ζ für ein $a \geq 1/2$ in $\operatorname{Re} z > a$ keine Nullstelle, so gibt es ein $c > 0$, so dass

$$\left| \pi(x) - \int_2^x \log t \, dt \right| < c x^a \log x$$

für alle $x \geq 2$ gilt.

Es gilt auch die Umkehrung. Stimmt die Riemann'sche Vermutung, so können wir für a den bestmöglichen Wert $1/2$ nehmen. Wir wissen, dass auf der kritischen Geraden unendlich viele Nullstellen liegen, aber bis heute hat noch niemand beweisen können, dass es ein $a < 1$ gibt, so dass ζ rechts von $\operatorname{Re} z = a$ keine Nullstellen hat. Der Rand aller bisher gefundenen nullstellenfreien Bereiche schmiegt sich bei wachsendem Absolutwert des Imaginärteils rapide an die Gerade $\operatorname{Re} z = 1$ an.

Übrigens stützen sämtliche Primzahltabellen (s. o.) die These, dass stets $\operatorname{Li}(x) > \pi(x)$ ist. Aber schon 1914 konnte Littlewood beweisen, dass das nicht stimmt, denn er zeigte, dass $\operatorname{Li}(x) - \pi(x)$ unendlich oft das Vorzeichen wechselt! Der erste Vorzeichenwechsel tritt definitionsgemäß bei der *Skewes-Zahl* auf; heute weiß man, dass diese zwischen 10^{16} und 10^{381} liegt.

Ein weiteres Ergebnis zur regelmäßigen Verteilung der Primzahlen im Großen ist ein Satz von Dirichlet, der besagt, dass sich die Primzahlen gleichmäßig auf die zu m primen Restklassen mod m verteilen. Ist $\operatorname{ggT}(a, m) > 1$, so enthält die Restklasse von a mod m höchstens eine Primzahl. Aber auf die restlichen $\varphi(m)$ zu m relativ primen Restklassen verteilen sich die Primzahlen gleichmäßig: $\lim_{n \to \infty} \sum_{p \equiv a \bmod m, \ p \leq n} p^{-1} / \sum_{p \leq n} p^{-1} = 1/\varphi(m)$; bei den Summen wird nur über Primzahlen summiert. Insbesondere liegen in all diesen Restklassen unendlich viele Primzahlen.

3.7 Quadratische Reste

Lineare Gleichungen in einer Unbekannten in $\mathbb{Z}/n\mathbb{Z}$ sind leicht zu behandeln. Sie haben die Form $[a][x] = [b]$ oder, als Kongruenz geschrieben, die Form $ax \equiv b$ mod n. Ist $\operatorname{ggT}(a, n) = 1$, so gibt es ganze Zahlen c, d mit $ca + dn = 1$. Also ist $[c][a] = [1]$ in $\mathbb{Z}/n\mathbb{Z}$, und $[cb]$ ist die eindeutige Lösung. Die Zahlen c und d finden wir mit Hilfe des Euklidischen Algorithmus (Abschn. 3.1). Ist $\operatorname{ggT}(a, n) = e > 1$, so gibt es höchstens dann eine Lösung, wenn e auch ein Teiler von b ist, und nach Division von a und b durch e sind wir wieder im vorhergehenden Fall.

Quadratische Gleichungen sind wesentlich interessanter. Die Hauptschwierigkeit bei deren Lösung ist das Problem, zu entscheiden, ob eine Restklasse $[r] \in \mathbb{Z}/n\mathbb{Z}$ Quadratwurzeln in $\mathbb{Z}/n\mathbb{Z}$ besitzt, also ob $[r]$ ein Quadrat ist. Ist das der Fall, so nennt man r einen *quadratischen Rest* mod n. Andernfalls heißt r *quadratischer Nichtrest* mod n.

Wir konzentrieren uns in diesem Abschnitt auf den Fall, dass n eine ungerade Primzahl ist. Der allgemeine Fall lässt sich ohne große Mühe darauf zurückführen. Zum Beispiel folgt aus dem Chinesischen Restsatz, dass r genau dann quadratischer Rest mod n ist, wenn es für jedes $i = 1, \ldots, s$ quadratischer Rest mod $p_i^{k_i}$ ist. Hier ist $n = p_1^{k_1} \cdots p_s^{k_s}$ die Primfaktorzerlegung von n. Weiter ist für eine ungerade Primzahl p das zu p relativ prime r genau dann quadratischer Rest mod p^k, wenn es quadratischer Rest mod p ist.

Der Vollständigkeit halber vermerken wir, dass jede ungerade Zahl quadratischer Rest mod 2 ist, dass 1, aber nicht 3 ein quadratischer Rest mod 4 ist, und für $k > 2$ die ungerade Zahl r genau dann quadratischer Rest mod 2^k ist, wenn $r \equiv 1$ mod 8 ist.

Bei der Frage, welche r für ungerade Primzahlen p quadratische Reste mod p sind, können wir uns auf den Fall beschränken, dass r eine Primzahl ist. Um dies einzusehen, ist es nützlich, das *Legendre-Symbol* $\left(\frac{r}{p}\right)$ einzuführen. Hier ist p eine Primzahl und r eine ganze Zahl, und wir setzen

$$
\left(\frac{r}{p}\right) := \begin{cases} 1, & \text{falls } p \text{ nicht } r \text{ teilt und } r \text{ quadratischer Rest mod } p \text{ ist,} \\ -1, & \text{falls } p \text{ nicht } r \text{ teilt und } r \text{ quadratischer Nichtrest mod } p \text{ ist,} \\ 0, & \text{falls } p \text{ Teiler von } r \text{ ist.} \end{cases}
$$

Dass p das r teilt, ist gleichbedeutend damit, dass $[r]$ das Nullelement von $\mathbb{Z}/p\mathbb{Z}$ ist. Diesen Fall wollen wir nicht weiter betrachten. $[0]$ ist natürlich ein Quadrat. Die Menge $(\mathbb{Z}/p\mathbb{Z})^*$ der von 0 verschiedenen Elemente des Körpers $\mathbb{Z}/p\mathbb{Z}$ bilden bezüglich der Multiplikation eine abelsche Gruppe der Ordnung $p - 1$. Diese Gruppe ist zyklisch. Das heißt, dass es ein Element $[a] \in (\mathbb{Z}/p\mathbb{Z})^*$ gibt, so dass jedes Element von $(\mathbb{Z}/p\mathbb{Z})^*$ eine Potenz von $[a]$ ist. (Übrigens ist jede endliche Untergruppe der multiplikativen Gruppe der von 0 verschiedenen Elemente eines beliebigen Körpers zyklisch. Dies folgt aus der Klassifikation endlicher abelscher Gruppen (Abschn. 6.6) und der Tatsache (Abschn. 6.8), dass Polynome vom Grad n über einem Körper höchstens n Nullstellen haben.)

Die Elemente von $(\mathbb{Z}/p\mathbb{Z})^*$ sind also $\{[a], [a^2], \ldots, [a^{p-2}], [a^{p-1}] = [1]\}$. Insbesondere ist $[a^{\frac{p-1}{2}}] = [-1]$, denn $[a^{\frac{p-1}{2}}]$ ist verschieden von $[1]$ und Nullstelle von $X^2 - 1$. Nun ist $[a^k]$ genau dann ein Quadrat, wenn k gerade ist, und wir erhalten für eine ungerade Primzahl und nicht durch p teilbare Zahlen r, s:

(i) $\left(\frac{r}{p}\right) \equiv r^{\frac{p-1}{2}}$ mod p.

(ii) -1 *ist quadratischer Rest* mod p, *genau dann, wenn* $p - 1$ *durch 4 teilbar ist.*

(iii) $\left(\frac{rs}{p}\right) = \left(\frac{r}{p}\right)\left(\frac{s}{p}\right)$.

Wegen Aussage (iii) müssen wir uns nur noch um prime r mit $0 < r < p$ kümmern, wegen (ii) reicht sogar $0 < r \leq (p-1)/2$.

Dieser Fall wird durch das *quadratische Reziprozitätsgesetz*, ein Juwel der elementaren Zahlentheorie, auf elegante Weise gelöst. Es erlaubt einen schnellen Algorithmus zur Bestimmung des Legendre-Symbols $(\frac{q}{p})$ für ungerade Primzahlen q und p. Der erste Beweis dieses Gesetzes erschien in den „Disquisitiones Arithmeticae", die C. F. Gauß 1801 im Alter von 24 Jahren veröffentlichte. Es besagt:

Quadratisches Reziprozitätsgesetz
Seien p und q verschiedene ungerade Primzahlen. Dann gilt

$$\left(\frac{q}{p}\right)\left(\frac{p}{q}\right) = (-1)^{\frac{(p-1)(q-1)}{4}}.$$

Insbesondere ist $(\frac{p}{q}) = (\frac{q}{p})$, wenn mindestens eines von p und q kongruent 1 mod 4 ist.

Für den Primfaktor 2 und ungerades p hat man

$$\left(\frac{2}{p}\right) = 1 \quad \Leftrightarrow \quad p \equiv \pm 1 \bmod 8.$$

Es gibt viele elementare Beweise des Reziprozitätsgesetzes, Gauß selbst hat acht veröffentlicht.

Wir demonstrieren an einem Beispiel, wie man das Gesetz nutzt, zumindest für kleine Zahlen, deren Primfaktorzerlegung leicht zu erhalten ist:

$$
\begin{aligned}
\left(\frac{1927}{3877}\right) &= \left(\frac{41 \cdot 47}{3877}\right) = \left(\frac{41}{3877}\right)\left(\frac{47}{3877}\right) = \left(\frac{3877}{41}\right)\left(\frac{3877}{47}\right) \\
&= \left(\frac{3877 - 94 \cdot 41}{41}\right)\left(\frac{3877 - 82 \cdot 47}{47}\right) = \left(\frac{23}{41}\right)\left(\frac{23}{47}\right) \\
&= -\left(\frac{41}{23}\right)\left(\frac{47}{23}\right) = -\left(\frac{18}{23}\right)\left(\frac{1}{23}\right) \\
&= -\left(\frac{3}{23}\right)\left(\frac{3}{23}\right)\left(\frac{2}{23}\right) = -\left(\frac{2}{23}\right) = -1
\end{aligned}
$$

Also ist 1927 ein quadratischer Nichtrest mod 3877.

Das quadratische Reziprozitätsgesetz war einer der zentralen Ausgangspunkte der algebraischen Zahlentheorie und war Anlass für viele weitreichende Entwicklungen. Seine Verallgemeinerung für höhere Potenzen, das Artin'sche Reziprozitätsgesetz, ist eines der Hauptergebnisse der *Klassenkörpertheorie*, die sich mit der Klassifikation aller galoisschen Erweiterungen (Abschn. 6.10) eines Zahlkörpers (Abschn. 3.12) mit abelscher Galoisgruppe beschäftigt.

3.8 Kettenbrüche

Kettenbrüche dienen, ähnlich wie Dezimal-, Binär- oder, allgemeiner, b-adische Darstellungen (siehe Abschn. 2.6), der Beschreibung reeller Zahlen durch endliche oder unendliche Ziffernfolgen. Offensichtlich hängt die Ziffernfolge für die b-adischen Darstellungen wesentlich von der Wahl des b ab. Hingegen hängt die Kettenbruchentwicklung einer reellen Zahl r nur von dieser ab. Sie spiegelt, wie wir sehen werden, unmittelbar zahlentheoretische Eigenschaften von r wider.

Der Begriff des Kettenbruchs wurde bereits in Abschn. 2.8 erwähnt. Ein endlicher Kettenbruch ist ein Ausdruck der Form

$$[a_0, a_1, \ldots, a_k] = a_0 + \cfrac{1}{a_1 + \cfrac{1}{\ddots + \cfrac{1}{a_{k-1} + \cfrac{1}{a_k}}}}.$$

Dabei seien immer $a_0, \ldots, a_k$ reelle Zahlen mit $a_i > 0$ für $i > 0$. Ein endlicher Kettenbruch bestimmt damit eine reelle Zahl, die rational ist, wenn alle a_i ganz sind.

Ist $a_0, a_1, \ldots$ eine unendliche Folge reeller Zahlen mit $a_i > 0$ für $i > 0$, so verstehen wir unter dem unendlichen Kettenbruch $[a_0, a_1, \ldots]$ im Moment einfach die Folge der endlichen Kettenbrüche $[a_0, a_1, \ldots, a_k]$, $k = 1, 2, \ldots$. Konvergiert die Folge, so identifizieren wir $[a_0, a_1, \ldots]$ mit dem Grenzwert.

Jedem endlichen Kettenbruch $[a_0, \ldots, a_k]$ ordnen wir einen Bruch $p_k/q_k = [a_0, \ldots, a_k]$ zu mit eindeutig bestimmtem reellem Zähler und Nenner. Dies geschieht induktiv nach der Länge k des Kettenbruchs. Ist $k = 0$, so setzen wir $p_0 = a_0$ und $q_0 = 1$. Sei $k > 0$. Dann ist $[a_0, \ldots, a_k] = a_0 + \frac{1}{[a_1, \ldots, a_k]}$. Dem kürzeren Kettenbruch $[a_1, \ldots, a_k]$ haben wir schon einen Bruch, sagen wir a'/b', zugeordnet. Dann setzen wir $p_k = a_0 b' + a'$ und $q_k = b'$. Mit dieser Festlegung folgt mit ein wenig Rechnung die Rekursionsformel für die p_k, q_k:

Wir setzen $p_{-1} = 1$, $q_{-1} = 0$, $p_0 = a_0$, $q_0 = 1$. Dann gilt für $k \geq 1$:
$p_k = a_k p_{k-1} + p_{k-2}$, $q_k = a_k q_{k-1} + q_{k-2}$.

Wir nennen p_k/q_k den k-ten *Näherungsbruch* oder die k-te *Konvergente* des Kettenbruchs $[a_0, a_1, \ldots]$. Diese Bezeichnung gilt auch für Kettenbrüche $[a_0, a_1, \ldots, a_n]$ für $k \leq n$.

Ab jetzt nehmen wir an, dass alle a_i ganz und, wie zuvor, für $i > 0$ alle $a_i > 0$ sind. Dann sind auch alle p_i, q_i ganz. Die Gleichungen

$$q_k p_{k-1} - p_k q_{k-1} = (-1)^k \quad \text{und} \quad \frac{p_{k-1}}{q_{k-1}} - \frac{p_k}{q_k} = \frac{(-1)^k}{q_k q_{k-1}},$$

die auch für nicht ganzzahlige Kettenbrüche gelten, zeigen, dass alle Näherungsbrüche gekürzt sind und dass die Näherungsbrüche mit geradzahligen Indizes monoton wachsen, während die mit ungeradem Index monoton fallen. Weiter folgt aus der Rekursionsformel, dass $q_k \geq 2^{\frac{k-1}{2}}$ für alle $k \geq 2$ gilt. Insbesondere ist die Folge der Näherungsbrüche immer konvergent. Nach Vereinbarung ist dieser Grenzwert der *Wert des Kettenbruchs*.

Jede reelle Zahl ist der Wert eines eindeutig bestimmten endlichen oder unendlichen Kettenbruchs. Der Kettenbruch zur reellen Zahl r wird dabei durch folgende Rekursion beschrieben.

$$r_0 = r, \qquad\qquad a_0 = \lfloor r_0 \rfloor;$$

$$\text{solange } r_i \text{ nicht ganz ist:} \quad r_{i+1} = \frac{1}{r_i - a_i}, \quad a_{i+1} = \lfloor r_{i+1} \rfloor.$$

Dabei ist $\lfloor x \rfloor$ der ganzzahlige Anteil der reellen Zahl x, d. h. die größte ganze Zahl, die x nicht übersteigt. Wir erhalten genau dann einen endlichen Kettenbruch, wenn ein r_k ganz ist. Dann ist $a_k = r_k$ und $r = [a_0, \ldots, a_k]$. Insbesondere ist dann r rational. Ist umgekehrt r rational, so sind alle r_i rational, und der Nenner (nach Kürzen) von r_{i+1} ist echt kleiner als der von r_i, so dass wir nach endlich vielen Schritten bei einem ganzzahligen r_k ankommen. Ist r irrational, so sind alle r_i irrational, und wir erhalten einen unendlichen Kettenbruch, der gegen r konvergiert. Die letzte Aussage folgt aus der Tatsache, dass r stets zwischen zwei aufeinanderfolgenden Näherungsbrüchen liegt, was man am besten induktiv beweist. Aus den obigen Gleichungen folgt dann sogar, dass die Ungleichung $\left| r - \frac{p_k}{q_k} \right| < \frac{1}{q_k^2}$ für alle Näherungsbrüche $\frac{p_k}{q_k}$ von r gilt.

Die obige Rekursion kommt nicht von ungefähr. Denn ist r der Wert eines Kettenbruchs $[b_0, b_1, \ldots]$, so zeigt man induktiv, dass $r_i = [b_i, b_{i+1}, \ldots]$ und $a_i = b_i$ gelten. Damit das bei endlichen Kettenbrüchen bis zum letzten Glied wirklich stimmt, besteht man darauf, dass das letzte Glied eines endlichen Kettenbruchs größer als 1 ist. Es gilt nämlich $[a_0, \ldots, a_k + 1] = [a_0, \ldots, a_k, 1]$. Berücksichtigt man dies, so sind also Kettenbruchdarstellungen reeller Zahlen eindeutig.

Die Ziffernfolge einer Kettenbruchdarstellung einer reellen Zahl r hängt somit nur von r ab. Kettenbruchdarstellungen haben aber einen weiteren Vorzug, der sie für zahlentheoretische Fragen attraktiv macht. Die Näherungsbrüche beschreiben die beste Approximation von r durch rationale Zahlen im folgenden Sinn. Die rationale Zahl a/b, $b > 0$, heißt *beste rationale Approximation* der reellen Zahl r, falls gilt: Ist c/d rational mit $0 < d \leq b$ und $c/d \neq a/b$, so ist $|br - a| < |dr - c|$. Das heißt, dass unter allen rationalen Zahlen, deren Nenner nicht größer als b sind, a/b die Zahl r am besten approximiert, selbst wenn die Differenz noch mit dem Nenner multipliziert wird.

r darf dabei durchaus rational sein. In der Dezimaldarstellung von $1/3$ sind $0/1, 3/10, 33/100, \ldots$ die „Näherungsbrüche". $3/10$, $33/100$ und alle weiteren „Näherungsbrüche" sind aber keine besten Approximationen, da $1/3$ einfach besser ist. Die Näherungsbrüche des Kettenbruchs $[0, 3]$ von $1/3$ sind $0/1, 1/3$, also tatsächlich am besten. Abgesehen von einer trivialen Ausnahme gilt dies allgemein.

(i)   Jede beste rationale Approximation der reellen Zahl r ist ein Näherungsbruch der Kettenbruchentwicklung von r.

(ii) Bis auf den nullten Näherungsbruch $a_0/1$ von $a_0 + 1/2$, a_0 ganzzahlig, ist jeder Näherungsbruch eine beste rationale Approximation.

Für $a_0 + 1/2$ ist $(a_0 + 1)/1$ genauso gut wie $a_0/1$, also ist nach unserer Definition $a_0/1$ keine beste Approximation.

Aus Aussage (i) folgt mit ein wenig Rechnung, dass jeder Bruch a/b mit $b > 0$ und $|r - a/b| < 1/(2b^2)$ ein Näherungsbruch von r ist.

Oben haben wir gesehen, dass für alle Näherungsbrüche von r die Ungleichung $\left| r - \frac{p_k}{q_k} \right| < \frac{1}{q_k^2}$ gilt. Die 1 im Zähler der rechten Seite lässt sich nicht verkleinern, wenn man darauf besteht, dass die Ungleichung für alle r und alle k gelten soll. Ist z. B. $0 < \varepsilon < 1$, $n > 2(1 - \varepsilon)/\varepsilon$ und $r = [0, n, 1, n] = \frac{n+1}{n(n+2)}$, so ist $\left| r - \frac{p_1}{q_1} \right| > \frac{1-\varepsilon}{q_1^2}$. Für gute rationale Approximationen irrationaler Zahlen reicht es aber schon aus, eine unendliche Teilfolge der Folge der Näherungsbrüche zu betrachten. Man interessiert sich also für die kleinste Konstante $c > 0$, für die es für jedes irrationale r unendliche viele k mit $\left| r - \frac{p_k}{q_k} \right| < \frac{c}{q_k^2}$ gibt. Die Antwort ist $c = 1/\sqrt{5}$. Denn es gilt, dass unter drei aufeinanderfolgenden Näherungsbrüchen mindestens einer die gewünschte Ungleichung für $c = 1/\sqrt{5}$ erfüllt. Dass sich $1/\sqrt{5}$ nicht unterbieten lässt, liegt an einer in vielen Zusammenhängen immer wieder auftretenden Zahl: dem goldenen Schnitt $\tau = (1 + \sqrt{5})/2$.

Die Rekursionsformel für Zähler und Nenner der Näherungsbrüche ergibt für den Kettenbruch $[1, 1, 1, \dots]$ für Zähler und Nenner die Fibonacci-Folge $1, 1, 2, 3, 5, 8, 13, \dots$, wobei der Nenner um Eins hinterherhinkt ($p_k = q_{k+1}$). Der Quotient aufeinanderfolgender Fibonacci-Zahlen konvergiert gegen den goldenen Schnitt, so dass $[1, 1, 1, \dots]$ der Kettenbruch von τ ist. Hier gilt nun: Ist $c < 1/\sqrt{5}$, so gibt es für die Näherungsbrüche von τ nur endlich viele k mit $\left| \tau - \frac{p_k}{q_k} \right| < \frac{c}{q_k^2}$.

Die schöne Zahl τ zählt also zu den Zahlen, die sich am schlechtesten durch rationale Zahlen approximieren lassen. Dass es für manche Zahlen besser geht und welche zahlentheoretischen Eigenschaften dafür verantwortlich sind, damit beschäftigen wir uns im folgenden Abschn. 3.9.

3.9   Rationale Approximationen algebraischer Zahlen; Liouville'sche Zahlen

Dieser Abschnitt setzt den Inhalt des vorhergehenden Abschnitts voraus. Dort haben wir gesehen, dass ohne Einschränkung an die irrationale Zahl r die Ungleichung $\left| r - \frac{p_k}{q_k} \right| < \frac{c}{q_k^2}$ für unendlich viele Näherungsbrüche p_k/q_k von r genau dann erfüllt ist, wenn $c \geq 1/\sqrt{5}$ ist. Es ist aber leicht, zu einer beliebigen positiven Funktion f überabzählbar viele r anzugeben, so dass für alle k die Ungleichung $\left| r - \frac{p_k}{q_k} \right| < f(q_k)$ erfüllt ist.

Beginne nämlich mit einem beliebigen ganzzahligen a_0, d. h. mit $p_0 = a_0, q_0 = 1$, und wähle anschließend für $k \geq 0$ eine natürliche Zahl a_{k+1}, so dass

$$a_{k+1} > \frac{1}{q_k^2 f(q_k)}$$

erfüllt ist. Die Werte aller auf diese Weise konstruierten Kettenbrüche erfüllen die gewünschten Ungleichungen. Wir sehen, dass sich Zahlen, deren Kettenbruchglieder rapide steigen, besser durch rationale Zahlen approximieren lassen als solche mit schwach oder gar nicht wachsenden a_k. In dem Sinne ist $\tau = [1, 1, 1, \ldots]$ tatsächlich die Zahl, die sich am schlechtesten durch rationale Zahlen approximieren lässt. Etwas allgemeiner gilt:

(a) Sind die Glieder der Kettenbruchentwicklung der irrationalen Zahl r beschränkt, so gibt es $c > 0$, so dass die Ungleichung $|r - p/q| < \frac{c}{q^2}$ keine ganzzahligen Lösungen p, q mit $q > 0$ besitzt.

(b) Sind die Kettenbruchglieder von r unbeschränkt, so gibt es für jedes $c > 0$ unendlich viele ganzzahlige p, q, die diese Ungleichung erfüllen.

Die Frage, wie gut sich irrationale Zahlen durch rationale approximieren lassen, spielte eine wichtige Rolle, um transzendente Zahlen explizit anzugeben. Wir erinnern uns (vgl. Abschn. 2.9), dass eine reelle oder komplexe Zahl algebraisch heißt, wenn sie Nullstelle eines Polynoms mit rationalen Koeffizienten ist. Hat das Polynom den Grad n, so heißt die Zahl algebraisch vom Grad n. Da ein Polynom vom Grad n höchstens n Nullstellen besitzt und es nur abzählbar viele rationale Polynome gibt, ist die Menge aller algebraischen Zahlen abzählbar. Die Menge aller reellen Zahlen ist überabzählbar. Also sind „nahezu" alle reellen Zahlen nicht algebraisch, d. h. transzendent. Es ist aber schwierig, konkret transzendente Zahlen anzugeben. Dies gelang Liouville 1844 zum ersten Mal, indem er folgende Eigenschaft algebraischer Zahlen nachwies (siehe Abschn. 2.9).

> Es sei r irrational und algebraisch vom Grad n. Dann gibt es $c > 0$, so dass die Ungleichung $|r - p/q| < \frac{c}{q^n}$ keine ganzzahligen Lösungen p, q mit $q > 0$ besitzt.

Der Beweis ist nicht sehr schwierig; die entscheidende Leistung des Satzes ist es, einen Zusammenhang zwischen rationaler Approximierbarkeit und Transzendenz herzustellen. Es ist nun leicht, mit Hilfe von Kettenbrüchen explizit transzendente Zahlen anzugeben. Wir wählen a_0 beliebig. Angenommen, $a_0, \ldots, a_k$ sind gewählt und p_k/q_k ist der zugehörige Näherungsbruch. Wir wählen dann irgendein $a_{k+1} > q_k^{k-1}$. Ist r der Wert des so konstruierten Kettenbruchs, dann gilt

$$\left| r - \frac{p_k}{q_k} \right| < \frac{1}{q_k q_{k+1}} < \frac{1}{q_k^2 a_{k+1}} < \frac{1}{q_k^{k+1}}.$$

Sind jetzt eine natürliche Zahl n und ein $c > 0$ gegeben, so wähle $k \geq n$ so groß, dass $1/q_k < c$ ist. Dann gilt $|r - p_k/q_k| < c/q_k^n$. Also ist r keine algebraische Zahl vom Grad n und somit insgesamt keine algebraische Zahl.

Reelle Zahlen r, für die es zu jedem natürlichen n und positiven c einen Bruch p/q mit $|r - \frac{p}{q}| < \frac{c}{q^n}$ gibt, heißen *Liouville'sche Zahlen*. Dies sind also irrationale Zahlen, die sich besonders gut durch rationale Zahlen approximieren lassen. Es gibt zwar überabzählbar viele, sie haben aber das Lebesguemaß 0. Die „meisten" transzendenten Zahlen sind daher keine Liouville'schen Zahlen.

Für Kettenbruchentwicklungen algebraischer Zahlen vom Grad zwei, sogenannter quadratischer Irrationalitäten, besagt der Satz von Liouville zusammen mit (b) weiter oben, dass die Glieder beschränkt sind. Aber es gilt mehr. Denn schon lange vor Liouville hat Lagrange die folgende wunderbare Aussage bewiesen:

Kettenbrüche quadratischer Irrationalitäten sind periodisch. D. h., dass es $l \geq 0$ und $n > 0$ gibt, so dass für die Folge (a_k) der Glieder des Kettenbruchs $a_{k+n} = a_k$ für alle $k \geq l$ gilt. Umgekehrt ist der Wert jedes periodischen Kettenbruchs eine quadratische Irrationalität.

Übrigens ist die Umkehrung des Satzes von Liouville nicht richtig. Nicht jede schlecht approximierbare reelle Zahl ist algebraisch. Im Gegenteil: Es sei $\varepsilon > 0$; dann hat die Menge aller irrationalen $r \in [0, 1]$, für die ein $c > 0$ existiert, so dass für alle Brüche p/q, $q > 0$, die Ungleichung $|r - p/q| \geq c/q^{2+\varepsilon}$ gilt, das Lebesguemaß 1.

Gute und schlechte rationale Approximierbarkeit spielt auch außerhalb der Zahlentheorie eine Rolle. Bei mechanischen Systemen treten bei rationalen Größenverhältnissen störende Resonanzen auf. Diese machen sich auch bei irrationalen Verhältnissen noch bemerkbar, falls das Verhältnis eine Liouvillezahl ist. Bei schlechter rationaler Approximierbarkeit verschwinden diese Phänomene. Ein bemerkenswertes und zum Nachdenken aufforderndes Beispiel dazu ist das einer schwingenden Saite der Länge L, deren Auslenkungen zu den Zeiten 0 und $T > 0$ und deren Endpunktauslenkungen während des gesamten Zeitintervalls $[0, T]$ vorgegeben sind. Dann hat das Problem, die Auslenkung zu jedem Zeitpunkt zu bestimmen, maximal eine Lösung, wenn das Verhältnis $r = T/L$ irrational ist. Ist r schlecht durch rationale Zahlen approximierbar, so kann man zeigen, dass bei unendlich oft differenzierbaren Vorgaben auch die Lösung unendlich oft differenzierbar ist. Bei anderen Irrationalzahlen r kann es sein, dass die formale Lösung, die bei irrationalem r immer existiert, unstetig oder nicht einmal messbar ist. Die Größen L und T hängen natürlich von den gewählten Einheiten ab. Diese sind so zu wählen, dass die Auslenkung $u(x, t)$ der Saite die Standardwellengleichung $\frac{\partial^2}{\partial t^2}u - \frac{\partial^2}{\partial x^2}u = 0$ erfüllt. Es bleibt aber verwunderlich, dass die Lösbarkeit von solch subtilen Eigenschaften des Quotienten r abhängt.

3.10 Diophantische Gleichungen

Diophantische Gleichungen sind eigentlich gewöhnliche Gleichungen, meistens eine endliche Familie von Gleichungen zwischen Polynomen in mehreren Variablen mit ganzzahligen Koeffizienten, wie zum Beispiel $X^2 + Y^2 = n$ oder $X^2 + Y^2 = Z^2$. „Diophantisch" wird das Gleichungssystem, wenn man sich nur für die ganzzahligen Lösungen interessiert. Der im 3. Jahrhundert in Alexandrien lebende (wahrscheinlich) griechische Mathematiker Diophantos diskutierte in seinem Werk *Arithmetika* eine große Anzahl von Gleichungen dieses Typs, insbesondere auch $X^2 + Y^2 = Z^2$. Diese soll Fermat zu seiner berühmten Randnotiz in seinem Exemplar der *Arithmetika* inspiriert haben. Diese Notiz besagt, dass keine von 0 verschiedenen ganzen Zahlen die Gleichung $X^n + Y^n = Z^n$ erfüllen, wenn $n > 2$ ist. Er, Pierre de Fermat, habe einen wunderbaren Beweis dieser Aussage, für den der Seitenrand leider nicht genug Platz biete. Ob Fermat tatsächlich einen korrekten Beweis kannte, wissen wir nicht. Jedenfalls hat es fast 350 Jahre gedauert bis zum Beweis dieser Aussage durch A. Wiles im Jahr 1994. (Die über Jahrhunderte unbewiesene Fermat'sche Vermutung wurde im deutschsprachigen Raum etwas irreführend *großer Fermat'scher Satz* genannt.) Die Auseinandersetzung vieler ganz großer Mathematiker mit dem Fermat'schen Problem war eine der treibenden Kräfte der algebraischen Zahlentheorie.

Das Studium der Nullstellenmenge einer endlichen Familie von Polynomen (genannt *Varietät*) ist Gegenstand der algebraischen Geometrie, einer hochentwickelten, als schwierig angesehenen mathematischen Theorie mit weitreichender Ausstrahlung in andere mathematische Gebiete und in die Physik. Darauf zu bestehen, dass die Lösungen nur ganze Zahlen sein dürfen, erhöht den Schwierigkeitsgrad weiter.

Wir beschränken uns im Folgenden nur auf die diophantischen Probleme, die durch eine einzelne Gleichung gegeben sind, und schauen uns exemplarisch einige Gleichungen an, die auch historisch von Bedeutung sind.

Die typische Frage bei der Behandlung einer diophantischen Gleichung ist, ob die Gleichung keine, endlich viele oder unendlich viele ganzzahlige Lösungen besitzt. Weiter interessiert die Frage, ob man alle Lösungen effektiv angeben kann.

Die lineare diophantische Gleichung $aX + bY = c$ mit ganzzahligen a, b und c ist genau dann lösbar, wenn c ein Vielfaches des $\mathrm{ggT}(a, b)$ ist. Mit Hilfe des Euklidischen Algorithmus erhält man ganze Zahlen e und f mit $ae + bf = \mathrm{ggT}(a, b)$ (siehe Abschn. 3.1). Damit sind $x_0 = ec/\mathrm{ggT}(a, b)$ und $y_0 = fc/\mathrm{ggT}(a, b)$ Lösungen. Jede andere Lösung erhalten wir, indem wir e, f durch $e + kb, f - ka$, $k \in \mathbb{Z}$, ersetzen.

Deutlich interessanter sind quadratische Gleichungen. Zum Beispiel gibt es für $n \equiv 3 \bmod 4$ keine ganzzahligen Lösungen von $X^2 + Y^2 = n$. Denn dann ist eines von X, Y ungerade und das andere gerade. Die Summe der Quadrate ist folglich kongruent 1 mod 4. Ist n eine Primzahl $p \not\equiv 3 \bmod 4$, so gilt umgekehrt, dass p Summe zweier Quadrate ist. Da $2 = 1^2 + 1^2$ ist, haben wir dazu nur zu zeigen, dass für eine ungerade Primzahl p mit $p \equiv 1 \bmod 4$ auf dem Kreis $x^2 + y^2 = p$ ein Punkt mit ganzzahligen Koordinaten liegt. Dazu betrachten wir die Menge G

aller Punkte mit ganzzahligen Koordinaten im Quadrat $\{(x, y) \mid 0 \le x \le \sqrt{p},$ $0 \le y \le \sqrt{p}\}$. Sie enthält mehr als p Punkte. Deshalb gibt es zu jeder ganzen Zahl r zwei verschiedene Punkte (x, y) und (x', y') aus G mit $x - ry \equiv x' - ry' \bmod p$. Da -1 ein quadratischer Rest mod p ist, wenn $p \equiv 1 \bmod 4$ ist (siehe Abschn. 3.7), gibt es r mit $r^2 \equiv -1 \bmod p$. Nehmen wir ein solches r, dann gilt für $a = |x - x'|$, $b = |y - y'|$ die Gleichung $a^2 + b^2 = p$. Nutzt man weiter die Tatsache, dass ein Produkt zweier Zahlen eine Summe von zwei Quadraten ist, wenn die Faktoren es sind, so erhält man allgemein die Aussage, dass $n \ge 0$ genau dann eine Summe von zwei Quadraten ist, wenn in der Primfaktorzerlegung von n die Primzahlen, die mod 4 zu 3 kongruent sind, mit geradem Exponenten auftreten. Weiterhin gibt es zu gegebenem n höchstens ein ungeordnetes Paar positiver ganzer Zahlen x, y mit $x^2 + y^2 = n$.

Es ist auch nicht jede nichtnegative Zahl Summe von drei Quadraten, aber Lagrange konnte zeigen:

> Jede nichtnegative ganze Zahl ist Summe von vier Quadraten.

Anstelle von Summen von Quadraten kann man allgemeiner Summen k-ter Potenzen betrachten. Das *Waring'sche Problem*, ob es zu jedem k eine Zahl $w(k)$ gibt, so dass jede natürliche Zahl Summe von $w(k)$ k-ten Potenzen ist, wurde Anfang des letzten Jahrhunderts von David Hilbert positiv beantwortet.

Bei einer homogenen Gleichung wie $X^2 + Y^2 = Z^2$ interessiert man sich nur für von $(0, 0, 0)$ verschiedene Lösungen (x, y, z) mit $\mathrm{ggT}(x, y, z) = 1$, da alle anderen Lösungen ganzzahlige Vielfache davon sind. Division durch $\pm z$ ergibt einen rationalen Punkt auf dem Einheitskreis $x^2 + y^2 = 1$. Umgekehrt erhält man durch Multiplikation mit dem Hauptnenner der Koordinaten eines rationalen Punkts des Einheitskreises eine Lösung von $X^2 + Y^2 = Z^2$. Man rechnet nun leicht nach, dass ein von $(-1, 0)$ verschiedener Punkt (x, y) des Einheitskreises genau dann rational ist, wenn die Steigung der durch $(-1, 0)$ und (x, y) gehenden Geraden rational ist. Damit lassen sich alle relativ primen Lösungstripel bestimmen: Bis auf Reihenfolge der ersten beiden Zahlen und bis auf Vorzeichen sind dies genau die Tripel der Form $(s^2 - r^2, 2rs, s^2 + r^2)$ mit $s > r \ge 0$, $\mathrm{ggT}(s, r) = 1$ und $s - r \not\equiv 0 \bmod 2$. Die positiven ganzzahligen Lösungen von $X^2 + Y^2 = Z^2$ heißen in Anlehnung an den Satz von Pythagoras *Pythagoräische Tripel*. Geordnet nach der Größe ihrer z-Koordinaten sind $(3, 4, 5)$, $(5, 12, 13)$, $(15, 8, 17)$, und $(7, 24, 25)$ die ersten vier relativ primen Pythagoräischen Tripel.

Eine weitere diophantische Gleichung historischen Ursprungs ist die *Pell'sche Gleichung*

$$X^2 - dY^2 = 1.$$

Hier betrachten wir nur positive d's, die keine Quadrate sind. Die anderen Fälle sind leicht zu behandeln. Ebenso betrachten wir nur positive Lösungen, da sich die anderen daraus ergeben. Die Gleichung ist interessant, da die Quotienten ihrer Lösungen gute rationale Approximationen an $\sqrt{d}$ sind und deshalb mit Kettenbrüchen zu tun haben (siehe die Abschn. 3.8 und 3.9). Denn ist (a, b) eine Lösung, so gilt $(a + b\sqrt{d})(a - b\sqrt{d}) = \pm 1$, also

$$\left| \frac{a}{b} - \sqrt{d} \right| = \frac{1}{b(a + b\sqrt{d})} = \frac{1}{b^2(a/b + \sqrt{d})} < \frac{1}{2b^2}.$$

Wie wir aus dem Abschnitt über Kettenbrüche wissen, ist dann a/b ein Näherungsbruch von $\sqrt{d}$. Da Näherungsbrüche eindeutig bestimmte Zähler und Nenner haben, müssen wir zum Lösen der Pell'schen Gleichung nur noch wissen, welche Näherungsbrüche zu Lösungen gehören. Es ist ein Satz von Lagrange (siehe Abschn. 3.9), dass die Kettenbrüche quadratischer Irrationalitäten periodisch sind. Bei irrationalen Wurzeln beginnt die Periode mit dem ersten Glied. Es gibt also zu jedem irrationalen $\sqrt{d}$ ein $p > 0$ mit $\sqrt{d} = [a_0, a_1, \ldots, a_p, a_1, \ldots, a_p, \ldots]$. Damit können wir leicht alle Näherungsbrüche bestimmen und überprüfen, welche die Pell'sche Gleichung lösen. Mit den bisherigen Bezeichnungen lautet das Ergebnis:

Es sei p_n/q_n der n-te Näherungsbruch von $\sqrt{d} = [a_0, a_1, \ldots, a_p,$ $a_1, \ldots, a_p, \ldots]$. Dann sind die positiven Lösungen der Gleichung $X^2 - dY^2 = 1$ genau die Paare (p_n, q_n), für die n die Form $kp - 1$, $k > 0$, hat und ungerade ist. Insbesondere hat $X^2 - dY^2 = 1$ stets unendlich viele Lösungen.

3.11 Elliptische Kurven

Insgesamt sind quadratische diophantische Gleichungen (und Gleichungssysteme) gut verstanden. Hat man überhaupt eine rationale Lösung, so erhält man wie bei der Gleichung $x^2 + y^2 = 1$ eine Parametrisierung aller rationalen Lösungen durch Tupel rationaler Zahlen. Die Existenz überprüft man mit dem *Minkowski-Hasse-Prinzip* (Lokal-Global-Prinzip) (vgl. Abschn. 2.12), das grob Folgendes besagt: Haben die Gleichungen eine reelle Lösung und für alle m eine sogenannte primitive Lösung in $\mathbb{Z}/m\mathbb{Z}$, so haben sie auch rationale Lösungen. Schon für Gleichungen dritten Grades gilt das Minkowski-Hasse-Prinzip allerdings nicht mehr.

Hat man aber im Falle einer homogenen diophantischen Gleichung dritten Grades mit drei Unbekannten eine ganzzahlige Lösung, so können wir eine abelsche Gruppenstruktur auf der Lösungsmenge nutzen, um aus einer oder mehreren Lösungen neue zu gewinnen. In diesem Falle lässt sich nämlich die Gleichung durch einen rationalen Koordinatenwechsel in die Form $Y^2 Z = X^3 + aXZ^2 + bZ^3$ oder, nach Division durch Z, in die Form $y^2 = x^3 + ax + b$ mit rationalen a, b bringen. Die durch diese Gleichungen beschriebenen Kurven heißen *elliptische Kurven*, nicht weil die Kurven Ellipsen sind, sondern weil Integrale der Form $\int \frac{dx}{\sqrt{x^3+ax+b}}$

beim Berechnen der Längen von Ellipsensegmenten auftreten. Wir suchen dann wieder nach den rationalen Punkten dieser Kurven. Bei der Division durch Z ist uns die nichttriviale Lösung $(0, 1, 0)$ verloren gegangen, die wir als unendlich fernen Punkt der Kurve hinzufügen. Dieser ist das Nullelement einer auf der Kurve definierten abelschen Gruppenstruktur, die man im Fall, dass $4a^3 + 27b^2 \neq 0$ ist, geometrisch beschreiben kann. Sind P, Q Punkte der Kurve, so schneidet die Gerade durch P und Q die Kurve in genau einem weiteren Punkt R', wobei im Fall einer vertikalen Geraden R' der unendlich ferne Punkt ist. Ist $P = Q$, so ist die Gerade durch P und Q die Tangente an die Kurve in P. Die Summe $P + Q$ von P und Q ist dann der Spiegelpunkt R von R' bezüglich der Spiegelung an der x-Achse, wobei der unendlich ferne Punkt sein eigener Spiegelpunkt ist. Die Punkte mit rationalen Koordinaten bilden dabei eine Untergruppe, so dass wir weitere rationale Punkte erhalten, indem wir bezüglich dieser Gruppenstruktur Vielfache eines oder ganzzahlige Linearkombinationen mehrerer rationaler Punkte bilden.

Die Struktur dieser Untergruppe ist verbunden mit vielen wichtigen Ergebnissen und Problemen der Zahlentheorie. Ein Satz von Mordell besagt, dass sie für jede elliptische Kurve endlich erzeugt ist, sie also isomorph zu einer direkten Summe einer endlichen abelschen Gruppe und $\mathbb{Z}^k$ ist für ein geeignetes $k \geq 0$ (vgl. Abschn. 6.6). Das k hängt natürlich von der elliptischen Kurve, also von a und b ab. Die Birch-und-Swinnerton-Dyer-Vermutung, eines der sieben Millenniumsprobleme des Clay Mathematical Institute, behauptet, dass k die Ordnung des Pols bei 1 einer der elliptischen Kurve zugeordneten ζ-Funktion ist. Ein weiteres offenes Problem ist, ob die Menge dieser k beschränkt ist.

Die Gruppenstruktur elliptischer Kurven spielt auch in der Kryptographie eine wichtige Rolle, wobei hier die Lösungen über einem endlichen Körper betrachtet werden. Das Verfahren beruht darauf, dass es bei gegebener elliptischer Kurve E und gegebenem Element $b \in E$ leicht ist, das Vielfache nb in E zu berechnen, dass es aber bei genügend großem Körper und vernünftiger Wahl von E und b ungemein schwierig ist, bei Kenntnis von E, b und nb die natürliche Zahl n zu bestimmen.

3.12 Zahlkörper

Dieser Abschnitt setzt Vertrautheit mit einigen Begriffen und Aussagen aus Kap. 6 voraus, insbesondere aus den Abschnitten über Körpererweiterungen (Abschn. 6.9) und über Ideale und Teilbarkeit (Abschn. 6.5). Denn ein Zahlkörper ist nichts anderes als eine endliche Körpererweiterung von $\mathbb{Q}$. Bis auf Isomorphie ist ein Zahlkörper damit ein Unterkörper K von $\mathbb{C}$, der als Vektorraum über $\mathbb{Q}$ endlich-dimensional ist. Beachte, dass $\mathbb{Q} \subseteq K$ ist und damit die Multiplikation in K den Körper K zu einem $\mathbb{Q}$-Vektorraum macht. Alle Elemente von K sind dann algebraisch (vgl. Abschn. 2.9). Das Hauptinteresse an einem Zahlkörper K gilt nicht K selbst, sondern seinem Ring O_K ganz-algebraischer Zahlen. Das sind die Elemente aus K, die Nullstellen eines Polynoms der Form $X^n + a_{n-1}X^{n-1} + \cdots + a_1X + a_0$ mit ganzzahligen $a_0, \ldots, a_{n-1}$ sind. Man kann zeigen, dass jedes Element von K Nullstelle eines Polynoms mit ganzzahligen Koeffizienten ist. Für eine ganz-algebraische Zahl muss zusätzlich der höchste Koeffizient gleich 1 sein. Ein solches Polynom nennen wir *normiert*. Wir werden gleich sehen, dass O_K für K eine ganz analoge Rolle spielt wie $\mathbb{Z}$ für $\mathbb{Q}$.

Offensichtlich ist jedes $n \in \mathbb{Z}$ als Nullstelle von $X - n$ ganz-algebraisch. Es gibt keine weiteren ganz-algebraischen Zahlen in $\mathbb{Q}$. Denn sind a und b relativ prime ganze Zahlen und gilt $(\frac{a}{b})^n + a_{n-1}(\frac{a}{b})^{n-1} + \cdots + a_0 = 0$, so ist $a^n + ba_{n-1}a^{n-1} + \cdots + b^n a_0 = 0$; also ist jeder Primteiler von b ein Teiler von a. Da $\mathrm{ggT}(a,b) = 1$ ist, ist $b = \pm 1$ und deshalb $\frac{a}{b} \in \mathbb{Z}$. Dies rechtfertigt den Namensteil „ganz" in ganz-algebraisch. Zur Vereinfachung der Sprechweise ist es günstig, ganz-algebraische Zahlen einfach ganz zu nennen und die Elemente aus $\mathbb{Z}$ rationale ganze Zahlen zu nennen. Analog heißen die Primelemente von O_K einfach prim und die gewöhnlichen Primzahlen rationale Primzahlen.

Betrachten wir den Zahlkörper $\mathbb{Q}(i)$, $i = \sqrt{-1}$. Ganz allgemein ist ein Element x eines Zahlkörpers ganz, wenn sein Minimalpolynom ganzzahlig ist. Ein Element von $\mathbb{Q}(i)$ ist also ganz, wenn es Nullstelle eines ganzzahligen normierten Polynoms vom Grad höchstens 2 ist. Man rechnet leicht nach, dass dies genau die Elemente der Form $a + ib$ mit $a, b \in \mathbb{Z}$, also die Elemente des Rings $\mathbb{Z}[i]$ sind. Die Elemente von $\mathbb{Z}[i]$ heißen auch *Gauß'sche ganze Zahlen*. Sie sind die ganzzahligen Gitterpunkte der Gauß'schen Zahlenebene. Für die Teilbarkeitstheorie ist wichtig, wie die Einheiten, unzerlegbaren Elemente und Primelemente aussehen und ob die eindeutige Primfaktorzerlegung gilt. Für diese Fragen ist die *Normabbildung* N von $\mathbb{Z}[i]$ in die nichtnegativen ganzen Zahlen, $N(a+ib) = (a+ib)(a-ib) = a^2+b^2$, sehr nützlich. Diese Abbildung ist multiplikativ, so dass genau die Zahlen mit Norm 1 Einheiten sind. Das sind die Zahlen $\pm 1, \pm i$. Weiter gibt es zu $\alpha, \beta \in \mathbb{Z}[i]$ mit $\beta \neq 0$ Zahlen $q, r \in \mathbb{Z}[i]$ mit $\alpha = q\beta + r$ und $N(r) < N(\beta)$. Damit ist $\mathbb{Z}[i]$ ein euklidischer Ring und insbesondere ein Hauptidealring, so dass Primelemente und unzerlegbare Elemente dasselbe sind und die eindeutige Primfaktorisierung gilt.

Interessant ist auch die Bestimmung der Primelemente. Ist $z = a + ib$ prim, so teilt z eine rationale Primzahl p, da $N(z)$ ein Produkt rationaler Primzahlen ist. Also ist $N(z)$ Teiler von $N(p) = p^2$ und deshalb $N(z) = p$ oder $N(z) = p^2$. Ist $N(z) = p$, so ist zum einen p nicht prim in $\mathbb{Z}[i]$, und p ist Summe von zwei Quadraten. Wir sehen, dass die rationale Primzahl p genau dann Summe von zwei Quadraten ist, wenn p in $\mathbb{Z}[i]$ nicht mehr prim ist. Aus Abschn. 3.10 wissen wir, dass genau die zu 3 mod 4 kongruenten Primzahlen keine Summe von zwei Quadraten sind. Diese bleiben also prim in $\mathbb{Z}[i]$. Bis auf Multiplikation mit Einheiten gibt es keine weiteren Primelemente. Denn ist $N(z) = p^2 = N(p)$, so unterscheiden sich p und z um eine Einheit, so dass p wie z ein Primelement ist. Interessant ist auch, dass $2 = -i(1+i)^2$ bis auf eine Einheit ein Quadrat ist. Die anderen rationalen Primzahlen bleiben entweder prim oder zerfallen in ein Produkt zweier echt verschiedener Primelemente.

Kommen wir wieder zurück zu allgemeinen Zahlkörpern K. Dass O_K tatsächlich ein Ring ist, ist nicht unmittelbar der Definition zu entnehmen. Es folgt aber mit ähnlichen Argumenten, wie der Nachweis in Abschn. 2.9, dass die algebraischen Zahlen einen Körper bilden. Diese Argumente zeigen auch, dass ein Element von K, das Nullstelle eines normierten Polynoms mit Koeffizienten in O_K ist, schon

selbst in O_K liegt. Jedes Element $x \in K$ hat die Form a/b mit $a \in O_K$ und $b \in \mathbb{Z}$.
Denn ist x Nullstelle des ganzzahligen Polynoms $bX^n + a_{n-1}X^{n-1} + \cdots + a_1 X + a_0$,
so ist $(bx)^n + (bx)^{n-1}a_{n-1} + \cdots + b^{n-1}a_0 = 0$, also $bx \in O_K$. Insbesondere ist K
der Quotientenkörper (vgl. Abschn. 6.7) von O_K.

Die letzten Aussagen bestärken die Analogie zwischen $O_K \subseteq K$ und $\mathbb{Z} \subseteq \mathbb{Q}$.
Wir haben aber schon am Beispiel von $\mathbb{Z}[i]$ gesehen, dass zu ± 1 weitere Einheiten hinzukommen und Primzahlen von $\mathbb{Z}$ in O_K nicht mehr prim zu sein brauchen. Aber, und darauf hat uns das Beispiel $\mathbb{Z}[i]$ nicht vorbereitet, die Unterschiede
werden gravierender und mathematisch interessanter, wenn wir uns der Frage der
Eindeutigkeit von Faktorisierungen in unzerlegbare Elemente in O_K zuwenden.
Dies geschieht nicht nur aus Freude am Verallgemeinern, sondern man wird durch
konkrete Fragen über ganze Zahlen darauf geführt. Um z. B. die Fermat'sche Vermutung zu zeigen, genügt es nachzuweisen, dass $X^p + Y^p = Z^p$ für ungerade
Primzahlen p keine ganzzahligen von Null verschiedenen Lösungen hat. Ist $\zeta = e^{2\pi i/p}$, so ist $\mathbb{Z}[\zeta]$ der Ring der ganzen Zahlen von $\mathbb{Q}(\zeta)$, und in $\mathbb{Z}[\zeta]$ gilt für ganzzahlige y und z die Gleichung $z^p - y^p = (z-y)(z-\zeta y)(z-\zeta^2 y)\cdots(z-\zeta^{p-1}y)$. Ein
Gegenbeispiel zur Fermatvermutung führt daher zu zwei verschiedenen Faktorisierungen von x^p, und man kann daraus folgern, dass im Ring $\mathbb{Z}[\zeta]$ die Faktorisierung
in unzerlegbare Elemente anders als in $\mathbb{Z}$ nicht eindeutig ist. Man erhielte somit
einen Widerspruch, wenn Faktorisierungen in $\mathbb{Z}[\zeta]$ eindeutig wären. Dies wäre ein
wirklich einfacher Beweis der Fermat'schen Vermutung. Aber in $\mathbb{Z}[\zeta]$ ist leider die
Faktorisierung selten eindeutig.

Der Ganzheitsring von $\mathbb{Q}(\sqrt{-5})$ ist ein einfaches Beispiel eines Ganzheitsrings,
in dem die Faktorisierung nicht eindeutig ist. Ganz allgemein gilt für $K = \mathbb{Q}(\sqrt{d})$
mit ganzem quadratfreien d, dass

$$O_K = \begin{cases} \{a + b\sqrt{d} \mid a, b \in \mathbb{Z}\}, & d \not\equiv 1 \bmod 4 \\ \{\frac{a+b\sqrt{d}}{2} \mid a, b \in \mathbb{Z} \text{ und } a - b \equiv 0 \bmod 2\}, & d \equiv 1 \bmod 4. \end{cases}$$

Im Ganzheitsring von $K = \mathbb{Q}(\sqrt{-5})$ haben wir die Gleichung $2 \cdot 3 = (1 + \sqrt{-5})(1 - \sqrt{-5})$. Man kann zeigen, dass alle vier Faktoren in O_K unzerlegbar sind.
Hierzu kann man wieder die Norm nutzen, die hier $a + b\sqrt{-5}$ auf $a^2 + 5b^2$ abbildet.
Da $\frac{1\pm\sqrt{-5}}{2}$ und $\frac{1\pm\sqrt{-5}}{3}$ nicht in O_K liegen und damit keine Einheiten von O_K sein
können, ist die Faktorzerlegung nicht eindeutig. Diese zunächst überraschende Tatsache war der Anstoß zu einer der fruchtbarsten Ideen der klassischen Algebra: der
Einführung der Ideale. Zunächst von E. E. Kummer als „ideale Zahlen" in einem
größeren Zahlbereich gedachte Zahlen, um die eindeutige Faktorisierung zu retten,
wurde die Idee von R. Dedekind in unserem heutigen Idealbegriff konkretisiert.

Verfolgen wir also die Idee, die Elemente von O_K durch die Ideale von O_K zu
ersetzen. Zunächst definiert jedes $r \in O_K$ das Hauptideal $(r) = rO_K$ aller Vielfachen von r in O_K. Schon dieser Übergang birgt ein Problem, da ein Hauptideal
sein erzeugendes Element nur bis auf Multiplikation mit einer Einheit festlegt: Für
$r, s \in O_K$ ist $(r) = (s)$ genau dann, wenn es eine Einheit e von O_K gibt, so dass
$s = er$ ist. Daher ist die Einheitengruppe von O_K wichtig für uns, und wir werden

weiter unten darauf eingehen. Auf der anderen Seite verlangt man bei der eindeutigen Primfaktorzerlegung die Eindeutigkeit der Faktoren nur bis auf Multiplikation mit einer Einheit. Für diese Frage der Eindeutigkeit ist es also angenehm, dass für Hauptideale Einheiten sich nicht vom Einselement unterscheiden.

Ideale können wir multiplizieren und für sie eine Teilbarkeitstheorie entwickeln (siehe Abschn. 6.6): Das Produkt IJ der Ideale I und J ist das kleinste Ideal, das alle Produkte ij, $i \in I$, $j \in J$, enthält; I teilt J, wenn $J \subseteq I$ ist, und P ist ein Primideal, wenn für je zwei Ideale I, J das Ideal P eines der Ideale I und J enthält, wenn $IJ \subseteq P$ ist (vgl. Abschn. 6.6). Die Frage, ob sich jedes Ideal von O_K eindeutig in ein Produkt von Primidealen zerlegen lässt, ist also sinnvoll.

Und tatsächlich, der Übergang von den Elementen in O_K zu den Idealen zahlt sich aus, denn:

> Jedes von 0 und R verschiedene Ideal in O_K lässt sich bis auf Reihenfolge eindeutig in ein Produkt von Primidealen zerlegen.

Dies liegt daran, dass O_K ein *Dedekind-Ring* ist. Das ist ein nullteilerfreier kommutativer Ring R mit 1, in dem jedes Ideal endlich erzeugt ist, jedes über R ganze Element des Quotientenkörpers schon in R liegt und jedes von 0 verschiedene Primideal maximal ist. Diese drei Eigenschaften genügen, um die Existenz und Eindeutigkeit von Primidealfaktorisierungen in R nachzuweisen.

Kommen wir zurück zum Ganzheitsring $\mathbb{Z}[\sqrt{-5}]$ von $\mathbb{Q}(\sqrt{-5})$ und betrachten in ihm die drei Ideale $I = (2, 1 + \sqrt{-5})$, $J = (3, 1 + \sqrt{-5})$ und $L = (3, 1 - \sqrt{-5})$. Dabei bezeichnet (a, b), das kleinste Ideal, das a und b enthält. Diese Ideale sind maximal, also prim, und eine kleine Rechnung zeigt, dass $(2) = I^2$, $(1 + \sqrt{-5}) = IJ$, $(1 - \sqrt{-5}) = IL$ und $(3) = JL$ ist. Also ist $I^2 JL$ die Primidealzerlegung von $(2)(3) = (1 + \sqrt{-5})(1 - \sqrt{-5})$.

Keines der drei Ideale I, J oder L ist ein Hauptideal, da sonst die Elemente 2, 3 und $1 \pm \sqrt{-5}$ zerlegbar wären. Dass beim Übergang von den Elementen zu den Idealen Ideale hinzukommen würden, die keine Hauptideale sind, war unumgänglich, da in einem Hauptidealring die eindeutige Primfaktorzerlegung gilt. Die Frage ist, wie viel kommt hinzu?

Im Folgenden wollen wir aus naheliegenden Gründen das Nullelement und Nullideal (0) aus unseren Betrachtungen ausschließen. Wollen wir jedes Ideal I als äquivalent zu $(r)I$ ansehen, so führt das zu folgender Definition: Die Ideale I und J heißen äquivalent, wenn es Elemente r und s gibt mit $(r)I = (s)J$. Dies ist eine Äquivalenzrelation, und die Anzahl h_K der Äquivalenzklassen ist ein Maß dafür, um wie viel der Idealbereich größer ist als der Bereich der Hauptideale. Sie heißt *Klassenzahl des Zahlkörpers K*. Es ist ein grundlegendes Ergebnis der algebraischen Zahlentheorie, dass h_K für jeden Zahlkörper K endlich ist. Sie zu bestimmen ist nicht leicht und ist eine der großen Herausforderungen der Theorie.

Kommen wir noch einmal zurück zur Frage, ob $X^p + Y^p = Z^p$ für ungerade Primzahlen p von 0 verschiedene ganzzahlige Lösungen besitzt. Wir hatten

bemerkt, dass solche Lösungen nicht existieren, wenn in $\mathbb{Z}[\zeta_p]$ die eindeutige Primfaktorzerlegung gilt, also wenn $h_{\mathbb{Q}(\zeta_p)} = 1$ ist. Kummer konnte zeigen, dass man die
Argumentation bei von 1 verschiedener Klassenzahl retten kann, wenn man weiß,
dass p die Klassenzahl von $\mathbb{Q}(\zeta_p)$ nicht teilt. Die Primzahlen p, die $h_{\mathbb{Q}(\zeta_p)}$ nicht
teilen, heißen *reguläre Primzahlen*.

Die Klassenzahl eines imaginär-quadratischen Zahlkörpers, d. h. eines Körpers
$\mathbb{Q}(\sqrt{d})$ mit quadratfreiem negativem d, ist genau dann 1, wenn $d = -1, -2, -3$,
$-7, -11, -19, -43, -67, -163$. Dies wurde von Gauß vermutet, aber erst Mitte des
20. Jahrhunderts bewiesen. Bei reell-quadratischen Zahlkörpern tritt Klassenzahl 1
viel häufiger auf. Es wird vermutet, dass dies unendlich oft geschieht. Man weiß
aber bis heute nicht, ob es überhaupt unendlich viele Zahlkörper mit Klassenzahl 1
gibt.

Anders als die Klassenzahl ist die Gruppe O_K^* der Einheiten fast immer unendlich. Nur für imaginär-quadratische Zahlkörper ist sie endlich, und man erhält: Sei
$K = \mathbb{Q}(\sqrt{d})$ mit negativem quadratfreiem d, so ist $O_K^* = \{1, -1\}$, es sei denn,
$d = -1, -3$. Für $d = -1$ ist $O_K = \mathbb{Z}[i]$, der Ring der Gauß'schen ganzen Zahlen,
und O_K^* ist zyklisch von der Ordnung 4 mit i als Erzeugendem. Für $d = -3$ ist O_K^*
zyklisch von der Ordnung 6 mit ζ_6 als Erzeugendem.

Ist d quadratfrei und positiv, also K ein reell-quadratischer Zahlkörper, so sind
alle Elemente $a + b\sqrt{d} \in O_K$, für die (a, b) ganzzahlige Lösung der Pell'schen
Gleichung $a^2 - db^2 = \pm 1$ ist, Einheiten, denn es gilt dann $(a + b\sqrt{d})(a - b\sqrt{d}) =
\pm 1$. Ist $d \not\equiv 1 \bmod 4$, so sind dies alle Einheiten, wie man an der multiplikativen
Normabbildung $O_K \to \mathbb{Z}, a + b\sqrt{d} \mapsto a^2 - db^2$ erkennt. Im anderen Fall kommen
noch die Elemente $\frac{a+b\sqrt{d}}{2}$ mit ungeraden a, b hinzu, für die $\frac{a^2 - db^2}{4} = \pm 1$ gilt.
Die Pell'sche Gleichung hat unendlich viele ganzzahlige Lösungen (Abschn. 3.10).
Also ist O_K^* für reell-quadratische Zahlkörper K stets unendlich.

Literaturhinweise

Allgemeine Lehrbücher
M. AIGNER: *Zahlentheorie*. Vieweg 2012.
Z.I. BOREVICH, I.R. SHAFAREVICH: *Number Theory*. Academic Press 1966.
P. BUNDSCHUH: *Einführung in die Zahlentheorie*. 6. Aufl., Springer 2008.
G.H. HARDY, E.M. WRIGHT: *An Introduction to the Theory of Numbers*. 6. Aufl.,
    Oxford University Press 2008 (1. Aufl. 1938).
W. SCHARLAU, H. OPOLKA: *Von Fermat bis Minkowski. Eine Vorlesung über Zah-
    lentheorie und ihre Entwicklung*. Springer 1980.
I. STEWART, D. TALL: *Algebraic Number Theory and Fermat's Last Theorem*.
    3. Aufl., AK Peters 2002.

Zu Kettenbrüchen
A.Y. KHINTCHINE: *Kettenbrüche*. Teubner (Leipzig) 1956.
O. PERRON: *Die Lehre von den Kettenbrüchen, Band 1*. 3. Aufl., Teubner (Stuttgart)
    1954.

Zu Primzahltests und RSA

W. STEIN: *Elementary Number Theory: Primes, Congruences, and Secrets.* Springer 2009.

Zum Primzahlatz

G.J.O. JAMESON: *The Prime Number Theorem.* Cambridge University Press 2003.

Diskrete Mathematik

Die diskrete Mathematik untersucht endliche Strukturen, also endliche Mengen samt ihren Relationen und Funktionen. Neben allgemeinen Struktursätzen sind hier vor allem auch Algorithmen von Interesse, die bestimmte kombinatorische Objekte effizient konstruieren. Algorithmisch gelöste Optimierungsprobleme bestimmen auch die vielen Anwendungen der diskreten Mathematik in der Informationstechnologie.

Wir beginnen mit einigen kombinatorischen Verfahren zur rechnerischen Bestimmung der Anzahl der Elemente von endlichen Mengen. Diese Zählungen spielen nicht zuletzt auch in der elementaren Wahrscheinlichkeitstheorie eine wichtige Rolle. Im zweiten Abschnitt führen wir die grundlegenden Begriffe und Sprechweisen der Graphentheorie ein. Sie sind für die diskrete Mathematik von universeller Bedeutung, da sie immer eingesetzt werden können, wenn Relationen auf endlichen Mengen untersucht werden. Viele Fragestellungen der diskreten Mathematik erlauben eine elegante graphentheoretische Formulierung.

In den zehn folgenden Abschnitten stellen wir dann, in loser historischer Reihenfolge, wichtige Grundbegriffe der Theorie vor, oft zusammen mit Algorithmen und exemplarischen Beispielen. Wir beginnen mit den klassischen Euler-Zügen, in denen die Graphentheorie historisch wurzelt. Begrifflich verwandt, aber viel komplizierter sind die Hamilton-Kreise, die wir zusammen mit dem noch ungelösten $P \neq NP$-Problem besprechen. Die Bäume sind das Thema des fünften Abschnitts. Wir diskutieren aufspannende Teilbäume von Graphen, werfen aber auch einen Blick auf den Baumbegriff der Ordnungstheorie und das fundamentale Lemma von König. Der sechste Abschnitt beginnt mit dem elementaren Dirichlet'schen Taubenschlagprinzip und stellt dann den berühmten Satz von Ramsey in der Sprechweise der Färbungen vor. Danach wenden wir uns den bipartiten Graphen zu und besprechen den Heiratssatz in verschiedenen Varianten. Im achten Kapitel isolieren wir ausgehend von der Frage nach der Konstruktion von aufspannenden Bäumen mit minimalem Gewicht den Begriff eines Matroids und die zugehörigen Greedy-Algorithmen. Im neunten Kapitel definieren wir Netzwerke und Flüsse und stellen den Min-Max-Satz über maximale Flüsse und minimale Schnitte vor. Kürzeste Wege in gewichteten Graphen sind das Thema des zehnten Kapitels – die Algorithmen

© Springer-Verlag Berlin Heidelberg 2016
O. Deiser, C. Lasser, E. Vogt, D. Werner, *12 × 12 Schlüsselkonzepte zur Mathematik*,
DOI 10.1007/978-3-662-47077-0_4

dieser Fragestellung sind die Grundlage der modernen Routenplanung. Das elf-
te Kapitel behandelt die effektive Transitivierung von Relationen mit Hilfe von
Matrizen. Wir schließen mit den planaren Graphen, die von der Euler'schen Polyederformel über das Vierfarbenproblem bis zum modernen Begriff eines Minors
einen weiten Bogen spannen, der die vielen Facetten der Theorie besonders schön
widerspiegelt.

4.1   Kombinatorisches Zählen

Eine Grundaufgabe der endlichen Kombinatorik ist das Zählen der Elemente von
endlichen Mengen. Für eine endliche Menge M ist die *Mächtigkeit* oder *Kardina-
lität* von M, in Zeichen $|M|$, definiert als die Anzahl der Elemente von M. Die
einfachsten für alle endlichen Mengen M und N gültigen Zählungen sind:

$$|M \cup N| = |M| + |N| - |M \cap N|, \quad |M \times N| = |M| \cdot |N|, \quad |{}^M N| = |N|^{|M|},$$

wobei ${}^M N = \{f \mid f\colon M \to N\}$. Die letzte Aussage können wir so begründen:
Definieren wir eine Funktion f von M nach N, so haben wir, für jedes $x \in M$,
genau $|N|$ Möglichkeiten zur Definition von $f(x)$. Insgesamt gibt es dann $|N|^{|M|}$
Funktionen von N nach M. (Einen strengeren Beweis liefert eine Induktion nach
$|M|$.) Ähnliche Argumente zeigen, dass für alle Mengen M und N mit $|M| = m$
und $|N| = n$ gilt:

$$|\{f\colon M \to N \mid f \text{ ist injektiv}\}| = n(n-1)\cdots(n-m+1) = n!/(n-m)!,$$
$$|\{f\colon N \to N \mid f \text{ ist bijektiv}\}| = n!$$

Speziell gibt es also $n!$ Permutationen der Zahlen $1, \ldots, n$.

Eines der wichtigsten Prinzipien des kombinatorischen Zählens lautet, dass
$|M| = |N|$ genau dann gilt, wenn es eine Bijektion $f\colon M \to N$ gibt (vgl.
hierzu auch Abschn. 12.1). Eine Anwendung dieses Prinzips ist die Zählung der
Potenzmenge $\mathcal{P}(M)$ einer Menge M. Hier gilt:

$$|\mathcal{P}(M)| = |{}^M\{0,1\}| = 2^{|M|}.$$

Zum Beweis ordnen wir einem $A \subseteq M$ die Indikatorfunktion $\chi_A\colon M \to \{0,1\}$
mit $\chi_A(x) = 1$, falls $x \in A$, $\chi_A(x) = 0$, falls $x \notin A$, zu. Die Funktion $F\colon$
$\mathcal{P}(M) \to {}^M\{0,1\}$ mit $F(A) = \chi_A$ für alle $A \subseteq M$ ist bijektiv, und hieraus folgt
die Behauptung.

Ist $|M| = n$ und $M = \{x_1, \ldots, x_n\}$, so können wir in ähnlicher Weise ein
$A \subseteq M$ mit einem 0-1-Tupel $(a_1, \ldots, a_n)$ identifizieren: Wir setzen $a_i = 1$, falls
$x_i \in A$, und $a_i = 0$ sonst. Dieser Übergang erlaubt uns, mengentheoretische Operationen als Rechenoperationen mit 0-1-Tupeln darzustellen. Der Schnittbildung
entspricht die punktweise Minimumsbildung von 0-1-Tupeln, der Komplementbildung der Tausch von 0 und 1, usw. Der Menge $A = \{x_1, x_3\}$ entspricht z. B. das
Tupel 10100, und A^c entspricht dem Tupel 01011.

Abb. 4.1 Fallbrett

Statt alle Teilmengen einer Menge M mit n Elementen zu zählen, können wir für jedes $k \leq n$ fragen: Wie viele Teilmengen von M gibt es, die genau k Elemente besitzen? Wir definieren hierzu

$$[M]^k = \mathcal{P}_k(M) = \{A \subseteq M \mid |A| = k\}.$$

Es gilt nun $|[M]^k| = \binom{n}{k}$, wobei die *Binomialkoeffizienten* $\binom{n}{k}$ [gelesen: n über k] definiert sind durch $\binom{n}{k} = n!/((n-k)!k!)$.

Zur Begründung von $|[M]^k| = \binom{n}{k}$ beobachten wir, dass es genau $n \cdot (n-1) \cdot \ldots \cdot (n-k+1) = n!/(n-k)!$ Tupel $(a_1, \ldots, a_k)$ mit paarweise verschiedenen Einträgen a_i in $\{1, \ldots, n\}$ gibt. Für jedes derartige Tupel $(a_1, \ldots, a_k)$ gibt es aber genau $k!$ Tupel $(b_1, \ldots, b_k)$ mit $\{a_1, \ldots, a_k\} = \{b_1, \ldots, b_k\}$. Damit ist $|[M]^k| = n \cdot \ldots \cdot (n-k+1)/k! = \binom{n}{k}$.

Ein hübsches Korollar der Bestimmung der Mächtigkeit von $[M]^k$ ist die Summenformel $\sum_{0 \leq k \leq n} \binom{n}{k} = 2^n$, die sich aus $\mathcal{P}(M) = \bigcup_{0 \leq k \leq n} [M]^k$ (mit paarweise disjunkten Summanden) ergibt.

Lesen wir Teilmengen von M wieder als 0-1-Tupel der Länge $|M|$, so ergibt unsere Zählung von $[M]^k$ noch eine weitere Interpretation der Binomialkoeffizienten: $\binom{n}{k}$ ist die Anzahl der 0-1-Tupel der Länge n mit genau k vielen Einsen. Damit ist $\binom{n}{k}$ die Anzahl der Möglichkeiten, k Murmeln auf n Plätze zu verteilen.

Ebenso gibt es $\binom{n}{k}$ Zick-Zack-Pfade im Fallbrett in Abb. 4.1, die in n Schritten vom Startpunkt S der ersten Zeile zum $(k+1)$-ten Punkt der $(n+1)$-ten Zeile führen, wobei man bei jedem Schritt entweder um eins nach links oder rechts unten gehen darf.

Weitere Zählungen, die die Binomialkoeffizienten involvieren, sind z. B.:

$$|\{(a_1, \ldots, a_k) \mid 1 \leq a_1 < \ldots < a_k \leq n\}| = |[\{1, \ldots, n\}]^k| = \binom{n}{k},$$
$$|\{(a_1, \ldots, a_k) \mid 1 \leq a_1 \leq \ldots \leq a_k \leq n\}| = |[1, \ldots, n+k-1]^k| = \binom{n}{n+k-1}.$$

Die Bezeichnung „Binomialkoeffizienten" rührt daher, dass die Werte $\binom{n}{k}$ beim Ausmultiplizieren von Binomen $(x+y)^n$ auftauchen. Es gilt die *binomische Formel*

$$(x+y)^n = \sum_{0 \leq k \leq n} \binom{n}{k} x^k y^{n-k}.$$

In der Tat wählen wir beim distributiven Ausmultiplizieren von $(x+y)^n$ n-oft entweder x oder y. Wählen wir k-oft x, so erhalten wir den Term $x^k y^{n-k}$. Nun ist die Wahl „k-oft x" auf $\binom{n}{k}$-viele Weisen möglich, und wir erhalten die binomische Formel.

Eine Umformulierung unserer Zählung von $[M]^k$ lautet: $\binom{n}{k}$ ist die Anzahl der Möglichkeiten, eine Menge mit genau n Elementen so in zwei nummerierte Teile zu zerlegen, dass der erste Teil k und der zweite Teil $n - k$ Elemente besitzt. Dies suggeriert folgende allgemeinere Frage: Wieviele Möglichkeiten gibt es, eine Menge M mit genau n Elementen so in r nummerierte Teile zu zerlegen, dass der i-te Teil genau k_i-viele Elemente besitzt? Diese Zahl ist für alle $k_1, \ldots, k_r \geq 0$ mit $k_1 + \cdots + k_r = n$ von Null verschieden. Eine Analyse des Problems ergibt, dass die gesuchte Anzahl gleich $\binom{n}{k_1 \ldots k_r} = n!/(k_1! \ldots k_r!)$ ist. Diese Werte sind als *Multinomialkoeffizienten* bekannt. Analog zur binomischen Formel gilt

$$(x_1 + \cdots + x_r)^n = \sum_{0 \leq k_i \leq n, k_1 + \cdots + k_r = n} \binom{n}{k_1 \ldots k_r} x_1^{k_1} \cdot \ldots \cdot x_r^{k_r},$$

der sog. *Multinomialsatz*.

4.2 Graphen

Wir betrachten Diagramme der folgenden Art: Wir zeichnen Punkte auf ein Papier und verbinden einige Punkte mit einer Linie oder auch einem Pfeil; die Verbindungen zwischen den Punkten können zudem mit Zahlen beschriftet sein. Die mathematischen Fragen, die derartige Diagramme aufwerfen, bilden die Themen der Graphentheorie. Wir fragen zum Beispiel: Gibt es einen Weg von einem Punkt a zu einem Punkt b? Wie findet man einen kürzesten Weg? Wie findet man einen preiswertesten Weg, wenn wir die Zahlen an den Verbindungen als Kosten lesen? Enthält das Diagramm einen Kreis? Lassen sich alle Verbindungen in einem ununterbrochenen Zug zeichnen? Können wir die Verbindungslinien ohne Überschneidungen zeichnen? Sind zwei gegebene Diagramme strukturell identisch? Kaum eine Theorie der Mathematik operiert mit so anschaulichen Begriffen wie die Graphentheorie. Hinzu kommen die vielfältigen Anwendungen der Theorie, die von der Organisation von komplexen Verkehrsnetzen über Job-Zuordnung und Stundenplanerstellung bis hin zur spielerischen Frage reichen, wie man ein Labyrinth erkundet und wieder herausfindet. Historisch stehen die spielerischen Fragen sogar im Vordergrund, die Vielzahl der praktischen Anwendungen ist ein jüngeres Phänomen.

Der einfachste Strukturtyp der Graphentheorie ist der folgende: Ein *Graph* ist ein Paar $G = (E, K)$, bestehend aus einer endlichen nichtleeren Menge E von *Ecken* und einer Menge $K \subseteq \{\{a, b\} \mid a, b \in E, a \neq b\}$ von *Kanten*. Die Anzahl der Ecken heißt die *Ordnung* von G, während man die Anzahl der Kanten als die *Größe* von G bezeichnet. In Visualisierungen von G zeichnen wir die Ecken E als benannte Punkte und verbinden dann genau die Punkte a und b mit einer Linie, für die $\{a, b\} \in K$ gilt.

Obige Graphen sind endlich, *ungerichtet* (keine Pfeile an den Verbindungslinien), *einfach* (keine Mehrfachverbindungen zwischen zwei Ecken), *schlingenfrei*

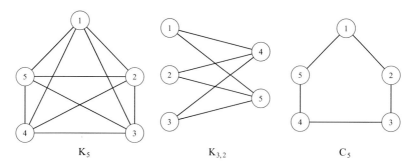

Abb. 4.2 Beispiele für Graphen

(keine Verbindungen von einer Ecke zu sich selbst) und *ungewichtet* (keine Zahlen an den Kanten). Entsprechend allgemeinere Graphen sind oft nützlich. Gerichtete Graphen kann man z. B. in der Form $G = (E, K)$ mit $K \subseteq E^2$ notieren. Hier bedeutet $(a, b) \in K$, dass ein Pfeil von der Ecke a zur Ecke b führt. Gerichtete Graphen sind damit beliebige Relationen auf endlichen Mengen, und obige ungerichtete Graphen kann man als spezielle symmetrische Relationen auf endlichen Mengen E ansehen.

Wir schreiben auch $ab \in K$, falls die Ecken a und b durch eine Kante verbunden sind. (In ungerichteten Graphen ist $ab = ba$, in gerichteten Graphen ist ab von ba zu unterscheiden.) Gilt $ab \in K$, so heißt die Ecke b ein *Nachbar* von a. Eine Ecke b heißt ein *Nachbar einer Teilmenge A von E*, falls es ein $a \in A$ gibt, das mit b benachbart ist. Die Anzahl der Nachbarn einer Ecke a heißt der *Grad* von a und wird mit $d(a)$ bezeichnet.

Ein *Kantenzug* der *Länge n von a nach b* in einem Graphen ist eine endliche Folge $a = a_0, a_1, \ldots, a_n = b$ von Ecken derart, dass $a_i a_{i+1}$ für alle $i < n$ eine Kante ist. Gilt $a = b$, so heißt der Kantenzug *geschlossen*, andernfalls heißt er *offen*. Die Ecken $a_0, \ldots, a_n$ heißen die *besuchten Ecken* und die Kanten $a_i a_{i+1}$ die *besuchten Kanten* des Kantenzuges. Ein Kantenzug heißt ein *Weg*, wenn er keine Ecke zweimal besucht. Wird keine Kante zweimal besucht, so heißt der Kantenzug *einfach*. Jeder Weg ist offenbar ein einfacher Kantenzug.

Ist $a_0, \ldots, a_n$ ein Weg mit $n \geq 2$ und ist zudem $a_n a_0 \in K$, so heißt der Kantenzug $a_0, \ldots, a_n, a_0$ ein *Kreis mit $n + 1$ Ecken*. Die kleinsten Kreise eines Graphen sind seine *Dreiecke*, d. h. Kreise mit 3 Ecken.

Wichtige spezielle Graphen sind (Abb. 4.2)

$$K_n = (\{1, \ldots, n\}, \{ij \mid 1 \leq i < j \leq n\}) \text{ für } n \geq 1,$$
$$K_{n,m} = (\{1, \ldots, n + m\}, \{ij \mid 1 \leq i \leq n, \, n + 1 \leq j \leq n + m\}) \text{ für } n, m \geq 1,$$
$$C_n = (\{1, \ldots, n\}, \{i(i + 1) \mid 1 \leq i < n\} \cup \{n1\}) \text{ für } n \geq 3.$$

Ein Graph heißt *vollständig*, wenn je zwei seiner Ecken durch eine Kante verbunden sind. Die Graphen K_n sind vollständig. Ein Graph heißt *bipartit*, wenn es eine Zerlegung seiner Eckenmenge in Mengen E_1 und E_2 gibt derart, dass die Nachbarn aller Ecken in E_1 der Menge E_2 angehören und umgekehrt. Die Graphen $K_{n,m}$ sind bipartit. Ein Graph heißt ein *Kreis*, falls er einen Kreis besitzt, der alle Ecken besucht. Die Graphen C_n sind Kreise.

Ein Graph $G' = (E', K')$ heißt ein *Untergraph* von $G = (E, K)$, falls $E' \subseteq E$ und $K' = \{ab \in K \mid a, b \in E'\}$, d. h., G' ist eine Unterstruktur von G im üblichen Sinne. Dagegen heißt G' ein *Teilgraph* von G, falls $E' \subseteq E$ und $K' \subseteq K$ gilt.

Ein Graph $G = (E, K)$ heißt *zusammenhängend*, wenn sich je zwei seiner Ecken durch einen Kantenzug verbinden lassen. Statt „Kantenzug" können wir hier gleichwertig „Weg" fordern, denn wir können alle Kreise aus Kantenzügen herausschneiden.

Eine Ecke a heißt *erreichbar* von einer Ecke b, falls es einen Weg von a nach b gibt. Die Erreichbarkeit ist eine Äquivalenzrelation auf den Ecken. Die Äquivalenzklassen dieser Relation heißen die *Zusammenhangskomponenten* des Graphen. Ein Graph ist genau dann zusammenhängend, wenn er nur eine Zusammenhangskomponente besitzt. Schließlich heißt eine Kante eine *Brücke*, falls das Entfernen der Kante die Anzahl der Zusammenhangskomponenten erhöht.

4.3 Euler-Züge

Euler bewies im Jahre 1736, dass es nicht möglich ist, alle sieben Brücken der Stadt Königsberg so abzulaufen, dass man jede Brücke genau einmal überquert und am Ende wieder am Startpunkt ankommt. Weiter fand er einfaches Kriterium für das hinter der Frage liegende allgemeine Problem. Diese Ergebnisse gelten als der Beginn der Graphentheorie.

Ein *(geschlossener) Euler-Zug* in einem Graphen G ist ein geschlossener Kantenzug $a_0, \ldots, a_n = a_0$ in G derart, dass jede Kante von G genau einmal besucht wird. Ein Graph G heißt *eulersch*, wenn ein Euler-Zug in G existiert. Anschaulich ist ein Graph eulersch, wenn wir ihn in einem Zug zeichnen können und dabei Anfangs- und Endpunkt gleich sind. Von praktischer Bedeutung sind Euler-Züge zum Beispiel für Postboten, die jede Straße genau einmal abfahren und am Ende wieder beim Postamt ankommen wollen.

Alle Kreise C_n sind eulersch. Die vollständigen Graphen K_3 und K_5 sind eulersch, wie man sich leicht überlegt, nicht aber die Graphen K_2 und K_4. Ebenso ist der bipartite Graph $K_{2,2}$ eulersch, nicht aber der Graph $K_{2,3}$. Beim Experimentieren mit diesen und weiteren Graphen entdeckt man folgende notwendige Bedingung für die Existenz von Euler-Zügen: Ist G eulersch, so haben alle Ecken einen geraden Grad. Denn laufen wir auf einer Kante in eine Ecke hinein, so müssen wir auf einer bislang unbenutzten Kante die Ecke wieder verlassen. Da zudem die Startecke auch die Endecke sein soll, paart sich in dieser Weise auch der letzte Schritt mit dem ersten.

Streichen wir alle Ecken mit dem Grad 0, so ist ein eulerscher Graph sicher zusammenhängend. Erstaunlicherweise gilt nun folgende hinreichende Bedingung für die Existenz von Euler-Zügen: Sei G ein zusammenhängender Graph und jede Ecke habe einen geraden Grad; dann existiert ein Euler-Zug in G. Zum Beweis beobachten wir: Starten wir bei einer beliebigen Ecke a und laufen wir nun entlang beliebiger, aber bislang unbesuchter Kanten entlang, so gelangen wir irgendwann wieder zur Ecke a zurück. Wir bleiben nämlich niemals bei einer Ecke $b \neq a$ stecken, da wir nach dem Hereinlaufen in die Ecke b insgesamt eine ungerade Zahl von Kanten der Ecke verbraucht haben, also noch mindestens eine Kante übrig ist.

Mit einem derartigen Lauf haben wir i. A. aber noch keinen Euler-Zug gefunden. Jedoch besitzt der aus allen noch unbesuchten Kanten gebildete Teilgraph wieder die Eigenschaft, dass alle Ecken geraden Grad haben. Wir wiederholen also unseren Lauf so oft, bis alle Kanten besucht worden sind. Am Ende erhalten wir einen Euler-Zug durch eine Überlagerung von geschlossenen Kantenzügen. Der Zusammenhang des Graphen wird gebraucht, damit wir die Kantenzüge geeignet ineinander einhängen können.

Wir geben einen Algorithmus, der dieser Beweisskizze entspricht, konkret an. Gegeben sei ein eulerscher Graph G mit Eckenmenge $E = \{1, \ldots, n\}$ und positiven Graden der Ecken. Wir konstruieren eine Folge von einfachen geschlossenen Kantenzügen $Z_0, Z_1, \ldots, Z_m$ nach dem folgenden Verfahren von Carl Hierholzer aus dem Jahre 1873.

Algorithmus von Hierholzer Zunächst sei $Z_0 = 1$. Ist Z_i konstruiert, aber noch kein Euler-Zug, so sei a die erste Ecke auf Z_i, von der eine noch unbesuchte Kante wegführt. Wir konstruieren nun einen einfachen geschlossenen in a beginnenden Kantenzug W_i, indem wir immer die kleinste Ecke wählen, zu der eine bislang unbesuchte Kante hinführt. Finden wir keine solche Ecke mehr, so ist W_i konstruiert und wir sind notwendig wieder bei der Ecke a angelangt. Wir fügen nun W_i in Z_i an der ersten Stelle des Besuchs der Ecke a ein und erhalten so den Kantenzug Z_{i+1}. Das Verfahren wird so lange iteriert, bis alle Kanten besucht wurden.

Wir führen den Algorithmus zur Illustration für den eulerschen Graphen aus Abb. 4.3 durch. Er verläuft wie folgt:

$Z_0 = 1$, nächste Startecke: 1, $W_0 = 1, 2, 3, 5, 2, 4, 1$

$Z_1 = W_0$, nächste Startecke: 4, $W_1 = 4, 6, 7, 8, 4$

$Z_2 = 1, 2, 3, 5, 2, 4, 6, 7, 8, 4, 1$, nächste Startecke: 5, $W_2 = 5, 8, 10, 5$

$Z_3 = 1, 2, 3, 5, 8, 10, 5, 2, 4, 6, 7, 8, 4, 1$, nächste Startecke: 7, $W_3 = 7, 9, 10, 7$

$Z_4 = 1, 2, 3, 5, 8, 10, 5, 2, 4, 6, 7, 9, 10, 7, 8, 4, 1$.

Mit Z_4 ist ein Euler-Zug in G konstruiert.

Wir können auch Mehrfachverbindungen zwischen zwei Ecken zulassen. Zusätzlich können wir gerichtete Graphen betrachten, bei denen die Kanten nur in einer Richtung durchlaufen werden. Die für Euler-Züge gute Bedingung lautet dann, dass in jede Ecke genauso viele Kanten hinein- wie herausführen. Obige Überlegungen zeigen dann insbesondere: Jeder zusammenhängende einfache ungerichtete Graph besitzt einen geschlossenen Kantenzug, der jede Kante genau zweimal durchläuft, und zwar je einmal in jeder Richtung.

Abb. 4.3 Beispiel zum Algorithmus von Hierholzer

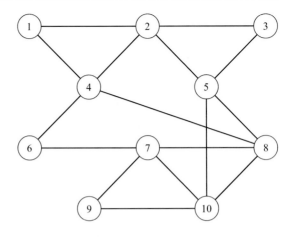

4.4 Hamilton-Kreise und das P ≠ NP-Problem

Analog zur Existenz von Euler-Zügen kann man fragen, ob ein Graph einen Kreis besitzt, der alle Ecken genau einmal besucht. Ein derartiger Kreis heißt ein *Hamilton-Kreis*, und ein Graph heißt *hamiltonsch*, falls er einen Hamilton-Kreis besitzt. (William Hamilton stellte 1857 ein Spiel vor, bei dem gezeigt werden sollte, dass der Graph des Dodekaeders einen Hamilton-Kreis besitzt.)

Im Gegensatz zu den eulerschen Graphen ist kein einfaches Kriterium dafür bekannt, ob ein Graph hamiltonsch ist oder nicht. Einige hinreichende Kriterien sind gefunden worden. So gilt zum Beispiel folgender von Gabriel Dirac 1952 bewiesener Satz: Sei $G = (E, K)$ ein Graph der Ordnung $n \geq 3$, und es gelte $d(a) \geq n/2$ für alle Ecken a; dann ist G hamiltonsch. Der Beweis des Satzes liefert auch einen Algorithmus, der es erlaubt, einen Hamilton-Kreis für die speziellen Graphen des Satzes zu konstruieren.

Ein allgemeines effektives Verfahren, das korrekt entscheidet, ob ein gegebener Graph hamiltonsch ist oder nicht, existiert wahrscheinlich nicht. Um dieses „wahrscheinlich" zu präzisieren, müssen wir weiter ausholen.

Viele Fragen der Graphentheorie und anderer mathematischer Gebiete führen zu sogenannten *Entscheidungsproblemen*. Beispiele sind:

(a) Sind diese beiden Graphen isomorph?
(b) Ist dieser Graph zusammenhängend?
(c) Besitzt dieser Graph eine Brücke?
(d) Ist diese Zahl eine Primzahl?

Alle diese Fragen sind Ja-Nein-Fragen. Wie man dann z. B. im Falle der Existenz einen Isomorphismus zwischen zwei Graphen findet, ist ein Konstruktionsproblem, das auf einem anderen Blatt steht.

Formaler können wir ein Entscheidungsproblem definieren als eine Menge I von sog. *Inputs* zusammen mit einer Funktion $e \colon I \to \{0, 1\}$, wobei 1 für „ja" und 0 für „nein" steht. Der Frage, ob zwei Graphen (mit Ecken in $\mathbb{N}$) isomorph sind, entspricht dann das Entscheidungsproblem $e\colon \mathcal{I} \to \{0, 1\}$ mit der Input-Menge $\mathcal{I} = \{(G_1, G_2) \mid G_1, G_2$ sind Graphen mit Ecken in $\mathbb{N}\}$ und $e(G_1, G_2) = 1$ genau dann, wenn es einen Isomorphismus zwischen G_1 und G_2 gibt.

Ist e ein Entscheidungsproblem, so stellt sich die Frage, ob sich die Funktion e berechnen lässt und welche Komplexität eine Berechnung von e besitzt. Berechenbare Entscheidungsprobleme heißen auch *lösbar*. In der Komplexitätstheorie sind viele interessante Klassen von Entscheidungsproblemen isoliert worden. Am wichtigsten sind hier die drei Klassen P, NP und co-NP, die wir informal wie folgt beschreiben können: Die Klasse P besteht aus allen Entscheidungsproblemen, die sich in polynomieller Laufzeit lösen lassen (gemessen an der Länge des Inputs). Die Klasse NP besteht dagegen aus all denjenigen Entscheidungsproblemen, für die man eine positive Lösung in polynomieller Zeit auf ihre Richtigkeit hin überprüfen kann. Kurz: Geratene Lösungen lassen sich schnell verifizieren. Analog besteht die Klasse co-NP aus allen Problemen, für die man eine negative Lösung in polynomieller Zeit verifizieren kann. Die Abkürzung NP steht für *non-deterministic polynomial* und verweist auf eine äquivalente Definition der Klasse NP mit Hilfe nichtdeterministischer Berechnungen.

Es ist nun eine offene Frage von fundamentaler Bedeutung, ob die Klassen P und NP überhaupt verschieden sind. (Dieses sog. P ≠ NP-Problem gehört zu den sieben Millenniums-Problemen, auf die jeweils 1 Million Dollar Preisgeld ausgesetzt ist.) Ebenso offen ist, ob die Klassen NP und co-NP verschieden sind. Vermutet wird P ≠ NP und NP ≠ co-NP.

Das Problem zu entscheiden, ob ein gegebener Graph hamiltonsch ist oder nicht, gehört der Klasse NP an, denn von einer geratenen Lösung – ein Weg in G – können wir schnell überprüfen, ob diese Lösung tatsächlich ein Hamilton-Kreis ist oder nicht. Diese Beobachtung ist aber noch keine Rechtfertigung für die Aussage, dass das Hamilton-Problem „wahrscheinlich" nicht in P liegt. Hierzu brauchen wir eine weitere komplexitätstheoretische Unterscheidung:

Ein Entscheidungsproblem $e\colon \mathcal{I} \to \{0, 1\}$ in NP heißt *NP-vollständig*, wenn sich jedes Problem $e'\colon \mathcal{I}' \to \{0, 1\}$ in NP in polynomieller Zeit auf das Problem e reduzieren lässt, d. h., wir können in polynomieller Zeit jedem $I' \in \mathcal{I}'$ ein $I \in \mathcal{I}$ zuordnen, so dass $e(I) = e'(I')$. Aus der Definition folgt: Kann man von einem einzigen NP-vollständigen Problem zeigen, dass es in polynomieller Zeit lösbar ist, so ist P = NP. Da man annimmt, dass P ≠ NP gilt, ist der Nachweis der NP-Vollständigkeit das zurzeit beste Mittel, um zu begründen, warum ein Problem „wahrscheinlich" nicht in P liegt. Richard Karp hat 1972 bewiesen, dass das Hamilton-Problem NP-vollständig ist. Damit ist dieses Problem nicht polynomiell lösbar, es sei denn, es gilt wider Erwarten doch P = NP.

Anders liegen die Dinge für die Frage, ob zwei gegebene Graphen isomorph sind. Dieses Problem liegt erneut in NP, denn für zwei Graphen G_1 und G_2 können wir eine Funktion $f\colon E_1 \to E_2$ in polynomieller Zeit daraufhin überprüfen, ob sie ein Isomorphismus ist oder nicht. Im Gegensatz zum Hamilton-Problem und den meisten anderen Problemen, die in NP liegen und für die kein polynomieller Algorithmus gefunden werden konnte, ist es nicht gelungen zu zeigen, dass das Isomorphie-Problem NP-vollständig ist. Weiter hat die Annahme, dass das Isomorphie-Problem in P liegt, ungewöhnliche komplexitätstheoretische Konsequenzen, und deswegen gilt es auch hier als „wahrscheinlich", dass das Problem nicht in P liegt. Das Isomorphie-Problem gehört damit anscheinend zu denjenigen Problemen in NP, die nicht in P liegen, aber auch nicht NP-vollständig sind.

4.5   Bäume

Der Begriff eines Baumes taucht in der Mathematik in verschiedenen Kontexten auf. Wir betrachten zunächst Bäume in der Graphentheorie.

Ein Graph G heißt ein *Wald*, falls er keine Kreise besitzt. Ist G zudem zusammenhängend, so heißt G ein *Baum*. Beispiele für Bäume sind in Abb. 4.4 zu finden.

Der linke Baum in Abb. 4.4 sieht in der Tat wie ein richtiger Baum aus, der rechte dagegen wie ein Stern. Wir können aber jeden Baum-Graphen so zeichnen, dass er wie ein richtiger Baum aussieht. Hierzu zeichnen wir eine beliebige Ecke als sog. *Wurzel* aus. Alle zur Wurzel benachbarten Ecken tragen wir eine Stufe oberhalb der Wurzel ein und ziehen Verbindungslinien. Die zweite Stufe besteht dann aus allen neuen Nachbarn der Ecken der ersten Stufe, samt den entsprechenden Verbindungslinien, usw. So entsteht ein Gebilde, das sich ausgehend von seiner Wurzel nach oben in einer baumartigen Weise verzweigt.

Für Bäume gelten die beiden folgenden, nicht schwer einzusehenden Charakterisierungen:

Wegkriterium   Ein Graph $G = (E, K)$ ist genau dann ein Baum, wenn es für alle $a, b \in E$ genau einen Weg von a nach b gibt.

Kantenkriterium   Ein zusammenhängender Graph $G = (E, K)$ ist genau dann ein Baum, wenn seine Größe gleich der um eins verminderten Ordnung ist, d. h., es gilt $|K| = |E| - 1$.

Bäume sind nicht nur für sich interessante Graphen, sie dienen auch dazu, andere Graphen zu analysieren. Wichtig ist hier das Konzept eines aufspannenden Baumes. Sei $G = (E, K)$ ein zusammenhängender Graph und sei $G' = (E, K')$ ein Baum mit $K' \subseteq K$. Wir sagen, dass der Baum G' den Graphen G *aufspannt*. Für alle $a, b \in E$ gibt es dann genau einen Weg von a nach b in G'. Ist G ein Netz mit Häusern (Ecken) und Straßen (Kanten), so beschreibt ein aufspannender Baum

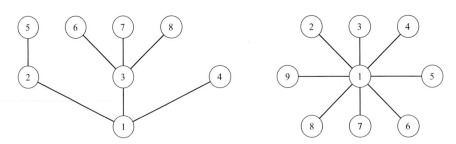

Abb. 4.4   Beispiele für Bäume

eine geeignete und nicht weiter reduzierbare Stromversorgung: Legen wir an allen Straßen des aufspannenden Baumes eine Stromleitung, so werden alle Häuser mit Strom versorgt.

Es gibt verschiedene effiziente Verfahren, die für einen beliebigen zusammenhängenden Graphen einen aufspannenden Baum liefern. Ein derartiges Verfahren ist die sog. *Breitensuche* BFS (für engl. breadth first search). Gegeben ist ein zusammenhängender Graph $G = (E, K)$ mit $E = \{1, \ldots, n\}$. Wir konstruieren rekursiv Bäume $G_i = (E_i, K_i)$ mit dem *BFS-Verfahren* wie folgt:

Zunächst sei $E_0 = \{1\}$ und $K_0 = \emptyset$. Sei nun G_i konstruiert für ein i. Ist $E_i = E$, so stoppen wir mit Ausgabe von G_i. Andernfalls seien $e_1 < \ldots < e_m$ die Ecken von $E - E_i$, die mit einer Ecke von E_i benachbart sind. Für jedes e_j sei k_j die Kante von G, die e_j mit einer kleinstmöglichen Ecke in E_i verbindet. Wir setzen dann $E_{i+1} = E_i \cup \{e_1, \ldots, e_m\}$, $K_{i+1} = K_i \cup \{k_1, \ldots, k_m\}$ und wiederholen das Verfahren.

Verwandt ist die *Tiefensuche* oder das *DFS-Verfahren* (depth first search). Hier wird der aufspannende Baum nicht stufen-, sondern astweise gebildet.

Die Theorie der partiellen Ordnungen stellt einen Baumbegriff zur Verfügung, der viel allgemeiner ist als der der Graphentheorie: Eine partielle Ordnung P heißt ein *(Wurzel-)Baum*, falls P ein kleinstes Element besitzt (die *Wurzel*) und für alle $p \in P$ die Menge $\{q \in P \mid q < p\}$ wohlgeordnet ist. Ein $q \in P$ heißt ein *direkter Nachfolger* eines $p \in P$, falls $p < q$ gilt, aber kein r existiert mit $p < r < q$. Die direkten Nachfolger von p beschreiben die Verzweigung des Baumes an der Stelle p. Besitzt p keinen direkten Nachfolger, so heißt p ein *Blatt* des Baumes. Die Blätter von P sind genau die maximalen Elemente von P.

Die Bäume der Graphentheorie lassen sich durch eine stufenweise Anordnung, gefolgt von einer von unten nach oben verlaufenden Transitivierung der Kantenrelation, in ordnungstheoretische Bäume verwandeln. Umgekehrt können wir jeden endlichen ordnungstheoretischen Baum als graphentheoretischen Baum ansehen, indem wir, beginnend mit seiner Wurzel, stufenweise direkte Nachfolger und entsprechende Verbindungslinien in ein Diagramm einzeichnen, dabei aber die Transitivität der partiellen Ordnung unterdrücken. (Ist q ein direkter Nachfolger von p und s ein solcher von q, so zeichnen wir Kanten pq und qs ein, nicht aber ps.)

Unendliche ordnungstheoretische Bäume spielen eine wichtige Rolle in der Kombinatorik. Wir nennen ein $Z \subseteq P$ einen *Zweig* eines Baumes P, falls Z eine maximale linear geordnete Teilmenge von P ist. Es gilt nun der folgende fundamentale Existenzsatz von Dénes König aus dem Jahre 1927:

Lemma von König

Sei P ein unendlicher Baum derart, dass jedes $p \in P$ nur endliche viele direkte Nachfolger besitzt. Dann besitzt P einen unendlichen Zweig.

Dieses Lemma erlaubt es oft, kombinatorische Ergebnisse zwischen dem Unendlichen und dem Endlichen zu übersetzen (vgl. Abschn. 4.6).

4.6   Färbungen und der Satz von Ramsey

Das Dirichlet'sche *Taubenschlag-* oder *Schubfachprinzip* besagt: Ist $n > r$ und verteilen wir n Tauben auf r Löcher, so gibt es ein Loch, das mit zwei Tauben besetzt ist. Eine andere Formulierung des Prinzips benutzt die Sprechweise der Färbungen: Ist $n > r$ und färben wir n Objekte mit r Farben, so gibt es zwei Objekte, die die gleiche Farbe erhalten.

Einige einfache Anwendungen und Varianten des Prinzips sind:

(a)   Hat eine reelle Funktion $n + 1$ Nullstellen im Intervall $[0, 1]$, so gibt es zwei Nullstellen, deren Abstand kleinergleich $1/n$ ist.

(b)   Sind 6 Zahlen gegeben, so haben zwei der Zahlen denselben Rest bei der Division durch 5. Analog haben von 13 Personen immer zwei im selben Monat Geburtstag.

(c)   Ist M eine Menge mit mehr als $|n_1| + \ldots + |n_r|$ Elementen und sind $M_1, \ldots, M_r$ Mengen mit $M \subseteq M_1 \cup \ldots \cup M_r$, so existiert ein i mit $|M_i| > n_i$.

(d)   Ist $n > (m-1)r$ und färben wir n Objekte mit r Farben, so gibt es mindestens m Objekte, die dieselbe Farbe erhalten.

Zur Formulierung einer starken Verallgemeinerung des Dirichlet'schen Prinzips brauchen wir einige Vorbereitungen. Für jede natürliche Zahl $r \geq 1$ und jede Menge M nennen wir eine Funktion $f \colon M \to \{1, \ldots, r\}$ auch eine *Färbung* der Menge M mit r *Farben*. Für jedes $x \in M$ heißt $f(x)$ die *Farbe von x* unter der Färbung f. Eine Teilmenge N von M heißt *homogen*, falls jedes $x \in N$ dieselbe Farbe unter f besitzt, d. h., $f|N$ ist eine konstante Funktion.

Wir führen weiter noch eine Notation ein, mit deren Hilfe wir Ergebnisse über gewisse Färbungen einfach formulieren können. Für natürliche Zahlen n und m schreiben wir $n \to (m)_2^2$, falls für jede Färbung $f \colon [\{1, \ldots, n\}]^2 \to \{1, 2\}$ ein $M \subseteq \{1, \ldots, n\}$ mit $|M| = m$ existiert derart, dass $[M]^2$ homogen gefärbt ist. Hierbei ist wieder $[M]^2$ die Menge der zweielementigen Teilmengen von M.

Die Pfeilnotation hat offenbar folgende Eigenschaft: $n \to (m)_2^2$ bleibt richtig, wenn n erhöht oder m erniedrigt wird.

Eine Färbung $f \colon [\{1, \ldots, n\}]^2 \to \{1, 2\}$ können wir graphentheoretisch sehr anschaulich visualisieren. Wir betrachten den vollständigen Graphen mit der Eckenmenge $\{1, \ldots, n\}$ und färben jede seiner $\binom{n}{2}$ Kanten entweder „rot" oder „grün". Gilt $n \to (m)_2^2$, so existieren Ecken $e_1 < \ldots < e_m$ derart, dass alle Kanten zwischen diesen Ecken dieselbe Farbe besitzen, d. h., der durch $e_1, \ldots, e_m$ gegebene Untergraph ist entweder komplett rot oder komplett grün gefärbt. Wir können nun folgenden von Frank Ramsey 1930 bewiesenen Satz formulieren:

Satz von Ramsey
Für alle m existiert ein n mit $n \to (m)_2^2$.

Die kleinste für m geeignete Zahl n wie im Satz wird mit $R(m)$ bezeichnet. Nur wenige Werte $R(m)$ konnten genau bestimmt werden. Es gilt zum Beispiel $R(1) = 1$, $R(2) = 2$, $R(3) = 6$ und $R(4) = 18$. Mit diesen Werten erhalten wir folgende Illustrationen des Satzes von Ramsey: Sitzen sechs Personen an einem Tisch, so gibt es drei Personen, die sich paarweise mögen, oder drei Personen, die sich paarweise nicht mögen. In jeder Gesellschaft von 18 Personen gibt es vier Personen, die sich paarweise bereits kennen, oder vier Personen, die sich paarweise noch nicht kennen.

Der Satz von Ramsey ist ein prominentes Beispiel für folgenden Typ von mathematischen Sätzen: Gewisse mathematische Strukturen besitzen große Teilstrukturen mit einer höheren Organisation und Ordnung. Der Satz von Bolzano-Weierstraß aus der Analysis besagt, dass jede beschränkte Folge reeller Zahlen eine konvergente Teilfolge besitzt, und er gehört damit zu diesem Typ. Kombinatorische Beispiele für derartige Sätze können wir aus dem Satz von Ramsey erhalten: Sei $n = R(m)$ für ein m, und es sei $a_1, \ldots, a_n$ eine beliebige Folge von natürlichen Zahlen. Dann existiert eine monoton steigende oder monoton fallende Teilfolge der Länge m. Zum Beweis färben wir für alle $1 \leq i < j \leq n$ das Paar $\{i, j\}$ „rot", falls $a_i < a_j$, und „blau", falls $a_j \leq a_i$. Eine homogene Menge der Mächtigkeit m liefert dann die Indizes einer monoton steigenden oder monoton fallenden Teilfolge von $a_1, \ldots, a_n$. Dieses Resultat kann noch verbessert werden: Nach einem Satz von Erdős und Szekeres besitzt jede Folge natürlicher Zahlen der Länge $n^2 + 1$ eine monotone steigende oder monoton fallende Teilfolge der Länge $n + 1$. Für diese Verbesserung sind problemspezifische Untersuchungen notwendig, der Satz von Ramsey liefert dagegen eine Fülle von derartigen Ergebnissen, wenn auch nicht immer mit den optimalen Werten.

Für natürliche Zahlen n, m, k, r schreiben wir $n \to (m)^k_r$, falls für jede Färbung $f \colon [\{1, \ldots, n\}]^k \to \{1, \ldots, r\}$ ein $M \subseteq \{1, \ldots, n\}$ mit $|M| = m$ existiert derart, dass $[M]^k$ homogen gefärbt ist. Es gilt nun:

Satz von Ramsey, allgemeine Version
Für alle m, k, r existiert ein n mit $n \to (m)^k_r$.

Obige Formulierung (4) des Schubfachprinzips lautet in Pfeilnotation: Es gilt $n \to (m)^1_r$ für alle m, r und alle $n > (m - 1)r$. Damit ist der Satz von Ramsey eine Verallgemeierung des Schubfachprinzips in der Variante (4), wobei die optimalen n-Werte für $k \geq 2$ nicht mehr einfach berechnet werden können. Schließlich gilt folgende unendliche Version:

Satz von Ramsey, unendliche Version
Für alle m, k, r und alle $f \colon [\mathbb{N}]^k \to \{1, \ldots, r\}$ existiert ein unendliches $A \subseteq \mathbb{N}$ derart, dass $[A]^k$ homogen gefärbt ist.

Man kann diese unendliche Version beweisen und dann mit Hilfe des Lemmas von König über unendliche Zweige in Bäumen die endliche Version ableiten.

4.7   Bipartite Graphen

Wir nannten einen Graphen bipartit, wenn es eine Zerlegung seiner Ecken in zwei Mengen E_1 und E_2 gibt derart, dass die Nachbarn aller Ecken in E_1 der Menge E_2 angehören und umgekehrt. Der Graph aus Abb. 4.5 ist z. B. bipartit unter der Zerlegung $E_1 = \{1, 2, 3, 4, 5, 6\}$ und $E_2 = \{a, b, c, d, e\}$.

Jeder Kreis in einem bipartiten Graphen muss eine gerade Länge haben, da er zwischen den Mengen E_1 und E_2 hin- und herpendelt; im Graphen aus Abb. 4.5 ist zum Beispiel $3, d, 1, b, 3$ ein Kreis der Länge 4. Nicht schwer einzusehen ist, dass auch die Umkehrung gilt:

Kreiskriterium Ein Graph $G = (E, K)$ ist genau dann bipartit, wenn jeder Kreis in G eine gerade Länge hat.

Eine klassische Motivation für die Beschäftigung mit den auf den ersten Blick recht speziellen bipartiten Graphen ist das Jobzuordnungsprobem: Gegeben sind Mitarbeiter einer Firma (die Menge E_1) und zudem Aufgaben, die zu erledigen sind (die Menge E_2). Wir verbinden nun jeden Mitarbeiter mit all denjenigen Jobs durch eine Kante, die er ausführen kann. Dadurch entsteht ein bipartiter Graph. Die Frage ist nun, wie wir die Jobs auf die Mitarbeiter so verteilen, dass möglichst viele Mitarbeiter mit einem Job versorgt werden. Wir suchen ein größtmögliches sog. Matching. Eine analoge Fragestellung ist das Heiratsproblem: Eine Menge E_1 von Frauen und eine Menge E_2 von Männern liefern einen bipartiten Graphen, indem man alle gegengeschlechtlichen Sympathien als Kanten einträgt. Der verkuppelnde Mathematiker soll nun ein größtmögliches Matching aus diesem Graphen extrahieren, also möglichst viele Frauen und Männer so verheiraten, dass nur friedliche Ehen entstehen.

Abb. 4.5 Beispiel eines
bipartiten Graphen

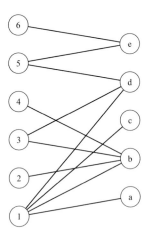

Im Graphen aus Abb. 4.5 ist zum Beispiel 1c, 2b, 3d, 5e ein Matching, und es kann kein Matching mit fünf Paaren geben, da die Ecken a und c nur mit der 1 verbunden sind und deswegen a oder c unversorgt bleiben muss. Derartige kombinatorische Begründungen sind nur in übersichtlichen Einzelfällen möglich. Wir fragen deswegen nach Sätzen, die die Größe eines maximalen Matchings beleuchten, und weiter nach einem effektiven Algorithmus, der es erlaubt, ein maximales Matching zu konstruieren. Hierzu präzisieren wir zunächst unsere Begriffe.

Ein *Matching* in einem bipartiten Graphen ist eine Menge von Kanten derart, dass je zwei Kanten der Menge keine Ecke gemeinsam haben. Die *Matching-Zahl* $m(G)$ von G ist definiert als $\max(\{|M| \mid M \text{ ist ein Matching von } G\})$.

Ein Phänomen der Graphentheorie sind sog. Min-Max-Sätze, die ein gewisses Minimum als ein gewisses Maximum charakterisieren. Der über ein Maximum definierten Matching-Zahl entspricht zum Beispiel ein natürliches Minimum:

Matching-Zahl und Träger-Zahl

Für jeden bipartiten Graphen $G = (E, K)$ gilt:

$$m(G) = \min(\{|T| \mid T \text{ ist ein Träger von } G\}),$$

wobei ein $T \subseteq E$ ein *Träger* von G heißt, falls jede Kante von G eine Ecke besitzt, die zu T gehört.

Dieser Satz geht auf Dénes König zurück (1931). Er ist äquivalent zum folgenden sog. *Heiratssatz* von Philip Hall aus dem Jahre 1935: Sei $G = (E, K)$ bipartit durch die Zerlegung E_1, E_2. Dann sind äquivalent:

(a) $m(G) = |E_1|$.

(b) Jede Teilmenge A von E_1 hat mindestens $|A|$ Nachbarn.

Hall hat genauer die folgende kombinatorische Auswahlaussage bewiesen: Sind $S_1, \ldots, S_n$ Teilmengen einer endlichen Menge S, so gibt es genau dann paarweise verschiedene $x_1 \in S_1, \ldots, x_n \in S_n$, wenn die Vereinigung von je k-vielen Mengen S_i mindestens k Elemente besitzt. Dieser Satz ist, wie man leicht sieht, eine Formulierung des Heiratssatzes in der Sprache der Mengen.

Wir skizzieren nun noch die Grundstruktur eines Verfahrens, mit dem wir ein maximales Matching effektiv konstruieren können. Ist M ein Matching in einem bipartiten Graphen, so heißt ein Weg $a_0, \ldots, a_n$ in G M-*alternierend*, wenn die Ecken a_0 und a_n zu keiner Kante von M gehören und zudem genau jede zweite besuchte Kante des Weges in M liegt (Abb. 4.6).

Aus einem M-alternierenden Weg $a_0, \ldots, a_n$ lässt sich ein Matching M' ablesen, das eine Kante mehr besitzt als M, nämlich

$$M' = \{a_0a_1, a_2a_3, \ldots, a_{n-1}a_n\} \cup (M - \{a_1a_2, \ldots, a_{n-2}a_{n-1}\}).$$

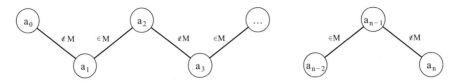

Abb. 4.6 Ein M-alternierender Weg

M' besteht also aus den „$\notin M$"-Kanten des obigen Diagramms und allen Kanten des Matchings M, die an dem alternierenden Weg gar nicht beteiligt sind. Da die Ecken a_0 und a_n keiner Kante von M angehören, ist M' wieder ein Matching. Es gilt $|M'| = |M| + 1$. Da wir diese Prozedur iterieren können, ist die Konstruktion eines maximalen Matchings auf die Konstruktion von M-alternierenden Wegen zurückgeführt.

4.8 Matroide

Bei unserer Untersuchung von Bäumen haben wir gesehen, wie wir einen aufspannenden Baum in einem zusammenhängenden Graphen konstruieren können. Wir betrachten nun noch das allgemeinere Problem, wie wir einen aufspannenden Baum in einem gewichteten Graphen konstruieren können, der ein minimales Gewicht unter allen aufspannenden Bäumen besitzt.

Sei also $G = (E, K)$ ein zusammenhängender Graph, und sei $g\colon K \to \mathbb{R}$ eine Gewichtsfunktion. Für jedes $K' \subseteq K$ heißt $g(K') = \sum_{k \in K'} g(k)$ das *Gewicht* von K'. Gesucht ist ein G aufspannender Baum (E, K') mit minimalem Gewicht $g(K')$. Die Konstruktion solcher Bäume ist einfacher als man denken würde, denn es zeigt sich, dass der folgende Ad-Hoc-Algorithmus geeignet ist:

Greedy-Algorithmus Sei $k_0, \ldots, k_n$ eine Aufzählung aller Kanten von G mit $g(k_0) \leq \ldots \leq g(k_n)$. Wir konstruieren rekursiv Wälder K_i in G. Zunächst sei $K_0 = \{k_0\}$. Ist K_i konstruiert, so sei, im Falle der Existenz, k die erste Kante der Aufzählung, die nicht in K_i liegt und für welche $K_i \cup \{k\}$ immer noch ein Wald ist. Wir setzen dann $K_{i+1} = K_i \cup \{k\}$ und wiederholen das Verfahren. Existiert k nicht, so geben wir K_i als Ergebnis aus.

Das englische Wort „greedy" bedeutet „gierig", und in der Tat ist der Algorithmus so gestrickt, dass er in jedem Schritt einfach die erstbeste Kante verschlingt, die seinem Grundziel nicht widerstreitet, in unserem Fall der Konstruktion eines kreisfreien Graphen.

Für den gewichteten Graphen aus Abb. 4.7 sammelt der Greedy-Algorithmus folgende Kanten: $ad, ej, ec, eh, ab, be, gi, fg, ij$. Dabei werden die Kanten dh und hj und die Kante bd ignoriert, da sie einen Kreis erzeugen würden. Die aufgesammelten Kanten bilden einen aufspannenden Baum mit dem Gewicht $1 + 1 + 2 + 2 + 3 + 3 + 4 + 5 + 5 = 26$.

Abb. 4.7 Beispiel zum
Greedy-Algorithmus

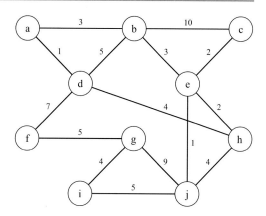

Beim Beweis der Korrektheit des Greedy-Algorithmus entdeckt man, dass nur gewisse allgemeine Struktureigenschaften der Wälder eines Graphen benötigt werden. Diese Struktureigenschaften fasst der von Hassler Whitney 1935 eingeführte Begriff eines Matroids zusammen, der eine wichtige Rolle in der modernen Kombinatorik einnimmt. Sei hierzu M eine beliebige endliche Menge, und sei $\mathcal{U}$ ein nichtleeres System von Teilmengen von M. Dann heißt $\mathcal{U}$ ein *Matroid* auf M, falls gilt:

(a) Ist $A \in \mathcal{U}$ und $B \subseteq A$, so ist $B \in \mathcal{U}$. *(Teilmengeneigenschaft)*
(b) Sind $A, B \in \mathcal{U}$ und hat A genau ein Element mehr als B, so gibt es ein $a \in A - B$ mit $B \cup a \in \mathcal{U}$. *(Austauscheigenschaft)*

Die Elemente von $\mathcal{U}$ nennt man auch *unabhängige* Mengen. Ein $B \in \mathcal{U}$ heißt eine *Basis*, falls B maximal in $\mathcal{U}$ ist. Beispiele für Matroide sind:

(1) Sei M eine endliche Teilmenge eines Vektorraums V. Dann ist das System $\mathcal{U}$ der in V linear unabhängigen Teilmengen von M ein Matroid auf M. Denn Teilmengen von linear unabhängigen Mengen sind linear unabhängig, und die Austauscheigenschaft gilt nach dem Steinitzschen Austauschsatz. Dieses Beispiel motiviert auch viele Bezeichnungen der Matroid-Theorie.
(2) Ist M eine Menge und $k \leq |M|$, so ist $\mathcal{U} = \{A \subseteq M \mid |A| \leq k\}$ ein Matroid auf M.
(3) Seien F, K Körper mit $F \subseteq K$, und sei $M \subseteq K$ endlich. Dann ist das System $\mathcal{U} = \{X \subseteq M \mid X$ ist algebraisch unabhängig über $F\}$ ein Matroid auf M.
(4) Ist $G = (E, K)$ ein Graph, so ist $\mathcal{U} = \{L \subseteq K \mid (E, L)$ ist ein Wald$\}$ ein Matroid auf K. Ist G zusammenhängend, so sind die Basen dieses Matroids genau die aufspannenden Bäume in G.
(5) Ist $G = (E, K)$ bipartit durch E_1 und E_2, so ist $\mathcal{U} = \{\{a \in E_1 \mid a$ ist Ecke einer Kante in $M\} \mid M$ ist Matching von $G\}$ ein Matroid auf E_1.

Wir können nun unser ursprüngliches Optimierungsproblem verallgemeinern. Gegeben ist ein Matroid $\mathcal{U}$ auf M und eine Gewichtsfunktion $g: M \to \mathbb{R}$. Gesucht ist eine Basis B mit minimalem Gewicht $g(B) = \sum_{x \in B} g(x)$. Diese Aufgabe erledigt erneut ein „gieriges" Verfahren:

Greedy-Algorithmus für Matroide Sei $x_0, \ldots, x_n$ eine Aufzählung von M mit $g(x_0) \leq \ldots \leq g(x_n)$. Wir konstruieren rekursiv $A_i \in \mathcal{U}$. Zunächst sei $A_0 = \emptyset$. Ist A_i konstruiert, so sei, im Falle der Existenz, x das erste Element der Aufzählung mit $x \notin A_i$ und $A_i \cup \{x\} \in \mathcal{U}$. Wir setzen dann $A_{i+1} = A_i \cup \{x\}$ und wiederholen das Verfahren. Existiert x nicht, so geben wir A_i als Ergebnis aus.

Alle gewichteten Optimierungsprobleme, die sich durch ein Matroid beschreiben lassen, können also mit dem Greedy-Algorithmus gelöst werden. Man kann den Greedy-Algorithmus zum Beispiel dazu verwenden, Matchings in bipartiten Graphen zu konstruieren, die eine sog. Eignungsfunktion respektieren. Hier ist auf der bipartiten Zerlegungsmenge E_1 zusätzlich eine Funktion gegeben, die angibt, als wie „wichtig" es erachtet wird, dass ein $a \in E$ am Matching beteiligt wird (z. B. „allgemeine Erfahrung" oder „bisherige Leistungen" eines Mitarbeiters einer Firma). Gesucht ist dann ein Matching mit einem größtmöglichen Gewicht der beteiligten Ecken in E_1.

4.9 Netzwerke und Flüsse

Ein *Netzwerk* ist eine Struktur $N = (E, K, q, s, c)$ mit den folgenden Eigenschaften: (1) (E, K) ist ein gerichteter Graph, (2) q und s sind verschiedene Ecken des Graphen, (3) $c\colon K \to \mathbb{N}$. Die Ecke q heißt die *Quelle* und die Ecke s die *Senke* des Netzwerks. Die Funktion $c\colon K \to \mathbb{N}$ heißt die *Kapazitätsfunktion* von N.

Im Netzwerk aus Abb. 4.8 sind die Kapazitäten an den Kanten eingetragen.

Ein Netzwerk kann man sich als ein verzweigtes System von gerichteten Rohren – die Kanten des Netzwerks – vorstellen, die eine Quelle mit einer Senke verbinden. Jedes Rohr hat dabei einen bestimmten Durchmesser – seine Kapazität.

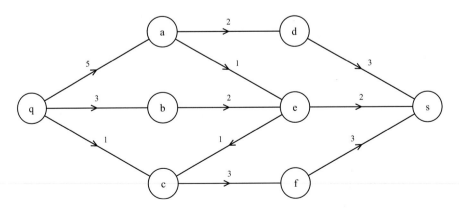

Abb. 4.8 Beispiel eines Netzwerks

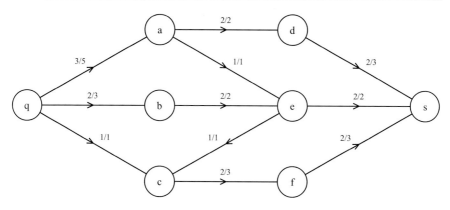

Abb. 4.9 Beispiel eines Flusses

Anwendungen dieser Netzwerke sind die Modellierung, Analyse und Verbesserung von Verkehrsflüssen, Produktionsprozessen, usw. Die Frage, die sich hier stellt, ist, welche Menge an Einheiten, Gütern, usw. wir kontinuierlich von der Quelle in die Senke transportieren können. Hierzu definieren wir:

Ein *Fluss* in einem Netzwerk N ist eine Funktion $f: K \to \mathbb{N}$ mit:

(a) $f(k) \leq c(k)$ für alle $k \in K$,
(b) $\sum_{k \in K, k^+ = a} f(k) = \sum_{k \in K, k^- = a} f(k)$ für alle $a \in E, a \neq q, s$, wobei k^+ die End- und k^- die Anfangsecke einer gerichteten Kante k ist.

Ein Fluss in einem Netzwerk kann also durch jedes „Rohr" nicht mehr transportieren als es die Kapazität des Rohrs erlaubt. Zudem gilt, dass in jede von der Quelle und Senke verschiedene Ecke genauso viel hinein- wie herausfließt.

Ist f ein Fluss in einem Netzwerk, so ist der *Wert* $w(f)$ von f definiert als der Netto-Fluss in die Senke des Netzwerks, d. h., wir setzen

$$w(f) = \sum_{k \in K, k^+ = s} f(k) - \sum_{k \in K, k^- = s} f(k).$$

Da in unseren Flüssen nichts verloren geht, ist der Wert eines Flusses gleich dem Netto-Ausfluss der Quelle, d. h., es gilt:

$$w(f) = \sum_{k \in K, k^- = q} f(k) - \sum_{k \in K, k^+ = q} f(k).$$

Einen Fluss können wir in der Form $f(k)/c(k)$ in ein Diagramm eintragen. Das Netzwerk aus Abb. 4.8 erlaubt zum Beispiel den in Abb. 4.9 dargestellten Fluss mit Wert 6.

Für diesen Spezialfall ist leicht zu sehen, dass der Wert 6 nicht mehr verbessert werden kann. Lester Ford und Delbert Fulkerson haben einen effektiven Algorithmus entwickelt, der einen maximalen Fluss in einem beliebigen Netzwerk konstruiert. Wir wollen hier nur noch diskutieren, dass diesem Maximierungs-Problem wieder ein Minimierungs-Problem entspricht. Hierzu definieren wir: Ein *Schnitt* in einem Netzwerk ist eine Zerlegung der Kantenmenge K in zwei Mengen Q und S mit $q \in Q$ und $s \in S$. Die *Kapazität* eines Schnittes (Q, S) wird dann definiert durch

$$c(Q, S) = \sum_{k \in K, k^- \in Q, k^+ \in S} c(k).$$

Der Wert $c(Q, S)$ ist also der gesamte Vorwärtsfluss von der Menge Q in die Menge S. Es gilt nun der folgende starke *Min-Max-Satz von Ford-Fulkerson* aus dem Jahre 1956:

Für jedes Netzwerk $N = (E, K, q, s, c)$ gilt $\max\{w(f) \mid w$ ist Fluss in $N\} = \min\{c(Q, S) \mid (Q, S)$ ist Schnitt in $N\}$.

Für obiges Netzwerk ist zum Beispiel $Q = \{q, a, b\}$, $S = \{c, d, e, f, s\}$ ein Schnitt mit der minimalen Kapazität $c(q, c) + c(b, e) + c(a, e) + c(a, d) = 6$.

Aus dem Satz von Ford-Fulkerson lässt sich der Min-Max-Satz über bipartite Graphen gewinnen. Ist $G = (E, K)$ bipartit durch E_1 und E_2, so führen wir neue Ecken q und s ein und definieren ein Netzwerk $N = (E', K', q, s, c)$ durch

$$E' = E \cup \{q, s\},$$
$$K' = \{ab \mid a \in E_1, \, b \in E_2, \, \{a, b\} \in K\} \cup \{qa \mid a \in E_1\} \cup \{bs \mid b \in E_2\},$$
$$c(ab) = 1 \text{ für alle } ab \in K'.$$

Die maximalen Flüsse in N entsprechen nun, wie man leicht einsehen kann, genau den maximalen Matchings in G. Ebenso entsprechen die Schnitte in N mit minimaler Kapazität genau den minimalen Trägern in G. Damit ergibt sich der Min-Max-Satz über bipartite Graphen aus dem Min-Max-Satz über Netzwerke.

4.10   Kürzeste Wege

Für jeden Graphen $G = (E, K)$ können wir eine Abstandsfunktion d definieren. Ist eine Ecke a erreichbar von einer Ecke b, so sei $d(a, b)$ die Länge eines kürzesten Weges von a nach b. Andernfalls sei $d(a, b) = \infty$. Die Funktion d hat mit den üblichen Rechenregeln für den Wert ∞ die Eigenschaften einer Metrik.

Die Breitensuche, die wir zur Konstruktion aufspannender Bäume verwendet haben, liefert eine Möglichkeit, die Werte $d(a, b)$ zu berechnen und einen kürzesten Weg von a nach b zu finden: Wir starten bei der Ecke a und konstruieren mit der Methode der Breitensuche so lange Bäume B_i mit Wurzel a, bis wir keine neuen Ecken mehr finden. Wird hierbei die Ecke b im i-ten Schritt gefunden, so ist $d(a, b) = i$, und ein kürzester Weg lässt sich aus dem konstruierten Baum ablesen. Wird dagegen die Ecke b nicht gefunden, so ist $d(a, b) = \infty$.

Interessanter und für Anwendungen von großer Bedeutung ist die Berechnung von Abständen in Graphen G, die mit einer Gewichtsfunktion g von den Kanten in die positiven reellen Zahlen ausgestattet sind. Für jede Kante ab beschreibt $g(ab)$ die „Länge“, „Zeitdauer“ oder die „Kosten“ zwischen den Ecken a und b. Für ein U-Bahn-Netz kann beispielsweise $g(ab)$ die Dauer sein, die eine U-Bahn regulär braucht, um von der Station a zur Station b zu gelangen. Für ein Straßennetz kann $g(ab)$ die Gesamtkosten angeben, die entstehen, wenn ein Lastwagen von a nach b fährt.

Ist $G = (E, K)$ ein Graph mit positiven Kantengewichten, so definieren wir die *Länge* eines Kantenzuges $a_0, a_1, \ldots, a_n$ als $\sum_{0 \le i < n} g(a_i a_{i+1})$. Dann kann wie oben eine Abstandsfunktion d mit metrischen Eigenschaften definiert werden.

Gegeben sei ein Graph $G = (E, K)$ mit $E = \{1, \ldots, n\}$ und Gewichtsfunktion g. Weiter sei $a \in E$ eine festgewählte Startecke. Ein effizienter Algorithmus zur Berechnung von $d(a, b)$ für alle b und zur Bestimmung von zugehörigen kürzesten Wegen ist der Algorithmus von Dijkstra aus dem Jahre 1959. Die Grundidee ist, die Abstände $d(a, b)$ für alle Ecken b des Graphen durch Approximationen immer weiter zu verbessern, bis der Abstand $d(a, b)$ gefunden ist. Wir konstruieren hierzu rekursiv Funktionen $d_0, \ldots, d_{n-1}$ auf E und besuchte Ecken $a = e_1, \ldots, e_{n-1}$ (es gibt kein e_0) wie folgt:

Algorithmus von Dijkstra   Zunächst sei $d_0(a) = 0$ und $d_0(b) = \infty$ für alle $b \ne a$. Sei nun d_i konstruiert für ein $i < n$. Ist $i = n - 1$, so stoppen wir mit Ausgabe von d_{n-1}. Andernfalls sei $e_{i+1} = $ „die kleinste noch nicht besuchte Ecke e mit $d_i(e) = \min(\{d_i(b) \mid b \text{ ist noch nicht besucht}\})$“. Für alle bereits besuchten b sei $d_{i+1}(b) = d_i(b)$, und ebenso sei $d_{i+1}(b) = d_i(b)$ für alle b mit $e_{i+1}b \notin K$. Für alle anderen Ecken b setzen wir

$$d_{i+1}(b) = \text{„das Minimum von } d_i(b) \text{ und } d_i(e_{i+1}) + g(e_{i+1}b)\text{“}.$$

Nun wiederholen wir das Verfahren.

Die Funktion d_i wird also lediglich in der Nachbarschaft der gerade besuchten Ecke e_{i+1} verbessert. Der Algorithmus von Dijkstra ermittelt in der Tat den gewichteten Abstand: Es gilt, wie man zeigen kann, $d(a, b) = d_{n-1}(b)$ für alle Startecken a und alle Ecken b.

Wir führen das Verfahren am Beispiel des Graphen aus Abb. 4.10 vor. Dabei geben die Zahlen an den Kanten ab das Gewicht $g(ab)$ an. Die Startecke sei 1. Die Tabelle in Abb. 4.11 gibt den Verlauf der Berechnung wieder. In der Zeile „BE“ ist die aktuell besuchte Ecke notiert. Ein „–“ gibt an, dass der gefundene Wert durch den weiteren Verlauf nicht mehr verändert wird, da die Ecke der Zeile gerade besucht wird oder bereits besucht wurde.

Damit ist $d(1, 1) = 0$, $d(1, 2) = 3$, $d(1, 3) = 7$, $d(1, 4) = 8$, usw. Aus der Tabelle können wir auch kürzeste Wege von der Startecke 1 zu einer anderen Ecke b gewinnen. Für $b = 4$ gilt z. B. $d(1, 4) = d_6(4)$. Der Eintrag $d_6(4)$ gehört zur besuchten Ecke 7. Der Eintrag $d(1, 7) = d_4(7)$ gehört zur besuchten Ecke 6. Der

Abb. 4.10 Beispiel zum
Algorithmus von Dijkstra

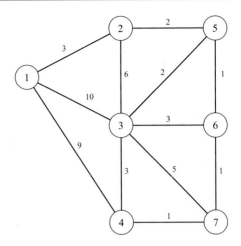

	d_0	d_1	d_2	d_3	d_4	d_5	d_6	Ausgabe
BE		1	2	5	6	3	7	
1	0	-	-	-	-	-	-	0
2	∞	3	-	-	-	-	-	3
3	∞	10	9	7	7	-	-	7
4	∞	9	9	9	9	9	8	8
5	∞	∞	5	-	-	-	-	5
6	∞	∞	∞	6	-	-	-	6
7	∞	∞	∞	∞	7	7	-	7

Abb. 4.11 Tabelle zum Beispiel aus Abb. 4.10

Eintrag $d(1,6) = d_3(6)$ gehört zur besuchten Ecke 5, usw. Durch diese Rückverfolgung finden wir 4, 7, 6, 5, 2, 1 als einen kürzesten Weg von 4 nach 1, und damit ist 1, 2, 5, 6, 7, 4 ein kürzester Weg von 1 nach 4.

4.11   Transitivierung von Relationen

Sei K eine beliebige zweistellige Relation auf $E = \{1, \ldots, n\}$. Wir fragen: Wie können wir effektiv die *transitive Hülle* K^+ von K berechnen, d. h. die kleinste transitive Relation auf E, die K erweitert?

Graphentheoretisch betrachtet ist (E, K) ein gerichteter Graph mit möglichen Schlingen n der Form aa. Ist K symmetrisch und irreflexiv, so können wir (E, K)

als einen üblichen ungerichteten Graphen auffassen. In jedem Falle ist die transitive Hülle K^+ von K graphentheoretisch von hohem Interesse, da sie die Erreichbarkeit in $G = (E, K)$ beschreibt: Für alle $a, b \in E$ gilt $a\,K^+ b$ genau dann, wenn es einen Kantenzug positiver Länge von a nach b in G gibt.

Zur Analyse der transitiven Hülle von K verwenden wir die Verknüpfung von Relationen (vgl. 1.7). Für Relationen R, S auf $\{1, \dots, n\}$ setzen wir:

$$R \circ S = \{(a, c) \mid \text{es gibt ein } b \in E \text{ mit } (a, b) \in R \text{ und } (b, c) \in S\}.$$

Damit können wir $K^1 = K$ und $K^{m+1} = K^m \circ K$ für alle $m > 1$ definieren. Eine einfache Induktion nach $m \geq 1$ zeigt: Für alle $a, b \in E$ gilt $a\,K^m b$ genau dann, wenn es einen Kantenzug $a = x_0, \dots, x_m = b$ im Graphen (E, K) gibt. Insbesondere gilt also $K^+ = \bigcup_{m \geq 1} K^m$. Da wir Umwege von c nach c aus Kantenzügen von a nach b herausschneiden können, folgt die verbesserte Darstellung

$$K^+ = \bigcup_{1 \leq m \leq n} K^m.$$

Die Relation K^n kann hier durchaus noch neue Information enthalten. Existiert ein $ab \in K^n - \bigcup_{1 \leq m < n} K^m$, so ist aber notwendig $a = b$ und (G, K) ist hamiltonsch.

Zur Berechnung von K^+ ist es nützlich, mit 0-1-Matrizen zu operieren. Für jede Relation R auf $\{1, \dots, n\}$ sei $A_R = (a_{ij})_{1 \leq i, j \leq n}$ die zugehörige darstellende Matrix, d. h., es gilt

$$a_{ij} = \begin{cases} 1, & \text{falls } (i, j) \in R, \\ 0, & \text{falls } (i, j) \notin R. \end{cases}$$

Die Verknüpfung von Relationen lässt sich nun durch eine Variante der Matrizenmultiplikation rechnerisch beherrschen: Sind A und B $(n \times n)$-Matrizen mit 0-1-Einträgen, so ist ihr *logisches Produkt* $A \cdot B$ die 0-1-Matrix $C = (c_{ij})_{1 \leq i, j \leq n}$ mit

$$c_{ij} = \sum_{1 \leq k \leq n} a_{ik} b_{kj} = a_{i1} \cdot b_{1j} + \dots + a_{in} \cdot b_{nj} \text{ für alle } 1 \leq i, j \leq n,$$

wobei hier nun $+$ und $\cdot$ die Wahrheitswert-Operationen „und" und „oder" auf $\{0, 1\}$ sind, d. h., die Multiplikation ist wie üblich definiert und die Addition ist gegeben durch $i + j = \max(i, j)$ für alle $i, j \in \{0, 1\}$. Es gilt also

$$1 \cdot 1 = 1,\ 0 \cdot 0 = 0 \cdot 1 = 1 \cdot 0 = 0,$$
$$0 + 0 = 0,\ 0 + 1 = 1 + 0 = 1 + 1 = 1.$$

Die logische Matrizenmultiplikation ist assoziativ, wie man leicht nachrechnet. Weiter gilt folgender Satz, der den Zusammenhang mit der Verknüpfung von Relationen herstellt: Seien R und S Relationen auf $E = \{1, \dots, n\}$. Dann gilt $A_{R \circ S} = A_R \cdot A_S$. Insbesondere gilt $A_{K^m} = (A_K)^m$ für alle $m \geq 1$.

Damit können wir die transitive Hülle K^+ von K berechnen, indem wir der
Reihe nach die Matrizen $A = A_K$, A^2, ..., A^n bestimmen. Ist K reflexiv, so ist
A^n die darstellende Matrix von K^+. Allgemein ist A_{K^+} die punktweise logische
Addition der Matrizen $A^1, \ldots, A^n$.

Diese Berechnung der darstellenden Matrix von K^+ benötigt unnötig viele Rechenschritte. Für ein effizienteres Verfahren definieren wir für alle $0 \le m \le n$:
$K^{(m)} = \{(a,b) \mid$ es gibt einen gerichteten Kantenzug in $G = (E, K)$ von a nach
b mit Ecken in $\{a, b, 1, \ldots, m\}\}$. Dann gilt $K = K^{(0)} \subseteq K^{(1)} \subseteq \ldots \subseteq K^{(n)}$, und
$K^{(n)}$ ist die transitive Hülle K^+ von K. Es zeigt sich, dass wir die darstellenden
Matrizen der Relationen $K^{(m)}$ sehr effektiv berechnen können. Hierzu verwenden
wir die punktweise logische Summe zweier Zeilen einer 0-1-Matrix A. Sind etwa
$(0, 1, 1, 0, 0, 1)$ und $(1, 1, 0, 0, 1, 1)$ zwei solche Zeilen, so ist $(1, 1, 1, 0, 1, 1)$ die
Summe dieser Zeilen. Für eine Matrix $A = (a_{ij})_{ij}$ sei weiter $A(i, j) = a_{ij}$. Damit
können wir nun den Algorithmus von Stephen Warshall aus dem Jahre 1962 formu-
lieren. Er berechnet rekursiv 0-1-Matrizen $A_K = A^{(0)}, A^{(1)}, \ldots, A^{(n)}$ und gibt $A^{(n)}$
als Ergebnis der Berechnung aus.

Algorithmus von Warshall Sei $A^{(m)}$ konstruiert für ein $m < n$. Für alle $1 \le i \le n$
mit $A^{(m)}(i, m + 1) = 1$ sei die i-te Zeile von $A^{(m+1)}$ die Summe der i-ten und
der $(m + 1)$-ten Zeile von $A^{(m)}$. Die anderen Zeilen von $A^{(m+1)}$ übernehmen wir
unverändert aus der Matrix $A^{(m)}$.

Ist die Matrix $A^{(m)}$ berechnet, so ist die $(m + 1)$-te Spalte die „aktive" Spalte
und die $(m + 1)$-te Zeile die „aktive" Zeile. Die Einsen der aktiven Spalte markieren
genau diejenigen Zeilen, auf die wir die aktive Zeile addieren. Die aktive Spalte und
Zeile bleibt dabei unverändert.

Der Warshall-Algorithmus leistet in der Tat das Gewünschte: Für alle $m \le n$ ist
$A^{(m)}$ die darstellende Matrix der Relation $K^{(m)}$. Speziell ist also die Ausgabe $A^{(n)}$
die darstellende Matrix der transitiven Hülle K^+ von K.

Wir beobachten noch, dass wir uns die Matrizen $A^{(m)}$ während der Berechnung
nicht merken müssen. Es genügt also ein Speicher für eine $(n \times n)$-Matrix mit 0-1-
Einträgen.

4.12 Planare Graphen und Minoren

Zeichnen wir einen Graphen, indem wir seine Ecken als Punkte und seine Kanten
als Verbindungslinien auf ein Papier malen, so sind manchmal Überschneidungen
der Verbindungslinien nicht zu vermeiden. Die vollständigen Graphen K_2, K_3 und
K_4 lassen sich ohne Überschneidungen zeichnen, nicht aber der Graph K_5. Ebenso
lässt sich der vollständig bipartite Graph $K_{3,2}$ ohne Überschneidungen zeichnen,
nicht aber der $K_{3,3}$ (vgl. Abb. 4.12).

Die Darstellungen in Abb. 4.12 sind im Hinblick auf das Vermeiden von Überschneidungen nicht optimal. Der Leser wird sich leicht davon überzeugen, dass
sich sowohl der K_5 als auch der $K_{3,3}$ mit nur einer Kantenüberschneidung zeichnen
lassen.

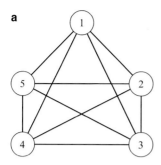

Abb. 4.12 Die Graphen K_5 und $K_{3,3}$

Ein Graph heißt *planar*, falls er sich in der Ebene so darstellen lässt, dass sich seine Kanten nicht überschneiden und nur in den Ecken berühren. Die Ecken werden dabei als Punkte dargestellt und die Kanten dürfen aus beliebig vielen endlichen Geradenstücken zusammengesetzt sein.

Für einen planar dargestellten Graphen sei e die Anzahl der Ecken, k die Anzahl der Kanten und f die Anzahl der Flächen, wobei die äußere umgebende Fläche mitzählt. So hat z. B. ein kreisfreier Graph eine, ein Kreis zwei und ein Graph in der Form einer Acht drei Flächen. Für jeden planar dargestellten Graphen gilt nun die *Euler'sche Polyederformel (graphentheoretische Version)*:

$$e - k + f = 2.$$

Ein Beweis lässt sich elementar durch Induktion über die Anzahl der Flächen führen. Die Formel gilt in der Tat auch für dreidimensionale Polyeder, denn diese können wir „plätten", indem wir eine Fläche des Polyeders wählen und sie zur umgebenden äußeren unendlichen Fläche eines planaren Graphen „aufziehen". So wird zum Beispiel aus einem Kubus der Graph aus Abb. 4.13.

Abb. 4.13 Plätten eines Würfels

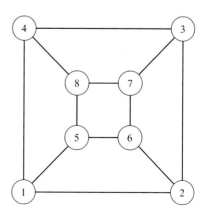

Mit Hilfe der Euler'schen Polyederformel kann man einen schönen Beweis dafür geben, dass es nur fünf regelmäßige konvexe (d. h. nach außen gekrümmte) Polyeder gibt, nämlich ein Tetraeder mit 4, einen Kubus mit 6, ein Oktaeder mit 8, ein Dodekaeder mit 12 und ein Ikosaeder mit 20 Flächen. Zum Beweis seien wieder e, k, f die Anzahl der Ecken, Kanten und Flächen eines regelmäßigen Polyeders, n die Zahl der Kanten seiner Flächen und d der Grad seiner Ecken. Dann gilt $nf = 2k$ und $de = 2k$. Mit der Polyederformel erhalten wir

$$1/n + 1/d = 1/2 + 1/k. \tag{#}$$

Diese Beziehung kann für natürliche Zahlen n, d, k aber nur gelten, wenn $n \geq 3$ und $d \geq 3$ ist. Hiermit folgert man nun relativ leicht, dass

$$(n, d, k) = (3, 3, 6), (3, 4, 12), (3, 5, 30), (4, 3, 12), (5, 3, 30)$$

alle möglichen Lösungen von (#) in den natürlichen Zahlen sind. Jede dieser Lösungen legt ein regelmäßiges konvexes Polyeder eindeutig fest, und damit kann es nur fünf derartige Polyeder geben.

Ein anderer klassischer Gegenstand der Theorie der planaren Graphen ist das folgende Mitte des 19. Jahrhunderts formulierte *Vierfarbenproblem*: Lässt sich jede Landkarte so mit vier Farben einfärben, dass Länder mit einer gemeinsamen Grenze immer unterschiedlich gefärbt sind?

Wir können das Vierfärben graphentheoretisch formulieren, indem wir die Länder der Karte als die Ecken eines Graphen ansehen und zwei Ecken genau dann mit einer Kante verbinden, wenn die entsprechenden Länder benachbart sind. Die graphentheoretische Frage lautet dann, ob man die Ecken eines planaren Graphen immer so mit vier Farben einfärben kann, dass benachbarte Ecken immer verschieden gefärbt sind. Das Problem erwies sich als überraschend komplex. Percy Heawood bewies 1890, dass fünf Farben genügen. Aufbauend auf Arbeiten von Heinrich Heesch konnten Kenneth Appel und Wolfgang Haken 1976 die ursprüngliche Frage schließlich positiv beantworten: Vier Farben reichen aus. Bis heute müssen Computer eingesetzt werden, um eine große Zahl von Einzelfällen auf ihre 4-Färbbarkeit zu überprüfen.

Bei der unabhängig vom Vierfarbenproblem durchgeführten strukturellen Untersuchung der planaren Graphen spielten die einfachen Graphen K_5 und $K_{3,3}$ eine überraschend zentrale Rolle, da sie in allen nichtplanaren Graphen „auftauchen". Zur Präzisierung führen wir den Begriff eines Unterteilungsgraphen ein.

Ein Graph G' heißt ein *Unterteilungsgraph* eines Graphen G, falls G' isomorph zu einem Graphen ist, der aus G gewonnen werden kann, indem wir wiederholt eine Kante ab durch zwei Kanten ac und cb ersetzen, wobei c eine neue Ecke ist. Anschaulich platzieren wir also auf den Kanten von G endlich viele neue Ecken und erhalten so G'. So ist zum Beispiel jeder Kreis C_n ein Unterteilungsgraph des Dreiecks C_3.

Kuratowski hat nun 1930 den folgenden Satz bewiesen, der nichtplanare Graphen durch Unterteilungsgraphen charakterisiert: Ein Graph G ist genau dann nichtplanar, wenn er einen Unterteilungsgraphen des K_5 oder des $K_{3,3}$ als Teilgraphen enthält.

Eine weitere Charakterisierung der nichtplanaren Graphen beruht auf dem folgenden Kontraktionsbegriff: Ein Graph G' heißt ein *Minor* eines Graphen G, falls G' isomorph zu einem Graphen ist, der aus G gewonnen werden kann, indem wir, startend mit einem Teilgraphen von G, wiederholt die beiden Ecken einer Kante zu einer einzigen Ecke verschmelzen. Bei einer derartigen Kontraktion wird also aus einer Kante ab eine neue Ecke c, und die Nachbarn von c sind die Nachbarn von a zusammen mit den Nachbarn von b. Statt mit einem Teilgraphen von G kann man auch direkt mit G starten und zusätzlich zur Kantenkontraktion auch das Entfernen von Kanten und das Entfernen von Ecken ohne Nachbarn als Reduktionsoperationen zulassen. Man erhält so einen äquivalenten Begriff eines Minors.

Ist G' ein Unterteilungsgraph von G, so ist G ein Minor von G'. Die Umkehrung gilt im Allgemeinen nicht: Ein Graph G, der nur aus zwei Ecken und einer Kante besteht, ist ein Minor des Kreises C_3. Aber der Kreis C_3 ist kein Unterteilungsgraph von G.

Eine auf Klaus Wagner und das Jahr 1937 zurückgehende Formulierung des Satzes von Kuratowski mit Hilfe von Minoren lautet: Ein Graph G ist genau dann nicht planar, wenn der Graph K_5 oder der Graph $K_{3,3}$ ein Minor von G ist.

Minoren sind ein prominenter Gegenstand der modernen Graphentheorie. Neil Robertson und Paul Seymour haben mit einer mehrere hundert Seiten umfassenden Beweisführung im Jahre 2004 den folgenden Satz bewiesen:

Ist $G_0, G_1, \ldots, G_n, \ldots$ eine Folge von Graphen, so existieren $i < j$ derart, dass G_i ein Minor von G_j ist.

Aus dem Satz folgt: Ist eine Klasse von Graphen abgeschlossen unter der Bildung von Minoren, so gibt es eine endliche Menge V^* von Graphen derart, dass ein beliebiger Graph G genau dann der Klasse angehört, wenn er keinen Minor enthält, der zu V^* gehört. Für die Klasse der planaren Graphen ist zum Beispiel $G^* = \{K_5, K_{3,3}\}$ eine derartige Menge von sog. *verbotenen Minoren*.

Literaturhinweise

Allgemeine Lehrbücher

M. AIGNER: *Diskrete Mathematik*. 6. Auflage, Vieweg 2006.

B. BOLLOBÁS: *Combinatorics*. Cambridge University Press 1986.

R. DIESTEL: *Graphentheorie*. 4. Auflage, Springer 2010.

J. MATOUŠEK, J. NEŠETŘIL: *An Invitation to Discrete Mathematics*. 2. Auflage, Oxford University Press 2009.

A. TARAZ: *Diskrete Mathematik*. Birkhäuser 2012.

Lineare Algebra

Im Vorwort seines Buches „Linear Algebra" beschreibt Peter Lax die lineare Algebra als ein von Emmy Noether und Emil Artin geschaffenes Paradies. Die Grundelemente dieser schönen Strukturtheorie, zu deren Schöpfern sicherlich auch noch Hermann Graßmann zählt, werden in den folgenden zwölf Abschnitten vorgestellt.

Die ersten beiden Abschnitte über Vektorräume (Abschn. 5.1), lineare Unabhängigkeit und Basen (Abschn. 5.2) sollen die Pforte zu diesem Paradies ein kleines Stück weit öffnen. Ausgehend von der konkreten Anschauung des uns umgebenden dreidimensionalen Raumes wird der abstrakte Begriff eines Vektorraums über einem beliebigen Skalarenkörper $\mathbb{K}$ entwickelt und bis zur Isomorphie von Räumen $\mathbb{K}$-wertiger Funktionen mit endlichem Träger geführt. Der folgende Abschn. 5.3 behandelt dann lineare Abbildungen und Matrizen. Wir besprechen hier die Strukturen, die die linearen Abbildungen zu einem Vektorraum und die invertierbaren Abbildungen zu einer Gruppe machen.

Die beiden nächsten Abschnitte beschäftigen sich mit linearen Gleichungssystemen (Abschn. 5.4) und Determinanten (Abschn. 5.5). Wir diskutieren die Lösungstheorie linearer Gleichungssysteme und widmen uns der Gauß'schen Elimination sowohl als Umformung in Zeilenstufenform als auch als LR-Zerlegung. Die Determinanten quadratischer Matrizen werden Emil Artin folgend aus den Eigenschaften eines vorzeichenbehafteten Flächeninhalts entwickelt.

Die nächsten drei Abschnitte über euklidische und unitäre Vektorräume (Abschn. 5.6), über normierte Vektorräume (Abschn. 5.7) und über Orthogonalität (Abschn. 5.8) fügen weitere Strukturelemente hinzu. Es wird mit dem inneren Produkt über reellen oder komplexen Vektorräumen das vertraute Konzept eines Winkels abstrahiert sowie mit dem Begriff der Norm das Konzept der Längenmessung. Anhand von Orthonormalbasen, orthogonalen und unitären Matrizen sowie orthogonalen Projektionen wird Orthogonalität ein wenig weiter ausgeführt.

Abschnitt 5.9 definiert den Dualraum. Hier wird im Endlich-Dimensionalen der Riesz'sche Darstellungssatz vorgestellt sowie der Zusammenhang von adjungierter Abbildung und transponierter Matrix besprochen. Die letzten drei Abschnitte behandeln die Grundelemente der Eigenwerttheorie. Es werden Eigenwerte und Eigenvektoren motiviert und definiert (Abschn. 5.10), bevor die Diagonalisierbarkeit

© Springer-Verlag Berlin Heidelberg 2016
O. Deiser, C. Lasser, E. Vogt, D. Werner, *12 × 12 Schlüsselkonzepte zur Mathematik*,
DOI 10.1007/978-3-662-47077-0_5

von quadratischen Matrizen besprochen wird (Abschn. 5.11). Die Singulärwertzerlegung beliebiger rechteckiger Matrizen und die Jordan'sche Normalform beliebiger quadratischer Matrizen (Abschn. 5.12) beenden unseren Streifzug durch die lineare Algebra.

5.1 Vektorräume

Für alle reellen Zahlen x, y, z können wir uns das Tripel $(x, y, z) \in \mathbb{R}^3$ als Punkt eines dreidimensionalen räumlichen Kontinuums vorstellen. Daneben ist aber vielfach die Anschauung von (x, y, z) als gerichteter Größe nützlich: (x, y, z) ist ein „Pfeil", der vom Nullpunkt $0 = (0, 0, 0)$ zum Punkt mit den Koordinaten x, y und z zeigt, und allgemeiner dann jeder weitere Pfeil im dreidimensionalen Raum, der die gleiche Richtung und Länge wie dieser Pfeil besitzt. Diese Interpretation motiviert die folgenden Sprechweisen und Operationen.

Wir nennen ein Tripel (x, y, z) reeller Zahlen einen *Vektor*. Wir addieren zwei Vektoren und multiplizieren einen Vektor mit einer reellen Zahl $\alpha \in \mathbb{R}$ wie folgt:

$$(x_1, y_1, z_1) + (x_2, y_2, z_2) = (x_1 + x_2, y_1 + y_2, z_1 + z_2)$$

$$\alpha(x, y, z) = (\alpha x, \alpha y, \alpha z)$$

(*Vektoraddition* bzw. *Skalarmultiplikation* im $\mathbb{R}^3$). Geometrisch bedeutet die Vektoraddition das Aneinanderfügen zweier Pfeile und die Skalarmultiplikation die Streckung („Skalierung") eines Pfeiles um den Faktor α („Skalar"). Die Physik trägt weitere Interpretationen bei: Wir können einen Vektor als Kraft lesen, die in einem bestimmten Punkt angreift. Die Richtung des Vektors gibt die Richtung der Kraft an und die Länge des Vektors ihre Stärke. Die Addition beschreibt dann die Gesamtkraft zweier Einzelkräfte, die in einem Punkt angreifen, und die Skalarmultiplikation die Vervielfachung einer Kraft um einen Faktor.

Die beiden Operationen lassen sich analog für beliebige n-Tupel $(x_1, \dots, x_n)$ reeller Zahlen $x_1, \dots, x_n$ durchführen. Wir definieren also für jede natürliche Zahl $n \geq 1$ den *Vektorraum* $\mathbb{R}^n$ als die Menge aller n-Tupel $(x_1, \dots, x_n)$ reeller Zahlen, die mit den beiden folgenden Operationen ausgestattet wird (*Vektoraddition* bzw. *Skalarmultiplikation* im $\mathbb{R}^n$):

$$(x_1, \dots, x_n) + (y_1, \dots, y_n) = (x_1 + y_1, \dots, x_n + y_n),$$

$$\alpha(x_1, \dots, x_n) = (\alpha x_1, \dots, \alpha x_n).$$

Im Umgang mit Vektoren überwiegen wie so oft in der Mathematik bald nur noch gewisse algebraische Struktureigenschaften wie etwa die Kommutativität der Vektoraddition, und bei den Skalaren dominieren die Eigenschaften eines Körpers (siehe Abschn. 6.3). Diese Strukturen fasst man zum allgemeinen Begriff eines Vektorraumes zusammen, und die Räume $\mathbb{R}^n$ sind dann nur noch spezielle, wenn auch besonders wichtige Beispiele des allgemeinen Begriffs. Wir definieren also: Seien

V eine Menge und $\mathbb{K}$ ein Körper, für die zwei Abbildungen

$$V \times V \to V, \ (x, y) \mapsto x + y, \qquad \mathbb{K} \times V \to V, \ (\alpha, x) \mapsto \alpha x$$

erklärt sind. Zudem sei $0 \in V$ ein spezielles Element von V. Dann heißt V ein *Vektorraum* mit *Skalarenkörper* $\mathbb{K}$ und *Nullvektor* 0 oder auch kurz ein *$\mathbb{K}$-Vektorraum*, falls für alle $v, v_1, v_2, v_3 \in V$ und alle $\alpha, \beta \in \mathbb{K}$ die folgenden Eigenschaften gelten:

(i) $v_1 + (v_2 + v_3) = (v_1 + v_2) + v_3$,
(ii) $v + 0 = v$, es gibt ein w mit $v + w = 0$,
(iii) $v_1 + v_2 = v_2 + v_1$,
(iv) $1v = v, \alpha(\beta v) = (\alpha\beta)v, (\alpha + \beta)v = \alpha v + \beta v, \alpha(v_1 + v_2) = \alpha v_1 + \alpha v_2$.

Den eindeutig bestimmten Vektor w in (ii) bezeichnen wir mit $-v$, und wir definieren eine Subtraktion auf V durch $v_1 - v_2 = v_1 + (-v_2)$ für alle $v_1, v_2 \in V$.

Die wichtigsten Beispiele sind die *reellen* Vektorräume ($\mathbb{K} = \mathbb{R}$) und die *komplexen* Vektorräume ($\mathbb{K} = \mathbb{C}$). Zuweilen ist auch $\mathbb{K} = \mathbb{Q}$ von Interesse, und auch endliche Skalarenkörper wie $\mathbb{K} = \{0, 1\}$ sind möglich. Ein sehr allgemeines Beispiel ist das folgende. Seien M eine beliebige Menge und $\mathbb{K}$ ein beliebiger Körper. Wir definieren

$$\mathbb{K}^M = \{f \mid f \colon M \to \mathbb{K}\}.$$

Unsere Vektoren sind hier also Funktionen von M in den Skalarenkörper $\mathbb{K}$. Die Addition und die Skalarmultiplikation erklären wir punktweise, d. h., wir definieren für alle $f, g \in \mathbb{K}^M$ und alle $\alpha \in \mathbb{K}$ die Vektoren $f + g$ und αf durch $(f + g)(x) = f(x) + g(x)$ und $(\alpha f)(x) = \alpha f(x)$ für alle $x \in M$. Es ist leicht zu sehen, dass $\mathbb{K}^M$ unter diesen Operationen zu einem $\mathbb{K}$-Vektorraum wird, mit der Nullfunktion als Nullvektor.

Eine Teilmenge $U \subseteq V$ eines Vektorraums V heißt ein *Unterraum* von V, wenn U mit der ererbten Addition und Skalarmultiplikation ein Vektorraum ist. Dies ist genau dann der Fall, wenn U abgeschlossen unter Addition und Skalarmultiplikation ist, d. h., für alle Vektoren $u_1, u_2 \in U$ und alle Skalare $\alpha \in \mathbb{K}$ gilt $u_1 + u_2 \in U$ und $\alpha u_1 \in U$. So bildet beispielsweise $\{(x, y, 0) \in \mathbb{R}^3 \mid x, y \in \mathbb{R}\}$ einen Unterraum des $\mathbb{R}^3$, $\{(x, y, 1) \in \mathbb{R}^3 \mid x, y \in \mathbb{R}\}$ hingegen nicht, da der Nullvektor $(0, 0, 0)$ nicht dazugehört. Ein wichtiger Unterraum des $\mathbb{K}^M$ ist

$$\mathbb{K}^M_{\text{fin}} = \{f \in \mathbb{K}^M \mid \text{supp}(f) \text{ ist endlich}\},$$

wobei $\text{supp}(f) = \{x \in M \mid f(x) \neq 0\}$ den *Träger* („support") der Funktion f bezeichnet. Natürlich ist $\mathbb{K}^M_{\text{fin}}$ nur für unendliche Mengen M ein echter Unterraum des $\mathbb{K}^M$.

Für zwei Unterräume $U_1, U_2 \subseteq V$ eines Vektorraums V ist die *Summe*

$$U_1 + U_2 = \{u_1 + u_2 \mid u_1 \in U_1, u_2 \in U_2\}$$

der kleinste Unterraum von V, der die beiden Unterräume enthält. Haben U_1 und U_2 nur den Nullvektor gemeinsam, gilt also $U_1 \cap U_2 = \{0\}$, so hat jeder Vektor

$v \in U_1 + U_2$ eine eindeutige Darstellung als $v = u_1 + u_2$ mit $u_1 \in U_2, u_2 \in U_2$. Man nennt in diesem Fall die Summe der Unterräume *direkt* und bezeichnet sie mit $U_1 \oplus U_2$.

5.2   Lineare Unabhängigkeit und Dimension

Für den reellen Vektorraum $\mathbb{R}^3$ gelten für „typische" Vektoren v_1, v_2, v_3 die folgenden Aussagen:

$\{\alpha_1 v_1 \mid \alpha_1 \in \mathbb{R}\}$ ist eine Gerade,

$\{\alpha_1 v_1 + \alpha_2 v_2 \mid \alpha_1, \alpha_2 \in \mathbb{R}\}$ ist eine Ebene,

$\{\alpha_1 v_1 + \alpha_2 v_2 + \alpha_3 v_3 \mid \alpha_1, \alpha_2, \alpha_3 \in \mathbb{R}\}$ ist der ganze Raum $\mathbb{R}^3$.

Diese Aussagen treffen nur dann nicht zu, wenn v_1 der Nullvektor ist, wenn v_1 und v_2 auf einer gemeinsamen Geraden durch den Nullpunkt liegen oder wenn v_1, v_2 und v_3 in einer gemeinsamen Ebene durch den Nullpunkt liegen. Ist nun aber $\{\alpha_1 v_1 + \alpha_2 v_2 + \alpha_3 v_3 \mid \alpha_1, \alpha_2, \alpha_3 \in \mathbb{R}\}$ der ganze $\mathbb{R}^3$, so ist leicht einzusehen, dass sich jeder Vektor $v \in \mathbb{R}^3$ sogar in eindeutiger Weise schreiben lässt als $v = \alpha_1 v_1 + \alpha_2 v_2 + \alpha_3 v_3$. Die Skalare $\alpha_1, \alpha_2, \alpha_3$ sind dann die „Koordinaten" von v bezüglich der „Basisvektoren" v_1, v_2, v_3. Diese Beobachtungen wollen wir im Folgenden präzisieren und in einem beliebigen $\mathbb{K}$-Vektorraum V untersuchen. Alle betrachteten Vektoren und Skalare sollen V beziehungsweise $\mathbb{K}$ angehören.

Ein Vektor w heißt eine *Linearkombination* der Vektoren $v_1, \ldots, v_n$, falls es Skalare $\alpha_1, \ldots, \alpha_n$ gibt mit $w = \alpha_1 v_1 + \cdots + \alpha_n v_n$. Für jedes $A \subset V$ definieren wir nun span(A) als die Menge der Linearkombinationen von Vektoren in A:

$$\text{span}(A) = \{\alpha_1 v_1 + \cdots + \alpha_n v_n \mid n \in \mathbb{N}, \, \alpha_1, \ldots, \alpha_n \in \mathbb{K}, \, v_1, \ldots, v_n \in A\}.$$

Hierbei lassen wir den Fall $n = 0$ als Länge der Linearkombination zu und definieren die „leere Summe" als den Nullvektor. Damit gilt dann span$(\emptyset) = \{0\}$. Man überprüft leicht, dass die Menge span(A) ein Unterraum von V ist, den man den von A *aufgespannten Unterraum* oder die *lineare Hülle* von A nennt.

Eine Menge $A \subseteq V$ heißt *linear unabhängig*, wenn kein $v \in A$ eine Linearkombination der anderen Vektoren von A ist, d.h., es gilt $v \notin \text{span}(A \setminus \{v\})$ für alle $v \in A$. Leicht einzusehen ist, dass eine Menge A genau dann linear unabhängig ist, wenn sich der Nullvektor nur trivial mit Vektoren in A darstellen lässt, d.h., falls für alle $\alpha_1, \ldots, \alpha_n \in \mathbb{K}$ und alle $v_1, \ldots, v_n \in A$ gilt:

$$\alpha_1 v_1 + \cdots + \alpha_n v_n = 0 \text{ impliziert } \alpha_1 = \cdots = \alpha_n = 0.$$

Eine Menge $A \subseteq V$ heißt *erzeugend*, falls span$(A) = V$ gilt. Mit diesen Begriffen können wir nun eines der Schlüsselkonzepte der Theorie der Vektorräume definieren: Eine Menge $B \subseteq V$ heißt eine *Basis* von V, falls B linear unabhängig und erzeugend ist. Gleichwertig ist: B ist eine maximale linear unabhängige

Menge, d. h., B ist linear unabhängig und jede echte Obermenge von B ist linear abhängig. Gleichwertig ist ebenfalls: Jeder Vektor $v \neq 0$ besitzt eine eindeutige Darstellung der Form $v = \alpha_1 v_1 + \cdots + \alpha_n v_n$ mit Vektoren $v_1, \ldots, v_n \in B$ und von 0 verschiedenen Skalaren $\alpha_1, \ldots, \alpha_n$.

Mit Hilfe des Auswahlaxioms (Abschn. 12.5 und 12.6) kann man beweisen, dass jeder Vektorraum eine Basis besitzt, und stärker, dass sich jede linear unabhängige Teilmenge zu einer Basis erweitern lässt (*Basisergänzungssatz*). Dies ist für $\mathbb{R}^{\mathbb{R}} = \{ f \mid f \colon \mathbb{R} \to \mathbb{R} \}$ oder den Vektorraum $\mathbb{R}$ über dem Skalarenkörper $\mathbb{Q}$ alles andere als selbstverständlich, und die Basen dieser Vektorräume bleiben abstrakt. In vielen Fällen lassen sich dagegen Basen leicht konkret angeben. So sind zum Beispiel $(1, 0, 0)$, $(0, 1, 0)$, $(0, 0, 1)$ oder auch $(0, 0, 1)$, $(0, 1, 1)$, $(1, 1, 1)$ jeweils Basen des $\mathbb{R}^3$. Für alle $n \geq 1$ und alle Körper $\mathbb{K}$ bilden die Vektoren

$$e_1 = (1, 0, 0, \ldots, 0), \ e_2 = (0, 1, 0, \ldots, 0), \ \ldots, \ e_n = (0, \ldots, 0, 1)$$

eine Basis des $\mathbb{K}^n$. Man nennt $e_1, \ldots, e_n$ die *kanonischen Basisvektoren* oder auch die *Standardbasisvektoren* des $\mathbb{K}^n$. Weiter bilden für alle Mengen M die charakteristischen Funktionen $\chi_{\{y\}} \colon M \to \mathbb{K}$, die durch $\chi_{\{y\}}(y) = 1$ und $\chi_{\{y\}}(x) = 0$ für alle $x \neq y$ definiert sind, eine Basis $\{ \chi_{\{y\}} \in \mathbb{K}^M_{\mathrm{fin}} \mid y \in M \}$ des Vektorraums $\mathbb{K}^M_{\mathrm{fin}}$.

Zur Charakterisierung von Vektorräumen kann man folgende wichtige Eigenschaft zeigen: Hat ein Vektorraum V eine endliche Basis B, so hat jede Basis von V die gleiche Anzahl von Elementen wie B. Man nennt diese Anzahl die *Dimension* von V, in Zeichen $\dim(V)$, und bezeichnet V als einen *endlich-dimensionalen* Vektorraum. Insbesondere gilt $\dim(\{0\}) = 0$. Auch in unendlich-dimensionalen Vektorräumen besitzen je zwei Basen dieselbe Mächtigkeit (siehe Abschn. 12.1). Damit sind alle Basen eines Vektorraums stets gleich groß.

Der Basis- und Dimensionsbegriff führen nun zu einer überraschend einfachen Charakterisierung von Vektorräumen. Sei V zunächst endlich-dimensional, und sei $\{v_1, \ldots, v_n\}$ eine Basis von V. Wir können dann jeden Vektor v eindeutig schreiben als $v = \alpha_1 v_1 + \cdots + \alpha_n v_n$, wobei hier bei der Summation über die volle Basis einzelne Skalare 0 sein dürfen. Das Tupel $(\alpha_1, \ldots, \alpha_n) \in \mathbb{K}^n$ heißt der *Koordinatenvektor* von v bzgl. der $(v_1, \ldots, v_n)$, wobei die Anordnung der Basisvektoren wichtig ist. Man sieht leicht, dass

$$T(v) = \text{„der Koordinatenvektor von } v \text{ bzgl. } (v_1, \ldots, v_n)\text{``}$$

eine bijektive Abbildung $T \colon V \to \mathbb{K}^n$ definiert, die im folgenden Sinn die Vektorraumstruktur erhält: Es gilt $T(v + w) = T(v) + T(w)$ und $T(\alpha v) = \alpha T(v)$ für alle $v, w \in V$ und $\alpha \in \mathbb{K}$. Man nennt solch eine bijektive Abbildung einen *Isomorphismus* und die beiden Vektorräume V und $\mathbb{K}^n$ *isomorph* (siehe auch Abschn. 1.12 und 5.3). Unsere elementaren Beispiele $\{0\}, \mathbb{K}^1, \mathbb{K}^2, \ldots$ sind also „die" Beispiele endlich-dimensionaler Vektorräume.

Diese Überlegung greift auch für beliebige Vektorräume V. Ist B eine Basis von V, so definiert die Abbildung auf die Skalare der darstellenden Linearkombinationen einen Isomorphismus zwischen V und $\mathbb{K}^B_{\mathrm{fin}}$. Damit ist jeder Vektorraum isomorph zu einem Vektorraum $\mathbb{K}_{\text{fin}}^M$, sofern die Menge M zu B gleichmächtig ist. Hat also V eine abzählbar unendliche Basis, so ist V isomorph zu $\mathbb{K}_{\text{fin}}^{\mathbb{N}}$, dem Raum aller Folgen mit endlichem Träger.

5.3   Lineare Abbildungen und Matrizen

Eine Abbildung $T\colon V \to W$ zwischen zwei $\mathbb{K}$-Vektorräumen V und W heißt *linear*, wenn sie im folgenden Sinn die Vektorraumstruktur erhält: Für alle Vektoren $v, w \in V$ und alle Skalare $\alpha \in \mathbb{K}$ gilt

$$T(v + w) = T(v) + T(w), \qquad T(\alpha v) = \alpha T(v).$$

Die einfachsten linearen Abbildungen sind die Multiplikationen $T_\alpha\colon V \to V$, $v \mapsto \alpha v$, mit einem vorgegebenen Skalar $\alpha \in \mathbb{K}$. Wichtige Beispiele sind die im vorherigen Abschnitt diskutierten Isomorphismen $T_V\colon V \to \mathbb{K}_{\text{fin}}^B$, die auf die Koordinatenvektoren bezüglich einer Basis B von V abbilden. Für den reellen Vektorraum $\mathcal{P}[-1, 1]$ der Polynomfunktionen $p\colon [-1, 1] \to \mathbb{R}$, $x \mapsto p(x)$, sind die Multiplikation mit einem Polynom (zum Beispiel $q(x) = x$) und die Ableitung

$$p \mapsto pq, \qquad p \mapsto p'$$

lineare Abbildungen von $\mathcal{P}[-1, 1]$ nach $\mathcal{P}[-1, 1]$. Lineare Abbildungen haben viele schöne Eigenschaften. Einige davon sind: Linearkombinationen werden zu Linearkombinationen der Bildvektoren. Der Nullvektor des Ausgangsraums V wird auf den Nullvektor des Zielraums W abgebildet. Lineare Abbildungen, die auf einer Basis des Ausgangsraums V übereinstimmen, sind gleich. Außerdem bilden Isomorphismen Basen des Ausgangsraums auf Basen des Zielraums ab, weswegen isomorphe Vektorräume dieselbe Dimension haben.

Seien S und T lineare Abbildungen von V nach W und $\alpha \in \mathbb{K}$ ein Skalar. Definieren wir die Summe $S + T$ und das Produkt αT durch

$$(S + T)(x) = S(x) + T(x), \qquad (\alpha T)(x) = \alpha T(x)$$

für alle $x, y \in V$, so wird die Menge der linearen Abbildungen mit einer Vektoraddition und einer skalaren Multiplikation versehen. Wir bezeichnen diesen Vektorraum mit $L(V, W)$. Sind $S\colon U \to V$ und $T\colon V \to W$ lineare Abbildungen zwischen Vektorräumen U, V und W, so definiert die *Verknüpfung*

$$T \circ S\colon U \to W, \quad u \mapsto T(S(u))$$

ebenfalls eine lineare Abbildung. Die Verknüpfung ist assoziativ und distributiv bezüglich $+$, jedoch nicht kommutativ. Ein Beispiel hierfür ist, dass die Multiplikation mit x und die Ableitung auf dem Vektorraum der Polynome nicht vertauschen.

Ist $T\colon V \to W$ ein Isomorphismus, so gibt es für jedes $w \in W$ genau ein $v \in V$ mit $T(v) = w$. Man bezeichnet den Vektor v mit $T^{-1}(w)$ und definiert die zu T *inverse* Abbildung $T^{-1}\colon W \to V$, $w \mapsto T^{-1}(w)$. Die inverse Abbildung ist ebenfalls ein Isomorphismus, und es gilt

$$T^{-1} \circ T = \mathrm{Id}_V, \quad T \circ T^{-1} = \mathrm{Id}_W,$$

wobei Id_V und Id_W die Identitätsabbildungen auf V beziehungsweise W sind. Die Isomorphismen von V nach V bilden bezüglich der Verknüpfung sogar eine Gruppe (siehe Abschn. 6.1).

Man kann sich leicht davon überzeugen, dass das Bild und der Kern einer linearen Abbildung $T\colon V \to W$

$$\mathrm{rng}(T) = \{T(x) \mid x \in V\}, \quad \ker(T) = \{x \in V \mid T(x) = 0\}$$

Unterräume von W beziehungsweise V sind. Ebenso leicht zeigt man, dass ein lineares T genau dann injektiv ist, wenn $\ker(T) = \{0\}$ gilt, und die Surjektivität ist definitionsgemäß äquivalent zu $\mathrm{rng}(T) = W$. Wir interessieren uns im Folgenden für endlich-dimensionale Vektorräume und nehmen $\dim(V) = n$, $\dim(W) = m$ mit $n, m \in \mathbb{N}$ an. Eine geeignete Basiskonstruktion liefert die *Dimensionsformel* für das Bild und den Kern einer linearen Abbildung,

$$\dim \mathrm{rng}(T) + \dim \ker(T) = n.$$

Im Fall $n = m$ treten deswegen die Injektivität, Surjektivität und Bijektivität automatisch zusammen auf.

Seien $\{v_1, \ldots, v_n\}$ eine Basis von V und $\{w_1, \ldots, w_m\}$ eine Basis von W. Dann gibt es $m \cdot n$ eindeutig bestimmte Skalare $a_{ij} \in \mathbb{K}$, so dass $T v_j = a_{1j} w_1 + \cdots + a_{mj} w_m$ für alle j erfüllt ist. Arrangieren wir die Skalare in einem Rechtecksschema mit m Zeilen und n Spalten, so nennt man die $m \times n$ Matrix

$$A = \begin{pmatrix} a_{11} & \cdots & a_{1n} \\ \vdots & & \vdots \\ a_{m1} & \cdots & a_{mn} \end{pmatrix}$$

die *darstellende Matrix* von T bezüglich $(v_1, \ldots, v_n)$ und $(w_1, \ldots, w_m)$. Beispielsweise hat die im Fall $n = m$ durch $(T(v_1), \ldots, T(v_n)) = (w_1, \ldots, w_m)$ festgelegte lineare Abbildung T als darstellende Matrix die Einheitsmatrix $\mathrm{Id} \in \mathbb{K}^{n \times n}$, die durch $\mathrm{Id}_{ii} = 1$ und $\mathrm{Id}_{ij} = 0$ für $i \neq j$ definiert ist.

Die $m \times n$-Matrizen bilden mit der komponentenweisen Addition und skalaren Multiplikation

$$(A + B)_{ij} = a_{ij} + b_{ij}, \quad (\alpha A)_{ij} = \alpha a_{ij}$$

einen Vektorraum, den wir mit $\mathbb{K}^{m \times n}$ bezeichnen. Die Abbildung von $L(V, W)$ nach $\mathbb{K}^{m \times n}$, welche einem T seine darstellende Matrix A bezüglich $(v_1, \ldots, v_n)$ und $(w_1, \ldots, w_m)$ zuordnet, ist ein Isomorphismus. Die Matrizen sind also „die" Beispiele linearer Abbildungen zwischen endlich-dimensionalen Vektorräumen.

Seien U ein weiterer Vektorraum mit Basis $\{u_1, \ldots, u_l\}$ und $S: U \to V$ eine lineare Abbildung mit darstellender Matrix $B \in \mathbb{K}^{n \times l}$ bezüglich $(u_1, \ldots, u_l)$ und $(v_1, \ldots, v_n)$. Dann hat die Verknüpfung $T \circ S: U \to W$ eine darstellende Matrix $C \in \mathbb{K}^{m \times l}$ bezüglich $(u_1, \ldots, u_l)$ und $(w_1, \ldots, w_m)$ mit den Einträgen

$$c_{ij} = a_{i1}b_{1j} + \cdots + a_{in}b_{nj}.$$

Die Matrix C heißt das *Matrixprodukt* von A und B. Man schreibt $C = AB$. Wie die Verknüpfung linearer Abbildungen ist die so definierte Matrizenmultiplikation assoziativ und distributiv bezüglich $+$, jedoch nicht kommutativ. Zum Beispiel ist

$$\begin{pmatrix} 0 & 1 \\ 0 & 0 \end{pmatrix} \begin{pmatrix} 0 & 0 \\ 1 & 0 \end{pmatrix} = \begin{pmatrix} 1 & 0 \\ 0 & 0 \end{pmatrix} \neq \begin{pmatrix} 0 & 0 \\ 0 & 1 \end{pmatrix} = \begin{pmatrix} 0 & 0 \\ 1 & 0 \end{pmatrix} \begin{pmatrix} 0 & 1 \\ 0 & 0 \end{pmatrix}.$$

Gibt es für eine quadratische Matrix $A \in \mathbb{K}^{n \times n}$ ein $B \in \mathbb{K}^{n \times n}$ mit $AB = \text{Id} = BA$, so heißt A *invertierbar*. Die Matrix B ist eindeutig bestimmt und wird die zu A *inverse Matrix* A^{-1} genannt. Die invertierbaren Matrizen des $\mathbb{K}^{n \times n}$ bilden bezüglich der Matrizenmultiplikation eine Gruppe.

Sei $A \in \mathbb{K}^{m \times n}$. Schreibt man einen Vektor $x \in \mathbb{K}^n$ als Spaltenvektor, das heißt als Matrix mit n Zeilen und einer Spalte, so erhält man als Spezialfall der Matrizenmultipikation das *Matrix-Vektor-Produkt* $Ax \in \mathbb{K}^m$ mit Komponenten

$$(Ax)_i = a_{i1}x_1 + \cdots + a_{in}x_n.$$

Man kann nun eine lineare Abbildung $T: V \to W$ folgendermaßen mit einem Matrix-Vektor-Produkt darstellen: Sei A die darstellende Matrix von T bezüglich $(v_1, \ldots, v_n)$ und $(w_1, \ldots, w_m)$, und seien $T_V: V \to \mathbb{K}^n$ und $T_W: W \to \mathbb{K}^m$ die Isomorphismen, die auf die zugehörigen Koordinatenvektoren abbilden. Dann gilt $T(v) = T_W^{-1}(AT_V(v))$ für alle $v \in V$. Oft ist es hilfreich, eine $m \times n$-Matrix als n-Tupel ihrer Spaltenvektoren zu notieren, $A = (a_1, \ldots, a_n)$, und dementsprechend den Vektor Ax als eine Linearkombination der Spaltenvektoren von A zu lesen,

$$Ax = x_1a_1 + \cdots + x_na_n.$$

Im Fall des j-ten kanonischen Einheitsvektors $e_j \in \mathbb{K}^n$ ergibt sich dann insbesondere Ae_j als die j-te Spalte von A und a_{ij} als die i-te Komponente des Vektors Ae_j, das heißt $Ae_j = a_j$ und $(Ae_j)_i = a_{ij}$.

Tauschen bei einer Matrix Zeilen und Spalten ihre Rolle, so definiert die entsprechende Abbildung $\mathbb{K}^{m \times n} \to \mathbb{K}^{n \times m}$, $(a_{ij}) \mapsto (a_{ji})$, einen Isomorphismus, den man die *Transposition* nennt. Die Matrix, die durch Transposition von A entsteht, heißt die zu A *transponierte Matrix* und wird mit A^T bezeichnet. Es gilt also $A_{ij}^T = a_{ji}$ für alle i und j. Für das Bild von A sind die Spaltenvektoren von A erzeugend, während das Bild von A^T von den Zeilenvektoren von A erzeugt wird. Es kann jedoch gezeigt werden, dass

$$\dim \text{rng}(A) = \dim \text{rng}(A^T)$$

gilt. Eine Matrix besitzt also die gleiche Anzahl linear unabhängiger Spalten- und Zeilenvektoren. Man bezeichnet $\dim \operatorname{rng}(A)$ als den *Rang* der Matrix A. Eine Matrix und ihre Transponierte haben demnach denselben Rang, und dieser ist kleiner gleich $\min(m, n)$.

5.4 Lineare Gleichungssysteme

Lineare Gleichungssysteme gibt es seit mehr als 2000 Jahren. Man hat Lehmtafeln aus dem antiken Babylon gefunden, auf denen über lineare Gleichungssysteme die Größe von Getreidefeldern mit ihrem Ertrag pro Flächeneinheit in Beziehung gesetzt wird. Viele Fragen auch des modernen Alltags lassen sich in lineare Gleichungssysteme übersetzen. Ein geometrisch motiviertes Beispiel ist die Suche nach dem Schnittpunkt zweier Geraden in der Ebene. Beschreiben wir die Geraden durch die Gleichungen $ax + by = e$ und $cx + dy = f$, so ergibt sich ein lineares System mit zwei Gleichungen und zwei Unbekannten,

$$\begin{pmatrix} a & b \\ c & d \end{pmatrix} \begin{pmatrix} x \\ y \end{pmatrix} = \begin{pmatrix} e \\ f \end{pmatrix}.$$

Die geometrische Anschauung lässt entweder keinen, genau einen oder unendlich viele Lösungen (x, y) zu, je nachdem ob die Geraden parallel liegen, sich in genau einem Punkt schneiden oder zusammenfallen. Das Trio „$0, 1, \infty$" findet sich auch in der allgemeinen Lösungstheorie linearer Gleichungssysteme wieder, die wir im Folgenden für die Skalarenkörper $\mathbb{K} = \mathbb{R}$ oder $\mathbb{C}$ diskutieren.

Seien $A \in \mathbb{K}^{m \times n}$ und $b \in \mathbb{K}^m$. Wir nehmen an, dass es einen Vektor $x_* \in \mathbb{K}^n$ mit $Ax_* = b$ gibt. Die Lösungsmenge für das lineare Gleichungssystem $Ax = b$ lässt sich dann als

$$\{x \in \mathbb{K}^n \mid Ax = b\} = \{x_* + x \mid x \in \ker(A)\}$$

schreiben, wobei $\ker(A) = \{x \in \mathbb{K}^n \mid Ax = 0\}$ die Vektoren enthält, welche das *homogene* lineare Gleichungssystem $Ax = 0$ lösen. Da der Kern einer Matrix ein Unterraum des $\mathbb{R}^n$ ist, ist die Lösungsmenge ein um den Vektor x_* verschobener Unterraum, ein sogenannter *affiner Unterraum*. Sie ist entweder einelementig, und zwar genau dann, wenn $\ker(A) = \{0\}$ gilt, oder sie enthält unendlich viele Vektoren. Ist $\{b_1, \ldots, b_l\}$ eine Basis von $\ker(A)$, so kann man die Lösungsmenge auch als

$$\{x \in \mathbb{K}^n \mid Ax = b\} = \{x_* + \alpha_1 b_1 + \cdots + \alpha_l b_l \mid \alpha_1, \ldots, \alpha_l \in \mathbb{K}\}$$

darstellen. Die Annahme, dass es ein $x_* \in \mathbb{K}^n$ mit $Ax_* = b$ gibt, lässt sich äquivalent als $b \in \operatorname{rng}(A)$ formulieren, und es ergibt sich als Kriterium für die Lösbarkeit, dass der Rang von A mit dem Rang der *erweiterten Systemmatrix* $(A, b) \in \mathbb{K}^{m \times (n+1)}$ übereinstimmt.

Die eindeutige Lösbarkeit ist also äquivalent dazu, dass $b \in \mathrm{rng}(A)$ und $\ker(A) = \{0\}$ gilt. Für Gleichungssysteme mit n Gleichungen und n Unbekannten ist dieser Fall jedoch bereits durch die Bedingung $\ker(A) = \{0\}$ charakterisiert, da dann automatisch $\mathrm{rng}(A) = \mathbb{K}^n$ gilt. Die Matrix $A \in \mathbb{K}^{n \times n}$ ist dann invertierbar, und die eindeutige Lösung des linearen Gleichungssystems ist durch $x = A^{-1}b$ gegeben.

In konkreten Fällen mit überschaubarer Zahl von Gleichungen und Unbekannten kann mit Papier und Bleistift über das *Gauß'sche Eliminationsverfahren* die Lösungsmenge bestimmt werden. Die grundlegende Idee hierfür ist, die lineare Gleichung $Ax = b$ so zu verändern, dass ein neues lineares Gleichungssystem mit gleicher Lösungsmenge entsteht, das aber einfacher lösbar ist. Die Matrix des Zielsystems soll *Zeilenstufenform* haben, was Folgendes bedeutet: Zeilen, die gleich dem Nullvektor sind, stehen unterhalb von Zeilen mit nicht verschwindenden Einträgen. Der erste nicht verschwindende Eintrag der j-ten Zeile steht rechts vom ersten nicht verschwindenden Eintrag der Vorgängerzeile. Markieren wir nicht verschwindende Komponenten mit einem $\times$, so ist

$$A = \begin{pmatrix} \times & \times & \times & \times \\ 0 & \times & \times & \times \\ 0 & 0 & 0 & \times \end{pmatrix}$$

ein schematisches Beispiel für eine 3×4-Matrix in Zeilenstufenform. Hier hat das lineare Gleichungssystem $Ax = b$ für jede rechte Seite $b \in \mathbb{K}^3$ unendlich viele Lösungen: Die vierte Komponente eines jeden Lösungsvektors x ist eindeutig als $x_4 = b_3/a_{34}$ festgelegt, während für die zweite und dritte Komponente beliebige Lösungen der skalaren Gleichung $a_{22}x_2 + a_{23}x_3 = b_2 - a_{24}x_4$ möglich sind.

Die möglichen Schritte einer Gauß'schen Elimination sind die *elementaren Zeilenoperationen*, von denen es drei verschiedene Typen gibt. Der erste Typ vertauscht zwei Zeilen des Gleichungssystems. Der zweite Typ multipliziert eine Zeile mit einem Skalar ungleich Null. Der dritte Typ ersetzt eine Zeile durch die Summe der Zeile mit einer Vorgängerzeile. Matrizen, die durch elementare Zeilenoperationen ineinander überführbar sind, nennt man *zeilenäquivalent*. Zeilenäquivalenz ist eine Äquivalenzrelation (siehe auch Abschn. 1.9). Man überzeugt sich leicht davon, dass lineare Gleichungssysteme mit zeilenäquivalenten erweiterten Systemmatrizen die gleiche Lösungsmenge haben.

Eine alternative Formulierung der Gauß'schen Elimination verwendet die sogenannten *Elementarmatrizen*. Die Linksmultiplikation des Gleichungssystems mit einer Elementarmatrix $E \in \mathbb{K}^{m \times m}$ entspricht einer elementaren Zeilenoperation. Der erste Typ, welcher die k-te mit der l-ten Zeile vertauscht, hat die Einträge $e_{kl} = e_{lk} = 1$, $e_{jj} = 1$ für $j \notin \{k, l\}$ und $e_{ij} = 0$ sonst. Der zweite Typ, der die k-te Zeile mit α multipliziert, ist von der Form $e_{kk} = \alpha$, $e_{jj} = 1$ für $j \neq k$ und $e_{ij} = 0$ sonst. Der dritte Typ schließlich, der die k-te zur l-ten Zeile addiert, ist durch $e_{lk} = 1$, $e_{jj} = 1$ für alle j und $e_{ij} = 0$ sonst definiert. Ein Gauß'scher Eliminationsprozess kann dann durch eine endliche Folge von Elementarmatrizen

$E_1, \ldots, E_l$ kodiert werden, die auf das einfachere Zielsystem

$$E_l \cdots E_1 A x = E_l \cdots E_1 b$$

führen. Diese Darstellung ist die Grundlage für eine Faktorisierung der Matrix A, die unter dem Namen *LR-Zerlegung* den Rahmen für die numerische Fehleranalyse des Gauß'schen Eliminationsverfahrens vorgibt (siehe Abschn. 10.4).

5.5 Determinanten

Wir betrachten ein Parallelogramm, das von zwei Vektoren $a, b \in \mathbb{R}^2$ aufgespannt wird, und berechnen seinen Flächeninhalt F mit Hilfe des Kosinussatzes. Für den zwischen den Vektoren a und b liegenden Winkel ϑ gilt $\|a\| \cdot \|b\| \cdot \cos \vartheta = \langle a, b \rangle$, wobei $\langle a, b \rangle = a_1 b_1 + a_2 b_2$ ist. Wir erhalten

$$F = \sqrt{\|a\|^2 \cdot \|b\|^2 - \langle a, b \rangle^2} = |a_1 b_2 - a_2 b_1|.$$

Die Funktion $D \colon \mathbb{R}^2 \times \mathbb{R}^2 \to \mathbb{R}$, $(a, b) \mapsto a_1 b_2 - a_2 b_1$, besitzt die Eigenschaften eines vorzeichenbehafteten Flächeninhalts:

(a) Für festes a ist $b \mapsto D(a, b)$ eine lineare Abbildung. Bei festem b gilt das Gleiche für $a \mapsto D(a, b)$.
(b) Für alle a, b gilt $D(a, b) = -D(b, a)$.
(c) Für die Einheitsvektoren $e_1, e_2 \in \mathbb{R}^2$ gilt $D(e_1, e_2) = 1$.

Man stellt sich zur n-dimensionalen Verallgemeinerung im $\mathbb{K}$-Vektoraum $\mathbb{K}^n$ die Frage, ob es eine Funktion $D \colon \mathbb{K}^n \times \cdots \times \mathbb{K}^n \to \mathbb{K}$, $(a_1, \ldots, a_n) \mapsto D(a_1, \ldots, a_n)$, gibt, welche Folgendes erfüllt:

(a) D ist multilinear: Werden alle Vektoren bis auf einen festgehalten, so ist die resultierende Abbildung von $\mathbb{K}^n$ nach $\mathbb{K}$ linear.
(b) D ist alternierend: Werden zwei Vektoren miteinander vertauscht, so wechselt der Funktionswert das Vorzeichen.
(c) D ist normiert: Es gilt $D(e_1, \ldots, e_n) = 1$.

Die Frage nach der Existenz eines solchen D kann mit „ja" beantwortet und sogar durch eine Eindeutigkeitsaussage verstärkt werden.

Fasst man die Vektoren $a_1, \ldots, a_n \in \mathbb{K}^n$ als die Spalten einer $n \times n$-Matrix $A \in \mathbb{K}^{n \times n}$ auf, so definiert das eindeutige D über die Festlegung

$$\det(A) = D(a_1, \ldots, a_n)$$

die *Determinante* der Matrix A. Um zu einer expliziten Formel für die Determinante zu gelangen, schreibt man $a_1 = \sum_{j=1}^{n} a_{1j} e_j$ als Linearkombination der Einheitsvektoren und erhält $\det(A) = \sum_{j=1}^{n} a_{1j} D(e_j, a_2, \ldots, a_n)$. Wiederholt man dies auch für die anderen Spalten, so ergibt sich eine Summe mit n^n Summanden, von denen aber nur $n!$ viele nicht verschwinden:

$$\det(A) = \sum_{p \in S_n} a_{1,p(1)} \cdots a_{n,p(n)} D(e_{p(1)}, \ldots, e_{p(n)}).$$

Hierbei ist S_n die Menge aller *Permutationen* von n Elementen, das heißt die Menge aller bijektiven Abbildungen $p: \{1, \ldots, n\} \to \{1, \ldots, n\}$. Je nachdem, ob für eine Permutation p die Anzahl der Paare (i, j) mit $i < j$ und $p(i) > p(j)$ gerade oder ungerade ist, setzt man das *Signum* zu $\sigma(p) = 1$ oder $\sigma(p) = -1$. Mit dem Signum vereinfacht sich die obige Gleichung zur *Leibniz'schen Formel*

$$\det(A) = \sum_{p \in S_n} \sigma(p) a_{1,p(1)} \cdots a_{n,p(n)}.$$

Mit der Leibniz'schen Formel kann man zum Beispiel leicht beweisen, dass die Transposition einer quadratischen Matrix ihre Determinante nicht verändert:

$$\det(A) = \det(A^T).$$

Die Determinante kann alternativ als Summe von Determinanten geringerer Dimension geschrieben werden. Bezeichnen wir mit $A_{ij} \in \mathbb{K}^{(n-1) \times (n-1)}$ die Matrix, die durch die Streichen der i-ten Zeile und j-ten Spalte von $A \in \mathbb{K}^{n \times n}$ entsteht, so gilt

$$\det(A) = \sum_{i=1}^{n} (-1)^{i+j} a_{ij} \det(A_{ij}) = \sum_{j=1}^{n} (-1)^{i+j} a_{ij} \det(A_{ij})$$

für alle $i, j \in \{1, \ldots, n\}$. Diese Entwicklung der Determinante nach einer beliebigen Zeile oder Spalte trägt den Namen *Laplace'scher Entwicklungssatz*. Entwickelt man beispielsweise die Determinante einer Matrix $A \in \mathbb{K}^{3 \times 3}$ nach der ersten Zeile, so ergibt sich

$$\det(A) = a_{11} \cdot \det\begin{pmatrix} a_{22} & a_{23} \\ a_{32} & a_{33} \end{pmatrix} - a_{12} \cdot \det\begin{pmatrix} a_{21} & a_{23} \\ a_{31} & a_{33} \end{pmatrix} + a_{13} \cdot \det\begin{pmatrix} a_{21} & a_{22} \\ a_{31} & a_{32} \end{pmatrix}.$$

Die Determinante des Produkts zweier Matrizen $A, B \in \mathbb{K}^{n \times n}$ erweist sich als das Produkt der Determinanten,

$$\det(AB) = \det(A) \det(B).$$

Aus dieser Produktregel folgt für invertierbare Matrizen $\det(A^{-1}) = \det(A)^{-1}$, und dass eine Matrix A genau dann invertierbar ist, wenn $\det(A) \neq 0$ gilt. Daher haben genau die von linear abhängigen Vektoren aufgespannten Parallelepipede verschwindenden Flächeninhalt. Sind $A, B \in \mathbb{K}^{n \times n}$ *ähnlich*, das heißt $A = TBT^{-1}$ für eine invertierbare Matrix $T \in \mathbb{K}^{n \times n}$, dann gilt $\det(A) = \det(B)$. Oder anders formuliert: Von ähnlichen Matrizen aufgespannte Parallelepipede haben den gleichen Flächeninhalt.

Für ein lineares Gleichungssystem $Ax = b$ mit einer invertierbaren Matrix A erlaubt die Determinantentheorie eine geschlossene Darstellung des Lösungsvektors x, die *Cramer'sche Regel* heißt. Wir ersetzen in der Matrix A die k-te Spalte durch den Vektor b und nennen diese Matrix A_k. Es gilt

$$\det(A_k) = D(a_1, \ldots, a_{k-1}, b, a_{k+1}, \ldots, a_n)$$

$$= \sum_{j=1}^{n} x_j D(a_1, \ldots, a_{k-1}, a_j, a_{k+1}, \ldots, a_n) = x_k \det(A),$$

und damit ist $x_k = \det(A_k)/\det(A)$ für alle $k = 1, \ldots, n$ bestimmt.

5.6   Euklidische und unitäre Vektorräume

Nach dem Satz des Pythagoras gelten in rechtwinkligen Dreiecken die folgenden Längenbeziehungen: Die Fläche des Quadrats über der Hypotenuse ist die Summe der Flächen der Quadrate über den beiden Katheten. Einem Vektor $x = (x_1, x_2) \in \mathbb{R}^2$ kann man ein rechtwinkliges Dreieck zuordnen, dessen Hypotenuse der Vektor x ist und dessen Katheten die Länge $|x_1|$ und $|x_2|$ haben. Bezeichnen wir die Länge des Vektors mit $\|x\|$, so sagt also der Satz des Pythagoras, dass

$$\|x\| = \sqrt{x_1^2 + x_2^2}$$

gilt. $\|x\|$ wird auch die *Norm* des Vektors x genannt. Wir verallgemeinern nun auf ein beliebiges Dreieck, welches von zwei Vektoren $x, y \in \mathbb{R}^2$ aufgespannt wird. Ist ϑ der Winkel zwischen x und y, so gilt nach dem Kosinussatz

$$\|x\|^2 + \|y\|^2 = \|x - y\|^2 + 2 \cdot \|x\| \cdot \|y\| \cdot \cos \vartheta.$$

Rechnet man die Normquadrate aus, so lässt sich diese Gleichung zu $x_1 y_1 + x_2 y_2 = \|x\| \cdot \|y\| \cdot \cos \vartheta$ umschreiben. Man nennt die hier auftauchende reelle Zahl $\langle x, y \rangle = x_1 y_1 + x_2 y_2$ das *innere Produkt* oder *Skalarprodukt* der Vektoren x und y und verallgemeinert diesen Begriff entlang seiner grundlegenden Eigenschaften auf beliebige reelle Vektorräume.

Sei V ein reeller Vektorraum. Eine Abbildung $\langle . , . \rangle \colon V \times V \to \mathbb{R}$ heißt *inneres Produkt*, falls Folgendes gilt. Die Abbildung ist *bilinear*: Für festes $x \in V$ ist $y \mapsto \langle x, y \rangle$ linear, und für festes $y \in V$ ist $x \mapsto \langle x, y \rangle$ linear. Die Abbildung ist *symmetrisch*: $\langle x, y \rangle = \langle y, x \rangle$ für alle $x, y \in V$. Die Abbildung ist *positiv definit*: $\langle x, x \rangle \geq 0$ für alle $x \in V$ und $\langle x, x \rangle = 0$ nur für $x = 0$. Reelle Vektorräume mit innerem Produkt heißen *euklidisch*.

Ein wichtiger euklidischer Vektorraum ist der $\mathbb{R}^n$ mit dem inneren Produkt

$$\langle x, y \rangle = x_1 y_1 + \cdots + x_n y_n \qquad (x, y \in \mathbb{R}^n).$$

Dies lässt sich als das Produkt des Zeilenvektors x^T mit dem Spaltenvektor y lesen, $\langle x, y \rangle = x^T y$. Wir verwenden nun, dass die Transponierte eines Matrixproduktes das Produkt der Transponierten in umgekehrter Reihenfolge ist, und erhalten für $A \in \mathbb{R}^{n \times n}$

$$\langle Ax, y \rangle = (Ax)^T y = (x^T A^T) y = x^T (A^T y) = \langle x, A^T y \rangle.$$

In Worten lässt sich das so formulieren: Eine Matrix wechselt durch Transposition die Seite im inneren Produkt.

Für den komplexen Vektorraum $\mathbb{C}^2$ ist die Abbildung $(x, y) \mapsto x_1 y_1 + x_2 y_2$ nicht definit, da beispielsweise der Vektor $x = (1, i)$ wegen $x_1^2 + x_2^2 = 1 - 1 = 0$ auf die Null geschickt wird.

Man nimmt für komplexe Vektorräume V deshalb eine geringfügige Anpassung vor, die die Möglichkeit der komplexen Konjugation berücksichtigt. Eine Abbildung $\langle \ldots \rangle : V \times V \to \mathbb{C}$ heißt *inneres Produkt*, falls Folgendes gilt. Die Abbildung ist *sesquilinear*: Es gilt $\langle x + y, z \rangle = \langle x, z \rangle + \langle y, z \rangle$, $\langle x, y + z \rangle = \langle x, y \rangle + \langle x, z \rangle$ und $\langle \alpha x, y \rangle = \alpha \langle x, y \rangle = \langle x, \bar{\alpha} y \rangle$ für alle $x, y, z \in V$ und alle $\alpha \in \mathbb{C}$. Die Abbildung ist *hermitesch*: $\langle x, y \rangle = \overline{\langle y, x \rangle}$ für alle $x, y \in V$. Die Abbildung ist *positiv definit*: $\langle x, x \rangle \geq 0$ für alle $x \in V$ und $\langle x, x \rangle = 0$ nur für $x = 0$. Komplexe Vektorräume mit innerem Produkt nennt man *unitär*.

Beispiele für unitäre Vektorräume sind der $\mathbb{C}^n$ mit dem inneren Produkt

$$\langle x, y \rangle = x_1 \overline{y_1} + \cdots + x_n \overline{y_n} \qquad (x, y \in \mathbb{C}^n)$$

oder der Raum $C[0, 1]$ der stetigen komplexwertigen Funktionen $f : [-1, 1] \to \mathbb{C}$ mit dem inneren Produkt

$$\langle f, g \rangle = \int\limits_{-1}^{1} f(x) \overline{g(x)} dx \qquad (f, g \in C[-1, 1]).$$

In beiden Fällen, für euklidische und unitäre Vektorräume V, definiert das innere Produkt über $V \to [0, \infty)$, $x \mapsto \|x\| = \sqrt{\langle x, x \rangle}$, eine Norm (siehe auch die Abschn. 5.7 und 8.1). Diese Norm erfüllt die *Cauchy-Schwarz-Ungleichung*

$$|\langle x, y \rangle| \leq \|x\| \cdot \|y\|$$

und liefert so eine obere Schranke für den Betrag des inneren Produkts. Die Cauchy-Schwarz-Ungleichung wird genau dann zu einer Gleichung, wenn die Vektoren x und y linear abhängig sind. Sie garantiert, dass der Quotient $\mathrm{Re}\langle x, y \rangle / (\|x\| \cdot \|y\|)$ für $x, y \neq 0$ im Intervall $[-1, 1]$ liegt, und man definiert in Analogie zur Situation im $\mathbb{R}^2$ den Winkel $\vartheta \in [-\frac{\pi}{2}, \frac{\pi}{2}]$ zwischen zwei Vektoren $x, y \in V \setminus \{0\}$ über

$$\cos \vartheta = \frac{\mathrm{Re}\langle x, y \rangle}{\|x\| \cdot \|y\|}.$$

Da $\cos(\pm\frac{\pi}{2}) = 0$ gilt, erklärt diese Definition, weshalb man Vektoren $x, y \in V$ mit $\langle x, y \rangle = 0$ als *orthogonal* oder *aufeinander senkrecht stehend* bezeichnet. Beispielsweise stehen die kanonischen Einheitsvektoren $e_1, \ldots, e_n$ im $\mathbb{R}^n$ bezüglich des üblichen Skalarprodukts paarweise aufeinander senkrecht. Ein weiteres Beispiel sind die monischen *Legendre-Polynome*, die man über die Dreiterm-Rekursion

$$ P_{n+1}(x) = x P_n(x) - \frac{P_{n-1}(x)}{4 - n^{-2}}, \qquad P_0(x) = 1, \qquad P_1(x) = x $$

definieren kann. Das n-te monische Legendre-Polynom P_n ist ein Polynom vom Grad n mit führendem Koeffizienten gleich Eins. Als Polynome sind die P_n stetige Funktionen und stehen bezüglich des obigen inneren Produkts im $C[-1, 1]$ aufeinander senkrecht. Die Orthogonalität der Legendre-Polynome spielt insbesondere für die Konstruktion der Gauß-Legendre-Quadraturformel eine wichtige Rolle, siehe Abschn. 10.10.

5.7 Normierte Vektorräume

Auf einem euklidischen oder unitären Vektorraum V kann man über das innere Produkt eine Norm $V \to [0, \infty)$, $x \mapsto \sqrt{\langle x, x \rangle}$, als Abbildung zur Längenmessung definieren. Man leitet aus der Cauchy-Schwarz-Ungleichung $|\langle x, y \rangle| \leq \|x\| \cdot \|y\|$ ab, dass dann auch die *Dreiecksungleichung*

$$ \|x + y\| \leq \|x\| + \|y\| $$

für alle $x, y \in V$ gilt. Die Dreiecksungleichung lässt im $\mathbb{R}^2$ zwei offensichtliche geometrische Interpretationen zu, je nachdem, ob man sich auf die von $x, x + y$ oder $y, x + y$ aufgespannten Dreiecke oder auf das von x, y aufgespannte Parallelogramm bezieht. Für die Dreiecke besagt die Ungleichung, dass keine Seite länger als die Summe der anderen beiden Seitenlängen ist. Für das Parallelogramm erhält man, dass keine Diagonale länger als die Summe der beiden Seitenlängen ist.

Man isoliert nun neben der Dreiecksungleichung zwei weitere wichtige Eigenschaften der Längenmessung und nennt auf einem reellen oder komplexen Vektorraum V eine Abbildung $V \to [0, \infty)$, $x \mapsto \|x\|$, *Norm*, wenn sie Folgendes erfüllt:

(a) Homogenität: $\|\alpha x\| = |\alpha| \cdot \|x\|$ für alle $x \in V$ und alle Skalare α.
(b) Definitheit: $\|x\| = 0$ genau dann, wenn $x = 0$.
(c) Dreiecksungleichung: $\|x + y\| \leq \|x\| + \|y\|$ für alle $x, y \in V$.

Einen reellen oder komplexen Vektorraum mit einer Norm nennt man einen *normierten* Vektorraum (siehe auch Abschn. 8.1). Normen müssen nicht von einem inneren Produkt stammen. Auf dem $\mathbb{R}^n$ oder $\mathbb{C}^n$ definieren

$$ \|x\|_1 = |x_1| + \cdots + |x_n| \quad \text{oder} \quad \|x\|_\infty = \max\{|x_1|, \ldots, |x_n|\} $$

die *Summennorm* beziehungsweise die *Supremumsnorm*. Die „Einheitskreise" der Ebene

$$\{x \in \mathbb{R}^2 \mid \|x\|_1 \le 1\}, \qquad \{x \in \mathbb{R}^2 \mid \|x\|_\infty \le 1\}$$

haben die Form eines auf der Spitze stehenden bzw. eines achsenparallelen Quadrats. Ein anderes Beispiel ist der Raum der stetigen Funktionen $C[-1, 1]$, den man durch

$$\|f\|_1 = \int_{-1}^{1} |f(x)| \, dx \quad \text{oder} \quad \|f\|_\infty = \sup\{|f(x)| \mid x \in [-1, 1]\}$$

normieren kann. Diese Spielarten einer Summen- und einer Supremumsnorm bauen darauf auf, dass stetige Funktionen auf einem kompakten Intervall integrierbar und beschränkt sind.

Dass die obigen Beispiele tatsächlich alles Normen sind, die nicht von einem inneren Produkt abhängen, lässt sich mit Hilfe der folgenden Charakterisierung begründen. Nach einem Satz von Pascual Jordan und John von Neumann (1935) stammt eine Norm $\|\cdot\|$ nämlich genau dann von einem inneren Produkt, wenn sie die *Parallelogrammgleichung*

$$\|x + y\|^2 + \|x - y\|^2 = 2\|x\|^2 + 2\|y\|^2$$

für alle $x, y \in V$ erfüllt. Die Übersetzung der Parallelogrammgleichung in die ebene Geometrie besagt, dass die Quadratsumme der Längen der vier Seiten eines Parallelogramms gleich der Quadratsumme der Längen der beiden Diagonalen ist.

Seien V und W normierte Vektorräume, deren Normen wir der notationellen Einfachheit halber beide mit $\|\cdot\|$ bezeichnen. Die von den beiden Vektorraum-Normen *induzierte Norm* $\|T\|$ einer linearen Abbildung $T: V \to W$ definiert man als die kleineste Zahl $C \ge 0$, für die $\|Tx\| \le C\|x\|$ für alle $x \in V$ erfüllt ist. Man überzeugt sich leicht davon, dass $L(V, W) \to [0, \infty)$, $T \mapsto \|T\|$, tatsächlich eine Norm ist, und leitet folgende oft recht hilfreiche Umformulierungen her:

$$\|T\| = \sup_{x \ne 0} \frac{\|Tx\|}{\|x\|} = \sup_{\|x\|=1} \|Tx\|.$$

Als Spezialfall einer induzierten Norm ergibt sich die *induzierte Matrixnorm* $\|A\|$ einer Matrix $A \in \mathbb{R}^{m \times n}$, indem A als lineare Abbildung von $\mathbb{R}^n$ nach $\mathbb{R}^m$ interpretiert wird. Da in jedem endlich-dimensionalen Raum die „Einheitssphäre" $\{x \mid \|x\| = 1\}$ kompakt und die Normfunktion $x \mapsto \|x\|$ stetig ist, sind die obigen Suprema Maxima. Wählen wir als Vektorraum-Normen jeweils die Summennorm, so gilt

$$\|A\|_1 := \max_{\|x\|_1=1} \|Ax\|_1 = \max\{\|a_j\|_1 \mid a_j \text{ ist die } j\text{-te Spalte von } A\},$$

'egen $\|A\|_1$ auch als die *Spaltensummennorm* von A bezeichnet wird. Ist die ndeliegende Vektorraum-Norm jeweils die Supremumsnorm, so ergibt sich die *Zeilensummennorm* von A,

$$\|A\|_\infty := \max_{\|x\|_\infty=1} \|Ax\|_\infty = \max\{\|z_i\|_1 \mid z_i \text{ ist die } i\text{-te Zeile von } A\}.$$

Im Endlich-Dimensionalen sind alle Normen in folgendem Sinne *äquivalent*: Sei V ein Vektorraum mit $\dim(V) < \infty$, auf dem zwei Normen $\|\cdot\|_a$ und $\|\cdot\|_b$ definiert sind. Dann gibt es Konstanten $c, C > 0$, so dass

$$c\|x\|_a \le \|x\|_b \le C\|x\|_a$$

für alle $x \in V$ gilt. Beispielsweise gilt $\|x\|_\infty \le \|x\|_1 \le n\|x\|_\infty$ für alle $x \in \mathbb{R}^n$. Konvergiert also eine Folge (x_k) in V gegen $x \in V$ bezüglich $\|\cdot\|_a$, das heißt $\lim_{k\to\infty} \|x_k - x\|_a = 0$, so gilt automatisch $\lim_{k\to\infty} \|x_k - x\|_b = 0$.

5.8 Orthogonalität

Wir betrachten die kanonische Basis $\{e_1, \ldots, e_n\}$ des $\mathbb{C}^n$ durch die Brille des inneren Produkts $\langle x, y \rangle = x_1\overline{y_1} + \cdots + x_n\overline{y_n}$ und seiner zugehörigen Norm $\|x\| = (|x_1|^2 + \cdots + |x_n|^2)^{1/2}$. Es fällt auf, dass alle Basisvektoren aufeinander senkrecht stehen und normiert sind: Es gilt

$$\langle e_j, e_k \rangle = 0 \text{ für alle } j \ne k, \quad \|e_j\| = 1 \text{ für alle } j.$$

Treffen die beiden Eigenschaften des Aufeinander-senkrecht-Stehens und des Normiertseins auf eine beliebige Basis B eines endlich-dimensionalen euklidischen oder unitären Vektorraums V zu, so nennt man B eine *Orthonormalbasis*. Die kanonische Basis des $\mathbb{C}^n$ ist also eine Orthonormalbasis. Ebenso besitzt jede hermitesche $n \times n$-Matrix normierte Eigenvektoren, die eine Orthonormalbasis des $\mathbb{C}^n$ bilden (siehe Abschn. 5.11).

Ist $\{q_1, \ldots, q_n\}$ eine Orthonormalbasis eines euklidischen oder unitären Vektorraums V, so lassen sich die für jeden Vektor $x \in V$ eindeutig festgelegten Skalare der Basisentwicklung über das innere Produkt schreiben: Es gilt $x = \langle x, q_1\rangle q_1 + \cdots + \langle x, q_n\rangle q_n$. Verwenden wir diese Darstellung zur Berechnung von $\|x\|$, so ergibt sich die *Parseval'sche Gleichung*

$$\|x\|^2 = |\langle x, q_1\rangle|^2 + \cdots + |\langle x, q_n\rangle|^2,$$

die im Zweidimensionalen auf den Satz des Pythagoras zurückfällt.

Jede Basis $\{a_1, \ldots, a_n\}$ eines euklidischen oder unitären Vektorraums V lässt sich über das *Gram-Schmidtsche Orthogonalisierungsverfahren* in eine Orthonormalbasis verwandeln. Im ersten Schritt wird der erste Vektor normiert, $q_1 = q_1/\|q_1\|$. Dann wird mit $\tilde{q}_2 = a_2 - \langle a_2, q_1\rangle q_1$ ein zu q_1 orthogonaler Vektor definiert und über $q_2 = \tilde{q}_2/\|\tilde{q}_2\|$ ebenfalls normiert. Der k-te Schritt des Verfahrens setzt

$$\tilde{q}_k = a_k - \langle a_k, q_{k-1}\rangle q_{k-1} - \cdots - \langle a_k, q_1\rangle q_1, \qquad q_k = \tilde{q}_k/\|\tilde{q}_k\|.$$

Nach n Schritten erhält man n aufeinander senkrecht stehende, normierte Vektoren $q_1, \ldots, q_n$, die eine Orthonormalbasis von V bilden.

Eine Matrix $Q \in \mathbb{R}^{n \times n}$, deren Spaltenvektoren eine Orthonormalbasis des $\mathbb{R}^n$ bezüglich des inneren Produkts $\langle x, y \rangle = x_1 y_1 + \cdots + x_n y_n$ sind, nennt man eine *orthogonale Matrix*. Äquivalent lässt sich die Orthogonalität einer Matrix auch als

$$Q Q^T = Q^T Q = \mathrm{Id}$$

ausdrücken. Eine Matrix ist also genau dann orthogonal, wenn die Inverse die Transponierte ist. Aus dieser Charakterisierung ergibt sich $\det(Q) = \pm 1$ sowie

$$\langle Qx, Qy \rangle = \langle x, Q^T Q y \rangle = \langle x, y \rangle, \qquad \|Qx\| = \|x\|$$

für alle $x, y \in \mathbb{R}^n$. Die letzten beiden Eigenschaften nennt man *Winkel-* beziehungsweise *Längentreue*. Man kann zeigen, dass alle längentreuen Abbildungen $f : \mathbb{R}^n \to \mathbb{R}^n$ mit $f(0) = 0$ automatisch winkeltreu und linear sind und der Multiplikation mit einer orthogonalen Matrix entsprechen.

Wir wechseln zurück in den $\mathbb{C}^n$ und statten ihn wieder mit dem üblichen inneren Produkt $\langle x, y \rangle = x_1 \overline{y_1} + \cdots + x_n \overline{y_n}$ aus. Eine Matrix $U \in \mathbb{C}^{n \times n}$, deren Spalten eine Orthonormalbasis des $\mathbb{C}^n$ bilden, heißt eine *unitäre Matrix*. Die hierzu äquivalente Bedingung lautet

$$U U^* = U^* U = \mathrm{Id},$$

wobei wir mit $U^* \in \mathbb{C}^{n \times n}$ die *adjungierte Matrix* bezeichnen, die nach komponentenweisem komplex Konjugieren und Transponieren entsteht, das heißt $(U^*)_{ij} = \overline{U_{ji}}$ für alle i, j. Ähnlich wie für orthogonale Matrizen ergibt sich $|\det(U)| = 1$ sowie

$$\langle Ux, Uy \rangle = \langle x, U^* U y \rangle = \langle x, y \rangle, \qquad \|Ux\| = \|x\|$$

für alle $x, y \in \mathbb{C}^n$.

Sei $W \subseteq V$ ein Unterraum eines euklidischen oder unitären Vektorraums V. Man sammelt im *orthogonalen Komplement* von W die Vektoren, welche auf allen Elementen des Unterraums W senkrecht stehen:

$$W^\perp = \{x \in V \mid \langle x, y \rangle = 0 \text{ für alle } y \in W\}.$$

Das orthogonale Komplement $W^\perp$ ist ein Unterraum von V, der mit W nur den Nullvektor gemeinsam hat. Sei im Folgenden V endlich-dimensional. Dann gilt $V = W \oplus W^\perp$, und es gibt für jeden Vektor $x \in V$ genau ein Paar von Vektoren $x_W \in W$ und $x_{W\perp} \in W^\perp$, so dass $x = x_W + x_{W\perp}$ gilt. Die Abbildung

$$P_W : V \to W, \quad x \mapsto x_W$$

ist linear und erfüllt $P_W^2 = P_W$ sowie $\langle P_W x, y \rangle = \langle x, P_W y \rangle$ für alle $x, y \in V$. Man nennt sie die *orthogonale Projektion* auf den Unterraum W. Für Vektoren

$x \in V$ und $y \in W$ können wir die Differenz als $x - y = P_W x - y + x_{W^\perp}$ schreiben und erhalten nach dem Satz des Pythagoras

$$\|x - y\|^2 = \|P_W x - y\|^2 + \|x_{W^\perp}\|^2.$$

Von dieser Gleichung lesen wir ab, dass es genau ein Element des Unterraums W gibt, nämlich $y = P_W x$, für das die Länge von $x - y$ minimal ausfällt. Oder anders formuliert: $P_W x$ ist der eindeutig bestimmte Vektor in W, der zu x den kleinsten Abstand hat. Man nennt $P_W x$ deshalb auch die *Bestapproximation* von x in W.

5.9 Dualität

Unter den linearen Abbildungen nehmen die Abbildungen $\ell \colon V \to \mathbb{K}$, welche von einem $\mathbb{K}$-Vektorraum in seinen Skalarenkörper führen, eine besondere Stellung ein. Man nennt sie *lineare Funktionale* und den $\mathbb{K}$-Vektorraum

$$L(V, \mathbb{K}) = \{\ell \mid \ell \colon V \to \mathbb{K} \text{ ist linear}\} =: V'$$

den *Dualraum* von V.

Eine lineare Abbildung $T \colon V \to W$ zwischen zwei $\mathbb{K}$-Vektorräumen V und W definiert durch die Hintereinanderausführung mit einem Funktional $\ell \in W'$ eine lineare Abbildung $\ell \circ T \colon V \to \mathbb{K}$, also ein Element von V'. Man nennt die entsprechende Abbildung zwischen den beiden Dualräumen

$$T' \colon W' \to V', \ \ell \mapsto \ell \circ T$$

die zu T *adjungierte Abbildung*. Sie erfüllt $(T'\ell)(x) = \ell(Tx)$ für alle $\ell \in W'$ und alle $x \in V$. Wir wollen diese Konzepte im Folgenden für endlich-dimensionale Vektorräume mit $\dim(V) = n$ und $\dim(W) = m$ etwas genauer beleuchten.

Sei $x_1, \ldots, x_n$ eine Basis von V. Dann gibt es für jeden Vektor $x \in V$ eindeutig bestimmte Skalare $k_1(x), \ldots, k_n(x) \in \mathbb{K}$, so dass $x = k_1(x)x_1 + \cdots + k_n(x)x_n$ gilt. Man kann sich nun leicht davon überzeugen, dass die Koeffizienten-Abbildungen

$$k_j \colon V \to \mathbb{K}, \ x \mapsto k_j(x) \qquad (j = 1, \ldots, n)$$

linear sind und somit $k_j \in V'$ für alle j gilt. Mehr noch: Die Funktionale $k_1, \ldots, k_n$ bilden eine Basis von V', und daher gilt insbesondere

$$\dim(V') = \dim(V) = n.$$

Ist V ein euklidischer Vektorraum mit einem inneren Produkt $\langle \,.\,,.\, \rangle$, so besitzt V eine Orthonormalbasis $x_1, \ldots, x_n$ (siehe Abschn. 5.8). Die zugehörigen Koeffizienten-Funktionale lassen sich mit dem inneren Produkt als

$$k_j \colon V \to \mathbb{R}, \ x \mapsto \langle x, x_j \rangle$$

schreiben. Da die Funktionale $k_1, \ldots, k_n$ eine Basis von V' sind, gibt es für jedes $\ell \in V'$ eindeutig bestimmte Skalare $\alpha_1, \ldots, \alpha_n \in \mathbb{R}$ mit $\ell = \alpha_1 k_1 + \cdots + \alpha_n k_n$. Das bedeutet für alle $x \in V$

$$\ell(x) = \alpha_1 \langle x, x_1 \rangle + \cdots + \alpha_n \langle x, x_n \rangle = \langle x, \alpha_1 x_1 + \cdots + \alpha_n x_n \rangle =: \langle x, d_\ell \rangle,$$

und wir haben einen eindeutig bestimmten Vektor $d_\ell \in V$ gefunden, der $\ell(x) = \langle x, d_\ell \rangle$ für alle $x \in V$ erfüllt. Oder anders formuliert: Jedes lineare Funktional $\ell \in V'$ lässt sich über das innere Produkt mit einem eindeutig bestimmten Vektor $d_\ell \in V$ darstellen. Dies ist eine endlich-dimensionale Version des *Riesz'schen Darstellungssatzes* von 1907/1909, welcher lineare Funktionale auf Funktionenräumen über Integrale darstellt.

Wir verwenden die Riesz'sche Darstellung, um für euklidische Vektorräume $(V, \langle .\,, .\rangle_V)$ und $(W, \langle .\,, .\rangle_W)$ die zu $T \colon V \to W$ adjungierte Abbildung T' genauer zu beschreiben. Seien $d_\ell \in W$ und $d_{T'\ell} \in V$ die darstellenden Vektoren der Funktionale $\ell \in W'$ beziehungsweise $T'\ell \in V'$. Hiermit schreiben wir die Gleichung $(T'\ell)(x) = \ell(Tx)$, die für alle $x \in V$ gilt, als

$$\langle x, d_{T'\ell} \rangle_V = \langle Tx, d_\ell \rangle_W \qquad \left(x \in V,\ \ell \in W' \right).$$

Das heißt, dass mit der adjungierten Abbildung im inneren Produkt ein Seitenwechsel vollzogen wird.

Seien $\ell \in W'$ und $d_\ell \in W$ der darstellende Vektor. Es gilt $\ell \in \ker(T')$ genau dann, wenn $\ell(Tx) = 0$ für alle $x \in V$ erfüllt ist, was gleichbedeutend zu $\langle Tx, d_\ell \rangle = 0$ für alle $x \in V$ ist. Wir können also über den Riesz'schen Darstellungssatz den Kern von T' mit dem orthogonalen Komplement von $\mathrm{rng}(T)$ identifizieren und erhalten insbesondere

$$\dim \ker(T') = \dim \mathrm{rng}(T)^\perp.$$

Wegen $W = \mathrm{rng}(T) \oplus \mathrm{rng}(T)^\perp$ gilt $m = \dim \mathrm{rng}(T) + \dim \mathrm{rng}(T)^\perp$. Mit der Dimensionsformel erhalten wir $m = \dim \mathrm{rng}(T') + \dim \ker(T')$. Das Bild von T und das Bild von T' haben also die gleiche Dimension:

$$\dim \mathrm{rng}(T) = \dim \mathrm{rng}(T').$$

Wir spezialisieren uns auf den Fall $V = \mathbb{R}^n$ und $W = \mathbb{R}^m$ und betrachten anstelle der linearen Abbildung T ihre darstellende Matrix $A = (A_{ij}) \in \mathbb{R}^{m \times n}$ bezüglich der Standardbasen. Unsere Überlegungen zu adjungierten Abbildungen garantieren, dass es für jedes $y \in \mathbb{R}^m$ genau einen Vektor $z \in \mathbb{R}^n$ gibt, der $\langle x, z \rangle_{\mathbb{R}^n} = \langle Ax, y \rangle_{\mathbb{R}^m}$ für alle $x \in \mathbb{R}^n$ erfüllt. Den Vektor z erhält man durch Multiplikation von y mit der zu A *transponierten Matrix*

$$A^T = \left(A_{ij}^T \right) = (A_{ji}) \in \mathbb{R}^{n \times m}.$$

Die Dualitätsbeziehung schreibt sich dann als $\langle x, A^T y \rangle_{\mathbb{R}^n} = \langle Ax, y \rangle_{\mathbb{R}^m}$ für alle $x \in \mathbb{R}^n$ und $y \in \mathbb{R}^m$, und obige Überlegung beweist, dass der Zeilen- und Spaltenrang einer beliebigen Matrix $A \in \mathbb{R}^{m \times n}$ gleich sind.

Für unitäre Vektorräume greifen die gleichen Argumente wie im Euklidischen, nur dass bei der Definition des darstellenden Vektors eine komplexe Konjugation skalarer Koeffizienten berücksichtigt werden muss. Die darstellende Matrix der adjungierten Abbildung ist dann die zu $A \in \mathbb{C}^{m \times n}$ *adjungierte Matrix*

$$A^* = \left(A_{ij}^* \right) = \left(\overline{A_{ji}} \right) \in \mathbb{C}^{n \times m},$$

die aus A durch Transposition und komplexe Konjugation entsteht. Es gilt insbesondere $\langle x, A^* y \rangle_{\mathbb{C}^n} = \langle Ax, y \rangle_{\mathbb{C}^m}$ für alle $x \in \mathbb{C}^n$ und $y \in \mathbb{C}^m$.

5.10 Eigenwerte und Eigenvektoren

Die einfachste lineare Abbildung auf dem $\mathbb{C}^n$ ist die Multiplikation $x \mapsto \lambda_* x$ mit einem vorgegebenen Skalar $\lambda_* \in \mathbb{C}$. Die Multiplikation $x \mapsto Ax$ mit einer beliebigen quadratischen Matrix $A \in \mathbb{C}^{n \times n}$ ist zwar wesentlich komplizierter, aber es stellt sich doch die Frage, ob man einen Skalar $\lambda \in \mathbb{C}$ und einen Unterraum $\{0\} \neq U \subset \mathbb{C}^n$ finden kann, so dass

$$Ax = \lambda x$$

für alle $x \in U$ gilt. Diese Frage wird für den komplexen Vektorraum $\mathbb{C}^n$ formuliert, da man im reellen Vektorraum $\mathbb{R}^n$ zu oft mit einer negativen Antwort rechnen muss. Eines der zahlreichen Beispiele hierfür ist die Rotationsmatrix

$$A = \begin{pmatrix} \cos \vartheta & -\sin \vartheta \\ \sin \vartheta & \cos \vartheta \end{pmatrix},$$

welche die Vektoren der Ebene gegen den Uhrzeigersinn um den Winkel $\vartheta \in (0, \pi)$ dreht. Für diese Matrix A gibt es keinen reellen Skalar $\lambda \in \mathbb{R}$ und keinen Vektor $x \in \mathbb{R}^2 \setminus \{0\}$ mit $Ax = \lambda x$. Die eingangs gewählte Formulierung im komplexen Vektorraum hingegen erlaubt eine reiche mathematische Theorie, deren Anwendungen bis in die Quantenmechanik reichen.

Angenommen, es gibt einen Skalar λ und einen Vektor x mit $Ax = \lambda x$. Dann gilt $x \in \ker(\lambda \operatorname{Id} - A) = \{x \in \mathbb{C}^n \mid \lambda x - Ax = 0\}$, und $U = \ker(\lambda \operatorname{Id} - A)$ ist tatsächlich ein Unterraum mit den gewünschten Eigenschaften. Man schließt nun den trivialen Fall $x = 0$ aus und bezeichnet einen Skalar $\lambda \in \mathbb{C}$ und einen Vektor $x \in \mathbb{C}^n \setminus \{0\}$ mit $Ax = \lambda x$ als einen *Eigenwert* und einen *Eigenvektor* der Matrix A. Den Unterraum $\ker(\lambda \operatorname{Id} - A)$, in dem die zu λ gehörigen Eigenvektoren liegen, nennt man den zu λ gehörigen *Eigenraum* von A. Die Menge aller Eigenwerte heißt das *Spektrum* von A und wird mit $\sigma(A)$ bezeichnet.

Eigenvektoren zu unterschiedlichen Eigenwerten $\lambda_1, \ldots, \lambda_m$ sind linear unabhängig. Aus diesem Grund kann eine Matrix $A \in \mathbb{C}^{n \times n}$ maximal n verschiedene Eigenwerte haben. Die Dimension des Eigenraums $\ker(\lambda \, \mathrm{Id} - A)$ heißt die *geometrische Vielfachheit* des Eigenwerts λ, und die Summe der geometrischen Vielfachheiten der verschiedenen Eigenwerte einer Matrix ergibt maximal n.

Ist λ ein Eigenwert einer Matrix A, so gilt $\ker(\lambda \, \mathrm{Id} - A) \neq \{0\}$. Dies ist gleichbedeutend dazu, dass die Matrix $\lambda \, \mathrm{Id} - A$ nicht invertierbar ist, und dies ist äquivalent zu $\det(\lambda \, \mathrm{Id} - A) = 0$. Die Eigenwerte einer Matrix A sind also die Nullstellen der Funktion

$$p_A \colon \mathbb{C} \to \mathbb{C}, \quad \lambda \mapsto \det(\lambda \, \mathrm{Id} - A).$$

Die Funktion p_A ist ein Polynom n-ten Grades und heißt das *charakteristische Polynom* der Matrix A. Der führende Koeffizient des Polynoms ist 1. Nach dem Fundamentalsatz der Algebra hat das charakteristische Polynom k verschiedene Nullstellen $\lambda_1, \ldots, \lambda_k$ mit Vielfachheiten $n_1, \ldots, n_k$, wobei die Summe der Vielfachheiten genau n ergibt. Es gilt also

$$p_A(\lambda) = (\lambda - \lambda_1)^{n_1} \cdots (\lambda - \lambda_k)^{n_k}.$$

Neben dem führenden sind noch zwei weitere Koeffizienten des charakteristischen Polynoms einfach anzugeben. Es gilt

$$p_A(\lambda) = \lambda^n - \mathrm{spur}(A)\lambda^{n-1} + \cdots + (-1)^n \det(A),$$

wobei $\mathrm{spur}(A) = a_{11} + \cdots + a_{nn}$ die *Spur* der Matrix A ist. Ein Abgleich der beiden Darstellungen des charakteristischen Polynoms liefert

$$\mathrm{spur}(A) = n_1 \lambda_1 + \cdots + n_k \lambda_k, \qquad \det(A) = \lambda_1^{n_1} \cdots \lambda_k^{n_k}.$$

Die Vielfachheit, mit der ein Eigenwert Nullstelle des charakteristischen Polynoms ist, heißt die *algebraische Vielfachheit* des Eigenwerts, und die Summe der algebraischen Vielfachheiten der verschiedenen Eigenwerte einer Matrix ist genau n. Man kann zeigen, dass die geometrische Vielfachheit eines Eigenwertes immer kleiner gleich seiner algebraischen ist. Ein einfaches Beispiel dafür, dass die geometrische Vielfachheit echt kleiner als die algebraische ausfallen kann, liefert die Matrix

$$A = \begin{pmatrix} 3 & 2 \\ -2 & -1 \end{pmatrix}.$$

Ihr charakteristisches Polynom $p_A(\lambda) = \lambda^2 - 2\lambda + 1 = (\lambda - 1)^2$ hat $\lambda = 1$ als doppelte Nullstelle, während für den Eigenraum $\ker(\mathrm{Id} - A) = \mathrm{span}((-1, 1)^T)$ gilt.

Sei $A \in \mathbb{C}^{n \times n}$ eine Matrix mit Eigenwert λ und Eigenvektor x. Ist A invertierbar, so gilt $\lambda \neq 0$, und man folgert aus $Ax = \lambda x$ durch Multiplikation mit der inversen Matrix, dass $A^{-1} x = \lambda^{-1} x$ gilt. Die inverse Matrix hat also die inversen Eigenwerte und die gleichen Eigenvektoren. Sei $A \in \mathbb{C}^{n \times n}$ beliebig. Aus der Eigenwertgleichung ergibt sich $A^2 x = A(\lambda x) = \lambda(Ax) = \lambda^2 x$, und x ist auch

Eigenvektor von A^2 zum Eigenwert λ^2. Diese Beobachtung verallgemeinert sich dazu, dass λ^k Eigenwert von A^k für alle natürlichen Zahlen $k \geq 0$ ist, und liefert den folgenden *spektralen Abbildungssatz*: Für jedes Polynom $p\colon \mathbb{C} \to \mathbb{C}$ gilt

$$\sigma(p(A)) = \{p(\lambda) \mid \lambda \in \sigma(A)\}.$$

Für das charakteristische Polynom p_A ergibt der spektrale Abbildungssatz, dass alle Eigenwerte der Matrix $p_A(A)$ Null sind. Diese Aussage lässt sich jedoch noch zum *Satz von Cayley-Hamilton* verstärken, wonach sogar

$$p_A(A) = A^n - \operatorname{spur}(A)A^{n-1} + \cdots + (-1)^n \det(A)\operatorname{Id} = 0$$

gilt.

5.11 Diagonalisierung

Sei $A \in \mathbb{C}^{n \times n}$ eine Matrix und seien $\lambda_1, \ldots, \lambda_n \in \mathbb{C}$ ihre Eigenwerte, wobei die Eigenwerte entsprechend ihrer algebraischen Vielfachheit mehrfach genannt werden. Wir wählen n zugehörige Eigenvektoren $x_1, \ldots, x_n \in \mathbb{C}^n \setminus \{0\}$ und schreiben

$$Ax_j = \lambda_j x_j \qquad (j = 1, \ldots, n).$$

In Matrixschreibweise liest sich dies als $AX = X\Lambda$ für die Diagonalmatrix $\Lambda = \operatorname{diag}(\lambda_1, \ldots, \lambda_n)$ und die Matrix $X = (x_1, \ldots, x_n)$, deren Spalten die vorgegebenen Eigenvektoren sind. Argumentieren wir rückwärts und betrachten für die Matrix A eine Matrix X, deren Spalten alle nicht der Nullvektor sind und die zudem $AX = X\operatorname{diag}(\lambda_1, \ldots, \lambda_n)$ erfüllt, so sind die Diagonaleinträge $\lambda_1, \ldots, \lambda_n$ Eigenwerte von A und die Spalten von X zugehörige Eigenvektoren.

Diese Beobachtung motiviert den Begriff der Diagonalisierbarkeit: Eine Matrix $A \in \mathbb{C}^{n \times n}$ heißt *diagonalisierbar*, falls es ein invertierbares $X \in \mathbb{C}^{n \times n}$ und eine Diagonalmatrix $\Lambda \in \mathbb{C}^{n \times n}$ gibt mit

$$A = X\Lambda X^{-1}.$$

Diagonalisierbare Matrizen sind also ähnlich zu Diagonalmatrizen (siehe Abschn. 5.5). Man kann sich leicht davon überzeugen, dass die Diagonalisierbarkeit einer Matrix gleichbedeutend dazu ist, dass es eine Basis des $\mathbb{C}^n$ gibt, die aus Eigenvektoren der Matrix besteht. Ebenso gilt: Eine Matrix ist genau dann diagonalisierbar, wenn für jeden ihrer Eigenwerte die algebraische und die geometrische Vielfachheit jeweils übereinstimmen.

Mit diagonalisierbaren Matrizen lässt sich besonders gut rechnen. Das Quadrat einer diagonalisierbaren Matrix A ist

$$A^2 = (X\Lambda X^{-1})(X\Lambda X^{-1}) = X\Lambda^2 X^{-1} = X\operatorname{diag}(\lambda_1^2, \ldots, \lambda_n^2)X^{-1}$$

und wird somit wesentlich über die Quadrate der Eigenwerte bestimmt. Ebenso gilt $A^m = X \operatorname{diag}(\lambda_1^m, \ldots, \lambda_n^m) X^{-1}$ für alle $m \in \mathbb{N}$ und deshalb auch

$$p(A) = X \operatorname{diag}(p(\lambda_1), \ldots, p(\lambda_n)) X^{-1}$$

für alle Polynome $p: \mathbb{C} \to \mathbb{C}, z \mapsto a_m z^m + \cdots + a_1 z + a_0$. Dass die „Musik" vor allem auf der Diagonalen spielt, gilt auch für gewöhnliche Differentialgleichungen $y'(t) = A y(t)$, $y(0) = y_0$, deren rechte Seite von einer diagonalisierbaren Matrix A stammt: Die vom Satz von Picard-Lindelöf (siehe Abschn. 8.4) garantierte, eindeutig bestimmte Lösung $y(t) = e^{At} y_0$ erfüllt

$$y(t) = X \operatorname{diag}(\exp(\lambda_1 t), \ldots, \exp(\lambda_n t)) X^{-1} y_0,$$

und ist somit von skalaren Exponentialfunktionen, die entsprechend den Eigenwerten wachsen, bestimmt.

Seien A diagonalisierbar und $X = (x_1, \ldots, x_n)$ wie oben. Jeder Vektor $y \in \mathbb{C}^n$ besitzt dann eine eindeutige Darstellung $y = k_1(y) x_1 + \cdots + k_n(y) x_n$ mit Skalaren $k_1(y), \ldots, k_n(y) \in \mathbb{C}$. Die linearen Abbildungen

$$P_j: \mathbb{C}^n \to \mathbb{C}^n, \quad y \mapsto k_j(y) x_j \qquad (j = 1, \ldots, n)$$

bilden in die lineare Hülle des Eigenvektors x_j ab und erfüllen $\operatorname{Id} = P_1 + \cdots + P_n$. Es gilt die Projektionseigenschaft $P_j^2 = P_j$ für alle j sowie $P_j P_k = 0$ für alle $j \neq k$. Man sagt deshalb, dass die Eigenprojektoren $P_1, \ldots, P_n$ eine *Zerlegung der Eins* definieren. Die Diagonalisierung schreibt man entsprechend als

$$A = \lambda_1 P_1 + \cdots + \lambda_n P_n$$

und nennt sie die *spektrale Zerlegung* der Matrix A.

Ist die Basis bezüglich des inneren Produkts $\langle v, w \rangle = v_1 \overline{w_1} + \cdots + v_n \overline{w_n}$ eine Orthonormalbasis, so ist die Transformationsmatrix X nicht nur invertierbar, sondern auch unitär: $X X^* = X^* X = \operatorname{Id}$. In diesem Fall gilt

$$A = X \Lambda X^*,$$

und man spricht von der *unitären Diagonalisierbarkeit* der Matrix A. Die adjungierte Matrix A^* ist dann ebenfalls unitär diagonalisierbar, und es gilt $A^* = X \Lambda^* X^* = X \operatorname{diag}(\bar{\lambda}_1, \ldots, \bar{\lambda}_n) X^*$. Hiervon liest man ab, dass die Eigenwerte von A^* die komplex konjugierten Eigenwerte von A sind und dass die Eigenvektoren von A^* und A übereinstimmen: $A^* x_j = \bar{\lambda}_j x_j$ für alle j. Hieraus ergibt sich $A A^* x_j = |\lambda_j|^2 x_j = A^* A x_j$ für alle j. Das bedeutet, dass A und A^* miteinander vertauschen, oder auch dass

$$A A^* = A^* A$$

gilt. Matrizen, die mit ihrer Adjungierten vertauschen, heißen *normal*. Man beweist zur vorigen Überlegung auch die Rückrichtung und erhält, dass die unitär diagonalisierbaren Matrizen genau die normalen Matrizen sind. Für unitär diagonalisierbare

Matrizen kann man die Eigenprojektoren explizit als

$$P_j \colon \mathbb{C}^n \to \mathbb{C}^n, \quad y \mapsto \langle y, x_j \rangle x_j \qquad (j = 1, \dots, n)$$

schreiben und überprüft, dass sie Orthogonalprojektionen sind. Das liefert den *Spektralsatz* der linearen Algebra: Normale Matrizen sind Linearkombinationen von Orthogonalprojektoren.

Die hermiteschen Matrizen $A \in \mathbb{C}^{n \times n}$ erfüllen $A = A^*$ und sind besondere Beispiele für normale Matrizen. Nach den obigen Überlegungen besitzen diese Matrizen nur reelle Eigenwerte und sind zudem unitär diagonalisierbar. Für die reell symmetrischen Matrizen $A \in \mathbb{R}^{n \times n}$ gilt $A = A^T$. Sie sind spezielle hermitesche Matrizen und haben deshalb nur reelle Eigenwerte. Die Symmetrie erzwingt eine *orthogonale Diagonalisierung* $A = X \Lambda X^T$ mit einer orthogonalen Matrix $X \in \mathbb{R}^{n \times n}$, die $XX^T = X^T X = \mathrm{Id}$ erfüllt. Für reell symmetrische Matrizen kann die Diagonalisierung also ausschließlich mit reellen Größen formuliert werden.

5.12 Singulärwertzerlegung und Jordan'sche Normalform

Eine quadratische Matrix $A \in \mathbb{C}^{n \times n}$ ist genau dann diagonalisierbar, wenn es eine Basis des $\mathbb{C}^n$ aus Eigenvektoren gibt. Von der Restriktivität dieser Eigenschaft überzeugt man sich leicht, indem man die Familie von Matrizen $A \in \mathbb{C}^{2 \times 2}$ mit $\det(A) = 1$ und $\mathrm{spur}(A) = 2$ betrachtet. Diese haben alle 1 als alleinigen Eigenwert, und die Einheitsmatrix ist die einzige unter ihnen, die diagonalisierbar ist. Im Folgenden werden deshalb zwei Konzepte zur Matrixzerlegung vorgestellt, die auch jenseits der Diagonalisierbarkeit greifen.

Der jüngere der beiden Ansätze, die *Singulärwertzerlegung*, hat seine Wurzeln in voneinander unabhängigen Arbeiten über Bilinearformen des italienischen Mathematikers Eugenio Beltrami (1873) und des französischen Mathematikers Camille Jordan (1874). Er zielt auf beliebige rechteckige Matrizen $A \in \mathbb{C}^{m \times n}$ und verwendet anstelle einer Basis zwei Basen zur Transformation auf Diagonalgestalt. Zu seiner Herleitung kann man sich auf die Beobachtung stützen, dass die Matrix $B = A^* A \in \mathbb{C}^{n \times n}$ hermitesch ist und deshalb der $\mathbb{C}^n$ eine Orthonormalbasis $v_1, \dots, v_n$ aus Eigenvektoren von B besitzt. Wir bezeichnen mit $\lambda_1(B), \dots, \lambda_n(B)$ die zugehörigen Eigenwerte, wobei wir entsprechend ihrer algebraischen Vielfachheit Eigenwerte auch mehrfach nennen. Es gilt $\lambda_j(B) = \langle Bv_j, v_j \rangle = \langle Av_j, Av_j \rangle \geq 0$, und wir definieren über

$$\sigma_j = \sqrt{\lambda_j(B)} \geq 0 \qquad (j = 1, \dots, n)$$

die *Singulärwerte* der Matrix A. Wir nummerieren die Singulärwerte in absteigender Reihenfolge, so dass $\sigma_1, \dots, \sigma_r > 0$ und $\sigma_{r+1}, \dots, \sigma_n = 0$ für ein $r \leq \min(m, n)$ gilt. Man überzeugt sich leicht davon, dass die Vektoren

$$u_j = \sigma_j^{-1} A v_j \in \mathbb{C}^m \qquad (j = 1, \dots, r)$$

normiert sind und paarweise aufeinander senkrecht stehen. Ist $r < m$, so ergänzen wir durch Vektoren $u_{r+1}, \ldots, u_m$ zu einer Orthonormalbasis des $\mathbb{C}^m$. Wir erhalten mit den unitären Matrizen $U = (u_1, \ldots, u_m) \in \mathbb{C}^{m \times m}$ und $V = (v_1, \ldots, v_n) \in \mathbb{C}^{n \times n}$ die *Singulärwertzerlegung* der Matrix A:

$$A = U \operatorname{diag}(\sigma_1, \ldots, \sigma_n) V^*.$$

Aus der Singulärwertzerlegung lassen sich viele Eigenschaften einer Matrix ablesen. Es gilt beispielsweise $\operatorname{rng}(A) = \operatorname{span}(u_1, \ldots, u_r)$ und $\ker(A) = \operatorname{span}(v_{r+1}, \ldots, v_n)$. Demzufolge ist auch der Rang einer Matrix gleich der Anzahl ihrer positiven Singulärwerte, und der Betrag der Determinante ist das Produkt der Singulärwerte:

$$|\det(A)| = |\det(U))| \cdot \det(\operatorname{diag}(\sigma_1, \ldots, \sigma_n)) \cdot |\det(V^*)| = \sigma_1 \cdots \sigma_n.$$

Die zweite Matrixzerlegung ist ebenfalls in zwei voneinander unabhängigen Arbeiten entwickelt worden (Karl Weierstraß, 1868; Camille Jordan, 1870) und wird heute als die *Jordan'sche Normalform* bezeichnet. Wir stellen sie für quadratische Matrizen $A \in \mathbb{C}^{n \times n}$ vor. Man erweitert hier die auf der Existenz einer Eigenvektorbasis fußende Diagonalisierung zu einer auf einer verallgemeinerten Eigenvektorbasis aufsetzenden Blockdiagonalisierung. Sei $\lambda \in \mathbb{C}$ ein Eigenwert der Matrix A, dessen algebraische und geometrische Vielfachheit wir mit a_λ beziehungsweise g_λ bezeichnen. Wir nennen einen Vektor $x \in \mathbb{C}^n \setminus \{0\}$ einen zu λ gehörigen *Hauptvektor*, wenn es eine natürliche Zahl $m \geq 1$ gibt, so dass $(A - \lambda \operatorname{Id})^m x = 0$ gilt. Ein Eigenvektor ist demnach ein Spezialfall eines Hauptvektors. Die iterierten Kerne $N_m(\lambda) := \ker(A - \lambda \operatorname{Id})^m$ sind aufsteigend ineinander geschachtelte Unterräume des $\mathbb{C}^n$, zwischen denen die Abbildung $A - \lambda \operatorname{Id}$ den einstufigen Abstieg $N_m(\lambda) \to N_{m-1}(\lambda)$ vermittelt. Da wir im Endlichdimensionalen arbeiten, gibt es eine natürliche Zahl $i_\lambda \geq 1$, den *Index* des Eigenwerts λ, ab dem die aufsteigende Kette stagniert:

$$N_1(\lambda) \subset N_2(\lambda) \subset \ldots \subset N_{i_\lambda}(\lambda) = N_{i_\lambda + 1}(\lambda) = \ldots$$

Man nennt den Unterraum $H(\lambda) := N_{i_\lambda}(\lambda)$ den *Hauptraum* des Eigenwerts λ und zeigt $\dim H(\lambda) = a_\lambda$. Sind $\lambda_1, \ldots, \lambda_k \in \mathbb{C}$ die verschiedenen Eigenwerte von A, so ist der $\mathbb{C}^n$ die direkte Summe der zugehörigen Haupträume:

$$\mathbb{C}^n = \bigoplus_{j=1}^{k} H(\lambda_j).$$

Dies bedeutet, dass für jede quadratische Matrix der $\mathbb{C}^n$ eine Basis aus Hauptvektoren $x_1, \ldots, x_n$ besitzt. Eine solche Basis kann derart gewählt werden, dass sie A auf eine Blockdiagonalgestalt XAX^{-1} transformiert, die aus $g_{\lambda_1} + \cdots + g_{\lambda_k}$ quadratischen Bidiagonalmatrizen $J_i(\lambda_j)$ besteht, die auf ihrer Diagonale den zugehörigen

Eigenwert λ_j und auf der Superdiagonale nur Einsen tragen:

$$J_i(\lambda_j) = \begin{pmatrix} \lambda_j & 1 & & \\ & \ddots & \ddots & \\ & & \lambda_j & 1 \\ & & & \lambda_j \end{pmatrix}.$$

Diese Bidiagonalmatrizen heißen die *Jordan-Blöcke* und die transformierte Matrix XAX^{-1} die *Jordan'sche Normalform* von A. Jedem Eigenwert λ werden g_λ Jordan-Blöcke zugeordnet, wobei die Größe der einzelnen zu λ gehörigen Blöcke zwischen 1 und i_λ liegt und sich insgesamt zu a_λ aufsummiert. Ein Jordan-Block der Größe $L + 1$ gehört zu $L + 1$ Basisvektoren $x_l, \ldots, x_{l+L}$, die man eine *Jordan-Kette* nennt. Sie entstehen durch wiederholte Anwendung von $A - \lambda$ Id, bis man zu einem Eigenvektor hin abgestiegen ist:

$$Ax_j = \lambda x_j + x_{j+1} \qquad (j = l, \ldots, l + L - 1),$$
$$Ax_{l+L} = \lambda x_{l+L}.$$

Literaturhinweise

Allgemeine Lehrbücher
S. AXLER: *Linear Algebra Done Right*. 3. Auflage, Springer 2015.
A. BEUTELSPACHER: *Lineare Algebra*. 8. Auflage, Springer Spektrum 2014.
S. BOSCH: *Lineare Algebra*. 5. Auflage, Springer Spektrum 2014.
O. DEISER, C. LASSER: *Erste Hilfe in Linearer Algebra*. Springer Spektrum 2015
G. FISCHER: *Lineare Algebra*. 18. Auflage, Springer Spektrum 2014.
P. LAX: *Linear Algebra and Its Applications*. 2. Auflage, Wiley 2007.

Literatur zu speziellen Themen
D. BAU, L.N. TREFETHEN: *Numerical Linear Algebra*. SIAM 1997.
R.A. HORN, C.R. JOHNSON: *Matrix Analysis*. 2. Auflage, Cambridge University Press 2012.

Algebra

6

Algebra ist neben der Analysis und Geometrie eines der ganz großen Gebiete der Mathematik. Ursprünglich hauptsächlich mit dem Lösen polynomialer Gleichungen beschäftigt, hat sie sich unter dem maßgeblichen Einfluss von Emmy Noether zu einer Theorie entwickelt, die wichtige Strukturen wie Gruppen, Ringe, Ideale und Körper bereitstellt und untersucht. Die dabei gewonnenen, oft sehr tiefliegenden Einsichten lassen sich dann erfolgreich nicht nur bei der Behandlung von Gleichungen einsetzen; algebraische Methoden und Hilfsmittel nutzt jedes Teilgebiet der Mathematik.

Dieses Kapitel will den Leser in den ersten drei Abschnitten mit den algebraischen Grundstrukturen Gruppe, Ring und Körper ein wenig vertraut machen und anschließend die einzelnen Theorien ein kleines Stück weiter entwickeln. Dies beginnt in Abschn. 6.4 für Gruppen mit der Diskussion über Normalteiler und Faktorgruppen. Diese erlauben, Gruppen in kleinere Bausteine zu zerlegen, die man zuerst studieren kann, bevor man sich der ganzen Gruppe widmet. Eine ähnliche Rolle spielen die Ideale in Ringen. Sie haben aber eine weitaus wichtigere Funktion als „ideale Zahlen", die in der Teilbarkeitstheorie eine große Rolle spielen. Darauf geht Abschn. 6.5 ein. In Abschn. 6.6 werden die endlich erzeugten abelschen Gruppen klassifiziert, ein Ergebnis, das in vielen Disziplinen verwendet wird. In Abschn. 6.7 wird eine dem Übergang von $\mathbb{Z}$ zu $\mathbb{Q}$ entsprechende Konstruktion für gewisse Ringe, sogenannte Integritätsbereiche, vorgestellt. Es geht dabei darum, den Ring in einen möglichst kleinen Körper einzubetten. Eigenschaften des Rings aller Polynome mit Koeffizienten in einem gegebenen Körper kommen im darauf folgenden Abschnitt zur Sprache. Die Theorie der Körpererweiterungen ist ein ganz wichtiger Teil der Algebra. In Abschn. 6.9 werden die wesentlichen Grundbegriffe erläutert, und Abschn. 6.10 zeigt, dass man damit Fragen, ob gewisse Konstruktionen mit Zirkel und Lineal machbar sind, beantworten kann. Abschnitt 6.11 führt in die Galoistheorie ein. Sie bezieht die Symmetrien von Körpererweiterungen in die Betrachtung mit ein, und man gewinnt damit einen Überblick über ganze Familien von Körpererweiterungen. Die Struktur dieser Symmetriegruppen spielt eine entscheidende Rolle bei der Beantwortung der Frage, wel-

© Springer-Verlag Berlin Heidelberg 2016
O. Deiser, C. Lasser, E. Vogt, D. Werner, *12 × 12 Schlüsselkonzepte zur Mathematik*,
DOI 10.1007/978-3-662-47077-0_6

che Polynomgleichungen eine Lösung durch Radikale besitzen. Mit diesem ganz phantastischen Ergebnis des jungen Galois aus dem Jahr 1832 schließt das Kapitel.

6.1 Gruppen

Gruppen treten oft als Gruppen von Symmetrien geometrischer oder algebraischer Objekte auf, und Symmetrien spielen in Mathematik und Physik eine wichtige Rolle.

Als einfaches Beispiel betrachten wir ein Dreieck Δ der euklidischen Ebene. Eine Symmetrie von Δ ist eine abstandserhaltende Selbstabbildung der Ebene, die Δ in sich abbildet. Eine abstandserhaltende Selbstabbildung der Ebene ist eine Drehung um einen Punkt der Ebene, eine Spiegelung an einer Geraden, eine Translation, d. h. eine Parallelverschiebung der Ebene, oder eine Gleitspiegelung; Letzteres ist eine Spiegelung an einer Geraden gefolgt von einer Translation parallel zu der Spiegelungsgeraden. Da solche Abbildungen Winkel erhalten, hat Δ außer der Identität höchstens dann eine weitere Symmetrie, wenn mindestens zwei Winkel gleich sind, das Dreieck also gleichschenklig ist. Ist es gleichschenklig, aber nicht gleichseitig, so gibt es genau eine von der Identität verschiedene Symmetrie, nämlich die Spiegelung an der Mittelsenkrechten der von den Schenkeln verschiedenen Seite. Ist Δ gleichseitig, so sind alle Spiegelungen an Mittelsenkrechten und die Drehungen um die Winkel $0, 2\pi/3$ und $4\pi/3$ um den Mittelpunkt von Δ Symmetrien, und das sind alle.

Mathematisch gesehen sind Symmetrien bijektive Abbildungen einer Menge M in sich, die je nach Gegebenheit gewisse Größen oder Eigenschaften invariant halten. Im geometrischen Kontext kann man wie in unserem Beispiel an abstandserhaltende Abbildungen denken oder solche, die Geraden in Geraden überführen, oder solche, die Winkel erhalten. In der Algebra oder anderen mathematischen Disziplinen kann man an strukturerhaltende Abbildungen denken, wie z. B. in der linearen Algebra an lineare Abbildungen. In der Theorie der Körpererweiterungen spielt die Menge aller Isomorphismen des großen Körpers, der die Elemente des kleineren Körpers festhält (das ist die Galoisgruppe der Erweiterung, siehe Abschn. 6.9), eine entscheidende Rolle.

Nun gibt es auf der Menge aller Symmetrien eines Objekts eine naheliegende Verknüpfung: Die Komposition (Hintereinanderausführung) $g \circ f$ der Symmetrien f und g ist nämlich wieder eine Symmetrie. Bezeichnen wir die Menge aller Symmetrien eines uns interessierenden Objekts mit G, so gelten für G und $\circ$ folgende Aussagen:

(i)   (Assoziativität) Für alle $g, h, k \in G$ gilt $(g \circ h) \circ k = g \circ (h \circ k)$.

(ii) (Einselement) Es gibt $e \in G$, so dass für alle $g \in G$ die Gleichungen $e \circ g = g \circ e = g$ gelten. Ein solches e heißt Einselement.

(iii) (Inverses) Zu jedem Einselement e und $g \in G$ gibt es ein $g' \in G$ mit $g' \circ g = g \circ g' = e$. Wir nennen g' ein Inverses von g (bezüglich e).

Löst man sich von den Symmetrien einer Menge und betrachtet einfach eine Menge G mit einer Verknüpfung $\circ$, so dass die Bedingungen (i)–(iii) gelten, so nennen wir das Paar $(G, \circ)$ eine *Gruppe*. Meistens schreiben wir nur G, nennen die Verknüpfung Multiplikation und schreiben anstelle von $f \circ g$ dann $f \cdot g$ oder kürzer fg.

Man kommt übrigens mit schwächeren Forderungen an eine Gruppe aus. In (ii) genügt es, von e nur $eg = g$ für alle $g \in G$ zu fordern (e heißt dann Linkseins) und in (iii) nur $g'g = e$ zu verlangen (g' heißt dann Linksinverses von g). Jedes Linksinverse ist auch Rechtsinverses. Denn ist g'' ein Linksinverses von g', so gilt (wegen (i) können wir auf Klammern verzichten)

$$gg' = egg' = g''g'gg' = g''eg' = g''g' = e.$$

Ebenso ist jede Linkseins eine Rechtseins, wie $ge = gg'g = eg = g$ zeigt. Sind weiter e und $\bar{e}$ Einselemente, so gilt $\bar{e} = \bar{e}e = e$. Also gibt es genau ein Einselement, und wir schreiben dafür ab jetzt 1_G oder nur 1, falls klar ist, zu welcher Gruppe die Eins gehört. Sind g' und g^- Inverse von g, so gilt $g^- = g^-gg' = eg' = g'$, so dass es zu jedem $g \in G$ genau ein Inverses gibt. Wir schreiben dafür ab jetzt g^{-1}.

Mit der Addition als Verknüpfung sind $\mathbb{Z}$, $\mathbb{Q}$ und $\mathbb{R}$ uns wohlvertraute Gruppen, ebenso wie die von Null verschiedenen Elemente von $\mathbb{Q}$ und $\mathbb{R}$ mit der Multiplikation als Verknüpfung. Bei all diesen Beispielen gilt für die Verknüpfung zusätzlich:

(iv) (Kommutativität) Für alle $g, h \in G$ gilt $gh = hg$.

Eine Gruppe, in der (iv) gilt, heißt kommutative oder *abelsche Gruppe*. In abelschen Gruppen wird die Verknüpfung meistens mit $+$ bezeichnet und heißt dann Addition.

Die Gruppe aller Symmetrien eines gleichseitigen Dreiecks ist nicht abelsch. Denn beim Komponieren von Spiegelungen und Drehungen kommt es im Allgemeinen auf die Reihenfolge an: Spiegelt man die Ebene an einer durch den Punkt p gehenden Geraden g und dreht dann um den Punkt p mit dem Winkel α, so erhalten wir eine Spiegelung an der um den Winkel $\alpha/2$ gedrehten Gerade; dreht man erst mit Winkel α um p und spiegelt dann an g, so erhalten wir eine Spiegelung an der um $-\alpha/2$ gedrehten Geraden. Wir erhalten also verschiedene Ergebnisse für $0 < \alpha < \pi$.

Es folgen weitere Beispiele nicht-abelscher Gruppen.

(1) Die Menge aller bijektiven Selbstabbildungen einer Menge M mit mindestens drei Elementen mit der Komposition als Verknüpfung. Die bijektiven Abbildungen von M nennt man auch Permutationen von M, und die Gruppe aller Permutationen von $\{1, 2, \ldots, n\}$ heißt *symmetrische Gruppe auf n Elementen* und wird oft mit S_n bezeichnet. In der linearen Algebra treten die symmetrischen Gruppen beim Bearbeiten von Determinanten auf, und man lernt, dass jede Permutation ein Produkt von *Transpositionen* ist. Das sind Permutationen, die alle Elemente von $\{1, 2, \ldots, n\}$ bis auf zwei festhalten und diese beiden vertauschen.

(2) Die Menge $GL_n(\mathbb{R})$ aller reellen $n \times n$-Matrizen mit von Null verschiedener
    Determinante (vgl. Abschn. 5.5) ist mit der Matrizenmultiplikation als Ver-
    knüpfung eine Gruppe. Ist $n > 1$, dann ist diese Gruppe nicht abelsch. Die
    letzte Aussage folgt aus der Tatsache, dass das Produkt der Matrizen $\left(\begin{smallmatrix} 1 & 1 \\ 0 & 1 \end{smallmatrix}\right)$
    und $\left(\begin{smallmatrix} 1 & 0 \\ 1 & 1 \end{smallmatrix}\right)$ von der Reihenfolge der Faktoren abhängt. Allgemeiner kann man
    $\mathbb{R}$ durch einen beliebigen Körper K ersetzen (vgl. Abschn. 6.3). Noch ein we-
    nig allgemeiner ist die Menge aller Automorphismen eines mindestens zwei-
    dimensionalen Vektorraums in sich mit der Komposition als Verknüpfung eine
    nicht-abelsche Gruppe.
(3) Für $n \geq 3$ sei P_n ein n-seitiges regelmäßiges Polygon in der Ebene. Die *Sym-
    metriegruppe des Polygons* P_n, d.h. die Menge aller Abbildungen, die das
    Polygon kongruent auf sich selbst abbilden, mit der Komposition als Verknüp-
    fung, heißt *Diedergruppe der Ordnung* $2n$ und wird mit D_n, manchmal aber
    auch mit D_{2n} bezeichnet. Sie ist eine nicht-abelsche Gruppe mit $2n$ Elementen:
    Es gibt die n Drehungen um den Mittelpunkt von P_n um Vielfache des Win-
    kels $2\pi/n$ und n Spiegelungen an Achsen durch den Mittelpunkt von P_n, die
    das Polygon in Eckpunkten oder Seitenmittelpunkten treffen. Die n Drehun-
    gen bilden schon selbst eine Gruppe, die Menge der Spiegelungen aber nicht,
    und zwar aus zwei Gründen. Zum einen fehlt ein Einselement. Außerdem ist
    das Produkt zweier Spiegelungen eine Drehung (um den Winkel 0, wenn die
    Spiegelungen gleich sind).

Eine *Gruppentafel* einer Gruppe G der Ordnung n ist eine $n \times n$-Matrix (g_{ij})
mit $g_{ij} \in G$, die wie folgt entsteht: Nach Durchnummerieren der Gruppenelemen-
te $(g_1 = 1, g_2, \ldots, g_n)$ ist $g_{ij} = g_i g_j$. Insbesondere ist $g_{1i} = g_{i1} = g_i$, und
in jeder Zeile und jeder Spalte kommt jedes Gruppenelement genau einmal vor.
In unserem Bild entspricht jede Farbe einem Gruppenelement. Wir überlassen es
dem Leser, herauszufinden, welche Farben die Spiegelungen haben. Jedenfalls sieht
man sofort, dass das Produkt zweier Spiegelungen eine Drehung ist. Die einfarbi-
gen Diagonalen, die zyklisch gedacht die einzelnen Quadranten ausfüllen, geben
einen Hinweis auf die einfache Struktur der Gruppe. Übrigens war auf dem Um-
schlag der 1. Auflage dieses Buchs eine farbliche Umsetzung der Gruppentafel der
Diedergruppe der Ordnung 12 zu sehen (Abb. 6.1).

Es sollte klar sein, was eine *Untergruppe* einer gegebenen Gruppe G ist, nämlich
eine Teilmenge $H \subseteq G$, so dass die Verknüpfung zweier Elemente aus H wieder
ein Element aus H ist und H mit dieser Verknüpfung wieder eine Gruppe ist. Man
muss dazu nicht alle drei Gruppenaxiome überprüfen. Denn ist H nicht leer und
ist für alle $h, k \in H$ das Element hk^{-1} in H, so ist H eine Untergruppe. Im Beispiel (3) bilden die n Drehungen eine Untergruppe der Symmetriegruppe von P_n.

Ist H eine Untergruppe von G, so nennen wir die Mengen $gH := \{gh \mid h \in H\}$,
$g \in G$, *Linksnebenklassen von* H. Analog heißen die Mengen Hg *Rechtsnebenklassen von* H. Jede Nebenklasse hat die Mächtigkeit von H, und sowohl die Links-
als auch die Rechtsnebenklassen von H zerlegen G. Denn zwei Linksnebenklassen
sind identisch, wenn ihr Durchschnitt nicht leer ist. Dasselbe gilt natürlich auch für

Abb. 6.1 Gruppentafel
der Diedergruppe der Ord-
nung 12

Rechtsnebenklassen. Die Menge der Linksnebenklassen bezeichnen wir mit G/H, die der Rechtsnebenklassen mit $H\backslash G$.

Die Anzahl der Elemente von G, d. h. die Mächtigkeit von G, nennen wir die *Ordnung von G* und bezeichnen sie mit $|G|$. Ist $H \subseteq G$ eine Untergruppe, so nennen wir die Anzahl der Links- bzw. Rechtsnebenklassen von H den *Index von H in G* und bezeichnen ihn mit $|G/H|$ bzw. $|H\backslash G|$. Mit diesen Bezeichnungen erhalten wir:

Satz von Lagrange

Ist G endlich und H eine Untergruppe von G, so teilt die Ordnung von H die Ordnung von G, und es gilt $|G| = |H| \cdot |G/H| = |H| \cdot |H\backslash G|$. Insbesondere besitzt eine Gruppe G von Primzahlordnung keine nichttrivialen, d. h. von $\{1_G\}$ und G verschiedenen Untergruppen.

Ist g Element der Gruppe G, so verstehen wir, wie gewohnt, unter g^n das Produkt $gg\cdots g$ mit n Faktoren für $n > 0$, g^0 ist das Einselement, und für $n < 0$ ist $g^n = (g^{-1})^{-n}$. Mit diesen Bezeichnungen ist die Menge $\{g^n \mid n \in \mathbb{Z}\}$ eine Untergruppe von G, die entweder endlich oder abzählbar unendlich ist. Die Anzahl der Elemente dieser Gruppe nennen wir die *Ordnung von g*. Nach dem Satz von Lagrange teilt die Ordnung von g die Ordnung von G, und ist G von Primzahlordnung, so gilt für jedes $g \neq 1_G$ die Gleichung $G = \{g^n \mid n \in \mathbb{Z}\}$. Gilt die letzte Gleichung für ein $g \in G$, so heißt G *zyklische Gruppe*.

Die strukturerhaltenden Abbildungen zwischen Gruppen heißen *Homomorphismen*. Das sind Abbildungen $f\colon G \to H$ mit $f(gg') = f(g)f(g')$. Dabei ist natürlich gg' das Produkt von g und g' in der Gruppe G und $f(g)f(g')$ das Produkt von $f(g)$ und $f(g')$ in der Gruppe H. Homomorphismen bilden Einselemente auf Einselemente und Inverse auf Inverse ab. Ist $f\colon G \to H$ ein Homomorphismus zwischen Gruppen, so ist das Bild $f(G)$ von f und der Kern $\ker(f) := f^{-1}(1_H)$ von f eine Untergruppe. Ist $f\colon G \to H$ ein bijektiver Homomorphismus, so ist auch $f^{-1}\colon H \to G$ ein Homomorphismus. Ein bijektiver Homomorphismus heißt deshalb *Isomorphismus*. Isomorphismen von G in sich selbst heißen *Automorphismen*. Gruppen, zwischen denen es einen Isomorphismus gibt, nennt man isomorph. Sind z. B. die Mengen M und N gleichmächtig, so sind die Gruppen der Permutationen von M und N isomorph. Ist $k\colon M \to N$ eine Bijektion, so definiert die Zuordnung $\alpha \mapsto k \circ \alpha \circ k^{-1}$, α Permutation von M, einen Isomorphismus zwischen beiden Gruppen.

Benennt man die Ecken eines gleichseitigen Dreiecks mit 1, 2 und 3, so definiert jede kongruente Selbstabbildung des Dreiecks in sich selbst eine Permutation der Ecken, also ein Element von S_3. Diese Zuordnung ist ein Isomorphismus zwischen der Symmetriegruppe des Dreiecks und S_3.

6.2 Ringe

Ringe haben zwei Verknüpfungen und erinnern stark an die uns vertraute Situation bei den ganzen Zahlen. Viele Fragestellungen über ganze Zahlen, insbesondere die Teilbarkeitstheorie, werden auch bei den allgemeineren Ringen untersucht, und diese Ergebnisse führen oft zu überraschenden Einsichten über ganze Zahlen.

Die beiden Verknüpfungen bei Ringen werden in Anlehnung an die ganzen Zahlen üblicherweise mit $+$ und $\cdot$ bezeichnet und heißen Addition bzw. Multiplikation. An diese werden relativ wenige Forderungen gestellt.

Eine Menge R mit zwei Verknüpfungen $+$ und $\cdot$ heißt *Ring*, wenn Folgendes gilt:

(i) R mit der Verknüpfung $+$ ist eine abelsche Gruppe.
(ii) Die Verknüpfung $\cdot$ ist assoziativ.
(iii) Es gelten die Distributivgesetze $(a+b) \cdot c = (a \cdot c) + (b \cdot c)$ und $c \cdot (a+b) = (c \cdot a) + (c \cdot b)$ für $a, b, c \in R$.

Ist die Verknüpfung $\cdot$ zusätzlich kommutativ, so sprechen wir von einem *kommutativen Ring*. Besitzt $\cdot$ außerdem ein Einselement, so sprechen wir von einem *Ring mit 1*.

Streng genommen ist der Ring $\{0\}$, der nur aus dem Nullelement besteht, ein Ring mit 1. Im Folgenden wollen wir aber immer fordern, dass ein Ring mit 1 mindestens zwei Elemente besitzt. Dann gilt natürlich auch $1 \neq 0$.

Wie schon bei Gruppen schreiben wir anstelle von $r \cdot s$ kürzer rs.

Das Standardbeispiel eines Rings sind die ganzen Zahlen $\mathbb{Z}$ mit der üblichen Addition und Multiplikation. $\mathbb{Z}$ ist ein kommutativer Ring mit 1. Natürlich sind auch $\mathbb{Q}$, $\mathbb{R}$ und $\mathbb{C}$ mit der üblichen Addition und Multiplikation kommutative Ringe mit 1. Ein nichtkommutativer Ring mit 1 ist für $n > 1$ die Menge $M(n \times n; \mathbb{R})$ aller reellen $n \times n$-Matrizen mit der Matrizenaddition und -multiplikation als Verknüpfungen. Etwas allgemeiner können wir anstelle von $\mathbb{R}$ einen beliebigen Ring R nehmen. Besitzt R keine 1, so besitzt natürlich auch $M(n \times n; R)$ keine 1.

In der elementaren Zahlentheorie spielen die Restklassenringe $\mathbb{Z}/m\mathbb{Z}$ eine wichtige Rolle (siehe Abschn. 3.3). Hier sind die Elemente die Restklassen modulo m, wobei m eine positive ganze Zahl ist. Das heißt, dass wir zwei ganze Zahlen in $\mathbb{Z}/m\mathbb{Z}$ als gleich ansehen, wenn sich bei Division mit Rest durch m für beide Zahlen derselbe Rest ergibt. Das ist gleichbedeutend damit, dass die Differenz der Zahlen durch m teilbar ist. Die Menge der Zahlen mit demselben Rest k wird oft mit $\bar{k}$, $k = 0, 1, \ldots, m - 1$, bezeichnet. Zwei Restklassen $\bar{a}$ und $\bar{b}$ werden addiert und multipliziert, indem man irgendwelche Elemente aus $\bar{a}$ und $\bar{b}$ hernimmt, diese wie in $\mathbb{Z}$ addiert bzw. multipliziert und vom Resultat den Rest modulo m bildet. Wir erhalten einen kommutativen Ring mit $\bar{1}$ als Einselement.

In der algebraischen Zahlentheorie untersucht man die Teilbarkeitstheorie der *Ringe der ganzen Zahlen von Zahlkörpern* (siehe die Abschn. 3.12 und 6.5). In der Analysis interessiert man sich für Unterringe des Rings aller Abbildungen einer Menge U in die rellen oder komplexen Zahlen. Addition und Multiplikation werden hier punktweise getätigt: $(f + g)(x) := f(x) + g(x)$, $x \in U$. Ist U eine offene Teilmenge des $\mathbb{R}^n$, so interessiert man sich z. B. für den Unterring aller stetigen, aller r-mal stetig differenzierbaren oder aller beliebig oft differenzierbaren Abbildungen. Ein weiteres wichtiges Beispiel ist der Ring $\mathbb{R}[X]$ aller Polynome einer Variablen X mit reellen Koeffizienten, über die wir im Abschn. 6.8 mehr erfahren. Wieder kann man allgemeiner anstelle von $\mathbb{R}$ einen beliebigen Körper K betrachten. Der entsprechende Ring wird dann mit $K[X]$ bezeichnet.

Analog zum Begriff der Untergruppe einer Gruppe ist ein Unterring eines Ringes R eine Teilmenge $U \subseteq R$, so dass die Summe und das Produkt zweier Elemente von U wieder in U liegen und U mit der dadurch definierten Addition und Multiplikation ein Ring ist.

Die strukturerhaltenden Abbildungen, also Abbildungen $f \colon R \to S$ zwischen Ringen, für die $f(r + r') = f(r) + f(r')$ und $f(rr') = f(r)f(r')$ für alle $r, r' \in R$ gelten, heißen *Ringhomomorphismen*. Zum Beispiel ist die Abbildung $\bar{\ } \colon \mathbb{Z} \to \mathbb{Z}/m\mathbb{Z}$, die jeder ganzen Zahl a ihre Restklasse $\bar{a}$ modulo m zuordnet, ein Ringhomomorphismus. Ein weiteres Beispiel ist die Auswertungsabbildung $e_a \colon K[X] \to K$, die einem Polynom $f \in K[X]$ seinen Wert $f(a)$ an der Stelle $a \in K$ zuordnet.

6.3 Körper

Ein *Körper* ist ein kommutativer Ring mit 1, in dem jedes von 0 verschiedene Element ein multiplikatives Inverses besitzt. In einem Körper können wir also bis auf die Division durch 0 alle vier Grundrechenarten unbeschränkt durchführen. Die Standardbeispiele sind die uns wohlvertrauten Körper $\mathbb{Q}$, $\mathbb{R}$ und $\mathbb{C}$. Aber es gibt auch andere für Mathematik und Anwendungen wichtige Körper.

In einem Körper ist das Produkt zweier von Null verschiedener Elemente stets ungleich Null. Denn ist $a \neq 0$ und $ab = 0$, so ist $b = a^{-1}ab = a^{-1} \cdot 0 = 0$. In Ringen kommt es durchaus vor, dass $ab = 0$ ist, obwohl a und b von Null verschieden sind. Eine weitere Besonderheit bei Körpern ist die Tatsache, dass die strukturerhaltenden Abbildungen entweder alles auf 0 abbilden oder injektiv sind. Denn ist $f \colon K \to L$ eine solche Abbildung und $a \neq 0$ ein Element mit $f(a) = 0$, so gilt $f(b) = f(aa^{-1}b) = f(a)f(a^{-1}b) = 0 \cdot f(a^{-1}b) = 0$ für jedes Element $b \in K$.

Es sei K ein Körper und 1_K sein Einselement. Für jede nichtnegative ganze Zahl n sei $n1_K = 1_K + \cdots + 1_K$, wobei n die Anzahl der Summanden ist. Für $n < 0$ sei $n1_K = -(-n)1_K$. Für $n, m \in \mathbb{Z}$ gilt $(nm)1_K = (n1_K)(m1_K)$. Also definiert $n \mapsto n1_K$ einen Ringhomomorphismus $c \colon \mathbb{Z} \to K$. Ist diese Abbildung injektiv, so besitzt jedes $n1_K$ mit $n \neq 0$ ein Inverses in K, und die Elemente der Form $m1_K(n1_K)^{-1}$ mit $m, n \in \mathbb{Z}$ und $n > 0$ bilden einen zu $\mathbb{Q}$ isomorphen Unterkörper von K. Es ist der kleinste Unterkörper, den K enthält, da jeder Unterkörper das Null- und Einselement von K enthält. Wir sagen in diesem Fall, dass K *Charakteristik 0* hat, in Zeichen char $K = 0$.

Ist $c \colon \mathbb{Z} \to K$ nicht injektiv, so sei p die kleinste positive ganze Zahl mit $p1_K = 0$. Wäre $p = mn$ mit $m, n > 1$, so wären $m1_K$ und $n1_K$ ungleich 0, aber ihr Produkt wäre 0. Also muss p eine Primzahl sein. Wir sagen dann, dass die Charakteristik char K von K gleich p ist. Der Kern von c ist das Ideal $p\mathbb{Z}$ von $\mathbb{Z}$. Das Bild von c ist also isomorph zu $\mathbb{Z}/p\mathbb{Z}$, und dieser Restklassenring ist ein Körper, da p eine Primzahl ist. Denn jede ganze Zahl $a \not\equiv 0 \bmod p$ ist zu p relativ prim. Es gibt daher ganze Zahlen s, t mit $1 = sp + ta$, so dass $ta \equiv 1 \bmod p$ (siehe Abschn. 3.1), und die Restklasse $\bar{t}$ ist ein Inverses der Restklasse $\bar{a}$. Hat also K Charakteristik $p > 0$, so ist der kleinste Unterkörper von K isomorph zu $\mathbb{Z}/p\mathbb{Z}$, einem Körper mit p Elementen.

Der kleinste Unterkörper eines Körpers K heißt *Primkörper von K*.

Ist K ein Unterkörper des Körpers L, so ist L mit seiner eigenen Addition und der Einschränkung der Multiplikation auf $K \times L$ als Skalarmultiplikation ein K-Vektorraum. Ein endlicher Körper ist somit ein endlich-dimensionaler Vektorraum über seinem Primkörper. Ist char $K = p$ und hat K Dimension n über seinem Primkörper, so hat K genau p^n Elemente. Umgekehrt kann man zeigen, dass es zu jeder Primzahl p und positiver natürlicher Zahl n bis auf Isomorphie genau einen Körper mit p^n Elementen gibt. Er wird oft mit $GF(p^n)$ bezeichnet. (*GF* steht für Galois field, field ist das englische Wort für Körper.)

6.4 Normalteiler und Faktorgruppen

Ist $f\colon G \to H$ ein Homomorphismus zwischen den Gruppen G und H, so haben wir in Abschn. 6.1 gesehen, dass $f(G)$ und $K := \ker(f)$ Untergruppen von H bzw. G sind. Zwei Elemente g und g' von G liegen in derselben Links- bzw. Rechtsnebenklasse von K, wenn $g^{-1}g'$ bzw. $g'g^{-1}$ in K liegt. Also bildet f jede Nebenklasse auf ein einziges Element von $f(G) \subseteq H$ ab. Ist umgekehrt $h \in f(G)$ und sind $g, g' \in f^{-1}(h)$, so sind $g^{-1}g'$ und $g'g^{-1}$ in K. Also ist $f^{-1}(g)$ eine Links- und Rechtsnebenklasse von K. Insbesondere ist jede Linksnebenklasse von K eine Rechtsnebenklasse und umgekehrt. Es sei $\bar{f}\colon G/K \to f(G)$ definiert durch $\bar{f}(gK) = f(g)$. Da diese Abbildung bijektiv ist, können wir die Gruppenstruktur von $f(G)$ mit Hilfe von $\bar{f}^{-1}$ auf G/K übertragen.

Wir erhalten damit eine Verknüpfung auf der Menge der Linksnebenklassen von K, die G/K zu einer Gruppe macht. Diese Gruppenstruktur lässt sich direkt angeben. Ganz allgemein erhalten wir durch $A \cdot B := \{ab \in G \mid a \in A, b \in B\}$ eine Verknüpfung auf der Potenzmenge von G. Für einelementige Mengen $\{g\}$ schreiben wir anstelle von $\{g\} \cdot A$ und $A \cdot \{g\}$ kürzer gA und Ag. Sind dann $A = gK$ und $B = g'K$ Restklassen von K, so ist wegen

$$A \cdot B = gK \cdot g'K = g(Kg') \cdot K = g(g'K) \cdot K = (gg')K \cdot K = (gg')K$$

die Menge $A \cdot B$ selbst eine Nebenklasse, und für jeden Repräsentanten g von A und g' von B ist gg' ein Repräsentant von $A \cdot B$. Wegen $f(A) = f(g)$, $f(B) = f(g')$ und $f(A \cdot B) = f(gg') = f(g)f(g')$ ist $(A, B) \mapsto A \cdot B$ die gesuchte Verknüpfung, die G/K zu einer zu $f(G)$ isomorphen Gruppe macht.

Man könnte nun versucht sein, für jede Untergruppe L von G die Links- bzw. Rechtsnebenklassen von L nach obigem Muster zu verknüpfen. Das klappt aber nur für bestimmte Untergruppen. Das Problem liegt darin, dass $A \cdot B$ für Linksnebenklassen A, B von L im Allgemeinen keine Linksnebenklasse von L ist. Ist z. B. $A = 1_G L = L$ und $B = gL$, so liegt das Element $g = 1_G g 1_G$ in $A \cdot B$. Ist $A \cdot B$ eine Linksnebenklasse, so muss diese die Klasse $gL = B$ sein. Andererseits liegt für alle $a \in L$ und alle $g \in B$ das Element ag in $A \cdot B$. Also gilt $Lg \subseteq gL$. Damit $L \cdot (gL)$ für alle $g \in G$ eine Linksnebenklasse ist, muss daher für alle $g \in G$ die Relation $Lg \subseteq gL$ gelten. Da aus $Lg^{-1} \subseteq g^{-1}L$ die Relation $gL \subseteq Lg$ folgt, gilt daher für alle $g \in G$ die Gleichung $gL = Lg$. Wir haben oben schon gesehen, dass dann die Verknüpfung $(A, B) \mapsto A \cdot B$ die Menge der Nebenklassen (Rechts- und Linksnebenklassen sind gleich) zu einer Gruppe macht.

Nicht für jede Untergruppe einer Gruppe ist jede Linksnebenklasse auch eine Rechtsnebenklasse. Zwar gilt das offensichtlich für abelsche Gruppen. Aber schon in der kleinsten nicht-abelschen Gruppe, der Gruppe der Symmetrien des gleichseitigen Dreiecks, besitzt jede Untergruppe der Ordnung 2 – davon gibt es drei – Linksnebenklassen, die keine Rechtsnebenklassen sind. Eine solche Untergruppe hat die Form $\{\mathrm{id}, f\}$, wobei f eine Spiegelung ist. Ist dann g eine Drehung um den Winkel $2\pi/3$, so ist $\{g, g \circ f\}$ eine Linksnebenklasse, und $\{g, f \circ g\}$ ist die Rechtsnebenklasse, die g enthält. Wäre dies eine Linksnebenklasse, so wäre $f \circ g = g \circ f$, aber wir haben gesehen, dass dies nicht zutrifft. Untergruppen, für die Links- und Rechtsnebenklassen gleich sind, sind also etwas Besonderes: Eine Untergruppe N der Gruppe G heißt *Normalteiler von* G, falls jede Linksnebenklasse von N eine Rechtsnebenklasse ist und umgekehrt. Das ist gleichbedeutend damit, dass für alle $g \in G$ die Gleichung $gNg^{-1} = N$ gilt.

Ist $N \subseteq G$ ein Normalteiler, so heißt G/N mit der oben beschriebenen Verknüpfung *Faktorgruppe* oder *Quotientengruppe* von G und N, manchmal auch G mod N, weil eine Gleichung $gN = g'N$ gilt, wenn sich g und g' nur um einen Faktor aus N unterscheiden: $g^{-1}g' \in N$. Die kanonische Abbildung $p: G \to G/N$, die jedem Element $g \in G$ seine Nebenklasse gN zuordnet, ist ein surjektiver Homomorphismus mit Kern N. Wir sehen also, dass Normalteiler genau die Kerne von Gruppenhomomorphismen sind. Dass für einen Homomorphismus $f: G \to H$ die Zuordnung $g(\ker(f)) \mapsto f(g)$ ein Isomorphismus von $G/\ker(f)$ auf $f(G)$ ist, ist die Aussage des *Homomorphiesatzes*.

Mit Hilfe einer Farbrepräsentation der Gruppentafel einer Gruppe G wie in Abb. 6.1 aus Abschn. 6.1 lässt sich farblich entscheiden, ob eine Untergruppe U Normalteiler ist. Dazu nummeriere man die Elemente $(u_1 = 1, u_2, \ldots, u_s)$ von U und wähle Repräsentanten $(e_1 = 1, \ldots, e_r)$ der Linksnebenklassen von U. Dann gibt es zu jedem $g \in G$ genau ein e_i und u_j mit $g = e_i u_j$. Ordne die Elemente von G lexikographisch nach (ij) und gib jeder Linksnebenklasse eine Farbe. Die Gruppentafel besteht dann aus r^2 quadratischen $s \times s$-Blöcken, wobei jedes Element der Tafel die Farbe seiner Nebenklasse trägt. Die Untergruppe U ist genau dann Normalteiler, wenn jeder Block einfarbig ist. In diesem Falle ist die Tafel der Blöcke die Gruppentafel der Faktorgruppe. Auf unserem ehemaligen Umschlagbild (Abb. 6.1) haben wir anstelle einer Farbe Farbgruppen (gelb-braun und blau-grün) für die Nebenklassen der Drehuntergruppe gewählt. Übrigens ist auch die Untergruppe, die außer der 1 noch die Drehung um den Winkel π enthält, ein Normalteiler, sogar ein besonderer. Er ist die Untergruppe aller Elemente, die mit jedem Element der Gruppe vertauschen. Diese Untergruppe heißt das *Zentrum* der Gruppe.

Die Faktorgruppen von $(\mathbb{Z}, +)$, d. h. $\mathbb{Z}$ mit der Addition als Verknüpfung, sind uns als Restklassengruppen schon mehrmals begegnet. Da $\mathbb{Z}$ abelsch ist, sind alle Untergruppen Normalteiler. Die von $\{0\}$ verschiedenen Untergruppen von $\mathbb{Z}$ entsprechen eineindeutig den positiven ganzen Zahlen: Ist $U \subseteq \mathbb{Z}$ eine von $\{0\}$ verschiedene Untergruppe und ist m die kleinste in U enthaltene positive Zahl, so ist $U = m\mathbb{Z} := \{n \in \mathbb{Z} \mid \exists k \in \mathbb{Z}\ n = km\}$, und $\mathbb{Z}/m\mathbb{Z}$ ist die *Gruppe der Restklassen modulo* m. Zwei ganze Zahlen aus $\mathbb{Z}$ gehören genau dann zur selben Nebenklasse von $m\mathbb{Z}$, wenn nach Division durch m mit Rest beide Zahlen denselben Rest haben. Daher kommt der Name *Restklasse*.

Normalteiler und deren Faktorgruppen erlauben es, Gruppen in Faktoren zu zerlegen und zunächst diese kleineren Gruppen zu studieren. Anschließend muss man sich zu gegebenem Normalteiler N und Faktorgruppe Q einen Überblick über alle Gruppen G verschaffen, die N als Normalteiler besitzen, so dass G/N zu Q isomorph ist. Das Einselement und die ganze Gruppe bilden immer einen Normalteiler.

Gruppen, die keine weiteren Normalteiler besitzen, sind nicht mehr in Faktoren zerlegbar. Sie sind, wie die Primzahlen bei den ganzen Zahlen, die Bausteine der Gruppen und heißen *einfache Gruppen*. Es ist eine der großen Leistungen des ausgehenden letzten Jahrhunderts, alle endlichen einfachen Gruppen klassifiziert zu haben. Es gibt mehrere unendliche Familien und 26 sogenannte sporadische einfache Gruppen, die in keine Familie passen. Da die Ordnung einer Untergruppe stets die Gruppenordnung teilt, sind Gruppen von Primzahlordnung offensichtlich einfache Gruppen. Hat G die Ordnung p mit p prim, so ist G isomorph zur Gruppe $\mathbb{Z}/p\mathbb{Z}$ der Restklassen modulo p. Die *alternierenden Gruppen* A_n aller geraden Permutationen von $\{1, \ldots, n\}$, $n \geq 5$, bilden eine weitere unendliche Familie einfacher Gruppen. Diese sind alle nicht-abelsch. Zur Erinnerung: Eine Permutation heißt gerade, wenn sie Produkt einer geraden Anzahl von Transpositionen ist (vgl. Abschn. 5.5). A_n ist eine Untergruppe vom Index 2 der symmetrischen Gruppe S_n und ist wie jede Untergruppe vom Index 2 einer beliebigen Gruppe ein Normalteiler. Aber A_n selbst hat für $n \geq 5$ keine nichttrivialen Normalteiler.

6.5 Ideale und Teilbarkeit in Ringen

Etwas wichtiger als Unterringe sind die *Ideale* eines Rings. Für nichtkommutative Ringe unterscheidet man dabei Links-, Rechts- und beidseitige Ideale. Dies sind Unterringe J von R, so dass für alle $r \in R$ und $u \in J$ das Element ru (Linksideale) bzw. ur (Rechtsideale) bzw. die Elemente ru und ur (beidseitige Ideale) in J liegt bzw. liegen.

Ist J ein zweiseitiges Ideal des Rings R, so induzieren die Verknüpfungen von R Verknüpfungen auf der Menge R/J der Nebenklassen $r + J$ von J (hier ist $r \in R$), die R/J wieder zu einem Ring machen. Addiert und multipliziert werden $r + J$ und $r' + J$, indem man irgendwelche Repräsentanten $r + u$ und $r' + u'$, $u, u' \in J$, nimmt, diese addiert bzw. multipliziert und anschließend zur Nebenklasse übergeht. Damit dies für die Addition wohldefiniert ist, d. h. nicht von der Wahl der Repräsentanten abhängt, reicht es, dass J eine Untergruppe der abelschen Gruppe $(R, +)$ ist. Die Idealeigenschaft macht die Multiplikation wohldefiniert, da $(r + u)(r' + u') = rr' + ru' + ur' + uu'$ unabhängig von u und u' in der Restklasse $(rr') + J$ liegt, wenn J ein zweiseitiges Ideal ist. Die Abbildung $p: R \to R/J$, die jedem Ringelement r seine Restklasse $r + J$ zuordnet, ist ein Ringhomomorphismus mit Kern J, und umgekehrt ist der Kern jedes Ringhomomorphismus ein zweiseitiges Ideal.

Im Rest dieses Abschnitts beschäftigen wir uns mit der Teilbarkeitstheorie in kommutativen Ringen mit 1. Dort fallen alle drei Begriffe zusammen.

Ideale spielen in der Teilbarkeitstheorie eine wichtige Rolle und traten als gedachte „ideale" Zahlen bei E. E. Kummers Untersuchungen zur Fermat'schen Vermutung zum ersten Mal in Erscheinung (vgl. Abschn. 3.12). In kommutativen Ringen R mit 1 ist für jedes $r \in R$ die Menge $rR := \{ru \mid u \in R\}$ ein Ideal. Ein solches Ideal heißt *Hauptideal*. Nach Definition ist für $r, s \in R$ das Element r ein Teiler von s, wenn es ein $t \in R$ gibt mit $s = rt$. Insbesondere liegt dann s in rR, so dass $sR \subseteq rR$ ist. Deswegen sagt man für zwei Ideale J und K von R, dass J ein Teiler von K ist, wenn $K \subseteq J$ gilt.

Im Ring $\mathbb{Z}$ der ganzen Zahlen ist jedes Ideal ein Hauptideal, denn jede Untergruppe von $(\mathbb{Z}, +)$ hat die Form $m \cdot \mathbb{Z}$ für ein geeignetes nichtnegatives $m \in \mathbb{Z}$. Bis auf einen Faktor ± 1 entsprechen die Ideale den ganzen Zahlen. Ein kommutativer Ring mit 1 heißt *Hauptidealring*, wenn jedes Ideal Hauptideal ist und es keine *Nullteiler* gibt. Das ist ein von 0 verschiedenes Element n, zu dem es ein $m \neq 0$ mit $nm = 0$ gibt. Sind zum Beispiel $n, m \in \mathbb{Z}$ beide größer als 1, so sind $\bar{n}$ und $\bar{m}$ Nullteiler im Restklassenring $\mathbb{Z}/(nm)\mathbb{Z}$. In Hauptidealringen entsprechen die Ideale bis auf Multiplikation mit *Einheiten* den Ringelementen. Dabei ist eine Einheit einfach ein Teiler von 1. Ist e eine Einheit und f ein Element mit $ef = 1$, so gilt für jedes $r \in R$, dass r ein Teiler von re und re ein Teiler von $ref = r$ ist. Also ist $rR = (re)R$.

Ein kommutativer nullteilerfreier Ring mit 1 heißt *Integritätsbereich*. In solchen kann man kürzen. Das heißt, dass aus $ab = ac$ mit $a \neq 0$ folgt, dass $b = c$ ist. Denn es gilt $a(b - c) = 0$, und a wäre im Fall $b \neq c$ ein Nullteiler. In einem Integritätsbereich heißt ein Element $r \neq 0$ *unzerlegbar* oder *irreduzibel*, wenn es keine Einheit ist und in jeder Faktorisierung $r = ab$ einer der beiden Faktoren eine Einheit ist. In $\mathbb{Z}$ ist ein unzerlegbares Element bis auf das Vorzeichen eine Primzahl. In Integritätsbereichen unterscheidet man Primelemente von unzerlegbaren Elementen. Dort heißt ein Element p *prim*, falls Folgendes gilt: Teilt p das Produkt ab, so teilt p mindestens einen der Faktoren. Weiterhin wird verlangt, dass $p \neq 0$ und keine Einheit ist. In $\mathbb{Z}$ sind die positiven und negativen Primzahlen genau die Primelemente. Ein Primelement eines Integritätsbereichs ist immer unzerlegbar, aber die Umkehrung gilt im Allgemeinen nicht. Zum Beispiel ist $\{a + b\sqrt{5}i \mid a, b \in \mathbb{Z}\}$ ein Unterring der komplexen Zahlen, in dem 2 unzerlegbar ist. Nun teilt 2 das Produkt $(1 + \sqrt{5}i)(1 - \sqrt{5}i) = 6$, teilt aber keinen der beiden Faktoren. In *ZPE-Ringen*, das sind Integritätsbereiche, in denen jedes von 0 verschiedene Element eine bis auf Reihenfolge und Multiplikation mit Einheiten eindeutige Faktorisierungen in unzerlegbare Elemente besitzt, sind allerdings alle unzerlegbaren Elemente prim. Dies gilt insbesondere in Hauptidealringen. Integritätsbereiche, die einen dem Euklidischen Algorithmus in $\mathbb{Z}$ (siehe Abschn. 3.1) analogen Teilbarkeitsalgorithmus zulassen, heißen *euklidische Ringe*. Euklidische Ringe sind Hauptidealringe, also auch ZPE-Ringe.

Bevor wir definieren, was ein Primideal ist, wollen wir festlegen, wie Ideale zu multiplizieren sind. Das Produkt IJ der Ideale I und J ist die Menge aller $r \in R$, die sich als endliche Summe von Elementen der Form ab mit $a \in I$ und $b \in J$ darstellen lassen. Dies ist ein in dem Ideal $I \cap J$ enthaltenes Ideal. Für Hauptideale aR und bR gilt $(aR)(bR) = (ab)R$, so dass die Idealmultiplikation die Multiplikation in R verallgemeinert. Die Multiplikation von Idealen ist assoziativ und kommutativ mit R als Einselement. In Analogie zur Definition eines Primelementes ist nun ein *Primideal* ein von R und $\{0\}$ verschiedenes Ideal $\mathcal{P}$, für das gilt: Teilt $\mathcal{P}$ das Ideal IJ, so teilt es mindestens eines von I und J. Nach Definition folgt also aus $IJ \subseteq \mathcal{P}$, dass $I \subseteq \mathcal{P}$ oder $J \subseteq \mathcal{P}$ gilt.

Der Vorteil, Elemente von R durch Ideale zu ersetzen, liegt darin, dass in für das Lösen diophantischer algebraischer Gleichungen (vgl. Abschn. 3.10) wichtigen Ringen sich jedes Ideal bis auf Reihenfolge eindeutig in ein Produkt von Primidealen zerlegen lässt, während sich Elemente oft nicht eindeutig in ein Produkt von unzerlegbaren Elementen zerlegen lassen. Oben haben wir ein Beispiel gesehen. Allgemeiner lassen sich Ideale in den Ringen ganzer Zahlen in Zahlkörpern eindeutig in ein Produkt von Primidealen zerlegen. Ein Zahlkörper ist eine endliche Erweiterung von $\mathbb{Q}$ in $\mathbb{C}$, d. h. ein Unterkörper K von $\mathbb{C}$, der als Vektorraum über seinem Primkörper $\mathbb{Q}$ endlich-dimensional ist. Ein Element aus K heißt ganz, wenn es Nullstelle eines Polynoms der Form $X^n + a_{n-1}X^{n-1} + \cdots + a_1 X + a_0$ ist, wobei alle a_i in $\mathbb{Z}$ sind. Die ganzen Elemente von K bilden einen Unterring von K, den *Ring der ganzen Zahlen in K*. (Zu algebraischen Zahlkörpern siehe auch den Abschn. 3.12.)

Noch allgemeiner lassen sich Ideale in *Dedekind-Ringen* eindeutig in Primideale zerlegen. Dabei ist ein Dedekind-Ring ein Integritätsbereich, in dem jede echt aufsteigende Folge von Idealen endlich ist (ein solcher Ring heißt *Noethersch*) und das einzige Ideal, das ein Primideal echt enthält, der ganze Ring ist (man sagt dafür auch, dass alle Primideale maximal sind).

6.6 Endlich erzeugte abelsche Gruppen

Ist E Teilmenge einer Gruppe G, so heißt die kleinste Untergruppe von G, die E enthält, die *von E erzeugte Untergruppe*. Die Elemente dieser Untergruppe sind genau die Elemente von G, die sich als endliches Produkt von Elementen aus E und deren Inversen schreiben lassen. (Wir vereinbaren, dass die von $\emptyset$ erzeugte Untergruppe $\{1\}$ ist.) Ist die von E erzeugte Untergruppe ganz G, so heißt E ein *Erzeugendensystem* von G, und G heißt *endlich erzeugt*, wenn G ein endliches Erzeugendensystem besitzt. Seit Mitte des letzten Jahrhunderts weiß man, dass es nicht möglich ist, endlich erzeugte Gruppen (sogar endlich präsentierbare Gruppen, eine echte Unterklasse der endlich erzeugten Gruppen) zu klassifizieren. Verlangt man aber zusätzlich, dass die Gruppen abelsch sind, so lassen sie sich bis auf Isomorphie einfach beschreiben.

Eine Gruppe G, die von einem Element erzeugt wird, heißt *zyklische Gruppe*. Ist e ein Erzeugendes, so hat jedes Element von G die Form e^n, $n \in \mathbb{Z}$ (vgl. Abschn. 6.1). Ist $e^n \neq 1_G$ für alle $n > 0$, so ist G isomorph zu $\mathbb{Z}$. Anderenfalls ist G isomorph zu $\mathbb{Z}/m\mathbb{Z}$, wobei m die kleinste positive ganze Zahl n ist, für die $e^n = 1_G$ ist. In jedem Fall ist eine zyklische Gruppe abelsch.

Üblicherweise nennt man die Verknüpfung in abelschen Gruppen „Addition" und benutzt das Pluszeichen als Verknüpfungssymbol. Dem schließen wir uns an, so dass wir anstelle von g^n jetzt $n \cdot g$ oder ng schreiben, wenn g Element einer abelschen Gruppe und $n \in \mathbb{Z}$ ist. Wie in Vektorräumen gibt es also in abelschen Gruppen eine Skalarmultiplikation, wobei die Skalare hierbei aus dem Ring der ganzen Zahlen stammen.

Zum Verständnis der Struktur der endlich erzeugten abelschen Gruppen ist der Begriff der *direkten Summe* abelscher Gruppen von zentraler Bedeutung. Es gibt ein analoges Konzept bei beliebigen Gruppen – es heißt dann direktes Produkt –, wir bleiben aber bei den abelschen Gruppen.

Als Menge ist die direkte Summe der abelschen Gruppen $A_1, \ldots, A_n$ das kartesische Produkt $A_1 \times \cdots \times A_n$. Die Addition geschieht komponentenweise wie z. B. im $\mathbb{R}^n$: $(a_1, \ldots, a_n) + (b_1, \ldots, b_n) = (a_1 + b_1, \ldots, a_n + b_n)$. Mit dieser Addition wird das kartesische Produkt zu einer abelschen Gruppe. Sie heißt die *direkte Summe von* $A_1, \ldots, A_n$ und wird mit $\bigoplus_{i=1}^n A_i$ oder $A_1 \oplus \cdots \oplus A_n$ bezeichnet. Sind alle $A_i = A$, so schreibt man für die direkte Summe inkonsequenterweise nicht $n \cdot A$, sondern A^n. Unter $n \cdot A$ oder einfacher nA versteht man die Untergruppe von A, deren Elemente n-fache von Elementen aus A sind. Als Beispiel kennen wir schon $n\mathbb{Z}$.

Es sei $e_i \in \mathbb{Z}^n$ das Element, dessen i-te Komponente 1 und dessen andere Komponenten alle 0 sind. Sind nun $a_1, \ldots, a_n$ irgendwelche Elemente einer abelschen Gruppe A, so gibt es genau einen Homomorphismus $f \colon \mathbb{Z}^n \to A$ mit $f(e_i) = a_i$, $i = 1, \ldots, n$. Das liegt daran, dass sich jedes Element von $\mathbb{Z}^n$ eindeutig als ganzzahlige Linearkombination der e_i, $i = 1, \ldots, n$, schreiben lässt. Ganz allgemein heißt ein Erzeugendensystem $\{b_1, \ldots, b_n\}$ einer abelschen Gruppe A *frei-abelsches Erzeugendensystem* oder in Anlehnung an die Begriffsbildung in Vektorräumen einfach (und kürzer) *Basis* von A, wenn sich jedes Element von A eindeutig als ganzzahlige Linearkombination der b_i schreiben lässt. Besitzt A eine Basis, so heißt A frei-abelsche Gruppe, und besteht die Basis aus n Elementen, so ist A zu $\mathbb{Z}^n$ isomorph. Für Menschen, die mit Vektorräumen vertrauter sind als mit Gruppen, lohnt es, sich $\mathbb{Z}^n$ als die Vektoren des $\mathbb{Q}^n$ vorzustellen, deren Koordinaten ganze Zahlen sind. Wir sehen dann, dass jede Basis von $\mathbb{Z}^n$ auch eine Basis des Vektorraums $\mathbb{Q}^n$ ist und somit aus n Elementen besteht. Weiter ist jede Basis der abelschen Gruppe $\mathbb{Z}^n$ Bild der Standardbasis $\{e_1, \ldots, e_n\}$ unter einer linearen Selbstabbildung von $\mathbb{Q}^n$, deren Matrix ganzzahlige Einträge und Determinante ± 1 hat.

Ist $\{a_1, \ldots, a_n\}$ ein Erzeugendensystem der abelschen Gruppe A, so ist der eindeutige Homomorphismus $f \colon \mathbb{Z}^n \to A$ mit $f(e_i) = a_i$, $i = 1, \ldots, n$, surjektiv, so dass A zur Faktorgruppe $\mathbb{Z}^n / f^{-1}(0_A)$ isomorph ist. Jede Untergruppe einer abelschen Gruppe ist Normalteiler, ist also Kern eines Homomorphismus. Es lohnt deshalb, sich einen Überblick über die Untergruppen von $\mathbb{Z}^n$ zu verschaffen.

Ist F eine Untergruppe von $\mathbb{Z}^n$, dann gibt es eine Basis $\{b_1, \ldots, b_n\}$ von $\mathbb{Z}^n$, eine nichtnegative ganze Zahl $k \leq n$ und positive ganze Zahlen $\tau_1, \ldots, \tau_k$, so dass für $1 \leq i < k$ die Zahl τ_i ein Teiler von τ_{i+1} ist und $\{\tau_1 b_1, \ldots, \tau_k b_k\}$ eine Basis von U ist. Insbesondere ist U eine frei-abelsche Gruppe. (Nach Übereinkunft ist die triviale Gruppe $\{0\}$ frei-abelsch mit $\emptyset$ als Basis.)

Die Aussage erinnert an die Tatsache, dass es für einen Unterraum U eines endlich-dimensionalen Vektorraums V eine Basis von V gibt, deren erste Elemente eine Basis von U ergeben. Bei abelschen Gruppen müssen wir nur beim Beweis vorsichtiger operieren, da der Quotient zweier ganzer Zahlen r und s nur dann eine ganze Zahl ergibt, wenn s ein Teiler von r ist.

Da es zu je zwei Basen einer frei-abelschen Gruppe einen Isomorphismus gibt, der die eine Basis auf die andere abbildet, können wir den Satz wie folgt umformulieren:

> Ist A eine von n Elementen erzeugte abelsche Gruppe, dann gibt es einen surjektiven Homomorphismus $f \colon \mathbb{Z}^n \to A$, dessen Kern F das k-Tupel $(\tau_1 e_1, \ldots, \tau_k e_k)$ als Basis hat. Dabei ist $0 \leq k \leq n$, und für $1 \leq i < k$ ist τ_i ein Teiler von τ_{i+1}.

Damit ist A isomorph zu $\mathbb{Z}^n / F$. Da die kanonische Abbildung $\mathbb{Z}^n = \mathbb{Z}^k \oplus \mathbb{Z}^{n-k} \to \mathbb{Z}/\tau_1\mathbb{Z} \oplus \cdots \oplus \mathbb{Z}/\tau_k\mathbb{Z} \oplus \mathbb{Z}^{n-k}$, die e_i für $1 \leq i \leq k$ auf die Restklasse 1 des i-ten Summanden und $\mathbb{Z}^{n-k}$ identisch abbildet, auch Kern F hat, haben wir folgendes Ergebnis.

> Jede endlich erzeugte abelsche Gruppe ist isomorph zu einer Gruppe der Form
>
> $$\mathbb{Z}^f \oplus \mathbb{Z}/\tau_1\mathbb{Z} \oplus \cdots \oplus \mathbb{Z}/\tau_k\mathbb{Z}.$$
>
> Dabei sind f und k ganze nichtnegative Zahlen, und die τ_i sind positive ganze Zahlen, bei denen jede die darauf folgende teilt. Mit f wird der Rang der Gruppe bezeichnet, die τ_i heißen Torsionskoeffizienten. Zwei isomorphe abelsche Gruppen haben denselben Rang und dieselben Torsionskoeffizienten.

Die letzte Aussage lässt sich aus der Betrachtung der von den Elementen endlicher Ordnung erzeugten Untergruppe E und der Untergruppen von E, die von Elementen einer gegebenen Ordnung erzeugt werden, gewinnen. Zum Beispiel ist τ_k die maximale Ordnung, die ein Element endlicher Ordnung haben kann, und sind $\tau_{l+1}, \ldots, \tau_k$ alle zu τ_k gleichen Torsionskoeffizienten, so hat die von allen Elementen der Ordnung τ_k erzeugte Untergruppe die Ordnung $\tau_k (k - l)$.

Der Sinn der Teilbarkeitsbedingungen der Torsionskoeffizienten wird klar, wenn man an den kanonischen Homomorphismus

$$\mathbb{Z}/(m_1 m_2 \cdots m_k)\mathbb{Z} \to \mathbb{Z}/m_1\mathbb{Z} \oplus \cdots \oplus \mathbb{Z}/m_k$$

denkt, der im Fall paarweise teilerfremder m_i ein Isomorphismus ist (Chinesischer Restsatz, siehe Abschn. 3.3).

Viele Autoren schreiben anstelle von $\mathbb{Z}/m\mathbb{Z}$ kürzer $\mathbb{Z}_m$. Da aber $\mathbb{Z}_m$ je nach Kontext stark unterschiedliche Bedeutung haben kann, sollte man sich immer vergewissern, was mit dem Symbol $\mathbb{Z}_m$ wirklich gemeint ist.

6.7 Quotientenkörper

Anlass, den Zahlbereich $\mathbb{Z}$ auf $\mathbb{Q}$ zu erweitern, ist der Wunsch, Gleichungen der Form $ax = b$ für $a \neq 0$ lösen zu können. In dem erweiterten Zahlbereich sollen dann wieder alle Gleichungen der Form $x + a = b$ und $cx = b$ für beliebige a, b und $c \neq 0$ eindeutig lösbar sein. Sollen in dem erweiterten Zahlbereich Addition und Multiplikation assoziativ und kommutativ sein und das Distributionsgesetz gelten, so läuft unser Problem darauf hinaus, den Ring $\mathbb{Z}$ in einen (möglichst kleinen) Körper einzubetten. Die rationalen Zahlen lassen sich in der Form m/n mit $m, n \in \mathbb{Z}$ und $n \neq 0$ darstellen, also als geordnete Paare (m, n) mit $m, n \in \mathbb{Z}$, $n \neq 0$. Die Darstellung ist erst nach Kürzen des Bruchs und Festlegen des Vorzeichens von n eindeutig.

Wollen wir allgemeiner einen kommutativen Ring R mit 1 in einen Körper einbetten, so können wir versuchen, analog vorzugehen. Zunächst müssen wir natürlich voraussetzen, dass R nullteilerfrei, also ein Integritätsbereich ist. Weiter ergibt Kürzen nur Sinn in Ringen, in denen die eindeutige Faktorisierung in unzerlegbare Elemente gilt, und größer und kleiner als 0 ist in den wenigsten Ringen definiert. Allerdings wurden diese Konzepte bei der Konstruktion der rationalen Zahlen aus den ganzen nicht wirklich benötigt. Denn die Brüche m/n und a/b sind genau dann gleich, wenn $mb = na$ ist. Dies legt folgende Konstruktion nahe.

Es sei R ein Integritätsbereich. Auf der Menge $M := \{(a, b) \in R \times R \mid b \neq 0\}$ führen wir die Relation „$(a, b) \sim (c, d)$ genau dann, wenn $ad = bc$ ist" ein. Dies ist eine Äquivalenzrelation. Reflexivität und Symmetrie sind klar. Gelten $(a, b) \sim (c, d)$ und $(c, d) \sim (e, f)$, so folgt aus den Gleichungen $ad = bc$ und $cf = de$ die Gleichung $afcd = becd$. Ist $cd \neq 0$, so folgt $af = be$, da R nullteilerfrei ist. Ist $cd = 0$, so ist $c = 0$, also wegen $d \neq 0$ auch $a = 0 = e$. Daher gilt auch in diesem Fall $af = eb$, so dass in jedem Fall $(a, b) \sim (e, f)$ gilt.

Auf M definieren wir eine Addition durch $(a, b) + (c, d) = (ad + cb, bd)$ und eine Multiplikation durch $(a, b)(c, d) = (ac, bd)$. Da R nullteilerfrei ist, ist $bd \neq 0$, so dass die Definitionen sinnvoll sind. Man sieht leicht, dass Addition und Multiplikation mit der Äquivalenzrelation verträglich sind. Ist z. B. $(a, b) \sim (a', b')$, also $ab' = ba'$, so gilt $(ad + cb)(b'd) = (bd)(a'd + cb')$, also $(a, b) + (c, d) \sim (a', b') + (c, d)$.

Addition und Multiplikation auf M induzieren daher eine Addition und Multiplikation auf der Menge K der Äquivalenzklassen, die K zu einem kommutativen Ring mit Einselement $(1, 1)$ macht. Die Abbildung $j : R \to K$, $j(r) = (r, 1)$ ist ein injektiver Ringhomomorphismus, und ist $a \neq 0$, so ist (b, a) das Inverse von (a, b), da $(ba, ab) \sim (1, 1)$. Also ist K ein Körper, der (ein isomorphes Bild von) R enthält. Hat $r \in R$ in R ein Inverses s, so ist $(s, 1) \sim (1, r)$, so dass wir nur dann für $r \in R$ ein „neues" Inverses in K konstruieren, wenn r in R nicht invertierbar ist.

Ist insbesondere R schon ein Körper, so ist $(a, b) \sim (ab^{-1}, 1)$, so dass $j\colon R \to K$ ein Isomorphismus ist.

Wir nennen K den *Quotientenkörper von R*. K hat folgende Eigenschaft: Ist $i\colon R \to L$ eine Einbettung von R in einen Körper L, so gibt es einen Körperhomomorphismus $f\colon K \to L$ mit $i = f \circ j$. Da nichttriviale Körperhomomorphismen stets injektiv sind (siehe Abschn. 6.3), ist K bis auf Isomorphie der kleinste Körper, in den sich R einbetten lässt.

Die Elemente des Quotientenkörpers eines Rings R schreibt man in Anlehnung an die rationalen Zahlen in der Form a/b und meint damit die Äquivalenzklasse des Paares (a, b).

Ein in der Algebra häufiger auftauchender Quotientenkörper ist $K(X)$, der Körper der rationalen Funktionen in einer Variablen über dem Körper K. Es ist der Quotientenkörper des Polynomrings $K[X]$, mit dem wir uns im nächsten Abschnitt näher beschäftigen.

6.8 Polynome

Im Folgenden sei K ein Körper. Ein *Polynom* (in einer Variablen X) über K ist ein Ausdruck P der Form

$$a_n X^n + a_{n-1} X^{n-1} + \cdots + a_1 X + a_0, \quad a_i \in K,\ i = 0, 1, \ldots, n.$$

Die a_i nennt man die *Koeffizienten* von P. Der *Grad* von P ist das größte j mit $a_j \neq 0$. Sind alle $a_i = 0$, so bekommt P den Grad $-\infty$. Für ein Polynom P wie oben setzen wir $a_i = 0$ für $i > n$. Somit hat jedes Polynom unendlich viele Koeffizienten, von denen aber höchstens endlich viele von 0 verschieden sind. Der von 0 verschiedene Koeffizient mit höchstem Index heißt höchster Koeffizient des Polynoms. Die Menge aller Polynome über K bezeichnen wir mit $K[X]$. Die Polynome vom Grad 0 und $-\infty$ heißen konstant.

Nach Definition sind zwei Polynome über K genau dann gleich, wenn alle Koeffizienten übereinstimmen. Da (nach unserer Vereinbarung über Ringe mit 1) jeder Körper mindestens zwei Elemente besitzt, ist $K[X]$ immer unendlich. Es ist deshalb Vorsicht geboten, will man, wie wir das aus der Analysis gewohnt sind, ein Polynom P als Abbildung von K nach K auffassen, die das Element $x \in K$ auf $P(x) = a_n x^n + \cdots + a_0 \in K$ abbildet. Denn ist K ein endlicher Körper, so ist die Menge aller Abbildungen von K nach K endlich. Ist z. B. $K = \mathbb{Z}/2\mathbb{Z}$, so ist jede durch ein Polynom aus $(\mathbb{Z}/2\mathbb{Z})[X]$ definierte Abbildung $\mathbb{Z}/2\mathbb{Z} \to \mathbb{Z}/2\mathbb{Z}$ gleich einer der vier Abbildungen, die durch Polynome aus $(\mathbb{Z}/2\mathbb{Z})[X]$ vom Grad höchstens 1 beschrieben werden. Wir werden allerdings am Ende des Abschnitts sehen, dass die Abbildung, die einem Polynom aus $K[X]$ die durch das Polynom definierte Abbildung von K in K zuordnet, für unendliche Körper injektiv ist, wir also für Körper wie $\mathbb{Q}$, $\mathbb{R}$ oder $\mathbb{C}$ durchaus die Polynome mit ihren induzierten Abbildungen identifizieren dürfen. Für ein Polynom P über K bezeichnen wir die zugehörige Abbildung von K in sich mit $\hat{P}$.

Man addiert zwei Polynome, indem man ihre Koeffizienten addiert. Das Produkt der Polynome $P = a_n X^n + \cdots + a_0$ und $Q = b_m X^m + \cdots + b_0$ ist das Polynom $R = c_{n+m} X^{n+m} + \cdots + c_0$ mit $c_k = \sum_{i=0}^{k} a_i b_{k-i}$, $k = 0, \ldots, n + m$. Das Produkt von P und Q entsteht also durch distributives Ausmultiplizieren von $(a_n X^n + \cdots + a_0)(b_m X^m + \cdots + b_0)$ und anschließendes Zusammenfassen der Terme mit demselben X-Exponenten, wobei für $a, b \in K$ die Gleichung $(a X^i)(b X^j) = (ab) X^{i+j}$ gilt. Mit dieser Addition und Multiplikation wird $K[X]$ zu einem kommutativen Ring mit dem konstanten Polynom 1 als Einselement, und die Zuordnung $P \mapsto \hat{P}$ ist ein Ringhomomorphismus.

Für den Grad von Summe und Produkt gilt: $\operatorname{Grad}(P + Q) \leq \max\{\operatorname{Grad} P,\ \operatorname{Grad} Q\}$, Gleichheit gilt, wenn die Grade von P und Q verschieden sind; $\operatorname{Grad}(PQ) = \operatorname{Grad} P + \operatorname{Grad} Q$.

Das X in der Schreibweise für ein Polynom ist eigentlich überflüssig; es kommt nur auf die Koeffizienten an. Formal ist ein Polynom eine Folge $(a_i)_{i \geq 0}$ mit höchstens endlich vielen von 0 verschiedenen Gliedern, und Folgen werden addiert wie gewohnt, nur ist die Multiplikation anders. Unsere Schreibweise suggeriert, dass wir in das X Elemente r eines K enthaltenden Ringes R einsetzen können und ein neues Element $P(r) \in R$ erhalten. Ob man die Variable (sie wird oft auch *Unbestimmte* genannt) X oder irgendetwas anderes nennt, spielt keine Rolle. Die Ringe $K[X]$ und $K[T]$ sind für uns identisch, die Schreibweise gibt nur vor, wie die Variable bezeichnet wird. Wir werden allerdings X mit dem Polynom $1X \in K[X]$ identifizieren. Dann ist $K[X]$ ein K-Vektorraum mit Basis $\{X^n \mid n \geq 0\}$, wobei wie üblich $X^0 = 1$ gesetzt wird. $K[X]$ ist der kleinste Unterring von $K[X]$, der die Konstanten und X enthält.

Die wichtigste Eigenschaft von $K[X]$ ist, dass dort eine Division mit Rest wie bei den ganzen Zahlen existiert, $K[X]$ also ein euklidischer Ring ist (siehe Abschn. 6.5). Es gilt nämlich Folgendes:

> Es seien $P, S \in K[X]$ mit $S \neq 0$. Dann existieren eindeutig bestimmte $Q, R \in K[X]$ mit $P = QS + R$ und $\operatorname{Grad} R < \operatorname{Grad} S$.

Q ist der „Quotient" und R der Rest.

Ist $m := \operatorname{Grad} S > \operatorname{Grad} P =: n$, so ist $Q = 0$ und $R = P$. Ist $m \leq n$, so ist Q ein Polynom vom Grad $n - m$, und seine Koeffizienten $c_{n-m}, \ldots, c_0$ ergeben sich rekursiv durch Koeffizientenvergleich von P und QS: Das Polynom Q wird so bestimmt, dass die Koeffizienten $d_n, d_{n-1}, \ldots, d_m$ von QS mit den entsprechenden Koeffizienten von P übereinstimmen. Zum Beispiel ist $c_{n-m} = a_n / b_m$ und $c_{n-m-1} = a_{n-1}/b_m - a_n b_{m-1}/b_m^2$, wenn a_i bzw. b_j die Koeffizienten von P bzw. S sind. Hat man alle Koeffizienten von Q bestimmt, so ist $R = P - QS$.

Aus der Division mit Rest folgt unmittelbar, dass $K[X]$, wie jeder euklidische Ring, ein Hauptidealring ist. Denn sei $J \subseteq K[X]$ ein von $\{0\}$ verschiedenes Ideal.

Dann gibt es in J genau ein von 0 verschiedenes Polynom S kleinsten Grades mit höchstem Koeffizienten 1. Ist nun $P \in J$ ein von 0 verschiedenes Polynom, so gibt es Q und R mit $P = QS + R$ und Grad $R <$ Grad S. Da mit $P, Q \in J$ auch $R \in J$ ist, ist $R = 0$, also $P \in K[X] \cdot S$. Somit ist $J = K[X] \cdot S$ ein Hauptideal.

Es folgt, dass in $K[X]$ jedes nichtkonstante Polynom eindeutig bis auf Reihenfolge und Multiplikation mit Konstanten (also den Elementen aus K) in ein Produkt von unzerlegbaren Polynomen zerlegt werden kann und jedes unzerlegbare Polynom ein Primelement ist. Üblicherweise heißen die unzerlegbaren Polynome *irreduzibel*. Weiter gilt, dass $K[X] \cdot P$ für jedes irreduzible P ein maximales Ideal ist, d. h. maximal unter den von $K[X]$ verschiedenen Idealen von $K[X]$ ist. Denn ist $P \in K[X] \cdot S \neq K[X]$, so existiert Q mit $P = QS$, und Grad $S > 0$. Da P prim ist, teilt P entweder Q oder S. Also hat eines von Q und S mindestens den Grad von P. Dann muss Q konstant sein, und damit sind die von P und S erzeugten Hauptideale gleich.

Wir folgern, dass für jedes irreduzible Polynom $P \in K[X]$ der Quotientenring $K[X]/(K[X] \cdot P)$ ein Körper ist. Denn ganz allgemein gilt: *Ist J ein maximales Ideal in dem kommutativen Ring R mit 1, dann ist R/J ein Körper.*

Im Allgemeinen ist es schwierig zu entscheiden, ob ein Polynom irreduzibel ist. Für ganzzahlige Polynome gibt es das *Eisensteinkriterium*:

$P = a_n X^n + \cdots + a_0$ sei ein Polynom mit ganzzahligen Koeffizienten. Gibt es eine Primzahl p, so dass $a_i \equiv 0 \bmod p$ für $i \neq n$, $a_n \not\equiv 0 \bmod p$ und $a_0 \not\equiv 0 \bmod p^2$, dann ist P irreduzibel über $\mathbb{Q}$.

Dies kann man benutzen, um zu zeigen, dass für primes p das p-te Kreisteilungspolynom $P(X) = X^{p-1} + X^{p-2} + \cdots + X + 1$ über $\mathbb{Q}$ irreduzibel ist: Man ersetze X durch $Y + 1$. Auf das resultierende Polynom Q in Y lässt sich das Eisensteinkriterium anwenden. Damit ist P unzerlegbar, da anderenfalls auch Q zerlegbar wäre.

Eine *Nullstelle* des Polynoms $P \in K[X]$ ist ein Element $a \in K$ mit $\hat{P}(a) = 0$. Ist a Nullstelle von P, so gibt es ein Polynom Q, so dass $P(X) = Q(X)(X - a)$. Dies folgt aus der Division von P durch $X - a$. Der Rest R, der höchstens Grad 0 haben kann, ist gleich 0, weil $\hat{P}(a) = \hat{Q}(a)(a - a) = 0$ ist. Es folgt, dass ein Polynom vom Grad $n \geq 0$ höchstens n Nullstellen hat. Sind P und Q Polynome vom Grad höchstens n, so dass $\hat{P}$ und $\hat{Q}$ für $n + 1$ verschiedene Elemente von K denselben Wert annehmen, so hat $P - Q$ höchstens den Grad n und mindestens $n + 1$ Nullstellen. Also ist $P - Q = 0$, d. h. $P = Q$. Damit ist für unendliche Körper K die Abbildung $P \mapsto \hat{P}$ eine injektive Abbildung von $K[X]$ in den Ring aller Selbstabbildungen von K.

6.9 Körpererweiterungen

Eine Körpererweiterung des Körpers K ist ein Körper L, der K als Unterkörper enthält. Wir schreiben dafür $L : K$. Die Einschränkung der Multiplikation von L auf $K \times L$ macht L zu einem K-Vektorraum. Die Dimension von L über K heißt der Grad $[L : K]$ von $L : K$. Die Erweiterung heißt *endlich*, wenn ihr Grad endlich ist, sonst heißt sie unendlich. Der Körper $K(X)$ der rationalen Funktionen über K (siehe Abschn. 6.7) ist ein Beispiel einer unendlichen Erweiterung von K. Ein Element von L heißt *algebraisch (über K)*, falls es Nullstelle eines von 0 verschiedenen Polynoms mit Koeffizienten in K ist. $L : K$ heißt *algebraisch*, wenn jedes Element von L über K algebraisch ist.

Jede endliche Erweiterung $L : K$ ist algebraisch. Denn ist $a \in L$, so gibt es ein $n \in \mathbb{N}$, so dass $1, a, a^2, \ldots, a^n$ linear abhängig sind; also gibt es $a_i \in K$ mit $a_n a^n + \cdots + a_1 a + a_0 = 0$. Ist $L : K$ eine Erweiterung und sind $a_1, \ldots, a_k \in L$, so bezeichnen wir mit $K(a_1, \ldots, a_k)$ den kleinsten Unterkörper von L, der K und $a_1, \ldots, a_k$ enthält. Ist $L : K$ endlich, so gibt es immer $a_1, \ldots, a_k \in L$ mit $L = K(a_1, \ldots, a_k)$. In Abschn. 2.9 haben wir die unendliche Erweiterung $\overline{\mathbb{Q}} : \mathbb{Q}$ aller algebraischen komplexen Zahlen über $\mathbb{Q}$ kennengelernt. Diese Erweiterung ist maximal unter den algebraischen Erweiterungen von $\mathbb{Q}$ und heißt der *algebraische Abschluss* von $\mathbb{Q}$. Ganz allgemein besitzt jeder Körper einen algebraischen Abschluss.

Für jedes algebraische $a \in L$ gibt es genau ein Polynom P kleinsten Grades über K mit $P(a) = 0$ und höchstem Koeffizienten 1. Es ist irreduzibel und heißt *Minimalpolynom* von a. Ist $f \colon K[X] \to K(a)$ der durch $X \mapsto a$ definierte Ringhomomorphismus, so ist der Kern von f das Ideal $K[X] \cdot P$ und der von f induzierte Ringhomomorphismus $K[X]/(K[X] \cdot P) \to K(a)$ ein Isomorphismus von Körpern.

Sei umgekehrt $P \in K[X]$ ein irreduzibles Polynom vom Grad größer als 1. Dann gibt es einen Oberkörper $L = K(a)$ von K, so dass a eine Nullstelle von P ist, nämlich $L = K[X]/(K[X] \cdot P)$. Die Nebenklasse $a := X + K[X] \cdot P$ ist eine Nullstelle von P. Man sagt dann, dass $K(a)$ durch Adjungieren der Nullstelle a von P aus K entstanden ist.

Ist $a \in L$ nicht algebraisch (über K), so heißt a *transzendent* (über K). Ist $a \in L$ transzendent, so ist der durch $X \mapsto a$ definierte Ringhomomorphismus $f \colon K[X] \to K(a)$ injektiv und induziert einen Isomorphismus $\bar{f} \colon K(X) \to K(a)$. Man nennt dann $K(a) : K$ eine *einfache transzendente Erweiterung*.

Zwei Körpererweiterungen $L : K$ und $M : K$ heißen isomorph, wenn es einen Isomorphismus von L auf M gibt, der jedes Element von K auf sich selbst abbildet. Da nach dem Fundamentalsatz der Algebra (Abschn. 2.4) jedes Polynom mit komplexen Koeffizienten über $\mathbb{C}$ in Linearfaktoren zerfällt, ist jede algebraische, insbesondere jede endliche Erweiterung eines Unterkörpers von $\mathbb{C}$ isomorph zu einem Unterkörper von $\mathbb{C}$. Das hilft unserer Vorstellung.

Im übernächsten Abschnitt werden wir uns etwas intensiver mit endlichen Körpererweiterungen beschäftigen und einige Beispiele kennenlernen.

6.10 Konstruktionen mit Zirkel und Lineal

Gegeben sei ein Kreis der euklidischen Ebene. Lässt sich allein mit Hilfe von Zirkel und Lineal ein flächengleiches Quadrat konstruieren? Dies ist das berühmte, schon von den Griechen gestellte Problem der *Quadratur des Kreises*. Zwei weitere Probleme haben den Griechen Kopfschmerzen bereitet: die Dreiteilung von Winkeln und die Volumenverdopplung eines Würfels, jeweils mit Zirkel und Lineal. Zur Präzisierung des Problems müssen wir uns darüber einigen, was „mit Hilfe von Zirkel und Lineal konstruieren" bedeutet.

Zunächst: Die Eingabedaten der Probleme sind Punktmengen der Ebene. Ein Kreis ist gegeben durch zwei Punkte; der eine davon ist der Mittelpunkt, der zweite bestimmt durch seinen Abstand zum ersten den Radius. Ändert man die Reihenfolge der Punkte, so erhält man einen flächengleichen Kreis. Ebenso bestimmen zwei Punkte die Länge der Kante eines Würfels, und drei Punkte bestimmen den Kosinus eines Winkels, wenn wir festlegen, welcher Punkt der Scheitelpunkt ist.

Es sei M eine Teilmenge der euklidischen Ebene. Eine Gerade von M ist eine Gerade durch zwei verschiedene Punkte von M. Ein Kreis von M ist ein Kreis mit Mittelpunkt in M, dessen Radius der Abstand zweier (nicht notwendig verschiedener) Punkte von M ist. Wir sagen, dass ein Punkt P der Ebene in einem Schritt mit Hilfe von Zirkel und Lineal aus M entsteht, wenn P Schnittpunkt zweier verschiedener Geraden, zweier verschiedener Kreise oder eines Kreises und einer Geraden von M ist. Ein Punkt P der Ebene entsteht aus einer Menge M mit Hilfe von Zirkel und Lineal, wenn es eine endliche Folge $P_1, \ldots, P_k = P$ gibt, so dass für $i = 1, \ldots, k$ der Punkt P_i in einem Schritt aus $M \cup \{P_1, \ldots, P_{i-1}\}$ mit Hilfe von Zirkel und Lineal entsteht. Wir nehmen immer an, dass M mindestens zwei Punkte enthält, da aus einer einpunktigen Menge durch Zirkel und Lineal nur der Punkt selbst reproduziert wird.

Durch das Einführen von kartesischen Koordinaten werden unsere geometrischen Probleme algebraischen Argumenten zugänglich: Ist M eine Teilmenge, so sei K_M der kleinste Unterkörper von $\mathbb{R}$, der die Koordinaten aller Punkte aus M enthält. Dabei richten wir das Koordinatensystem so ein, dass $(0,0)$ und $(1,0)$ Punkte von M sind. Kreise in M erfüllen Gleichungen der Form $(x - x_0)^2 + (y - y_0)^2 = (x_2 - x_1)^2 + (y_2 - y_1)^2$ mit $(x_i, y_i) \in M$, $i = 0, 1, 2$, und Geraden in M lineare Gleichungen mit Koeffizienten in K_M. Die Koordinaten eines Schnittpunkts zweier Kreise, eines Kreises mit einer Geraden oder zweier Geraden von M sind also Nullstellen eines Polynoms vom Grad 2 oder 1 mit Koeffizienten in K_M. Es folgt: Entsteht $P = (a, b)$ aus M in einem Schritt mit Hilfe von Zirkel und Lineal, so sind die Grade $[K_M(a) : K_M]$ und $[K_M(b) : K_M]$ 2 oder 1. Mittels vollständiger Induktion erhalten wir: *Entsteht (a, b) aus M mit Hilfe von Zirkel und Lineal, so ist $[K_M(a, b) : K_M]$ eine Potenz von 2.* Denn sind $L : K$ und $Q : L$ endliche Erweiterungen, so gilt $[Q : K] = [Q : L] \cdot [L : K]$.

Damit lässt sich nun einfach zeigen, dass die zu Beginn des Abschnitts angesprochenen Probleme nicht lösbar sind.

Die Verdopplung des Würfels läuft darauf hinaus, mit Hilfe von Zirkel und Lineal aus $M = \{(0,0),(1,0)\}$ zwei Punkte mit Abstand $\sqrt[3]{2}$ zu konstruieren. Dann lässt sich natürlich auch $(\sqrt[3]{2},0)$ konstruieren. Können wir das, dann ist der Grad von $\mathbb{Q}(\sqrt[3]{2})$ eine Potenz von 2. Aber $\sqrt[3]{2}$ ist Nullstelle von $X^3 - 2$. Das Eisensteinkriterium aus Abschn. 6.8 zeigt, dass dieses Polynom irreduzibel über $\mathbb{Q}$ ist. Daher ist $\{1, \sqrt[3]{2}, (\sqrt[3]{2})^2\}$ eine Basis von $\mathbb{Q}(\sqrt[3]{2})$ über $\mathbb{Q}$, und $[\mathbb{Q}(\sqrt[3]{2}):K]$ ist 3 und keine Potenz von 2.

Den Winkel $\pi/3$ kann man leicht aus $\{(0,0),(1,0)\}$ konstruieren, da $\cos(\pi/3) = 1/2$ ist. Lässt sich $\pi/3$ dreiteilen, dann können wir $(\cos(\pi/9),0)$, also auch $(a,0)$ mit $a = 2\cos(\pi/9)$ konstruieren. Geht das, so ist $[\mathbb{Q}(a):\mathbb{Q}]$ eine Potenz von 2. Zweimaliges Anwenden des Additionstheorems $\cos(\alpha + \beta) = \cos(\alpha)\cos(\beta) - \sin(\alpha)\sin(\beta)$ auf $\cos(\pi/9 + \pi/9 + \pi/9)$ zeigt, dass a Nullstelle von $P = X^3 - 3X - 1$ ist. Da $Q(Y) := P(Y+1) = Y^3 + 3Y^2 - 3$ wegen des Eisensteinkriteriums irreduzibel ist, ist P irreduzibel. Wir erhalten also wieder $[K(a):K] = 3$.

Schließlich lässt sich ein zum Einheitskreis flächengleiches Quadrat konstruieren, wenn wir aus $\{(0,0),(1,0)\}$ den Punkt $(\sqrt{\pi},0)$ konstruieren können. Damit wäre $\sqrt{\pi}$ algebraisch über $\mathbb{Q}$, also auch π algebraisch über $\mathbb{Q}$. Nach einem berühmten Satz von Lindemann ist aber π nicht algebraisch, sondern wie die Euler'sche Zahl e transzendent (vgl. Abschn. 2.10).

6.11 Galoistheorie

Im vorigen Abschnitt haben wir nur die Tatsache, dass ein Oberkörper von K ein K-Vektorraum ist, genutzt, um zu zeigen, dass gewisse geometrische Probleme mit Zirkel und Lineal nicht lösbar sind. Die wesentliche neue Idee von É. Galois war, bei der Untersuchung von Körpererweiterungen deren Symmetriegruppen miteinzubeziehen. Zu Galois' Lebzeiten war das Konzept der Gruppe noch nicht geklärt. Umso erstaunlicher sind daher seine Ergebnisse, die ein lange offenes zentrales Problem vollständig klärten, nämlich die Frage, wann eine polynomiale Gleichung durch Radikale gelöst werden kann. Die Antwort liegt in der Struktur der Symmetriegruppe einer dem Polynom zugeordneten Körpererweiterung. Über dieses phantastische Ergebnis, eilig aufgeschrieben 1832 in der Nacht vor einem für Galois tödlichen Duell, berichten wir im nächsten Abschnitt. Hier behandeln wir die zugrundeliegende Theorie, die auf einer bestechend einfachen Idee beruht. Sie hat neben der erwähnten Anwendung auf Radikallösungen von Polynomen viele weitere Anwendungen, was auch Galois bewusst war, und zählt zum Rüstzeug jedes Algebraikers.

Im Folgenden seien alle Erweiterungen endlich.

Ist $L:K$ eine Erweiterung, so ist die Menge aller Automorphismen von L, die K elementweise festhalten, eine Untergruppe der Gruppe aller Automorphismen von L. Wir bezeichnen diese Gruppe mit $G_{L:K}$ und nennen sie die *Galoisgruppe der Erweiterung $L:K$*. Einen Körper M mit $K \subseteq M \subseteq L$ nennen wir *Zwischenkörper von $L:K$*. Ist M Zwischenkörper von $L:K$, so ist $G_{L:M}$ Untergruppe von $G_{L:K}$. Ist umgekehrt U eine Untergruppe von $G_{L:K}$, so ist die Menge aller Elemente von

L, die von allen Automorphismen $g \in U$ auf sich abgebildet, also festgehalten werden, ein Zwischenkörper von $L : K$. Wir nennen ihn den *Fixkörper* von U und bezeichnen ihn mit $\mathrm{Fix}(U)$. Bezeichnen wir die Menge der Zwischenkörper von $L : K$ mit $\mathcal{Z}$ und die Menge aller Untergruppen von $G_{L:K}$ mit $\mathcal{U}$, so erhalten wir damit zwei Abbildungen

$$G_{L:-}\colon\quad \mathcal{Z} \to \mathcal{U}, \quad M \mapsto G_{L:M},$$
$$\mathrm{Fix}\colon\quad \mathcal{U} \to \mathcal{Z}, \quad U \mapsto \mathrm{Fix}(U).$$

Das Hauptergebnis der Galoistheorie besagt, dass für gewisse Erweiterungen $L : K$ diese Abbildungen bijektiv und zueinander invers sind.

Nach Definition von $G_{L:K}$ gilt $K \subseteq \mathrm{Fix}(G_{L:K})$. Damit K als Fixkörper einer Untergruppe von $G_{L:K}$ auftritt, muss also $\mathrm{Fix}(G_{L:K}) = K$ gelten. Eine solche Erweiterung nennen wir *galoissch*, denn es gilt:

Fundamentalsatz der Galoistheorie

Es sei $L : K$ eine endliche galoissche Erweiterung, $\mathcal{Z}$ die Menge der Zwischenkörper von $L : K$ und $\mathcal{U}$ die Menge der Untergruppen von $G_{L:K}$. Dann gilt:

(i)   Die Abbildungen $G_{L:-}\colon \mathcal{Z} \to \mathcal{U}$ und $\mathrm{Fix}\colon \mathcal{U} \to \mathcal{Z}$ sind zueinander inverse Bijektionen.

(ii) Für $M \in \mathcal{Z}$ gilt $[M : K] = [G_{L:K} : G_{L:M}]$, d. h., der Grad von M über K ist gleich dem Index von $G_{L:M}$ in $G_{L:K}$.

(iii) $M : K$ ist genau dann galoissch, wenn $G_{L:M}$ ein Normalteiler von $G_{L:K}$ ist, und dann ist $G_{M:K}$ isomorph zur Quotientengruppe $G_{L:K}/G_{L:M}$.

Für jedes $U \in \mathcal{U}$ gilt $U \subseteq G_{L:\mathrm{Fix}(U)}$, da nach Definition von $\mathrm{Fix}(U)$ jedes Element von U den Zwischenkörper $\mathrm{Fix}(U)$ elementweise festhält. Ebenso gilt für jeden Zwischenkörper M, dass $M \subseteq \mathrm{Fix}(G_{L:M})$ ist. Gleichheit in der letzten Inklusion ist nach Definition gleichbedeutend damit, dass $L : M$ galoissch ist. Deswegen ist es nützlich zu erkennen, welche Erweiterungen galoissch sind.

Dass nicht alle Erweiterungen galoissch sind, zeigt das Beispiel $\mathbb{Q}(\sqrt[3]{2}) : \mathbb{Q}$, wobei mit $\sqrt[3]{2}$ die reelle dritte Wurzel von 2 gemeint ist. Jeder Automorphismus von $\mathbb{Q}(\sqrt[3]{2})$ muss $\sqrt[3]{2}$ auf eine dritte Wurzel von 2 abbilden. Es gibt aber nur eine in $\mathbb{Q}(\sqrt[3]{2})$. Da jeder Körperautomorphismus den Primkörper festhält, besteht $G_{\mathbb{Q}(\sqrt[3]{2}):\mathbb{Q}}$ nur aus der Identität, so dass $\mathrm{Fix}(G_{\mathbb{Q}(\sqrt[3]{2}):\mathbb{Q}}) = \mathbb{Q}(\sqrt[3]{2}) \neq \mathbb{Q}$ ist.

Ist $L = K(a)$ und f das Minimalpolynom von a, so muss jedes Element von $G_{L:K}$ das Element a wieder auf eine Nullstelle von f abbilden. Denn die Elemente von $G_{L:K}$ halten die Koeffizienten von f fest, und a ist Nullstelle von f. Da jedes Element von $K(a)$ Linearkombination von Potenzen von a ist, ist ein Element $\alpha \in G_{L:K}$ durch $\alpha(a)$ festgelegt, und eine solche Festlegung definiert auch ein Element von $G_{L:K}$. Die Anzahl der Elemente in $G_{L:K}$ ist also gleich der Anzahl der Nullstellen von f in L. Nun gilt folgender Satz:

Es sei G eine n-elementige Gruppe von Automorphismen des Körpers M.
Dann gilt $[M : \mathrm{Fix}(G)] = n$.

Der Beweis des Satzes nutzt nur Standardkenntnisse über das Lösen linearer
Gleichungssysteme (siehe Abschn. 5.4) und die Tatsache, dass jede Menge von Automorphismen von L linear unabhängig ist im L-Vektorraum aller Abbildungen von
L nach L mit punktweiser Addition und Skalarmultiplikation.

Nun ist $[K(a) : K] = \mathrm{Grad}\, f$. Also ist $K(a) : K$ genau dann galoissch, wenn f
genau $\mathrm{Grad}\, f$ viele verschiedene Nullstellen in $K(a)$ hat, also genau dann, wenn f
in $K(a)$ in Linearfaktoren zerfällt, von denen keine zwei gleich sind.

Dies legt folgende Begriffe nahe. Die Erweiterung $L : K$ heißt *normal*, wenn
jedes irreduzible Polynom f aus $K[X]$ mit einer Nullstelle in L über L schon
ganz in Linearfaktoren zerfällt, also wenn das Minimalpolynom $f_a \in K[X]$ jedes
Elements $a \in L$ über L in Linearfaktoren zerfällt. Die normale Erweiterung $L : K$
heißt *separabel*, wenn für alle $a \in L$ diese Linearfaktoren paarweise verschieden
sind.

Separabilität lässt sich für beliebige algebraische Erweiterungen definieren, aber
wir benötigen dies nicht. Hat K die Charakteristik 0, so ist jede algebraische Erweiterung von K separabel.

Folgendes Ergebnis ist dann nicht überraschend:

Eine endliche Erweiterung $L : K$ ist genau dann galoissch, wenn sie normal
und separabel ist.

Mit dieser Aussage und obigem Satz ist der Beweis des Fundamentalsatzes nicht
mehr schwer. Wir haben z. B. gesehen, dass für einen Zwischenkörper M die Gleichung $\mathrm{Fix} \circ G_{L:-}(M) = M$ gilt, wenn $L : M$ galoissch ist. Sei also $a \in L$.
Da $L : K$ nach Annahme galoissch, also normal und separabel ist, zerfällt das
Minimalpolynom von a über K in L in lauter verschiedene Linearfaktoren. Das
Minimalpolynom g von a über M ist ein Teiler von f, aufgefasst als Polynom über
M, und zerfällt deshalb in L auch in lauter verschiedene Linearfaktoren. Also ist
$L : M$ galoissch, und wir erhalten die Gleichung $\mathrm{Fix} \circ G_{L:-} = \mathrm{id}_Z$.

Die Beziehung $U \subseteq G_{L:\mathrm{Fix}(U)}$ folgt, wie schon oben bemerkt, aus der Definition
von $\mathrm{Fix}(U)$. Aus der Tatsache, dass für jeden Zwischenkörper M, also auch für
$\mathrm{Fix}(U)$, die Erweiterung galoissch ist, folgt mit Hilfe obigen Satzes die Gleichung
$|U| = |G_{L:\mathrm{Fix}(U)}|$ und damit die Gleichheit von U und $G_{L:\mathrm{Fix}(U)}$. Das bedeutet, dass
$G_{L:-} \circ \mathrm{Fix} = \mathrm{id}_U$ gilt, und Aussage (i) ist bewiesen.

Die Beweise von (ii) und (iii) sind von ähnlichem Schwierigkeitsgrad.

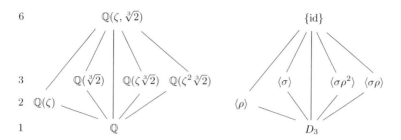

Abb. 6.2 Zwischenkörper der Körpererweiterung $\mathbb{Q}(\zeta, \sqrt[3]{2}) : \mathbb{Q}$ und Untergruppen ihrer Galoisgruppe

Als Beispiel besprechen wir kurz die Erweiterung $\mathbb{Q}(\zeta, \sqrt[3]{2}) : \mathbb{Q}$, wobei $\zeta = e^{\frac{2\pi i}{3}} = \frac{1}{2}(-1 + \sqrt{3}i)$ eine der beiden von 1 verschiedenen dritten Einheitswurzeln ist. Wir werden sehen, dass D_3, die 6-elementige Symmetriegruppe des gleichseitigen Dreiecks, die Galoisgruppe dieser Erweiterung ist. Wer als Galoisgruppe die 12-elementige Diedergruppe D_6 bevorzugt, deren Gruppentafel in Abb. 6.1 zu sehen ist, kann sich mit $\mathbb{Q}(\zeta, \sqrt[6]{2}) : \mathbb{Q}$ auseinandersetzen. Die Gruppe D_6 hat allerdings schon recht viele Untergruppen, daher unsere Beschränkung auf D_3.

Wir wissen schon, dass $\mathbb{Q}(\sqrt[3]{2})$ über $\mathbb{Q}$ Grad 3 hat und in $\mathbb{R}$ enthalten ist. Also liegt ζ nicht in $\mathbb{Q}(\sqrt[3]{2})$. Da ζ Nullstelle des quadratischen Polynoms $X^2 + X + 1$ ist, ist der Grad von $\mathbb{Q}(\zeta, \sqrt[3]{2}) : \mathbb{Q}(\sqrt[3]{2})$ gleich 2, insgesamt also der Grad von $\mathbb{Q}(\zeta, \sqrt[3]{2}) : \mathbb{Q}$ gleich 6. Jeder Automorphismus von $\mathbb{Q}(\zeta, \sqrt[3]{2})$ ist schon durch seine Wirkung auf ζ und $\sqrt[3]{2}$ festgelegt. Dabei muss ζ auf eine der beiden Nullstellen ζ und $\zeta^2 = \bar{\zeta}$ von $X^2 + X + 1$ und $\sqrt[3]{2}$ auf eine der Nullstellen $\sqrt[3]{2}$, $\zeta\sqrt[3]{2}$ und $\zeta^2\sqrt[3]{2}$ von $X^3 - 2$ abgebildet werden. Das ergibt 6 mögliche Automorphismen, und tatsächlich können alle realisiert werden. Denn $X^2 + X + 1$ ist irreduzibel über $\mathbb{Q}(\sqrt[3]{2})$, und $X^3 - 2$ ist irreduzibel über $\mathbb{Q}(\zeta)$.

Der durch $\sigma(\zeta) = \zeta^2$, $\sigma(\sqrt[3]{2}) = \sqrt[3]{2}$ definierte Automorphismus σ hat Ordnung 2, der durch $\rho(\zeta) = \zeta$, $\rho(\sqrt[3]{2}) = \zeta\sqrt[3]{2}$ definierte Automorphismus ρ hat Ordnung 3, und $\sigma\rho = \rho^2\sigma$. Wir sehen, dass die Galoisgruppe der Erweiterung zu D_3 isomorph ist, wobei σ einer Spiegelung und ρ der Drehung des Dreiecks um den Mittelpunkt um den Winkel $2\pi/3$ entspricht.

Insgesamt gibt es außer der ganzen Gruppe und $\{\mathrm{id}\}$ vier weitere Untergruppen: die Untergruppe $\langle\rho\rangle$ der Drehungen und die von den einzelnen Spiegelungen erzeugten Untergruppen $\langle\sigma\rangle$, $\langle\sigma\rho\rangle$ und $\langle\sigma\rho^2\rangle$ der Ordnung 2.

Abbildung 6.2 beschreibt den Sachverhalt. In der ersten Spalte stehen die Erweiterungsgrade der Zwischenkörper bzw. der Index der Untergruppen, die zweite listet die Zwischenkörper, die dritte die zugehörigen Untergruppen auf. Jede Linie bedeutet eine Inklusion, bei den Körpern von unten nach oben, bei den Gruppen von oben nach unten.

6.12   Lösbarkeit polynomialer Gleichungen durch Radikale

Im Abschn. 2.4 haben wir explizite Ausdrücke gesehen, die alle Lösungen eines
Polynoms vom Grad höchstens 3 beschreiben. Solche Ausdrücke gibt es auch für
Polynome 4-ten Grades. In diese Ausdrücke gehen außer den vier Grundrechenarten nur noch zweite, dritte oder vierte Wurzeln ein. In diesem Abschnitt werden wir
sehen, dass es im Allgemeinen für Polynome vom Grad größer 4 solche Formeln
nicht geben kann. Genauer werden wir ein notwendiges und hinreichendes Kriterium angeben, wann ein gegebenes Polynom über dem Körper K sich durch Radikale
lösen lässt. Wir beschränken uns dabei auf Körper der Charakteristik 0.

Zunächst präzisieren wir, was „durch Radikale lösbar" heißen soll.

Eine *Radikalerweiterung des Körpers* K ist eine Erweiterung $R : K$ mit $R =
K(a_1, \ldots, a_n)$, so dass für jedes $i = 1, \ldots, n$ eine natürliche Zahl p_i existiert mit
$a_i^{p_i} \in K(a_1, \ldots, a_{i-1})$. Anders ausgedrückt erhalten wir R aus K durch sukzessives Adjungieren von Wurzeln (Radikalen). *Ein Polynom* $f \in K[X]$ *lässt sich durch
Radikale lösen*, wenn es eine Radikalerweiterung $R : K$ gibt, über der f in Linearfaktoren zerfällt. Das heißt, dass alle Nullstellen von f in einer Radikalerweiterung
liegen.

Zerfällt $f \in K[X]$ in R in Linearfaktoren und sind $a_1, \ldots, a_k$ die Nullstellen von f in R, so ist $K(a_1, \ldots, a_k)$ der kleinste Unterkörper von R, über dem
f in Linearfaktoren zerfällt. Dieser Körper heißt der *Zerfällungskörper von* f.
Ist L ein weiterer Zerfällungskörper von f, so gibt es einen Isomorphismus α:
$K(a_1, \ldots, a_k) \rightarrow L$, der K elementweise festhält. Wir dürfen also von *dem* Zerfällungskörper Z_f von f sprechen.

Ist $L : K$ normal, so enthält L den Zerfällungskörper aller Minimalpolynome
von Elementen von L. Ist $L : K$ endlich, so ist $L = K(a_1, \ldots, a_k)$ für geeignete
$a_i \in L$. Also ist L der Zerfällungskörper des Produkts der Minimalpolynome von
$a_1, \ldots, a_k$. Es gilt aber auch die Umkehrung:

> Eine endliche Erweiterung $L : K$ ist genau dann normal, wenn L der Zerfäl-
> lungskörper Z_f eines Polynoms $f \in K[X]$ ist.

Da in Charakteristik 0 alle Erweiterungen separabel sind, ist $L : K$ genau dann
galoissch, wenn L Zerfällungskörper eines Polynoms über K ist. Galois' phantastische Entdeckung war, dass die Lösbarkeit eines Polynoms $f \in K[X]$ durch
Radikale unmittelbar mit der Struktur der Galoisgruppe von $Z_f : K$ zusammenhängt. Dazu brauchen wir einen neuen Begriff.

Eine Gruppe G heißt *auflösbar*, wenn es eine endliche Folge $\{1\} \subseteq G_1 \subseteq \ldots \subseteq
G_n = G$ von Untergruppen gibt, in der jede Gruppe in der darauf folgenden ein
Normalteiler mit abelscher Quotientengruppe ist. Insbesondere ist jede abelsche
Gruppe auflösbar, aber auch die symmetrische Gruppe S_4 (siehe Abschn. 6.1) ist
auflösbar. Betrachte dazu $\{1\} \subseteq G_1 \subseteq A_4 \subseteq S_4$, wobei A_4 die Untergruppe der

geraden Permutationen und G_1 die Untergruppe aller geraden Permutationen der Ordnung 2 oder 1 ist. Andererseits haben wir in Abschn. 6.4 erwähnt, dass A_n für $n > 4$ eine einfache Gruppe ist, also nur triviale Normalteiler besitzt. Da sie obendrein nicht abelsch ist, ist sie nicht auflösbar.

Galois' Ergebnis ist folgender Satz:

> Es sei K ein Körper der Charakteristik 0. Genau dann ist $f \in K[X]$ durch Radikale lösbar, wenn die Galoisgruppe von $Z_f : K$ auflösbar ist.

Hier sehen wir, warum bis zum Grad 4 die Gleichungen lösbar sind. Denn die Galoisgruppe von $Z_f : K$ permutiert die Nullstellen von f, und jedes Element wird durch seine Wirkung auf die Nullstellen von f festgelegt. Also ist $G_{Z_f:K}$ eine Untergruppe der symmetrischen Gruppe S_n, wenn Grad $f = n$ ist, und $G_{Z_f:K}$ ist auflösbar, wenn Grad $f \leq 4$ ist. Denn Untergruppen auflösbarer Gruppen sind auflösbar. Weiter gilt: Ist N Normalteiler von G und sind zwei der Gruppen N, G und G/N auflösbar, so auch die dritte. Wir werden dies gleich nutzen.

Die Beziehung zwischen auflösbar (Gruppe) und lösbar (Gleichung) wollen wir kurz andeuten. Mit Hilfe des Fundamentalsatzes der Galoistheorie, insbesondere der Aussage (iii), folgt eine Richtung des Satzes, wenn wir zeigen, dass die Galoisgruppe jeder normalen Radikalerweiterung $K(a_1, \ldots, a_r) : K$ auflösbar ist. Wir nehmen an, dass die Exponenten n_i mit $a_i^{n_i} \in K(a_1, \ldots, a_{i-1})$ Primzahlen sind (das ist keine Einschränkung) und dass die n_1-ten Einheitswurzeln in K sind. Dann ist $K(a_1) : K$ normal. Induktiv nehmen wir an, dass $G_{K(a_1,\ldots,a_r):K(a_1)}$ auflösbar ist. Ein Element von $g \in G_{K(a_1):K}$ ist durch $g(a_1)$ festgelegt. Dies ist eine Nullstelle von $X^{n_1} - a_1^{n_1}$. Diese haben alle die Form $a_1 \cdot \xi^i$, wenn ξ eine primitive n_1-te Einheitswurzel ist. Sind g, h Elemente der Galoisgruppe mit $g(a_1) = a_1 \cdot \xi^i$ und $h(a_1) = a_1 \cdot \xi^j$, so bilden $g \circ h$ und $h \circ g$ beide a_1 auf $a_1 \cdot \xi^{i+j}$ ab. Also ist $G_{K(a_1):K}$ abelsch und somit $G_{K(a_1,\ldots,a_r):K}$ auflösbar.

Folgende Aussage hilft bei der Suche nach Polynomen, die keine Lösungen durch Radikale haben.

> Es sei f ein irreduzibles Polynom über $\mathbb{Q}$ mit primem Grad p. Hat f genau 2 nichtreelle Nullstellen in $\mathbb{C}$, so ist die Galoisgruppe von $Z_f : \mathbb{Q}$ die symmetrische Gruppe S_p.

Als Folgerung sehen wir, dass jedes $f = X^5 - apX + p$ mit p prim und ganzer Zahl $a \geq 2$ nicht durch Radikale lösbar ist. Mit etwas Kurvendiskussion kann man nämlich sehen, dass f genau 3 reelle Nullstellen hat, und das Eisensteinkriterium aus Abschn. 6.8 stellt sicher, dass f irreduzibel ist.

Literaturhinweise

Allgemeine Lehrbücher

M. ARTIN: *Algebra*. Birkhäuser 1993.

S. BOSCH: *Algebra*. 8. Auflage, Springer Spektrum 2013.

G. FISCHER: *Lehrbuch der Algebra*. 3. Auflage, Springer Spektrum 2013.

S. LANG: *Algebra*. 3. Auflage, Springer 2002.

F. LORENZ, F. LEMMERMEYER: *Algebra 1*. 4. Auflage, Spektrum 2007.

G. STROTH: *Algebra. Einführung in die Galoistheorie*. 2. Auflage, de Gruyter 2013.

B.L. VAN DER WAERDEN: *Algebra 1*. 9. Auflage, Springer 1993 (1. Auflage 1930).

Zur Galoistheorie

E. ARTIN: *Galois Theory*. 2. Auflage, University of Notre Dame 1944 (Nachdruck Dover 1998).

Elementare Analysis

7

„Convergence is our business" verkündete die Deutsche Telekom vor ein paar Jahren in einer Anzeige. Nein, möchten wir einwenden, Konvergenz von Folgen und Reihen ist das Kerngeschäft der mathematischen Analysis, und dieser Begriff zieht sich wie ein roter Faden durch alle Gebiete der Mathematik, die der Analysis nahestehen.

Dieses Kapitel lässt, ausgehend vom Konvergenzbegriff, die Analysis der Funktionen einer reellen Veränderlichen Revue passieren. Dabei legen wir die Rigorosität zugrunde, die von den Mathematikern des 19. Jahrhunderts entwickelt wurde, blicken aber auch weiter zurück, um einige Probleme aufzuzeigen, die entstanden, als man diese bisweilen „Epsilontik" genannte Methodologie noch nicht zur Verfügung hatte. Sie gestattet uns heute einen glasklaren Blick auf die Analysis. Auch wenn sie für Novizen gewöhnungsbedürftig ist, ist diese Vorgehensweise doch eine Bestätigung für Wittgensteins Diktum: „Alles, was überhaupt gedacht werden kann, kann klar gedacht werden. Alles, was sich aussprechen lässt, lässt sich klar aussprechen."

Im Einzelnen behandeln wir in den ersten neun Abschnitten einige grundlegende Themen der eindimensionalen Analysis: Konvergenz von Folgen und Reihen, stetige und differenzierbare Funktionen, insbesondere die trigonometrischen Funktionen, die Exponentialfunktion und den Logarithmus, ferner das Riemann'sche Integral und den Hauptsatz der Differential- und Integralrechnung sowie das Problem der Vertauschung von Grenzprozessen und den Satz von Taylor. In den Abschn. 7.10 und 7.11 geht es um Fourierreihen und die Fouriertransformation; diese Themen gehören nicht immer zum Pflichtprogramm. Schließlich werfen wir im letzten Abschnitt über stetige Kurven einen ersten Blick ins Mehrdimensionale.

Der Vorsatz „elementar" im Titel dieses Kapitels soll andeuten, dass die vorgestellten Ideen und Resultate die Grundbausteine für fortgeschrittenere Theorien liefern; „elementar" sollte nicht mit „trivial" verwechselt werden.

© Springer-Verlag Berlin Heidelberg 2016
O. Deiser, C. Lasser, E. Vogt, D. Werner, *12 × 12 Schlüsselkonzepte zur Mathematik*,
DOI 10.1007/978-3-662-47077-0_7

7.1 Folgen und Grenzwerte

Die Idee, dass sich die Glieder einer Folge mehr und mehr einem „Grenzwert"
annähern, drückt man folgendermaßen in der Sprache der Mathematik aus.

> Eine Folge (a_n) reeller Zahlen heißt konvergent zum Grenzwert a, falls es zu
> jedem $\varepsilon > 0$ einen Index $N \in \mathbb{N}$ gibt, so dass $|a_n - a| \leq \varepsilon$ für alle $n \geq N$
> gilt.

Kompakter kann man diese Bedingung mittels Quantoren wiedergeben:

$$\forall \varepsilon > 0 \; \exists N \in \mathbb{N} \; \forall n \geq N \quad |a_n - a| \leq \varepsilon. \tag{7.1}$$

Diese Definition formalisiert tatsächlich das „sich immer besser Annähern" der
Folgenglieder an den Grenzwert: Wie klein man auch die Genauigkeitsschranke
$\varepsilon > 0$ vorgibt, wenn man nur lange genug wartet (nämlich bis zum Index N),
unterscheiden sich ab da die Folgenglieder a_n vom Grenzwert a um höchstens ε.
Natürlich wird man N in der Regel um so größer wählen müssen, je kleiner man ε
vorgibt.

Übrigens kann man die Grenzwertdefinition genauso gut mit „$< \varepsilon$" statt „$\leq \varepsilon$"
ausdrücken; die Lehrbuchliteratur ist hier nicht einheitlich. Manchmal ist die eine
Variante vorteilhafter anzuwenden und manchmal die andere; inhaltlich sind beide
Versionen äquivalent.

Mathematische Anfänger sehen in (7.1) bisweilen ein zufälliges Kauderwelsch
von Quantoren. Natürlich ist es das ganz und gar nicht; im Gegenteil ist es die kanonische Übersetzung der ungenauen Idee „(a_n) strebt gegen a". Wer spaßeshalber
mit den Quantoren in (7.1) jonglieren möchte, kann z. B.

$$\exists N \in \mathbb{N} \; \forall \varepsilon > 0 \; \forall n \geq N \quad |a_n - a| \leq \varepsilon$$

studieren (damit werden genau die schließlich konstanten Folgen beschrieben).

Das einfachste Beispiel einer konvergenten Folge (außer den konstanten Folgen)
ist gewiss $(1/n)$ mit dem Grenzwert 0; für N kann man in (7.1) jede natürliche
Zahl, die $\geq 1/\varepsilon$ ist, wählen. (Wenn man tiefer in die Struktur der reellen Zahlen
einsteigt, stellt man fest, dass es das archimedische Axiom aus Abschn. 2.3 ist, das
die Existenz solcher natürlicher Zahlen garantiert.) Übrigens verlangt (7.1) nicht
die kleinstmögliche Wahl von N. Betrachtet man etwa $a_n = 1/(n^3 + n)$, so gilt
wegen $n^3 + n \geq 2n$ die Abschätzung $|a_n| \leq 1/2n$; also folgt (7.1) (mit $a = 0$)
garantiert für jedes $N \geq 1/2\varepsilon$. Für $\varepsilon = 10^{-3}$ z. B. funktioniert daher $N = 500$, wie
unser einfaches Argument zeigt; das kleinstmögliche N ist in diesem Beispiel aber
$N = 10$.

Konvergiert die Folge (a_n) gegen a, schreibt man $a_n \to a$ oder $\lim_{n \to \infty} a_n = a$;
die letztere Schreibweise ist allerdings erst dadurch gerechtfertigt, dass der Grenzwert eindeutig bestimmt ist. Den (wenn auch einfachen) Nachweis dieser Tatsache

sollte man nicht als Spitzfindigkeit abtun, im Gegenteil ist er für den systematischen Aufbau der Analysis unumgänglich.

Direkt aus der Definition kann man einige einfache Grenzwertsätze schließen, z. B.: Aus $a_n \to a$ und $b_n \to b$ folgt $a_n + b_n \to a + b$, kurz

$$\lim_{n \to \infty} (a_n + b_n) = \lim_{n \to \infty} a_n + \lim_{n \to \infty} b_n.$$

Eine analoge Formel gilt für Differenzen, Produkte und Quotienten; so erhält man dann Beziehungen wie

$$\lim_{n \to \infty} \frac{3n^3 + 2n^2 - n + 7}{2n^3 - 2n + 9} = \frac{3}{2}$$

(der Trick, um die Grenzwertsätze anzuwenden, ist in diesem Beispiel, durch n^3 zu kürzen).

Tieferliegende Aussagen basieren letztendlich auf der Vollständigkeit von $\mathbb{R}$. Ein Problem bei der Anwendung der Grenzwertdefinition (7.1) ist, dass man den Grenzwert der Folge bereits kennen (bzw. erraten haben) muss, um (7.1) verifizieren zu können. Wenn man das Beispiel $a_n = (1 + 1/n)^n$ ansieht, mag man erahnen, dass diese Folge konvergiert, aber ein expliziter Grenzwert drängt sich nicht auf. (Eigentlich erahnt man die Konvergenz nur, wenn man einige Werte mit einem Computer berechnet: $a_{10} \doteq 2.5937$, $a_{100} \doteq 2.7048$, $a_{1000} \doteq 2.7169$, $a_{10000} \doteq 2.7181$, $a_{100000} \doteq 2.7182$.) Hier hilft der Begriff der *Cauchy-Folge* weiter.

Eine Folge (a_n) reeller Zahlen heißt Cauchy-Folge, falls es zu jedem $\varepsilon > 0$ einen Index $N \in \mathbb{N}$ gibt, so dass $|a_n - a_m| \leq \varepsilon$ für alle $m, n \geq N$ gilt.

In Quantorenschreibweise:

$$\forall \varepsilon > 0 \; \exists N \in \mathbb{N} \; \forall m, n \geq N \quad |a_n - a_m| \leq \varepsilon.$$

Damit wird ausgedrückt, dass die Folgenglieder einander immer näher kommen.

Es ist einfach zu zeigen, dass jede konvergente Folge eine Cauchy-Folge ist. Die Umkehrung ist jedoch tief in den Eigenschaften der Menge $\mathbb{R}$ verwurzelt (vgl. Abschn. 2.3):

$\mathbb{R}$ ist (metrisch) vollständig, d. h., jede Cauchy-Folge reeller Zahlen konvergiert.

Diese Aussage gestattet es, Konvergenzaussagen zu treffen, ohne explizit einen Grenzwert angeben zu müssen. Ein Beispiel ist das Kriterium, wonach eine monotone und beschränkte Folge konvergiert. Da diese Voraussetzung auf die Folge

$((1 + 1/n)^n)$ zutrifft, ist sie konvergent; die Euler'sche Zahl e ist *definiert* als ihr Grenzwert:

$$e := \lim_{n \to \infty} \left(1 + \frac{1}{n}\right)^n = 2.71828\ldots.$$

Beschränkte, nicht monotone Folgen brauchen natürlich nicht zu konvergieren (Beispiel: $a_n = (-1)^n$). Es gilt jedoch der wichtige *Satz von Bolzano-Weierstraß*, der ebenfalls auf der Vollständigkeit von $\mathbb{R}$ beruht:

> Jede beschränkte Folge reeller Zahlen hat eine konvergente Teilfolge.

Der Begriff der Konvergenz überträgt sich wörtlich auf Folgen komplexer Zahlen, hier ist mit $|\,.\,|$ der Betrag in $\mathbb{C}$ gemeint. Auch der Übergang von $\mathbb{R}$ zum euklidischen Raum $\mathbb{R}^d$ ist kanonisch; man muss nur den Betrag durch die euklidische Norm ersetzen. Wenn man sich jetzt noch klarmacht, dass $|a_n - a|$ bzw. $\|a_n - a\|$ den Abstand von a_n und a wiedergibt, erhält man sofort die Definition der Konvergenz in einem metrischen Raum (M, d)

$$\forall \varepsilon > 0 \; \exists N \in \mathbb{N} \; \forall n \geq N \quad d(a_n, a) \leq \varepsilon$$

bzw. analog die der Cauchy-Eigenschaft. Während $\mathbb{C}$ und $\mathbb{R}^d$ vollständig sind, braucht das für einen abstrakten metrischen Raum nicht zu gelten; Näheres dazu ist im Abschn. 8.1 über metrische und normierte Räume zu finden.

7.2 Unendliche Reihen und Produkte

Der Begriff der unendlichen Reihe präzisiert die Idee, eine Summe mit unendlich vielen Summanden zu bilden. Euler versuchte im 18. Jahrhundert, $\sum_{k=0}^{\infty}(-1)^k$ zu summieren; da die Partialsummen $\sum_{k=0}^{n}(-1)^k$ abwechselnd 1 und 0 sind, schloss er, dass die Wahrheit wohl in der Mitte liegt, und ordnete der Reihe den Wert $1/2$ zu, mit widersprüchlichen Konsequenzen. Mit dem heutigen präzisen Grenzwertbegriff ist jedoch klar, dass diese Reihe schlicht nicht konvergiert.

Man nennt eine unendliche Reihe reeller Zahlen a_k *konvergent* zum Grenzwert A und schreibt $\sum_{k=0}^{\infty} a_k = A$, wenn die Folge der Partialsummen $s_n = \sum_{k=0}^{n} a_k$ gegen A konvergiert. Andernfalls nennt man $\sum_{k=0}^{\infty} a_k$ *divergent*.

Ein Beispiel einer konvergenten Reihe ist die *geometrische Reihe* $\sum_{k=0}^{\infty} q^k$ für $|q| < 1$; dies ist elementar festzustellen, und man erhält als Grenzwert $1/{1-q}$. Auch $\sum_{k=1}^{\infty} 1/k^2$ ist eine konvergente Reihe, ihr Grenzwert ist aber nicht elementar zu ermitteln; er lautet übrigens $\pi^2/6$. Das Standardbeispiel einer divergenten Reihe ist die *harmonische Reihe* $\sum_{k=1}^{\infty} 1/k$.

Für die Konvergenz von $\sum_{k=0}^{\infty} a_k$ ist die Bedingung $a_k \to 0$ notwendig; wie aber die harmonische Reihe zeigt, ist dieses Kriterium nicht hinreichend. Es zeigt jedoch sofort die Divergenz von $\sum_{k=0}^{\infty}(-1)^k$.

Mit wenig Übertreibung lässt sich sagen, dass die geometrische Reihe die einzige Reihe ist, deren Grenzwert man ohne Mühen ermitteln kann. Andererseits ist es häufig einfach festzustellen, dass eine Reihe überhaupt konvergiert, ohne ihren Grenzwert zu bestimmen. Dazu gibt es verschiedene Konvergenzkriterien, die alle auf der Vollständigkeit von $\mathbb{R}$ beruhen. Zunächst wäre das *Majorantenkriterium* zu nennen:

Ist $\sum_{k=0}^{\infty} b_k$ konvergent und stets $|a_k| \le b_k$, so ist auch $\sum_{k=0}^{\infty} a_k$ konvergent.

Die Idee, die gegebene Reihe mit einer geometrischen Reihe zu vergleichen, führt zum *Quotientenkriterium* bzw. *Wurzelkriterium*:

Ist für ein $q < 1$ bis auf endlich viele Ausnahmen stets $|a_{k+1}/a_k| \le q$ bzw. stets $\sqrt[k]{|a_k|} \le q$, so ist $\sum_{k=0}^{\infty} a_k$ konvergent.

Ein anderes Vergleichskriterium ist das *Integralvergleichskriterium*:

Ist $f\colon [0, \infty) \to \mathbb{R}$ monoton fallend und (uneigentlich Riemann-) integrierbar, so konvergiert $\sum_{k=0}^{\infty} f(k)$.

Mit dem Integralvergleichskriterium erhält man sofort die Konvergenz von $\sum_{k=1}^{\infty} 1/k^2$, Quotienten- und Wurzelkriterium sind dafür zu schwach.

Diesen Kriterien ist gemein, dass sie bei erfolgreicher Anwendung nicht nur die Konvergenz von $\sum_{k=0}^{\infty} a_k$ liefern, sondern sogar die von $\sum_{k=0}^{\infty} |a_k|$; man spricht dann von *absoluter Konvergenz* der Reihe $\sum_{k=0}^{\infty} a_k$. Etwas anders liegt der Fall beim *Leibniz-Kriterium*, das von den Oszillationen der Folgenglieder lebt:

Ist (a_k) eine monoton fallende Nullfolge, so konvergiert die alternierende Reihe $a_0 - a_1 + a_2 \pm \cdots = \sum_{k=0}^{\infty} (-1)^k a_k$.

Dies ist zum Beispiel für die alternierende harmonische Reihe $\sum_{k=1}^{\infty} (-1)^{k+1}/k$ der Fall; aber den Wert dieser Reihe zu ermitteln (er lautet $\log 2$) steht auf einem anderen Blatt.

Nicht absolut konvergente Reihen halten einige Überraschungen bereit. So braucht $\sum_{k=0}^{\infty} a_k^3$ nicht zu konvergieren, wenn $\sum_{k=0}^{\infty} a_k$ konvergiert, obwohl doch bei gleichem Vorzeichen die a_k^3 „viel kleiner" als die a_k sind. Das mag man als Marginalie auffassen; mathematisch schwerwiegender ist, dass für nicht absolut konvergente Reihen das „unendliche Kommutativgesetz" nicht gilt; dies ist der Inhalt der folgenden, auf Dirichlet und Riemann zurückgehenden Dichotomie.

Ist $\pi\colon \mathbb{N} \to \mathbb{N}$ eine Bijektion, so heißt die Reihe $\sum_{k=0}^{\infty} a_{\pi(k)}$ aus naheliegenden Gründen eine *Umordnung* der Reihe $\sum_{k=0}^{\infty} a_k$. Dann gilt: (1) Ist $\sum_{k=0}^{\infty} a_k$ absolut konvergent, so konvergiert jede Umordnung, und zwar zum gleichen Grenzwert. (2) Ist hingegen $\sum_{k=0}^{\infty} a_k$ eine konvergente, aber nicht absolut konvergente Reihe, so existiert einerseits eine divergente Umordnung und andererseits zu jeder Zahl $B \in \mathbb{R}$ eine konvergente Umordnung mit $\sum_{k=0}^{\infty} a_{\pi(k)} = B$. Das unter (1) beschriebene Phänomen wird auch *unbedingte Konvergenz* genannt.

Ein explizites Beispiel ist die Umordnung $1 - \frac{1}{2} - \frac{1}{4} + \frac{1}{3} - \frac{1}{6} - \frac{1}{8} + \frac{1}{5} - \frac{1}{10} - \frac{1}{12} \pm \cdots$ der alternierenden harmonischen Reihe, die nicht gegen $\log 2$ konvergiert, sondern gegen $\frac{1}{2} \log 2$.

Eng verwandt mit den unendlichen Reihen sind die *unendlichen Produkte*, kurz geschrieben als $\prod_{k=0}^{\infty} a_k = a_0 \cdot a_1 \cdot a_2 \cdots$. Man nennt ein solches Produkt konvergent, wenn die Folge der Partialprodukte $(p_n) = (\prod_{k=0}^{n} a_k)$ konvergiert, mit der Zusatzforderung, dass $\lim p_n \neq 0$, falls alle $a_k \neq 0$. Der Grund hierfür ist, dass man Nullteilerfreiheit auch für unendliche Produkte garantieren möchte; das Produkt $\prod_{k=1}^{\infty} 1/k$ wird also nicht als konvergent angesehen.

Unendliche Produkte werden insbesondere in der Funktionentheorie studiert, wo man z. B. die Produktdarstellung

$$\sin(\pi x) = \pi x \prod_{k=1}^{\infty} \left(1 - \frac{x^2}{k^2} \right)$$

der Sinusfunktion beweist.

7.3 Stetige Funktionen

Kleine Ursache – kleine Wirkung! Das ist die Grundidee der Stetigkeit. Wie üblich in der Mathematik gewinnt dieser Begriff seine Kraft erst nach einer Übersetzung in die präzise mathematische Sprache. Zwei äquivalente Varianten stehen zur Verfügung, diese Idee auszudrücken, einmal die Folgenstetigkeit und einmal die ε-δ-Definition der Stetigkeit:

> (a) Eine Funktion $f\colon M \to \mathbb{R}$ auf einer Teilmenge $M \subseteq \mathbb{R}$ ist stetig bei $x_0 \in M$, wenn aus $x_n \in M$, $x_n \to x_0$ stets $f(x_n) \to f(x_0)$ folgt.
>
> (b) Eine Funktion $f\colon M \to \mathbb{R}$ auf einer Teilmenge $M \subseteq \mathbb{R}$ ist stetig bei $x_0 \in M$, wenn es zu jedem $\varepsilon > 0$ ein $\delta > 0$ gibt, so dass aus $x \in M$, $|x - x_0| \leq \delta$ stets $|f(x) - f(x_0)| \leq \varepsilon$ folgt.
> Für diesen Sachverhalt schreibt man auch $\lim\limits_{x \to x_0} f(x) = f(x_0)$.

Wieder macht es nichts aus, ob man „$\leq$" oder „$<$" schreibt. Die Implikation (b) $\Rightarrow$ (a) ist recht einfach; für (a) $\Rightarrow$ (b) argumentiert man mit einem Widerspruchs-

Abb. 7.1 Graph von sin $1/x$

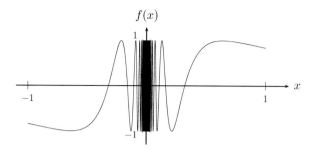

beweis. Man beachte, dass (a) bzw. (b) in der Tat die intuitive Vorstellung „wenn $x \approx x_0$, dann $f(x) \approx f(x_0)$" wiedergeben.

Stetigkeit ist ein lokaler Begriff: Um die Stetigkeit an der Stelle x_0 zu untersuchen, muss man die Funktion nur in einer Umgebung von x_0 kennen. Ein globaler Begriff entsteht, wenn man Stetigkeit an jeder Stelle von M fordert; dann nennt man f stetig auf M.

Alle klassischen Funktionen der Analysis (Polynome, trigonometrische Funktionen, Exponentialfunktion, Logarithmus etc.) sowie ihre Summen, Produkte, Kompositionen etc. sind stetig. Unstetige Funktionen muss man also „konstruieren". Außer einfachen Sprüngen wie bei $f(x) = 0$ für $x < 0$, $f(x) = 1$ für $x \geq 0$ können auch raffiniertere Unstetigkeiten wie bei $f(x) = \sin 1/x$ für $x \neq 0$, $f(0) = 0$ auftreten (Abb. 7.1).

Hätte man übrigens vergessen, $f(0) = 0$ separat zu definieren, und also $f(x) = \sin 1/x$ auf $\mathbb{R} \setminus \{0\}$ betrachtet, wäre die Frage der Stetigkeit bei 0 sinnlos (genauso sinnlos wie die Frage, ob $f(x) = 1/x$ bei 0 stetig ist); denn eine Funktion kann nur dort stetig sein, wo sie definiert ist! Wenn sie an einem nicht isolierten Punkt nicht definiert ist, kann man allerdings fragen, ob sie dort stetig ergänzbar ist. (Unsere Funktion ist es nicht.)

Aus den entsprechenden Grenzwertsätzen für Folgen ergibt sich, dass Summen, Produkte, Kompositionen etc. stetiger Funktionen wieder stetig sind; insbesondere bildet die Menge aller stetigen Funktionen von M nach $\mathbb{R}$ einen Vektorraum, der mit $C(M)$ bezeichnet wird.

Für stetige Funktionen auf Intervallen sind zwei Sätze besonders bedeutsam:

Zwischenwertsatz
Eine stetige Funktion auf einem Intervall nimmt mit zwei Werten A und B auch sämtliche Werte zwischen A und B an.

Satz vom Maximum
Eine stetige Funktion auf einem kompakten Intervall $[a, b]$ ist beschränkt und nimmt ihr Supremum an: Es existiert eine Stelle x_0 mit $f(x_0) = \sup_{a \leq x \leq b} f(x)$. Analog wird das Infimum angenommen.

So einleuchtend diese Sätze auch erscheinen mögen, ihre Beweise sind doch nicht ganz auf der Hand liegend; sie benötigen nämlich die Vollständigkeit von $\mathbb{R}$ bzw. daraus abgeleitete Aussagen. [Zum Beweis des Satzes vom Maximum wählen wir eine Folge (x_n) in $[a, b]$ mit $f(x_n) \to K := \sup_x f(x)$, wobei a priori $K = \infty$ nicht ausgeschlossen ist. Nun kann man nach dem Satz von Bolzano-Weierstraß zu einer konvergenten Teilfolge $x_{n_k} \to x_0$ übergehen, und man zeigt $f(x_0) = K$ und damit en passant $K < \infty$.] Dass die Aussagen nicht ganz selbstverständlich sind, erkennt man auch daran, dass sie falsch werden, wenn man sie mit den Augen eines Siebtklässlers betrachtet, der nur rationale Zahlen kennt: Zum Beispiel nimmt $f(x) = x^2$ die Werte $f(0) = 0$ und $f(2) = 4$ an, in $\mathbb{Q}$ wird aber der Wert 2 nicht angenommen, da $\sqrt{2}$ irrational ist.

Mutatis mutandis überträgt sich die Definiton der Stetigkeit auf Funktionen auf dem $\mathbb{R}^d$ bzw. auf Abbildungen zwischen metrischen Räumen (siehe Abschn. 8.1).

Eine Verschärfung des Stetigkeitsbegriffs ist die gleichmäßige Stetigkeit. Sei $f\colon M \to \mathbb{R}$ eine stetige Funktion. Schreibt man die ε-δ-Bedingung mit Quantoren, so bedeutet das

$$\forall x_0 \in M \ \forall \varepsilon > 0 \ \exists \delta > 0 \ \forall x \in M \quad |x - x_0| \le \delta \ \Rightarrow \ |f(x) - f(x_0)| \le \varepsilon.$$

Es ist also damit zu rechnen, dass δ nicht nur von ε abhängt, sondern auch von der betrachteten Stelle x_0. Wenn man δ jedoch unabhängig von x_0 wählen kann, nennt man die Funktion *gleichmäßig stetig*:

$$\forall \varepsilon > 0 \ \exists \delta > 0 \ \forall x, x_0 \in M \quad |x - x_0| \le \delta \ \Rightarrow \ |f(x) - f(x_0)| \le \varepsilon.$$

Es ist zu beachten, dass dieser Begriff globaler Natur ist.

Eine wichtige Klasse von gleichmäßig stetigen Funktionen sind die *Lipschitzstetigen* Funktionen, die definitionsgemäß eine Abschätzung der Form

$$|f(x) - f(x')| \le L|x - x'|$$

auf ihrem Definitionsbereich erfüllen. Die Wurzelfunktion $x \mapsto \sqrt{x}$ auf $[0, \infty)$ ist gleichmäßig stetig, ohne Lipschitz-stetig zu sein. Hingegen ist die durch $f(x) = 1/x$ definierte Funktion auf $(0, \infty)$ nicht einmal gleichmäßig stetig.

Eine in der höheren Analysis wichtige Tatsache ist, dass stetige Funktionen auf kompakten Mengen automatisch gleichmäßig stetig sind. In der elementaren Analysis macht man nur an einer Stelle Gebrauch davon: beim Beweis der Riemann-Integrierbarkeit stetiger Funktionen.

7.4 Exponentialfunktion, Logarithmus und trigonometrische Funktionen

Diese Funktionen zählen seit den Anfängen der Differential- und Integralrechnung zu den wichtigsten Funktionen der Mathematik. Vom Standpunkt der heutigen Analysis ist jedoch zuerst die Frage zu klären, wie diese Funktionen überhaupt definiert sind und wie man ihre grundlegenden Eigenschaften beweist.

Der heute übliche Zugang ist vollkommen ahistorisch, und das Pferd wird dabei gewissermaßen von hinten aufgezäumt. Betrachten wir naiv die „*e*-Funktion" $x \mapsto e^x$, wobei $e = \lim_n (1 + 1/n)^n$. Naiv ist an dieser Betrachtung, dass nicht ganz klar ist, was z. B. $e^{\sqrt{2}}$ (in Worten: $e = 2.7182\ldots$ hoch $\sqrt{2} = 1.4142\ldots$) überhaupt ist. Setzt man sich über diesen (nicht ganz unerheblichen) Einwand hinweg und akzeptiert man die Überlegungen der Mathematiker des 17. und 18. Jahrhunderts, so ist die Ableitung der *e*-Funktion wieder die *e*-Funktion und deshalb die zweite, dritte etc. Ableitung auch. Daraus ergibt sich (vgl. Abschn. 7.9) eine Taylorentwicklung

$$„e^x" = \sum_{k=0}^{\infty} \frac{x^k}{k!}.$$

Die rechte Seite dieser Gleichung stellt nun für die moderne Analysis kein Problem dar, da man mit dem Quotientenkriterium zeigen kann, dass diese Reihe für jedes $x \in \mathbb{R}$ konvergiert. Heutzutage *definiert* man also die Exponentialfunktion $\exp: \mathbb{R} \to \mathbb{R}$ durch

$$\exp(x) = \sum_{k=0}^{\infty} \frac{x^k}{k!}. \tag{7.2}$$

Man beweist dann die an die Potenzgesetze erinnernde Funktionalgleichung $\exp(x + y) = \exp(x)\exp(y)$ sowie $\exp(1) = e$. Daraus ergibt sich für rationale $x = p/q$, dass wirklich $\exp(x) = e^x = \sqrt[q]{e^p}$.

Ferner beweist man, dass exp die reelle Achse streng monoton und stetig auf $(0, \infty)$ abbildet; die Umkehrfunktion ist der (natürliche) Logarithmus, der in der Mathematik meistens mit log und von Physikern und Ingenieuren gern mit ln abgekürzt wird. Jetzt ist es nur noch ein kleiner Schritt zur allgemeinen Potenz a^x für $a > 0$, die durch $a^x := \exp(x \log a)$ definiert wird.

Die Winkelfunktionen Sinus und Cosinus wurden ursprünglich durch Seitenverhältnisse am rechtwinkligen Dreieck erklärt. Misst man den Winkel im Dreieck richtig (nämlich im Bogenmaß) und vertraut man den Mathematikern früherer Jahrhunderte, erhält man differenzierbare Funktionen, die eine gewisse Taylorreihenentwicklung gestatten. Euler hat den Zusammenhang dieser Reihen mit der Exponentialreihe erkannt, wobei er die Chuzpe hatte, in (7.2) auch komplexe Zahlen zuzulassen.

Moderne Darstellungen gehen wieder rückwärts vor. Zuerst definiert man für komplexe Zahlen z die Exponentialreihe

$$\exp(z) = \sum_{k=0}^{\infty} \frac{z^k}{k!};$$

wieder ist das eine auf ganz $\mathbb{C}$ konvergente Reihe. Dann betrachtet man speziell rein imaginäre Zahlen der Form $z = ix$ mit $x \in \mathbb{R}$ und setzt

$$\cos x := \operatorname{Re} \exp(ix), \quad \sin x := \operatorname{Im} \exp(ix).$$

Dieser Definition ist nun die berühmte *Euler'sche Formel*

$$\cos x + i \sin x = e^{ix}$$

in die Wiege gelegt, durch die die enge Verwandtschaft der trigonometrischen Funktionen mit der Exponentialfunktion offensichtlich wird. Alle Eigenschaften von cos und sin (Stetigkeit, Additionstheoreme, Periodizität etc.) können nun durch Rückgriff auf die Exponentialfunktion und ihre Funktionalgleichung bewiesen werden.

In diesem Zusammenhang erscheint π als das Doppelte der kleinsten positiven Nullstelle der Cosinusfunktion, deren Existenz mit dem Zwischenwertsatz gezeigt wird. Als Periode von Sinus und Cosinus ergibt sich dann 2π, d. h. $\sin(x + 2\pi) = \sin x$, und weiter die Formel

$$e^{i\pi} + 1 = 0, \tag{7.3}$$

die die fünf fundamentalen mathematischen Größen 0, 1, e, π und i miteinander verknüpft. A posteriori zeigt man auch, dass der Umfang des Einheitskreises 2π ist, in Übereinstimmung mit der Schulmathematik.

Die Formel (7.3) wurde im Jahr 1990 übrigens von den Lesern der Zeitschrift *The Mathematical Intelligencer* zur „schönsten mathematischen Aussage" gewählt. Zur Auswahl standen 24 mathematische Sätze; Platz 2 belegte die Euler'sche Polyederformel (Abschn. 4.12) und Platz 3 Euklids Satz, dass es unendlich viele Primzahlen gibt (Abschn. 3.2).

7.5 Differenzierbare Funktionen

Die Ableitung einer Funktion gibt ihre Änderungsrate an. Kennt man für eine Funktion f den Wert $f(x)$, weiß man, wie groß f bei x ist; kennt man $f'(x)$, weiß man, wie sich f in der Nähe von x ändert. Geometrisch ist $f'(x)$ die Tangentensteigung an den Graphen von f bei x, physikalisch ist $f'(x)$ die Geschwindigkeit im Zeitpunkt x, wenn f das Weg-Zeit-Gesetz einer Bewegung beschreibt. Diese geometrische bzw. physikalische Motivation waren es, die die Urväter der Differentialrechnung, Leibniz bzw. Newton, leiteten.

Die moderne rigorose Definition der Ableitung beruht auf dem Grenzwertbegriff. Man nennt eine Funktion $f: I \to \mathbb{R}$ auf einem Intervall *differenzierbar bei* $x_0 \in I$ mit Ableitung $f'(x_0)$, wenn

$$\lim_{h \to 0} \frac{f(x_0 + h) - f(x_0)}{h} =: f'(x_0) \tag{7.4}$$

existiert. Wie bei der Stetigkeit handelt es sich hierbei um einen lokalen Begriff: Um die Differenzierbarkeit bei x_0 zu entscheiden, muss man f nur in einer Umgebung von x_0 kennen. Ist f an jeder Stelle differenzierbar, nennt man f eine *differenzierbare Funktion*.

Eine Umformulierung von (7.4) ist erhellend. Setzt man für eine bei x_0 differenzierbare Funktion f als Abweichung zur Linearisierung $\varphi(h) = f(x_0 + h) - $

$f(x_0) - hf'(x_0)$, so gilt definitionsgemäß für alle h

$$f(x_0 + h) = f(x_0) + hf'(x_0) + \varphi(h); \tag{7.5}$$

die Grenzwertaussage (7.4) übersetzt sich nun zu

$$\lim_{h \to 0} \frac{\varphi(h)}{h} = 0 \tag{7.6}$$

oder in Anlehnung an die „groß-O"-Notation aus Abschn. 1.11 kurz $\varphi(h) = o(h)$ für $h \to 0$. In der „Nähe" von x_0, also für „kleine" $|h|$, lässt sich $f(x_0 + h)$ durch eine affin-lineare Funktion $h \mapsto f(x_0) + hf'(x_0)$ approximieren, wobei der Fehler $\varphi(h)$ gemäß (7.6) von kleinerer als linearer Ordnung ist. Umgekehrt ist eine Funktion mit

$$f(x_0 + h) = f(x_0) + hl + \varphi(h) \quad \text{mit } \varphi(h) = o(h) \tag{7.7}$$

für eine reelle Zahl l differenzierbar bei x_0 mit Ableitung $f'(x_0) = l$. Auf diese Weise erscheinen die differenzierbaren Funktionen als die einfachsten Funktionen nach den affin-linearen Funktionen der Form $x \mapsto b + lx$, denn sie sind durch solche Funktionen lokal gut approximierbar. Diese Sichtweise wird es insbesondere erlauben, Differenzierbarkeit für Funktionen auf dem $\mathbb{R}^d$ zu erklären.

Die bekannten Regeln über die Ableitung von Summen, Produkten und Quotienten differenzierbarer Funktionen

$$(f + g)' = f' + g', \quad (fg)' = f'g + fg', \quad \left(\frac{f}{g}\right)' = \frac{f'g - fg'}{g^2}$$

beweist man ohne große Mühe; insbesondere kann man in der Sprache der linearen Algebra festhalten, dass die differenzierbaren Funktionen einen Vektorraum bilden, auf dem die Abbildungen $f \mapsto f'$ bzw. $f \mapsto f'(x_0)$ linear sind. Für die Komposition $f \circ g$ gilt die *Kettenregel* $(f \circ g)' = (f' \circ g) \cdot g'$, die man am besten mittels (7.5) und (7.6) zeigt. (Das Problem bei (7.4) liegt darin, dass man im kanonischen Ansatz den Differenzenquotienten von $f \circ g$ mit $g(x_0 + h) - g(x_0)$ erweitert, was aber 0 sein kann.)

Die Ableitung einer differenzierbaren Funktion braucht nicht stetig zu sein, sie kann sogar auf kompakten Intervallen unbeschränkt sein (Beispiel: $f(x) = |x|^{3/2} \sin 1/x$ für $x \neq 0$ und $f(0) = 0$). Allerdings erfüllt jede Ableitung die Aussage des Zwischenwertsatzes (*Satz von Darboux*), was zeigt, dass die Unstetigkeiten keine einfachen Sprünge sein können. Außerdem liefert der Satz von Baire aus Abschn. 8.12, dass f' an den „meisten" Stellen stetig ist.

Der zentrale Satz über differenzierbare Funktionen ist der *Mittelwertsatz*:

Ist $f: [a, b] \to \mathbb{R}$ stetig und auf (a, b) differenzierbar, so existiert eine Stelle $\xi \in (a, b)$ mit

$$f'(\xi) = \frac{f(b) - f(a)}{b - a}. \tag{7.8}$$

Abb. 7.2 Zum Mittelwert-satz

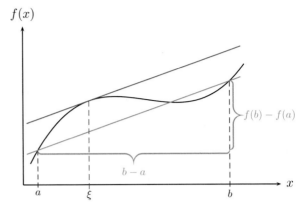

Dieser Satz ist anschaulich (vgl. Abb. 7.2) und aus der Alltagserfahrung absolut plausibel. Stellt man sich etwa unter $f(x)$ den Weg vor, den ein Fahrzeug bis zum Zeitpunkt x zurückgelegt hat, so gibt die rechte Seite von (7.8) die Durchschnittsgeschwindigkeit zwischen den Zeitpunkten a und b wieder, und der Mittelwertsatz macht die Aussage, dass das Fahrzeug in mindestens einem Moment wirklich diese Geschwindigkeit hatte, was unmittelbar einleuchtet. Das ist freilich kein rigoroser Beweis. Dieser führt den Mittelwertsatz auf den als *Satz von Rolle* bekannten Spezialfall $f(a) = f(b)$ zurück, und den Satz von Rolle beweist man mit dem Satz vom Maximum und der Definition der Differenzierbarkeit: Hat f bei $\xi \in (a, b)$ eine Maximal- oder Minimalstelle, so zeigt (7.4) $f'(\xi) = 0$.

Als Konsequenz von (7.8) kann man zahlreiche Ungleichungen über klassische Funktionen beweisen. Ist nämlich f' beschränkt, etwa $|f'(x)| \leq K$ für alle x, so erhält man aus (7.8) die Ungleichung

$$|f(x_1) - f(x_2)| \leq K|x_1 - x_2|, \tag{7.9}$$

die z. B. $|\sin x_1 - \sin x_2| \leq |x_1 - x_2|$ als Spezialfall enthält. Insbesondere ist f Lipschitz-stetig.

7.6 Das Riemann'sche Integral

Der Ausgangspunkt bei der Entwicklung der Integralrechnung war das Problem, den Flächeninhalt krummlinig begrenzter Figuren zu bestimmen, z. B. den Flächeninhalt „unter einer Kurve"; vgl. Abb. 7.3.

Bevor man einen Flächeninhalt berechnen kann, muss man allerdings erst einmal definieren, was man darunter überhaupt versteht. Dazu findet man ein paar Bemerkungen in Abschn. 8.6. In diesem Abschnitt soll das Riemann'sche Integral einer Funktion erklärt und der Zusammenhang zum Flächeninhaltsproblem kurz angedeutet werden.

Abb. 7.3 Graph einer zu
integrierenden Funktion

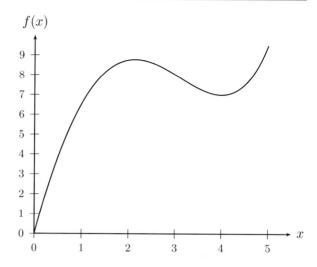

Man betrachte eine beschränkte Funktion f auf einem kompakten Intervall $[a, b]$. Wenn man sich zum Ziel setzt, den (einstweilen naiv aufgefassten) Flächeninhalt „unter der Kurve" zu studieren, liegt es nahe, diesen durch Rechtecksinhalte anzunähern, denn Rechtecke sind die einzigen Figuren, deren Flächeninhalt a priori definiert ist. Zur rigorosen Definition des Integrals geht man so vor. Sei durch $a = x_0 < x_1 < \ldots < x_n = b$ eine Zerlegung Z des Intervalls in n Teilintervalle gegeben. Dazu assoziieren wir Unter- und Obersummen gemäß

$$\underline{S}(f, Z) = \sum_{k=1}^{n} m_k (x_k - x_{k-1}), \quad \overline{S}(f, Z) = \sum_{k=1}^{n} M_k (x_k - x_{k-1}),$$

wobei $m_k = \inf\{f(x) \mid x_{k-1} \le x \le x_k\}$ und $M_k = \sup\{f(x) \mid x_{k-1} \le x \le x_k\}$. (Es ist $-\infty < m_k$ und $M_k < \infty$, da f beschränkt ist.) Unter- und Obersummen kann man leicht als Summen von Rechtecksflächen visualisieren, vgl. Abb. 7.4.

Sei $\mathcal{Z}$ die Menge aller Zerlegungen von $[a, b]$. Da stets $\underline{S}(f, Z) \le \overline{S}(f, Z)$ gilt, erhält man

$$\underline{S}(f) := \sup_{Z \in \mathcal{Z}} \underline{S}(f, Z) \le \inf_{Z \in \mathcal{Z}} \overline{S}(f, Z) =: \overline{S}(f).$$

Die Funktion f heißt *Riemann-integrierbar*, wenn hier Gleichheit gilt, und man setzt dann

$$\int_a^b f(x)\, dx = \underline{S}(f) = \overline{S}(f).$$

Die dieser Definition zugrundeliegende Intuition ist, dass man immer „feinere" Zerlegungen betrachtet, für die die durch $\underline{S}(f, Z)$ und $\overline{S}(f, Z)$ gegebenen Rechtecksummen gegen einen gemeinsamen Wert streben sollten, den man dann für $f \ge 0$ als „Flächeninhalt unter der Kurve" ansehen kann.

a
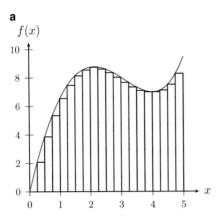

b
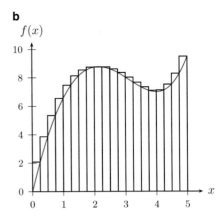

Abb. 7.4 Unter- und Obersumme

Obwohl die obige Skizze suggeriert, dass dieses Vorgehen wirklich funktioniert, sind dem doch zumindest bei pathologischen Funktionen Grenzen gesetzt. Für die *Dirichlet'sche Sprungfunktion*, die rationale Zahlen auf 0 und irrationale Zahlen auf 1 abbildet, ist nämlich $\underline{S}(f) = 0$ und $\overline{S}(f) = b - a$; also ist diese Funktion nicht Riemann-integrierbar. Andererseits kann man sehr wohl die Integrierbarkeit aller stetigen Funktionen beweisen; dazu verwendet man deren gleichmäßige Stetigkeit. Ein Satz der fortgeschrittenen Integrationstheorie besagt, dass man mit dem Riemann'schen Ansatz nicht viel weiter gehen kann: Genau dann ist eine beschränkte Funktion auf $[a, b]$ Riemann-integrierbar, wenn die Menge ihrer Unstetigkeitsstellen eine Nullmenge (siehe Abschn. 8.6), also „klein" ist.

In der auf Leibniz zurückgehenden Notation des Integrals sollte man in dem Symbol $\int$ ein langgestrecktes S (für Summe) sehen, und das dx entsteht bei Leibniz aus $\Delta x = x_k - x_{k-1}$ durch einen mysteriösen Grenzübergang. Vom heutigen Standpunkt ist in der elementaren Analysis dx ein Symbol, das zwar eigentlich vollkommen überflüssig, in vielen Anwendungen aber recht praktisch ist (z. B. hilft es, $\int_0^1 xt^2\,dx$ von $\int_0^1 xt^2\,dt$ zu unterscheiden) und aus historischen Gründen mitgeschleppt wird. Erst höheren Semestern ist es vorbehalten, in dx eine Differentialform zu erkennen; vgl. auch Abschn. 2.11.

Die Menge $R[a, b]$ aller auf $[a, b]$ Riemann-integrierbaren Funktionen bildet einen Vektorraum, und Integration ist eine lineare Operation:

$$\int_a^b (\alpha f + \beta g)(x)\,dx = \alpha \int_a^b f(x)\,dx + \beta \int_a^b g(x)\,dx.$$

Der Nachweis dafür ist leider etwas mühselig, und noch mühseliger wäre es, wenn man mit Hilfe der Definition ein Integral konkret ausrechnen müsste. Effektive Techniken dafür basieren auf dem Hauptsatz der Differential- und Integralrechnung, der im nächsten Abschnitt besprochen wird.

Bislang war immer die stillschweigende Voraussetzung der Beschränktheit der Funktion und der Kompaktheit des Definitionsintervalls gemacht worden. Diese kann man jedoch bisweilen aufgeben, was zu den sogenannten *uneigentlichen Integralen* führt. Pars pro toto betrachten wir eine Funktion $f: [a, \infty) \to \mathbb{R}$. Falls f auf $[a, b]$ stets integrierbar ist und $\lim_{b \to \infty} \int_a^b f(x)\, dx$ existiert, nennt man f uneigentlich Riemann-integrierbar und bezeichnet diesen Grenzwert mit $\int_a^\infty f(x)\, dx$. Zum Beispiel ist $\int_1^\infty 1/x^2\, dx = 1$ und $\int_0^\infty e^{-x^2}\, dx = \sqrt{\pi}/2$; während das erste Beispiel trivial ist, sobald man $1/x^2$ integrieren kann, ist der Beweis des zweiten trickreich. Die Aussage $\int_0^\infty e^{-x^2}\, dx = \sqrt{\pi}/2$ ist fundamental für die Wahrscheinlichkeitsrechnung (Dichte der Normalverteilung).

7.7   Der Hauptsatz der Differential- und Integralrechnung

Dieser Satz stellt eine Verbindung von Differentiation und Integration her und trägt den Namen „Hauptsatz" mit vollem Recht. Um ihn zu auszusprechen, ist der Begriff einer Stammfunktion praktisch: Eine Funktion F heißt *Stammfunktion* von f, wenn $F' = f$ gilt.

Nun können wir den Hauptsatz bequem formulieren.

Sei $f: [a, b] \to \mathbb{R}$ eine Riemann-integrierbare Funktion. Wir setzen $F_0(x) = \int_a^x f(t)\, dt$ für $x \in [a, b]$. Dann gilt:

(a) Wenn f bei x_0 stetig ist, ist F_0 bei x_0 differenzierbar mit $F_0'(x_0) = f(x_0)$. Insbesondere ist F_0 eine Stammfunktion von f, wenn f stetig ist.

(b) Ist F irgendeine Stammfunktion der stetigen Funktion f, so gilt

$$\int\limits_a^b f(t)\, dt = F(b) - F(a).$$

Diese Aussage stellt einen auf den ersten Blick verblüffenden Zusammenhang zwischen zwei a priori unzusammenhängenden mathematischen Konzepten her, denn die Integration stellt sich hier als Umkehrung der Differentiation heraus. So überraschend und fundamental der Satz auch ist, ist sein Beweis doch nicht einmal sehr schwierig, da man in (a) ziemlich unmittelbar die Definition (7.4) verifizieren kann. Für (b) braucht man die wichtige Beobachtung, dass sich die Stammfunktionen F und F_0 nur durch eine Konstante unterscheiden, was man aus dem Mittelwertsatz herleitet (speziell aus (7.6) mit $M = 0$). An dieser Stelle sei explizit auf den Unterschied der folgenden Aussagen hingewiesen: (1) Wenn F eine Stammfunktion von f und $F - G = $ const. ist, ist auch G eine Stammfunktion von f. (2) Wenn F und G Stammfunktionen von f auf einem Intervall sind, ist $F - G = \text{const}$. Hierbei ist (1) trivial, die Umkehrung (2), die wir gerade verwandt haben, ist es aber nicht.

Eine Variante ist noch:

(c) Ist $g: [a, b] \to \mathbb{R}$ eine differenzierbare Funktion mit Riemann-integrierbarer Ableitung, so gilt

$$\int_a^b g'(t)\, dt = g(b) - g(a).$$

Gerade diese Variante ist intuitiv leicht einzusehen, wenn man sie diskretisiert, was dem Hauptsatz etwas von der Aura des Überraschenden nimmt. Jeder Sparer kennt sie nämlich: In einem Sparbuch gibt es doch eine Spalte für den Kontostand zum Zeitpunkt x (das entspricht $g(x)$) und eine für die Einzahlungen bzw. Abhebungen (das entspricht der Änderungsrate von g und deshalb $g'(x)$). Die Summe aller Einzahlungen bzw. Abhebungen zwischen zwei Zeitpunkten a und b (das entspricht $\int_a^b g'(t)\, dt$) ist aber nichts anderes als $g(b) - g(a)$.

Die rechentechnische Ausbeute des Hauptsatzes ist, dass man Integrale konkret bestimmen kann, wenn man eine Stammfunktion des Integranden kennt, und im Zweifelsfall kann man versuchen, eine zu erraten. So erhält man sofort $\int_1^2 1/x^2\, dx = 1/2$, da $x \mapsto -1/x$ eine Stammfunktion von $x \mapsto 1/x^2$ auf $[1, 2]$ ist. Das Raten kann man systematisieren, indem man einen Grundkatalog von Ableitungsbeispielen und die Differentiationsregeln rückwärts liest. So wird aus der Produktregel die Regel von der *partiellen Integration*

$$\int_a^b f'(x)g(x)\, dx = (f(b)g(b) - f(a)g(a)) - \int_a^b f(x)g'(x)\, dx$$

und aus der Kettenregel die *Substitutionsregel*

$$\int_a^b f(g(x))g'(x)\, dx = \int_{g(a)}^{g(b)} f(u)\, du.$$

Bei der Substitutionsregel ist die Leibniz'sche Differentialsymbolik eine willkommene Eselsbrücke. Man substituiert nämlich $u = g(x)$ und erhält in der Leibniz'schen Schreibweise $du/dx = g'(x)$ und daher (sic!) $g'(x)\, dx = du$.

So kann man komplizierte Integrale wie $\int_a^b \log x\, dx$ oder $\int_a^b \frac{1}{\cos x}\, dx$ explizit berechnen, aber bei $\int_a^b e^{-x^2}\, dx$ versagen alle Tricks. In der Tat kann man beweisen, dass $x \mapsto e^{-x^2}$ keine „explizite" Stammfunktion besitzt, womit man eine Funktion meint, die man durch Summe, Produkt, Komposition etc. aus den klassischen Funktionen (Polynome, exp, log, sin, cos etc.) „kombinieren" kann (was natürlich zu präzisieren wäre). Computeralgebraprogramme wie Maple oder Mathematica können die raffiniertesten Stammfunktionen in Sekundenschnelle bestimmen – oder entscheiden, dass eine explizite Lösung unmöglich ist.

Da das Integrieren konkret auf die Bestimmung von Stammfunktionen hinausläuft, hat sich die Bezeichnung $\int f(x)\, dx$, das sogenannte *unbestimmte Integral*, für eine Stammfunktion von f eingebürgert. Allerdings ist diese Notation mit Vorsicht zu genießen: $\int f(x)\, dx = F(x)$ sollte man wirklich nur als praktische Schreibweise für $F' = f$ lesen, nicht aber als mathematische Gleichung; sonst würde man von $\int 2x\, dx = x^2$ und $\int 2x\, dx = x^2 + 1$ schnell zu $0 = 1$ gelangen…

7.8 Vertauschung von Grenzprozessen

Wie das Beispiel

$$1 = \lim_{n \to \infty} \lim_{m \to \infty} (1 - 1/m)^n \neq \lim_{m \to \infty} \lim_{n \to \infty} (1 - 1/m)^n = 0$$

zeigt, kommt es im Allgemeinen bei der Ausführung von mehreren Grenzprozessen auf deren Reihenfolge an. Ein anderes Beispiel ist

$$\frac{1}{2} = \lim_{n \to \infty} \int_0^1 n x^n (1 - x^n)\, dx \neq \int_0^1 \lim_{n \to \infty} n x^n (1 - x^n)\, dx = 0.$$

Auch hier geht es um die Vertauschung von Grenzprozessen, denn hinter dem Integral verbirgt sich ja der Grenzwert von Ober- und Untersummen.

Es ist eine entscheidende Idee der Analysis, „komplizierte" Funktionen als Grenzwerte von „einfachen" Funktionen darzustellen; konkrete Beispiele werden wir mit den Taylor- und Fourierreihen der nächsten Abschnitte besprechen. Daher ist es wichtig zu wissen, welche Eigenschaften sich unter welchen Bedingungen auf die Grenzfunktion einer konvergenten Funktionenfolge oder -reihe übertragen. Jedenfalls überträgt sich die Stetigkeit nicht automatisch, denn setzt man $f_n(x) = x^n$, so konvergiert die Folge $(f_n(x))_n$ für jedes $x \in [0, 1]$, aber die Grenzfunktion, das ist $f \colon [0, 1] \to \mathbb{R}$ mit $f(x) = 0$ für $x < 1$ und $f(1) = 1$, ist nicht stetig, obwohl alle f_n stetig sind. (Das ist die Essenz des ersten Beispiels.) Ebenso zeigt unser zweites Beispiel, dass man den Limes im Allgemeinen nicht „unters Integral" ziehen darf. Dass man ähnliche Probleme beim Differenzieren hat, wird durch das Beispiel der differenzierbaren Funktionen $f_n \colon [-1, 1] \to \mathbb{R}$ mit $f_n(x) = \sqrt{x^2 + 1/n}$ belegt, wo wegen $f_n(x) \to |x|$ die Grenzfunktion nicht differenzierbar ist.

Positive Resultate in dieser Richtung kann man nur unter strengeren Annahmen beweisen. Der entscheidende Begriff in diesem Zusammenhang ist der der gleichmäßigen Konvergenz. Seien $f_n, f \colon X \to \mathbb{R}$ Funktionen auf einer Menge X.

Abb. 7.5 Schlauch um einen
Funktionsgraphen

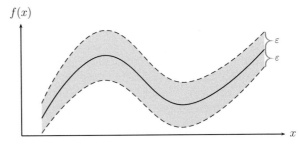

Schreibt man explizit aus, was die Aussage „$f_n(x) \to f(x)$ für alle $x \in X$" (also die punktweise Konvergenz der Funktionenfolge) bedeutet, erhält man

$$\forall x \in X \ \forall \varepsilon > 0 \ \exists N \in \mathbb{N} \ \forall n \geq N \quad |f_n(x) - f(x)| \leq \varepsilon.$$

Es ist daher damit zu rechnen, dass N nicht nur von ε, sondern auch von x abhängt. Ist dies nicht der Fall, nennt man die Funktionenfolge *gleichmäßig konvergent*:

$$\forall \varepsilon > 0 \ \exists N \in \mathbb{N} \ \forall n \geq N \ \forall x \in X \quad |f_n(x) - f(x)| \leq \varepsilon.$$

Man kann sich diese Bedingung so vorstellen, dass man um den Graphen von f einen Schlauch der Dicke 2ε legt, und die Definition der gleichmäßigen Konvergenz verlangt, dass von einem N ab die Graphen aller f_n innerhalb dieses Schlauchs verlaufen (Abb. 7.5).

Wer mit dem Begriff der Metrik vertraut ist, kann die obige Definition zumindest für beschränkte Funktionen auch wie folgt wiedergeben. Für zwei beschränkte Funktionen auf X setzen wir $d(f, g) = \sup_{x \in X} |f(x) - g(x)|$. Dann konvergiert (f_n) genau dann gleichmäßig gegen f, wenn

$$\forall \varepsilon > 0 \ \exists N \in \mathbb{N} \ \forall n \geq N \quad d(f_n, f) \leq \varepsilon$$

gilt, wenn also (f_n) gegen f bzgl. der Metrik d im Raum aller beschränkten Funktionen konvergiert.

Folgende Sätze können nun über die Vertauschung von Grenzprozessen gezeigt werden:

Seien $f_n, f \colon [a, b] \to \mathbb{R}$ mit $f_n(x) \to f(x)$ für alle x.

(a) Sind alle f_n stetig und ist die Konvergenz gleichmäßig, so ist auch f stetig.

(b) Sind alle f_n Riemann-integrierbar und ist die Konvergenz gleichmäßig, so ist auch f Riemann-integrierbar, und es gilt

$$\lim_{n \to \infty} \int_a^b f_n(x) \, dx = \int_a^b f(x) \, dx.$$

(c) Sind alle f_n differenzierbar und konvergiert die Folge der Ableitungen (f_n') gleichmäßig gegen eine Grenzfunktion g, so ist f differenzierbar, und es gilt $f' = g$, d. h. $(\lim_n f_n)' = \lim_n f_n'$.

Man beachte, dass in (c) die gleichmäßige Konvergenz der Ableitungen vorausgesetzt wird; wenn (f_n') konvergiert – so die Aussage von (c) stark verkürzt –, dann gegen das Richtige.

Der Beweis von (a) benutzt ein sogenanntes $\varepsilon/3$-Argument. Da Varianten dieses Arguments auch an anderen Stellen benutzt werden, sei es hier kurz skizziert. Um die Stetigkeit von f bei x_0 zu zeigen, muss man $|f(x) - f(x_0)| \leq \varepsilon$ für alle x „in der Nähe" von x_0 beweisen. Dazu schiebt man $f_n(x)$ bzw. $f_n(x_0)$ in diese Differenz ein und benutzt die Dreiecksungleichung:

$$|f(x) - f(x_0)| \leq |f(x) - f_n(x)| + |f_n(x) - f_n(x_0)| + |f_n(x_0) - f(x_0)|.$$

Ist nun n groß genug, so sind der erste sowie der letzte Term wegen der gleichmäßigen Konvergenz jeweils durch $\varepsilon/3$ abzuschätzen, egal, was x und x_0 sind. Für solch ein n, das nun fixiert wird, benutzt man nun die Stetigkeit von f_n, um auch den mittleren Term durch $\varepsilon/3$ abzuschätzen, wenn nur $|x - x_0| \leq \delta$ ist ($\delta = \delta(\varepsilon, x_0, n)$ passend). Insgesamt folgt

$$|f(x) - f(x_0)| \leq \varepsilon/3 + \varepsilon/3 + \varepsilon/3 = \varepsilon$$

für $|x - x_0| \leq \delta$ und damit die Stetigkeit von f bei x_0.

Wir erwähnen noch den *Weierstraß'schen Approximationssatz*, wonach jede stetige Funktion auf $[a, b]$ ein gleichmäßiger Grenzwert von Polynomfunktionen ist.

7.9 Taylorentwicklung und Potenzreihen

Die Quintessenz der Differenzierbarkeit ist die gute lokale Approximierbarkeit durch affin-lineare Funktionen. Indem man Polynome höheren Grades heranzieht, sollte es möglich sein, die Approximationsgüte zu verbessern.

Sei f eine hinreichend oft differenzierbare Funktion auf einem Intervall I. Wir suchen ein Polynom T_n, das an der Stelle $a \in I$ in seinen ersten n Ableitungen mit denen von f übereinstimmt. Es zeigt sich, dass T_n die Form

$$T_n(x) = \sum_{k=0}^{n} \frac{f^{(k)}(a)}{k!} (x - a)^k$$

hat; T_n wird das n-te *Taylorpolynom* genannt. Schreibt man $f(x) = T_n(x) + R_{n+1}(x)$, so macht der fundamentale *Satz von Taylor* folgende Aussage über das Restglied R_{n+1}.

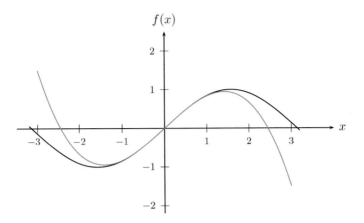

Abb. 7.6 Taylorapproximation der Sinusfunktion

Ist $f\colon I \to \mathbb{R}$ eine $(n+1)$-mal differenzierbare Funktion und $a \in I$, so existiert für alle x ein ξ zwischen a und x mit

$$f(x) = T_n(x) + \frac{f^{(n+1)}(\xi)}{(n+1)!}(x-a)^{n+1}.$$

Für $n = 0$ geht dieser Satz in den Mittelwertsatz über. Eine äquivalente Umformulierung ist

$$f(a+h) = \sum_{k=0}^{n} \frac{f^{(k)}(a)}{k!}h^k + \frac{f^{(n+1)}(a+\vartheta h)}{(n+1)!}h^{n+1}$$

für ein $\vartheta = \vartheta(a, h) \in (0, 1)$. Ist $f^{(n+1)}$ sogar stetig, schließt man

$$f(a+h) = \sum_{k=0}^{n+1} \frac{f^{(k)}(a)}{k!}h^k + o(h^{n+1})$$

und damit die lokale Approximierbarkeit durch das Taylorpolynom vom Grad $\leq n+1$ mit einem Fehlerterm, der von kleinerer Ordnung als h^{n+1} ist. (Zur Erinnerung: $o(h^{n+1})$ steht für einen Term $\varphi(h)$ mit $\varphi(h)/h^{n+1} \to 0$ für $h \to 0$.) Ein Beispiel ist (Abb. 7.6)

$$\sin x = x - \frac{x^3}{6} + o(x^3).$$

Man beachte, dass die Approximation von $\sin x$ durch $x - \frac{1}{6}x^3$ nur in einer Umgebung von 0 gut ist; deshalb haben wir von lokaler Approximation gesprochen.

Um z. B. eine auf $[-\pi, \pi]$ gültige gute Approximation durch ein Polynom zu erhalten, was nach dem in Abschn. 7.8 erwähnten Weierstraßschen Approximationssatz ja möglich ist, muss man Polynome viel höheren Grades heranziehen.

Mit dem Satz von Taylor lässt sich das Kriterium für das Vorliegen eines lokalen Extremums aus der Schulmathematik begründen und erweitern. Für eine in einer Umgebung von a $(n+1)$-mal stetig differenzierbare Funktion gelte $f'(a) = f''(a) = \cdots = f^{(n)}(a) = 0$, aber $f^{(n+1)}(a) \neq 0$, sagen wir > 0. Für hinreichend kleine h ist dann der Term $c(h) := f^{(n+1)}(a + \vartheta h)/(n+1)!$ aus der Taylorentwicklung positiv, und nun lautet diese einfach $f(a + h) = f(a) + c(h)h^{n+1}$. Ist n ungerade, folgt $c(h)h^{n+1} > 0$ für $h \neq 0$, und es liegt bei a ein striktes lokales Minimum vor. Ist jedoch n gerade, hat $c(h)h^{n+1}$ das Vorzeichen von h, und es liegt kein Extremum vor.

Ist f beliebig häufig differenzierbar, könnte man versuchen, in den obigen Überlegungen den Grenzübergang $n \to \infty$ durchzuführen. Das führt zur *Taylorreihe*

$$T_\infty(x) = \sum_{k=0}^{\infty} \frac{f^{(k)}(a)}{k!}(x-a)^k$$

der Funktion f im Entwicklungspunkt a. Es stellt sich natürlich sofort die Frage, ob diese Reihe konvergiert, und wenn ja, ob sie gegen $f(x)$ konvergiert. Leider sind beide Fragen im Allgemeinen zu verneinen; aber die Antwort lautet jeweils „ja", wenn $R_{n+1}(x) \to 0$ für $n \to \infty$ gilt. Letzteres trifft glücklicherweise auf alle klassischen Funktionen zu, zumindest in einer Umgebung des Entwicklungspunkts. Hier sind einige Beispiele für Taylorentwicklungen:

$$e^x = \sum_{k=0}^{\infty} \frac{1}{k!}x^k \qquad (x \in \mathbb{R})$$

$$\sin x = \sum_{k=0}^{\infty} \frac{(-1)^k}{(2k+1)!}x^{2k+1} \quad (x \in \mathbb{R})$$

$$\cos x = \sum_{k=0}^{\infty} \frac{(-1)^k}{(2k)!}x^{2k} \qquad (x \in \mathbb{R})$$

$$\log(1+x) = \sum_{k=1}^{\infty} \frac{(-1)^{k+1}}{k}x^k \qquad (-1 < x \leq 1)$$

$$(1+x)^\alpha = \sum_{k=0}^{\infty} \binom{\alpha}{k} x^k \qquad (-1 < x < 1)$$

Bei den ersten drei Reihen erhält man die Reihen zurück, die in Abschn. 7.4 zur Definition dienten. Im letzten Beispiel, der binomischen Reihe, ist für $\alpha \in \mathbb{R}$ und $k \in \mathbb{N}$

$$\binom{\alpha}{k} = \frac{\alpha(\alpha-1)\cdots(\alpha-k+1)}{k!}.$$

Eine Reihe der Form $\sum_{k=0}^{\infty} c_k (x - a)^k$ heißt *Potenzreihe* (mit Entwicklungs-punkt a). Das Konvergenzverhalten solcher Reihen ist vergleichsweise überschau-bar. Durch Anwendung des Wurzelkriteriums für unendliche Reihen erhält man nämlich ein $R \in [0, \infty]$, so dass die Reihe für $|x - a| < R$ konvergiert und für $|x - a| > R$ divergiert; für $|x - a| = R$ sind keine allgemeinen Aussagen möglich. Man kann R explizit durch $R = 1/\limsup \sqrt[n]{|c_n|}$ berechnen; R heißt der *Konver-genzradius* der Potenzreihe. Wo ein Radius ist, sollte ein Kreis sein; diesen sieht man, wenn man Potenzreihen im Komplexen betrachtet, für die die obigen Aussa-gen genauso gelten, und dann definiert $\{x \in \mathbb{C} \mid |x - a| < R\}$ einen Kreis in der komplexen Ebene. Komplexe Potenzreihen führen in die Welt der Funktionentheo-rie, über die in Abschn. 8.9 ein wenig berichtet wird.

Eine Potenzreihe mit Konvergenzradius R definiert also eine Funktion $f \colon (a - R, a + R) \to \mathbb{R}$, $f(x) = \sum_{k=0}^{\infty} c_k (x - a)^k$. Nicht nur konvergiert diese Reihe auf $I = (a - R, a + R)$, sie konvergiert auf kompakten Teilintervallen von I sogar gleichmäßig, wenn auch nicht notwendig auf I selbst. Da Stetigkeit ein lokaler Begriff ist, kann man daraus folgern (vgl. (a) in Abschn. 7.8), dass f stetig ist. Genauso kann man das dortige Differenzierbarkeitskriterium (c) anwenden, um $f'(x) = \sum_{k=0}^{\infty} c_k k (x - a)^{k-1}$ auf I zu erhalten. Durch Wiederholung dieses Schlusses gelangt man zu dem Ergebnis, dass f beliebig oft auf I differenzierbar ist mit $f^{(n)}(a) = n! c_n$. Damit ist die Taylorreihe von f die diese Funktion defi-nierende Potenzreihe, was oben für die Exponential-, Sinus- und Cosinusfunktion schon beobachtet wurde.

7.10   Fourierreihen

Im Jahre 1822 erschien Joseph Fouriers Buch *Théorie analytique de la chaleur*, in dem er systematisch die Idee, eine „beliebige" periodische Funktion als Reihe über Sinus- und Cosinusterme darzustellen, auf Differentialgleichungen der mathemati-schen Physik und ihre Randwertprobleme anwandte. Allerdings geschah das nicht mit der heutigen mathematischen Strenge, da keine Konvergenzüberlegungen ange-stellt wurden und die unendlichen Reihen formal wie endliche Reihen manipuliert wurden. Mehr noch, zu Fouriers Zeit existierte nicht einmal der moderne Funktions-begriff; für Fourier und seine Zeitgenossen war eine Funktion durch eine Formel, in der Regel eine Potenzreihe, gegeben.

Vom heutigen Standpunkt aus stellt sich die Theorie so dar. Wir betrachten eine 2π-periodische Funktion f; es gilt also $f(x + 2\pi) = f(x)$ auf $\mathbb{R}$. (Die Periode 2π zu wählen ist eine Normierung, die schreibtechnische Vorteile hat.) Diese wird eindeutig durch ihre Einschränkung auf das Intervall $[-\pi, \pi)$ festgelegt. Wir versu-chen, f als *trigonometrische Reihe*

$$\frac{a_0}{2} + \sum_{k=1}^{\infty} (a_k \cos kx + b_k \sin kx) \qquad (7.10)$$

zu schreiben. *Falls* diese Reihe auf $[-\pi, \pi]$ gleichmäßig gegen f konvergiert (not-wendigerweise ist dann f stetig), erhält man nach Multiplikation der Reihe mit

$\cos nx$ bzw. $\sin nx$ und gliedweiser Integration, was wegen der gleichmäßigen Konvergenz erlaubt ist,

$$a_n = \frac{1}{\pi} \int\limits_{-\pi}^{\pi} f(x) \cos nx \, dx, \quad b_n = \frac{1}{\pi} \int\limits_{-\pi}^{\pi} f(x) \sin nx \, dx. \tag{7.11}$$

(Damit das auch für $n = 0$ stimmt, hat man in (7.10) das absolute Glied als $a_0/2$ statt a_0 angesetzt.) Hierzu benötigt man die „Orthogonalitätsrelationen" des trigonometrischen Systems ($n, m \geq 1$)

$$\int\limits_{-\pi}^{\pi} \cos nx \cos mx \, dx = \int\limits_{-\pi}^{\pi} \sin nx \sin mx \, dx = \delta_{nm} \cdot \pi, \quad \int\limits_{-\pi}^{\pi} \cos nx \sin mx \, dx = 0$$

mit dem Kroneckersymbol $\delta_{nm} = 1$ für $n = m$ und $\delta_{nm} = 0$ für $n \neq m$.

Unabhängig von der Qualität der Reihe (7.10) *definiert* man die *Fourierkoeffizienten* a_n und b_n einer auf $[-\pi, \pi]$ integrierbaren Funktion durch (7.11). Dann erhebt sich die Frage, was die mit diesen Koeffizienten gebildete Reihe (7.10) mit der Ausgangsfunktion zu tun hat. Die mit Fourierreihen zusammenhängenden Konvergenzfragen gehören zu den delikatesten Problemen der klassischen Analysis.

Der Erste, der rigorose Konvergenzsätze für Fourierreihen bewiesen hat, war Dirichlet. Seine Resultate enthalten das folgende, einfach zu formulierende Ergebnis als Spezialfall: Ist f stückweise stetig differenzierbar, so konvergiert die Reihe (7.10) gegen $(f(x+) + f(x-))/2$ und in einem Stetigkeitspunkt in der Tat gegen $f(x)$. Die Konvergenz ist gleichmäßig auf jedem kompakten Teilintervall, auf dem f stetig differenzierbar ist. Hier stehen $f(x+)$ bzw. $f(x-)$ für die einseitigen Grenzwerte

$$f(x+) = \lim_{\substack{h \to 0 \\ h > 0}} f(x + h), \quad f(x-) = \lim_{\substack{h \to 0 \\ h > 0}} f(x - h).$$

Das Resultat ist insbesondere auf die durch $f(x) = \frac{\pi - x}{2}$ auf $(0, 2\pi)$ sowie durch $f(0) = 0$ definierte und 2π-periodisch fortgesetzte Sägezahnfunktion anwendbar mit der Fourierentwicklung

$$\sum_{k=1}^{\infty} \frac{1}{k} \sin kx = f(x).$$

Abbildung 7.7 zeigt die Approximation von f durch die ersten 8 Terme der Fourierreihe.

Weitere Konvergenzergebnisse stammen von Riemann, der in diesem Zusammenhang den nach ihm benannten Integralbegriff schuf. Dass die bloße Stetig-

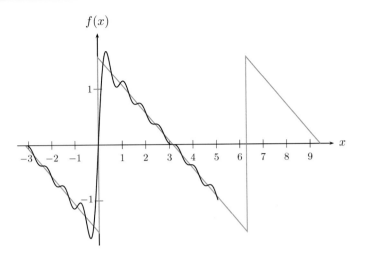

Abb. 7.7 Fourierapproximation der Sägezahnfunktion

keit nicht hinreichend für die punktweise Konvergenz der Fourierreihe ist, zeigte DuBois-Reymond 1876. Sein Gegenbeispiel wirft die Frage auf, ob und wie eine stetige Funktion durch ihre Fourierreihe repräsentiert wird. 1896 gab der damals kaum zwanzigjährige Fejér die Antwort. Er betrachtete nicht die Partialsummen S_n der Fourierreihe, sondern deren arithmetische Mittel $T_n = (S_0 + \cdots + S_{n-1})/n$, und er bewies, dass (T_n) für jede 2π-periodische stetige Funktion f gleichmäßig gegen f konvergiert. Insbesondere sind stetige Funktionen durch ihre Fourierkoeffizienten eindeutig bestimmt: Sind alle a_n und $b_n = 0$, so muss die Funktion die Nullfunktion gewesen sein. Anders als bei Taylorreihen folgt jetzt, falls die Fourierreihe der stetigen Funktion f bei x überhaupt konvergiert, dass sie gegen $f(x)$ konvergiert. Der tiefliegende Satz von Carleson (1966) besagt, dass die Fourierreihe einer stetigen Funktion in der Tat fast überall konvergiert in dem Sinn, dass die Divergenzpunkte eine Nullmenge bilden. (Dieser Satz kontrastiert mit einem Beispiel von Kolmogorov, der eine (Lebesgue-) integrierbare Funktion auf $[-\pi, \pi]$ mit überall divergenter Fourierreihe konstruiert hatte.)

Die Theorie der Fourierreihen hat die Mathematik seit ihren Anfängen stark befruchtet, insbesondere hat sie die Entwicklung des modernen Funktions- und des Integralbegriffs vorangetrieben und später das Konzept des Hilbertraums inspiriert, als nicht nur punktweise Konvergenz, sondern auch Konvergenz im quadratischen Mittel untersucht wurde. Auch die Anfänge der Mengenlehre finden sich hier. Cantor hatte nämlich bewiesen, dass für eine überall gegen 0 konvergente trigonometrische Reihe alle Koeffizienten verschwinden müssen. Er fragte sich nun, ob man diese Schlussfolgerung auch erhält, wenn nicht an allen Stellen Konvergenz gegen 0 vorliegt bzw. wie groß diese Ausnahmemengen sein dürfen. Eins seiner Resultate ist, dass Konvergenz gegen 0 auf dem Komplement einer konvergenten Folge ausreicht, z. B. auf $[-\pi, \pi] \setminus \{1, 1/2, 1/3, \dots\}$.

7.11 Fouriertransformation

Wenn man die Euler'sche Formel $e^{ix} = \cos x + i \sin x$ heranzieht, kann man eine Fourierreihe auch in komplexer Form

$$\sum_{k=-\infty}^{\infty} c_k e^{ikx}, \quad c_k = \frac{1}{2\pi} \int_{-\pi}^{\pi} f(x) e^{-ikx} \, dx$$

schreiben; die Konvergenz der Reihe ist dabei als $\lim_{N\to\infty} \sum_{k=-N}^{N} c_k e^{ikx}$ zu verstehen. Geht man von einer Funktion der Periode L statt 2π aus, muss man die komplexe Exponentialfunktion durch $e^{ikx2\pi/L}$ ersetzen; durch den Grenzübergang $L \to \infty$ kann man dann zu einem Analogon der Fourierreihen bei nichtperiodischen Funktionen gelangen. Dies ist die Fouriertransformierte einer Funktion, die folgendermaßen erklärt ist.

Sei $f\colon \mathbb{R} \to \mathbb{R}$ (oder $f\colon \mathbb{R} \to \mathbb{C}$) eine Funktion mit $\int_{-\infty}^{\infty} |f(x)| \, dx < \infty$; wir schreiben dafür kurz $f \in \mathcal{L}^1$. (Am besten wäre es, an dieser Stelle das Lebesgue-Integral zu benutzen, aber das uneigentliche Riemann'sche tut's für den Moment auch.) Einer solchen Funktion wird eine weitere Funktion $\widehat{f}\colon \mathbb{R} \to \mathbb{C}$ gemäß

$$\widehat{f}(y) = \frac{1}{\sqrt{2\pi}} \int_{-\infty}^{\infty} f(x) e^{-ixy} \, dx$$

zugeordnet; sie heißt die *Fouriertransformierte* von f. Das definierende Integral existiert, da ja $f \in \mathcal{L}^1$ ist. Die Definition von $\widehat{f}$ ist in der Literatur nicht ganz einheitlich. Manche Autoren verwenden den Vorfaktor $1/2\pi$ statt $1/\sqrt{2\pi}$, andere den Vorfaktor 1; wieder andere benutzen den Term $e^{-2\pi ixy}$. Daraus resultieren sechs verschiedene mögliche Varianten mit entsprechenden Varianten aller Folgeformeln.

Die Funktion $\widehat{f}$ erweist sich immer als stetig mit $\lim_{|y|\to\infty} \widehat{f}(y) = 0$ (diese Aussage ist als *Riemann-Lebesgue-Lemma* bekannt), aber nicht immer ist $\widehat{f} \in \mathcal{L}^1$. Wenn das doch der Fall ist, kann man auch die Fouriertransformierte von $\widehat{f}$ berechnen. Das Ergebnis lässt sich besonders einfach formulieren, wenn f stetig war: Dann ist nämlich $\widehat{\widehat{f}}(x) = f(-x)$ überall auf $\mathbb{R}$. Äquivalent dazu ist die *Fourier-Umkehrformel*: Sei $f \in \mathcal{L}^1$ stetig, und sei ebenfalls $\widehat{f} \in \mathcal{L}^1$; dann gilt für alle $x \in \mathbb{R}$

$$f(x) = \frac{1}{\sqrt{2\pi}} \int_{-\infty}^{\infty} \widehat{f}(y) e^{ixy} \, dy.$$

Man sollte an dieser Stelle die Analogie zwischen der Definition von $\widehat{f}$ und der von c_k oben sowie zwischen der Fourier-Umkehrformel und der Darstellung einer periodischen Funktion durch ihre Fourierreihe $f(x) = \sum_{k=-\infty}^{\infty} c_k e^{ikx}$ sehen.

Hier sind einige Beispiele von Fouriertransformierten.

$$f(x) = \begin{cases} 1 & \text{für } |x| \le 1 \\ 0 & \text{für } |x| > 1 \end{cases} \qquad \widehat{f}(y) = \sqrt{\tfrac{2}{\pi}} \tfrac{\sin y}{y}$$

$$f(x) = e^{-|x|} \qquad\qquad\qquad \widehat{f}(y) = \sqrt{\tfrac{2}{\pi}} \tfrac{1}{1+y^2}$$

$$f(x) = e^{-x^2/2} \qquad\qquad\qquad \widehat{f}(y) = e^{-y^2/2}$$

Den Übergang von f zu $\widehat{f}$ bezeichnet man als *Fouriertransformation*. Ihre eigentliche Heimat ist die Funktionalanalysis, wo man auch nicht integrierbare Funktionen, Wahrscheinlichkeitsmaße und Distributionen transformiert. Die Fouriertransformation eines Maßes führt zu den sogenannten charakteristischen Funktionen der Wahrscheinlichkeitstheorie.

Besonders interessant ist die Wechselwirkung der Fouriertransformation mit Ableitungen. Hier gilt nämlich, die Integrierbarkeit aller beteiligten Funktionen vorausgesetzt,

$$(\widehat{f'})(y) = iy\widehat{f}(y), \quad (\widehat{f})'(y) = -i(\widehat{xf})(y),$$

wobei xf für die Funktion $x \mapsto xf(x)$ steht. Ableitungen gehen unter der Fouriertransformation in Multiplikationen und Multiplikationen in Ableitungen über; in diesem Sinn überführt die Fouriertransformation analytische in algebraische Probleme. Diese Methode wird mit großem Erfolg in der Theorie der linearen Differentialgleichungen angewandt.

7.12   Kurven im $\mathbb{R}^d$

Unter einer *stetigen Kurve* im $\mathbb{R}^d$ versteht man eine Funktion $f\colon I \to \mathbb{R}^d$ auf einem Intervall, für die alle Koordinatenfunktionen $f_1, \dots, f_d$ stetig sind. Wer mit der euklidischen Metrik vertraut ist, kann natürlich stattdessen einfach sagen, dass f stetig ist. Es ist zu bemerken, dass definitionsgemäß eine Kurve eine Abbildung ist und nicht deren Bild, genannt *Spur* von f, also $\mathrm{Sp}(f) = \{\, f(t) \mid t \in I \,\}$, wie man es eigentlich umgangssprachlich erwarten würde; die Kurven

$$f, g\colon [0,1] \to \mathbb{R}^2, \quad f(t) = (\cos 2\pi t, \sin 2\pi t), \quad g(t) = (\cos 2\pi t^2, \sin 2\pi t^2)$$

haben beide als Bild den Einheitskreis, sind aber verschiedene Kurven. Man sagt, f und g seien verschiedene Parametrisierungen des Einheitskreises. Ein Beispiel einer Kurve im $\mathbb{R}^3$ ist die Schraubenlinie $t \mapsto (\cos t, \sin t, t)$ (Abb. 7.8).

Analog sind stetig differenzierbare Kurven erklärt. Diesen kann man auf naheliegende Weise *Tangentialvektoren* zuordnen, nämlich durch $f'(t) = (f_1'(t), \dots, f_d'(t))$. Die physikalische Interpretation ist die des Geschwindigkeitsvektors eines Teilchens zum Zeitpunkt t, wenn $t \mapsto f(t)$ das Weg-Zeit-Gesetz beschreibt.

Die *Bogenlänge* einer stetig differenzierbaren Kurve $f\colon [a,b] \to \mathbb{R}^d$ definiert man als Grenzwert der Polygonzuglängen $\sum_{k=1}^{n} \|f(t_k) - f(t_{k-1})\|$ zu einer Zer-

Abb. 7.8 Schraubenlinie

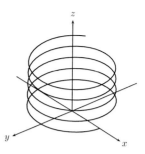

legung $a = t_0 < t_1 < \cdots < t_n = b$, wenn die Feinheit der Zerlegung gegen 0 strebt. ($\mathbb{R}^d$ trägt die euklidische Norm.) In der Tat existiert dieser Grenzwert für solche f, und man kann ihn durch das Integral $L = \int_a^b \|f'(t)\|\, dt$ berechnen. Es stellt sich die Frage, inwiefern L von der Parametrisierung der Kurve abhängt. Dazu sei $\varphi\colon [\alpha, \beta] \to [a, b]$ eine stetig differenzierbare Bijektion (eine Parametertransformation); $g = f \circ \varphi$ ist dann eine Kurve mit demselben Bild wie f. Die Substitutionsregel der Integralrechnung liefert $\int_\alpha^\beta \|g'(u)\|\, du = \int_a^b \|f'(t)\|\, dt$; also ist die Bogenlänge invariant gegenüber Parametertransformationen.

Auch die Tangentialvektoren sind bis auf einen Faktor unabhängig von der Parametrisierung; ist φ monoton wachsend, ist der Faktor positiv, und die Parametertransformation ist orientierungstreu; ist φ monoton fallend, ist der Faktor negativ, und die Parametertransformation ist orientierungsumkehrend.

Zu einer stetig differenzierbaren Kurve $f\colon [a, b] \to \mathbb{R}^d$ können wir eine kanonische Umparametrisierung auf die Bogenlänge als Parameter vornehmen; dazu sei $\varphi\colon [0, L] \to [a, b]$ die Umkehrfunktion zu $t \mapsto \int_a^t \|f'(s)\|\, ds$ und $g = f \circ \varphi$. In dieser Parametrisierung gilt stets $\|g'(u)\| = 1$, die Kurve wird also mit konstanter Geschwindigkeit durchlaufen. Die Änderungsrate des Tangentialvektors im Zeitpunkt t können wir dann als Maß für die *Krümmung* ansehen; bei zweimal stetig differenzierbaren Kurven führt das auf die Größe $\|g''(u)\|$ für den Betrag der Krümmung. Bei einer ebenen Kurve ($d = 2$) können wir noch danach fragen, ob die Kurve nach links oder nach rechts gekrümmt ist. Dazu dreht man den (normierten) Tangentialvektor $g'(u)$ mittels der Drehmatrix $D = \left(\begin{smallmatrix} 0 & -1 \\ 1 & 0 \end{smallmatrix} \right)$ um 90° und erhält den Normaleneinheitsvektor $N_g(u)$. Es stellt sich heraus, dass $g''(u)$ hierzu parallel ist, und man definiert die Krümmung als den entsprechenden Proportionalitätsfaktor: $\kappa_g(u) = \langle g''(u), Dg'(u) \rangle$. Bezüglich der ursprünglichen Parametrisierung durch $f(t) = (x(t), y(t))$ erhält man

$$\kappa_f(t) = \frac{x'(t)y''(t) - x''(t)y'(t)}{\|f'(t)\|^3}.$$

Linkskrümmung entspricht jetzt $\kappa_f(t) < 0$ und Rechtskrümmung $\kappa_f(t) > 0$; ein im Uhrzeigersinn durchlaufener Kreis vom Radius r hat die konstante Krümmung $1/r$, in Übereinstimmung mit der Alltagserfahrung.

Literaturhinweise

Allgemeine Lehrbücher

E. BEHRENDS: *Analysis, Band 1*. 6. Auflage, Springer Spektrum 2015.

O. DEISER: *Analysis 1*. 2. Auflage, Springer Spektrum 2013.

O. DEISER: *Erste Hilfe in Analysis*. Springer Spektrum 2012.

O. FORSTER: *Analysis 1*. 11. Auflage, Springer Spektrum 2013.

H. HEUSER: *Lehrbuch der Analysis, Teil 1*. 17. Auflage, Vieweg 2009.

S. HILDEBRANDT: *Analysis 1*. 2. Auflage, Springer 2006.

K. KÖNIGSBERGER: *Analysis 1*. 6. Auflage, Springer 2004.

W. RUDIN: *Principles of Mathematical Analysis*. 3. Auflage, McGraw-Hill 1976.

M. SPIVAK: *Calculus*. 3. Auflage, Cambridge University Press 2006.

W. WALTER: *Analysis 1*. 7. Auflage, Springer 2004.

Zur Geschichte der Analysis

E. HAIRER, G. WANNER: *Analysis in historischer Entwicklung*. Springer 2011.

TH. SONAR: *3000 Jahre Analysis*. Springer 2011.

Höhere Analysis

8

Dieses Kapitel widmet sich Fragestellungen, die auf der eindimensionalen Analysis aufbauen. Zunächst diskutieren wir den Begriff des metrischen bzw. normierten Raums, der es insbesondere gestattet, Konvergenz und Stetigkeit im euklidischen Raum $\mathbb{R}^n$ zu definieren. Um die Differenzierbarkeit zu übertragen, benötigt man den richtigen Blick auf die eindimensionale Situation; das wird im zweiten Abschnitt erklärt und im dritten weitergeführt. Es folgen zwei Abschnitte über gewöhnliche Differentialgleichungen; es ist klar, dass nur die allerwichtigsten Facetten dieses riesigen Gebietes beleuchtet werden können.

Die nächsten Abschnitte behandeln die Lebesgue'sche Integrationstheorie. Es gibt viele Möglichkeiten, das Lebesgue-Integral einzuführen; wie Lebesgue selbst definieren wir zuerst das Lebesgue'sche Maß und leiten anschließend daraus das Integral her. Einer der Vorzüge des Lebesgue'schen Integrals ist, dass es sich auf dem euklidischen Raum (oder noch allgemeineren Strukturen) mit der gleichen Leichtigkeit erklären lässt wie auf Intervallen und daher das Integral der Wahl für den $\mathbb{R}^n$ ist. Ein spezieller Aspekt der mehrdimensionalen Integration ist der Gauß'sche Integralsatz, das mehrdimensionale Analogon zum Hauptsatz der Differential- und Integralrechnung; davon handelt der achte Abschnitt.

Die folgenden beiden Abschnitte beschäftigen sich – wiederum sehr kursorisch – mit der Funktionentheorie, also der Theorie der differenzierbaren Funktionen einer komplexen Veränderlichen. Wenngleich der Ausgangspunkt hier dieselbe Differenzierbarkeitsdefinition wie im Reellen ist, unterscheiden sich die Schlussfolgerungen doch drastisch. Schließlich widmen sich die letzten beiden Abschnitte allgemeinen Existenzprinzipien, einmal Fixpunktsätzen und dann dem Baire'schen Kategoriensatz. Letzterer hat als erstaunliche Konsequenz, dass die „typische" stetige Funktion auf $\mathbb{R}$ an keiner Stelle differenzierbar ist.

© Springer-Verlag Berlin Heidelberg 2016
O. Deiser, C. Lasser, E. Vogt, D. Werner, *12 × 12 Schlüsselkonzepte zur Mathematik*,
DOI 10.1007/978-3-662-47077-0_8

8.1 Metrische und normierte Räume

Viele Ideen der eindimensionalen Analysis beruhen darauf, den Abstand $|x - y|$ zweier Zahlen zu kontrollieren; Konvergenz und Stetigkeit sind Beispiele dafür. Die abstrakte und allgemeine Version des Abstandsbegriffs ist der Begriff der Metrik.

Sei M eine Menge. Eine Abbildung $d\colon M \times M \to [0, \infty)$ heißt *Metrik*, wenn

(a) $d(x, y) = 0$ genau dann, wenn $x = y$;
(b) $d(x, y) = d(y, x)$ für alle $x, y \in M$;
(c) $d(x, z) \le d(x, y) + d(y, z)$ für alle $x, y, z \in M$.

Diese drei Bedingungen geben in abstrakter Form wieder, was man vom Begriff des Abstands erwartet; man spricht vom *metrischen Raum* (M, d). Die Bedingung (c) nennt man *Dreiecksungleichung*, auf den zweidimensionalen elementargeometrischen Abstand bezogen besagt sie nämlich, dass in einem Dreieck jede Seite höchstens so lang ist wie die Summe der beiden übrigen. Hier sind einige Beispiele für metrische Räume.

(1) $\mathbb{R}$ (oder eine Teilmenge davon) mit $d(x, y) = |x - y|$.
(2) $\mathbb{C}$ (oder eine Teilmenge davon) mit $d(x, y) = |x - y|$.
(3) Eine beliebige Menge mit der *diskreten Metrik* $d(x, y) = 1$ für $x \neq y$ und $d(x, y) = 0$ für $x = y$.
(4) Die Menge aller $\{0, 1\}$-wertigen Folgen mit

$$d((x_n), (y_n)) = \sum_{n=0}^{\infty} 2^{-n} |x_n - y_n|.$$

Weitere Beispiele lassen sich am einfachsten mit Hilfe des Begriffs der Norm beschreiben, den wir schon im Abschn. 5.7 kennengelernt haben. Sei X ein $\mathbb{R}$-Vektorraum. Eine *Norm* ist eine Abbildung $\| \, . \, \|\colon X \to [0, \infty)$ mit

(a) $\|x\| = 0$ genau dann, wenn $x = 0$;
(b) $\|\lambda x\| = |\lambda| \, \|x\|$ für alle $\lambda \in \mathbb{R}$, $x \in X$;
(c) $\|x + y\| \le \|x\| + \|y\|$ für alle $x, y \in X$.

Man interpretiert $\|x\|$ als Länge des Vektors x und spricht von $(X, \| \, . \, \|)$ als *normiertem Raum*, und analog definiert man normierte $\mathbb{C}$-Vektorräume. Wieder nennt man (c) die Dreiecksungleichung. Auf jedem normierten Raum wird mittels $d(x, y) = \|x - y\|$ eine kanonisch abgeleitete Metrik eingeführt; die Dreiecksungleichung für die Norm impliziert dabei die Dreiecksungleichung für die Metrik. (Nicht alle Metriken entstehen so; z. B. die aus (3) für $X = \mathbb{R}$ nicht. Der Definitionsbereich einer Norm ist im Übrigen immer ein Vektorraum, bei einer Metrik kann es eine beliebige Menge sein.) Einige Beispiele:

(5) Der Raum $\mathbb{R}^d$ mit der euklidischen Norm

$$\|x\| = \left(\sum_{k=1}^{d} |x_k|^2 \right)^{1/2}$$

für $x = (x_1, \ldots, x_d)$. Der Beweis der Dreiecksungleichung in diesem Beispiel ist nicht ganz offensichtlich und benutzt die Cauchy-Schwarz'sche Ungleichung (Abschn. 5.6). Im Folgenden werden wir stets die euklidische Norm auf $\mathbb{R}^d$ verwenden und in diesem Kontext das Symbol $\| \, . \, \|$ dafür reservieren.

(6) Der Raum $C[0, 1]$ der stetigen Funktionen auf $[0, 1]$ mit der Supremumsnorm

$$\|f\|_\infty = \sup_{x \in [0,1]} |f(x)|.$$

(7) Der Raum $C[0, 1]$ mit der Integralnorm

$$\|f\|_1 = \int\limits_0^1 |f(x)| \, dx.$$

Wie in den Abschn. 7.1 und 7.3 bereits ausgeführt, übertragen sich die Begriffe Konvergenz und Stetigkeit fast von allein auf metrische Räume. Hier folgen noch einmal die Definitionen.

Seien (M, d) und (M', d') metrische Räume. Eine Folge (x_n) in M konvergiert gegen $x \in M$, in Zeichen $x_n \to x$, falls

$$\forall \varepsilon > 0 \; \exists N \in \mathbb{N} \; \forall n \geq N \quad d(x_n, x) \leq \varepsilon.$$

Eine Funktion $f \colon M \to M'$ heißt stetig bei $x \in M$, falls aus $x_n \to x$ stets $f(x_n) \to f(x)$ folgt. Das ist äquivalent zu der ε-δ-Bedingung

$$\forall \varepsilon > 0 \; \exists \delta > 0 \; \forall y \in M \quad d(x, y) \leq \delta \implies d'(f(x), f(y)) \leq \varepsilon.$$

Im Beispiel (5) ist Konvergenz bezüglich der euklidischen Norm äquivalent zur koordinatenweisen Konvergenz, und im Beispiel (6) ist Konvergenz bezüglich der Supremumsnorm äquivalent zur gleichmäßigen Konvergenz. Dass die Normen in (6) und (7) grundsätzlich verschieden sind, sieht man daran, dass die durch $f_n(x) = x^n$ definierte Folge bezüglich der Integralnorm gegen 0 konvergiert, bezüglich der Supremumsnorm aber überhaupt nicht konvergent ist.

Manche Aussagen über Konvergenz und Stetigkeit übertragen sich ohne Mühen von der reellen Achse auf abstrakte metrische Räume, zum Beispiel, dass der Grenzwert einer konvergenten Folge eindeutig bestimmt ist. Andere benötigen zusätzliche Annahmen. Eine wichtige solche Annahme ist die Vollständigkeit. Eine *Cauchy-Folge* in einem metrischen Raum erfüllt definitionsgemäß die Bedingung

$$\forall \varepsilon > 0 \; \exists N \in \mathbb{N} \; \forall n, m \geq N \quad d(x_n, x_m) \leq \varepsilon.$$

Ein metrischer Raum heißt *vollständig*, wenn jede Cauchy-Folge darin konvergiert; und ein vollständiger normierter Raum wird *Banachraum* genannt. In den obigen Beispielen ist nur (7) nicht vollständig.

Der Begriff der Metrik eröffnet die Möglichkeit einer geometrischen Sprache, die zu den Grundkonzepten der mengentheoretischen Topologie führt, über die in Abschn. 9.1 berichtet wird. In einem metrischen Raum (M, d) nennen wir $B(x, \varepsilon) = \{\, y \in M \mid d(x, y) < \varepsilon \,\}$, $\varepsilon > 0$, die ε-Kugel um x. Eine Teilmenge $O \subseteq M$ heißt *offen*, wenn O mit jedem Element $x \in O$ auch eine ε-Kugel $B(x, \varepsilon)$ umfasst, in Quantoren

$$\forall x \in O \; \exists \varepsilon > 0 \quad B(x, \varepsilon) \subseteq O.$$

Eine Teilmenge $A \subseteq M$ heißt *abgeschlossen*, wenn ihr Komplement $M \setminus A$ offen ist. Äquivalent dazu ist eine Folgenbedingung: A ist genau dann abgeschlossen, wenn der Grenzwert jeder konvergenten Folge in A ebenfalls in A liegt. Natürlich gibt es Mengen, die weder offen noch abgeschlossen sind (z. B. $\mathbb{Q}$ in $\mathbb{R}$), und in manchen metrischen Räumen auch Teilmengen außer $\emptyset$ und M, die beides sind (z. B. $\{\, (x_n) \mid x_0 = 0 \,\}$ in Beispiel (4)).

Die Stetigkeit einer Abbildung lässt sich sehr einfach in diesem Vokabular wiedergeben. Wie auf Intervallen heißt eine Abbildung $f \colon M \to M'$ zwischen metrischen Räumen stetig, wenn sie in jedem Punkt von M stetig ist. Das ε-δ-Kriterium zusammen mit der Tatsache, dass die offen aussehende Kugel $B(y, \varepsilon)$ auch wirklich offen ist, gestattet folgende Umformulierung: Genau dann ist $f \colon M \to M'$ stetig, wenn das Urbild $f^{-1}[O']$ jeder offenen Menge O' von M' offen in M ist.

Ein zentraler Begriff der Theorie metrischer Räume wie der Analysis insgesamt ist Kompaktheit, wofür im Detail auf Abschn. 9.7 verwiesen sei. In der Welt der metrischen Räume kann man Kompaktheit durch den hier äquivalenten Begriff der Folgenkompaktheit erklären. Eine Teilmenge K eines metrischen Raums heißt *kompakt*, wenn jede Folge in K eine in K konvergente Teilfolge besitzt. In Beispiel (4) ist M selbst kompakt, und im $\mathbb{R}^d$ sind genau die abgeschlossenen beschränkten Mengen kompakt (*Satz von Heine-Borel*). In Beispiel (6) sind genau diejenigen Teilmengen $K \subseteq C[0, 1]$ kompakt, die abgeschlossen, beschränkt und gleichgradig stetig sind (*Satz von Arzelá-Ascoli*); Letzteres bedeutet

$$\forall \varepsilon > 0 \; \exists \delta > 0 \; \forall f \in K \; \forall x, y \in M \quad d(x, y) \le \delta \;\Rightarrow\; d'(f(x), f(y)) \le \varepsilon.$$

Für jedes $f \in K$ funktioniert also dasselbe δ im ε-δ-Kriterium der (gleichmäßigen) Stetigkeit. In der Sprache der elementaren Analysis besagt der Satz einfach, dass eine beschränkte gleichgradig stetige Funktionenfolge eine gleichmäßig konvergente Teilfolge besitzt.

Stetige Abbildungen erhalten die Kompaktheit: Das stetige Bild einer kompakten Menge ist wieder kompakt. Insbesondere gilt das Analogon des Satzes vom Maximum: Ist K eine kompakte Teilmenge eines metrischen Raums und $f \colon K \to \mathbb{R}$ stetig, so ist f beschränkt und nimmt sein Supremum und Infimum an.

8.2 Partielle und totale Differenzierbarkeit

Zur Definition der Differenzierbarkeit bei Funktionen mehrerer Veränderlicher gibt es einen pragmatischen und einen mathematisch-begrifflichen Zugang; glücklicherweise liefern sie aber fast immer dasselbe.

Der pragmatische Zugang führt zum Begriff der partiellen Ableitung. Wenn $f\colon U \to \mathbb{R}$ eine auf einer offenen Teilmenge des $\mathbb{R}^n$ definierte Funktion ist, erklärt man ihre partiellen Ableitungen an einer Stelle $a \in U$ durch formelmäßigen Rückgriff auf die eindimensionale Theorie. Die *k-te partielle Ableitung* ist durch den Grenzwert

$$(D_k f)(a) = \frac{\partial f}{\partial x_k}(a) = \lim_{h \to 0} \frac{f(a_1, \ldots, a_{k-1}, a_k + h, a_{k+1}, \ldots, a_n)}{h}$$

definiert, falls dieser existiert. Man friert also alle Variablen bis auf die k-te ein und untersucht die in einer Umgebung von a_k definierte Funktion $t \mapsto f(a_1, \ldots, a_{k-1}, t, a_{k+1}, \ldots, a_n)$ einer Veränderlichen auf Differenzierbarkeit. Wenn alle n partiellen Ableitungen existieren, heißt f bei a *partiell differenzierbar*. In diesem Fall nennt man den hier als Zeile geschriebenen Vektor

$$(\mathrm{grad}\, f)(a) = ((D_1 f)(a), \ldots, (D_n f)(a))$$

den *Gradienten* von f bei a. Für $f(x_1, x_2) = (x_1 + x_2)e^{x_1}$ ist beispielsweise $(\mathrm{grad}\, f)(x_1, x_2) = ((1 + x_1 + x_2)e^{x_1}, e^{x_1})$.

Das Problem bei diesem Zugang ist, dass er inhaltlich nicht mit der Differenzierbarkeit in $\mathbb{R}$ kompatibel ist, denn partielle Differenzierbarkeit impliziert nicht die Stetigkeit, was man ja erwarten würde. Das übliche Gegenbeispiel hierfür ist die Funktion

$$f(x_1, x_2) = \begin{cases} \dfrac{x_1 x_2}{x_1^2 + x_2^2} & \text{für } (x_1, x_2) \neq (0, 0), \\ 0 & \text{für } (x_1, x_2) = (0, 0). \end{cases}$$

Statt sich von der rechnerischen Seite (ausgedrückt in (7.4)) leiten zu lassen, sollte man sich den mathematisch-inhaltlichen Aspekt, nämlich die lineare Approximierbarkeit (ausgedrückt in (7.5) und (7.7)) zum Vorbild nehmen. Man definiert daher: Eine Funktion $f\colon U \to \mathbb{R}$ heißt *differenzierbar* bei a, wenn es eine (notwendigerweise eindeutig bestimmte) lineare Abbildung $l\colon \mathbb{R}^n \to \mathbb{R}$ und eine in einer Umgebung von $0 \in \mathbb{R}^n$ erklärte Funktion φ mit

$$f(a + h) = f(a) + l(h) + \varphi(h), \qquad \lim_{h \to 0} \frac{\varphi(h)}{\|h\|} = 0 \tag{8.1}$$

gibt. Das entspricht genau der aus dem Eindimensionalen bekannten Idee, f in einer Umgebung von a durch eine affin-lineare Funktion zu approximieren, wobei der Fehler von kleinerer als linearer Ordnung ist. Dieser Differenzierbarkeitsbegriff wird auch *totale Differenzierbarkeit* genannt.

Aus der Definition ergibt sich nun sofort die Stetigkeit einer differenzierbaren Funktion; das ist ein Hinweis darauf, dass man die „richtige" Verallgemeinerung gefunden hat. Die Verbindung zur partiellen Differenzierbarkeit ist sehr eng; denn eine differenzierbare Funktion ist partiell differenzierbar, und es gilt für die lineare Abbildung l aus (8.1)

$$l(h) = \sum_{k=1}^{n}(D_k f)(a)h_k = (\text{grad } f)(a)h = \langle(\text{grad } f)(a), h\rangle. \qquad (8.2)$$

(Im vorletzten Term haben wir (grad f)(a) als ($1 \times n$)-Matrix aufgefasst, im letzten als Vektor.) Umgekehrt braucht eine partiell differenzierbare Funktion nicht differenzierbar zu sein, wie das obige Beispiel zeigt. Aber wenn die Funktion in einer Umgebung von a partiell differenzierbar ist und die partiellen Ableitungen bei a stetig sind, folgt die Differenzierbarkeit. Daher sieht man sofort, dass die anfangs genannte Funktion $f(x_1, x_2) = (x_1 + x_2)e^{x_1}$ auf $\mathbb{R}^2$ differenzierbar ist.

Heimlich haben wir mit der neuen Sicht auf die Differenzierbarkeit im $\mathbb{R}^n$ einen weiteren Wechsel des Standpunkts vorgenommen. Während die partielle Differenzierbarkeit vom Rechnen mit den n Variablen einer Funktion lebt, sieht man bei der Differenzierbarkeit f als Funktion *einer* Veränderlichen – allerdings ist diese keine Zahl, sondern ein Vektor.

Was für Funktionen auf $\mathbb{R}$ die Ableitung $f'(a)$ ist, ist bei Funktionen auf dem $\mathbb{R}^n$ die lineare Abbildung l aus (8.1), die in (8.2) durch den Gradienten repräsentiert wurde. Je nach Standpunkt kann man (grad f)(a) als (Spalten-)Vektor wie im letzten Term von (8.2) auffassen oder als ($1 \times n$)-Matrix (bzw. Zeilenvektor) wie im vorletzten Term; mathematisch besteht zwischen diesen Objekten eine kanonische Isomorphie. Letzteres macht den Übergang zu den vektorwertigen Funktionen einfacher; die Darstellung als Spaltenvektor erhellt aber die geometrische Bedeutung des Gradienten. Diese ergibt sich aus der Formel für die *Richtungsableitung* einer differenzierbaren Funktion

$$(D_v)(a) = \lim_{h \to 0} \frac{f(a + hv) - f(a)}{h} = \langle(\text{grad } f)(a), v\rangle.$$

Daher zeigt (grad f)(a) in die Richtung des stärksten Anstiegs von f bei a.

Die Diskussion vektorwertiger Funktionen $f: U \to \mathbb{R}^m$ fällt nun nicht mehr schwer. Eine solche Funktion heißt differenzierbar bei a, wenn es eine lineare Abbildung $L: \mathbb{R}^n \to \mathbb{R}^m$ und eine in einer Umgebung von $0 \in \mathbb{R}^n$ erklärte $\mathbb{R}^m$-wertige Funktion φ mit

$$f(a + h) = f(a) + L(h) + \varphi(h), \quad \lim_{h \to 0} \frac{\varphi(h)}{\|h\|} = 0 \qquad (8.3)$$

gibt. Wenn man L bezüglich der kanonischen Basen von $\mathbb{R}^n$ und $\mathbb{R}^m$ als Matrix schreibt, steht in der i-ten Zeile der Gradient der i-ten Koordinatenfunktion. Diese Matrix heißt die *Jacobi-Matrix* $(Df)(a)$ von f bei a; sie ist die mehrdimensionale

Verallgemeinerung der Zahl $f'(a)$. Die Kettenregel nimmt jetzt eine besonders einfache Form an, denn die Jacobi-Matrix der Komposition ist das Produkt der Jacobi-Matrizen: $(D(f \circ g))(a) = (Df)(g(a))(Dg)(a)$.

Wir wollen noch einen Blick auf höhere Ableitungen, speziell der Ordnung 2, werfen. Die Funktion $f \colon U \to \mathbb{R}$ sei differenzierbar; ihre Ableitung ist dann die Funktion $Df \colon U \to \mathbb{R}^n$, $a \mapsto (\operatorname{grad} f)(a)$. Wenn diese Funktion erneut differenzierbar ist, kann man ihre Ableitung als $(n \times n)$-Matrix beschreiben, nämlich als Jacobi-Matrix von Df. Die Einträge dieser Matrix, die *Hesse'sche Matrix* genannt und mit $(Hf)(a)$ bezeichnet wird, sind die zweiten partiellen Ableitungen $\frac{\partial^2 f}{\partial x_i \, \partial x_j}(a)$. Wenn die zweiten partiellen Ableitungen stetig sind, spielt es keine Rolle, in welcher Reihenfolge partiell differenziert wird (*Satz von Schwarz*); in diesem Fall ist die Hesse'sche Matrix symmetrisch.

8.3 Mittelwertsatz, Taylorformel und lokale Extrema

Wir führen die Diskussion des vorigen Abschnitts weiter und widmen uns zuerst der mehrdimensionalen Version des Mittelwertsatzes. Sei $f \colon U \to \mathbb{R}$ auf der offenen Menge $U \subseteq \mathbb{R}^n$ differenzierbar, und seien $a, b \in U$. Wir machen die geometrische Annahme, dass auch die Verbindungsstrecke von a nach b, das ist $S = \{\, (1 - t)a + tb \mid 0 \le t \le 1 \,\}$, zu U gehört, was in konvexen Mengen stets zutrifft. Dann garantiert der Mittelwertsatz die Existenz einer Stelle $\xi \in S$ mit

$$f(b) - f(a) = \langle (\operatorname{grad} f)(\xi), b - a \rangle. \tag{8.4}$$

Diese Aussage ist vollkommen analog zum eindimensionalen Mittelwertsatz (vgl. (7.8) in Abschn. 7.5); sie wird mittels der Hilfsfunktion $t \mapsto f((1 - t)a + tb)$ auch auf diesen zurückgeführt. Jedoch reicht die bloße partielle Differenzierbarkeit als Voraussetzung nicht aus. Und genau wie in (7.9) erhält man eine Ungleichungsversion, wenn stets $\|(\operatorname{grad} f)(x)\| \le K$ auf S gilt, nämlich

$$|f(b) - f(a)| \le K \|b - a\|. \tag{8.5}$$

Mittels derselben Hilfsfunktion kann man auch die *Taylor'sche Formel* übertragen. Da das Schwierigste dabei ist, eine kompakte Notation zu ersinnen, wollen wir uns nur mit der Taylorentwicklung der Ordnung 2 befassen. Hierzu sei $f \colon U \to \mathbb{R}$ eine zweimal stetig differenzierbare Funktion mit Hesse'scher Matrix $(Hf)(x)$ an der Stelle x. Die Strecke von a nach $a + h$ liege in U. Dann existiert ein $\vartheta \in (0, 1)$ mit

$$f(a + h) = f(a) + \langle (\operatorname{grad} f)(a), h \rangle + \tfrac{1}{2} \langle (Hf)(a + \vartheta h)h, h \rangle,$$

und wie im eindimensionalen Fall ergibt sich die quadratische Approximation

$$f(a + h) = f(a) + \langle (\operatorname{grad} f)(a), h \rangle + \tfrac{1}{2} \langle (Hf)(a)h, h \rangle + o(\|h\|^2)$$

für $\|h\| \to 0$ in einer Umgebung von a.

Für vektorwertige Funktionen gilt übrigens kein Mittelwertsatz in der Form von
(8.4). Das zeigt das einfache Beispiel $f\colon [0,2\pi] \to \mathbb{R}^2$, $f(t) = (\cos t, \sin t)$, wo
$f(0) = f(2\pi)$, aber stets $\|f'(t)\| = 1$ gilt. (8.5) überträgt sich jedoch ohne Mühe.

Wie im Fall einer Funktion auf einem Intervall kann mittels der Taylorentwicklung ein hinreichendes Kriterium für das Vorliegen eines lokalen Extremums hergeleitet werden. Sei f eine in einer Umgebung von $a \in \mathbb{R}^n$ zweimal stetig differenzierbare reellwertige Funktion. Es gelte $(\mathrm{grad}\, f)(a) = 0$, was notwendig für
das Vorliegen eines lokalen Extremums ist; um das einzusehen, betrachte man die
Funktionen $t \mapsto f(a+tv)$ einer Veränderlichen. Man nennt dann a einen *kritischen
Punkt* der Funktion f.

Im Fall $n = 1$ ist $f''(a) > 0$ ein hinreichendes Kriterium für das Vorliegen eines
lokalen Minimums in einem kritischen Punkt. In der mehrdimensionalen Theorie
übernimmt die symmetrische $(n \times n)$-Matrix $(Hf)(a)$, die Hesse'sche Matrix, die
Rolle der 2. Ableitung, und mit dem richtigen Positivitätsbegriff erhält man tatsächlich das gewünschte Kriterium:

> Gilt $(\mathrm{grad}\, f)(a) = 0$ und ist $(Hf)(a)$ positiv definit, so hat f bei a ein
> striktes lokales Minimum.

Dabei heißt eine symmetrische $(n \times n)$-Matrix A *positiv definit*, wenn für $h \neq 0$
stets $\langle Ah, h \rangle > 0$ ist. Positive Definitheit lässt sich äquivalent dadurch beschreiben,
dass alle Eigenwerte positiv sind bzw. dass alle Hauptunterdeterminanten, das sind
die Determinanten der $(k \times k)$-Matrizen $(a_{ij})_{i,j=1,\dots,k}$, $k = 1, \dots, n$, positiv sind.

Dieses Kriterium ist außer im Fall $n = 2$ nur schwer praktisch anzuwenden. Da
lokale Maxima analog zu behandeln sind, gestattet es im Fall $n = 2$ jedoch folgendes einfache Kriterium für die Hesse'sche Matrix $A = (Hf)(a) = \begin{pmatrix} \alpha & \beta \\ \beta & \delta \end{pmatrix}$ in einem
kritischen Punkt: Ist $\alpha > 0$ und $\det A > 0$, liegt ein lokales Minimum vor; ist $\alpha < 0$
und $\det A > 0$, liegt ein lokales Maximum vor. Aber man kann noch eine weitere
Information gewinnen, die kein Analogon im Eindimensionalen hat. Ist nämlich
$\det A < 0$, so liegt garantiert kein Extremum vor; es gibt dann ja einen positiven und
einen negativen Eigenwert, und in der Richtung der entsprechenden Eigenvektoren
wird f einmal minimal und einmal maximal: Es liegt ein Sattelpunkt vor.

8.4   Der Satz von Picard-Lindelöf

Diverse Probleme in den Naturwissenschaften werden durch Differentialgleichungen mathematisch beschrieben, man denke etwa an die Planetenbewegung, chemische Prozesse oder Populationsdynamik. Treten in den Gleichungen nur Funktionen
einer Veränderlichen auf, spricht man von gewöhnlichen Differentialgleichungen;
treten Funktionen mehrerer Veränderlicher auf, spricht man von partiellen Differentialgleichungen. In diesem und dem nächsten Abschnitt werfen wir einen Blick auf
einen winzigen Ausschnitt der Theorie gewöhnlicher Differentialgleichungen.

In diesem Abschnitt diskutieren wir den zentralen Existenz- und Eindeutigkeitssatz, den Satz von Picard-Lindelöf. Wir betrachten die allgemeine Form einer expliziten Differentialgleichung 1. Ordnung $y' = f(t, y)$. Da die unabhängige Variable
häufig die physikalische Bedeutung der Zeit hat, ist es üblich, dafür den Buchsta-
ben t statt x zu verwenden. Die Gleichung zu lösen heißt, eine auf einem Intervall
definierte Funktion $\phi\colon I \to \mathbb{R}$ zu finden, die $\phi'(t) = f(t, \phi(t))$ auf I erfüllt. Wie
schon das einfachste Beispiel $y' = f(t)$ zeigt, in dem eine Stammfunktion von f
gesucht wird, kann man nicht mit *eindeutiger* Lösbarkeit rechnen. Die kann man
nur unter weiteren Vorgaben erhoffen, wie in dem *Anfangswertproblem*

$$y' = f(t, y), \qquad y'(0) = u_0. \tag{8.6}$$

Unter milden Voraussetzungen an f kann man in der Tat die eindeutige Lösbarkeit
von (8.6) in einer Umgebung der Anfangsstelle $t_0 = 0$ zeigen; dies ist der Inhalt
des Satzes von Picard-Lindelöf, der weiter unten formuliert wird.

Die Strategie, (8.6) zu lösen, besteht darin, das Anfangswertproblem auf eine
äquivalente Integralgleichung für stetige Funktionen, nämlich

$$y(t) = u_0 + \int_0^t f(s, y(s)) \, ds \quad (t \in I), \tag{8.7}$$

zurückzuführen. Der Gewinn der Umformulierung ist, dass man (8.7) mittels kraft-
voller Fixpunktprinzipien (siehe Abschn. 8.11) angehen kann, denn (8.7) fragt ja
nach einem Fixpunkt y der durch die rechte Seite definierten Abbildung. (Die Kunst
besteht darin, I und eine passende Teilmenge M des Funktionenraums $C(I)$ so zu
wählen, dass auf die fragliche Abbildung mit M als Definitionsbereich z. B. der Banach'sche Fixpunktsatz angewandt werden kann.) Des Weiteren ist es möglich, auf
dieselbe Weise Systeme gewöhnlicher Differentialgleichungen zu studieren; formal
sehen diese genauso aus wie (8.6), nur sind unter y und f jetzt vektorwertige Funktionen zu verstehen.

Der bereits angesprochene *Satz von Picard-Lindelöf* lautet:

Sei $G \subseteq \mathbb{R}^{n+1}$ mit $(0, u_0) \in G$ und $f\colon G \to \mathbb{R}^n$ stetig. Ferner erfülle f
in einer Umgebung U von $(0, u_0)$ eine Lipschitz-Bedingung bezüglich des
„2. Arguments", also eine Bedingung der Form

$$\|f(t, u) - f(t, v)\| \le L \|u - v\| \quad \text{für } (t, u), (t, v) \in U.$$

Dann gibt es ein Intervall um 0, auf dem (8.6) eindeutig lösbar ist.

Insbesondere trifft die Voraussetzung zu, wenn f stetig differenzierbar ist; das ist
eine Konsequenz des Mittelwertsatzes. Ist f nur stetig, kann man immer noch die

Existenz einer Lösung beweisen (*Existenzsatz von Peano*), aber die Eindeutigkeit kann verloren gehen; das Standardbeispiel ist $y' = 2\sqrt{|y|}$ mit $u_0 = 0$, wo unter anderem $y(t) = 0$ und $y(t) = t \cdot |t|$ Lösungen sind.

Der Satz von Picard-Lindelöf macht nur eine lokale Existenzaussage; selbst wenn f auf $\mathbb{R}^2$ definiert ist und harmlos aussieht, brauchen Lösungen von (8.6) nicht auf ganz $\mathbb{R}$ zu existieren: $y' = y^2$ mit $y(0) = 1$ hat auf einer Umgebung von 0 die eindeutige Lösung $\phi(t) = 1/(1 - t)$, die aber für $t \to 1$ unbeschränkt wird („Blow-up-Phänomen").

Explizite Lösungsformeln darf man sich von den Existenzsätzen allerdings nicht versprechen. Besonders einfach liegen die Verhältnisse jedoch bei den linearen Systemen der Form

$$y' = Ay;$$

hier ist A eine $(n \times n)$-Matrix. Jetzt existieren die Lösungen in der Tat auf ganz $\mathbb{R}$, und sie bilden einen Vektorraum, da A eine lineare Abbildung auf $\mathbb{R}^n$ „ist". Dessen Dimension ist n, denn nach dem Satz von Picard-Lindelöf ist die Abbildung $u \mapsto$ „Lösung von $y' = Ay$, $y(0) = u$" bijektiv und natürlich linear, folglich ein Vektorraum-Isomorphismus. Um alle Lösungen des Systems zu bestimmen, reicht es, n linear unabhängige Lösungen zu finden, ein sogenanntes *Fundamentalsystem*. Das gelingt häufig mittels des Ansatzes $y(t) = ue^{\lambda t}$, wobei λ ein Eigenwert von A ist, und immer mittels der Exponentialmatrix. Für eine $(n \times n)$-Matrix A ist e^A durch die absolut konvergente Reihe

$$e^A = \sum_{k=0}^{\infty} \frac{A^k}{k!}$$

erklärt; falls A und B kommutieren, gilt dann $e^{A+B} = e^A e^B$, und es ist $\frac{d}{dt} e^{At} = Ae^{At}$. Letzteres impliziert, dass die Spalten von e^{At} ein Fundamentalsystem bilden.

Gleichungen höherer Ordnung können auf Systeme 1. Ordnung zurückgeführt werden, indem man die sukzessiven Ableitungen als Hilfsfunktionen einsetzt. Die Gleichung $y^{(n)} = f(t, y, y', \ldots, y^{(n-1)})$ transformiert sich mittels $y_1 = y$, $y_2 = y', \ldots, y_n = y^{(n-1)}$ in das System

$$y_1' = y_2, \quad y_2' = y_3, \quad \ldots, \quad y_{n-1}' = y_n, \quad y_n' = f(t, y_1, \ldots, y_n).$$

Auf diese Weise lassen sich die obigen Resultate auch für Gleichungen n-ter Ordnung gewinnen.

8.5   Stabilität von Gleichgewichtspunkten

Im letzten Abschnitt wurde der fundamentale Existenz- und Eindeutigkeitssatz für Systeme gewöhnlicher Differentialgleichungen formuliert. Im Allgemeinen ist es unmöglich, solche Gleichungen explizit zu lösen; in der modernen Theorie dynamischer Systeme studiert man daher qualitative Eigenschaften der Lösungen. Wir betrachten folgendes Szenario. Gegeben sei eine in einer Umgebung U von $u_0 \in \mathbb{R}^n$

stetig differenzierbare Abbildung $f: U \to \mathbb{R}^n$ mit $f(u_0) = 0$. Dann ist die konstante Funktion $\phi = u_0$ die Lösung des Anfangswertproblems

$$y' = f(y), \qquad y(0) = u_0.$$

Man nennt u_0 daher einen *Gleichgewichtspunkt* des Systems $y' = f(y)$. Wir fragen nach der Stabilität dieses Gleichgewichts, d. h., ob für hinreichend nahe bei u_0 liegende Anfangswerte u die Lösung von

$$y' = f(y), \qquad y(0) = u \tag{8.8}$$

für alle Zeiten „in der Nähe" des Gleichgewichtspunkts u_0 bleibt.

Diese Idee wird folgendermaßen präzisiert. Der Punkt u_0 heißt *stabiles Gleichgewicht*, falls es zu jedem $\varepsilon > 0$ ein $\delta > 0$ mit folgender Eigenschaft gibt: Wenn $\|u - u_0\| \leq \delta$ ist, existiert die eindeutig bestimmte Lösung ϕ von (8.8) für alle $t \geq 0$, und sie erfüllt $\|\phi(t) - u_0\| \leq \varepsilon$ für alle $t \geq 0$. Falls zusätzlich $\lim_{t \to \infty} \phi(t) = u_0$ gilt, spricht man von einem *asymptotisch stabilen Gleichgewicht*. Ist das Gleichgewicht nicht stabil, heißt es *instabil*. (Es gibt Beispiele instabiler Gleichgewichte, wo trotzdem $\lim_{t \to \infty} \phi(t) = u_0$ erfüllt ist.)

Bevor wir einen Blick auf allgemeine nichtlineare Systeme werfen, wenden wir uns dem einfachen Fall eines linearen Anfangswertproblems $y' = Ay$, $y(0) = u$ zu. Hier lässt sich die Stabilität des Gleichgewichts 0 an den Eigenwerten der Matrix ablesen. Diese seien nämlich $\lambda_1, \dots, \lambda_n$, und es sei $\sigma = \max \operatorname{Re} \lambda_k$. Ist $\sigma < 0$, ist 0 ein asymptotisch stabiles Gleichgewicht; ist $\sigma > 0$, ist 0 ein instabiles Gleichgewicht; und ist $\sigma = 0$, ist 0 kein asymptotisch stabiles Gleichgewicht, das genau dann stabil ist, wenn für alle Eigenwerte mit Realteil 0 geometrische und arithmetische Vielfachheit übereinstimmen.

Eine Strategie zur Stabilitätsanalyse von (8.8) besteht darin, die Nichtlinearität f durch eine lineare Abbildung zu approximieren. Dass dies in einer Umgebung von u_0 möglich ist, besagt gerade die Voraussetzung der Differenzierbarkeit von f. Schreibt man A für die Jacobi-Matrix $(Df)(u_0)$ und hat σ dieselbe Bedeutung wie oben, so hat man analog zum linearen Fall den Satz, dass u_0 für $\sigma < 0$ asymptotisch stabil ist und für $\sigma > 0$ instabil; für $\sigma = 0$ ist keine allgemeine Aussage möglich.

Für die Gleichung des mathematischen Pendels $\varphi'' + \frac{g}{l} \sin \varphi = 0$, umgeformt in ein System (8.8) mittels $f(u_1, u_2) = (u_2, -\frac{g}{l} \sin u_1)$, liefert dieses Kriterium keinen Aufschluss über die Stabilität des Gleichgewichts $(0, 0)$. Aber eine andere Methode, die *direkte Methode von Lyapunov*, hilft weiter. Hier bedient man sich des Begriffs der Lyapunov-Funktion. Eine in einer Umgebung V von u_0 definierte stetig differenzierbare Funktion E heißt *Lyapunov-Funktion* (zu f), falls E bei u_0 ein striktes lokales Minimum besitzt und die Funktion $\partial E: u \mapsto \langle (\operatorname{grad} E)(u), f(u) \rangle$ auf V die Ungleichung $\partial E \leq 0$ erfüllt. Wenn sogar $\partial E(u) < 0$ für $u \neq u_0$ gilt, spricht man von einer *strikten Lyapunov-Funktion*. Löst ϕ die Differentialgleichung $y' = f(y)$, so folgt aus der Kettenregel $\frac{d}{dt} E(\phi(t)) = \partial E(\phi(t))$; die Ungleichung $\partial E \leq 0$ impliziert also, dass E längs jeder Lösung abnimmt. Diese Information gewinnt man hier „direkt" mit Hilfe der rechten Seite f, ohne eine Lösung explizit kennen zu müssen. Der Lyapunov'sche Stabilitätssatz besagt nun, dass u_0 ein [asymptotisch] stabiler Gleichgewichtspunkt ist, wenn es eine [strikte] Lyapunov-Funktion gibt.

Leider bleibt die Frage offen, wie man der Abbildung f ansehen kann, ob es eine Lyapunov-Funktion gibt, bzw. wie man sie gegebenenfalls findet, denn dafür gibt es keine Patentrezepte. In physikalischen Systemen ist die Energie oft ein Kandidat für eine Lyapunov-Funktion. Für das mathematische Pendel klappt dieser Ansatz jedenfalls und liefert $E(u_1, u_2) = \frac{1}{2} u_2^2 + \frac{g}{l} (1 - \cos u_1)$. Hier ist sogar $\partial E = 0$; man sagt, E sei ein „1. Integral": Längs einer Lösung ist $E(\phi(t)) = \text{const}$.

8.6 Das Lebesgue'sche Maß

Was ist der Flächeninhalt einer vorgelegten ebenen Figur? Für einfache Figuren wie ein Rechteck ist die Antwort offensichtlich, nämlich das Produkt der Seitenlängen; für kompliziertere Dinge wie Kreise, Ellipsen etc. hält die Schulmathematik Formeln bereit, die mit der Ausschöpfung durch einfache Figuren wie Recht- oder Dreiecke begründet werden. Durch die Riemann'sche Integration kommen noch Ordinatenmengen – die „Fläche unter einer Kurve" – hinzu.

Was hier begrifflich geschieht, ist, dass gewissen Teilmengen A des $\mathbb{R}^2$ eine Zahl $\lambda(A)$, ihr Flächeninhalt, zugewiesen wird, und zwar so, dass Rechtecken ihr elementargeometrischer Inhalt zugeordnet wird. Ferner erwartet man, dass „das Ganze die Summe seiner Teile" ist: Sind $A_1, \dots, A_n$ paarweise disjunkt, so sollte $\lambda(A_1 \cup \dots \cup A_n) = \lambda(A_1) + \dots + \lambda(A_n)$ sein. Es waren Borel und Lebesgue, die um 1900 erkannten, dass diese Form der Additivität zu kurz greift; schließlich ist ein (offener) Kreis keine endliche Vereinigung von Rechtecken, wohl aber eine abzählbar unendliche. Daher stellt sich das folgende Maßproblem:

Gibt es eine Abbildung auf der Potenzmenge des $\mathbb{R}^2$, $\lambda \colon \mathcal{P}(\mathbb{R}^2) \to [0, \infty]$, mit folgenden Eigenschaften:

(1) Für ein Rechteck $A = [a_1, b_1] \times [a_2, b_2]$ gilt

$$\lambda(A) = (b_1 - a_1)(b_2 - a_2).$$

(2) Sind $A_1, A_2, \dots$ paarweise disjunkt, so gilt

$$\lambda(A_1 \cup A_2 \cup \dots) = \lambda(A_1) + \lambda(A_2) + \dots .$$

(3) Es gilt stets $\lambda(x + A) = \lambda(A)$, wobei $x + A = \{ x + a \mid a \in A \}$.
   Wenn ja, ist sie eindeutig bestimmt?

Die Eigenschaft (2) heißt σ-*Additivität* und die Eigenschaft (3) *Translationsinvarianz*.

Natürlich muss man hier akzeptieren, dass der Wert ∞ angenommen wird, denn was sollte $\lambda(\mathbb{R}^2)$ sonst sein? Eine positive Lösung würde den Flächeninhalt dann axiomatisch charakterisieren.

In dieser mathematischen Präzision stellt sich das Maßproblem in jeder Dimension, wenn man (1) entsprechend anpasst; das gilt auch für die Dimension 1, in der Praktiker nichts anderes als Intervalle messen wollen. Die Lösung des Maßproblems ist aber fundamental für den Aufbau des Lebesgue'schen Integralbegriffs und daher in jeder Dimension relevant.

Zunächst einmal ist die Lösung sehr ernüchternd: Es gibt nämlich keine solche Abbildung, zumindest nicht, wenn man mit der Mengenlehre ZFC operiert, die das Auswahlaxiom einschließt (siehe Abschn. 12.5). Und doch gibt es ein positives Resultat, wenn man darauf verzichtet, λ für *alle* Teilmengen definieren zu wollen, und sich damit bescheidet, dies für hinreichend viele Teilmengen zu tun.

Zur Präzisierung und zum Nachweis dieses Sachverhalts muss man sich durch eine recht trockene und manchmal schwer zu visualisierende Begriffswelt schlagen. Der Kernbegriff ist jedoch unumgänglich, nicht nur hier, sondern auch in der Wahrscheinlichkeitstheorie, und das ist der einer σ-Algebra. Eine σ-*Algebra* auf einer Menge M ist ein System $\mathcal{A}$ von Teilmengen von M mit folgenden drei Eigenschaften:

(a) $\emptyset \in \mathcal{A}$.
(b) Mit A liegt auch das Komplement $M \setminus A$ in $\mathcal{A}$.
(c) Sind $A_1, A_2, \ldots \in \mathcal{A}$, so auch $\bigcup_{j=1}^{\infty} A_j$.

Triviale Beispiele sind die Potenzmenge von M (die größte σ-Algebra) und $\{\emptyset, M\}$ (die kleinste σ-Algebra). Für die Analysis auf dem $\mathbb{R}^d$ ist die bei weitem wichtigste σ-Algebra die *borelsche σ-Algebra* $\mathcal{B}_0(\mathbb{R}^d)$; diese ist definiert als der Schnitt sämtlicher σ-Algebren, die alle offenen Teilmengen enthalten. Sie ist also die kleinste σ-Algebra, die die offenen Teilmengen umfasst. Leider ist es meistens recht schwerfällig nachzuweisen, dass eine gegebene Teilmenge eine Borelmenge ist. Für $\mathbb{Q}$ argumentiert man z. B. so. Man schreibe $\mathbb{Q}$ als Abzählung $\{r_1, r_2, \ldots\} = \bigcup_{j=1}^{\infty} \{r_j\}$; jede Menge $\{r_j\}$ ist abgeschlossen und deshalb gemäß (b) borelsch, und nun zeigt (c), dass auch $\mathbb{Q}$ borelsch ist. Obwohl es nichtborelsche Mengen gibt, kann man aber mit nur geringer Übertreibung behaupten, dass jede wichtige Menge $A \subseteq \mathbb{R}^d$ eine Borelmenge ist. Kurzum, man vergibt sich fast nichts, wenn man statt aller Teilmengen von $\mathbb{R}^d$ nur die Borelmengen betrachtet. Über einige Paradoxa der Maßtheorie, die mit pathologischen, insbesondere nichtborelschen Mengen zusammenhängen, berichtet der Abschn. 12.7.

Nun können wir die positive Lösung des Maßproblems formulieren.

Es gibt genau eine Abbildung $\lambda\colon \mathcal{B}_0(\mathbb{R}^d) \to [0, \infty]$ mit:

(1) $\lambda([a_1, b_1] \times \cdots \times [a_d, b_d]) = (b_1 - a_1) \cdots (b_d - a_d)$.
(2) Sind $A_1, A_2, \ldots \in \mathcal{B}_0(\mathbb{R}^d)$ paarweise disjunkt, so gilt

$$\lambda(A_1 \cup A_2 \cup \ldots) = \lambda(A_1) + \lambda(A_2) + \cdots .$$

(3) Für jede Borelmenge A und jedes $x \in \mathbb{R}^d$ gilt $\lambda(x + A) = \lambda(A)$.

Man nennt λ das *d-dimensionale Lebesguemaß.*

Der Beweis des Satzes ist nicht einfach und technisch aufwändig, aber letztendlich konstruktiv, denn der Ansatz

$$\lambda(A) = \inf\left\{\sum_{j=1}^{\infty} \lambda(I_j) \mid A \subseteq \bigcup_{j=1}^{\infty} I_j,\ I_j \text{ Intervall}\right\}$$

führt zum Erfolg; mit Intervall ist hier eine Menge wie unter (1) gemeint, wofür λ ja vorgegeben ist. Man nennt $A \subseteq \mathbb{R}^d$ eine *Nullmenge*, wenn das obige Infimum $= 0$ ist.

Kehren wir zur einleitenden Frage dieses Abschnitts zurück. Wie berichtet, besitzen borelsche Mengen einen kanonisch definierten Flächeninhalt. Jetzt können wir den Kreis zum Ausgangspunkt des Riemann'schen Integrals schließen. Für eine stückweise stetige Funktion $f\colon [a,b] \to [0,\infty)$ ist nämlich in der Tat $A = \{(x,y) \in \mathbb{R}^2 \mid a \le x \le b, 0 \le y \le f(x)\}$, die Menge der Punkte „unter der Kurve", eine Borelmenge mit $\lambda(A) = \int_a^b f(x)\,dx$.

8.7 Das Lebesgue'sche Integral

Das Riemann'sche Integral ist recht einfach zu erklären und führt zu einer befriedigenden Theorie für stetige Funktionen auf einem kompakten Intervall. Alles, was darüber hinausgeht, ist beim Riemann'schen Zugang jedoch recht schwerfällig: Unbeschränkte Funktionen und nicht kompakte Intervalle verlangen einen weiteren Grenzübergang, der punktweise Grenzwert einer Folge Riemann-integrierbarer Funktionen braucht nicht integrierbar zu sein (selbst wenn die Grenzfunktion beschränkt ist), Sätze über die Vertauschbarkeit von Limes und Integral sind jenseits der gleichmäßigen Konvergenz nur sehr mühevoll zu gewinnen, und der Übergang ins Höherdimensionale macht Probleme. Daher ist das Riemann'sche Integral für die Bedürfnisse der höheren Analysis nicht der Weisheit letzter Schluss, und J. Dieudonné schreibt im ersten Band seiner *Grundzüge der modernen Analysis* leicht verächtlich, das Riemann'sche Integral habe heute bestenfalls den Stellenwert einer „halbwegs interessanten Übungsaufgabe".

Mit dem Lebesgue'schen Integral steht jedoch ein Integralbegriff zur Verfügung, der diese Mankos überwindet. Wir besprechen zuerst, wie man das Lebesgue'sche Integral einer Funktion $f \ge 0$ auf einem Intervall I erklärt; hierbei dürfen sowohl das Intervall als auch die Funktion unbeschränkt sein. Die Grundidee ist, die Funktion durch Treppenfunktionen f_n zu approximieren, wofür sich ein Integralbegriff aufdrängt, und dann den Grenzübergang $n \to \infty$ zu machen. Das ist oberflächlich betrachtet die gleiche Strategie wie beim Riemann'schen Integral. Im Ansatz unterscheiden sich die beiden Integralbegriffe dadurch, dass man beim Riemann'schen Integral den Definitionsbereich in kleine Teilintervalle aufteilt und beim Lebesgue'schen den Wertevorrat, also $[0,\infty)$. Lebesgue selbst hat in einem Vortrag das unterschiedliche Vorgehen so veranschaulicht: Das Riemann'sche Vorgehen ähnele einem „Kaufmann ohne System", der seine Einnahmen in der Reihenfolge zählt,

Abb. 8.1 Zur Approximation
von f durch f_n

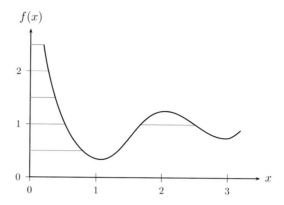

in der er sie erhält. Seinen eigenen Ansatz vergleicht er mit dem eines „umsichtigen Kaufmanns", der $m(E_1)$ Münzen zu 1 Krone, $m(E_2)$ Münzen zu 2 Kronen, $m(E_3)$ Scheine zu 5 Kronen etc. zählt und natürlich dieselben Gesamteinnahmen bilanziert, „weil er, wie reich er auch sei, nur eine endliche Anzahl von Banknoten zu zählen hat." Und Lebesgue ergänzt: „ Aber für uns, die wir unendlich viele Indivisiblen zu zählen haben, ist der Unterschied zwischen den beiden Vorgehensweisen wesentlich."

Schauen wir uns nun die Details an. Zu $n \geq 1$ setze

$$\tilde{f}_n(x) = \frac{k}{2^n} \quad \text{für} \quad \frac{k}{2^n} \leq f(x) < \frac{k+1}{2^n}, \ k = 0, 1, 2, \dots$$

und

$$f_n(x) = \min\{\tilde{f}_n(x), 2^n\}.$$

Abbildung 8.1 zeigt ein Beispiel für eine Funktion f mit $n = 1$. Die Funktion f_n nimmt nur die endlich vielen Werte $0, 1/2^n, 2/2^n, \dots, 2^n$ an, und zwar $k/2^n$ auf der Menge $E_{k,n} = f^{-1}[[k/2^n, k+1/2^n)]$, dem Urbild dieses Intervalls unter f, und 2^n auf $E_n = f^{-1}[[2^n, \infty)]$. Nun gibt es einen naheliegenden Kandidaten für das Integral von f_n; der Beitrag über der Menge $E_{k,n}$ sollte $k/2^n$ mal „Länge von $E_{k,n}$" sein. Im Beispiel der Skizze ist „sichtlich" $E_{k,n}$ stets eine endliche Vereinigung von Intervallen und hat daher eine wohldefinierte Länge. Um diese Größe allgemein als Lebesgue'sches Maß von $E_{k,n}$ interpretieren zu können und so den Weg zum Lebesgue'schen Integral weiter zu beschreiten, machen wir jetzt über f die Annahme, dass für alle Intervalle J das Urbild $f^{-1}[J]$ eine Borelmenge ist; solche Funktionen werden *Borel-messbar* genannt. Es folgt dann übrigens, dass sogar für alle Borelmengen A das Urbild $f^{-1}[A]$ seinerseits eine Borelmenge ist, was häufig als Definition der Messbarkeit benutzt wird.

Für Borel-messbares $f \geq 0$ ist daher

$$\int_I f_n \, d\lambda = \sum_{k=0}^{4^n - 1} \frac{k}{2^n} \lambda(E_{k,n}) + 2^n \lambda(E_n) \in [0, \infty] \qquad (8.9)$$

erklärt. Ferner gilt ja $f_1(x) \leq f_2(x) \leq \ldots$ und $f_n(x) \to f(x)$ für alle x (man sagt, (f_n) konvergiere monoton); daraus folgt, dass auch die Folge der Integrale $\int_I f_n \, d\lambda$ monoton wächst. Daher können wir für Borel-messbare Funktionen $f \geq 0$ das *Lebesgue'sche Integral*

$$\int_I f \, d\lambda = \lim_{n \to \infty} \int_I f_n \, d\lambda \in [0, \infty]$$

definieren. Ist das Integral endlich, heißt f *integrierbar*.

An diesem Vorgehen ist ein Aspekt unbefriedigend, nämlich, dass wir f auf eine penibel vorgeschriebene Art und Weise durch Treppenfunktionen approximiert haben. Wäre dasselbe Ergebnis herausgekommen, wenn man den Wertevorrat durch Intervalle der Länge 3^{-n} statt 2^{-n} diskretisiert hätte? Glücklicherweise ja: Sind (g_n) und (h_n) Folgen Borel-messbarer Treppenfunktionen, die monoton gegen f konvergieren, so gilt $\lim_n \int_I g_n \, d\lambda = \lim_n \int_I h_n \, d\lambda$.

Im letzten Schritt befreien wir uns nun von der Positivitätsannahme. Ist $f:$ $I \to \mathbb{R}$ Borel-messbar, so sind es auch der Positiv- bzw. Negativteil $f^+: x \mapsto \max\{f(x), 0\}$ bzw. $f^-: x \mapsto \max\{-f(x), 0\}$; es ist dann $f = f^+ - f^-$. f heißt *integrierbar*, wenn f^+ und f^- es sind, mit anderen Worten, wenn $\int_I |f| \, d\lambda < \infty$ ist. In diesem Fall setzt man

$$\int_I f \, d\lambda = \int_I f^+ \, d\lambda - \int_I f^- \, d\lambda.$$

Es ist nun nicht schwer zu zeigen, dass die integrierbaren Funktionen einen Vektorraum bilden, auf dem $f \mapsto \int_I f \, d\lambda$ linear ist. Das ist genauso wie in der Riemann'schen Theorie, und jeder Integralbegriff sollte das leisten. Ferner stellt sich beruhigenderweise heraus, dass das Riemann'sche und das Lebesgue'sche Integral einer stückweise stetigen Funktion denselben Wert haben. Deswegen wird das Lebesgue'sche Integral über $[a, b]$ auch mit dem traditionellen Symbol $\int_a^b f(x) \, dx$ bezeichnet.

Was die Lebesgue'sche Theorie so überlegen macht, ist die Leichtigkeit, mit der Grenzwertsätze bewiesen werden können; das ist ihr gewissermaßen durch die σ-Additivität des Lebesgue'schen Maßes, worauf sie basiert, in die Wiege gelegt. Der wohl wichtigste Grenzwertsatz ist der *Lebesgue'sche Konvergenzsatz*, auch *Satz von der dominierten Konvergenz* genannt:

Seien $g, f_1, f_2, \ldots: I \to \mathbb{R}$ integrierbar. Es gelte $|f_n(x)| \leq g(x)$ sowie $f_n(x) \to f(x)$ für alle x. Dann ist auch f integrierbar, und es gilt

$$\int_I f_n \, d\lambda \to \int_I f \, d\lambda.$$

Man beachte, dass nur die punktweise Konvergenz der Funktionenfolge vorausgesetzt wird.

Ein weiterer Vorzug der Lebesgue'schen Theorie ist ihre Flexibilität. Bei der
Einführung des Lebesgue'schen Integrals ist an keiner Stelle ausgenutzt worden,
dass die Funktion auf einem Intervall definiert war. Das geschah nur sehr indirekt,
indem in (8.9) das eindimensionale Lebesguemaß verwandt wurde. Daher lässt sich
genauso ein Lebesgue-Integral für Funktionen gewinnen, die auf einer Borelmenge
des $\mathbb{R}^d$ erklärt sind. Zur Berechnung solcher Funktionen steht der mächtige *Satz von
Fubini* zur Verfügung, der z. B. Integrale über $\mathbb{R}^2$ auf iterierte Integrale zurückführt;
kurz besagt er

$$\int\limits_{\mathbb{R}^2} f(x, y)\, d(x, y) = \int\limits_{\mathbb{R}} \left(\int\limits_{\mathbb{R}} f(x, y)\, dx \right) dy = \int\limits_{\mathbb{R}} \left(\int\limits_{\mathbb{R}} f(x, y)\, dy \right) dx.$$

Noch allgemeiner gestattet die obige Vorgehensweise, ein Integral auf einer Menge zu definieren, auf der ein σ-additives Maß vorliegt. Das ist die Grundlage der
Wahrscheinlichkeitstheorie; siehe insbesondere Abschn. 11.1 und 11.3.

8.8   Der Gauß'sche Integralsatz

Der Gauß'sche Integralsatz (auch als Divergenzsatz bekannt) kann als mehrdimensionale Version des Hauptsatzes der Differential- und Integralrechnung angesehen
werden. Wenn wir diesen für eine stetig differenzierbare Funktion f in der Form

$$\int\limits_a^b f'(x)\, dx = f(b) - f(a) \tag{8.10}$$

formulieren, können wir seine Aussage so wiedergeben: Das Integral über die Ableitung ist gleich einer „orientierten Summe der Randwerte der Funktion", orientiert
deshalb, weil ein Plus- und ein Minuszeichen auftauchen.

Der Gauß'sche Integralsatz macht eine ganz ähnliche Aussage, die aber einige
weitere Begriffe voraussetzt. Wir beschreiben diese zuerst für den $\mathbb{R}^3$, genauer für
die Kugel $B = \{x \in \mathbb{R}^3 \mid \|x\| \le \rho\}$. Statt einer Funktion f betrachten wir nun ein
in einer Umgebung U von B definiertes stetig differenzierbares Vektorfeld $f \colon U \to
\mathbb{R}^3$, und statt der Ableitung betrachtet man die *Divergenz* von $f = (f_1, f_2, f_3)$,

$$\operatorname{div} f = \frac{\partial f_1}{\partial x_1} + \frac{\partial f_2}{\partial x_2} + \frac{\partial f_3}{\partial x_3}.$$

Dies ist eine stetige Funktion auf U. Die linke Seite in (8.10) muss man im
Gauß'schen Integralsatz durch $\int_B (\operatorname{div} f)(x)\, dx$ ersetzen. Nun zur rechten Seite, der orientierten Summe der Randterme. Hier erwartet man jetzt ein Inte-
gral über den Rand von B; dieses nimmt im Gauß'schen Integralsatz die Form

$\int_{\partial B}\langle f(x), \nu(x)\rangle\,dS(x)$ an. Hier ist erklärungsbedürftig, was $\nu(x)$ und $dS(x)$ bedeuten.

Ersteres ist einfach, zumindest im Fall der Kugel. Für $x \in \partial B$ ist $\nu(x)$ der nach *außen* (hierin liegt die Orientierung des Randes) weisende Vektor der Länge 1, der in x senkrecht auf dem Rand der Kugel steht; das ist einfach $x/\|x\| = x/\rho$. Mit $dS(x)$ ist angedeutet, dass gemäß des kanonischen Oberflächenmaßes zu integrieren ist. Um das zu erklären, stellen wir uns die Kugeloberfläche mit Hilfe von Längen- und Breitengraden parametrisiert vor, d. h., wir wählen die Parametrisierung

$$\Phi\colon [0, 2\pi] \times [0, \pi] \to \partial B, \quad \Phi(t_1, t_2) = (\cos t_1 \sin t_2, \sin t_1 \sin t_2, \cos t_2).$$

Nun betrachten wir ein „kleines" Rechteck R in der t_1-t_2-Ebene um den Punkt t. Es wird unter Φ auf ein „kleines krummliniges Viereck" abgebildet. Wenn Φ linear wäre, wäre $\Phi(R)$ ein Parallelogramm mit Flächeninhalt $(\det \Phi^T \Phi)^{1/2}$. Aber als differenzierbare Abbildung wird Φ im Kleinen von linearen Abbildungen approximiert, also ist es plausibel, dass $\Phi(R)$ ungefähr den Flächeninhalt $(\det(D\Phi)(t)^T (D\Phi)(t))^{1/2}$ haben sollte, wobei $(D\Phi)(t)$ die Jacobi-Matrix von Φ bei t ist. Wir setzen daher $g_\Phi(t) = \det(D\Phi)(t)^T (D\Phi)(t)$ und für eine stetige (oder beschränkte borelsche) Funktion $h\colon \partial B \to \mathbb{R}$

$$\int_{\partial B} h(x)\,dS(x) = \int_0^{2\pi}\int_0^\pi h(\Phi(t))g_\Phi(t)^{1/2}\,dt_2\,dt_1.$$

Der Term $g_\Phi(t)$ wird auch *Maßtensor* genannt, explizit ist in unserem Beispiel $g_\Phi(t) = \sin^2 t_2$. Implizit haben wir übrigens das Lebesgue'sche Maß auf der Kugeloberfläche erklärt, nämlich durch $\lambda_{\partial B}(A) = \int_{\partial B} \chi_A(x)\,dS(x)$ mit der Indikatorfunktion $\chi_A(x) = 1$ für $x \in A$ und $\chi_A(x) = 0$ für $x \notin A$.

Der *Gauß'sche Integralsatz* lautet nun

$$\int_B (\operatorname{div} f)(x)\,dx = \int_{\partial B} \langle f(x), \nu(x)\rangle\,dS(x). \tag{8.11}$$

Nicht nur ist die Aussage zu der des Hauptsatzes analog, auch der Beweis wird auf diesen zurückgeführt. Für Physiker ist (8.11) im Übrigen evident, denn die Divergenz ist ein Maß für die Quellstärke einer stationären Strömung, so dass auf der linken Seite die insgesamt in B erzeugte Substanz steht, die dem, was durch den Rand fließt, die Waage halten muss, und das steht auf der rechten Seite.

Die obigen Ausführungen können genauso gemacht werden, wenn eine kompakte Teilmenge $B \subseteq \mathbb{R}^n$ mit glattem Rand statt einer Kugel betrachtet wird. Auch dann kann man die Existenz eines eindeutig bestimmten äußeren Einheitsnormalenfeldes ν nachweisen und mit einer entsprechenden Parametrisierung Φ arbeiten. Möglicherweise braucht man aber mehrere Φ (einen endlichen „Atlas"), um ganz ∂B zu überdecken. Jedenfalls gilt (8.11) in voller Allgemeinheit.

Eine wichtige Anwendung des Gauß'schen Integralsatzes ist die *Formel von der partiellen Integration*. Seien $U \subseteq \mathbb{R}^n$ offen, $B \subseteq U$ kompakt mit glattem Rand, $f, g: U \to \mathbb{R}$ stetig differenzierbar, und g verschwinde auf ∂B. Dann ist

$$\int_B f(x) \frac{\partial g}{\partial x_j}(x)\, dx = -\int_B \frac{\partial f}{\partial x_j}(x) g(x)\, dx.$$

Diese und andere Anwendungen wie die Green'schen Formeln sind fundamental in der Theorie partieller Differentialgleichungen.

8.9 Holomorphe Funktionen

Die Funktionentheorie beschäftigt sich mit den differenzierbaren Funktionen einer komplexen Veränderlichen auf einer offenen Teilmenge von $\mathbb{C}$, also solchen Funktionen $f: U \to \mathbb{C}$, für die für alle $z \in U$ der Grenzwert

$$f'(z) = \lim_{h \to 0} \frac{f(z+h) - f(z)}{h}$$

existiert. Wenngleich diese Definition identisch mit der Definition der Ableitung einer reellen Funktion auf einem Intervall ist, sind die Konsequenzen völlig unterschiedlich, von denen einige im Folgenden vorgestellt werden sollen. Deshalb tragen komplex-differenzierbare Funktionen auch einen eigenen Namen, sie werden *holomorph* (oder analytisch; weshalb, wird gleich erklärt) genannt.

Der erste Unterschied ist, dass komplex-differenzierbare Funktionen automatisch beliebig häufig differenzierbar sind und sogar in einer Umgebung jedes Punkts des Definitionsbereichs durch eine Potenzreihe dargestellt werden:

$$f(z) = \sum_{k=0}^{\infty} \frac{f^{(k)}(z_0)}{k!}(z - z_0)^k.$$

Die Reihe konvergiert in jedem offenen Kreis um z_0, der in U liegt. Funktionen, die durch Potenzreihen dargestellt werden, heißen *analytisch*; daher ist die Namensgebung „analytisch" für „holomorph" berechtigt.

Die nächste überraschende Eigenschaft drückt der *Satz von Liouville* aus: Jede auf ganz $\mathbb{C}$ holomorphe beschränkte Funktion ist konstant. Natürlich ist das reelle Analogon zu diesem Satz falsch, wie das Beispiel der Sinusfunktion zeigt. Andersherum kann man argumentieren, dass die komplexe Sinusfunktion, die wie die reelle durch die Reihe $\sum_{k=0}^{\infty} \frac{(-1)^k}{(2k+1)!} z^k$ definiert wird, unbeschränkt sein muss. Es gilt sogar der wesentlich tieferliegende *Satz von Picard*: Jede auf ganz $\mathbb{C}$ holomorphe Funktion, die zwei komplexe Zahlen als Werte nicht annimmt, ist konstant. Eine der Anwendungen des Satzes von Liouville ist der *Fundamentalsatz der Algebra*: Jedes nichtkonstante Polynom mit komplexen Koeffizienten hat mindestens eine komplexe Nullstelle.

Aus der Potenzreihenentwicklung schließt man den Identitätssatz für holomorphe Funktionen auf Gebieten. Eine offene zusammenhängende Teilmenge von $\mathbb{C}$ wird *Gebiet* genannt; das ist eine offene Teilmenge G, in der „je zwei Punkte durch einen stetigen Weg verbunden werden können", d. h., zu $z_0, z_1 \in G$ existiert eine stetige Abbildung $\gamma: [\alpha_0, \alpha_1] \to G$ mit $\gamma(\alpha_0) = z_0$ und $\gamma(\alpha_1) = z_1$. (Diese Beschreibung zusammenhängender offener Teilmengen von $\mathbb{C}$ ist mit der allgemeinen topologischen Definition kompatibel; vgl. Abschn. 9.5.) Der *Identitätssatz* besagt, dass zwei holomorphe Funktionen auf einem Gebiet G bereits dann übereinstimmen, wenn sie nur auf einer in G konvergenten Folge übereinstimmen.

Auch die Konvergenzaussagen über Folgen holomorpher Funktionen gestalten sich viel glatter als in der reellen Theorie; zu letzterer vgl. Abschn. 7.8. Es gilt nämlich der *Weierstraß'sche Konvergenzsatz*: Sind $f_n: U \to \mathbb{C}$ holomorphe Funktionen auf einer offenen Menge und konvergiert die Folge (f_n) auf kompakten Teilmengen von U gleichmäßig, etwa gegen die Grenzfunktion f, so ist f ebenfalls holomorph, und (f_n') konvergiert auf kompakten Teilmengen von U gleichmäßig gegen f'.

All diese Aussagen basieren auf dem Cauchy'schen Integralsatz, dem Dreh- und Angelpunkt der Funktionentheorie. Bei diesem geht es um komplexe *Kurvenintegrale*. Um ein solches Integral zu erklären, sei $\gamma: [\alpha, \beta] \to \mathbb{C}$ eine stetige und stückweise stetig differenzierbare Kurve, im Folgenden kurz Kurve genannt (vgl. auch Abschn. 7.12). Ferner sei f eine auf der Spur von γ, also auf $\mathrm{Sp}(\gamma) = \{\gamma(t) \mid \alpha \leq t \leq \beta\}$ erklärte stetige Funktion. Dann definiert man

$$\int_\gamma f(z)\, dz = \int_\alpha^\beta f(\gamma(t))\gamma'(t)\, dt.$$

Nun sei $f: G \to \mathbb{C}$ holomorph auf einem Gebiet, und γ sei zusätzlich geschlossen, was nichts anderes als $\gamma(\alpha) = \gamma(\beta)$ bedeutet. Der Cauchy'sche Integralsatz behauptet dann $\int_\gamma f(z)\, dz = 0$, vorausgesetzt, dass das „Innere" von $\mathrm{Sp}(\gamma)$ zu G gehört. Was das bedeutet, ist im Fall, dass γ eine Kreislinie beschreibt, klar, im Allgemeinen aber nicht so offensichtlich, wie es auf den ersten Blick erscheint (siehe Abb. 8.2).

Abb. 8.2 Eine geschlossene Kurve

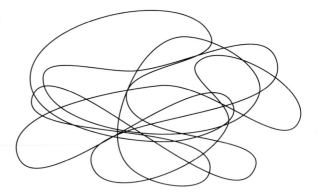

Man möchte ausdrücken, dass $\mathrm{Sp}(\gamma)$ keine „Löcher" von G umschließt. Klärung bietet hier der Begriff der Homotopie, über den ausführlich in Abschn. 9.10 berichtet wird. Zwei geschlossene Kurven $\gamma_0, \gamma_1 \colon [\alpha, \beta] \to G$ heißen in G *homotop*, wenn es eine stetige Abbildung $H \colon [0, 1] \times [\alpha, \beta] \to G$ gibt mit folgenden Eigenschaften: $H(0, t) = \gamma_0(t)$, $H(1, t) = \gamma_1(t)$, $H(s, 0) = H(s, 1)$ für alle s und t. Die Vorstellung ist, dass γ_0 mit Hilfe der geschlossenen Wege $\gamma_s \colon t \mapsto H(s, t)$ stetig in γ_1 überführt wird, ohne G zu verlassen. Eine geschlossene Kurve heißt *nullhomotop*, wenn sie zu einer konstanten Kurve homotop ist. Wenn jede geschlossene Kurve in G nullhomotop ist, nennt man G *einfach zusammenhängend*; anschaulich hat ein solches Gebiet keine Löcher. Beispielsweise sind konvexe Gebiete einfach zusammenhängend.

Nun können wir den *Cauchy'schen Integralsatz* präzise formulieren.

Sei G ein Gebiet, und sei γ eine nullhomotope geschlossene Kurve. Ferner sei $f \colon G \to \mathbb{C}$ holomorph. Dann gilt

$$\int\limits_{\gamma} f(z)\, dz = 0.$$

Weiter gilt dies für alle geschlossenen Kurven, wenn G einfach zusammenhängend ist.

Eine Weiterentwicklung dieses Satzes ist der Residuensatz, über den der nächste Abschnitt berichtet.

8.10 Der Residuensatz

In diesem Abschnitt befassen wir uns mit Funktionen, die „bis auf einzelne Stellen" in einem Gebiet holomorph sind, wie etwa $f(z) = 1/z$, wo $z_0 = 0$ solch ein Ausnahmepunkt ist.

Technisch gesehen seien ein Gebiet G und eine Teilmenge $S \subseteq G$ vorgegeben, wobei S keinen Häufungspunkt in G hat (zum Beispiel eine endliche Menge). Ferner sei $f \colon G \setminus S \to \mathbb{C}$ holomorph; die Punkte in S werden die *Singularitäten* von f genannt. Sie sind isoliert in dem Sinn, dass f in einer punktierten Umgebung von $z_0 \in S$, also in $\dot{B}(z_0, r) = \{z \in \mathbb{C} \mid 0 < |z - z_0| < r\}$ holomorph ist. Isolierte Singularitäten fallen in drei Kategorien: einmal die *hebbaren Singularitäten*, die dadurch bestimmt sind, dass man durch eine geschickte Zuweisung eines Wertes $f(z_0)$ eine auf dem ganzen Kreis $B(z_0, r)$ holomorphe Funktion erhält, dann die *Pole*, für die $\lim_{z \to z_0} |f(z)| = \infty$ ist, und schließlich alle übrigen, die man *wesentliche Singularitäten* nennt. Der *Satz von Casorati-Weierstraß* charakterisiert wesentliche Singularitäten dadurch, dass das Bild jeder punktierten Umgebung $\dot{B}(z_0, \varepsilon)$ dicht in $\mathbb{C}$ liegt. Typische Beipiele sind $f(z) = \sin z/z$ ($z_0 = 0$ ist hier eine hebbare Sin-

gularität; man setze nämlich $f(0) = 1$), $f(z) = 1/z$ ($z_0 = 0$ ist hier ein Pol) und
$f(z) = \exp(1/z)$ ($z_0 = 0$ ist hier eine wesentliche Singularität).

Ist die Funktion f im punktierten Kreis $\dot{B}(z_0, r)$ holomorph, kann man f in
eine *Laurentreihe*

$$f(z) = \sum_{n=-\infty}^{\infty} c_n(z - z_0)^n$$

entwickeln; hebbare Singularitäten sind jetzt dadurch charakterisiert, dass $c_n = 0$
für alle $n < 0$, Pole dadurch, dass $c_n \neq 0$ für mindestens ein und höchstens endlich
viele $n < 0$, und wesentliche Singularitäten dadurch, dass $c_n \neq 0$ für unendlich
viele $n < 0$ gilt. Besitzt f nur Pole als Singularitäten, nennt man f meromorph.
Der Koeffizient c_{-1} ist von besonderer Bedeutung; er wird *Residuum* genannt und
mit res$(f; z_0)$ bezeichnet.

Der Residuensatz berechnet für eine holomorphe Funktion mit isolierten Singularitäten das Kurvenintegral $\int_\gamma f(z)\,dz$ durch eine gewichtete Summe der Residu-
en. Die Wichtung zählt dabei, wie häufig γ eine Singularität $z_0 \notin \mathrm{Sp}(\gamma)$ „umrun-
det". Diese Größe wird durch die *Umlaufzahl*

$$n(\gamma; z_0) = \frac{1}{2\pi i} \int_\gamma \frac{dz}{z - z_0}$$

wiedergegeben, von der man nachweist, dass sie stets eine ganze Zahl ist, die in
einfachen Fällen mit der elementargeometrischen Umlaufzahl übereinstimmt; z. B.
ist für die einmal im Uhrzeigersinn durchlaufene Kreislinie, parametrisiert durch
$\gamma: [0, 2\pi] \to \mathbb{C}$, $\gamma(t) = e^{it}$, die Umlaufzahl $n(\gamma; z_0) = 1$, wenn $|z_0| < 1$, und
$n(\gamma; z_0) = 0$, wenn $|z_0| > 1$.

Die präzise Fassung des *Residuensatzes* lautet:

> Seien G ein Gebiet, $S \subseteq G$ eine (notwendigerweise höchstens abzählbare)
> Teilmenge ohne Häufungspunkte in G, $f: G \setminus S \to \mathbb{C}$ holomorph, und sei γ
> eine nullhomotope Kurve in G mit $S \cap \mathrm{Sp}(\gamma) = \emptyset$. Dann gilt
>
> $$\frac{1}{2\pi i} \int_\gamma f(z)\,dz = \sum_{z_0 \in S} n(\gamma; z_0)\,\mathrm{res}(f; z_0).$$

Der Satz kann recht einfach auf den Cauchy'schen Integralsatz zurückgeführt
werden. Er hat viele Anwendungen in der Funktionentheorie, aber auch in der
reellen Analysis bei der Berechnung uneigentlicher Integrale. Das soll an einem
Beispiel skizziert werden, das freilich auch mit reellen Methoden behandelt werden
könnte. Um das uneigentliche Riemann'sche Integral $\int_{-\infty}^{\infty} 1/1+x^4\,dx$ zu berechnen,
kann man folgenden Umweg ins Komplexe machen. Sei $f(z) = 1/1+z^4$; diese Funk-
tion ist meromorph mit den Polen $z_1 = e^{i\pi/4}$, $z_2 = e^{i3\pi/4}$, $z_3 = e^{i5\pi/4}$, $z_4 = e^{i7\pi/4}$.
Für $R > 1$ integrieren wir f über die folgende Kurve $\gamma = \gamma^{(R)}$: $\mathrm{Sp}(\gamma)$ verläuft auf

der reellen Achse von $-R$ bis R (diesen Teil der Kurve nennen wir γ_1) und dann längs eines Halbkreises mit Radius R in der oberen Halbebene von R nach $-R$ (diesen Teil der Kurve nennen wir γ_2). Nach dem Residuensatz ist

$$\frac{1}{2\pi i} \int_{\gamma} f(z)\, dz = \mathrm{res}(f; z_1) + \mathrm{res}(f; z_2) = \frac{1}{2\pi i}\, \frac{\pi}{\sqrt{2}};$$

die letzte Gleichung erfordert eine kurze Rechnung. Ferner ist $\int_{\gamma_1} f(z)\, dz = \int_{-R}^{R} f(x)\, dx$ sowie $\lim_{R \to \infty} \int_{\gamma_2} f(z)\, dz = 0$. Daraus ergibt sich

$$\int_{-\infty}^{\infty} \frac{1}{1 + x^4}\, dx = \frac{\pi}{\sqrt{2}}.$$

8.11 Fixpunktsätze

Das Lösen von Gleichungen ist eine Kernaufgabe der Mathematik, und in der öffentlichen Wahrnehmung wird sie bisweilen als damit identisch angesehen. Es ist eine Binsenweisheit, dass man durch Umformen Gleichungen häufig in eine besser zugängliche Form bringen kann; zum Beispiel ist $4\xi - \cos\xi = \sin\xi$ äquivalent zur Gleichung $1/4(\cos\xi + \sin\xi) = \xi$. In dieser Gestalt erkennen wir die Gleichung als Fixpunktaufgabe wieder, nämlich für die Abbildung $F \colon x \mapsto 1/4(\cos x + \sin x)$ ist ein *Fixpunkt* gesucht, das ist ein ξ, das unter F invariant gelassen wird:

$$F(\xi) = \xi.$$

In der mathematischen Literatur gibt es Hunderte von Aussagen der folgenden Form: Gewisse Abbildungen $F \colon M \to M$ besitzen einen Fixpunkt. Nur die wenigsten dieser Fixpunktsätze sind wirklich bedeutsam; in diesem Abschnitt diskutieren wir drei der wichtigsten.

Zunächst ist der *Banach'sche Fixpunktsatz* zu nennen.

Sei (M, d) ein nichtleerer vollständiger metrischer Raum, und sei $F \colon M \to M$ eine Kontraktion; d. h., es existiert eine Zahl $q < 1$ mit

$$d(F(x), F(y)) \leq q\, d(x, y) \quad \text{für alle } x, y \in M.$$

Dann besitzt F genau einen Fixpunkt. Genauer gilt: Ist $x_0 \in M$ beliebig, so konvergiert die durch

$$x_{n+1} = F(x_n), \quad n \geq 0,$$

definierte Iterationsfolge gegen den eindeutig bestimmten Fixpunkt ξ, und zwar ist

$$d(x_n, \xi) \leq \frac{q^n}{1 - q} d(x_1, x_0).$$

Die Grundidee des Beweises soll kurz angedeutet werden. Durch einen Teleskopsummentrick schätzt man $d(x_{n+k}, x_n) \leq \sum_{j=0}^{k-1} d(x_{n+j+1}, x_{n+j}) \leq \sum_{j=0}^{k-1} q^{n+j} d(x_1, x_0)$ ab. Das zeigt, dass (x_n) eine Cauchy-Folge ist; der Grenzwert ξ muss dann ein Fixpunkt sein. Durch Grenzübergang $k \to \infty$ folgt die behauptete a-priori-Abschätzung für $d(x_n, \xi)$, und die Eindeutigkeit des Fixpunkts ist eine unmittelbare Konsequenz der Kontraktionsbedingung.

Der Beweis ist konstruktiv. Man erhält den Fixpunkt explizit als Grenzwert der Iterationsfolge, und mittels der a-priori-Abschätzung weiß man, wie viele Terme man zur Approximation bis zur gewünschten Genauigkeit benötigt.

Der Banach'sche Fixpunktsatz wartet mit einem so günstigen Preis-Leistungs-Verhältnis auf wie kaum ein anderer Satz der Mathematik; bei fast trivialem Beweis ist er praktisch universell anwendbar, vom Newtonverfahren bis zu den Fraktalen. Wir haben im Abschn. 8.4 über den Satz von Picard-Lindelöf bereits angedeutet, wie ein Anfangswertproblem für ein System gewöhnlicher Differentialgleichungen in ein äquivalentes Fixpunktproblem überführt werden kann. Die Schwierigkeit bei der Anwendung des Banach'schen Fixpunktsatzes liegt in der Regel nicht darin, die Abbildung F zu finden, sondern vielmehr eine Menge M als Definitionsbereich, die unter F invariant ist und auf der F kontraktiv ist. Das trifft insbesondere beim Beweis des Satzes von Picard-Lindelöf zu.

Auf das einleitende Beispiel $F(x) = 1/4(\cos x + \sin x)$ zurückkommend, sieht man hier sofort, dass F das Intervall $[-1/2, 1/2]$ in sich abbildet und wegen des Mittelwertsatzes eine Kontraktion mit $q = 1/2$ ist (vgl. (7.9) in Abschn. 7.5). Der eindeutige Fixpunkt ist $0.31518\ldots$ Startet man die Iterationsfolge $x_{n+1} = F(x_n)$ bei $x_0 = 0$, lauten die ersten Glieder auf 5 Stellen

0; 0.25; 0.30407; 0.31338; 0.31489; 0.31513; 0.31517; 0.31518; 0.31518.

Hier konvergiert die Iterationsfolge schneller als von der a-priori-Abschätzung vorausgesagt, denn diese garantiert $|x_n - \xi| \leq \frac{(1/2)^n}{1/2} \cdot \frac{1}{4} \leq 10^{-5}$ für $n \geq 16$, obwohl bereits $|x_7 - \xi| \leq 10^{-5}$.

Kommen wir jetzt zum *Brouwer'schen Fixpunktsatz*.

Sei $B = \{x \in \mathbb{R}^d \mid \|x\| \leq 1\}$, und sei $F: B \to B$ stetig. Dann besitzt F einen Fixpunkt.

Dieser Satz liegt ungleich tiefer als der Banach'sche Fixpunktsatz, außer im Fall $d = 1$, wo er leicht auf den Zwischenwertsatz zurückgeführt werden kann. Es ist nicht einmal intuitiv einleuchtend, ob die Aussage plausibel ist. Im Gegensatz zum Banach'schen Satz ist der Beweis hier nicht konstruktiv, und natürlich kann man keine Eindeutigkeit erwarten (betrachte die identische Abbildung). In der Tat gilt der Brouwer'sche Satz nicht nur für die Kugel, sondern für jede kompakte konvexe Menge. In dieser Form lässt er sich sogar auf unendlich-dimensionale Räume ausdehnen; das ist der Inhalt des *Schauder'schen Fixpunktsatzes*:

Seien X ein normierter Raum, $K \subseteq X$ nichtleer, kompakt und konvex, und sei $F: K \to K$ stetig. Dann besitzt F einen Fixpunkt.

Auch der Brouwer'sche und der Schauder'sche Fixpunktsatz haben zahllose Anwendungen, zum Beispiel impliziert letzterer den Existenzsatz von Peano aus Abschn. 8.4.

8.12 Der Baire'sche Kategoriensatz

Der Satz von Baire gestattet elegante Existenzbeweise (zum Beispiel für stetige Funktionen, die an keiner Stelle differenzierbar sind) und führt außerdem zu einem Kleinheitsbegriff für Teilmengen.

Der Ausgangspunkt ist die Beobachtung, dass in jedem metrischen Raum der Schnitt von endlich vielen offenen und dichten Teilmengen wieder dicht ist. (Dabei heißt $D \subseteq M$ *dicht*, wenn $\overline{D} = M$ ist.) Wie das Beispiel von $\mathbb{Q}$, abgezählt als $\mathbb{Q} = \{ r_n \mid n \in \mathbb{N} \}$, mit den offenen dichten Mengen $\mathbb{Q} \setminus \{r_n\}$ demonstriert, braucht diese Aussage für abzählbar viele solche Teilmengen nicht mehr zu gelten. Baire zeigte (ursprünglich für die reelle Achse), dass man jedoch in vollständigen metrischen Räumen ein positives Resultat besitzt:

Satz von Baire
Ist (M, d) ein vollständiger metrischer Raum und sind $O_1, O_2, \ldots$ offen und dicht, so ist auch $\bigcap_{n=1}^{\infty} O_n$ dicht.

Dieser unscheinbar anmutende Satz, der gar nicht schwer zu beweisen ist, hat sich zu einem universellen Prinzip der abstrakten Analysis entwickelt; einige Anwendungen sollen gleich genannt werden.

Offene und dichte Teilmengen eines vollständigen metrischen Raums sind also „sehr dicht", man kann nämlich abzählbar viele davon schneiden, und das Resultat ist wieder eine dichte und insbesondere nichtleere Teilmenge. Man kann noch einen Schritt weitergehen. Nennt man einen abzählbaren Schnitt offener Mengen eine G_δ-*Menge* (hier soll G an Gebiet und δ an Durchschnitt erinnern), so kann man die Aussage des Satzes von Baire auch folgendermaßen wiedergeben, denn „abzählbar mal abzählbar ist abzählbar": Der Schnitt abzählbar vieler dichter G_δ-Mengen eines vollständigen metrischen Raums ist wieder eine dichte G_δ-Menge.

Häufig drückt man den Baire'schen Satz in einer etwas anderen Sprache aus, die von Baire selbst stammt. Dazu benötigen wir ein paar Vokabeln. Eine Teilmenge E von M heißt *nirgends dicht*, wenn ihr Abschluss keine inneren Punkte besitzt (zu diesen topologischen Grundbegriffen siehe Abschn. 9.1); eine abzählbare Vereinigung von nirgends dichten Mengen heißt *Menge 1. Kategorie*, und eine *Menge*

2. Kategorie ist eine Menge, die nicht von 1. Kategorie ist. Ein Beispiel einer Menge
1. Kategorie ist $\mathbb{Q}$ wegen der Darstellung $\mathbb{Q} = \bigcup_{n \in \mathbb{N}} \{r_n\}$. Durch Komplementbildung erhält man aus dem Satz von Baire die folgende Fassung, die als *Baire'scher Kategoriensatz* bekannt ist.

> In einem vollständigen metrischen Raum (M, d) liegt das Komplement einer
> Menge 1. Kategorie dicht. Insbesondere ist M selbst von 2. Kategorie.

Man kann den Baire'schen Kategoriensatz nutzen, um die Existenz mathematischer Objekte mit vorgelegten Eigenschaften zu begründen, nach folgendem Muster. Gesucht sind etwa stetige Funktionen auf $[0, 1]$, die nirgends differenzierbar sind. Man betrachte dazu das Ensemble aller interessierenden Objekte (hier den Raum $C[0, 1]$ aller stetigen Funktionen) und mache es zu einem vollständigen metrischen Raum (hier durch die von der Supremumsnorm abgeleitete Metrik). Dann zeige man, dass die Objekte, die die gewünschte Eigenschaft nicht haben, darin eine Menge 1. Kategorie bilden (das gelingt hier für die Menge der stetigen Funktionen, die mindestens eine Differenzierbarkeitsstelle haben). Da der gesamte Raum nach dem Baire'schen Kategoriensatz von 2. Kategorie ist, muss es Elemente mit der gesuchten Eigenschaft (also stetige, nirgends differenzierbare Funktionen) geben.

An dieser Beweisstrategie sind zwei Dinge bemerkenswert. Zum einen ist der Beweis nicht konstruktiv; er liefert kein explizites Beispiel. Zum anderen zeigt er aber das „typische" Verhalten, denn eine Menge 1. Kategorie kann nach dem Baire'schen Satz als „klein", sogar als „vernachlässigbar" angesehen werden. Die typische stetige Funktion ist also im Gegensatz zur Anschauung nirgends differenzierbar, was die vormathematische „Definition", eine stetige Funktion sei eine Funktion, deren Graphen man durchgehend zeichnen könne, ad absurdum führt. Eine andere nichtkonstruktive Methode zum Beweis der Existenz stetiger, nirgends differenzierbarer Funktionen hält die Wahrscheinlichkeitstheorie bereit, siehe Abschn. 11.12.

Es folgt eine Aufzählung weiterer Anwendungen; die Argumentation ist dabei im Detail bisweilen recht verwickelt.

(1) Wenn $f_n: M \to \mathbb{R}$ stetige Funktionen auf einem vollständigen metrischen Raum sind, die punktweise gegen die Grenzfunktion f konvergieren, so muss f zwar nicht stetig sein, kann aber auch nicht vollkommen unstetig sein: Die Stetigkeitspunkte von f bilden eine dichte G_δ-Menge. Insbesondere besitzt die Ableitung einer differenzierbaren Funktion auf $\mathbb{R}$ „viele" Stetigkeitsstellen.

(2) Ist $T: X \to Y$ eine stetige bijektive lineare Abbildung zwischen zwei Banachräumen, so ist auch die Umkehrabbildung stetig. Dieser Satz ist fundamental in der Funktionalanalysis.

(3) Es gibt stetige 2π-periodische Funktionen, deren Fourierreihe an überabzählbar vielen Stellen divergiert.

(4) Ist $f \colon \mathbb{R} \to \mathbb{R}$ beliebig häufig differenzierbar und existiert zu jedem $x \in \mathbb{R}$ eine Ableitungsordnung $n = n_x$ mit $f^{(n)}(x) = 0$, so ist f ein Polynom.

Auf der reellen Achse kann man die Vernachlässigbarkeit einer Menge außer durch den Mächtigkeitsbegriff (siehe Abschn. 12.1) – abzählbare Teilmengen von $\mathbb{R}$ sind gewiss als „klein" anzusehen – sowohl topologisch (Mengen 1. Kategorie) als auch maßtheoretisch (Nullmengen) messen. Zur Erinnerung: $A \subseteq \mathbb{R}$ heißt Nullmenge, wenn es zu jedem $\varepsilon > 0$ eine Folge von Intervallen $[a_n, b_n]$ mit Gesamtlänge $\leq \varepsilon$ gibt, die A überdecken: $A \subseteq \bigcup_n [a_n, b_n]$, $\sum_n (b_n - a_n) \leq \varepsilon$. Erstaunlicherweise sind diese Kleinheitsbegriffe alles andere als deckungsgleich, denn man kann $\mathbb{R}$ als Vereinigung einer Nullmenge und einer Menge 1. Kategorie schreiben.

Literaturhinweise

Allgemeine Lehrbücher

E. BEHRENDS: *Analysis, Band 2*. 2. Auflage, Vieweg 2007.
O. DEISER: *Analysis 2*. 2. Auflage, Springer Spektrum 2015.
O. FORSTER: *Analysis 2*. 10. Auflage, Springer Spektrum 2013.
O. FORSTER: *Analysis 3*. 7. Auflage, Springer Spektrum 2012.
H. HEUSER: *Lehrbuch der Analysis, Teil 2*. 14. Auflage, Vieweg 2008.
S. HILDEBRANDT: *Analysis 2*. Springer 2003.
K. KÖNIGSBERGER: *Analysis 2*. 5. Auflage, Springer 2004.
W. RUDIN: *Principles of Mathematical Analysis*. 3. Auflage, McGraw-Hill 1976.
W. WALTER: *Analysis 2*. 5. Auflage, Springer 2002.
D. WERNER: *Einführung in die höhere Analysis*. 2. Auflage, Springer 2009.

Zu Differentialgleichungen

B. AULBACH: *Gewöhnliche Differenzialgleichungen*. 2. Auflage, Spektrum 2004.
W. WALTER: *Gewöhnliche Differentialgleichungen*. 7. Auflage, Springer 2000.

Zur Funktionentheorie

F. BORNEMANN: *Funktionentheorie*. Birkhäuser 2013.
K. JÄNICH: *Funktionentheorie*. 6. Auflage, Springer 2004.
T. NEEDHAM: *Anschauliche Funktionentheorie*. 2. Auflage, Oldenbourg 2011.
G. SCHMIEDER: *Grundkurs Funktionentheorie*. Teubner 1993.

Zur Maß- und Integrationstheorie

E. BEHRENDS: *Maß- und Integrationstheorie*. Springer 1987.
M. BROKATE, G. KERSTING: *Maß und Integral*. Birkhäuser 2011
D. W. STROOCK: *A Concise Introduction to the Theory of Integration*. 3. Auflage, Birkhäuser 1998.

Topologie und Geometrie

9

Die Topologie beschäftigt sich mit dem Begriff des Raums und wird deshalb oft als Teilgebiet der Geometrie gesehen. Daher mag es verwundern, dass eine Grobeinteilung der Topologie das Gebiet der geometrischen Topologie explizit erwähnt. Die anderen Hauptgebiete sind die mengentheoretische und die algebraische Topologie. Die Verallgemeinerung des Raumkonzepts in der mengentheoretischen Topologie vom euklidischen zum metrischen und schließlich topologischen Raum führt zu einem ausgesprochen flexiblen Konzept, dessen Vokabular und Grundbegriffe Einzug in nahezu alle mathematischen Bereiche gefunden hat. Was dabei Raum genannt wird, ist allerdings sehr allgemein, sehr abstrakt und entzieht sich oft unserer Vorstellungskraft. Geometrische Topologie untersucht dagegen Räume, die zumindest im Kleinen sich nur wenig von euklidischen Räumen unterscheiden. Algebraische Topologie entstand aus dem erfolgreichen Versuch, Strukturen in diesen Räumen mit Hilfe algebraischer Konzepte zu organisieren.

Die Grobeinteilung der Geometrie nennt neben der Topologie unter anderen die Differentialgeometrie und die axiomatische Geometrie. Letztere beschäftigt sich mit Mengen von Punkten, Geraden, Ebenen etc., zwischen denen Inzidenzbeziehungen gelten, die gewisse Axiome erfüllen. Diese Art von Geometrie wird traditionellerweise in der Schule unterrichtet. Sie hat nichts gemein mit der Differentialgeometrie; diese betrachtet die Räume der geometrischen Topologie, die zusätzlich eine infinitesimal definierte Metrik besitzen, wie Zustandsräume klassischer mechanischer Systeme oder die Raumzeiten der allgemeinen Relativitätstheorie.

In diesem Kapitel sollen einige einführende Aspekte dieser disparaten Theorien angesprochen werden.

Die Abschn. 9.1 bis 9.7 beschreiben die grundlegenden Definitionen und einige wichtige Ergebnisse der mengentheoretischen Topologie wie Zusammenhang, Kompaktheit, Produkt- und Quotiententopologie, alles Konzepte, die im allgemeinen Sprachgebrauch von Mathematikern Einzug gefunden haben. Abschnitt 9.8 untersucht Flächen im $\mathbb{R}^3$ und gibt einen ersten elementaren Einblick in die Differentialgeometrie. Mannigfaltigkeiten sind das primäre Untersuchungsobjekt der geometrischen Topologie (Abschn. 9.9), und die Abschn. 9.10 und 9.11 geben einen – zu-

© Springer-Verlag Berlin Heidelberg 2016
O. Deiser, C. Lasser, E. Vogt, D. Werner, *12 × 12 Schlüsselkonzepte zur Mathematik*,
DOI 10.1007/978-3-662-47077-0_9

gegeben vagen – Einblick in zwei Konzepte aus der algebraischen Topologie. Das Kapitel schließt mit einem Exkurs über euklidische und nichteuklidische Geometrie.

9.1 Topologische Räume

In Abschn. 8.1 haben wir gesehen, wie mühelos sich Konvergenz- und Stetigkeitsbegriff vom Bereich der reellen Zahlen auf metrische Räume übertragen lassen. Wir haben dort auch erfahren, dass es zum Überprüfen der Stetigkeit einer Abbildung zwischen metrischen Räumen genügt, die offenen Mengen dieser Räume zu kennen: Eine Abbildung ist genau dann stetig, wenn die Urbilder offener Mengen offen sind. Nun gibt es ziemlich unterschiedliche Metriken auf einer Menge, deren zugehörige offene Mengen übereinstimmen. Zum Beispiel hat die Metrik $d(x, y) := \min\{1, |x - y|\}$ dieselben offenen Mengen wie die Standardmetrik auf $\mathbb{R}$. Aber der Durchmesser von $(\mathbb{R}, d)$ ist 1, die abgeschlossene Einheitskugel um x, d. h. die Menge $\{y \in \mathbb{R} \mid d(x, y) \leq 1\}$, ist ganz $\mathbb{R}$, während die offene Einheitskugel um x das Intervall $(x - 1, x + 1)$ ist, sich also die abgeschlossene Einheitskugel um x deutlich von der abgeschlossenen Menge $[x - 1, x + 1]$ unterscheidet, die aus $(x - 1, x + 1)$ durch Hinzunahme aller Grenzwerte von Folgen in $(x - 1, x + 1)$ entsteht.

Dies legt nahe, für Stetigkeits- und Konvergenzuntersuchungen anstelle von Metriken Strukturen auf Mengen zu beschreiben, die auf dem Begriff der offenen Menge beruhen. Folgendes Axiomensystem hat sich dabei, nicht nur weil es so einfach ist, als erfolgreich erwiesen.

Es sei X eine Menge. Eine Menge $\mathcal{T}$ von Teilmengen von X heißt *Topologie auf X*, falls gilt:

O(i) X und $\emptyset$ gehören zu $\mathcal{T}$.
O(ii) Beliebige Vereinigungen von Mengen aus $\mathcal{T}$ gehören zu $\mathcal{T}$.
O(iii) Endliche Durchschnitte von Mengen aus $\mathcal{T}$ gehören zu $\mathcal{T}$.

Ein *topologischer Raum* ist dann ein Paar $(X, \mathcal{T})$, wobei $\mathcal{T}$ eine Topologie auf der Menge X ist. Die Elemente von $\mathcal{T}$ heißen die *offenen Mengen* von $(X, \mathcal{T})$, und wie bei den metrischen Räumen heißt eine Teilmenge von X *abgeschlossen*, wenn sie das Komplement einer offenen Menge ist. Ist $(X, \mathcal{T})$ ein topologischer Raum, so nennen wir die Elemente von X *Punkte* des topologischen Raums.

Man kann übrigens auf das Axiom O(i) verzichten und sieht das auch in manchen Büchern, wenn man akzeptiert, dass die leere Vereinigung, also die Vereinigung keiner Menge, die leere Menge ist und der leere Durchschnitt von Teilmengen von X ganz X ist.

Die erste Axiomatisierung topologischer Räume von F. Hausdorff im Jahr 1914 stellte nicht die offenen Mengen in den Vordergrund, sondern den Umgebungsbegriff. Das mag daran gelegen haben, dass sich damit ohne Umweg der Begriff „beliebig nah" formalisieren lässt, der eine wesentliche Rolle in unserer Vorstellung von Konvergenz und Stetigkeit spielt. Anschaulich soll eine Umgebung eines Punktes x alle Punkte enthalten, die genügend nah bei x sind. In einem metrischen Raum sind z. B. die Punkte der ε-Kugel $B(x, \varepsilon)$ um x, $B(x, \varepsilon) = \{y \mid d(y, x) < \varepsilon\}$, alle Punkte, die ε-nahe bei x sind. Eine Umgebung von x ist also eine Menge, die ein $B(x, \varepsilon)$ enthält. Die Menge $B(x, \varepsilon)$ selbst wird auch als ε-Umgebung von x bezeichnet. Beliebig nahe heißt dann ε-nahe für alle $\varepsilon > 0$. Zwei verschiedene Punkte können dann nicht beliebig nahe beieinander sein; aber ein Punkt x kann einer Teilmenge A beliebig nahe sein, nämlich wenn jede ε-Umgebung von x einen Punkt aus A enthält.

Nun ist $B(x, \varepsilon)$ offen, und jede offene Menge, die x enthält, enthält auch ein $B(x, \varepsilon)$. Folgende Definition bietet sich deshalb an: Eine Teilmenge U eines topologischen Raums ist eine *Umgebung eines Punkts x*, wenn es eine offene Menge W mit $x \in W \subseteq U$ gibt.

Wird für $x \in X$ die Menge aller Umgebungen von x mit $\mathcal{U}(x)$ bezeichnet, so gilt für die Familie $(\mathcal{U}(x))_{x \in X}$:

U(i)   Ist $U \in \mathcal{U}(x)$ und $U \subseteq V$, so ist $V \in \mathcal{U}(x)$.
U(ii) Für alle $U \in \mathcal{U}(x)$ ist $x \in U$.
U(iii) Sind $U, V \in \mathcal{U}(x)$, so ist $U \cap V \in \mathcal{U}(x)$.
U(iv) Zu jedem $U \in \mathcal{U}(x)$ gibt es ein $V \in \mathcal{U}(x)$, so dass für alle $y \in V$ gilt, dass $U \in \mathcal{U}(y)$ ist.

U(i–iii) sind klar. Als V in U(iv) nehmen wir irgendeine offene Menge V mit $x \in V \subseteq U$. Die Existenz einer solchen Menge folgt aus der Umgebungsdefinition.

Eine Familie $(\mathcal{U}(x))_{x \in X}$, die U(i–iv) erfüllt, nennt man Umgebungssystem auf der Menge X. Aus einem Umgebungssystem erhält man eine Topologie, indem man eine Menge offen nennt, wenn sie Umgebung jedes ihrer Punkte ist. Ist $(\mathcal{U}(x))_{x \in X}$ das Umgebungssystem des topologischen Raums $(X, \mathcal{T})$, so bekommen wir auf diese Weise die Topologie $\mathcal{T}$ zurück. Ebenso erhalten wir, wenn wir mit einem Umgebungssystem starten, mit dessen Hilfe offene Mengen definieren und mit diesen wieder ein Umgebungssystem bestimmen, das ursprüngliche Umgebungssystem zurück. Deswegen spielt es keine Rolle, ob wir topologische Räume mit Hilfe einer Topologie oder eines Umgebungssystems definieren.

Konvergenz von Folgen formuliert sich etwas einfacher mit Hilfe von Umgebungen. Die Folge $(x_i)_{i=1,2,\dots}$ von Punkten des topologischen Raums $(X, \mathcal{T})$ *konvergiert gegen den Punkt $x \in X$* genau dann, wenn außerhalb jeder Umgebung von x höchstens endlich viele Folgenglieder liegen. Für metrische Räume ist diese Definition äquivalent zur ursprünglichen, so dass zwei Metriken auf einer Menge mit denselben zugehörigen offenen Mengen dieselben konvergenten Folgen besitzen.

Wir werden, wie in der Literatur üblich, zur Vereinfachung der Notation anstelle von $(X, \mathcal{T})$ einfach X schreiben. Wenn wir also von einem topologischen Raum X sprechen, so denken wir uns die Menge X mit einer Topologie versehen, und auf diese beziehen wir uns, wenn wir von offenen Mengen von X und Umgebungen von Punkten in X sprechen.

Da unsere Begriffswahl den Verhältnissen in metrischen Räumen entnommen ist, sind selbstverständlich die offenen Mengen eines metrischen Raumes (X, d)

eine Topologie auf X. Wir erhalten damit ein großes Beispielreservoir. Ein topologischer Raum, dessen offene Mengen die offenen Mengen einer Metrik sind, heißt
metrisierbar. Es ist leicht, nicht metrisierbare topologische Räume anzugeben. In
einem metrischen Raum sind alle Punkte abgeschlossen (wir erlauben uns hier und
im Folgenden die etwas schlampige Sprechweise, eine einelementige Menge mit
dem in ihr liegenden Element zu benennen). Nun ist $\{\emptyset, X\}$ für jede Menge X eine
Topologie. In diesem topologischen Raum sind $\emptyset$ und X die einzigen abgeschlossenen Mengen. Ein Punkt ist daher in dieser Topologie nur dann abgeschlossen,
wenn dieser Punkt das einzige Element von X ist. Die Topologie $\{\emptyset, X\}$ auf X
heißt *indiskrete Topologie auf X* (jeder Punkt liegt in jeder Umgebung jedes anderen Punktes, so dass jeder Punkt jedem anderen Punkt beliebig nahe ist). Die Menge
aller Teilmengen von X ist ebenso eine Topologie. Sie heißt die *diskrete Topologie*
auf X (jeder Punkt besitzt eine Umgebung, die keinen weiteren Punkt enthält, so
dass kein Punkt einer Menge, die ihn nicht enthält, beliebig nahe ist).

Weitere Beispiele und auch Verfahren, selbst interessante Beispiele zu konstruieren, werden wir in den folgenden Abschnitten kennenlernen, insbesondere in 9.4,
9.5 und 9.7.

Schneidet jede Umgebung des Punktes x die Teilmenge A des topologischen
Raums X, ist also x beliebig nahe bei A, so heißt x *Berührpunkt von A*, und die
Menge aller Berührpunkte von A heißt der *Abschluss von A* oder *abgeschlossene*
Hülle von A. Enthält A eine Umgebung von x, so heißt x *innerer Punkt von A*, und
die Menge aller inneren Punkte von A heißt das *Innere* oder der *offene Kern von*
A. Der Abschluss von A wird mit $\overline{A}$ bezeichnet und ist die kleinste abgeschlossene
Menge, die A enthält. Das Innere von A wird mit $\mathring{A}$ oder Int A bezeichnet und ist
die größte in A enthaltene offene Menge. Die Differenz $\overline{A} \setminus \mathring{A}$ heißt der *Rand von*
A, wird mit Fr(A) bezeichnet und ist als Durchschnitt der abgeschlossenen Mengen
$\overline{A}$ und $X \setminus \mathring{A}$ stets abgeschlossen. Anstelle von Fr(A) findet man in der Literatur oft
die Bezeichnung ∂A.

Die Forderungen O(i–iii) an eine Topologie sind leicht zu erfüllen. Dies erlaubt
es, topologische Räume mit den abstrusesten Eigenschaften zu konstruieren. Das
ist manchmal instruktiv, aber man sollte es nicht übertreiben: Viele interessante
Räume sind Unterräume des $\mathbb{R}^n$ oder eines unendlich-dimensionalen Banachraums
(vgl. Abschn. 8.1), oder sie entstehen aus solchen mit Hilfe expliziter Konstruktionen (vgl. Abschn. 9.4). Dabei ist ein *Unterraum eines topologischen Raums* $(X, \mathcal{T})$
eine Teilmenge $A \subseteq X$ mit der Topologie $\mathcal{T} \cap A := \{A \cap W \mid W \in \mathcal{T}\}$. Aus naheliegenden Gründen heißt diese Topologie die *Spurtopologie*: Die offenen Mengen
von A sind die Spuren, die die offenen Mengen von X auf A hinterlassen.

9.2 Stetige Abbildungen

Wenn wir uns ins Gedächtnis rufen, dass in einem metrischen Raum Umgebungen
des Punkts x Mengen sind, die eine ε-Kugel $B(x, \varepsilon)$ enthalten, so ist die ε-δ-
Definition der Stetigkeit einer Abbildung f im Punkt x (Abschn. 8.1) äquivalent

zu der Bedingung, dass das Urbild jeder Umgebung von $f(x)$ eine Umgebung von x ist. Diese Formulierung übernehmen wir wörtlich für Abbildungen zwischen topologischen Räumen.

Es seien $(X, \mathcal{T})$ und (Y, S) topologische Räume und $f\colon X \rightarrow Y$ eine Abbildung. Sie heißt *stetig in* $x \in X$, wenn das Urbild jeder Umgebung von $f(x)$ eine Umgebung von x ist ($U \in \mathcal{U}(f(x)) \Rightarrow f^{-1}(U) \in \mathcal{U}(x)$). Die Abbildung heißt *stetig*, wenn sie in jedem Punkt $x \in X$ stetig ist. Mit Hilfe offener Mengen lässt sich dies einfacher formulieren:

> $(X, \mathcal{T})$, (Y, S) und f seien wie oben. Genau dann ist f stetig, wenn die Urbilder offener Mengen offen sind ($W \in S \Rightarrow f^{-1}(W) \in \mathcal{T}$).

Dass die Komposition zweier stetiger Abbildungen wieder stetig ist, folgt unmittelbar aus der Definition. Denn ist $f\colon X \rightarrow Y$ in $x \in X$ und $g\colon Y \rightarrow Z$ in $y = f(x)$ stetig und ist $W \subseteq Z$ eine Umgebung von $(g \circ f)(x) = g(y)$, so ist wegen der Stetigkeit von g in y die Menge $V := g^{-1}(W)$ eine Umgebung von $f(x)$ in Y und wegen der Stetigkeit von f in x die Menge $f^{-1}(V) = f^{-1}(g^{-1}(W)) = (g \circ f)^{-1}(W)$ eine Umgebung von x. Also ist $g \circ f$ in x stetig.

Ist X ein diskreter Raum, so sind alle Abbildungen von X in einen beliebigen Raum stetig; ist X indiskret, so sind alle Abbildungen von irgendeinem Raum nach X stetig. Diskrete und indiskrete Räume sind also, was stetige Abbildungen anlangt, ziemlich uninteressant.

Überraschend erscheint auf den ersten Blick folgendes Beispiel. Es seien $\emptyset$, $\{0\}$ und $\{0, 1\}$ die offenen Mengen des Raumes $X := \{0, 1\}$. Dann gibt es stetige surjektive Abbildungen $f\colon [0, 1] \rightarrow X$, und zwar sehr viele. Nimm nämlich irgendeine offene echte Teilmenge W von $[0, 1]$ und setze $f(t) = 0$ für $t \in W$ und $f(t) = 1$ sonst; dann ist f stetig.

Während es auf einer Menge sehr viele verschiedene Metriken geben kann, die dieselben stetigen Abbildungen in metrische Räume besitzen, sind zwei Topologien auf X, die dieselben stetigen Abbildungen in topologische Räume besitzen, identisch. Für konvergente Folgen gilt die entsprechende Aussage nicht. Das liegt daran, dass eine Folge höchstens abzählbar viele Punkte hat. Das sind zu wenige Punkte, um die Umgebungen eines Punktes in den Griff zu bekommen. In einem topologischen Raum gilt z. B. im Allgemeinen nicht, dass es zu jedem Punkt $x \in \overline{A}$ eine in A liegende gegen x konvergierende Folge gibt. Allerdings gehört jeder Punkt zu $\overline{A}$, der Grenzwert einer in A liegenden Folge ist.

Zum Isomorphiebegriff topologischer Räume Unter einem Isomorphismus (vgl. Abschn. 1.12) zwischen den topologischen Räumen X und Y versteht man eine bijektive Abbildung, $f\colon X \rightarrow Y$, die die Menge der offenen Mengen von X bijektiv auf die Menge der offenen Mengen von Y abbildet. Dies ist genau dann der Fall, wenn f und die Umkehrabbildung f^{-1} stetig sind, und f heißt dann ein *Homöomorphismus*. Gibt es zwischen X und Y einen Homöomorphismus, heißen X und Y *homöomorph*.

Interpretiert man die Menge der offenen Mengen als Struktur eines topologischen Raumes, so würde man erwarten, dass die strukturerhaltenden Abbildungen
offene Mengen auf offene Mengen abbilden. Homöomorphismen tun das, aber stetige Abbildungen nur ganz selten. Um einzusehen, dass die stetigen Abbildungen
doch die „richtigen" Abbildungen zwischen topologischen Räumen sind, erinnern
wir an die Bemerkung, dass die Formalisierung des Begriffs „beliebig nahe" bei
der Definition topologischer Räume Pate stand. Wenn wir für jede Teilmenge A des
topologischen Raums wissen, welche Punkte zum Abschluss von A gehören, also
welche Punkte A beliebig nahe sind, kennen wir alle abgeschlossenen Mengen und
somit die Topologie. Als Struktur bietet sich somit an, die Teilmenge A und den
Punkt x in Relation zu setzen, wenn $x \in \overline{A}$ ist. Ist nun f eine Abbildung zwischen
topologischen Räumen, so ist f genau dann in x stetig, wenn für jede Menge A gilt,
dass $f(x) \in \overline{f(A)}$ ist, wenn $x \in \overline{A}$ ist (ist x beliebig nahe an A, so ist $f(x)$ beliebig
nahe an $f(A)$). Dies entspricht auch unserer Anschauung, dass stetige Abbildungen
nichts auseinanderreißen. Insgesamt ist also $f : X \to Y$ genau dann stetig, wenn
für alle $A \subseteq X$ gilt, dass $f(\overline{A}) \subseteq \overline{f(A)}$ ist. Allerdings bleibt es dabei, dass, anders
als bei Gruppen, Ringen, Körpern, Vektorräumen, eine bijektive strukturerhaltende
(d. h. hier: stetige) Abbildung im Allgemeinen kein Isomorphismus ist. Die identische Abbildung auf X, einmal versehen mit der diskreten, das andere Mal mit der
indiskreten Topologie, ist dafür ein frappierendes Beispiel.

9.3   Beschreibung von Topologien

Um Topologien auf einer Menge festzulegen, listet man selten die Menge aller offenen Mengen auf. Um kürzer eine Topologie zu beschreiben, kann man die Tatsache
nutzen, dass der Durchschnitt einer beliebigen Menge von Topologien auf X wieder
eine Topologie auf X ist. Insbesondere gibt es zu einer vorgegebenen Menge S von
Teilmengen von X eine kleinste Topologie auf X, die S enthält. Ist umgekehrt $\mathcal{T}$
eine Topologie auf X, so heißt eine Teilmenge S der Potenzmenge von X *Subbasis
von* $\mathcal{T}$, falls $\mathcal{T}$ die kleinste Topologie auf X ist, die S enthält. Wir sagen dann, dass
$\mathcal{T}$ von S erzeugt wird. Die offenen Mengen, d. h. die Elemente von $\mathcal{T}$, sind dann
genau die Vereinigungen endlicher Durchschnitte von S. Genauer: Jedes $W \in \mathcal{T}$
hat die Form

$$\bigcup_{j \in J} \left(\bigcap_{S \in S_j} S \right),$$

wobei J eine Menge und S_j für jedes $j \in J$ eine endliche Teilmenge von S ist.
Eine *Basis einer Topologie auf* X ist eine Menge $\mathcal{B}$ von Teilmengen von X, so
dass jede offene Menge der Topologie eine Vereinigung von Mengen aus $\mathcal{B}$ ist.
Beispiel einer Subbasis der Standardtopologie auf $\mathbb{R}$, d. h. der durch die übliche
Metrik induzierten Topologie, ist die Menge der Intervalle $(-\infty, a), (b, \infty), a, b \in
\mathbb{Q}$. Eine Basis der Standardtopologie des $\mathbb{R}^n$ ist die Menge aller offener Würfel mit
einem rationalen Eckpunkt und rationaler Kantenlänge, also von Würfeln der Form
$W_{a,b} := \{x \in \mathbb{R}^n \mid a_i < x_i < a_i + b, i = 1, \ldots, n\}$, wobei $a \in \mathbb{R}^n$ rationale

Koordinaten hat und $b > 0$ rational ist. Diese Basis von $\mathbb{R}^n$ besteht aus abzählbar vielen Elementen.

Subbasen gestatten nicht nur, Topologien ökonomischer zu beschreiben, sie sind auch nützlich, um Stetigkeit von Abbildungen zu überprüfen: Ist $f\colon X \to Y$ eine Abbildung zwischen topologischen Räumen, so ist f stetig, wenn die Urbilder der Mengen einer Subbasis von Y in X offen sind.

Auch Umgebungssysteme eines topologischen Raumes lassen sich knapper beschreiben. Da jede Obermenge einer Umgebung von $x \in X$ wieder eine Umgebung von x ist, genügt es, zu jedem $x \in X$ eine Menge $\mathcal{B}(x)$ von Umgebungen von x anzugeben, so dass jede Umgebung von x eine Obermenge einer Menge aus $\mathcal{B}(x)$ ist. Wir nennen dann $\mathcal{B}(x)$ eine *Umgebungsbasis* von x. Ist (X, d) ein metrischer Raum, so ist für jedes $x \in X$ die Menge $\mathcal{B}(x) := \{B(x, 1/n) \mid n \in \mathbb{N}\}$ eine Umgebungsbasis von x. Jeder Punkt eines metrischen Raums besitzt also eine abzählbare Umgebungsbasis. Abzählbarkeit spielt eine wichtige Rolle. Deswegen zeichnet man topologische Räume, deren Punkte alle eine abzählbare Umgebungsbasis besitzen, aus und sagt, dass sie das *1. Abzählbarkeitsaxiom* erfüllen. Besitzt ein Raum eine abzählbare Basis, so sagt man, dass er das *2. Abzählbarkeitsaxiom* erfüllt. Ein Raum, der das 2. Abzählbarkeitsaxiom erfüllt, erfüllt natürlich auch das 1. Abzählbarkeitsaxiom.

Die Eigenschaft, eines der Abzählbarkeitsaxiome zu erfüllen, vererbt sich auf Unterräume eines topologischen Raums.

Es folgen einige Beispiele.

(i)   Die Intervalle $[a, \infty)$, $a \in \mathbb{R}$, bilden die Basis einer Topologie auf $\mathbb{R}$. Jeder Punkt $a \in \mathbb{R}$ besitzt eine einelementige Umgebungsbasis, nämlich die Umgebung $[a, \infty)$. Der Raum selbst besitzt keine abzählbare Basis.

(ii)   Beliebt ist auch die von den halboffenen Intervallen $\{[a, b) \mid a, b \in \mathbb{R}\}$ erzeugte Topologie auf $\mathbb{R}$. Der zugehörige Raum heißt *Sorgenfrey-Gerade*. Die Topologie enthält die Standardtopologie als echte Teilmenge und erfüllt das 1., aber nicht das 2. Abzählbarkeitsaxiom.

(iii)   Die Menge aller unendlichen Intervalle (a, ∞), $(-\infty, b)$, $a, b \in \mathbb{Q}$, ist eine Subbasis der Standardtopologie auf $\mathbb{R}$.

9.4 Produkträume und Quotientenräume

Betrachten wir die offenen Mengen des $\mathbb{R}^2 = \mathbb{R} \times \mathbb{R}$, so fällt auf, dass jedes Produkt $V \times W$ offener Mengen $V, W \subseteq \mathbb{R}$ in $\mathbb{R} \times \mathbb{R}$ offen ist, aber nicht jede offene Menge von $\mathbb{R} \times \mathbb{R}$ „Rechtecksform" $V \times W$ hat, wie das Innere eines Kreises zeigt. Aber die „Rechtecke" $V \times W$, V, W offen in $\mathbb{R}$, bilden eine Basis, da ja schon die offenen Rechtecke $(a, b) \times (c, d)$ eine Basis bilden. Dies legt folgende Definition nahe: Es seien X, Y topologische Räume; dann heißt die von den Mengen der Form $V \times W$, V offen in X und W offen in Y, erzeugte Topologie auf $X \times Y$ die *Produkttopologie* der Topologien auf X und Y, und $X \times Y$ mit der Produkttopologie heißt das *topologische Produkt* von X und Y oder, einfacher, das Produkt von X

und Y. Beachte, dass die Menge aller Mengen der Form $V \times W$, V offen in X und W offen in Y, sogar eine Basis der Produkttopologie ist wegen der Gleichung $\bigcap_{j \in J, k \in K} V_j \times W_k = (\bigcap_{j \in J} V_j) \times (\bigcap_{k \in K} W_k)$. Damit ist klar, wie auf endlichen Produkten $X_1 \times \cdots \times X_n$ die Produkttopologie aussieht: Als Basis nehme man die „Quader" $W_1 \times \cdots \times W_n$, W_j offen in X_j, $j = 1, \ldots, n$.

Bei unendlichen Produkten dauerte es eine Weile, bis man sich darauf einigte, welche Topologie vernünftig ist. Wesentlich ist dabei die Beobachtung, dass die Menge der offenen „Quader" $W_1 \times \cdots \times W_n$, für die alle W_j bis auf höchstens eines gleich dem ganzen Raum X_j sind, eine Subbasis der Produkttopologie ist. Das bedeutet, dass die Produkttopologie auf $X_1 \times \cdots \times X_n$ die kleinste Topologie ist, so dass für alle i die Projektion $p_i \colon X_1 \times \cdots \times X_n \to X_i$, $(x_1, \ldots, x_n) \mapsto x_i$, auf den i-ten Faktor stetig ist. Dies fordern wir nun für beliebige Produkte. Die entsprechende Topologie auf $\prod_{j \in J} X_j$ hat dann eine Basis, deren Mengen die „Quader" $\prod_{j \in J} W_j$ sind, wobei jedes W_j offen in X_j ist und alle bis auf endlich viele der W_j gleich X_j sind. Als angenehme Zugabe erhalten wir eine einfache Charakterisierung stetiger Abbildungen in ein Produkt hinein: Ist Y ein topologischer Raum, so ist eine Abbildung $f \colon Y \to \prod_{j \in J} X_j$ genau dann stetig, wenn alle Kompositionen $p_i \circ f \colon Y \to X_i$ stetig sind. Dabei ist, wie oben, p_i die Projektion auf den i-ten Faktor.

Gilt $X_j = X$ für alle $j \in J$, so schreibt man anstelle von $\prod_{j \in J} X_j$ oft X^J, da die Punkte von $\prod_{j \in J} X_j$ in diesem Fall einfach die Abbildungen von J in X sind. In der Produkttopologie von X^J konvergiert dann eine Folge von Abbildungen $f_n \colon J \to X$ genau dann gegen $f \colon J \to X$, wenn (f_n) punktweise gegen f konvergiert. Das heißt, dass für alle $j \in J$ die Folge $f_n(j)$ in X gegen $f(j)$ konvergiert.

Anstelle der Familie $(p_i \colon \prod_{j \in J} X_j \to X_i)_{i \in J}$ kann man etwas allgemeiner eine Menge X und eine Familie von Abbildungen $(f_j \colon X \to X_j)_{j \in J}$ betrachten, wobei die X_j topologische Räume sind. Die kleinste Topologie auf X, so dass alle f_j stetig sind, heißt dann die *Initialtopologie auf X* bezüglich der Familie (f_j). Mit dieser Topologie auf X ist eine Abbildung $g \colon Y \to X$ genau dann stetig, wenn alle Kompositionen $f_j \circ g \colon Y \to X_j$ stetig sind. Die Produkttopologie ist somit die Initialtopologie bezüglich der Familie $(p_i \colon \prod_{j \in J} X_j \to X_i)_{i \in J}$. Zusätzlich gilt für die Produkttopologie, dass die Zuordnung $f \mapsto (p_j \circ f)_{j \in J}$ eine Bijektion von $C(Y, \prod_{j \in J} X_j)$ auf $\prod_{j \in J} C(Y, X_j)$ definiert, wobei wir mit $C(A, B)$ die Menge der stetigen Abbildungen des topologischen Raums A in den topologischen Raum B bezeichnen. Beachte, dass die Spurtopologie auf der Teilmenge A des topologischen Raums X die Initialtopologie auf A bezüglich der Inklusion $A \subseteq X$ ist.

Durch Umkehren der Pfeile erhält man anstelle einer Familie $(f_j \colon X \to X_j)$ von Abbildungen einer Menge X in topologische Räume X_j eine Familie $(f_j \colon X_j \to X)$ und kann die größte Topologie auf X betrachten, so dass alle f_j stetig sind. Die entsprechende Topologie heißt dann *Finaltopologie auf X* bezüglich der Familie (f_j). Interessant für uns ist der Spezialfall einer einzigen surjektiven Abbildung $f \colon Y \to X$, wobei Y ein topologischer Raum ist. Die Finaltopologie auf X bezüglich f heißt *Quotiententopologie*, und X mit dieser Topologie heißt *Quotientenraum*. Der Name rührt daher, dass eine surjektive Abbildung $f \colon Y \to X$ zu einer Äquivalenzrelation führt, deren Äquivalenzklassen die Urbilder der Punkte von X sind.

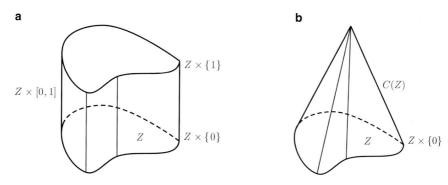

Abb. 9.1 Zylinder und Kegel über Z

Bezeichnen wir diese Äquivalenzrelation mit $\sim$, so können wir X mit $Y/\!\sim$, der Menge der Äquivalenzklassen, identifizieren, also als Quotienten auffassen. Eine Menge $W \subseteq X$ ist offene Menge der Quotiententopologie genau dann, wenn ihr Urbild $f^{-1}(W)$ in Y offen ist, und eine Abbildung $g\colon X \to Z$ von X in einen topologischen Raum Z ist genau dann bezüglich der Quotiententopologie stetig, wenn die Komposition $g \circ f$ stetig ist. Eine stetige Abbildung $X \to Z$ ist also „dasselbe" wie eine stetige Abbildung $h\colon Y \to Z$, die jedes f-Urbild eines Punktes von X auf einen Punkt von Z abbildet. Die letzte Aussage bedeutet einfach, dass es eine Abbildung $g\colon X \to Z$ mit $h = g \circ f$ gibt. Es folgen einige Beispiele.

(i)   (Kollabieren eines Unterraums) Es sei Y ein topologischer Raum und $A \subseteq Y$. Zwei Punkte von Y seien äquivalent, wenn sie entweder gleich sind oder beide in A liegen. Der zugehörige Quotientenraum wird aus naheliegenden Gründen mit Y/A bezeichnet. Er entsteht aus Y, indem man A auf einen Punkt kollabieren lässt.

(ii) (Kegel über Z; Abb. 9.1) Es sei Z ein topologischer Raum, $[0,1]$ sei das Einheitsintervall mit der Standardtopologie. Dann heißt aus naheliegenden Gründen der Raum $Z \times [0,1]$ der Zylinder über Z und $C(Z) := (Z \times [0,1])/(Z \times \{1\})$ der *Kegel über Z*.

Warnung Abbildung 9.1 legt nahe, dass der Kegel über z. B. einem Intervall $(a,b) \subseteq \mathbb{R}$ die Vereinigung aller Verbindungsstrecken im $\mathbb{R}^2$ von Punkten im Intervall $(a,b) \times \{0\}$ mit dem Kegelpunkt $(0,1)$ ist. Das ist aber nicht so. Mit ein bisschen Nachdenken sieht man, dass der Bildpunkt von $(a,b) \times \{1\}$ in $C((a,b))$ keine abzählbare Umgebungsbasis besitzt. Also ist $C((a,b))$ nicht einmal metrisierbar, geschweige denn ein Unterraum von $\mathbb{R}^2$. Die Vorstellung, die das Bild vermittelt, ist aber korrekt, wenn Z ein kompakter (siehe Abschn. 9.7) Unterraum eines $\mathbb{R}^n$ ist.

(iii) (*Möbiusband*; Abb. 9.2) Hier nimmt man ein Rechteck, sagen wir $R := [0,1] \times [-1,1]$. Auf R sei $\sim$ die von $(0,y) \sim (1,-y)$, $y \in [-1,1]$, erzeugte

Abb. 9.2 Möbiusband

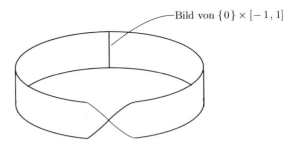

Bild von $\{0\} \times [-1, 1]$

Äquivalenzrelation. Der Quotientenraum $R/\sim$, eigentlich jeder dazu homöomorphe Raum, heißt Möbiusband (siehe Abb. 9.2).

(iv) (Verkleben zweier Räume mittels einer Abbildung; Abb. 9.3) Hier nimmt man
zwei (disjunkte) Räume X und Y und „klebt" einen Unterraum A von X an
Y an. Dazu muss man für alle $a \in A$ festlegen, an welchen Punkt von Y
der Punkt a angeklebt wird. Das macht man mit einer stetigen Abbildung f:
$A \to Y$. Etwas formaler betrachtet man auf der disjunkten Vereinigung $X \sqcup$
Y die von $a \sim f(a)$, $a \in A$, erzeugte Äquivalenzrelation und bildet den
Quotientenraum $(X \sqcup Y)/\sim =: X \cup_f Y$. Dabei ist eine Teilmenge von $X \sqcup Y$
genau dann offen, wenn ihre Durchschnitte mit X und Y offen sind.
Die naheliegende Abbildung $Y \to X \cup_f Y$ ist dann eine Einbettung, d. h.
ein Homöomorphismus auf sein Bild. Ist speziell Y ein Punkt, so erhalten
wir X/A. Die Stetigkeit von f garantiert eine Verträglichkeit der offenen
Mengen von X, Y und $X \cup_f Y$. Dennoch muss man sich, selbst bei sehr
harmlosen Klebeabbildungen, auf Überraschungen einstellen. Sind zum Bei-
spiel $X = \mathbb{R} \times \{1\}$ und $Y = \mathbb{R} \times \{0\}$ disjunkte Kopien von $\mathbb{R}$, ist $A = \mathbb{R} \setminus \{0\}$
und $f(x, 1) = (x, 0)$, $x \in \mathbb{R} \setminus \{0\}$, so enthält $X \cup_f Y$ zwei zu $\mathbb{R}$ homöomorphe Unterräume, nämlich die Bilder von Y und X. Damit besitzt jeder Punkt
des Quotienten beliebig kleine zu offenen Intervallen homöomorphe offene
Umgebungen, aber jede Umgebung des Bildpunkts x_1 von $(x, 1)$ trifft jede

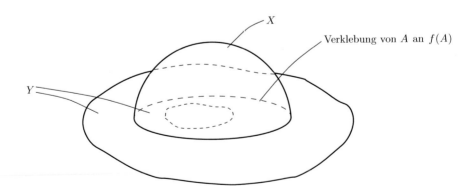

Abb. 9.3 Verkleben zweier Räume

Umgebung des Bildpunkts x_0 von $(x, 0)$, obwohl in $X \cup_f Y$ die Punkte x_0 und x_1 verschieden sind. So etwas kann in metrischen Räumen nicht passieren.

(v) (Nochmals das Möbiusband) Nimm den Kreisring $X := \{z \in \mathbb{C} \mid 1 \le |z| \le 2\}$, den Unterraum $A := \{z \in \mathbb{C} \mid |z| = 1\}$ von X und eine weitere Kopie Y von A, die wir uns als zu X disjunkt denken. Definiere $f \colon A \to Y$ durch $f(z) = z^2$. Dann ist $X \cup_f Y$ wieder ein Möbiusband. Mit etwas Nachdenken findet man einen Homöomorphismus, der den Unterraum Y von $X \cup_f Y$ auf den Mittelkreis des Möbiusbandes, d. h. das Bild von $[0, 1] \times \{0\}$ in $R/\sim$ aus Beispiel (iii) abbildet.

(vi) (Anheften einer n-Zelle an Y) Dies ist ein Spezialfall des Verklebens, bei der $X = B^n$, die Einheitskugel im $\mathbb{R}^n$, und $A = S^{n-1} := \{x \in \mathbb{R}^n \mid \|x\| = 1\}$ die $n - 1$-dimensionale Sphäre, also der Rand von B^n ist. (Diese Konstruktion ist in Abb. 9.3 angedeutet.) Das Anheften einer 0-Zelle bedeutet, einen isolierten Punkt hinzuzufügen. Anstelle *einer* n-Zelle kann man auf naheliegende Weise auf einen Schlag eine beliebige Familie von n-Zellen anheften. Einen Raum, den man aus der leeren Menge durch sukzessives Anheften von Familien von n-Zellen, $n = 0, \ldots, k$, erhält, nennt man einen k-dimensionalen *CW-Komplex* (hier wird natürlich angenommen, dass die Familie der angehefteten k-Zellen nichtleer ist). Diese Räume spielen in der geometrischen Topologie und Homotopietheorie eine wichtige Rolle.

9.5 Zusammenhang

Der Zwischenwertsatz der elementaren Analysis (siehe Abschn. 8.3) beruht wesentlich auf der Vollständigkeit von $\mathbb{R}$. Wir werden den Zwischenwertsatz in diesem Abschnitt deutlich verallgemeinern und seinen Beweis auf den Zusammenhangsbegriff gründen. Um den klassischen Satz als Spezialfall zu erhalten, müssen wir zeigen, dass das Einheitsintervall $[0, 1]$ zusammenhängend ist, und hier geht wieder ein, dass $\mathbb{R}$ vollständig ist.

Bevor wir den Begriff Zusammenhang definieren, betrachten wir einen Raum X, der sich in zwei nicht leere Mengen A und $B := X \setminus A$ zerlegen lässt, die nichts miteinander zu tun haben. Letzteres soll heißen, dass jeder Punkt von A eine zu B disjunkte und damit in A liegende Umgebung besitzt und jeder Punkt von B eine zu A disjunkte und damit in B liegende Umgebung besitzt. Zwangsläufig sind dann A und B offen und abgeschlossen, und die Abbildung $f \colon X \to \{0, 1\}$, $f(x) = 0$, falls $x \in A$, $f(x) = 1$, falls $x \in B$, ist dann stetig und surjektiv. Die stetige Abbildung f „zerreißt" X in zwei Teile, und da vorstellungsgemäß (siehe Abschn. 9.2) stetige Abbildungen nichts auseinanderreißen, was zusammengehört, fassen wir dann X als nicht zusammenhängend auf. Positiv formuliert lautet die Definition: Ein topologischer Raum X heißt *zusammenhängend*, wenn X die einzige nichtleere offene und abgeschlossene Teilmenge von X ist.

Die Existenz einer von X verschiedenen nichtleeren offenen und abgeschlossenen Menge A ist äquivalent zur Existenz einer Zerlegung von X in zwei disjunkte offene nichtleere Mengen, nämlich A und $X \setminus A$. Wie wir gesehen haben, ist diese Aussage wiederum äquivalent zur Existenz einer stetigen surjektiven Abbildung $f \colon X \to \{0, 1\}$.

Aus der Definition folgt unmittelbar, dass stetige Bilder zusammenhängender Räume zusammenhängend sind. Denn ist $f \colon X \to Y$ surjektiv und stetig und ist $A \subseteq Y$ nichtleer, offen, abgeschlossen und von Y verschieden, so ist $f^{-1}(A)$ nichtleer, offen, abgeschlossen und von X verschieden. Insbesondere ist jeder zu einem zusammenhängenden Raum homöomorphe Raum selbst zusammenhängend.

Ein wichtiges Beispiel für einen zusammenhängenden Raum ist das Einheitsintervall $[0, 1]$. Sei nämlich A eine nichtleere offene und abgeschlossene Teilmenge. Indem wir notfalls zum Komplement übergehen, können wir annehmen, dass $0 \in A$ ist. Ist das Komplement B von A nichtleer, so sei m das Infimum von B. Da A und B offen sind, kann m weder zu A noch zu B gehören, und wir haben einen Widerspruch.

Eine Teilmenge A eines Raumes heißt zusammenhängend, falls A als Unterraum zusammenhängend ist. Ist $A \subseteq X$ zusammenhängend, so ist auch $\overline{A}$ zusammenhängend. Denn ist C eine offene und abgeschlossene Teilmenge von $\overline{A}$, so ist $A \cap C$ offen und abgeschlossen in A. Wichtig ist, dass $A \cap C$ nicht leer ist, wenn $C \neq \emptyset$. Das liegt natürlich daran, dass jeder Punkt von $\overline{A}$ im Abschluss von A liegt.

Sind A und B zusammenhängende Teilmengen eines Raumes und trifft $\overline{A}$ die Menge B oder $\overline{B}$ die Menge A, so ist $A \cup B$ zusammenhängend, und ist A_j, $j \in J$, eine Familie zusammenhängender Teilmengen mit nichtleerem Durchschnitt, so ist $\bigcup_{j \in J} A_j$ zusammenhängend. Insbesondere ist für einen gegebenen Punkt $x_0 \in X$ die Menge aller Punkte x, zu denen es eine stetige Abbildung $w \colon [0, 1] \to X$ mit $w(0) = x_0$ und $w(1) = x$ gibt, zusammenhängend. Ein solches w nennen wir Weg (in X) von x_0 nach x, und gibt es zu jedem Punkt x von X einen Weg von x_0 nach x, so nennen wir X *wegzusammenhängend*.

Wegzusammenhängende Räume sind zusammenhängend. Die Umkehrung gilt nicht. Das Standardbeispiel dazu ist der Raum $X := \{(x, \sin(1/x)) \in \mathbb{R}^2 \mid 0 < x \leq 1\} \cup \{(0, y) \in \mathbb{R}^2 \mid -1 \leq y \leq 1\}$, d. h. der Abschluss des Graphen der Funktion $x \mapsto \sin(1/x)$, $0 < x \leq 1$ (vgl. Abb. 7.1.) Nun ist der Graph einer auf $(0, 1]$ definierten stetigen Funktion als stetiges Bild der wegzusammenhängenden Menge $(0, 1]$ zusammenhängend, also ist auch X als Abschluss einer zusammenhängenden Menge zusammenhängend. Es gibt aber keinen Weg in X von $(1/\pi, 0)$ zu irgendeinem Punkt der Form $(0, y) \in X$. Das liegt daran, dass die zweite Komponente w_2 eines solchen Wegs $w = (w_1, w_2)$ in jedem Intervall $(\tau - \varepsilon, \tau)$ jeden Wert zwischen -1 und 1 unendlich oft annimmt, wenn τ der erste Zeitpunkt t ist, an dem $w_1(t) = 0$ ist. Aber $w_2(t)$ muss für $t \to \tau$ gegen $w_2(\tau)$ konvergieren, wenn w_2 stetig ist.

Für jede Teilmenge A eines Raumes X ist $X = \mathring{A} \cup \mathrm{Fr}\, A \cup (X \setminus \overline{A})$ eine disjunkte Zerlegung von X, und $\mathring{A}$ und $X \setminus \overline{A}$ sind offen. Eine zusammenhängende Teilmenge von X, die $\mathring{A}$ und $X \setminus \overline{A}$ trifft, muss deshalb auch $\mathrm{Fr}\, A$ treffen. Zusammen mit der Tatsache, dass stetige Bilder zusammenhängender Räume zusammenhängend sind, erhalten wir den Zwischenwertsatz:

Es sei $B \subseteq Y$ ein Unterraum und $f: X \to Y$ sei stetig. Ist X zusammenhängend und trifft $f(X)$ sowohl $\overset{\circ}{B}$ als auch $Y \setminus \overline{B}$, so trifft $f(X)$ auch Fr B.

Den üblichen Zwischenwertsatz erhalten wir aus der Tatsache, dass jedes Intervall $[a, b]$ zusammenhängend ist und dass für jeden Wert c zwischen $f(a)$ und $f(b)$, $f: [a, b] \to \mathbb{R}$ stetig, der Rand von (c, ∞) in $\mathbb{R}$ gleich $\{c\}$ ist. Ist also eine der Zahlen $f(a)$ und $f(b)$ größer als c und die andere kleiner, so nimmt f in (a, b) den Wert c an.

Auch für gewisse Beweise lässt sich der Zusammenhangsbegriff nutzen. Wenn man z. B. nachweisen will, dass alle Punkte eines Raums eine gewisse Eigenschaft besitzen, so genügt es bei einem zusammenhängenden Raum zu zeigen, dass die Menge der Punkte, die die Eigenschaft erfüllen, nichtleer, offen und abgeschlossen ist. Hier ist ein Beispiel. Es sei X ein Raum, in dem jeder Punkt x eine Umgebung U_x besitzt, so dass es zu jedem $y \in U_x$ einen Weg in X von x nach y gibt. Dann kann man zeigen, dass X wegzusammenhängend ist, wenn X zusammenhängend ist. Wir nutzen dazu aus, dass ein Weg von a nach b und ein Weg von b nach c sich zu einem Weg von a nach c zusammensetzen lassen. Weiter ist für einen Weg w von a nach b die Abbildung $w^-(t) := w(1 - t)$, $t \in [0, 1]$, ein Weg von b nach a. Verwendet man dies, so sieht man, dass die Menge V aller Punkte von X, die mit einem gegebenen Punkt x_0 durch einen Weg verbunden sind, nichtleer, offen und abgeschlossen und somit ganz X ist. Insbesondere ist ein zusammenhängender lokal wegzusammenhängender Raum wegzusammenhängend. Dieses Argumentationsschema wird häufig in der Funktionentheorie (vgl. Abschn. 8.9) angewandt.

Dabei heißt ein Raum *lokal wegzusammenhängend*, wenn jeder Punkt eine Umgebungsbasis aus wegzusammenhängenden Umgebungen besitzt. Analog definiert man *lokal zusammenhängend* oder – allgemeiner – lokal „irgendetwas", wenn „irgendetwas" eine Eigenschaft ist, die topologische Räume haben können.

9.6 Trennung

Sind x und y verschiedene Punkte des metrischen Raumes (X, d), so sind für $\varepsilon < d(x, y)/2$ die ε-Umgebungen $B(x, \varepsilon)$, $B(y, \varepsilon)$ von x und y disjunkt. Insbesondere sind alle Punkte eines metrischen Raumes abgeschlossen. (Hier erlauben wir uns wieder wie schon im Abschn. 9.1, einpunktige Mengen durch ihre Punkte zu benennen.) Sind weiter A und B disjunkte abgeschlossene nicht leere Mengen, so ist die Funktion

$$f(x) := \frac{d(x, A) - d(x, B)}{d(x, A) + d(x, B)}, \quad x \in X,$$

eine stetige Abbildung $f: X \to [-1, 1]$ mit $A \subseteq f^{-1}(1)$ und $B \subseteq f^{-1}(-1)$. Insbesondere sind $f^{-1}((0, 1])$ und $f^{-1}([-1, 0))$ disjunkte Umgebungen von A und

B. Anschaulich gesprochen lassen sich in metrischen Räumen Punkte und sogar disjunkte abgeschlossene Mengen durch offene Mengen trennen.

In einem indiskreten Raum lassen sich je zwei nichtleere disjunkte Mengen nicht durch offene Mengen trennen (außer $\emptyset$ und X gibt es ja keine), und gibt es in ihm mindestens zwei Punkte, so ist kein Punkt abgeschlossen. Beim Verkleben zweier Räume (Beispiel (iv) in Abschn. 9.4) haben wir ein Beispiel eines Raumes gesehen, dessen Punkte alle abgeschlossen sind, es aber Punkte gab, die sich nicht durch offene Mengen trennen ließen. Will man also über die Trennungseigenschaften verfügen, die wir z. B. von Unterräumen euklidischer Räume kennen, so muss man diese fordern. Räume, die eine oder mehrere der angesprochenen Trennungseigenschaften besitzen, bekommen dann einen speziellen Namen.

Die vielleicht wichtigsten darunter sind die *Hausdorffräume*, in denen sich je zwei Punkte durch offene Mengen trennen lassen, und die *normalen Räume*. Letztere sind Räume, in denen alle Punkte abgeschlossen sind und sich zwei disjunkte abgeschlossene Mengen durch offene Mengen trennen lassen.

Hausdorffräume heißen oft auch T_2-Räume, und Räume, in denen alle Punkte abgeschlossen sind, heißen T_1-Räume. T_3-Räume sind Räume, in denen sich abgeschlossene Mengen und in ihnen nicht enthaltene Punkte durch offene Mengen trennen lassen, in T_4-Räumen lassen sich je zwei disjunkte abgeschlossene Mengen durch offene Mengen trennen. Ein Raum ist also normal, wenn er T_1- und T_4-Raum ist. Ein Raum, der T_1- und T_3-Raum ist, heißt *regulär*. Wie wir oben gesehen haben, sind metrische Räume normal.

Ein ganz wichtiges Ergebnis ist, dass in T_4-Räumen disjunkte abgeschlossene Mengen sogar durch stetige Abbildungen getrennt werden können. Genauer gelten:

Fortsetzungssatz von Tietze
Jede auf einer abgeschlossenen Menge A eines T_4-Raumes X vorgegebene stetige Funktion $f\colon A \to [0,1]$ lässt sich zu einer stetigen Funktion $F\colon X \to [0,1]$ fortsetzen.

Korollar (Lemma von Urysohn)
Sind A und B disjunkte abgeschlossene Mengen eines T_4-Raumes X, so gibt es eine stetige Abbildung $F\colon X \to [0,1]$ mit $F(A) \subseteq \{0\}$ und $F(B) \subseteq \{1\}$.

9.7 Kompaktheit

Zwei Eigenschaften beschränkter abgeschlossener Teilmengen $A \neq \emptyset$ des $\mathbb{R}^n$ spielen in der Analysis eine wichtige Rolle. Einmal besitzt jede Folge von Punkten in A einen Häufungspunkt in A, und zum anderen nimmt jede stetige Funktion $f\colon$

$A \to \mathbb{R}$ auf A ihr Maximum und ihr Minimum an. Diese Aussagen gelten für beschränkte abgeschlossene Teilmengen eines vollständigen metrischen Raumes im Allgemeinen nicht mehr. Eine Analyse der Beweise zeigt, dass die sogenannte Heine-Borel-Eigenschaft wesentlich ist. Diese wird deshalb zur definierenden Eigenschaft für kompakte Räume. Wir benötigen zuvor den Begriff der *Überdeckung eines Raumes* X. Das ist eine Familie $\mathcal{W} := (W_j)_{j \in J}$ von Teilmengen von X mit $X = \bigcup_{j \in J} W_j$. Eine Teilüberdeckung von $\mathcal{W}$ ist eine Unterfamilie $(W_j)_{j \in I}$, $I \subseteq J$, die wieder eine Überdeckung ist. Die Teilüberdeckung heißt endlich, wenn I endlich ist. Sind alle W_j, $j \in J$, offen, so heißt die Überdeckung $\mathcal{W}$ offen. Mit diesen Bezeichnungen nennen wir einen topologischen Raum *kompakt*, wenn jede offene Überdeckung eine endliche Teilüberdeckung besitzt. Eine *Teilmenge A von X heißt kompakt*, wenn sie als Unterraum kompakt ist.

Ist $f \colon X \to Y$ stetig und ist X kompakt, so ist auch $f(X)$ kompakt. Denn ist $(W_j)_{j \in J}$ eine offene Überdeckung von $f(X)$, so ist wegen der Stetigkeit von f die Familie $(f^{-1}(W_j))_{j \in J}$ eine offene Überdeckung von X. Ist $(f^{-1}(W_j))_{j \in I}$ eine endliche Teilüberdeckung von X, so ist $(W_j)_{j \in I}$ eine endliche Teilüberdeckung der ursprünglichen Überdeckung von $f(X)$. Insbesondere ist also jeder zu einem kompakten Raum homöomorphe Raum selbst kompakt.

Ist $A \subseteq X$ ein Unterraum von X, so gehört zu jeder offenen Menge V von A nach Definition der Unterraumtopologie eine offene Menge W von X mit $V = W \cap A$. Zu einer offenen Überdeckung von A gehört also eine Familie $(W_j)_{j \in J}$ offener Mengen von X, deren Vereinigung A enthält. Ist A abgeschlossen, so ist $(W_j)_{j \in J}$ zusammen mit der offenen Menge $X \setminus A$ eine offene Überdeckung von X. Auf diese Weise sieht man, dass jede *abgeschlossene* Teilmenge eines kompakten Raums selbst kompakt ist.

Jede endliche Teilmenge eines topologischen Raumes ist kompakt. In einem diskreten Raum sind genau die endlichen Teilmengen kompakt. In einem indiskreten Raum sind alle Teilmengen kompakt. Es braucht also nicht jede kompakte Teilmenge eines Raumes abgeschlossen zu sein. Es gilt aber: In einem Hausdorffraum ist jede kompakte Teilmenge abgeschlossen.

Etwas allgemeiner gilt, dass sich in einem Hausdorffraum je zwei disjunkte kompakte Mengen durch offene Mengen trennen lassen. Es folgt, dass jeder kompakte Hausdorffraum normal ist.

Weiter sehen wir, dass eine kompakte Teilmenge A eines metrischen Raumes abgeschlossen und beschränkt ist. Denn wäre A nicht beschränkt und ist $x \in A$, so wäre $(B(x, i) \cap A)_{i \in \mathbb{N}}$ eine offene Überdeckung von A, die keine endliche Teilüberdeckung besitzt.

Daraus folgt unmittelbar, dass eine auf einem kompakten Raum definierte stetige Funktion ihr Maximum und Minimum annimmt. Denn ist $f \colon X \to \mathbb{R}$ stetig, so ist mit X auch $f(X)$ kompakt, also in $\mathbb{R}$ beschränkt und abgeschlossen. Also gehören $\inf f(X)$ und $\sup f(X)$ zu $f(X)$.

In $\mathbb{R}^n$ sind umgekehrt beschränkte und abgeschlossene Mengen auch kompakt (*Satz von Heine-Borel*). Dazu genügt es nachzuweisen, dass ein n-dimensionaler Würfel kompakt ist. Denn eine beschränkte abgeschlossene Teilmenge des $\mathbb{R}^n$ liegt in einem Würfel und ist in diesem abgeschlossen. Dass ein Würfel der Kantenlänge a kompakt ist, zeigt man mit dem Intervallschachtelungsargument aus der elementaren Analysis. Man startet mit einer offenen Überdeckung des Würfels. Besitzt diese keine endliche Teilüberdeckung, so zerlege man den Würfel in 2^n Würfel der Kantenlänge $a/2$. Mindestens einer davon besitzt keine endliche Teilüberdeckung der ursprünglichen Überdeckung. Diesen zerlegt man in 2^n Würfel der Kantenlänge $a/4$. Wieder besitzt wenigstens einer davon keine endliche Teilüberdeckung. So fortfahrend erhalten wir eine absteigende Folge von Würfeln W_i der Kantenlänge $a/2^i$, also eine Würfelschachtelung, die gegen einen Punkt x des ursprünglichen Würfels konvergiert, und kein W_i besitzt eine endliche Teilüberdeckung. Nun liegt x in einer der offenen Mengen der Überdeckung, sagen wir in V. Dann gibt es $\varepsilon > 0$ mit $B(x, \varepsilon) \subseteq V$. Da W_i Durchmesser $\sqrt{n}a/2^i$ hat, lässt sich daher, im Widerspruch zur Wahl von W_i, jedes W_i mit $\sqrt{n}a/2^i < \varepsilon$ schon mit einer einzigen Menge der Überdeckung überdecken, nämlich durch V.

Dass in einem kompakten Raum jede Folge einen Häufungspunkt besitzt, sieht man am besten, indem man die Kompaktheit mit Hilfe abgeschlossener Mengen formuliert. Ist $\mathcal{W} = (W_j)_{j \in J}$ eine offene Überdeckung von X, so ist $\mathcal{A} = (A_j)_{j \in J}$ mit $A_j := X \setminus W_j$, $j \in J$, eine Familie abgeschlossener Mengen mit leerem Durchschnitt und umgekehrt. Also ist X genau dann kompakt, wenn jede Familie $(A_j)_{j \in J}$ abgeschlossener Mengen in X mit leerem Durchschnitt eine endliche Teilfamilie mit leerem Durchschnitt enthält (*endliche Durchschnittseigenschaft*). Ist nun (x_n) eine Folge im topologischen Raum X, so ist nach Definition $z \in X$ ein Häufungspunkt von (x_n), wenn jede Umgebung von z jedes Endstück $\{x_n \mid n \geq m\}$, $m \in \mathbb{N}$, der Folge trifft. Also ist $\bigcap_{m=1}^{\infty} \overline{\{x_n \mid n \geq m\}}$ die Menge H der Häufungspunkte der Folge (x_n). Da keine der Mengen $\bigcap_{k=1}^{m} \overline{\{x_n \mid n \geq k\}} = \overline{\{x_n \mid n \geq m\}}$ leer ist, ist für kompaktes X die Menge H auch nicht leer.

Beachte: Im Allgemeinen ist es nicht richtig, dass ein Häufungspunkt z einer Folge Grenzwert einer Teilfolge ist. Es ist richtig, falls z eine abzählbare Umgebungsbasis besitzt. Demnach besitzt in einem kompakten Raum, der das 1. Abzählbarkeitsaxiom erfüllt, jede Folge eine konvergente Teilfolge. Ein Raum, in dem jede Folge eine konvergente Teilfolge besitzt, heißt *folgenkompakt* (vgl. Abschn. 8.1).

Ein ganz wichtiges Kompaktheitsergebnis ist der *Satz von Tikhonov*:

Ist $(X_j)_{j \in J}$ eine Familie nichtleerer topologischer Räume, so ist $\prod_{j \in J} X_j$ genau dann kompakt, wenn jedes X_j, $j \in J$, kompakt ist.

Eine Richtung der Implikation ist leicht, da jedes X_i stetiges Bild des Produkts unter der Projektion auf den i-ten Faktor ist. Die Umkehrung ist interessanter und für unendliche Produkte etwas diffiziler. Der übliche Beweis nutzt das Filterkonzept, auf das wir nicht eingehen, und beruht ganz wesentlich darauf, wie für unendliche Produkte die Produkttopologie definiert wurde.

Wegen der guten Eigenschaften kompakter Räume sucht man nach *Kompaktifizierungen* gegebener topologischer Räume X. Das sind kompakte Räume $\hat{X}$, die X

als *dichten* Teilraum enthalten. Letzteres heißt, dass $\hat{X}$ der Abschluss $\overline{X}$ von X in $\hat{X}$ ist.

Die *Aleksandrov'sche Einpunkt-Kompaktifizierung* X^+ entsteht aus X durch Hinzufügen eines einzigen neuen Punkts ∞. Eine Umgebungsbasis von ∞ bilden die Mengen $\{\infty\} \cup (X \setminus K)$ mit $K \subseteq X$ kompakt. Die Punkte aus X behalten ihre Umgebungsbasen aus X. Ist X hausdorffsch und sind somit kompakte Mengen abgeschlossen, so definiert dies eine Topologie auf X^+, und X^+ ist kompakt. Wenn X außerdem *lokal kompakt* ist, d. h., wenn jeder Punkt von X eine Umgebungsbasis aus kompakten Umgebungen besitzt, so ist X^+ selbst hausdorffsch. Ist X nicht kompakt, so ist es dicht in X^+. Zum Beispiel ist $(\mathbb{R}^n)^+$ homöomorph zur n-dimensionalen Sphäre $S^n := \{x \in \mathbb{R}^{n+1} | \|x\| = 1\}$. Die stereographische Projektion $S^n \setminus \{(0,\dots,0,1)\} \to \mathbb{R}^n$ zusammen mit $(0,\dots,0,1) \mapsto \infty$ definiert einen Homöomorphismus von S^n auf X^+. Die Alexandrovsche Einpunkt-Kompaktifizierung eines Raumes X wird oft mit αX bezeichnet.

Die mengentheoretische Topologie kennt noch andere Kompaktifizierungen. Die größte unter ihnen ist die *Stone-Čech-Kompaktifizierung* βX eines halbwegs gutartigen Raums X, etwa eines normalen Raums. Benötigt die Aleksandrov'sche Kompaktifizierung maximal einen weiteren Punkt, so enthält βX meistens sehr viele weitere Punkte; z. B. hat $\beta\mathbb{N}$ die Mächtigkeit der Potenzmenge von $\mathbb{R}$. Sie hat folgende universelle Eigenschaft: Ist $f \colon X \to Y$ eine stetige Abbildung in einen kompakten Hausdorffraum, so existiert eine stetige Fortsetzung $F \colon \beta X \to Y$. Das Beispiel $f(x) = \sin 1/x$ zeigt also, dass $[0, 1]$ nicht die Stone-Čech-Kompaktifizierung von $(0, 1]$ ist.

9.8 Flächen im $\mathbb{R}^3$

Dieser Abschnitt gewährt uns einen ersten knappen Einblick in die *Differentialgeometrie*. Diese studiert Räume, die als topologische Räume lokal aussehen wie offene Mengen des $\mathbb{R}^n$ und mit einer infinitesimal gegebenen Metrik versehen sind, was sie für die Physik interessant macht.

Wir beschränken uns auf Flächen im $\mathbb{R}^3$, also Objekte, die wir uns recht gut vorstellen können. Schon diese Theorie hat eine lange Geschichte mit vielen Ergebnissen und vielen immer noch offenen Fragen. Wir konzentrieren uns auf die Erläuterung einiger grundlegenden Konzepte und einiger Beispiele.

Eine *Fläche* im $\mathbb{R}^3$ ist ein Unterraum M des $\mathbb{R}^3$, in dem jeder Punkt eine zu einer offenen Teilmenge des $\mathbb{R}^2$ homöomorphe Umgebung besitzt. Es gibt also zu jedem $p \in M$ einen Homöomorphismus $\varphi \colon U \to V$ mit U offen in $\mathbb{R}^2$, V offen in M und $p \in V$. Ein solches φ nennen wir eine lokale Parametrisierung von M um p; vgl. Abb. 9.4. Damit M keine Kanten oder Spitzen hat, sondern schön glatt aussieht, verlangen wir zusätzlich, dass alle φ, aufgefasst als Abbildung nach $\mathbb{R}^3$, unendlich oft stetig differenzierbar und dass die Spalten $\dfrac{\partial \varphi}{\partial u_1}$ und $\dfrac{\partial \varphi}{\partial u_2}$ der 3×2-Matrix der partiellen Ableitungen erster Ordnung in jedem Punkt $u \in U$ linear unabhängig sind.

Abb. 9.4 Lokale Parametrisierung

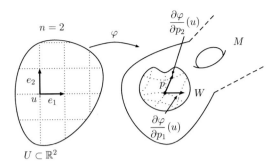

$U \subset \mathbb{R}^2$

Der von diesen beiden Vektoren aufgespannte Unterraum des $\mathbb{R}^2$ heißt der *Tangentialraum* in $p = \varphi(u)$ an M und wird mit $T_p(M)$ bezeichnet. Die Tangentialebene in p an M, also die Ebene, die M in p berührt, ist der affine Unterraum $p + T_p(M)$. Der Raum $T_p(M)$ und damit auch die Tangentialebene an M in p hängen nur von M und p ab und nicht von der gewählten lokalen Parametrisierung.

Einfache Beispiele sind die Lösungsmengen quadratischer Gleichungen wie $\frac{x^2}{a^2} + \frac{y^2}{b^2} + \frac{z^2}{c^2} = 1$ (Ellipsoid), $\frac{x^2}{a^2} + \frac{y^2}{b^2} - \frac{z^2}{c^2} = 1$ (einschaliges Hyperboloid), $\frac{x^2}{a^2} - \frac{y^2}{b^2} - \frac{z^2}{c^2} = 1$ (zweischaliges Hyperboloid) oder $z = \frac{x^2}{a^2} + \frac{y^2}{b^2}$ (elliptisches Paraboloid); siehe Abb. 9.5.

Dass diese Mengen tatsächlich Flächen sind, sieht man z. B. beim Ellipsoid wie folgt. Die offene Teilmenge, deren Punkte positive z-Koordinate haben, kann man durch $\varphi(u_1, u_2) = \left(u_1, u_2, \sqrt{c^2\left(1 - \frac{u_1^2}{a^2} - \frac{u_2^2}{b^2}\right)}\right)$ parametrisieren, wobei (u_1, u_2) die Punkte der offenen Ellipsenscheibe $\frac{u_1^2}{a^2} + \frac{u_2^2}{b^2} < 1$ durchläuft. Ist die z-Komponente negativ, so nimmt man $\left(u_1, u_2, -\sqrt{c^2\left(1 - \frac{u_1^2}{a^2} - \frac{u_2^2}{b^2}\right)}\right)$, und verfährt analog mit den Punkten, deren x- bzw. y-Koordinaten von 0 verschieden sind.

Weitere beliebte Flächen sind die Rotationsflächen. Man erhält sie durch Rotation um die x-Achse des in der x-y-Ebene liegenden Graphen einer positiven unendlich oft differenzierbaren Funktion.

Das Standardskalarprodukt des $\mathbb{R}^3$ induziert ein Skalarprodukt auf den Tangentialräumen in den Punkten der Fläche M. Die Abbildung, die jedem Punkt $p \in M$ dieses Skalarprodukt in $T_p(M)$ zuordnet, heißt *1. Fundamentalform*. Für das Skalarprodukt in $T_p(M)$ schreibt man oft $\langle\ ,\ \rangle_p$. Ist $\varphi : U \to W$ eine lokale Parametrisierung, so sind $\frac{\partial \varphi}{\partial u_i}(u)$ und $\frac{\partial \varphi}{\partial u_j}(u)$ eine Basis von $T_{\varphi(u)}(M)$, so dass man das Skalarprodukt in $p = \varphi(u)$ kennt, wenn man die Skalarprodukte zwischen allen Paaren dieser Basisvektoren kennt. Die entsprechende symmetrische 2×2-Matrix wird oft mit $(g_{ij}(u))$ bezeichnet. Der Name Fundamentalform kommt daher, dass ein Skalarprodukt eine (symmetrische, positiv definite) quadratische Form ist. Und sie ist fundamental, da sie die metrischen Verhältnisse auf der Fläche vollständig bestimmt. Ist $w : [r, s] \to M$ ein stückweise stetig differenzierbarer Weg in M, so ist seine Länge (siehe Abschn. 7.12) $\int_r^s \sqrt{\langle w'(t), w'(t)\rangle}\, dt =$

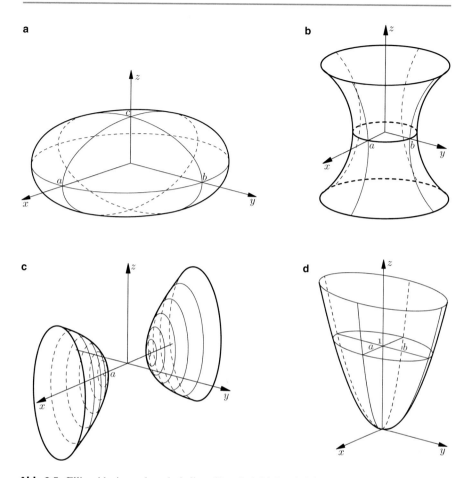

Abb. 9.5   Ellipsoid, ein- und zweischaliges Hyperboloid, Paraboloid

$\int_r^s \sqrt{\langle w'(t), w'(t)\rangle_{w(t)}}\, dt$, denn $w'(t) \in T_{w(t)}(M)$. Der Abstand zweier Punkte a und b in M ist für ein in M lebendes Wesen das Infimum der Längen aller stückweise stetig differenzierbaren Wege in M von a nach b. Ist M zusammenhängend (Abschn. 9.5), so gibt es zwischen zwei Punkten von M immer einen unendlich oft differenzierbaren Weg. Dieses Infimum wird nicht immer angenommen. In der x-y-Ebene ohne den Nullpunkt zum Beispiel, einer recht simplen Fläche, ist der Abstand zwischen $(-1, 0)$ und $(1, 0)$ gleich 2, aber jeder Weg zwischen diesen Punkten, der den Nullpunkt meidet, ist länger als 2.

Der Ersatz für gerade Linien auf M sind Wege $w \colon [r, s] \to M$, für die für alle $r \le t_1 < t_2 \le s$ der Teil von w zwischen t_1 und t_2 die kürzeste Verbindung auf M zwischen $w(t_1)$ und $w(t_2)$ ist, wenn $w(t_1)$ und $w(t_2)$ genügend nahe beieinander sind. Ein solcher Weg w heißt *Geodätische*, falls w zusätzlich proportional zur Bogenlänge parametrisiert ist. Diese Bedingungen führen zu einer Differentialgleichung 2. Ordnung, und dann kann man zeigen, dass man für jedes $p \in M$ und $v \in T_p(M)$ genau eine maximale Geodätische $w: (r,s) \to M$ mit $0 \in (r,s)$, $w(0) = p$ und $w'(0) = v$ finden kann.

Die Geodätischen werden allein durch die 1. Fundamentalform bestimmt, wir brauchen dazu keine weitere Information, wie die Fläche im $\mathbb{R}^3$ liegt. Um den Unterschied klar zu machen, nennen wir zwei Flächen isometrisch isomorph, wenn es eine bijektive stetig differenzierbare Abbildung f der einen auf die andere gibt, so dass die Ableitung in jedem Punkt eine Orthonormalbasis dessen Tangentialraums in eine Orthonormalbasis des Tangentialraums des Bildpunkts abbildet. Dann gehen nämlich die 1. Fundamentalformen ineinander über. Betrachte zum Beispiel den unendlichen Zylinder $\{(x,y,z) \mid x^2 + y^2 = 1\}$, aus dem die durch $(-1,0,0)$ gehende Mantellinie entfernt worden ist, und den Streifen $-\pi < x < \pi$ der x-y-Ebene. Dann bildet $f(x,y) := (\cos(x), \sin(x), y)$ den Streifen bijektiv auf den Zylinder ohne Mantellinie ab. Den Tangentialraum des Streifens in (x,y) können wir mit dem $\mathbb{R}^2$ identifizieren, und dessen Standardbasis geht unter der Ableitung von f im Punkt (x,y) über in die Vektoren $(-\sin(x), \cos(x), 0)$ und $(0,0,1)$. Das ist eine Orthonormalbasis des Tangentialraums in $(\cos(x), \sin(x), y)$ des Zylinders. Also sind der Streifen und Zylinderteil isometrisch isomorph. Es gibt aber keine abstandserhaltende Abbildung des $\mathbb{R}^3$, die die eine Fläche in die andere überführt.

Eigenschaften einer Fläche, die man aus der 1. Fundamentalform herleiten kann, nennt man Eigenschaften der inneren Geometrie der Fläche. Man kann sie allein aus den Abstandsverhältnissen in der Fläche verstehen, ohne Bezug zum umgebenden Raum herstellen zu müssen.

Aber es ist manchmal von Vorteil, dies doch zu tun. Eine geodätische Kurve w in M lässt sich nämlich auch dadurch charakterisieren, dass ihre zweite Ableitung in jedem Punkt eine Normale an diese Fläche ist, also auf dem jeweiligen Tangentialraum senkrecht steht. Damit kann man sehen, dass auf der 2-Sphäre vom Radius r um den Nullpunkt genau die mit konstanter Geschwindigkeit durchlaufenen Großkreise, das sind die Schnittkreise der Sphäre mit Ebenen durch den Nullpunkt, die Geodätischen sind. Denn jede Normalengerade an die Sphäre geht durch den Nullpunkt. Wir sehen auch, dass bei Rotationsflächen alle Meridiane, das sind die Kurven, die durch Rotation um einen festen Winkel aus dem die Fläche definierenden Graphen entstehen, Geodätische sind, und auf dem Zylinder sind es die Kurven konstanter Steigung.

Überraschend und wichtig für die weitere Entwicklung der Differentialgeometrie ist die Tatsache, dass bei Flächen, anders als bei Kurven im Raum, die innere Geometrie auch Auskunft über Krümmungseigenschaften gibt. Dass es lokal betrachtet z. B. Unterschiede zwischen der Sphäre und dem Zylinder gibt, die wir gefühlsmäßig mit Krümmung verbinden, sehen wir an der Winkelsumme geodätischer Dreiecke, die auf dem Zylinder stets π ist, aber bei der Sphäre stets größer ist, selbst wenn das Dreieck sehr klein ist. Auf dem hyperbolischen Paraboloid $z = x^2 - y^2$ ist diese Summe kleiner als π. Das Krümmungskonzept, das diese Phänomene erklärt, geht zurück auf C. F. Gauß und heißt entsprechend Gaußkrümmung. Die Gaußkrümmung ist eine reellwertige Funktion, die jedem Punkt der Fläche ihre Krümmung in diesem Punkt zuordnet. Die übliche Definition geschieht

Abb. 9.6 Zur Definition der Gaußkrümmung

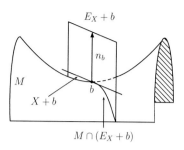

$$M \cap (E_X + b)$$

mit Hilfe der sogenannten *2. Fundamentalform*, die explizit die Lage der Fläche im umgebenden Raum nutzt. Aus den Eigenschaften der 2. Fundamentalform lässt sich folgende Definition der Gaußkrümmung herleiten, die sich zunächst auch auf den umgebenden Raum bezieht; siehe Abb. 9.6. Es sei b ein Punkt der Fläche M. Es sei n_b einer der beiden Einheitsvektoren des $\mathbb{R}^3$, die orthogonal zum Tangentialraum $T_b(M)$ sind. Zu jedem 1-dimensionalen Unterraum X von $T_b(M)$ sei E_X der von X und n_b aufgespannte Unterraum des $\mathbb{R}^3$. Der Durchschnitt von M mit dem affinen Unterraum $E_X + b$ ist in einer Umgebung von b eine ebene Kurve. Deren Krümmung in b sei $k_b(X)$. Beachte, dass $k_b(X)$ ein Vorzeichen hat. Ist die Kurve durch Bogenlänge parametrisiert, so ist ihre zweite Ableitung $k_b(X) \cdot n_b$. Dabei hängt $k_b(X)$ nicht vom Durchlaufsinn der Kurve ab. (Das ist anders als in Abschn. 7.12, ist aber kein Widerspruch, da dort von einer kanonischen Orientierung der Ebene ausgegangen wird.)

Man stellt nun fest, dass entweder $k_b(X)$ nicht von X abhängt oder dass es genau zwei zueinander orthogonale X_1, X_2 gibt, so dass $k_b(X_1)$ das Minimum und $k_b(X_2)$ das Maximum all dieser Krümmungen ist. Man nennt dann X_1 und X_2 die *Hauptkrümmungsrichtungen* und $k_b(X_1)$ und $k_b(X_2)$ die *Hauptkrümmungen* von M in b. Diese hängen offensichtlich nicht allein von der inneren Geometrie ab, wie das Beispiel von Ebene und Zylinder weiter oben zeigt. Insbesondere hängen ihre Vorzeichen von der Wahl von n_b ab. Aber ihr Produkt $k_b(X_1)k_b(X_2)$ lässt sich allein aus der Kenntnis der 1. Fundamentalform in einer beliebigen Umgebung von b in M bestimmen. Dies ist die Aussage des gefeierten *Theorema egregium* von Gauß. Man nennt dieses Produkt die *Gaußkrümmung* $K(b)$ von M in b. Im Fall, dass $k_b(X)$ für alle X gleich ist, nimmt man natürlich $k_b(X)^2$ für $K(b)$, wobei es auf die Wahl von X nicht ankommt.

Punkte, in denen die Gaußkrümmung größer, kleiner oder gleich 0 ist, nennt man respektive *elliptisch*, *hyperbolisch* oder *Flachpunkt*. Alle Punkte eines Ellipsoids haben positive Krümmung, eines hyperbolischen Paraboloids negative Krümmung, und alle Punkte eines Zylinders haben Krümmung 0.

Hier sind noch einige mit der Gaußkrümmung verbundene Ergebnisse.

(a) Winkelsummen: Die Summe der Innenwinkel eines geodätischen Dreiecks Δ ist $\pi + \int_\Delta K(b) \, dA(b)$, wobei $dA(b)$ der infinitesimale Flächeninhalt in b ist.
(b) Flächeninhalte von geodätischen Scheiben: Ist $A_b(r)$ der Flächeninhalt der Menge der Punkte von M, deren Abstand von b höchstens r ist, so ist $K(b) =$

$\lim_{r \to 0} 12(1 - \frac{A_b(r)}{\pi r^2})$. Beachte, dass πr^2 der Flächeninhalt der Kreisscheibe vom Radius r der Ebene ist.

(c) Topologie von Flächen, der Satz von Gauß-Bonnet: Für jede kompakte Fläche M des $\mathbb{R}^3$ ist $\int_M K(b)\, dA(b) = (1 - g)4\pi$, wobei $g \geq 0$ ganz ist. Zwei kompakte Flächen M_1 und M_2 des $\mathbb{R}^3$ sind genau dann homöomorph, wenn $\int_{M_1} K(b)\, dA(b) = \int_{M_2} K(b)\, dA(b)$. Die Zahl g heißt Geschlecht der Fläche. Die Sphäre z. B. hat Geschlecht 0, der Torus $S^1 \times S^1$ Geschlecht 1 (siehe auch Abschnitt 9.9).

9.9 Mannigfaltigkeiten

Vom Standpunkt der mengentheoretischen Topologie sind Mannigfaltigkeiten harmlos aussehende Räume mit sehr guten Eigenschaften. Eine n-dimensionale Mannigfaltigkeit, oder kürzer n-Mannigfaltigkeit, ist ein Hausdorffraum M mit abzählbarer Basis, in dem jeder Punkt eine zu einer offenen Teilmenge des $\mathbb{R}^n$ homöomorphe offene Umgebung besitzt. Die Flächen im $\mathbb{R}^3$ aus Abschn. 9.8 sind spezielle 2-Mannigfaltigkeiten. Zu einer n-Mannigfaltigkeit M gibt es also eine Familie von Homöomorphismen $\varphi_i \colon W_i \to U_i$, $i \in J$, wobei die U_i offen in $\mathbb{R}^n$ sind und $(W_i)_{i \in J}$ eine offene Überdeckung von M ist. Eine solche Familie heißt *Atlas von M*, die φ_i heißen *Karten* des Atlas. Für je zwei Karten φ_i und φ_j haben wir den Homöomorphismus $\varphi_{ji} := \varphi_j \circ \varphi_i^{-1} \colon \varphi_i(W_i \cap W_j) \to \varphi_j(W_i \cap W_j)$ zwischen offenen Mengen des $\mathbb{R}^n$. Die Abbildungen φ_{ji} heißen die Kartenwechsel des Atlas. Sind alle Kartenwechsel k-mal stetig differenzierbar, so heißt der Atlas ein C^k-Atlas, $0 \leq k \leq \infty$. Mannigfaltigkeiten mit einem C^k-Atlas heißen C^k-Mannigfaltigkeiten, und unter einer differenzierbaren Mannigfaltigkeit verstehen wir eine C^k-Mannigfaltigkeit mit $k \geq 1$. Anstelle von C^0-Mannigfaltigkeit sagt man meist topologische Mannigfaltigkeit. Die Flächen aus Abschn. 9.8 sind C^∞-Mannigfaltigkeiten. Differenzierbare Mannigfaltigkeiten sind die globalen Objekte, auf denen Differentialgleichungen leben. Genauer lassen sich ihnen auf natürliche Weise Objekte wie z. B. das Tangentialbündel und damit verwandte Vektorbündel zuordnen, auf denen Differentialgleichungen leben. Deswegen spielen sie in der Mathematik und Physik eine wichtige Rolle.

Eine Abbildung $f \colon M \to N$ zwischen C^k-Mannigfaltigkeiten heißt C^k-*Abbildung*, wenn für jede Karte $\varphi \colon W \to U$ von M und $\varphi' \colon W' \to U'$ von N die Abbildung $\varphi' \circ f \circ \varphi^{-1} \colon \varphi(W \cap f^{-1}(W')) \to \varphi'(W')$ zwischen offenen Mengen euklidischer Räume k-mal stetig differenzierbar ist.

Zwei topologische Mannigfaltigkeiten heißen isomorph, wenn sie homöomorph sind. Zwei C^k-Mannigfaltigkeiten heißen isomorph, wenn es eine bijektive Abbildung f zwischen ihnen gibt, so dass f und f^{-1} beide k-mal stetig differenzierbar sind. Ein solches f nennt man einen C^k-*Diffeomorphismus*, manchmal auch nur Diffeomorphismus, dies aber nur, wenn $k \geq 1$ ist.

Zwei C^k-Atlanten einer Mannigfaltigkeit nennen wir äquivalent, wenn ihre Vereinigung wieder ein C^k-Atlas ist. Dies ist genau dann der Fall, wenn die Identität ein C^k-Diffeomorphismus ist. Wir identifizieren dann die beiden Mannigfaltigkeiten. Jede C^k-Mannigfaltigkeit besitzt einen maximalen C^k-Atlas. Man kann zeigen, dass für $k \geq 1$ jeder maximale C^k-Atlas einen C^∞-Unteratlas besitzt. Wir betrachten deswegen ab jetzt nur noch C^∞-Mannigfaltigkeiten.

Hier sind einige der wesentlichen Fragen, die man Mannigfaltigkeiten stellt, und einige Antworten.

(a) Glätten: Besitzt der maximale Atlas jeder topologischen n-Mannigfaltigkeit einen C^∞-Unteratlas? Ja für $n \leq 3$; aber im Allgemeinen nein in höheren Dimensionen. In den Dimensionen 5, 6 und 7 ist die Antwort positiv, wenn einige Homologiegruppen (siehe Abschn. 9.11) verschwinden. Ab Dimension 8 nutzt auch das nichts mehr.

(b) Eindeutigkeit der Glättungen: Sind zwei homöomorphe differenzierbare Mannigfaltigkeiten diffeomorph? Ja, wenn $n \leq 6$ und nicht gleich 4 ist; nein in höheren Dimensionen.

(c) Klassifikation differenzierbarer und topologischer Mannigfaltigkeiten: Das ist einfach in den Dimensionen 1 und 2, in Dimension 3 im Prinzip gemacht, aber schwierig, und nachweisbar unmöglich ab Dimension 4. Allerdings weiß man sehr viel, wenn man den Homotopietyp der Mannigfaltigkeit vorschreibt (siehe dazu Abschn. 9.10).

Klassifikationsfragen differenzierbarer und topologischer Mannigfaltigkeiten in Dimension $n \geq 5$ nutzen intensiv Methoden der algebraischen Topologie, auf die wir ein ganz klein wenig in den Abschn. 9.10 und 9.11 eingehen. Zu Dimension 3 und 4 kommen wir weiter unten. Die in all diesen Fällen geleistete Arbeit wurde in den letzten 50 Jahren reichlich mit Fieldsmedaillen bedacht, den Nobelpreisen der Mathematik.

Dimension 1 und 2 sind relativ einfach zu klassifizieren. Zusammenhängende 1-Mannigfaltigkeiten sind entweder zur Einheitskreislinie im $\mathbb{R}^2$ oder zur reellen Geraden diffeomorph. Um alle kompakten zusammenhängenden Flächen, d. h. zusammenhängende 2-Mannigfaltigkeiten, zu beschreiben, ist folgendes Konzept nützlich. Sind M und N zwei zusammenhängende n-Mannigfaltigkeiten, so erhält man ihre zusammenhängende Summe $M \# N$, indem man aus M und N das Innere einer eingebetteten n-dimensionalen Kugel entfernt und die beiden Resträume entlang der Ränder der Kugeln vermöge eines Diffeomorphismus oder Homöomorphismus verklebt. $M \# N$ ist bis auf Isomorphie von den Wahlen der Kugeln unabhängig.

Eine 2-Mannigfaltigkeit ist *orientierbar*, wenn sie keine Kopie des Möbiusbandes enthält. (Letzteres hat als Fläche im $\mathbb{R}^3$ keine „Vorder-" und „Rückseite"; vgl. Abb. 9.2.) Jede orientierbare zusammenhängende 2-Mannigfaltigkeit entsteht aus der 2-Sphäre, indem man sukzessive zusammenhängende Summen mit dem Torus, der Oberfläche eines Rings im $\mathbb{R}^3$, bildet. Geschieht dies g-mal, so erhält man eine Fläche vom Geschlecht g; vgl. Abb. 9.7.

Die kompakten zusammenhängenden nichtorientierbaren Flächen vom Geschlecht g sind zusammenhängende Summen von g Kopien der projektiven Ebene.

Abb. 9.7 Fläche vom Geschlecht g

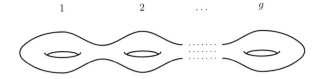

Dabei ist die projektive Ebene die Fläche, die aus der Kreisscheibe durch Identifizieren gegenüberliegender Randpunkte entsteht. Entfernt man aus der projektiven
Ebene eine Kreisscheibe, so entsteht ein Möbiusband.

Kompakte 2-Mannigfaltigkeiten sind genau dann homöomorph, wenn sie gleiches Geschlecht haben und beide orientierbar oder beide nichtorientierbar sind.

In Dimension 3 schnellt der Schwierigkeitsgrad drastisch in die Höhe. Wir nennen eine 3-dimensionale orientierbare differenzierbare Mannigfaltigkeit irreduzibel, wenn jede differenzierbar eingebettete 2-Sphäre eine Kugel berandet. Man kann
zeigen, dass jede kompakte zusammenhängende orientierbare 3-Mannigfaltigkeit
eine zusammenhängende Summe endlich vieler irreduzibler 3-Mannigfaltigkeiten
und endlich vieler Kopien von $S^2 \times S^1$ ist und dass die Summanden bis auf die
Reihenfolge eindeutig bestimmt sind. Daher interessiert man sich nur noch für
irreduzible 3-Mannigfaltigkeiten. Diese kann man entlang eingebetteter Tori weiter zerlegen. Unter diesen gibt es eine bis auf Diffeomorphie eindeutige Familie,
die die Mannigfaltigkeit in Bestandteile zerlegt, die nur noch in einem gewissen
Sinne triviale Einbettungen von Tori zulässt. Ende der 1970er Jahre gab Thur-
ston eine Familie von acht Geometrien im Sinne des Erlanger Programms von
Felix Klein (siehe Abschn. 9.12) an und vermutete, dass jeder dieser Bestandteile der 3-Mannigfaltigkeit zu einer dieser Geometrien zählt. Diese Vermutung
wurde 2003 von G. Perelman mit tiefliegenden auf der Theorie partieller Differentialgleichungen beruhenden Methoden der Differentialgeometrie bewiesen.
Die Überprüfung der Korrektheit seines Beweises durch eine Reihe hochkaräti-
ger Mathematiker hat über sechs Jahre gedauert. Damit ist zwar noch nicht alles
über 3-Mannigfaltigkeiten gesagt, aber man hat doch einen gewissen Überblick.
Insbesondere wurde durch Perelman die Poincaré-Vermutung in Dimension 3 gelöst, eines der sieben Millenniumsprobleme des Clay Mathematical Institute. Es ist
bis jetzt das einzige dieser Probleme, das gelöst wurde. Die Poincaré-Vermutung
besagt, dass eine zur 3-dimensionalen Sphäre homotopieäquivalente (siehe Abschn. 9.10) 3-Mannigfaltigkeit tatsächlich zur 3-Sphäre homöomorph ist. Das
Analogon der Poincaré-Vermutung in den Dimensionen 1 und 2 ist einfach, und
es wurde in Dimensionen oberhalb 4 in den 1960er Jahren von S. Smale und
in Dimension 4 mit ausgesprochen subtilen Methoden der geometrischen Topologie 1982 von M. Freedman bewiesen. Eine kompakte zusammenhängende
3-Mannigfaltigkeit ist genau dann zu S^3 homotopieäquivalent, wenn sie *einfach
zusammenhängend* ist, d. h., wenn ihre Fundamentalgruppe (Abschn. 9.10) trivial
ist. Für höher-dimensionale Mannigfaltigkeiten muss man zusätzlich fordern, dass
alle Homologiegruppen bis zur halben Dimension verschwinden.

Dimension 4 ist ein ausgesprochener Sonderfall. Methoden der mathematischen
Physik zeigen uns eine unglaublich vielfältige Welt mit noch vielen weißen Flecken

auf der Landkarte. Gibt es bis Dimension 3 zu jeder kompakten topologischen Mannigfaltigkeit bis auf Diffeomorphie genau eine zu ihr homöomorphe differenzierbare Mannigfaltigkeit und in Dimension größer als 4, wenn überhaupt eine, dann
höchstens endlich viele, so gibt es unendlich viele kompakte 4-Mannigfaltigkeiten,
von denen jede homöomorph zu unendlich vielen paarweise nicht diffeomorphen
differenzierbaren Mannigfaltigkeiten ist. Besonders eindrucksvoll ist die Situation
für die euklidischen Räume. Ist $n \neq 4$, so gibt es bis auf Diffeomorphie genau eine zum $\mathbb{R}^n$ homöomorphe differenzierbare Mannigfaltigkeit. Ist $n = 4$, so gibt es
überabzählbar viele. Das macht nachdenklich, insbesondere wenn man daran denkt,
dass das Raum-Zeit-Kontinuum 4-dimensional ist.

9.10 Homotopie

Vermutet man, dass zwei Räume homöomorph sind, so versucht man, einen Homöomorphismus zwischen ihnen zu konstruieren. Wenn man aber, wie z. B. bei $\mathbb{R}^3$
und $\mathbb{R}^4$, vermutet, dass sie nicht homöomorph sind, und man nicht sieht, wie dem
Problem direkt beizukommen ist, kann man nach notwendigen Kriterien suchen, die
einer Berechnung eher zugänglich sind. Die Homotopietheorie liefert hierzu starke
Werkzeuge. Sie reduziert Räume auf ein relativ starres Skelett, assoziiert zu ihnen
Ringe und Gruppen und übersetzt kontinuierliche Probleme in kombinatorische und
algebraische Fragen.

Im Folgenden bezeichnet I stets das Einheitsintervall $[0, 1]$. Ist $f : X \times I \to Y$
eine Abbildung, so sei $f(-, t) : X \to Y$ für $t \in I$ gegeben durch $f(-, t)(x) =$
$f(x, t)$. Analog definieren wir für jedes $x \in X$ den Weg $f(x, -) : I \to Y$. Zwei
stetige Abbildungen $a, b : X \to Y$ heißen *homotop*, wenn es ein stetiges $f : X \times I \to$
Y gibt mit $a = f(-, 0)$ und $b = f(-, 1)$. Die Abbildung f heißt dann *Homotopie
zwischen a und b*. Die Familie der $f(-, t)$ verbindet die Abbildungen a und b auf
stetige Weise durch stetige Abbildungen. Anders ausgedrückt lässt sich mit Hilfe
der $f(-, t)$ die Abbildung a stetig in die Abbildung b deformieren. Die Homotopie
f bewegt dabei für jedes $x \in X$ den Punkt $a(x)$ entlang des in Y liegenden Wegs
$f(x, -)$ in den Punkt $b(x)$. Ist $A \subseteq X$ und für jedes $x \in A$ der Weg $f(x, -)$
konstant, so heißt f *Homotopie relativ A*.

Homotopie und Homotopie relativ A sind Äquivalenzrelationen auf der Menge aller stetigen Abbildungen zwischen zwei gegebenen topologischen Räumen,
und sind $a, b : X \to Y$ und $c, d : Y \to Z$ homotop, so sind auch $c \circ a, d \circ b :$
$X \to Z$ homotop. Dies führt zu einem neuen Äquivalenzbegriff zwischen topologischen Räumen. Eine stetige Abbildung $f : X \to Y$ heißt *Homotopieäquivalenz*,
wenn es ein stetiges $g : Y \to X$ gibt, so dass $g \circ f$ zu id_X und $f \circ g$ zu id_Y homotop
ist. Die Abbildung g heißt dann Homotopieinverses von f. Zwei Räume heißen *homotopieäquivalent*, wenn es zwischen ihnen eine Homotopieäquivalenz gibt. Man
sagt dann auch, dass die Räume denselben Homotopietyp haben. Homöomorphe
Räume sind offensichtlich homotopieäquivalent.

Die Inklusion $j : S^{n-1} \to \mathbb{R}^n \setminus \{0\}$ ist ein Beispiel einer Homotopieäquivalenz,
die kein Homöomorphismus ist. Ein Homotopieinverses ist die Retraktionsabbil-

dung $x \mapsto r(x) := x/\|x\|$; denn es ist $r \circ j = \mathrm{id}_{S^{n-1}}$, und $f(x,t) = tx +$
$(1-t)x/\|x\|$ definiert eine Homotopie zwischen $j \circ r$ und $\mathrm{id}_{\mathbb{R}^n\setminus\{0\}}$. Der $\mathbb{R}^n$ selbst
ist homotopieäquivalent zu einem Punkt. Solche Räume heißen aus naheliegendem
Grund *zusammenziehbar*. Alle $\mathbb{R}^n$ haben also denselben Homotopietyp. Ist aber
$f\colon \mathbb{R}^k \to \mathbb{R}^l$ ein Homöomorphismus, so sind $\mathbb{R}^k \setminus \{0\}$ und $\mathbb{R}^l \setminus \{f(0)\}$ und
somit auch $\mathbb{R}^k \setminus \{0\}$ und $\mathbb{R}^l \setminus \{0\}$ homöomorph. Dann sind aber S^{k-1} und S^{l-1}
homotopieäquivalent. Wir müssen also zeigen, dass sie es für $k \neq l$ nicht sind,
um die Homöomorphie von $\mathbb{R}^k$ und $\mathbb{R}^l$ zu widerlegen. Es reicht jetzt zwar nicht
aus, nur zu zeigen, dass die Sphären nicht homöomorph sind, dafür haben wir es
jetzt aber mit etwas „kleineren" kompakten Räumen zu tun. Dass für $k \neq l$ die
k- und l-Sphäre nicht homotopieäquivalent sind, sieht man an einigen der Invarianten wie Homotopie- und Homologiegruppen, die in der algebraischen Topologie
topologischen Räumen zugeordnet werden. (Erstere werden unten definiert, letztere
im nächsten Abschnitt.) Homotopie- und Homologiegruppen sind wie die meisten
dieser Invarianten Homotopieinvarianten. Dies hat zur Folge, dass homotopieäquivalente Räume isomorphe Homotopie- und Homologiegruppen besitzen. Ist $k > 0$,
so ist die n-te (singuläre) Homologiegruppe von S^k stets 0 (will sagen, die nur aus
dem neutralen Element bestehende Gruppe), außer wenn $n = 0$ oder $n = k$ ist;
dann ist diese Gruppe isomorph zu $\mathbb{Z}$. Für $n > 0$ ist die n-te Homologiegruppe von
S^0 stets 0. Also ist S^k zu S^l genau dann homotopieäquivalent, wenn $k = l$ ist.

Homotopiegruppen eines Raumes lassen sich leichter beschreiben als die Homologiegruppen. Sie sind aber im Allgemeinen sehr viel schwieriger zu berechnen.
Homotopiegruppen eines Raumes X werden immer bezüglich eines Basispunkts
$x_0 \in X$ definiert. Die Elemente der n-ten Homotopiegruppe $\pi_n(X, x_0)$ von (X, x_0)
sind die Homotopieklassen relativ $\{e_1\}$ aller stetigen Abbildungen $f\colon S^n \to X$ mit
$f(e_1) = x_0$. Dabei ist $e_1 \in S^n$ der erste Vektor der Standardbasis des $\mathbb{R}^{n+1}$.

Die erste Homotopiegruppe, also $\pi_1(X, x_0)$, heißt auch *Fundamentalgruppe von
X zum Basispunkt x_0*. Ihre Elemente entsprechen Homotopieklassen relativ $\{0, 1\}$
von geschlossenen Wegen $w\colon I \to X$ mit Anfangs- und Endpunkt x_0. Sind w und
w' zwei solche Wege, so erhalten wir einen neuen Weg $w * w'$, indem wir erst w
und anschließend w' jeweils mit doppelter Geschwindigkeit durchlaufen. Die Homotopieklasse von $w * w'$ hängt nur von den Homotopieklassen von w und w' ab, so
dass $*$ eine Multiplikation auf $\pi_1(X, x_0)$ induziert. Mit dieser Multiplikation wird
$\pi_1(X, x_0)$ eine Gruppe. Das Einselement ist die Klasse des konstanten Wegs in x_0,
und das Inverse der Klasse von w ist die Klasse des umgekehrt durchlaufenen Wegs
w^-, $w^-(t) = w(1-t)$. Auf analoge Weise erklärt man eine Multiplikation der
höheren Homotopiegruppen. Der Isomorphietyp dieser Gruppen hängt für wegzusammenhängende X nicht vom Basispunkt ab. Deswegen unterdrückt man diesen
oft in der Notation, wenn es nur auf den Isomorphietyp ankommt. Die Fundamentalgruppe der 1-Sphäre ist isomorph zu $\mathbb{Z}$, wobei $n \in \mathbb{Z}$ der Homotopieklasse der
Wege entspricht, die S^1 n-mal im positiven Sinn umlaufen. Im Allgemeinen ist
$\pi_1(X, x_0)$ nicht abelsch. Betrachte zum Beispiel zwei Kreise, die sich in einem
Punkt x_0 berühren. Man kann zeigen, dass ein Weg, der erst den ersten und dann
den zweiten Kreis umläuft, nicht homotop zu einem Weg ist, der die Kreise in umgekehrter Reihenfolge umläuft.

Die höheren Homotopiegruppen sind alle abelsch. Es ist relativ leicht zu sehen, dass $\pi_n(S^1) = 0$ für $n > 1$ und dass $\pi_n(S^k) = 0$ für $n < k$ ist. Weiter gilt wie bei der Fundamentalgruppe, dass $\pi_n(S^n)$ zu $\mathbb{Z}$ isomorph ist, wobei der Isomorphismus zählt, wie oft eine Abbildung S^n positiv oder negativ überdeckt.

Eine Abbildung $f\colon S^n \to X$ ist genau dann homotop relativ $\{e_1\}$ zu einer konstanten Abbildung, wenn sich f zu einer stetigen Abbildung $F\colon B^{n+1} \to X$ erweitern lässt, wobei $B^{n+1} \subseteq \mathbb{R}^{n+1}$ die Einheitskugel ist. Geht dies nicht, so ergibt sich die Vorstellung, dass X ein $(n+1)$-dimensionales Loch hat, das vom Bild von f eingeschlossen wird. Die obigen Ergebnisse über die Homotopiegruppen der Sphären bestätigen also unsere Vorstellung, dass die k-Sphäre ein $(k+1)$-dimensionales „Loch" hat und dass die n-te Homotopiegruppe $(n+1)$-dimensionale „Löcher" entdeckt. Die Überraschung war groß, als H. Hopf um 1930 nachwies, dass $\pi_3(S^2)$ unendlich ist, die 2-Sphäre demnach ein 4-dimensionales „Loch" hat. Inzwischen weiß man, dass es für jedes $k > 1$ beliebig große n mit $\pi_n(S^k) \neq 0$ gibt. Die Bestimmung der Homotopiegruppen der Sphären hat sich als sehr schwierig herausgestellt und ist eine der größten Herausforderungen der algebraischen Topologie. Die genaue Kenntnis ist ausgesprochen wichtig für viele Fragen der geometrischen Topologie, insbesondere, was das Verständnis von Mannigfaltigkeiten betrifft.

9.11 Homologie

Auch in der Homologietheorie sucht man nach Objekten im Raum X, die potentiell etwas umschließen, und fragt, ob man das auffüllen kann oder nicht. Kann man es nicht auffüllen, so liegt in einem gewissen Sinne ein Loch vor. Diese Ideen präzise umzusetzen hat auch historisch ein wenig gedauert. Selbst die Definition der noch einigermaßen anschaulichen *simplizialen Homologietheorie* benötigt ein wenig Aufwand. Wir begnügen uns deshalb mit einem kleinen Beispiel.

Es seien A, B, C und D vier nicht in einer Ebene liegende Punkte im $\mathbb{R}^3$. Zu ihnen fügen wir die sechs zwischen ihnen liegenden Kanten und die von je drei Punkten aufgespannten vier Dreiecke hinzu. Jede Kante hat zwei Richtungen, jedes Dreieck zwei Umlaufsinne, die wir uns als Orientierungen der Kanten bzw. Dreiecke denken. Punkte besitzen nur eine Orientierung. Die formalen ganzzahligen Linearkombinationen der orientierten Punkte, Kanten und Dreiecke nennen wir 0-, 1- bzw. 2-Ketten. Ketten bilden bezüglich komponentenweiser Addition eine abelsche Gruppe. Dabei identifizieren wir noch das negative einer orientierten Kante (eines orientierten Dreiecks) mit der umgekehrt orientierten Kante (dem umgekehrt orientierten Dreieck). Der Rand eines orientierten Dreiecks ist die Summe der gerichteten Kanten, die den Umlaufsinn bestimmen. Der Rand einer gerichteten Kante ist die Differenz des End- und Anfangspunkts. Punkte haben keinen Rand, also Rand 0. Die Randabbildung dehnen wir linear auf die Ketten aus; so ist etwa der Rand von $AB + BC$ gleich $C - A$. Nun ist klar, wann eine Kette ein Rand heißt. Als Beispiel betrachten wir eine 0-Kette $aA + bB + cC + dD$, $a, b, c, d \in \mathbb{Z}$. Sie ist genau dann ein Rand, wenn $a + b + c + d = 0$ ist.

Denn der Rand jeder Kante ist die Differenz zweier Punkte, so dass eine 0-Kette
höchstens dann Rand ist, wenn die Koeffizientensumme Null ist, und ist umgekehrt
$a = -(b + c + d)$, so ist der Rand von $(b + c + d)AB + (c + d)BC + dCD$
gleich $-(b + c + d)A + bB + cC + dD = aA + bB + cC + dD$. Eine
Kette heißt Zykel, wenn ihr Rand 0 ist. Jeder Rand ist ein Zykel. Die 1- und 2-
dimensionalen Zykel sind für uns die Objekte, die potentiell etwas einschließen.
Ist ein Zykel ein Rand, so lässt er sich auffüllen. Wir nennen deswegen zwei Zykel äquivalent oder *homolog*, wenn sie sich um einen Rand unterscheiden. Die
entsprechenden Homologieklassen lassen sich repräsentantenweise addieren und
bilden die Homologiegruppen unseres Beispiels. Da jeder Punkt zum Punkt A homolog ist, ist jede 0-Kette homolog zu einem Vielfachen von A, die entsprechende
0. Homologiegruppe ist also isomorph zu $\mathbb{Z}$. Jeder 1-Zykel ist Summe von Rändern
von Dreiecken, also ein Rand. Denn man sieht schnell, dass jeder 1-Zykel Summe geschlossener Kantenwege der Länge 3, das sind Ränder von Dreiecken, und
der Länge 4 ist. Aber z. B. der Kantenweg $AB + BC + CD + DA$ ist gleich
$(AB + BC + CA) + (AC + CD + DA)$, da $CA + AC = 0$ ist. Also ver-
schwindet die 1. Homologiegruppe. Die 2. Homologiegruppe ist die Gruppe der
2-Zykel, da die Gruppe der 3-Ketten trivial ist. Eine 2-Kette ist ein Zykel, wenn
sich die Kanten der Ränder der involvierten Dreiecke gegenseitig aufheben. Jede
2-Kette lässt sich eindeutig in der Form $a\,BDC + b\,ACD + c\,ADB + d\,ABC$ mit
$a, b, c, d \in \mathbb{Z}$ schreiben. Diese ist genau dann ein Zykel, wenn a, b, c und d gleich
sind. Also ist die 2. Homologiegruppe isomorph zu $\mathbb{Z}$. Sie entdeckt demnach das
3-dimensionale Loch unseres Objekts. Die höheren Homologiegruppen sind trivial,
da die freie abelsche Gruppe über der leeren Menge nach Definition trivial ist. Wir
sehen hier den ersten Unterschied zu den Homotopiegruppen. Denn der Raum, den
die Vereinigung der Punkte, Kanten und Dreiecke bildet, ist der Rand eines Tetra-
eders und somit homöomorph zu S^2. Aber deren höhere Homotopiegruppen sind
nicht alle 0.

Das Beispiel sollte klarmachen, wie man Ketten, Zykel, Ränder und Homolo-
giegruppen für Simplizialkomplexe definiert. Dies sind wie in unserem Beispiel
Mengen von Simplices in einem euklidischen Raum, so dass sich je zwei Simpli-
ces in einem gemeinsamen Seitensimplex schneiden. Dabei ist ein k-dimensionales
Simplex die konvexe Hülle von $k + 1$ Punkten, die einen k-dimensionalen affinen
Unterraum aufspannen. Eine Seite ist dann die Hülle einer nicht notwendig echten
Teilmenge der Punkte.

Es ergibt sich aber hier sofort ein großes Problem. Eigentlich will man topologischen Räumen Homologiegruppen zuordnen. Der einem Simplizialkomplex zugeordnete topologische Raum ist die Vereinigung all seiner Simplices. Dieser Raum
lässt sich aber auf unendlich viele schwer übersehbare Weisen in Simplices zerlegen. Sind die zugehörigen Homologiegruppen überhaupt isomorph? Zusätzlich
möchte man dann auch wissen, ob alle uns interessierenden Räume wie zum Beispiel Mannigfaltigkeiten (siehe Abschn. 9.9) homöomorph zu einer Vereinigung
der Simplices eines Simplizialkomplexes sind. Solche Räume heißen triangulierbar.
Diese Fragen führten zur sogenannten *Triangulations*- und *Hauptvermutung*. Erstere besagt, dass jede Mannigfaltigkeit triangulierbar ist. Die Hauptvermutung besagt,

dass zwei Simplizialkomplexe, deren zugehörige Räume homöomorph sind, im naheliegenden Sinn isomorph sind, nachdem man ihre Simplices eventuell weiter in kleinere zerlegt hat. Beide Vermutungen haben sich als falsch herausgestellt. Aber lange bevor man das wusste, konnte man mit Hilfe der sogenannten simplizialen Approximation stetiger Abbildungen zwischen triangulierten Räumen nachweisen, dass die Homologiegruppen triangulierbarer Räume nicht von den Triangulierungen abhängen. Obendrein hatte man mit der *singulären Homologietheorie* eine für alle topologischen Räume definierte Homologietheorie, die homotopieinvariant war und auf triangulierbaren Räumen mit der simplizialen Theorie übereinstimmte.

Der Unterschied zwischen Homotopie- und Homologiegruppen lässt sich grob wie folgt andeuten. Die Zykel der Homotopiegruppen sind Bilder von Sphären, und berandet werden Bilder von Kugeln. Die Zykel der Homologiegruppen sind sehr viel allgemeiner, insbesondere sind Bilder kompakter orientierbarer Mannigfaltigkeiten Zykel, aber nicht nur diese. Ebenso werden Bilder beliebiger orientierbarer kompakter Mannigfaltigkeiten mit Rand berandet, aber nicht nur diese. Es gibt daher eine Abbildung $h: \pi_n(X, x_0) \to H_n(X)$ von den Homotopie- in die Homologiegruppen, die sogenannte Hurewicz-Abbildung. Diese ist im Allgemeinen weder surjektiv noch injektiv. Sie ist aber ein Isomorphismus, wenn X wegzusammenhängend und $\pi_i(X)$ für $1 \leq i < n$ trivial ist.

9.12 Euklidische und nichteuklidische Geometrie

In diesem abschließenden Abschnitt beschäftigen wir uns mit der klassischen ebenen Geometrie auf axiomatischer Grundlage.

Ca. 300 v. Chr. schrieb Euklid die *Elemente*, ein Werk, das die zu dieser Zeit in Griechenland bekannten Sätze der Geometrie und der Zahlentheorie darstellt und begründet. Für die Geometrie blieben die *Elemente* bis ins 19. Jahrhundert der maßgebliche Text, dessen logische Strenge lange unerreicht blieb.

Euklid beginnt seine Abhandlung mit Definitionen, Postulaten und Axiomen, die er der Anschauung entlehnt und als evident annimmt. Einige muten modern an, wie seine Definition eines Quadrats, andere bleiben nebulös („Ein Punkt ist, was keine Teile hat. Eine Linie ist eine Länge ohne Breite."). Aus diesen Grundannahmen (und bereits daraus bewiesenen Aussagen) baut Euklid streng deduktiv das Gebäude der ebenen Geometrie auf, die wir heute euklidisch nennen. Euklids Bedeutung liegt insbesondere darin, dass er die Geometrie als kohärentes System darstellt, in dem alle Aussagen rigoros bewiesen werden; er begnügt sich nicht damit, sie bloß durch verschiedene Beispiele zu belegen. Daher sind die *Elemente*, obwohl 2300 Jahre alt, in der Anlage durch und durch modern.

Vom heutigen Standpunkt aus ist Euklids Durchführung jedoch nicht ganz ohne Kritik zu sehen. Zum einen können neue Begriffe nur durch bereits eingeführte definiert werden, was Euklids obige „Definition" einer Geraden nicht leistet. Zum anderen benutzt er Schlussweisen, die ihm intuitiv selbstverständlich erscheinen, die aber nicht aus seinen Axiomen folgen, z. B. dass eine Gerade durch einen Eckpunkt eines Dreiecks, die in das „Innere" des Dreiecks zeigt, die gegenüberliegende

Seite schneidet. Im Jahr 1899 veröffentlichte D. Hilbert ein Axiomensystem, das von derlei Unvollkommenheiten frei ist.

Hilberts Ausgangspunkt sind zwei „Systeme von Dingen", will sagen zwei Mengen, $\mathcal{P}$ und $\mathcal{G}$, deren Elemente „Punkte" bzw. „Geraden" genannt werden. Was „Punkte" und „Geraden" eigentlich sind, ist unerheblich, entscheidend sind einzig die Beziehungen zwischen ihnen. Diese werden durch verschiedene Axiome festgelegt. (In diesem Zusammenhang wird das Bonmot Hilberts überliefert, wonach man stets statt Punkt, Gerade, Ebene auch Tisch, Stuhl, Bierseidel sagen können muss.)

Die erste Gruppe von Axiomen sind die *Inzidenzaxiome*. Sie erklären, was es bedeutet, dass der Punkt P auf der Geraden g liegt; diese wollen wir nun etwas näher vorstellen.

(I1) Zwei verschiedene Punkte liegen auf genau einer Geraden.

(I2) Auf jeder Geraden liegen mindestens zwei Punkte.

(I3) Es gibt drei Punkte, die nicht auf einer Geraden liegen.

Es ist klar, dass die kartesische Ebene $\mathbb{R}^2$ der analytischen Geometrie diese Axiome erfüllt. Man kann dieses Beispiel auch dualisieren: Mit $\mathcal{P}$ = die Menge der Geraden in $\mathbb{R}^2$, $\mathcal{G}$ = die Menge der Punkte von $\mathbb{R}^2$ und „$P \in \mathcal{P}$ liegt auf $g \in \mathcal{G}$" $\Leftrightarrow g \in P$ erhält man ebenfalls ein Modell derselben Inzidenzgeometrie. Ein weiteres Beispiel, das zeigt, wie allgemein die Axiome (I1)–(I3) sind, ist $\mathcal{P} = \{a, b, c\}$, eine Menge mit drei Elementen, und $\mathcal{G}$ = alle zweielementigen Teilmengen von $\mathcal{P}$ mit „$P \in \mathcal{P}$ liegt auf $g \in \mathcal{G}$" $\Leftrightarrow P \in g$.

Die sphärische Geometrie erfüllt die Inzidenzaxiome jedoch nicht. Hier ist $\mathcal{P}$ eine Sphäre im Raum $\mathbb{R}^3$, d. h. die Oberfläche einer Kugel, $\mathcal{G}$ die Menge der Großkreise (also der Schnitte der Sphäre mit Ebenen durch den Mittelpunkt) und „$P \in \mathcal{P}$ liegt auf $g \in \mathcal{G}$" $\Leftrightarrow P \in g$. (I1) ist verletzt, da Nord- und Südpol auf unendlich vielen Großkreisen liegen. Identifiziert man aber zwei antipodale Punkte und betrachtet man den entsprechenden Raum der Äquivalenzklassen, die sogenannte *projektive Ebene*, so sind die Inzidenzaxiome erfüllt.

Die nächste Axiomengruppe regelt die Sprechweise „der Punkt B liegt zwischen den Punkten A und C". Wir erwähnen nur eines dieser Axiome:

(Z1) Zwischen je zwei verschiedenen Punkten liegt ein weiterer Punkt.

Die Z-Axiome gestatten es, die Strecke zwischen zwei Punkten, einen von einem Punkt ausgehenden Strahl und den Winkel zwischen zwei Strahlen zu definieren; Letzterer ist definitionsgemäß die Vereinigung dieser Strahlen. Das obige Beispiel einer Geometrie mit drei Punkten erfüllt (Z1) nicht, in der Tat tut dies keine endliche Geometrie, da aus (Z1) sogar folgt, dass zwischen zwei verschiedenen Punkten unendlich viele Punkte liegen.

Die dritte Axiomengruppe beschäftigt sich mit Kongruenzbeziehungen: Wann sind zwei Strecken bzw. Winkel kongruent (d. h. „gleich groß")? Die Kongruenzaxiome sollen hier ebenfalls nicht aufgezählt werden.

Die bisher genannten Axiome bilden die Basis der sogenannten *absoluten Geometrie*. In ihr lassen sich noch nicht alle Sätze der klassischen euklidischen Geometrie beweisen, etwa der Satz über die Winkelsumme im Dreieck. Hierzu fehlt noch das *Parallelenaxiom*; zwei Geraden g und h heißen *parallel*, wenn $g = h$ ist oder g und h keinen gemeinsamen Punkt haben.

(P) Zu jedem Punkt P und jeder Geraden g gibt es höchstens eine Gerade durch P, die zu g parallel ist.

Die Hilbert'schen Axiome werden vervollständigt durch sogenannte Stetigkeitsaxiome, die z. B. die Ebene $\mathbb{Q}^2$ ausschließen. In diesem Axiomensystem sind die Sätze der euklidischen Geometrie rigoros ableitbar.

Das Parallelenaxiom (P) spielt eine besondere Rolle bei Euklid, aber er drückt es nicht in der angegebenen Weise aus, sondern in der folgenden verklausulierten Form, die jedoch modulo der übrigen Axiome Euklids zu (P) äquivalent ist:

(P′) „Wenn zwei gerade Linien von einer dritten so geschnitten werden, dass die beiden innern, an einerlei Seite der schneidenden Linie liegenden Winkel kleiner als zwei rechte sind, so treffen die beiden geraden Linien, wenn man sie so weit, als nötig ist, verlängert, an eben der Seite zusammen, an welcher die Winkel liegen, die kleiner als zwei rechte sind."

Die meisten Kommentatoren gehen davon aus, dass Euklid davon überzeugt war, (P′) aus seinen übrigen Axiomen herleiten zu können. Diese Überzeugung teilten alle Mathematiker bis zum Beginn des 19. Jahrhunderts, und es wurden verschiedene fehlerhafte Beweise produziert. Diese versuchten nämlich, etwas in den Begriff der Parallelität hineinzulesen, das dort gar nicht steht, z. B. dass parallele Geraden einen festen Abstand haben; aber der Abstandsbegriff ist den Euklidschen Axiomen fremd. In den 30er Jahren des 19. Jahrhunderts wendete sich jedoch das Blatt. J. Bolyai (1832) und N. Lobachevski (1840) konstruierten nämlich unabhängig voneinander ein Modell einer Geometrie, das die Axiome Euklids mit Ausnahme des Parallelenaxioms erfüllt. Auch Gauß war eine solche Geometrie bekannt, wie wir aus seinen Briefen wissen, aber er hat nichts dazu veröffentlicht.

Bolyai und Lobachevski konstruierten ihre Geometrie auf einer negativ gekrümmten Fläche im (euklidischen) Raum; sie wird heute *hyperbolische Geometrie* genannt. In ihr ist die Winkelsumme in jedem Dreieck kleiner als 180°. Es gibt auch nichteuklidische Geometrien, in denen die Winkelsumme von Dreiecken stets größer als 180° ist.

Nach Poincaré kann man ein Modell der hyperbolischen Geometrie auch in der euklidischen Ebene konstruieren. Dazu betrachtet man die obere Halbebene des $\mathbb{R}^2$ bzw. äquivalenterweise die obere Halbebene $\mathbb{H}$ der komplexen Ebene, also $\mathbb{H} = \{ z \in \mathbb{C} \mid \operatorname{Im} z > 0 \}$. Die Geraden in dieser Geometrie sind senkrechte euklidische Halbgeraden sowie euklidische Halbkreise mit Mittelpunkt auf der reellen Achse. Es ist klar, dass in dieser Geometrie das Parallelenaxiom verletzt ist: Sowohl die imaginäre Achse als auch der obere Einheitshalbkreis sind Parallelen zu $\{ z \in \mathbb{H} \mid$

$\operatorname{Re} z = -2 \}$ durch den Punkt i. Um die Kongruenzaxiome zu verifizieren, bedient man sich der *hyperbolischen Metrik*

$$d_H(w, z) = \log \frac{|w - \overline{z}| + |w - z|}{|w - \overline{z}| - |w - z|}.$$

Insgesamt zeigen diese Konstruktionen, dass es nicht nur *eine* Geometrie gibt, und was die richtige Geometrie des uns umgebenden physikalischen Raums ist, ist Gegenstand heftiger Debatten in der Physik.

Als rein mathematische Frage hat F. Klein 1872 in seiner als „Erlanger Programm" bekannt gewordenen Antrittsvorlesung die Idee aufgebracht, Geometrien Gruppen von Transformationen zuzuordnen, die Geraden in Geraden überführen und unter denen die Sätze der Geometrie erhalten bleiben. Was die euklidische Geometrie angeht, spielt die Lage und Größe einer geometrischen Figur keine Rolle, so dass Translationen, Rotationen, Spiegelungen und Streckungen (Dilatationen) zu dieser Transformationsgruppe gehören. Für die hyperbolische Geometrie im Poincaré'schen Modell ist dies die Gruppe der gebrochen-linearen Transformationen

$$T(z) = \frac{az + b}{cz + d}, \quad a, b, c, d \in \mathbb{R}, \ ad - bc = 1.$$

Allgemein wirft Klein folgendes umgekehrte Problem auf.

„Es ist eine Mannigfaltigkeit und in derselben eine Transformationsgruppe gegeben; man soll die der Mannigfaltigkeit angehörigen Gebilde hinsichtlich solcher Eigenschaften untersuchen, die durch die Transformationen der Gruppe nicht geändert werden."

Die Bearbeitung dieses Forschungsprogramms hat in den letzten 100 Jahren zu einer fruchtbaren Wechselwirkung von Geometrie und Gruppentheorie geführt.

Literaturhinweise

Allgemeine Lehrbücher zur mengentheoretischen Topologie
M.A. ARMSTRONG: *Basic Topology*. Springer 1983.
J.G. HOCKING, G.S. YOUNG: *Topology*. Addison-Wesley 1961 (Nachdruck Dover 1988).
K. JÄNICH: *Topologie*. 8. Auflage, Springer 2005.
J.R. MUNKRES: *Topology*. 2. Auflage, Prentice Hall 2000.
B. VON QUERENBURG: *Mengentheoretische Topologie*. 3. Auflage, Springer 2013.

Zur Differentialgeometrie
CH. BÄR: *Elementare Differentialgeometrie*. 2. Auflage, de Gruyter 2010.
M.P. DO CARMO: *Differentialgeometrie von Kurven und Flächen*. 3. Auflage, Vieweg 1993.
M.P. DO CARMO: *Riemannian Geometry*. Birkhäuser 1992.

Zur algebraischen Topologie

G.E. BREDON: *Topology and Geometry*. Springer 1993.

A. HATCHER: *Algebraic Topology*. Cambridge University Press 2002.

J.R. MUNKRES: *Elements of Algebraic Topology*. Addison-Wesley 1984.

T. TOM DIECK: *Algebraic Topology*. European Mathematical Society 2010.

Zur euklidischen und nichteuklidischen Geometrie

W. FENCHEL: *Elementary Geometry in Hyperbolic Space*. De Gruyter 1989.

M.J. GREENBERG: *Euclidean and Non-Euclidean Geometries*. W.H. Freeman 1993.

H.W. GUGGENHEIM: *Plane Geometry and Its Groups*. Holden-Day 1967.

R. HARTSHORNE: *Geometry: Euclid and Beyond*. Springer 2000.

F. KLEIN: *Vorlesungen über nicht-euklidische Geometrie*. Springer 1928.

F. LEMMERMEYER: *Mathematik à la Carte*. Springer Spektrum 2015.

A. OSTERMANN, G. WANNER: *Geometry By Its History*. Springer 2012.

Numerik

10

Der Numerik geht es um die Näherung und Berechnung mathematischer Größen. War man bei der Umsetzung von Rechenverfahren bis zum 20. Jahrhundert auf Papier und Bleistift oder mechanische Rechenmaschinen angewiesen, so eröffnete die Erfindung des Computers neue Möglichkeiten. Der technischen Neuerung folgte ein systematischer Aufbau der Theorie zur Genauigkeit und Stabilität von numerischen Algorithmen. Diese Entwicklung findet ihren Widerhall auch in den folgenden zwölf Abschnitten.

Zu Beginn diskutieren wir drei grundlegende Begriffe der Numerik: die Kondition eines mathematischen Problems (Abschn. 10.1), die Gleitkommazahlen (Abschn. 10.2) und die Stabilität eines numerischen Verfahrens (Abschn. 10.3). Insbesondere die Kondition und die Stabilität gehören zum theoretischen Werkzeug, mit dem die erreichte Genauigkeit einer numerischen Simulation abgeschätzt werden kann. Die nächste inhaltliche Einheit bilden die drei großen Themen der numerischen linearen Algebra: lineare Gleichungssysteme (Abschn. 10.4), Least-Squares-Probleme (Abschn. 10.5) und Eigenwerte linearer Abbildungen (Abschn. 10.6). Für die linearen Gleichungssysteme wird das Gauß'sche Eliminationsverfahren diskutiert. Das Least-Squares-Problem wird mit einer QR-Zerlegung der Systemmatrix gelöst. Als exemplarischer Eigenwertlöser wird die Vektoriteration vorgestellt.

Die folgenden zwei Abschnitte widmen sich Fragen der Approximationstheorie, indem sie die Interpolation von stetigen Funktionen mit algebraischen Polynomen $x \mapsto x^k$ (Abschn. 10.7) und mit trigonometrischen Polynomen $x \mapsto e^{ikx}$ (Abschn. 10.8) ansprechen. Für die algebraischen Polynome liegt unser Augenmerk auf den Lebesgue-Konstanten sowie den baryzentrischen Interpolationsformeln. Die trigonometrischen Polynome werden als Träger der diskreten und schnellen Fourier-Transformation besprochen.

Das nächste Beitragspaar befasst sich mit der numerischen Integration von stetigen Funktionen. Abschnitt 10.9 behandelt grundlegende Fragen der Kondition, einfache Summationsverfahren sowie die summierte Trapezregel. Orthogonale Polynome und die Gauß'schen Quadraturverfahren stehen im Mittelpunkt von Abschn. 10.10.

© Springer-Verlag Berlin Heidelberg 2016
O. Deiser, C. Lasser, E. Vogt, D. Werner, *12 × 12 Schlüsselkonzepte zur Mathematik*,
DOI 10.1007/978-3-662-47077-0_10

Zuletzt werden die Runge-Kutta-Verfahren zur numerischen Lösung gewöhnlicher Differentialgleichungen (Abschn. 10.11) und das Newton-Verfahren als iterative Methode zum Lösen nichtlinearer Gleichungssysteme (Abschn. 10.12) vorgestellt. In beiden Abschnitten stehen Kondition und Stabilität außen vor, da für deren Diskussion ein weiterer theoretischer Rahmen erforderlich wäre.

10.1 Die Kondition

Lineare Gleichungssysteme mit nur zwei Gleichungen und zwei Unbekannten können bereits überraschen. In einer Arbeit aus dem Jahr 1966 diskutiert William Kahan das lineare Gleichungssystem $Aw = b$ mit

$$A = \begin{pmatrix} 0.2161 & 0.1441 \\ 1.2969 & 0.8648 \end{pmatrix}, \quad b = \begin{pmatrix} 0.1440 \\ 0.8642 \end{pmatrix}.$$

Die Matrix A ist invertierbar, und das Gleichungssystem hat die eindeutige Lösung $w = (2, -2)^T$. Angenommen, der Lösungsvektor wäre nicht bekannt, so dass die Genauigkeit einer numerischen Lösung $\hat{w}$ nicht über die Differenz zur exakten Lösung w, sondern nur über das *Residuum* $b - A\hat{w}$ beurteilt werden kann. Für das Kahansche Beispiel weicht der Vektor $\hat{w} = (0.9911, -0.4870)^T$ sowohl in der Länge als auch in der Richtung von der Lösung w deutlich ab. Dennoch ist das Residuum $b - A\hat{w} = (-10^{-8}, 10^{-8})^T$ klein. Dies kann durch den numerische Grundbegriff der Kondition erklärt werden.

Wir widmen uns der abstrakten Problemstellung, dass für eine Funktion f und ein gegebenes x der Funktionswert $y = f(x)$ berechnet werden soll. Addieren wir eine kleine Störung Δx, so stellt sich die Frage, wie weit $f(x + \Delta x)$ und $f(x)$ voneinander abweichen und wie sehr f die Störung verstärkt. Kontextabhängig wird man Δx und die Differenz $\Delta y = f(x + \Delta x) - f(x)$ mit einem absoluten oder einem relativen Fehlermaß messen. Ist $f : \mathbb{R}^2 \to \mathbb{R}$ beispielsweise eine Funktion von $\mathbb{R}^2$ nach $\mathbb{R}$, so könnte man den Abstand der Funktionswerte im Betrag absolut messen und die Störung komponentenweise relativ:

$$\|\Delta y\| = |\Delta y|, \qquad \|\Delta x\| = \max_{k=1,2} \frac{|\Delta x_k|}{|x_k|}.$$

Die *Kondition* $\kappa_f(x)$ einer beliebigen Funktion f für den Punkt x definiert man nun als die kleinste Zahl $\kappa \geq 0$, für die es ein $\delta > 0$ gibt, so dass

$$\|f(x + \Delta x) - f(x)\| \leq \kappa \|\Delta x\|$$

für alle $\|\Delta x\| \leq \delta$ gilt. Die Kondition hängt von den verwendeten Fehlermaßen ab und spiegelt wider, wie sehr f kleine Störungen verstärkt. Stammen die Fehlermaße von einer Metrik, so ist die Kondition eine lokale Lipschitz-Konstante. Probleme heißen *gut konditioniert* oder *schlecht konditioniert*, je nachdem, ob ihre Kondition in etwa 1 oder sehr groß ist. Ist die Kondition gleich unendlich, so spricht man von einem *schlecht gestellten Problem*.

Wir betrachten eine Funktion $f \colon \mathbb{R}^2 \to \mathbb{R}$ mit stetiger erster Ableitung im Punkt x und verwenden die speziellen Fehlermaße von eben. Dann kann man aus der Taylor-Formel ableiten, dass

$$\kappa_f(x) = \frac{1}{|f(x)|} \left(\left| \frac{\partial f}{\partial x_1}(x) \right| \cdot |x_1| + \left| \frac{\partial f}{\partial x_2}(x) \right| \cdot |x_2| \right)$$

gilt. Wenden wir dies für die Addition $f(x_1, x_2) = x_1 + x_2$ an, so ergibt sich

$$\kappa_+(x) = \frac{|x_1| + |x_2|}{|x_1 + x_2|}.$$

Haben x_1 und x_2 gleiches Vorzeichen, so ist $\kappa_+(x) = 1$, und man betrachtet die Addition bei gleichem Vorzeichen als gut konditioniert. Sind x_1 und x_2 fast betragsgleich und haben entgegengesetztes Vorzeichen, so fällt $|x_1| + |x_2|$ deutlich größer als $|x_1 + x_2|$ aus, und die Kondition $\kappa_+(x)$ ist sehr groß. Eine Subtraktion fast gleich großer positiver Zahlen ist deshalb schlecht konditioniert. Man spricht in diesem Fall von *Auslöschung* (siehe auch Abschn. 10.3).

Sei nun $A \in \mathbb{R}^{n \times n}$ eine invertierbare Matrix und $f \colon \mathbb{R}^n \to \mathbb{R}^n$, $f(x) = A^{-1}x$, die Funktion, welche die Lösung des zu A gehörigen Gleichungssystems mit rechter Seite x angibt. Wir wählen relative Fehlermaße bezüglich einer beliebigen Norm des $\mathbb{R}^n$,

$$\|\Delta x\| = \|\Delta x\| / \|x\|, \qquad \|\Delta y\| = \|\Delta y\| / \|y\|$$

und erhalten

$$\kappa_f(Ax) = \lim_{\delta \to 0} \sup_{\|\Delta x\| \leq \delta} \frac{\|f(Ax + \Delta x) - f(Ax)\| \cdot \|Ax\|}{\|f(Ax)\| \cdot \|\Delta x\|} = \frac{\|A^{-1}\| \cdot \|Ax\|}{\|x\|},$$

wobei $\|A^{-1}\| = \max\{\|A^{-1}x\| \mid \|x\| = 1\}$ die Matrixnorm von A^{-1} bezeichnet, siehe Abschn. 5.7. Es ergibt sich unmittelbar $\kappa_f(Ax) \leq \|A^{-1}\| \cdot \|A\|$, und da A invertierbar ist, auch $\kappa_f(x) \leq \|A^{-1}\| \cdot \|A\|$ für alle x. Man nennt die positive Zahl

$$\kappa(A) = \|A^{-1}\| \cdot \|A\|$$

die *Kondition der Matrix* A. Die Kondition einer Matrix hängt von der verwendeten Norm ab und gibt darüber Auskunft, wie sich Störungen der rechten Seite schlimmstenfalls auf die Lösung des linearen Gleichungssystems auswirken. Für schlecht konditionierte Gleichungssysteme sucht man deshalb nach invertierbaren Matrizen M, für die $\kappa(MA)$ deutlich kleiner als $\kappa(A)$ ausfällt, und arbeitet mit dem zu $Aw = b$ äquivalenten Gleichungssystem $MAw = Mb$. Dieses praxisrelevante Vorgehen nennt man *Vorkonditionierung*.

Wir kehren nun zu Kahans Beispiel zurück. In der Supremumsnorm schreiben sich die relativen Fehler als

$$\|\Delta x\| = \frac{\|b - Az\|_\infty}{\|b\|_\infty}, \qquad \|\Delta y\| = \frac{\|w - z\|_\infty}{\|w\|_\infty}.$$

Für den Quotienten $\|\Delta y\|/\|\Delta x\|$ und somit für die Kondition von $f(x) = A^{-1}x$ im Punkt b erhält man dann in etwa $\frac{2}{3} \cdot 10^8$. Die Inverse

$$A^{-1} = \begin{pmatrix} -86480000 & 14410000 \\ 129690000 & -21610000 \end{pmatrix}$$

hat nur Einträge mit sehr großem Betrag, und die Kondition der Matrix A liegt bei etwa $3 \cdot 10^8$. Dass ein Vektor mit kleinem Residuum so weit weg von der exakten Lösung liegen kann, erklärt sich also durch schlechte Kondition.

10.2   Gleitkomma-Arithmetik

Auf einem Computer stehen nur endlich viele Informationseinheiten zur Verfügung. Man arbeitet deshalb bei der Umsetzung numerischer Verfahren mit endlichen Teilmengen der rationalen Zahlen $\mathbb{Q}$, welche einen möglichst weiten Bereich der reellen Zahlen überstreichen. Eine solche Menge von *Gleitkommazahlen* wird durch vier ganze Zahlen festgelegt: die *Basis* b, die *Präzision* p, sowie die Zahlen e_{min} und e_{max}, welche den *Exponentenbereich* abgrenzen. Man setzt

$$G = \{\pm m \cdot b^{e-p} \mid 0 \le m \le b^p - 1, \, e_{min} \le e \le e_{max}\}.$$

Alternativ kann man eine Gleitkommazahl auch als

$$\pm m \cdot b^{e-p} = \pm b^e \left(\frac{d_1}{b} + \frac{d_2}{b^2} + \ldots + \frac{d_p}{b^p} \right)$$

darstellen, wobei die *Ziffern* $d_1, \ldots, d_p$ aus der Menge $\{0, 1, \ldots, b-1\}$ stammen. Für die Basis $b = 10$ kann dies als $\pm m \cdot 10^{e-p} = \pm 10^e \cdot 0.d_1 d_2 \ldots d_p$ umgeschrieben werden, und die Zahlen haben in Abhängigkeit vom Exponenten e ein gleitendes „Komma". (In der Numerik ist es üblich, der internationalen Konvention folgend, Dezimalbrüche mit einem Punkt statt Komma zu schreiben; trotzdem nennt man im Deutschen Gleitkomma-Arithmetik, was im Englischen floating point arithmetic heißt.) Um für jedes $x \in G$, $x \ne 0$, eine eindeutige Darstellung zu erreichen, fordert man zusätzlich $m \ge b^{p-1}$ oder äquivalent $d_1 \ne 0$. Solche Gleitkommazahlen heißen *normalisiert*, und wir gehen im Folgenden von normalisierten Zahlen aus. Es gilt für den kleinsten und größten Betrag:

$$g_{min} := \min\{|x| \mid x \in G, \, x \ne 0\} = b^{e_{min}-1},$$
$$g_{max} := \max\{|x| \mid x \in G\} = b^{e_{max}}(1 - b^{-p}).$$

Der IEEE-Gleitkommastandard 754r, der vom weltweiten Berufsverband des „Institute of Electrical and Electronics Engineers" (IEEE) entwickelt wurde, hat die Basis $b = 2$. Dieser Standard wird von fast allen modernen Prozessoren und Softwarepaketen umgesetzt. Die zwei Hauptformate *single precision* und *double precision* werden von Gleitkommazahlen mit 32 beziehungsweise 64 Bits getragen. Die Bits werden so verteilt, dass die einfache Genauigkeit die Präzision $p = 24$ und den Exponentenbereich $(e_{min}, e_{max}) = (-125, 128)$ hat, während für die doppelte Genauigkeit $p = 53$ und $(e_{min}, e_{max}) = (-1021, 1024)$ gilt.

Gleitkommazahlen sind nicht äquidistant, da die Abstände bei jeder Potenz der Basis b um einen Faktor b springen. Die nächstgrößere Gleitkommazahl nach der 1 folgt im Abstand der *Maschinengenauigkeit* $\varepsilon := b^{1-p}$. Alle Gleitkommazahlen zwischen 1 und b haben den gleichen Abstand ε, die Gleitkommazahlen zwischen b^{-1} und 1 haben den Abstand ε/b. Allgemein gilt für jedes $x \in G$

$$\varepsilon b^{-1}|x| \leq \min\{|x - y| \mid y \in G, \, y \neq x\} \leq \varepsilon |x|.$$

Seien G_∞ die Menge aller Gleitkommazahlen mit unbegrenztem Exponentenbereich, $e \in \mathbb{Z}$ und

$$\mathrm{fl} \colon \mathbb{R} \to G_\infty, \; x \mapsto \operatorname{argmin}\{|x - y| \mid y \in G_\infty\}$$

die *Rundungsabbildung*. Im Fall, dass eine reelle Zahl $x \in \mathbb{R}$ genau in der Mitte zweier Gleitkommazahlen liegt, muss eine Rundungsregel greifen. Der IEEE-Standard wählt hierfür diejenige der beiden Gleitkommazahlen, deren letzte Ziffer d_p gerade ist („round to even").

Wir kehren in den beschränkten Exponentenbereich zurück. Auch wenn die doppelte Genauigkeit des IEEE-Standards Gleitkommazahlen des Betrags $10^{\pm308}$ enthält, läuft man durch einfache arithmetische Operationen wie das Quadrieren oft aus den aufgelösten Betragsgrößen heraus. Man spricht von *Überlauf* und *Unterlauf*, falls

$$|\mathrm{fl}(x)| > g_{max} \quad \text{bzw.} \quad 0 < |\mathrm{fl}(x)| < g_{min}$$

für ein $x \in \mathbb{R}$ gilt. Überlauf lässt sich jedoch durch geeignete Skalierungen eindämmen. Zum Beispiel kann man die euklidische Länge eines Vektors $(x_1, x_2) \in \mathbb{R}^2$ folgendermaßen berechnen:

$$s = \max\{|x_1|, |x_2|\}, \qquad \|x\|_2 = s \cdot \sqrt{(x_1/s)^2 + (x_2/s)^2}.$$

Oft werden Gleitkommazahlen nicht durch ihre Maschinengenauigkeit $\varepsilon = b^{1-p}$ charakterisiert, sondern durch $\frac{1}{2}\varepsilon$, den sogenannten *unit round off*. Dies ist durch den relativen Fehler $|\mathrm{fl}(x) - x|/|x|$ der Rundungsabbildung begründet. Liegt $x \in \mathbb{R}$ vom Betrag her im Intervall $[g_{min}, g_{max}]$, so gilt

$$\mathrm{fl}(x) = x(1 + \delta)$$

für ein $\delta \in \mathbb{R}$ mit $|\delta| \leq \frac{1}{2}\varepsilon$. Das heißt, dass der relative Fehler nicht größer als die halbe Maschinengenauigkeit ausfällt. Für die Hauptformate des IEEE-Standards ist $\frac{1}{2}\varepsilon \approx 6 \cdot 10^{-8}$ beziehungsweise $\frac{1}{2}\varepsilon \approx 1 \cdot 10^{-16}$ bei einfacher und doppelter Genauigkeit.

Diese einfache, aber wichtige Abschätzung motiviert, dass man für die grundlegenden arithmetischen Operationen Plus, Minus, Mal und Geteilt das *Standardmodell der Gleitkomma-Arithmetik* annimmt: Für alle $x, y \in G$ mit $|x \text{ op } y| \in [g_{min}, g_{max}]$ gilt

$$\text{fl}(x) \text{ op } \text{fl}(y) = (x \text{ op } y)(1 + \delta), \qquad |\delta| \leq \tfrac{1}{2}\varepsilon,$$

wobei wir mit op sowohl die üblichen arithmetischen Operationen $+, -, \cdot, /$ auf den reellen Zahlen als auch die entsprechenden Gleitkomma-Operationen bezeichnen. Das Modell verlangt also für die Gleitkomma-Arithmetik eine gleich große Fehlerschranke, wie sie für das Runden des exakten Ergebnisses gilt. Es ist für fast alle modernen Computer gültig und wird insbesondere von den IEEE-Standards umgesetzt. Es ist deshalb der allgemeine Ausgangspunkt für die Fehleranalyse numerischer Verfahren.

10.3   Numerische Stabilität

Die numerische Berechnung der Nullstellen eines Polynoms zweiten Grades sollte einfach sein, da man sogar auf eine geschlossene Lösungsformel zurückgreifen kann. Wir geben uns zu Testzwecken zwei Nullstellen vor, $x_+ = 3000$ und $x_- = 1 + 10^{-12}$. Das Polynom

$$(x - x_+) \cdot (x - x_-) = x^2 + bx + c$$

hat die Koeffizienten $b = -(x_+ + x_-) = -3001 - 10^{-12}$ und $c = x_+ x_- = 3000 + 3 \cdot 10^{-9}$. Wir werten die Lösungsformel $x_\pm = \frac{1}{2}(-b \pm \sqrt{b^2 - 4c})$ in Gleitkomma-Arithmetik mit doppelter Genauigkeit, das heißt mit einer Maschinengenauigkeit $\varepsilon = 2^{-52} \approx 2 \cdot 10^{-16}$, aus und erhalten die Werte 3000 und 1.000000000000910. Weshalb ist die kleinere Nullstelle ab der zwölften Nachkommastelle falsch, obwohl die Gleitkommazahlen das Intervall $[1, 2]$ mit Genauigkeit ε auflösen?

Wir betrachten die Abbildung $f(x) = \frac{1}{2}(-x_1 - \sqrt{x_1^2 - 4x_2})$ und berechnen ihre Konditionszahl bezüglich der Fehlermaße, die wir in Abschn. 10.1 für die Diskussion der Auslöschung verwendet haben. Man erhält

$$\kappa_f(x) = \frac{\frac{1}{2}\left|\frac{x_1}{\sqrt{x_1^2 - 4x_2}} + 1\right| \cdot |x_1| + \frac{|x_2|}{\sqrt{x_1^2 - 4x_2}}}{\frac{1}{2}\left|x_1 + \sqrt{x_1^2 - 4x_2}\right|}$$

und für $x = (b, c)$ ergibt sich eine Kondition von etwa 2. Numerische Fehler lassen sich also durch eine Konditionszahl allein nicht erklären. Wir erweitern deshalb die Fehleranalyse um ihren zweiten Grundbegriff, der Stabilität.

Wir stellen uns also dem Problem, für eine Funktion f und ein gegebenes x den Wert $f(x)$ zu berechnen, und arbeiten in Gleitkomma-Arithmetik mit Maschinengenauigkeit ε. Das numerische Verfahren modellieren wir durch eine Funktion $\hat{f}$, der ein leicht gestörter Eingabewert $x + \Delta x$ übergeben wird. Der numerische Fehler schreibt sich dann als

$$f(x) - \hat{f}(x + \Delta x) = \big(f(x) - f(x + \Delta x)\big) + \big(f(x + \Delta x) - \hat{f}(x + \Delta x)\big).$$

Der erste Summand ist im Fehlermaß durch die entsprechende Konditionszahl beschränkt: Für hinreichend kleines $\|\Delta x\|$ gilt

$$\|f(x) - f(x + \Delta x)\| \leq \kappa_f(x)\|\Delta x\|.$$

Für den zweiten Summanden definiert man den *Stabilitätsindikator* $\sigma_{\hat{f}}(x)$ des numerischen Verfahrens $\hat{f}$ im Punkt x als die kleinste Zahl $\sigma \geq 0$, für die es ein $\delta > 0$ gibt, so dass

$$\|f(x) - \hat{f}(x)\| \leq \sigma \kappa_f(x) \varepsilon$$

für alle $\varepsilon \leq \delta$ gilt. Der Stabilitätsindikator hängt von den verwendeten Fehlermaßen ab und kontrolliert gemeinsam mit der Kondition des Problems den Fehler des numerischen Verfahrens. Diese Definition zielt nicht auf die Ausführung des Verfahrens auf einem konkreten Rechner mit fester Maschinengenauigkeit, sondern auf eine idealisierte Situation, in der die Maschinengenauigkeit hinreichend klein gewählt werden kann, so dass sie unter die δ-Schranke fällt.

Ein numerisches Verfahren heißt *stabil* oder *instabil*, je nachdem, ob der Stabilitätsindikator von der Größenordnung 1 oder sehr groß ist. Ein stabiles Verfahren erreicht für ein gut konditioniertes Problem in etwa Maschinengenauigkeit. Für ein schlecht konditioniertes Problem sind hingegen alle Verfahren im Sinne dieser Definition stabil.

Im vorherigen Beispiel zur Nullstellenberechnung liegt der numerische Fehler drei Größenordnungen über dem, was man für ein stabiles Verfahren erwarten würde. Wie diese Instabilität entsteht, lässt sich aus der Kettenregel für den Stabilitätsindikator erklären: Ein numerisches Verfahren besteht aus einer Abfolge von Gleitkomma-Operationen, die man zu handhabbaren Teilschritten zusammenfasst. Unser Beispielverfahren kann man als $\hat{f} = \hat{h} \circ \hat{g}$ zerlegen, wobei $\hat{g}$ und $\hat{h}$ die Probleme $g(x_1, x_2) = (x_1, \sqrt{x_1^2 - 4x_2})$ und $h(y_1, y_2) = \frac{1}{2}(-y_1 - y_2)$ lösen. Die Produktabschätzung für den Stabilitätsindikator

$$\sigma_{\hat{f}}(x)\kappa_f(x) \leq \kappa_h(g(x)) \cdot \big(\sigma_{\hat{h}}(g(x)) + \sigma_{\hat{g}}(x)\kappa_g(x)\big)$$

legt nahe, die Kondition der Teilprobleme $g(x)$ und $h(g(x))$ für den Punkt $x = (b, c)$ zu überprüfen, und man findet in $h(g(b, c))$ eine Auslöschung. Die Instabilität ist hier also einem schlecht konditionierten Teilproblem geschuldet. Berechnet man jedoch alternativ die kleinere Nullstelle über den Quotienten $x_- = c/x_+ = c/\frac{1}{2}(-b + \sqrt{b^2 - 4c})$, so fußt das Verfahren auf einer Formel, die sich aus gut konditionierten, stabil lösbaren Einzelproblemen zusammensetzt. Das Verfahren ist also stabil und liefert erwartungsgemäß die Nullstelle 1.000000000001000.

In der Praxis ist die Schätzung des Stabilitätsindikators $\sigma_{\hat{f}}(x)$ meist schwierig, da er vom Fehler des Verfahrens und der Kondition des Problems abhängt. Man wechselt deshalb die Perspektive und betrachtet das Ergebnis $\hat{f}(x)$ eines numerischen Verfahrens als den Wert der Funktion f für einen gestörten Eingabepunkt $x + \Delta x$:

$$\hat{f}(x) = f(x + \Delta x).$$

Man schätzt anstelle des *Vorwärtsfehlers* $\|f(x) - \hat{f}(x)\|$ den *Rückwärtsfehler* $\|\Delta x\|$ und ergänzt den zuvor entwickelten Begriff der Vorwärtsstabilität folgendermaßen. Der *Stabilitätsindikator* $\rho_{\hat{f}}(x)$ der Rückwärtsanalyse für das Verfahren $\hat{f}$ im Punkt x ist die kleinste Zahl $\rho \geq 0$, für die es ein $\delta > 0$ gibt, so dass

$$\|\Delta x\| \leq \rho\,\varepsilon$$

für alle $\varepsilon \leq \delta$ gilt. Man nennt ein numerisches Verfahren $\hat{f}$ *rückwärtsstabil* im Punkt x, wenn der Stabilitätsindikator $\rho_{\hat{f}}(x)$ von der Größenordnung 1 ist. Im gut konditionierten Fall berechnet also ein rückwärtsstabiles Verfahren die richtige Lösung für ein naheliegendes Problem, während ein vorwärtsstabiles Verfahren lediglich eine fast richtige Lösung für ein naheliegendes Problem liefert. Diese Interpretation wird auch von der leicht zu beweisenden Abschätzung

$$\sigma_{\hat{f}}(x) \leq \rho_{\hat{f}}(x)$$

gestützt. Aus der Rückwärtsstabilität folgt also die Vorwärtsstabilität.

Die Produktformel für ein zusammengesetztes Verfahren $\hat{f} = \hat{h} \circ \hat{g}$, deren erster Teilschritt auf einer invertierbaren Abbildung g beruht, lautet

$$\rho_{\hat{f}}(x) \leq \rho_{\hat{g}}(x) + \kappa_{g^{-1}}(g(x))\,\rho_{\hat{h}}(\hat{g}(x)).$$

Ist der erste Teilschritt beispielsweise eine Addition $g(x) = 1 + x$ für ein betragskleines x, so ist die relative Konditionszahl

$$\kappa_{g^{-1}}(g(x)) = \frac{|(g^{-1})'(g(x))| \cdot |g(x)|}{|g^{-1}(g(x))|} = \frac{|1 + x|}{|x|}$$

sehr groß, und das Verfahren möglicher Weise nicht rückwärtsstabil. Man verliert in diesem Fall Information über den Eingabewert x, da die Gleitkommazahlen den Bereich kurz unter und nach der 1 gröber auflösen als die Bereiche kleinen Betrags.

Ein vorwärtsstabiles, aber nicht rückwärtsstabiles Verfahren ist das Lösen linearer 2×2-Systeme. Wir vergleichen die Cramer'sche Regel mit dem Gauß'schen Eliminationsverfahren mit Spaltenpivotisierung (siehe Abschnitte 5.5 und 10.6) und lösen das schlecht konditionierte Gleichungssystem $Aw = b$, das wir im Abschn. 10.1 diskutiert haben. Wir erhalten in doppelter Genauigkeit folgende relative Fehler für die numerische Lösung $\hat{w}$ und die echte Lösung $w = (2, -2)^T$:

$\kappa(A) \approx 3 \cdot 10^8$	$\|w - \hat{w}\|$	$\|b - A\hat{w}\|$
Cramer (vorwärtsstabil)	$1.7998 \cdot 10^{-9}$	$1.1673 \cdot 10^{-10}$
Gauß (rückwärtsstabil)	$1.7998 \cdot 10^{-9}$	$7.7038 \cdot 10^{-17}$

Das rückwärtsstabile Gauß'sche Eliminationsverfahren hat einen Rückwärts-
fehler $\|b - A\hat{w}\| = \|b - A\hat{w}\|_\infty / \|b\|_\infty$ in der Größenordnung der Maschinen-
genauigkeit, während der Vorwärtsfehler $\|w - \hat{w}\| = \|w - \hat{w}\|_\infty / \|w\|_\infty$ etwa
acht Größenordnungen darüber liegt. Dies bestätigt nicht nur die Faustregel, dass
der Vorwärtsfehler durch die Kondition mal dem Rückwärtsfehler beschränkt ist,
sondern zeigt, dass diese obere Schranke von der Größenordnung her auch angenommen werden kann. Der Rückwärtsfehler der Cramer'schen Regel liegt etwa
sechs Größenordnungen über der Maschinengenauigkeit, während der Vorwärtsfehler gleich dem des Eliminationsverfahrens ist.

10.4 Das Gauß'sche Eliminationsverfahren

Die Gauß'sche Elimination ist ein direktes Verfahren zum Lösen linearer Gleichungssysteme, das in der westlichen Kultur zumeist Carl Friedrich Gauß zuge-
schrieben wird. Schon vor unserer Zeitrechnung wurde die Methode aber in der
chinesischen Mathematik für konkrete Systeme mit bis zu fünf Unbekannten verwendet.

Die Idee der Gauß'schen Elimination ist es, lineare Gleichungssysteme mit
m Gleichungen und n Unbekannten zu lösen, indem man sie durch sukzessive Um-
formungen in obere Trapezgestalt überführt (siehe auch Abschn. 5.4). Ein System
$Ax = b$ mit $A \in \mathbb{R}^{m \times n}$ und $b \in \mathbb{R}^m$ wird durch Linksmultiplikation mit einfach
handhabbaren Matrizen auf die Form $Rx = \tilde{b}$ gebracht, wobei $R \in \mathbb{R}^{m \times n}$ eine
obere Trapezmatrix ist und $R(k, l) = 0$ für alle $k > l$ erfüllt. Schematisch sieht die
Elimination folgendermaßen aus:

$$A = \begin{pmatrix} \times \times \times \times \times \\ \times \times \times \times \times \\ \times \times \times \times \times \end{pmatrix} \to \begin{pmatrix} \times \times \times \times \times \\ \times \times \times \times \\ \times \times \times \times \end{pmatrix} \to \begin{pmatrix} \times \times \times \times \times \\ \times \times \times \times \\ \times \times \times \end{pmatrix} = R.$$

Wir diskutieren zuerst den Fall einer invertierbaren Matrix $A \in \mathbb{R}^{n \times n}$. Hier besitzt $Ax = b$ immer eine eindeutig bestimmte Lösung x, und es gilt der folgende
Satz: Genau dann, wenn die Untermatrizen $A(1:k, 1:k) \in \mathbb{R}^{k \times k}$ für alle $k < n$
ebenfalls invertierbar sind, lässt A eine eindeutige Zerlegung der Form

$$A = \begin{pmatrix} 1 & & \\ \times & 1 & \\ \times & \times & 1 \end{pmatrix} \begin{pmatrix} \times & \times & \times \\ & \times & \times \\ & & \times \end{pmatrix} = LR$$

zu, wobei der *Linksfaktor* $L \in \mathbb{R}^{n \times n}$ eine untere Dreiecksmatrix mit lauter Einsen auf der Diagonalen und der *Rechtsfaktor* $R \in \mathbb{R}^{n \times n}$ eine invertierbare obere
Dreiecksmatrix ist.

Die Gauß'sche Elimination berechnet die *LR-Zerlegung* in folgender Weise. Man
multipliziert das Gleichungssystem $Ax = b$ von links mit unteren Dreiecksmatri-
zen $L_1, \ldots, L_{n-1}$. Bezeichnen wir mit $A^{(k)} = L_{k-1} \cdots L_1 A$, so ist L_k die Dreiecksmatrix mit lauter Einsen auf der Diagonalen und dem Vektor $-A^{(k)}(k+1 :
n, k)/A^{(k)}(k, k) \in \mathbb{R}^{n-k}$ in der k-ten Spalte unterhalb der Diagonalen. Die Inver-
tierbarkeit der Untermatrizen von A garantiert, dass die *Pivotelemente* $A^{(k)}(k, k)$
nicht verschwinden. Die Linksmultiplikation mit L_k entspricht der simultanen Addition eines Vielfachen der k-ten zu den darauffolgenden Zeilen. Dies räumt das
System $Ax = b$ unterhalb der Diagonalen aus und bringt es auf obere Dreiecksform $Rx = c$, wobei $R = A^{(n)} = L_{n-1} \cdots L_1 A$ der Rechtsfaktor ist und $c =
L_{n-1} \cdots L_1 b$ gilt. Der Linksfaktor ist $L = L_1^{-1} \cdots L_{n-1}^{-1}$. Das Dreieckssystem $Rx =
c$ lässt sich nun durch Rückwärts-Substitution einfach lösen, und wir erhalten das
gesuchte x über

$$x(k) = (c(k) - R(k, k+1 : n) \cdot x(k+1 : n))/R(k, k), \qquad k = 1, \ldots, n.$$

Dieses einfache Eliminationsverfahren ist möglicherweise instabil. Seien $\hat{L}$ und
$\hat{R}$ die in Gleitkomma-Arithmetik mit Maschinengenauigkeit ε berechneten LR-
Faktoren von A, und bezeichne $\| \cdot \|_\infty$ die Zeilensummennorm einer Matrix. Man
kann dann zeigen, dass der Rückwärtsfehler $\|\hat{L}\hat{R} - A\|_\infty/\|A\|_\infty$ vor allem von
$\|L\|_\infty \|R\|_\infty/\|A\|_\infty$ dominiert wird. Dieser Quotient kann aber beliebig groß, sein,
wie das folgende Beispiel zeigt:

$$\begin{pmatrix} \delta & 1 \\ 1 & 1 \end{pmatrix} = \begin{pmatrix} 1 & 0 \\ \frac{1}{\delta} & 1 \end{pmatrix} \begin{pmatrix} \delta & 1 \\ 0 & 1 - \frac{1}{\delta} \end{pmatrix}.$$

Hier gelten $\|A\|_\infty \to 1$ und $\|L\|_\infty, \|R\|_\infty \to \infty$, falls $\delta \to 0$.

Wir führen deshalb zusätzliche Zeilenvertauschungen ein, die darauf abzielen,
nicht durch kleine Pivotelemente zu teilen, und verbessern so in den meisten Fällen
die Stabilität des Verfahrens. Man sucht im l-ten Schritt in der l-ten Spalte nach
dem betragsgrößten Element $A^{(l)}(k_*, l)$ und vertauscht die l-te mit der k_*-ten Zeile, bevor die Matrix L_l gebildet wird. Die zugehörige Permutationsmatrix P_l geht
durch die Vertauschung der l-ten und der k_*-ten Zeile aus der Einheitsmatrix hervor.
Das Eliminationsverfahren führt dann auf das obere Dreieckssystem $Rx = c$ mit
$R = L_{n-1} P_{n-1} \cdots L_1 P_1 A$ und $c = L_{n-1} P_{n-1} \cdots L_1 P_1 b$. Da nur spaltenweise nach
dem betragsgrößten Element gesucht wird, spricht man von einer *Spaltenpivotisie-
rung*. Durch Einfügen mehrerer Inverser der Permutationsmatrizen $P_1, \ldots, P_{n-1}$
lässt sich die invertierbare obere Dreiecksmatrix R als $R = LPA$ schreiben, wobei
L eine untere Dreiecksmatrix mit lauter Einsen auf der Diagonalen ist, deren Einträge alle vom Betrag her kleiner oder gleich 1 sind. P ist eine Permutationsmatrix.
Gauß'sche Elimination mit Spaltenpivotisierung berechnet also die LR-Zerlegung
von PA.

Verlassen wir die quadratischen Matrizen, die gemeinsam mit ihren Untermat-
rizen invertierbar sind, so gilt Folgendes. Für jede Matrix $A \in \mathbb{R}^{m \times n}$ gibt es eine
Permutationsmatrix $P \in \mathbb{R}^{m \times m}$, eine untere Dreiecksmatrix $L \in \mathbb{R}^{m \times m}$ mit Einsen auf der Diagonalen und allen Einträgen vom Betrag her kleiner oder gleich 1

sowie eine obere Trapezmatrix $R \in \mathbb{R}^{m \times n}$, so dass $PA = LR$ gilt. Die Links-multiplikation mit P garantiert, dass das oben beschriebene Eliminationsverfahren wohldefinierte Matrizen $L_1, \ldots, L_{n-1}$ aufbaut und zu einem oberen Trapezsystem führt. Die linearen Gleichungssysteme $Ax = b$ und $Rx = L^{-1}Pb$ haben dieselbe Lösungsmenge.

Gauß'sche Elimination mit Spaltenpivotisierung braucht größenordnungsmäßig $\frac{2}{3}(\min\{m, n\})^3$ skalare Additionen und Multiplikationen. Die Matrix A kann während der Rechnung mit dem Rechtsfaktor R überschrieben werden. Für den quadratischen Fall $m = n$ hat man die folgende Stabilitätsabschätzung von James Wilkinson aus dem Jahr 1961. Die durch Gauß'sche Elimination mit Spaltenpivotisierung berechnete numerische Lösung $\hat{x}$ ist die Lösung eines gestörten Gleichungssystems $(A + E)\hat{x} = b$, und für die Störung gilt

$$\frac{\|E\|_\infty}{\|A\|_\infty} \leq \frac{n\varepsilon}{2}\left(3 + \frac{5\|\hat{L}\|_\infty\|\hat{R}\|_\infty}{\|A\|_\infty}\right) + O(\varepsilon^2).$$

$\hat{L}$ und $\hat{R}$ sind hierbei die berechneten LR-Faktoren von PA. Diese Abschätzung gleicht der für die Elimination ohne Pivotisierung bis auf den wesentlichen Unterschied, dass die Pivotisierung $|L(i, j)| \leq 1$ erzwingt.

Prinzipiell kritisch ist immer der Rechtsfaktor. Unser vorheriges Beispiel zeigt, dass er ohne Spaltenpivotisierung beliebig wachsen kann. Für den mit Spaltenpivotisierung berechneten Rechtsfaktor gibt es jedoch die dimensionabhängige obere Schranke $\|R\|_\infty / \|A\|_\infty \leq \frac{1}{n}2^{n-1}$, die von den Matrizen angenommen wird, bei denen auf der Diagonale 1, unterhalb der Diagonale -1, in der letzten Spalte 1 und ansonsten 0 steht. Im Fall $n = 3$ ergibt sich beispielsweise:

$$\begin{pmatrix} 1 & 0 & 1 \\ -1 & 1 & 1 \\ -1 & -1 & 1 \end{pmatrix} = \begin{pmatrix} 1 & 0 & 0 \\ -1 & 1 & 0 \\ -1 & -1 & 1 \end{pmatrix} \begin{pmatrix} 1 & 0 & 1 \\ 0 & 1 & 2 \\ 0 & 0 & 4 \end{pmatrix}.$$

Aus der 2001 von Daniel Spielman und Shang-Hua Teng ins Leben gerufenen *Smoothed Analysis* stammen Erklärungsansätze, weshalb in der Praxis auftretende Matrizen fast immer gutartige Rechtsfaktoren haben. Folgendes Experiment mit $n = 70$ und dem eben besprochenen A deutet die Argumentationsrichtung an: G ist die numerische Umsetzung einer Matrix, deren Einträge unabhängig, identisch gemäß $N(0, \sigma^2)$, $\sigma = 10^{-9}$, verteilte Zufallsvariablen sind. Wir lösen in doppelter Genauigkeit für eine beliebige rechte Seite $Ax = b$ und $(A + G)x = b$ durch Gauß'sche Elimination mit Spaltenpivotisierung. Im ersten Fall ist der Rückwärts-fehler erwartungsgemäß etwa 10^4, während das durch G gestörte System fast auf Maschinengenauigkeit gelöst wird.

$\|R\|_\infty / \|A\|_\infty \approx 10^{19}$	$\|A\hat{x} - b\|_\infty$	$\|(A+G)\hat{x} - b\|_\infty$
$\hat{x}$ für $Ax = b$	$3.0721 \cdot 10^4$	$3.0721 \cdot 10^4$
$\hat{x}$ für $(A + G)x = b$	$1.1888 \cdot 10^{-8}$	$2.1511 \cdot 10^{-15}$

Die Smoothed Analysis hat die vermuteten Stabilitätsbschätzungen für die Gauß'sche Elimination mit Spaltenpivotisierung noch nicht bewiesen. Ungeklärt ist auch, welche Störungstypen das Stabilitätsverhalten wie beeinflussen.

Gauß hat im Juni 1798 in seinem wissenschaftlichen Tagebuch geschrieben: *Problema eliminationis ita solutum ut nihil amplius desiderari possit.* (Problem der Elimination so gelöst, dass nichts mehr zu wünschen bleibt.) Wir wünschen uns trotzdem noch eine vollständige Erklärung ihrer Stabilität.

10.5   Die Methode der kleinsten Quadrate

Im Vorwort seines Buches über die Bewegung der Himmelskörper schreibt Gauß, dass die erste Anwendung seiner Methode der kleinsten Fehlerquadrate zur Wiederauffindung des Asteroiden Ceres im Dezember 1801 geführt hat. Es gibt begründete Zweifel, ob Gauß diese Methode als Erster gefunden hat. Ihr Einsatz, „um den flüchtigen Planeten der Beobachtung wieder zurückzugeben", ist jedoch sicher ein Glanzstück angewandter Mathematik.

Die abstrakte Problemstellung linearer Ausgleichsrechnung ist die folgende. Gegeben sind ein Vektor $b \in \mathbb{R}^m$ von Messwerten und eine Matrix $A \in \mathbb{R}^{m \times n}$. Gesucht ist ein Vektor $x \in \mathbb{R}^n$, so dass Ax möglichst gut die Messwerte reproduziert. Da die Anzahl m der Messungen in der Regel größer als die Anzahl n der Unbekannten ist, hat man es meist mit einem überbestimmten Gleichungssystem zu tun. Man sucht deshalb nach einem Vektor x, für den das Residuum $b - Ax$ minimal ist. Kontextabhängig wird man das Residuum mit unterschiedlichen Normen messen. Ist die Wahl jedoch auf die euklidische Norm gefallen, so löst man ein *Problem der kleinsten Fehlerquadrate*, wenn man

$$\|b - Ax\|_2^2 = \sum_{k=1}^{m}(b_k - (Ax)_k)^2$$

minimiert. Bezeichnen wir mit Pb die orthogonale Projektion von b in das Bild von A, so ist jedes x mit $Ax = Pb$ eine Lösung des Ausgleichsproblems. Hat A vollen Rang, so ist die Lösung x auch eindeutig. Wir werden im Folgenden immer annehmen, dass $m \geq n$ gilt, und A vollen Rang n hat.

Die Bedingung $Ax = Pb$ ist äquivalent dazu, dass $b - Ax$ im Kern der transponierten Matrix A^T liegt, und dies ist äquivalent zur *Normalengleichung*

$$A^T Ax = A^T b.$$

Die Matrix $A^T A$ ist positiv definit und erlaubt eine Faktorisierung $A^T A = LL^T$, wobei die invertierbare untere Dreiecksmatrix $L \in \mathbb{R}^{n \times n}$ der *Cholesky-Faktor* von A genannt wird. Die Normalengleichung lässt sich effizient und rückwärtsstabil mit etwa $\frac{1}{3}n^3$ arithmetischen Operationen lösen.

Obwohl das Ausgleichsproblem und die Normalengleichung die gleiche Lösung haben, sind sie für die Konstruktion numerischer Verfahren keineswegs äquivalent, wie folgendes Beispiel von Peter Läuchli aus dem Jahr 1961 verdeutlicht. Seien

$$A = \begin{pmatrix} 1 & 1 \\ \delta & 0 \\ 0 & \delta \end{pmatrix}, \qquad b = \begin{pmatrix} 2 \\ \delta \\ \delta \end{pmatrix}.$$

Unabhängig von $\delta > 0$ ist die exakte Lösung $x = (1, 1)^T$. Berechnen wir jedoch für $\delta = 10^{-7}$ in doppelter Genauigkeit die Lösung der Normalengleichung, so erhalten wir einen relativen Fehler $\|x - \hat{x}\|_2 / \|x\|_2$ von etwa 10^{-2}. Die numerische Fehleranalyse klärt die Situation. Für relative Fehlermaße bezüglich der euklidischen Norm ist die Kondition des Problems in etwa 10^7. Das Verfahren $\hat{f} = \hat{h} \circ \hat{g}$ mit $g(x) = A^T x$ und $h(y) = (A^T A)^{-1} y$ hat jedoch einen zweiten Teilschritt, dessen Kondition $\kappa_h(g(b)) \approx 10^{14}$ noch schlechter ist. Der Weg über die Normalengleichung kann also zu einem instabilen Verfahren führen.

Eine alternative Methode stammt aus einer einflussreichen Veröffentlichung von Gene Golub aus dem Jahr 1965. Sie verwendet orthogonale Transformationen, um dann ein oberes Dreieckssystem zu lösen. Die Matrix $A \in \mathbb{R}^{m \times n}$ lässt eine eindeutige Zerlegung in eine orthogonale Matrix $Q \in \mathbb{R}^{m \times m}$ und eine obere Trapezmatrix $R \in \mathbb{R}^{m \times n}$ mit positiven Diagonaleinträgen zu:

$$A = \begin{pmatrix} \times & \times \\ \times & \times \\ \times & \times \end{pmatrix} = \begin{pmatrix} \times & \times & \times \\ \times & \times & \times \\ \times & \times & \times \end{pmatrix} \begin{pmatrix} \times & \times \\ & \times \\ & \end{pmatrix} = QR.$$

Mit der *QR-Zerlegung* schreibt sich das Normquadrat des Residuums als

$$\|b - Ax\|_2^2 = \| (Q^T b)(1 : n) - R(1 : n, :)x \|_2^2 + \| (Q^T b)(n + 1 : m) \|_2^2,$$

wobei $(Q^T b)(1 : n)$ die Projektion von $Q^T b$ auf die ersten n Zeilen bezeichnet. Die Lösung des Ausgleichsproblems ist deshalb die Lösung des oberen Dreieckssystems $R(1 : n, :)x = (Q^T b)(1 : n)$, welches durch Rückwärtssubstitution rückwärtsstabil gelöst wird.

Ein rückwärtsstabiles Verfahren zur QR-Zerlegung geht auf Alston Householder 1958 zurück. Im ersten Schritt wird die erste Spalte $a = A(:, 1)$ der Matrix A durch Multiplikation mit einer orthogonalen *Householder-Matrix*

$$H_1 = \mathrm{Id} - 2vv^T / \|v\|_2^2$$

auf ein Vielfaches des ersten Einheitsvektors $e_1 = (1, 0, \dots, 0)^T \in \mathbb{R}^m$ abgebildet. Diese Matrizen werden auch Reflektoren genannt, weil sie an der Hyperebene aller auf v senkrecht stehenden Vektoren spiegeln. Von den beiden für v in Frage kommenden Vektoren $a \pm \|a\|e_1$ wählt man $v = a + \mathrm{sgn}(a_1)\|a\|e_1$. Im k-ten Schritt bearbeitet man dann die Matrix $(H_{k-1} \cdots H_1 A)(k : m, k : n)$ und bildet deren erste Spalte durch eine Householder-Matrix $\tilde{H}_k$ auf den ersten kanonischen Einheitsvektor im $\mathbb{R}^{m-k+1}$ ab. Die zugehörige $m \times m$-Householder-Matrix H_k ergibt sich als

$$H_k = \begin{pmatrix} \mathrm{Id} & 0 \\ 0 & \tilde{H}_k \end{pmatrix}.$$

Wie im Gauß'schen Eliminationsverfahren werden also sukzessive die Einträge unter der Diagonalen eliminiert, nur dass die einfachen Transformationsmatrizen nicht untere Dreiecksform haben, sondern orthogonal sind. Die QR-Zerlegung benötigt arithmetische Operationen in einer Größenordnung von $2m^2 n - \frac{2}{3}n^3$.

10.6   Eigenwertprobleme

Wir beschäftigen uns nach den linearen Gleichungssystemen und Ausgleichsproblemen mit dem dritten großen Thema der numerischen linearen Algebra, den linearen Eigenwertproblemen. Ist $A \in \mathbb{R}^{n \times n}$ eine Matrix, so berechnen wir Zahlen λ und Vektoren $x \neq 0$, welche die lineare Eigenwertgleichung

$$Ax = \lambda x$$

erfüllen. Lineare Eigenwertprobleme sind fast überall anzutreffen. Ein beliebtes Beispiel ist der PageRank-Algorithmus von Google zur Bestimmung der Wichtigkeit einer Internetseite, der auf der Lösung eines Eigenwertproblems beruht.

Der Einfachheit halber beschränken wir uns hier auf symmetrische Matrizen $A = A^T$, die genau n betragsverschiedene Eigenwerte besitzen, und nummerieren diese nach ihrem Betrag, $|\lambda_1| > \dots > |\lambda_n|$. Die Eigenräume sind dann alle eindimensional. Die relative Konditionszahl der Abbildung auf den j-ten Eigenwert $A \mapsto \lambda_j = \lambda_j(A)$ ist durch $\kappa_{\lambda_j}(A) = \|A\|/|\lambda_j|$ gegeben, wobei $\|A\| = \sup\{\|Ax\| \mid \|x\| = 1\}$ die zur euklidischen Norm gehörige Matrixnorm ist. Verwenden wir, dass für symmetrische Matrizen A die Matrixnorm $\|A\|$ gleich dem Betrag $|\lambda_1|$ des dominanten Eigenwertes λ_1 ist, so ergibt sich

$$\kappa_{\lambda_j}(A) = \frac{\|A\|}{|\lambda_j|} = \frac{|\lambda_1|}{|\lambda_j|} \qquad (j = 1, \dots, n).$$

Das heißt, dass die n verschiedenen Eigenwerte $\lambda_1, \dots, \lambda_n$ alle gut konditioniert sind, es sei denn, die betragskleineren Eigenwerte sind vom Betrag her sehr viel kleiner als $|\lambda_1|$.

In den eindimensionalen Eigenräumen gibt es genau zwei normierte Eigenvektoren. Wir bezeichnen mit x_j den zum Eigenwert λ_j gehörigen normierten Eigenvektor, dessen erste nicht verschwindende Komponente positiv ist, und nennen ihn den j-ten Eigenvektor. Für die relative Konditionszahl der Abbildung auf den j-ten Eigenvektor $A \mapsto x_j = x_j(A)$ gilt

$$\kappa_{x_j}(A) = \frac{\|A\|}{|\lambda_j| \cdot \min\{|\lambda_k - \lambda_j| \mid k \neq j\}} \qquad (j = 1, \dots, n).$$

Ein Eigenvektor ist also tendenziell schlechter konditioniert als der ihm zugehörige Eigenwert, da seine Konditionszahl auch vom Abstand zum nächstliegenden Eigenwert abhängt.

Das einfachste Verfahren zur Berechnung des dominanten Eigenvektors ist die *Vektoriteration*. Ausgehend von einem Startvektor $v \in \mathbb{R}^n$, der auf x_1 nicht senkrecht steht, berechnet man iterativ die Vektoren $v_k := A^k v / \|A^k v\|$. Im Grenzwert $k \to \infty$ konvergiert nämlich der Abstand von v_k zum dominanten Eigenraum gegen Null. Dies gilt aus folgendem Grund: Wir schreiben $v = \langle v, x_1 \rangle x_1 + \cdots + \langle v, x_n \rangle x_n$ als Linearkombination der (orthogonalen) Eigenvektoren und stellen $A^k v$ entsprechend als

$$A^k v = \langle v, x_1 \rangle \lambda_1^k x_1 + \cdots + \langle v, x_n \rangle \lambda_n^k x_n$$

dar. Da die Eigenvektoren alle aufeinander senkrecht stehen, gilt außerdem $\|A^k v\|^2 = \langle v, x_1 \rangle^2 \lambda_1^{2k} + \cdots + \langle v, x_n \rangle^2 \lambda_n^{2k}$, und wir finden eine positive Konstante $C > 0$, die von A und v abhängt, so dass

$$\|v_k - (\pm x_1)\| \leq C |\lambda_2 / \lambda_1|^k$$

für alle $k \geq 0$ gilt. Das Vorzeichen $\pm$ kann sich abhängig vom Vorzeichen von λ_1^k pro Iterationsschritt ändern. Berechnet man in den Iterationsschleifen zusätzlich den *Rayleigh-Quotienten*

$$r \colon \mathbb{R}^n \setminus \{0\} \to \mathbb{R}, \quad x \mapsto \frac{\langle x, Ax \rangle}{\langle x, x \rangle}$$

des Vektors v_k, so erhält man auch den dominanten Eigenwert. Schreiben wir nämlich v_k und $A v_k$ als Linearkombination der Eigenvektoren, so ergibt sich $r(v_k) = \langle v_k, x_1 \rangle^2 \lambda_1 + \cdots + \langle v_k, x_n \rangle^2 \lambda_n$, und wir finden eine Konstante $c > 0$, so dass

$$|r(v_k) - \lambda_1| \leq c |\lambda_2 / \lambda_1|^{2k}$$

für alle $k \geq 0$ gilt. Die Vektoriteration konvergiert also linear gegen den dominanten Eigenraum und quadratisch gegen den dominanten Eigenwert.

Diese Konvergenz ist langsam, wenn der erste und zweite Eigenwert nahe beieinanderliegen, und es gibt deswegen viele weitergehende Verfahren zur Eigenwertberechnung. Google verwendet jedoch eine Variante der Vektoriteration. Die hier auftretenden Matrizen sind zwar nicht symmetrisch, aber sehr groß und haben nur wenige von 0 verschiedene Einträge, so dass es vorteilhaft ist, in der Iteration im Wesentlichen nur Matrix-Vektor-Produkte zu berechnen.

Oft wird einer Eigenwertberechnung eine orthogonale Ähnlichkeitstransformation vorangestellt, die möglichst viele Matrixeinträge auf 0 setzt. Man geht hier ähnlich wie bei der in Abschn. 10.5 diskutierten QR-Zerlegung vor. Durch die k-te der insgesamt $n - 2$ Konjugationen mit Householder-Matrizen $H_1, \ldots, H_{n-2}$ werden die Spalten- und Zeilenabschnitte $A(k+2:n, k)$ und $A(k, k+2:n)$ eliminiert. Das Produkt

$$Q^T A Q := H_{n-2}^T \cdots H_1^T A H_1 \cdots H_{n-2}$$

ist dann eine Tridiagonalmatrix mit $(Q^T A Q)(k, l) = 0$ für $|k - l| > 1$. Im Fall $n = 3$ bedeutet das

$$
A = \begin{pmatrix} \times & \times & \times \\ \times & \times & \times \\ \times & \times & \times \end{pmatrix} \xrightarrow{H_1^T \cdot} \begin{pmatrix} \times & \times & \times \\ \times & \times & \times \\ & \times & \times \end{pmatrix} \xrightarrow{\cdot H_1} \begin{pmatrix} \times & \times & \\ \times & \times & \times \\ & \times & \times \end{pmatrix} = Q^T A Q.
$$

Dieses rückwärtsstabile Verfahren benötigt etwa $\frac{4}{3} n^3$ arithmetische Operationen und übergibt mit $Q^T A Q$ eine symmetrische Matrix an den Eigenwertlöser, welche die gleichen Eigenwerte wie A hat, aber nur noch $5n$ arithmetische Operationen für eine Matrix-Vektor-Multiplikation braucht. Diese Vorbehandlung garantiert in den meisten Fällen eine erhebliche Effizienzsteigerung.

10.7   Polynominterpolation

Gegeben seien $n + 1$ paarweise verschiedene Stützstellen $x_0, \ldots, x_n$ im Intervall $[-1, 1]$ und $n + 1$ dazugehörige reelle Werte $y_0, \ldots, y_n$, die sich beispielsweise aus einer Reihe von Temperaturmessungen oder dem wiederholten Blick auf den Kontostand ergeben haben können. Die einfachsten Funktionen, mit denen man solche Punkte interpolieren kann, sind Polynome. Für die Paare $(x_0, y_0), \ldots, (x_n, y_n)$ gibt es genau ein Polynom $p_n(x)$ vom Grad kleiner oder gleich n mit

$$
\forall j = 0, \ldots, n : \quad p_n(x_j) = y_j.
$$

Das Polynom, welches zu den speziellen Werten $y_k = 1$ und $y_j = 0$ für alle $j \neq k$ gehört, wird das k-te *Lagrange-Polynom* $\ell_k(x)$ genannt. Hiermit lässt sich das Interpolationspolynom $p_n(x)$ in der auf Joseph-Louis Lagrange im Jahr 1795 zurückgehenden Darstellung als

$$
p_n(x) = \sum_{j=0}^{n} y_j \ell_j(x)
$$

schreiben. Bezeichnen wir das Stützstellenpolynom $\prod_{j=0}^{n}(x - x_j)$ mit $s_{n+1}(x)$ und die baryzentrischen Gewichte $\prod_{j \neq k}(x_k - x_j)^{-1}$ mit w_k, so ergibt sich

$$
\ell_k(x) = \frac{\prod_{j \neq k}(x - x_j)}{\prod_{j \neq k}(x_k - x_j)} = s_{n+1}(x) \frac{w_k}{x - x_k}
$$

und damit auch die *erste baryzentrische Interpolationsformel*

$$
p_n(x) = s_{n+1}(x) \sum_{j=0}^{n} \frac{y_j w_j}{x - x_j}.
$$

Diese Formel erlaubt eine rückwärtsstabile Berechnung des Interpolationspolynoms mit etwa $5n$ arithmetischen Operationen für vorberechnete baryzentrische Gewichte. Möchte man eine weitere Stützstelle x_{n+1} hinzufügen, so müssen die bisherigen baryzentrischen Gewichte w_k, $k = 0, \ldots, n$, jeweils durch $x_k - x_{n+1}$ geteilt und ein weiteres Gewicht w_{n+1} berechnet werden. Dieses Update benötigt in etwa $4n$ arithmetische Operationen.

Neben der stabilen Berechenbarkeit stellt sich auch die Frage nach der Kondition. Wir nehmen an, die reellen Werte $y_0, \ldots, y_n$ wären die Funktionswerte einer stetigen Funktion f an den Stellen $x_0, \ldots, x_n$, und bezeichnen mit $P_n f$ das zugehörige Interpolationspolynom. Die absolute Kondition der Polynominterpolation ist dann

$$\Lambda_n = \sup_{f \in C[-1,1]} \frac{\|P_n f\|_\infty}{\|f\|_\infty}.$$

Diese Konditionszahl heißt auch die *Lebesgue-Konstante*. Sie gibt für feste Stützstellen an, wie stark sich Änderungen der zu interpolierenden Funktion auf das Interpolationspolynom auswirken. Die Lebesgue-Konstante wächst mindestens wie $\frac{2}{\pi} \log(n + 1) + 0.5212$, egal wie die Stützstellen liegen. Dieses unbeschränkte Wachstum spiegelt sich auch im Satz von Georg Faber aus dem Jahr 1901 wider, der zu jeder Stützknotenmenge eine stetige Funktion f findet, so dass die Folge der Interpolationspolynome nicht gleichmäßig gegen f konvergiert. Für äquidistante Stützstellen wächst die Lebesgue-Konstante nicht nur logarithmisch, sondern sogar exponentiell in der Knotenzahl n.

In dieses düstere Bild passt das berühmte Beispiel von Carl Runge, der 1901 das Interpolationspolynom der Funktion $f(x) = 1/(1 + 25x^2)$ für äquidistante Stützstellen untersuchte. Er zeigte, dass es eine kritische Konstante $x_c \approx 0.72$ gibt, so dass der Fehler $f(x) - (P_n f)(x)$ dann und nur dann für $n \to \infty$ gegen Null konvergiert, wenn $|x| < x_c$ ist. Der Beweis benötigt Argumente der Funktionentheorie. Dennoch kann man die Problemlage erahnen, wenn man die Formel

$$f(x) - (P_n f)(x) = s_{n+1}(x) \frac{f^{(n+1)}(\xi)}{(n + 1)!}$$

betrachtet, die den Interpolationsfehler im allgemeinen Fall beschreibt. Die Ableitungen von f werden hier an einer Stelle ξ ausgewertet, die in der konvexen Hülle von x und den Stützstellen liegt. Im Beispiel von Runge sind nun die höheren Ableitungen von f an den Rändern des Intervalls nicht klein genug, um das Wachstum des äquidistanten Stützstellenpolynoms aufzufangen.

Anders liegt der Fall für die Chebyshev-Knoten erster Art, das heißt für die Nullstellen des $(n + 1)$-ten Chebyshev-Polynoms,

$$x_j = \cos\left(\frac{2j+1}{n+1} \frac{\pi}{2}\right), \qquad j = 0, \ldots, n.$$

Für diese Stützstellen, die sich zu den Rändern des Intervalls $[-1, 1]$ hin passend häufen, fällt die Supremumsnorm $\|s_{n+1}\|_\infty$ des Stützstellenpolynoms minimal aus. Die Lebesgue-Konstante ist mit $\Lambda_n \leq \frac{2}{\pi} \log(n + 1) + 1$ fast bestmöglich. Es gibt zudem eine Konstante $C_s > 0$, so dass für alle s-mal stetig differenzierbaren Funktionen f

$$\|f - P_n f\|_\infty \le C_s \, n^{-s+1} \, \|f^{(s)}\|_\infty$$

gilt. Man spricht hier von *spektraler Konvergenz*. Die baryzentrischen Gewichte sind aus der Formel $w_j = (-1)^j \sin(\frac{2j+1}{n+1} \frac{\pi}{2})$ einfach zu berechnen. Aus all diesen Gründen sind die Chebyshev-Knoten für die Polynominterpolation die Stützstellen der Wahl. Wir treffen sie auch in Abschn. 10.10 bei der Gauß-Chebyshev-Quadratur wieder.

10.8   Die schnelle Fouriertransformation

Wechseln wir für die Interpolation von den algebraischen Polynomen $x \mapsto x^k$ zu den trigonometrischen Polynomen $x \mapsto e^{ikx}$, so berühren wir die mathematische Grundlage vieler Algorithmen zur Bild- und Signalverarbeitung. Ohne die schnelle Fouriertransformation (oder auch Fast Fourier Transform, FFT) wären Audioformate wie MP3 und Datenübertragung im Wireless LAN nicht denkbar.

Gegeben seien n paarweise verschiedene Stützstellen $x_0, \ldots, x_{n-1}$ im Intervall $[0, 2\pi)$ und n dazugehörige komplexe Zahlen $y_0, \ldots, y_{n-1}$. Dann gibt es genau ein trigonometrisches Polynom $p_n(x) = \sum_{j=0}^{n-1} c_j e^{ijx}$ vom Grad kleiner oder gleich $n - 1$, welches

$$\forall j = 0, \ldots, n-1: \ p_n(x_j) = y_j$$

erfüllt. Wir beschränken uns auf äquidistante Stützstellen $x_k = 2\pi k/n$ und stellen fest, dass in diesem Fall die Auswertung der trigonometrischen Monome

$$e^{ijx_k} = \left(e^{2\pi i/n}\right)^{jk} = \omega_n^{jk}$$

eine Potenz der ersten Einheitswurzel vom Grad n ergibt. Die Koeffizienten des Interpolationspolynoms lassen sich als $c_j = \frac{1}{n} \sum_{k=0}^{n-1} y_k \omega_n^{-jk}$ schreiben, und der Koeffizientenvektor $c = (c_0, \ldots, c_{n-1})^T$ ergibt sich aus dem Wertevektor $y = (y_0, \ldots, y_{n-1})^T$ durch die lineare Abbildung $c = \frac{1}{n} F y$, wobei F die Fourier-Matrix

$$F = \left(\omega_n^{-jk}\right)_{j,k=0}^{n-1}$$

ist. Unter normalen Umständen erfordert eine solche Matrix-Vektor-Multiplikation etwa $2n^2$ arithmetische Operationen. Ist $n = 2^m$ jedoch eine Potenz von 2, so kann die Fourier-Matrix als $F = A_m \cdots A_1 P$ faktorisiert werden. P ist eine Permutationsmatrix, die gerade und ungerade Indizes vertauscht. Die Faktoren $A_1, \ldots, A_m$ sind die blockdiagonalen Matrizen

$$A_k = \begin{pmatrix} B_{2^k} & 0 & \cdots & 0 \\ 0 & B_{2^k} & \cdots & 0 \\ \vdots & \vdots & \ddots & \vdots \\ 0 & 0 & \cdots & B_{2^k} \end{pmatrix} \in \mathbb{R}^{n \times n},$$

wobei der 2^{m-k}-mal wiederholte Diagonalblock von der Form

$$B_{2^k} = \begin{pmatrix} \mathrm{Id}_{2^{k-1}} & \Omega_{2^{k-1}} \\ \mathrm{Id}_{2^{k-1}} & -\Omega_{2^{k-1}} \end{pmatrix} \in \mathbb{R}^{2^k \times 2^k}$$

und $\Omega_r = \mathrm{diag}(1, \omega_{2^k}^{-1}, \ldots, \omega_{2^k}^{-r+1})$ eine Diagonalmatrix der Länge $r = 2^{k-1}$ ist. Da die Matrixfaktoren pro Zeile maximal zwei Einträge haben, benötigt die Berechnung von $c = A_m \ldots A_1 P y$ etwa $2n \log n$ arithmetische Operationen.

Diese Art der Koeffizientenberechnung ist rückwärtsstabil. Sie heißt die *schnelle Fouriertransformation* mit Radix-2-Faktorisierung. Sie geht auf eine Arbeit von Gauß aus dem Jahr 1805 zurück, in der der Algorithmus zur Interpolation von Asteroidenflugbahnen verwendet wird. Die erneute Entdeckung der Faktorisierung durch James Cooley und John Tukey in den 1960er Jahren führte zu einer der einflussreichsten Veröffentlichungen der numerischen Mathematik.

Sind die $y_j = f(x_j)$ die Werte einer stetigen 2π-periodischen Funktion f, so setzt man oft die zweite Hälfte der Stützstellen an den Anfang und sieht sie als äquidistant im Intervall $[-\pi, \pi)$ verteilt an. Aufgrund der Periodizität bedeutet dies nur eine symmetrische Umnummerierung. Das zu $x_k = 2\pi k/n$ und f gehörige Interpolationspolynom $P_n f$ schreibt sich dann als $(P_n f)(x) = \sum_{j=-n/2}^{n/2-1} c_j e^{ijx}$. Der j-te Interpolationskoeffizient

$$c_j = \frac{1}{n} \sum_{k=-n/2}^{n/2-1} y_k \omega_n^{-jk} = \frac{1}{2\pi} \cdot \frac{2\pi}{n} \sum_{k=-n/2}^{n/2-1} f(x_k) e^{-ijx_k} = \frac{1}{2\pi} T_n(g_j)$$

ist der Wert der summierten Trapezregel T_n für die numerische Quadratur der 2π-periodischen Funktion $g_j(x) = f(x)e^{-ijx}$, siehe auch Abschn. 10.9. Andererseits ergibt das Integral über die Funktion g_j gerade den j-ten Fourierkoeffizienten der Funktion f,

$$\widehat{f}_j = \frac{1}{2\pi} \int_{-\pi}^{\pi} f(x) e^{-ijx} dx,$$

siehe Abschn. 7.9. Die Interpolationskoeffizienten approximieren also die Fourierkoeffizienten. Für stetig differenzierbare 2π-periodische Funktionen konvergiert die Fourierreihe $f(x) = \sum_{j=-\infty}^{\infty} \widehat{f}_j e^{ijx}$ gleichmäßig. Man folgert damit aus der Interpolationseigenschaft von $P_n f$, dass

$$c_j = \sum_{k=-\infty}^{\infty} \widehat{f}_{j+kn}$$

gilt. In jedem c_j sind also neben $\widehat{f}_j$ noch unendlich viele weitere Fourierkoeffizienten als sogenannte *Aliase* versteckt. Diese Verbindungen zur Theorie der Fourierreihen legen nahe, die Abbildung $y \mapsto \frac{1}{n} F y = c$ die *diskrete Fouriertransformation* zu nennen.

Die Fehleranalyse der trigonometrischen Interpolation und der Polynominterpolation mit Chebyshev-Stützstellen sind eng verwandt. Die Lebesgue-Konstante $\Lambda_n = \sup\{\|P_n f\|_\infty / \|f\|_\infty \mid f$ stetig, 2π-periodisch$\}$ bezüglich der Supremumsnorm wächst mindestens wie $\frac{4}{\pi^2}(\log n + 3) + 0.1$. Es gibt eine Konstante $C_s > 0$, so dass für alle s-mal stetig differenzierbaren 2π-periodischen Funktionen f

$$\|f - P_n f\|_\infty \le C_s\, n^{-s}\, \|f^{(s)}\|_\infty$$

gilt. Mit wachsendem Polynomgrad n verschlechtert sich also wieder die absolute Konditionszahl, während der Interpolationsfehler sogar spektral konvergiert.

10.9   Numerische Integration und Summation

Die Approximation des Integrals einer stetigen Funktion $f \colon [a,b] \to \mathbb{R}$ erfolgt über einen Summationsprozess

$$I(f) := \int_a^b f(x)dx \approx \sum_{j=0}^n w_j f(x_j) =: Q(f),$$

den man *numerische Quadratur* nennt. Durch die Konstruktion von guten Stützstellen $x_0, \ldots, x_n \in [a,b]$ und Gewichten $w_0, \ldots, w_n \in \mathbb{R}$ enstehen Quadraturformeln, die den Inhalt krummlinig beranderter Flächen durch den einfacherer Flächen approximieren.

Wir beginnen mit einer vergleichenden Konditionsbetrachtung. Die absolute und die relative Konditionszahl der Abbildung $f \mapsto I(f)$ bezüglich der Supremumsnorm $\|f\|_\infty = \sup\{|f(x)| \mid x \in [a,b]\}$ sind

$$\kappa_f^{abs}(I) = 1, \qquad \kappa_f^{rel}(I) = \frac{\|f\|_\infty}{|I(f)|}.$$

Für die Quadraturabbildung $f \mapsto Q(f)$ gilt

$$\kappa_f^{abs}(Q) = (b-a)\|w\|_1, \qquad \kappa_f^{rel}(Q) = (b-a)\frac{\|w\|_1 \|f\|_\infty}{|Q(f)|},$$

wobei $\|w\|_1 = |w_0| + \ldots + |w_n|$ die ℓ^1-Norm des Vektors $w = (w_0, \ldots, w_n)$ der Quadraturgewichte ist. Die beiden relativen Konditionszahlen können für Funktionen mit vielen Vorzeichenwechseln beliebig groß werden, weswegen die Integration und Quadratur von oszillierenden Funktionen beide schlecht konditioniert sind. Nehmen wir an, dass die Integrale konstanter Funktionen exakt berechnet werden, so gilt

$$\kappa_f^{abs}(Q) \ge \kappa_f^{abs}(I),$$

wobei die beiden Konditionszahlen genau dann gleich sind, wenn die Quadraturgewichte $w_0, \ldots, w_n \ge 0$ erfüllen. Damit die Quadratur die Kondition des vorliegenden Integrals nicht verschlechtert, werden also üblicher Weise Quadraturformeln mit positiven Gewichten konstruiert.

Die einfachsten Quadraturformeln sind die *einfache Mittelpunktsregel* und die *einfache Trapezregel*,

$$M_{[a,b]}(f) = (b-a)f(\tfrac{a+b}{2}), \qquad T_{[a,b]}(f) = \tfrac{b-a}{2}\left(f(a) + f(b)\right).$$

Sie approximieren das Integral durch die Fläche des Rechtecks mit Höhe $f(\tfrac{a+b}{2})$ beziehungsweise durch die des Sehnentrapezes. Beide Regeln integrieren lineare Funktionen offenbar exakt. Das folgt auch aus der Darstellung des Quadraturfehlers für zweimal stetig differenzierbare Funktionen mittels geeigneter Zwischenstellen $\xi_1, \xi_2 \in (a,b)$ als

$$M_{[a,b]}(f) - I(f) = -\tfrac{(b-a)^3}{24} f''(\xi_1), \qquad T_{[a,b]}(f) - I(f) = \tfrac{(b-a)^3}{12} f''(\xi_2).$$

Diese einfachen Ansätze lassen sich folgendermaßen verbessern. Man legt die Stützstellen als äquidistantes Gitter ins Intervall $[a,b]$, $x_j = a + jh$, $h = (b-a)/n$, $j = 0, \ldots, n$, und definiert die *summierte Trapezregel* durch die Summation über die Werte von n einfachen Trapezregeln:

$$T_n(f) := \sum_{j=1}^{n} T_{[x_{j-1},x_j]}(f) = \tfrac{h}{2}\left(f(x_0) + f(x_n)\right) + \sum_{j=1}^{n-1} h f(x_j).$$

Für zweimal stetig differenzierbare Funktionen summiert sich dann der Quadraturfehler zu

$$T_n(f) - I(f) = \tfrac{b-a}{12} h^2 f''(\xi), \qquad \xi \in (a,b) \text{ geeignet.}$$

Analog kann man aus n einfachen Mittelpunktsregeln eine summierte Mittelpunktsregel konstruieren, die ebenfalls einen Fehler der Größenordnung n^{-2} erreicht. Die summierte Trapezregel ist jedoch in folgender Beziehung einzigartig: Für $(2m+2)$-fach stetig differenzierbare Funktionen der Periode $b - a$ gilt

$$T_n(f) - I(f) = C_m(b-a)h^{2m+2} f^{(2m+2)}(\xi), \qquad \xi \in (a,b) \text{ geeignet,}$$

wobei $C_m \geq 0$ eine von n und f unabhängige Konstante ist. Für periodische Funktionen ist die summierte Trapezregel (wie auch die summierte Mittelpunktsregel) also spektral konvergent; siehe auch Abschnitte 10.7 und 10.8 für spektral konvergente Interpolationsverfahren.

Ist eine geeignete Quadraturformel konstruiert, so muss am Ende der Vektor $(w_0 f(x_0), \ldots, w_n f(x_n))$ aufsummiert werden. Wir bezeichnen mit ε die Maschinengenauigkeit und mit $\hat{S}(y)$ den in Gleitkomma-Arithmetik berechneten Wert der Summe $S(y) = y_0 + \ldots + y_n$ eines beliebigen Vektors $y = (y_0, \ldots, y_n)$. Die *rekursive Summation* summiert der Reihe nach auf, was im Fall $n = 4$ der Klammerung

$$S = (((y_0 + y_1) + y_2) + y_3) + y_4$$

entspricht. Dies ergibt einen absoluten Vorwärtsfehler, dessen obere Schranke linear mit der Summationslänge wächst, $|S(y) - \hat{S}(y)| \leq \varepsilon n \|y\|_1 + O(\varepsilon^2)$. Die *paarweise Summation* hingegen addiert benachbarte Komponenten des Vektors und erzeugt so im ersten Schritt den Vektor $(y_0 + y_1, \ldots, y_{n-1} + y_n)$ oder $(y_0 + y_1, \ldots, y_{n-2} + y_{n-1}, y_n)$, je nachdem, ob n ungerade oder gerade ist. Dieser Summationsprozess wird rekursiv wiederholt, bis nach etwa $\log n$ Schritten die Gesamtsumme berechnet ist. Im Fall $n = 4$ klammert die paarweise Summation also folgendermaßen:

$$S = ((y_0 + y_1) + (y_2 + y_3)) + y_4.$$

Der absolute Vorwärtsfehler hat dann eine obere Schranke, die nur logarithmisch wächst, $|S(y) - \hat{S}(y)| \leq \varepsilon \log n \|y\|_1 + O(\varepsilon^2)$. Dies ist eine deutliche Verbesserung zum linearen Anwachs bei der rekursiven Summation.

10.10   Die Gauß'schen Quadraturverfahren

Wir wollen für eine nichtnegative Funktion $\omega: (a, b) \to [0, \infty)$ das zugehörige gewichtete Integrationsproblem

$$\int_a^b f(x) \omega(x) dx \approx \sum_{j=0}^n w_j f(x_j)$$

numerisch lösen, indem wir uns erneut auf den Spuren von Gauß bewegen. In einer Arbeit zur numerischen Integration aus dem Jahr 1814 verfolgte er folgenden Ansatz: Er sah in der optimalen Wahl von $n + 1$ Stützstellen $x_0, \ldots, x_n$ und $n + 1$ Gewichten $w_0, \ldots, w_n$ die Möglichkeit, das Integral von Polynomen vom Grad kleiner oder gleich $2n + 1$ exakt zu berechnen. Wird dieses Ziel erreicht, so wird insbesondere das Integral der zu den Stützstellen gehörigen Interpolationspolynome $p_n(x) = \sum_{j=0}^n f(x_j) \ell_j(x)$ exakt berechnet, und die Gewichte müssen durch die Formel

$$w_j = \int_a^b \ell_j(x) \omega(x) dx, \qquad j = 0, \ldots, n$$

beschrieben sein, wobei $\ell_j(x) = \prod_{k \neq j} (x - x_k)/(x_j - x_k)$ das j-te Lagrange-Polynom ist (vgl. Abschn. 10.7). Da $\ell_j(x_j) = 1$ und $\ell_j(x_k) = 0$ für $j \neq k$ gilt und $\ell_j(x)^2$ ein Polynom vom Grad $2n$ ist, gilt dann auch

$$w_j = \sum_{k=0}^n w_k \ell_j(x_k)^2 = \int_a^b \ell_j(x)^2 \omega(x) dx > 0.$$

Die Stützstellen sind durch die Zielvorgabe auch eindeutig festgelegt. Bevor wir sie im Detail angeben, erlauben wir uns einen kurzen Diskurs über orthogonale Polynome.

Eine Folge von Polynomen $(\pi_j)_{j \geq 0}$, deren j-tes Folgenglied ein Polynom vom Grad j mit führendem Koeffizienten 1 ist, heißt *orthogonal* bezüglich ω, falls

$$\int_a^b \pi_j(x)\pi_k(x)\omega(x)dx = 0, \qquad j \neq k$$

gilt. Eine solche Polynomfolge ist durch die Orthogonalitätsbedingung und die Forderung, dass der führende Koeffizient 1 ist, eindeutig bestimmt. Sie erfüllt eine Dreiterm-Rekursion

$$\pi_{j+1}(x) = (x - \alpha_j)\pi_j(x) - \beta_j\pi_{j-1}(x), \quad \pi_0(x) = 1, \quad \pi_1(x) = x + \alpha_0,$$

für deren Koeffizienten

$$\alpha_j = \frac{\int_a^b x\pi_j(x)^2\omega(x)dx}{\int_a^b \pi_j(x)^2\omega(x)dx}, \qquad \beta_j = \frac{\int_a^b \pi_j(x)^2\omega(x)dx}{\int_a^b \pi_{j-1}(x)^2\omega(x)dx}$$

gilt. Für viele klassische orthogonale Polynomsysteme sind die Rekursionskoeffizienten bekannt. Besonders einfach sind sie im Fall der *Legendre-Polynome* und der *Chebyshev-Polynome erster Art*, die von Adrien-Marie Legendre (1783) beziehungsweise Pafnuty Chebyshev (1854) eingeführt wurden. Beide Systeme gehören zu Gewichtsfunktionen auf dem Intervall $(-1, 1)$. Für die Legendre-Polynome ist es die Eins-Funktion $\omega(x) = 1$, welche die Koeffizienten $\alpha_j = 0$, $j \geq 0$, und $\beta_j = 1/(4 - j^{-2})$, $j \geq 1$, erzeugt. Für die Chebyshev-Polynome ist es die Funktion $\omega(x) = 1/\sqrt{1 - x^2}$, welche zu den Koeffizienten $\alpha_j = 0$, $j \geq 0$, und $\beta_1 = \frac{1}{2}$, $\beta_j = \frac{1}{4}$, $j \geq 2$, führt.

Die Stützstellen der Gauß'schen Quadratur stammen von dem zu ω gehörigen orthogonalen Polynomsystem. Das j-te orthogonale Polynom π_j besitzt j verschiedene Nullstellen im Intervall (a, b), und die Stützstellen $x_0, \ldots, x_n$ müssen genau die $n + 1$ Nullstellen des $(n + 1)$-ten orthogonalen Polynoms sein. Die Gauß-Chebyshev-Quadraturformel wird dann beispielsweise aus den Gewichten $w_j = \frac{\pi}{n+1}$ und den Stützstellen $x_j = \cos\left(\frac{2j+1}{n+1}\frac{\pi}{2}\right)$ aufgebaut.

Für die Integration bezüglich anderer Gewichtsfunktionen erlaubt die Dreiterm-Rekursion die Berechnung der Quadraturformel über das Lösen eines lineares Eigenwertproblems. Die Stützstellen $x_0, \ldots, x_n$ sind nämlich die $n + 1$ verschiedenen Eigenwerte der symmetrischen Tridiagonalmatrix

$$\begin{pmatrix} \alpha_0 & \sqrt{\beta_1} & & & \\ \sqrt{\beta_1} & \alpha_1 & \sqrt{\beta_2} & & \\ & \ddots & \ddots & \ddots & \\ & & \sqrt{\beta_{n-1}} & \alpha_{n-1} & \sqrt{\beta_n} \\ & & & \sqrt{\beta_n} & \alpha_n \end{pmatrix}.$$

Die Gewichte lassen sich aus der Formel $w_j = v_{j,1}^2 \int_a^b \omega(x)dx$ berechnen, wobei $v_{j,1}$ die erste Komponente des normalisierten j-ten Eigenvektors ist. Das vorliegende Eigenwertproblem ist gut konditioniert und lässt sich rückwärtsstabil mit einer Anzahl von arithmetischen Operationen lösen, die von der Größenordnung n^2 ist. Für die Berechnung vieler Stützstellen gibt es sogar Verfahren, die geeignete gewöhnliche Differentialgleichungen lösen und im numerischen Aufwand proportional zu n sind.

Für $(2n + 2)$-mal stetig differenzierbare Funktionen f ist der Integrationsfehler der Gauß'schen Quadraturverfahren durch

$$\int_a^b f(x)\omega(x)dx - \sum_{j=0}^n w_j f(x_j) = \frac{f^{(2n+2)}(\xi)}{(2n+2)!} \int_a^b \pi_{n+1}(x)^2\omega(x)dx,$$

gegeben, wobei $\xi \in (a,b)$ ist. Polynome vom Grad $2n + 1$ werden also exakt integriert, und dieser hohe Grad an Genauigkeit begründet, dass die Gauß'sche Quadratur in vielen Situationen das Verfahren der Wahl ist.

10.11 Runge-Kutta-Verfahren

Wir betrachten eine Funktion $f\colon \mathbb{R} \times \mathbb{R}^d \to \mathbb{R}^d$ in zwei Argumenten (t, x) und die gewöhnliche Differentialgleichung

$$x'(t) = f(t, x), \qquad x(t_0) = x_0$$

mit einem Anfangswert $(t_0, x_0) \in \mathbb{R} \times \mathbb{R}^d$. Wir nehmen an, dass es genau eine stetig differenzierbare Funktion $t \mapsto x(t)$ gibt, welche die Differentialgleichung löst. Für die numerische Approximation der Lösung $x(t)$ in vorgegebenen Zeitpunkten $t_0 < t_1 < \ldots < t_n$ konstruiert man eine Funktion $\hat{x}\colon \{t_0, \ldots, t_n\} \to \mathbb{R}^d$ mit der Eigenschaft $x(t_j) \approx \hat{x}(t_j)$ für alle $j = 0, \ldots, n$. Wir nehmen der Einfachheit halber an, dass alle Zeitpunkte den gleichen Abstand $\hat{\tau} = t_{j+1} - t_j$ haben.

Das *explizite Euler-Verfahren* aus dem Jahr 1768 approximiert die Lösungskurve $t \mapsto x(t)$ in den Punkten $t_0, \ldots, t_n$ durch ihre Tangenten, $x(t_{j+1}) \approx x(t_j) + (t_{j+1} - t_j)x'(t_j)$, und definiert

$$\hat{x}(t_0) = x_0, \quad \hat{x}(t_{j+1}) = \hat{x}(t_j) + \hat{\tau} f(t_j, \hat{x}(t_j)) \qquad (j = 0, \ldots, n-1).$$

Die aneinandergesetzten Tangenten ergeben einen Polygonzug

$$\hat{x}(t) = \hat{x}(t_j) + (t - t_j) f(t_j, \hat{x}(t_j)) \qquad (t \in [t_j, t_{j+1}], j = 0, \ldots, n-1).$$

Die lokale Tangenten-Approximation ist eine Taylor-Entwicklung erster Ordnung, und man kann leicht abschätzen, wie weit sich der Polygonzug nach kurzer Zeit von der Lösungskurve entfernt. Für jede kompakte Menge $K \subset \mathbb{R} \times \mathbb{R}^d$ findet sich nämlich eine Konstante $C_K > 0$ und ein $\tau_K > 0$, so dass für alle Anfangswerte $(t_0, x_0) \in K$ und alle $0 < \tau < \tau_K$

$$\| x(t_0 + \tau) - \hat{x}(t_0 + \tau) \| \leq C_K \tau^2$$

gilt. Da das Euler-Verfahren Schritt für Schritt das gleiche Konstruktionsprinzip wiederholt, kann man hieraus

$$\max_{j=0,\ldots,n} \| x(t_j) - \hat{x}(t_j) \| \leq C \hat{\tau}$$

für eine weitere Konstante $C > 0$ folgern, sofern die Schrittweite $\hat{\tau}$ hinreichend klein ist. Man sagt deshalb, dass das Euler-Verfahren *von der Ordnung* $p = 1$ konvergiert.

Im Spezialfall einer von x unabhängigen Differentialgleichung $x'(t) = f(t)$ mit Anfangswert $x(t_0) = x_0$ kann man die exakte Lösung x mittels eines Integrals schreiben. Es gilt $x(t_{j+1}) = x(t_j) + \int_{t_j}^{t_{j+1}} f(s)\,ds$ für alle $j = 0, \ldots, n-1$. Man erkennt, dass das Euler-Verfahren mit

$$\int_{t_j}^{t_{j+1}} f(s)\,ds \approx (t_{j+1} - t_j)\, f(t_j)$$

eine Quadraturformel verwendet, die nur konstante Funktionen exakt integriert. Carl Runge schlug nun 1895 vor, wenigstens lineare Funktionen exakt zu integrieren und die Mittelpunktsregel $\int_a^b f(s)\,ds \approx (b-a) f(\frac{a+b}{2})$ einzusetzen. Dies motiviert ein Verfahren

$$\hat{x}(t_0) = x_0, \quad \hat{x}(t_{j+1}) = \hat{x}(t_j) + \hat{\tau}\, \psi(t_j, \hat{x}(t_j), \hat{\tau}) \qquad (j = 0, \ldots, n-1),$$

welches die *Inkrementfunktion* $\psi \colon \mathbb{R} \times \mathbb{R}^d \times (0, \infty) \to \mathbb{R}^d$ des Euler-Verfahrens $\psi(t, x, \tau) = f(t, x)$ durch die ineinander geschachtelte f-Auswertung

$$\psi(t, x, \tau) = f(t + \tfrac{\tau}{2}, x + \tfrac{\tau}{2} f(t, x))$$

ersetzt. Martin Kutta baute im Jahr 1901 diese Verbesserung in rekursiver Weise aus. Er schrieb die Rungesche Inkrementfunktion in der zweistufigen Form $k_1(t, x, \tau) = f(t, x)$, $\psi(t, x, \tau) = f(t + \frac{\tau}{2}, x + \frac{\tau}{2} k_1)$, was die folgende Verallgemeinerung zum *s-stufigen expliziten Runge-Kutta-Verfahren* nahelegt:

$$k_i(t, x, \tau) = f(t + c_i \tau, x + \tau(a_{i1}k_1 + \ldots + a_{i(i-1)}k_{i-1})) \qquad (i = 1, \ldots, s),$$
$$\psi(t, x, \tau) = b_1 k_1(t, x, \tau) + \ldots + b_s k_s(t, x, \tau),$$

wobei $b, c \in \mathbb{R}^s$ Vektoren sind und $A \in \mathbb{R}^{s \times s}$ eine untere Dreiecksmatrix mit lauter Nullen auf der Diagonalen ist. Zum Beispiel wird das Euler-Verfahren durch

$b = 1, c = 0$ und $A = 0$ definiert, das von Runge durch $b = (0, 1)$, $c = (0, \frac{1}{2})$ und $A \in \mathbb{R}^{2 \times 2}$ mit $a_{21} = \frac{1}{2}$, $a_{11} = a_{12} = a_{22} = 0$.

Angenommen, ein s-stufiges Runge-Kutta-Verfahren hat die folgende Eigenschaft: Für jede Differentialgleichung $x'(t) = f(t, x)$, $x(t_0) = x_0$ gibt es eine Konstante $C > 0$, so dass

$$\max_{j=0,\ldots,n} \|x(t_j) - \hat{x}(t_j)\| \leq C \hat{\tau}^p$$

für hinreichend kleine Schrittweiten $\hat{\tau}$ gilt. Man sagt in diesem Fall, dass das Verfahren *von der Ordnung p* konvergiert, und zeigt, dass $p \leq s$ gilt. Ein erster Schritt in die Richtung der bestmöglichen Konvergenzordnung ist die Überprüfung der folgenden *Konsistenzbedingung*:

$$\lim_{\tau \to 0} \frac{1}{\tau} \|x(t_0 + \tau) - \hat{x}(t_0 + \tau)\| = 0.$$

Dafür muss die Inkrementfunktion $\psi(t, x, 0) = f(t, x)$ erfüllen. Da $k_i(t, x, 0) = f(t, x)$ für alle $i = 0, \ldots, s$ gilt, bedeutet dies $b_1 + \ldots + b_s = 1$ für den Parametervektor b. Weitergehende, technisch anspruchsvollere Bedingungsgleichungen an A, b und c führen zu Runge-Kutta-Verfahren bestmöglicher Ordnung. Der Satz, dass die „*numerische Berechnung irgend einer Lösung einer gegebenen Differentialgleichung … die Aufmerksamkeit der Mathematiker bisher wenig in Anspruch genommen*" hat, ist mittlerweile, 120 Jahre nach Runges einflussreicher Arbeit, Geschichte.

10.12   Das Newton-Verfahren

Wir suchen für eine stetig differenzierbare Funktion $f \colon \mathbb{R} \to \mathbb{R}$ eine Nullstelle, also ein $x_* \in \mathbb{R}$ mit $f(x_*) = 0$. Wir linearisieren, um eine Folge reeller Zahlen $x_1, x_2, x_3 \ldots$ zu konstruieren, die gegen die Nullstelle x_* konvergiert: Unter der Annahme, dass x_n nahe bei x_* liegt, approximieren wir die Funktion f durch ihre Tangente im Punkt x_n und werten in x_* aus:

$$0 = f(x_*) \approx f(x_n) + f'(x_n)(x_* - x_n).$$

Gilt $f'(x_n) \neq 0$, so motiviert diese lokale Näherung die Iterationsvorschrift

$$x_{n+1} = x_n - \frac{f(x_n)}{f'(x_n)},$$

welche gemeinsam mit einem Startwert $x_0 \in \mathbb{R}$ das *Newton-Verfahren* definiert.

Isaac Newton hat 1669 in seiner Abhandlung „De analysi per aequationes numero terminorum infinitas" eine derartige Methode angewandt, um für das kubische Polynom $f(x) = x^3 - 2x - 5$ die reelle Nullstelle in der Nähe von $x = 2$ zu approximieren. Die Formulierung für polynomielle Gleichungen und später für nichtlineare

Gleichungssysteme geht auf die britischen Mathematiker Joseph Raphson (1690) beziehungsweise Thomas Simpson (1740) zurück.

Ist $F: \mathbb{R}^d \to \mathbb{R}^d$ stetig differenzierbar und $J(x) = (\partial_j F_i(x)) \in \mathbb{R}^{d \times d}$ die Jacobi-Matrix von F im Punkt $x \in \mathbb{R}^d$, so schreibt sich das Newton-Verfahren als

$$x_{n+1} = x_n - J(x_n)^{-1} F(x_n).$$

Streng genommen haben wir also im Mehrdimensionalen zwei Schritte pro Iteration. Zum einen wird das lineare Gleichungssystem $J(x_n)d_n = -F(x_n)$ nach der sogenannten *Newton-Korrektur* d_n gelöst, und dann wird d_n im Schritt $x_{n+1} = x_n + d_n$ auf den Vorgänger x_n addiert.

Für die grundlegende Form der Konvergenztheorie trifft man drei Annahmen. Wir formulieren sie mittels einer Norm $\| \cdot \|$ auf $\mathbb{R}^d$ und ihrer zugehörigen Matrixnorm $\|A\| = \max\{\|Ax\| \mid \|x\| = 1\}$, $A \in \mathbb{R}^{d \times d}$.

(a) Es gibt ein $x_* \in \mathbb{R}^d$ mit $F(x_*) = 0$.
(b) Es gibt eine offene Menge $\Omega \ni x_*$, so dass $J: \Omega \to \mathbb{R}^{d \times d}$ Lipschitz-stetig ist mit Lipschitz-Konstante $\gamma > 0$.
(c) $J_* := J(x_*)$ ist invertierbar.

Unter diesen drei Voraussetzungen kann man zeigen, dass es ein $\varepsilon > 0$ gibt, so dass für alle Startwerte $x_0 \in \mathbb{R}^d$ mit $\|x_0 - x_*\| < \varepsilon$ das Newton-Verfahren wohldefiniert ist und eine Folge $x_1, x_2, x_3, \ldots$ aufbaut, die gegen x_* konvergiert. Insbesondere gilt für alle $n = 0, 1, 2, \ldots$

$$\|x_{n+1} - x_*\| \leq \gamma \cdot \|J_*^{-1}\| \cdot \|x_n - x_*\|^2.$$

Für gute Startwerte und invertierbare Ableitungen ist das Newton-Verfahren also quadratisch konvergent.

Die Wahl des Startwertes ist für den Erfolg wesentlich. Suchen wir zum Beispiel die Nullstelle $x_* = 0$ der Funktion $f(x) = \arctan(x)$ ausgehend von $x_0 = 10$, so bewegen wir uns jenseits des eben diskutierten lokalen Konvergenzsatzes:

n	0	1	2	3	4
x_n	10	-138.584	$2.989 \cdot 10^4$	$-1.404 \cdot 10^9$	$3.094 \cdot 10^{18}$
d_n	-148.584	$3.003 \cdot 10^4$	$-1.404 \cdot 10^9$	$3.094 \cdot 10^{18}$	$-1.504 \cdot 10^{37}$

Die Iterierten x_n schwingen mit immer größerer Amplitude. Die Newton-Korrekturen d_n jedoch zeigen zumindest in die Richtung der Nullstelle. Diese Beobachtung motiviert die Konstruktion von *gedämpften Newton-Verfahren*, welche die ursprüngliche Newton-Iteration durch

$$x_{n+1} = x_n + \lambda_n d_n$$

mit geeigneten Skalaren $\lambda_n \in (0, 1]$ korrigieren.

Den Abbruch eines Newton-Verfahrens kann man am Fehler $x_n - x_*$ oder am Residuum $F(x_n)$ festmachen. Wir sprechen exemplarisch ein einfaches Kriterium an. Man schreibt $x_n - x_* = x_{n+1} - d_n - x_*$ und folgert mit der obigen quadratischen Fehlerabschätzung

$$\|x_n - x_*\| \leq \|d_n\| + \gamma \cdot \|J_*^{-1}\| \cdot \|x_n - x_*\|^2.$$

Dies bedeutet, dass nahe x_* der Fehler und die Newton-Korrektur vergleichbare Länge haben, und man beendet die Iteration, sobald $\|d_n\| < \tau$ für eine vorgegebene Toleranz $\tau > 0$ erfüllt ist.

Für die Wahl einer erreichbaren Toleranz τ muss berücksichtigt werden, dass die tatsächlich berechnete Newton-Iteration von der Form

$$\hat{x}_{n+1} = \hat{x}_n - (J(\hat{x}_n) + E_n)^{-1}(F(\hat{x}_n) + e_n) + \varepsilon_n$$

ist. Man kann sie im Standardmodell der Gleitkomma-Arithmetik mit Maschinengenauigkeit ε (siehe Abschn. 10.2) analysieren und zeigen, dass der relative Fehler $\|\hat{x}_n - x_*\|/\|x_*\|$ monoton fällt, bis er bei

$$\frac{\|\hat{x}_{n+1} - x_*\|}{\|x_*\|} \approx \frac{\|J_*^{-1}\|}{\|x_*\|} \psi(F, x_*) + \tfrac{1}{2}\varepsilon$$

stagniert, wobei die Funktion ψ den Fehler der F-Auswertung in der Form $\|e_n\| \leq u\|F(\hat{x}_n)\| + \psi(F, \hat{x}_n, u)$ kontrolliert. Dieses Ergebnis illustriert die Wichtigkeit der F-Auswertungen für die Genauigkeit des Newton-Verfahrens.

Literaturhinweise

Allgemeine Lehrbücher
P. DEUFLHARD, A. HOHMANN: *Numerische Mathematik 1*. 4. Auflage, de Gruyter 2008.

P. DEUFLHARD, F. BORNEMANN: *Numerische Mathematik 2*. 4. Auflage, de Gruyter 2013.

R.W. FREUND, R.H.W. HOPPE: *Stoer/Bulirsch: Numerische Mathematik 1*. 10. Auflage, Springer 2007. Ursprünglich erschienen als J. STOER: *Einführung in die Numerische Mathematik 1*. Springer 1972.

R. PLATO: *Numerische Mathematik kompakt*. 4. Auflage, Vieweg 2010.

A. QUARTERONI, R. SACCO, F. SALERI: *Numerische Mathematik 1*. Springer 2002.

A. QUARTERONI, R. SACCO, F. SALERI: *Numerische Mathematik 2*. Springer 2002.

J. STOER, R. BULIRSCH: *Numerische Mathematik 2*. 5. Auflage, Springer 2005.

Literatur zu speziellen Themen

D. BAU, L.N. TREFETHEN: *Numerical Linear Algebra.* SIAM 1997.

F. BORNEMANN, D. LAURIE, S. WAGON, J. WALDVOGEL: *Vom Lösen numerischer Probleme.* Springer 2006; Übersetzung von *The SIAM 100-digit challenge. A study in high-accuracy numerical computing.* SIAM 2004.

A.N. LANGVILLE, C.D. MEYER: *Google's PageRank and Beyond.* Princeton University Press 2006.

Stochastik

11

Den Zufall beherrschbar zu machen ist das Ziel aller Glücksritter, ihn berechenbar zu machen ist Aufgabe der Mathematik. Das Teilgebiet der Mathematik, in dem zufällige Phänomene modelliert und untersucht werden, ist die Stochastik. Sie ist im 17. Jahrhundert aus dem Verlangen entstanden, die Gesetzmäßigkeiten des Glücksspiels zu erforschen, und auch heute hat dessen zeitgenössische Version, die Finanzspekulation, der Stochastik starke Impulse verliehen.

Die moderne Stochastik wurde um 1930 von A. N. Kolmogorov begründet. Wie in jeder mathematischen Disziplin ist der Ausgangspunkt eine Handvoll Definitionen, aus denen die Theorie entwickelt wird. Das technische Vehikel ist hier eine Verallgemeinerung der Lebesgue'schen Maß- und Integrationstheorie; in diesem Sinn ist die Stochastik eine Unterabteilung der Analysis. Diese Sichtweise trägt allerdings nicht der stochastischen Intuition Rechnung. In seinem Buch *Probability* hat L. Breiman diesen Doppelcharakter so beschrieben: „Probability theory has a right hand and a left hand. On the right is the rigorous foundational work using the tools of measure theory. The left hand 'thinks probabilistically,' reduces problems to gambling situations, coin-tossing, and motions of a physical particle."

Dementsprechend wird die Stochastik gelegentlich in einen „elementaren" und einen „fortgeschrittenen" Teil aufgespalten; in ersterem wird versucht, den maßtheoretisch-technischen Aspekt auf ein Minimum zu reduzieren. Hier wollen wir weitgehend diesen elementaren Standpunkt einnehmen, aber bisweilen auf nichttriviale maßtheoretische Konstruktionen hinweisen.

Eine andere Schichtung der Stochastik geschieht durch die Einteilung in Wahrscheinlichkeitstheorie und Statistik; in der Wahrscheinlichkeitstheorie geht man davon aus, die auftretenden Wahrscheinlichkeitsverteilungen zu kennen; die Aufgabe der Statistik ist es, diese aus Beobachtungen zu schätzen.

Im Einzelnen stellen wir in den Abschn. 11.1 bis 11.4 das wahrscheinlichkeitstheoretische Grundvokabular (Wahrscheinlichkeitsmaß und Wahrscheinlichkeitsraum, Zufallsvariable, Erwartungswert und Varianz, Unabhängigkeit) vor, besprechen dann in Abschn. 11.5 bis 11.7 Grenzwertsätze (Null-Eins-Gesetze, das Gesetz der großen Zahl und den zentralen Grenzwertsatz) und schließen daran zwei Abschnitte aus der Statistik über Parameterschätzung und statistische Tests

© Springer-Verlag Berlin Heidelberg 2016
O. Deiser, C. Lasser, E. Vogt, D. Werner, *12 × 12 Schlüsselkonzepte zur Mathematik*,
DOI 10.1007/978-3-662-47077-0_11

an. Es sei bemerkt, dass die Statistik einen eigenen mathematischen Begriffsapparat benutzt, der auf dem Begriff des statistischen Raums aufbaut; darauf gehen wir aber nicht ein. Die letzten drei Abschnitte behandeln einige Themen aus dem Bereich der stochastischen Prozesse wie Markov'sche Ketten, Irrfahrten und die Brown'sche Bewegung.

11.1 Wahrscheinlichkeitsräume

Der erste Schritt, den Zufall berechenbar zu machen, besteht darin, eine mathematische Struktur zu ersinnen, mit der man zufällige Phänomene fassen kann. Dies gelang um 1930 mit dem Begriff des Wahrscheinlichkeitsraums und des Wahrscheinlichkeitsmaßes.

Die Wahrscheinlichkeit eines Ereignisses anzugeben bedeutet, diesem Ereignis eine Zahl zwischen 0 und 1 zuzuordnen mit der Interpretation, dass es für das Ereignis um so wahrscheinlicher ist einzutreten, je größer diese Zahl ist. Ferner sollte die Wahrscheinlichkeit unvereinbarer Ereignisse additiv sein. Diese Forderung übersetzt man wie folgt. Ereignisse sind Teilmengen einer gewissen Grundmenge Ω, deren Elemente Elementarereignisse heißen, und die Zuordnung $A \mapsto \mathbb{P}(A)$ sollte den Regeln

$$\mathbb{P}(A \cup B) = \mathbb{P}(A) + \mathbb{P}(B) \quad \text{für } A \cap B = \emptyset \tag{11.1}$$

und $\mathbb{P}(\Omega) = 1$ genügen. Man beachte, dass (11.1) die Philosophie „das Ganze ist die Summe seiner Teile" wiedergibt, genauso, wie wir es bei der Diskussion des Flächeninhalts am Anfang von Abschn. 8.6 postuliert haben. Und genau wie dort greift (11.1) mathematisch zu kurz (man muss statt zweier oder endlich vieler eine Folge von Ereignissen berücksichtigen), und genau wie dort muss man im Allgemeinen das Vorhaben aufgeben, *jeder* Teilmenge eine Wahrscheinlichkeit zuordnen zu wollen.

Somit kommen wir zur fundamentalen Definition der Wahrscheinlichkeitstheorie. Ein *Wahrscheinlichkeitsraum* ist ein Tripel $(\Omega, \mathcal{A}, \mathbb{P})$, das aus einer Menge Ω (den Elementarereignissen), einer σ-Algebra von Teilmengen von Ω (den Ereignissen, denen Wahrscheinlichkeiten zugewiesen werden sollen) und einem Wahrscheinlichkeitsmaß $\mathbb{P}$ auf $\mathcal{A}$ besteht (das die Wahrscheinlichkeiten der Ereignisse angibt). Dabei ist eine σ-*Algebra* wie in Abschn. 8.6 ein System $\mathcal{A}$ von Teilmengen von Ω mit:

(a) $\emptyset \in \mathcal{A}$.
(b) Mit A liegt auch das Komplement $\Omega \setminus A$ in $\mathcal{A}$.
(c) Sind $A_1, A_2, \ldots \in \mathcal{A}$, so auch $\bigcup_{j=1}^{\infty} A_j$.

Ein *Wahrscheinlichkeitsmaß* auf $\mathcal{A}$ ist eine Abbildung $\mathbb{P} \colon \mathcal{A} \rightarrow [0,1]$ mit $\mathbb{P}(\Omega) = 1$ und

$$\mathbb{P}(A_1 \cup A_2 \cup \ldots) = \mathbb{P}(A_1) + \mathbb{P}(A_2) + \cdots \tag{11.2}$$

für paarweise disjunkte $A_j \in \mathcal{A}$.

Das sieht nach trockener Materie aus, besitzt aber naheliegende stochastische Interpretationen. Beginnen wir mit (11.2). Hier wird für einander ausschließende Ereignisse $A_1, A_2, \ldots$ ausgesagt, dass die Wahrscheinlichkeit, dass eines der Ereignisse eintritt, gleich der Summe der Einzelwahrscheinlichkeiten ist. Wie beim Lebesgue'schen Maß ist der Vorzug von (11.2) gegenüber der endlichen Variante (11.1) darin begründet, hier den ersten Schritt zu den wichtigen Grenzwertsätzen vorliegen zu haben. Und um (11.2) in konkreten Beispielen beweisen zu können, muss man darauf gefasst sein, als Definitionsbereich von $\mathbb{P}$ nicht die Potenzmenge von Ω, sondern nur ein Teilsystem $\mathcal{A} \subseteq \mathcal{P}(\Omega)$ nehmen zu können. An dieses Teilsystem, das die interessierenden Ereignisse repräsentiert, stellt man die Forderungen (a), (b) und (c), denn (b) besagt, dass mit einem Ereignis A auch „A tritt nicht ein" ein Ereignis ist, und (c) formuliert, dass mit $A_1, A_2, \ldots$ auch „Eines der Ereignisse A_k tritt ein" ein Ereignis ist. Mit Hilfe von (b) erhält man dann auch $\bigcap_{k=1}^{\infty} A_k \in \mathcal{A}$, d.h., „Alle A_k treten ein" ist ein Ereignis, und weiter $\bigcap_{k=1}^{\infty} \bigcup_{n \geq k} A_n \in \mathcal{A}$, d.h., „Unendlich viele der A_k treten ein" ist ein Ereignis. Schließlich garantiert (a), dass es überhaupt Ereignisse gibt.

Wir wollen drei Beispiele ansehen.

(1) Zuerst zum Zufallsexperiment par excellence, dem (einmaligen) Wurf eines fairen Würfels. Es wird durch folgenden Wahrscheinlichkeitsraum beschrieben: $\Omega = \{1, 2, \ldots, 6\}$, $\mathcal{A}$ ist die Potenzmenge von Ω, und $\mathbb{P}(A) = |A|/6$ mit $|A| =$ Anzahl der Elemente von A. Die Frage, ob man eine gerade Zahl würfelt, ist dann die nach $\mathbb{P}(\{2, 4, 6\})$. Allgemein nennt man Wahrscheinlichkeitsräume der Bauart $\Omega = $ endliche Menge, $\mathcal{A} = \mathcal{P}(\Omega)$ und $\mathbb{P}(A) = |A|/|\Omega|$ *Laplace-Räume*; Lottospiel und Kartenmischen sind von diesem Typ. Um konkrete Wahrscheinlichkeiten auszurechnen, sind häufig kombinatorische Überlegungen nötig, vgl. Abschn. 4.1.

(2) Im nächsten Beispiel werden Pfeile auf eine kreisförmige Scheibe geworfen, der Zufall soll dabei keine Vorliebe für einen bestimmten Bereich der Scheibe zeigen. Das wahrscheinlichkeitstheoretische Modell hierfür ist der Wahrscheinlichkeitsraum mit $\Omega \subseteq \mathbb{R}^2$, das die Scheibe repräsentiert, mit $\mathbb{P}(A) = \lambda(A)/\lambda(\Omega)$ ($\lambda(A) = $ Flächeninhalt von A). Hier ist $\mathbb{P}$ a priori nur auf geometrisch einfachen Teilmengen vorgegeben, und im Abschn. 8.6 wurde erläutert, dass man λ und damit $\mathbb{P}$ auf die σ-Algebra der Borelmengen, nicht aber auf die gesamte Potenzmenge fortsetzen kann. Also ist $\mathcal{A} = \mathcal{B}_o(\Omega)$ eine adäquate Wahl. Für einen geübten Dartsspieler ist natürlich nicht die homogene Gleichverteilung als Wahrscheinlichkeitsmaß zu nehmen, sondern eines, das Bereichen in der Mitte der Scheibe eine höhere Wahrscheinlichkeit zumisst als außen.

(3) Im dritten Beispiel betrachten wir die Standardnormalverteilung, der idealisiert viele experimentelle Daten folgen (warum, erklärt der zentrale Grenzwertsatz in Abschn. 11.7). Für Teilintervalle $A \subseteq \mathbb{R}$ setze

$$\mathbb{P}(A) = \frac{1}{\sqrt{2\pi}} \int_A e^{-x^2/2} \, dx; \tag{11.3}$$

der Vorfaktor garantiert, dass $\mathbb{P}(\mathbb{R}) = 1$. Wie beim Lebesgue'schen Maß ist es auch hier möglich, das auf Intervallen vorgegebene Wahrscheinlichkeitsmaß auf die borelsche σ-Algebra (nicht aber auf die Potenzmenge) so fortzusetzen, dass (11.2) gilt.

Wie die letzten beiden Beispiele zeigen, ist die Wahl der σ-Algebra manchmal eine sehr subtile Aufgabe, deren Lösung auf nichttrivialen Existenzsätzen beruht. Anfängern kann jedoch geraten werden, diesen Punkt zunächst einmal zu ignorieren, insbesondere, wenn sie das Lebesgue'sche Maß noch nicht kennengelernt haben. Ist Ω abzählbar, kann man jedoch immer $\mathcal{A} = \mathcal{P}(\Omega)$ wählen.

11.2 Zufallsvariable

Eine *Zufallsvariable* auf einem Wahrscheinlichkeitsraum $(\Omega, \mathcal{A}, \mathbb{P})$ ist eine *Borel-messbare* Abbildung $X\colon \Omega \to \mathbb{R}$; d. h., für borelsche Teilmengen $B \subseteq \mathbb{R}$ ist $X^{-1}[B] = \{\omega \mid X(\omega) \in B\} \in \mathcal{A}$. (Es genügt, dies nur für Intervalle zu fordern.) Um diesen kargen Begriff mit Leben zu erfüllen, stellen wir uns Tyche, die Göttin des Zufalls, vor, die volle Information über die Zufallswelt Ω besitzt – sie weiß also, welches $\omega \in \Omega$ sie ausgewählt hat –, uns aber nur einen Aspekt davon mitteilt, nämlich $X(\omega)$. Einen Funktionswert $X(\omega)$ nennt man auch eine *Realisierung* der Zufallsvariablen X.

Im Beispiel des Laplace-Raums $\Omega = \{1, 2, \ldots, 6\} \times \{1, 2, \ldots, 6\}$, der das zwei-malige Würfeln eines fairen Würfels beschreibt, ist etwa $X(\omega) = X(\omega_1, \omega_2) = \omega_2$ eine Zufallsvariable, die das Resultat des zweiten Wurfs wiedergibt. Im Gegensatz zur Bezeichnung „Zufallsvariable" ist nichts Zufälliges an X; im Gegenteil ist X so deterministisch wie jede Abbildung: Wenn man ω hineinsteckt, kommt $X(\omega)$ heraus.

Nur ist es so, dass bloß Tyche weiß, welches ω in die Zufallsvariable X eingegeben wurde, und die entscheidende stochastische Frage ist, mit welcher Wahrscheinlichkeit X einen gewissen Wert (den wir ja beobachten) annimmt bzw. in einem gewissen Bereich liegt: Es geht also um $\mathbb{P}(\{\omega \mid X(\omega) = b\})$ bzw. $\mathbb{P}(\{\omega \mid X(\omega) \in B\})$. Da Mengen wie diese in der Wahrscheinlichkeitstheorie auf Schritt und Tritt auftreten, haben sich naheliegende Kurzschreibweisen eingebürgert:

$$\mathbb{P}(X = b) = \mathbb{P}(\{\omega \mid X(\omega) = b\}), \quad \mathbb{P}(X \in B) = \mathbb{P}(\{\omega \mid X(\omega) \in B\})$$

sowie $\{X \geq 0\} = \{\omega \mid X(\omega) \geq 0\}$ etc.

Die Frage ist also die nach der *Verteilung* von X, das ist das gemäß

$$\mathbb{P}_X\colon \mathcal{B}_o(\mathbb{R}) \to [0, 1], \quad \mathbb{P}_X(B) = \mathbb{P}(X \in B) \tag{11.4}$$

erklärte Wahrscheinlichkeitsmaß auf den Borelmengen von $\mathbb{R}$; damit der letzte Term überhaupt definiert ist, muss man in der Definition einer Zufallsvariablen si-cherstellen, dass $\{X \in B\}$ wirklich zum Definitionsbereich $\mathcal{A}$ von $\mathbb{P}$ gehört.

Es ist zu bemerken, dass der Wahrscheinlichkeitsraum $(\Omega, \mathcal{A}, \mathbb{P})$ mehr und mehr in den Hintergrund tritt und die gesamte stochastische Information über X in der Verteilung $\mathbb{P}_X$ kodiert ist, und nur diese ist von Interesse. (Es ist bloß wichtig zu wissen, dass es überhaupt einen Wahrscheinlichkeitsraum im Hintergrund gibt.)

Beim zweimaligen Würfeln kann die Zufallsvariable „Augensumme" einerseits auf $\Omega = \{1, 2, \ldots, 6\} \times \{1, 2, \ldots, 6\}$ durch $X(\omega) = \omega_1 + \omega_2$ modelliert werden, andererseits auf dem durch $\tilde{\mathbb{P}}(\{2\}) = 1/36$, $\tilde{\mathbb{P}}(\{3\}) = 2/36, \ldots, \tilde{\mathbb{P}}(\{12\}) = 1/36$ bestimmten Wahrscheinlichkeitsraum $\tilde{\Omega} = \{2, 3, \ldots, 12\}$ durch $\tilde{X}(\tilde{\omega}) = \tilde{\omega}$. Beide Zufallsvariablen sind stochastisch äquivalent, da sie dieselbe Verteilung besitzen.

Man unterscheidet zwei wichtige Typen von Zufallsvariablen, die diskret und die stetig verteilten; die elementare Wahrscheinlichkeitsrechnung kennt übrigens nur diese beiden, und erst der maßtheoretisch fundierten Wahrscheinlichkeitstheorie bleibt es vorbehalten, die beiden Spezialfälle einem einheitlichen Konzept unterzuordnen. Eine *diskret verteilte Zufallsvariable* nimmt nur endlich oder abzählbar viele Werte $b_1, b_2, \ldots$ mit positiver Wahrscheinlichkeit an, und ihre Verteilung ist durch die Zahlen

$$p_k = \mathbb{P}(X = b_k) \tag{11.5}$$

festgelegt. Bei einer *stetig verteilten Zufallsvariablen* bestimmt man die Wahrscheinlichkeit, dass $a \le X \le b$ ist, durch ein Integral

$$\mathbb{P}(a \le X \le b) = \int\limits_a^b f(t)\, dt \tag{11.6}$$

mit einer Funktion $f \colon \mathbb{R} \to [0, \infty)$, die im uneigentlichen Riemann'schen oder gar im Lebesgue'schen Sinn integrierbar ist mit $\int_{\mathbb{R}} f(t)\, dt = 1$; in der Regel ist f sogar stückweise stetig. Man nennt f die *Dichte* der Verteilung; sie ist allerdings nur bis auf Gleichheit fast überall, d. h. außerhalb einer Menge vom Lebesguemaß 0, eindeutig bestimmt. (11.6) legt nach allgemeinen Sätzen der Maßtheorie das Wahrscheinlichkeitsmaß $\mathbb{P}_X$ auf $\mathcal{B}_0(\mathbb{R})$ durch

$$\mathbb{P}_X(B) = \mathbb{P}(X \in B) = \int\limits_B f(t)\, dt$$

fest. Die elementare Wahrscheinlichkeitsrechnung drückt alle Aussagen über die Verteilung von X durch (11.5) bzw. (11.6) aus, die moderne Wahrscheinlichkeitstheorie benutzt stattdessen das Wahrscheinlichkeitsmaß $\mathbb{P}_X$.

Eine andere Möglichkeit, die Verteilung von X zu bestimmen, sieht die *Verteilungsfunktion* F_X von X vor. Sie ist durch

$$F_X \colon \mathbb{R} \to [0, 1], \quad F_X(t) = \mathbb{P}(X \le t)$$

definiert. Jede Verteilungsfunktion ist monoton wachsend, rechtsseitig stetig und erfüllt $\lim_{t \to -\infty} F_X(t) = 0$ und $\lim_{t \to \infty} F_X(t) = 1$. Ist X stetig verteilt, so ist F_X ebenfalls stetig (daher der Name). Tatsächlich besitzt F_X dann sogar eine etwas stärkere Eigenschaft, die man Absolutstetigkeit nennt, weswegen stetig verteilte Zufallsvariable auch absolutstetig verteilt genannt werden. (Die Stetigkeit einer Verteilungsfunktion garantiert noch nicht die Existenz einer Dichte wie in (11.6), wohl aber die Absolutstetigkeit.) (11.6) kann man jetzt durch

$$\mathbb{P}(a \le X \le b) = F_X(b) - F_X(a)$$

ausdrücken, denn $\mathbb{P}_X(\{a\}) = 0$. Ist F_X stetig differenzierbar, so ist nach dem Hauptsatz der Differential- und Integralrechnung F'_X eine Dichte für X. Ist X diskret verteilt mit $\mathbb{P}(X = b_k) = p_k$, so macht F_X bei b_k einen Sprung der Höhe p_k.

Wichtige Beispiele für diskrete Zufallsvariable sind binomialverteilte und Poisson-verteilte Zufallsvariable. Bei der *Binomialverteilung* geht es darum, einen Versuch, der nur zwei Ausgänge hat (üblicherweise „Erfolg" und „Misserfolg" genannt), n-mal unabhängig durchzuführen und nach der Wahrscheinlichkeit für genau k Erfolge zu fragen, wenn ein einzelner Versuch mit der Wahrscheinlichkeit p erfolgreich ist. Die entsprechende Verteilung ist die Binomialverteilung:

$$\mathbb{P}(X = k) = \binom{n}{k} p^k (1-p)^{n-k}, \quad k = 0, 1, \ldots, n.$$

Die *Poisson-Verteilung* kann als Grenzfall für kleines p und großes n aufgefasst werden; sie tritt als Verteilung „seltener Ereignisse" auf (z. B. Tippfehler pro Seite dieses Buchs). Sie ist bestimmt durch

$$\mathbb{P}(X = k) = \frac{\lambda^k}{k!} e^{-\lambda}, \quad k = 0, 1, 2, \ldots,$$

mit einem Parameter λ, der im obigen Beispiel die durchschnittliche Zahl der Tippfehler misst und im Abschn. 11.3 detaillierter erläutert wird.

Zwei wichtige Beispiele stetiger Verteilungen sind die *Gleichverteilung* auf $[a, b]$ mit der Dichte

$$f(t) = \begin{cases} 1/b-a & \text{für } a \leq t \leq b \\ 0 & \text{sonst} \end{cases}$$

sowie *normalverteilte* Zufallsvariable. Allgemeiner als in Beispiel (3) aus Abschn. 11.1 nennt man eine Zufallsvariable normalverteilt (genauer $N(\mu, \sigma^2)$-normalverteilt), wenn ihre Verteilung eine Dichte der Form

$$f(t) = \frac{1}{\sqrt{2\pi}\sigma} e^{-(t-\mu)^2/2\sigma^2}$$

Abb. 11.1 Dichten der $N(\mu, \sigma^2)$-Verteilung

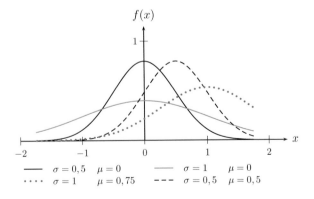

——	$\sigma = 0,5$	$\mu = 0$	—— $\sigma = 1$ $\mu = 0$
····	$\sigma = 1$	$\mu = 0,75$	- - - $\sigma = 0,5$ $\mu = 0,5$

besitzt. Der Graph dieser Dichte ist die oft genannte Glockenkurve (Abb. 11.1). Normalverteilte Zufallsvariable treten in vielen Anwendungen auf; vgl. Abschn. 11.7.

11.3   Erwartungswert und Varianz

Bei einem Zufallsexperiment, das durch eine Zufallsvariable X modelliert wird, ist die gesamte stochastische Information in der Verteilung $\mathbb{P}_X$ enthalten, vgl. (11.4), (11.5) und (11.6). Eine wichtige speziellere Frage ist, welchen Wert X „im Durchschnitt" annimmt.

Am durchsichtigsten ist diese Frage für diskret verteilte Zufallsvariable, etwa mit der Verteilung $\mathbb{P}(X = b_k) = p_k$, zu beantworten. Der „Durchschnittswert", genannt *Erwartungswert* von X, ist das mit den Wahrscheinlichkeiten p_k gewichtete Mittel der Werte b_k:

$$\mathbb{E}(X) = \sum_{k=1}^{\infty} b_k p_k. \tag{11.7}$$

Ist X binomialverteilt mit den Parametern n und p (kurz: $b(n, p)$-verteilt), ergibt sich

$$\mathbb{E}(X) = \sum_{k=0}^{n} k \binom{n}{k} p^k (1 - p)^{n-k} = np,$$

und ist X Poisson-verteilt zum Parameter λ, folgt

$$\mathbb{E}(X) = \sum_{k=0}^{\infty} k \frac{\lambda^k}{k!} e^{-\lambda} = \lambda,$$

was die im letzten Abschnitt gegebene Interpretation von λ erläutert.

Im Fall einer stetig verteilten Zufallsvariablen mit Dichte f versucht man durch Diskretisierung eine Formel für den Erwartungswert zu entwickeln. Das Resultat ist

$$\mathbb{E}(X) = \int_{-\infty}^{\infty} x f(x) \, dx. \tag{11.8}$$

Bei einer auf dem Intervall $[a, b]$ gleichverteilten Zufallsvariablen ist dann wie erwartet $\mathbb{E}(X) = \frac{a+b}{2}$, und bei einer $N(\mu, \sigma^2)$-normalverteilten Zufallsvariablen ist $\mathbb{E}(X) = \mu$; damit ist die Bedeutung des ersten Parameters μ erklärt.

Die Definition des Erwartungswerts in der maßtheoretisch begründeten Wahrscheinlichkeitstheorie ist

$$\mathbb{E}(X) = \int_{\Omega} X \, d\mathbb{P} = \int_{\mathbb{R}} x \, d\mathbb{P}_X(x); \tag{11.9}$$

dies schließt (11.7) und (11.8) als Spezialfälle ein. Natürlich ist die stillschweigende Voraussetzung in diesen Formeln für $\mathbb{E}(X)$, dass die definierenden Integrale existieren. Ein Standardbeispiel für eine Zufallsvariable, die keinen Erwartungswert besitzt, ist eine Cauchy-verteilte Zufallsvariable mit der Dichte $f(x) = 1/\pi(1+x^2)$. Solche Zufallsvariablen werden häufig als paradox aufgefasst: Obwohl alle Werte von $|X|$ endlich sind, ist der Durchschnittswert unendlich! Rein analytisch ist ein solches Verhalten natürlich überhaupt nicht paradox, wie z. B. das Paradebeispiel der Funktion $f: (0,1] \to \mathbb{R}$ mit $f(x) = 1/x$ zeigt.

Aus der allgemeinen Definition ergibt sich sofort die Linearität des Erwartungswerts, insbesondere $\mathbb{E}(X_1 + X_2) = \mathbb{E}(X_1) + \mathbb{E}(X_2)$, was für stetig verteilte X_j aus (11.8) allein nur mühsam zu schließen ist. Die Linearität gestattet einen neuen Blick auf den Erwartungswert einer $b(n,p)$-binomialverteilten Zufallsvariablen X. Dazu seien nämlich $Y_1, \ldots, Y_n$ Zufallsvariable, die nur die Werte 0 und 1 annehmen, und zwar mit den Wahrscheinlichkeiten $1 - p$ bzw. p. Dann kann X als $\sum_{k=1}^n Y_k$ dargestellt werden, und da trivialerweise $\mathbb{E}(Y_k) = p$ ist, ergibt sich sofort ohne komplizierte Rechnung $\mathbb{E}(X) = np$.

Zufallsvariable mit demselben Erwartungswert können sehr unterschiedlich sein, denn der Erwartungswert repräsentiert nur *einen* Aspekt der Verteilung. Eine naheliegende Frage ist daher die nach der durchschnittlichen Abweichung vom Erwartungswert. Diese kann nicht durch $\mathbb{E}(X - \mathbb{E}(X))$ gemessen werden, weil dieser Term immer 0 ist. Die Einführung von Beträgen, nämlich $\mathbb{E}(|X - \mathbb{E}(X)|)$, führt zu einem analytisch nur schwer zu handhabenden Ausdruck. Erfolgversprechender ist das Quadrieren, das zur Definition der *Varianz* von X führt:

$$\mathrm{Var}(X) = \mathbb{E}\big[(X - \mathbb{E}(X))^2\big] = \mathbb{E}(X^2) - (\mathbb{E}(X))^2.$$

Diese Formel setzt voraus, dass $\mathbb{E}(X^2)$ existiert, was impliziert, dass auch $\mathbb{E}(X)$ existiert. Setzt man abkürzend $\mu = \mathbb{E}(X)$, so ist die Varianz einer diskret verteilten Zufallsvariablen mit $\mathbb{P}(X = b_k) = p_k$

$$\mathrm{Var}(X) = \sum_{k=1}^\infty (b_k - \mu)^2 p_k = \sum_{k=1}^\infty b_k^2 p_k - \mu^2$$

und die einer stetig verteilten Zufallsvariablen mit Dichte f

$$\mathrm{Var}(X) = \int_{-\infty}^\infty (x - \mu)^2 f(x)\, dx = \int_{-\infty}^\infty x^2 f(x)\, dx - \mu^2.$$

Konkrete Beispiele sind $b(n,p)$-verteilte Zufallsvariable mit $\mathrm{Var}(X) = np(1 - p)$ und $N(\mu, \sigma^2)$-verteilte Zufallsvariable mit $\mathrm{Var}(X) = \sigma^2$.

Die Wurzel aus der Varianz wird *Standardabweichung* genannt: $\sigma(X) = \mathrm{Var}(X)^{1/2}$. Für $N(\mu, \sigma^2)$-verteiltes X ist in der Tat $\sigma(X) = \sigma$, und wichtige Werte für eine solche Zufallsvariable sind $\mathbb{P}(|X - \mu| \leq \sigma) = 0.683\ldots$, $\mathbb{P}(|X - \mu| \leq 2\sigma) = 0.954\ldots$, $\mathbb{P}(|X - \mu| \leq 3\sigma) = 0.997\ldots$. Anwender geben diese Wahrscheinlichkeiten oft in der Form „68.3 % der Werte von X liegen zwischen $\mu - \sigma$ und $\mu + \sigma$" wieder; man beachte dazu auch, dass in Anwendungen $\sigma(X)$ dieselbe physikalische Dimension wie X hat.

Erwartungswert und Varianz sind die ersten Momente einer Zufallsvariablen bzw. deren Verteilung. Allgemein ist das n-te *Moment* als

$$\mathbb{E}(X^n) = \int_{\Omega} X^n \, d\mathbb{P} = \int_{-\infty}^{\infty} x^n \, d\mathbb{P}_X(x)$$

und das n-te *zentrierte Moment* als

$$\mathbb{E}((X - \mathbb{E}X)^n) = \int_{\Omega} (X - \mathbb{E}X)^n \, d\mathbb{P} = \int_{-\infty}^{\infty} (x - \mathbb{E}X)^n \, d\mathbb{P}_X(x)$$

erklärt. Normalisierte Formen des 3. bzw. 4. zentrierten Moments sind in der Statistik als *Schiefe* bzw. *Exzess* bekannt.

11.4 Bedingte Wahrscheinlichkeiten und Unabhängigkeit

Die vorangegangenen Abschnitte legen den Schluss nahe, die Wahrscheinlichkeitstheorie sei eine Unterabteilung der Integrationstheorie, die bloß ein eigenes Vokabular verwendet: Funktionen heißen Zufallsvariable, ihre Werte Realisierungen, messbare Mengen Ereignisse, und statt Integral sagt man Erwartungswert. In diesem Abschnitt kommt nun eine neue Idee hinzu, die der Wahrscheinlichkeitstheorie eigen ist, nämlich die Unabhängigkeit bzw. das Bedingen von Ereignissen.

Als einfaches Beispiel betrachten wir das zweimalige Werfen eines fairen Würfels. Die Wahrscheinlichkeit, mindestens 10 Augen zu erzielen, ist dann $1/6$. Falls man jedoch weiß, dass der erste Wurf eine 6 produziert hat, ist die gesuchte Wahrscheinlichkeit $1/2$. Das ist kein Widerspruch, da die zweite Wahrscheinlichkeit eine bedingte Wahrscheinlichkeit ist; man sucht die Wahrscheinlichkeit des Ereignisses A „Augensumme ≥ 10" nicht schlechthin, sondern unter der Bedingung, dass das Ereignis B „1. Würfelwurf $= 6$" eingetreten ist. Solch eine *bedingte Wahrscheinlichkeit* $\mathbb{P}(A \mid B)$ ist durch

$$\mathbb{P}(A \mid B) = \frac{\mathbb{P}(A \cap B)}{\mathbb{P}(B)}$$

erklärt, falls, wie in unserem Beispiel, $\mathbb{P}(B) \neq 0$ ist.

Aus der Definition ergeben sich sofort zwei wichtige Konsequenzen. Zunächst gilt die *Formel von der totalen Wahrscheinlichkeit*, deren Aussage unmittelbar plausibel ist: Bilden $B_1, B_2, \dots$ eine endliche oder unendliche Folge paarweise disjunkter Ereignisse mit $\mathbb{P}(B_k) \neq 0$ und $\bigcup_k B_k = \Omega$, so gilt für jedes Ereignis A

$$\mathbb{P}(A) = \sum_k \mathbb{P}(A \mid B_k)\mathbb{P}(B_k).$$

Gewiss haben alle Leser mit Hilfe genau dieser Formel die Aussage $\mathbb{P}(A) = \frac{1}{6}$ des obigen Beispiels nachvollzogen.

Die *Bayessche Formel* versucht, die bedingte Wahrscheinlichkeit $\mathbb{P}(A \mid B)$ mit $\mathbb{P}(B \mid A)$ in Beziehung zu setzen. Sie lautet

$$\mathbb{P}(B_1 \mid A) = \frac{\mathbb{P}(A \mid B_1)\mathbb{P}(B_1)}{\sum_k \mathbb{P}(A \mid B_k)\mathbb{P}(B_k)},$$

wobei A und die B_k wie oben sind und diesmal auch $\mathbb{P}(A) \neq 0$ ist. Es ist trivial, diese Formel rechnerisch zu verifizieren, und doch sind ihre Konsequenzen oft kontraintuitiv. Ein typisches Beispiel sind medizinische Tests. Mit den Ereignissen A „Test auf Erkrankung positiv", B_1 „Patient erkrankt" und B_2 „Patient nicht erkrankt" ist die den Patienten interessierende Wahrscheinlichkeit $\mathbb{P}(B_1 \mid A)$. Bei einem idealen Test wäre $\mathbb{P}(A \mid B_1) = 1$ und $\mathbb{P}(A \mid B_2) = 0$, in der realen Welt machen Tests aber bisweilen fehlerhafte Vorhersagen, so dass beispielsweise $\mathbb{P}(A \mid B_1) = 0.9999$ (diese Wahrscheinlichkeit wird *Sensitivität* des Tests genannt) und $\mathbb{P}(A \mid B_2) = 0.002$ (die Komplementärwahrscheinlichkeit $1 - \mathbb{P}(A \mid B_2) = \mathbb{P}(A^c \mid B_2)$ heißt *Spezifität* des Tests). Um die Bayessche Formel anzuwenden, benötigt man noch den Wert $\mathbb{P}(B_1)$, die sogenannte *Prävalenz*. Diese Wahrscheinlichkeit ist in der Regel sehr klein, weil schwere Erkrankungen sehr selten sind, sagen wir z. B. $\mathbb{P}(B_1) = 0.0001$; dann liefert die Bayessche Formel $\mathbb{P}(B_1 \mid A) = 0.047$. Die Wahrscheinlichkeit, dass eine positiv getestete Person wirklich erkrankt ist, liegt also unter 5 %. Die Erklärung dieses Phänomens liegt darin, dass es sehr viel mehr Gesunde als Kranke gibt; daher wirkt sich die kleine Fehlerwahrscheinlichkeit, gesunde Patienten als krank zu testen, entsprechend stark aus. Auch das bekannte Ziegenparadoxon lässt sich mit der Bayesschen Formel erklären.

Gestattet das Eintreten von B keinen Rückschluss auf die Wahrscheinlichkeit für das Eintreten von A, nennt man A und B *unabhängig*; die definierende Bedingung ist also

$$\mathbb{P}(A \cap B) = \mathbb{P}(A)\mathbb{P}(B).$$

Liegen mehr als zwei Ereignisse $A_1, \ldots, A_n$ vor, werden diese unabhängig genannt, wenn für jede Teilmenge $F \subseteq \{1, \ldots, n\}$ die Produktformel

$$\mathbb{P}\left(\bigcap_{k \in F} A_k\right) = \prod_{k \in F} \mathbb{P}(A_k)$$

gilt; für $n = 3$ ist also nicht nur $\mathbb{P}(A_1 \cap A_2 \cap A_3) = \mathbb{P}(A_1)\mathbb{P}(A_2)\mathbb{P}(A_3)$ gefordert, sondern auch $\mathbb{P}(A_1 \cap A_2) = \mathbb{P}(A_1)\mathbb{P}(A_2)$ etc. Schließlich wird eine Folge von Ereignissen unabhängig genannt, wenn es je endlich viele davon sind.

Der Unabhängigkeitsbegriff überträgt sich leicht auf Zufallsvariable. Die Zufallsvariablen $X_1, \ldots, X_n$ heißen unabhängig, wenn für beliebige Borelmengen (oder bloß Intervalle) B_k die Ereignisse $\{X_1 \in B_1\}, \ldots, \{X_n \in B_n\}$ unabhängig sind. Explizit lautet diese Forderung

$$\mathbb{P}(X_1 \in B_1, \ldots, X_n \in B_n) = \mathbb{P}(X_1 \in B_1) \cdot \ldots \cdot \mathbb{P}(X_n \in B_n). \qquad (11.10)$$

Hier benötigt man die entsprechende Formel für Teilmengen nicht, da sie bereits enthalten ist; einige der B_k können ja $\mathbb{R}$ sein. Wieder wird eine Folge von Zufallsvariablen unabhängig genannt, wenn es je endlich viele davon sind.

Wir können nun die Darstellung einer binomialverteilten Zufallsvariablen als Summe von $\{0, 1\}$-wertigen Zufallsvariablen $X = Y_1 + \cdots + Y_n$ aus dem letzten Abschnitt präzisieren. Die umgangssprachliche Unabhängigkeit der Versuchswiederholung in der ursprünglichen Beschreibung von X weicht jetzt der Präzisierung, dass X Summe der unabhängigen Zufallsvariablen $Y_1, \ldots, Y_n$ mit der Verteilung $\mathbb{P}(Y_k = 1) = p$ und $\mathbb{P}(Y_k = 0) = 1 - p$ ist.

Die obige Formel (11.10) lässt sich mittels der gemeinsamen Verteilung der X_k wiedergeben. Der Einfachheit halber betrachten wir zwei Zufallsvariable X_1 und X_2 und den assoziierten Zufallsvektor $\mathbf{X} = (X_1, X_2)$. Die Verteilung von $\mathbf{X}$ ist wie in (11.4) das auf den Borelmengen von $\mathbb{R}^2$ erklärte Wahrscheinlichkeitsmaß

$$\mathbb{P}_{\mathbf{X}} \colon \mathcal{B}_o(\mathbb{R}^2) \to [0, 1], \quad \mathbb{P}_{\mathbf{X}}(B) = \mathbb{P}(\mathbf{X} \in B);$$

$\mathbb{P}_{\mathbf{X}}$ wird die *gemeinsame Verteilung* von X_1 und X_2 genannt. Nach allgemeinen Sätzen der Maßtheorie ist $\mathbb{P}_{\mathbf{X}}$ durch die Werte auf den Rechtecken $B_1 \times B_2$ eindeutig bestimmt, und (11.10) kann man kompakt mit Hilfe der maßtheoretischen Konstruktion des Produktmaßes durch $\mathbb{P}_{\mathbf{X}} = \mathbb{P}_{X_1} \otimes \mathbb{P}_{X_2}$ wiedergeben. Haben die unabhängigen Zufallsvariablen X_k eine stetige Verteilung mit Dichte f_k, so hat $\mathbf{X}$ die Dichte $f_1 \otimes f_2 \colon (x_1, x_2) \mapsto f_1(x_1) f_2(x_2)$, d. h.

$$\mathbb{P}_{\mathbf{X}}(B) = \iint\limits_B f_1(x_1) f_2(x_2) \, dx_1 \, dx_2.$$

Daraus kann man schließen, dass $X_1 + X_2$ stetig verteilt ist mit der Dichte $f(x) = (f_1 * f_2)(x) = \int_{\mathbb{R}} f_2(y) f_1(x - y) \, dy$; $f_1 * f_2$ heißt *Faltung* von f_1 und f_2.

Für die Erwartungswerte unabhängiger Zufallsvariabler gilt der Produktsatz

$$\mathbb{E}(X_1 \cdots X_n) = \mathbb{E}(X_1) \cdots \mathbb{E}(X_n)$$

und für ihre Varianz

$$\mathrm{Var}(X_1 + \cdots + X_n) = \mathrm{Var}(X_1) + \cdots + \mathrm{Var}(X_n).$$

Zum Beweis der letzten Gleichung benötigt man, dass unabhängige Zufallsvariable *unkorreliert* sind, d. h.

$$\mathbb{E}((X_1 - \mathbb{E}(X_1))(X_2 - \mathbb{E}(X_2))) = \mathbb{E}(X_1 - \mathbb{E}(X_1))\mathbb{E}(X_2 - \mathbb{E}(X_2)) = 0.$$

11.5 Null-Eins-Gesetze

Unter einem Null-Eins-Gesetz versteht man eine Aussage, die garantiert, dass gewissen Ereignissen nur die Wahrscheinlichkeiten 0 oder 1 zukommen können; statt $\mathbb{P}(A) = 1$ bedient man sich auch der Sprechweise, A trete *fast sicher* (abgekürzt

f. s.) ein. Das ist der höchste Grad an Sicherheit, den die Wahrscheinlichkeitstheorie bieten kann; da ein Wahrscheinlichkeitsmaß Nullmengen gewissermaßen nicht wahrnehmen kann, kann man keine absolute Sicherheit (das wäre $A = \Omega$) postulieren.

Ein sehr einfaches, aber dennoch sehr schlagkräftiges Null-Eins-Gesetz ist das Lemma von Borel-Cantelli. Hier betrachtet man Ereignisse $A_1, A_2, \ldots$ und das Ereignis $A = \bigcap_{n=1}^{\infty} \bigcup_{k=n}^{\infty} A_k =: \limsup A_n$; es ist also $\omega \in A$ genau dann, wenn es unendlich viele Ereignisse $A_{k_1}, A_{k_2}, \ldots$ mit $\omega \in A_{k_j}$ gibt (die Auswahl der Teilfolge $k_1, k_2, \ldots$ darf von ω abhängen). Man kann A verbal mit „unendlich viele A_k treten ein" umschreiben. Dann besagt das *Lemma von Borel-Cantelli*:

(a) Gilt $\sum_{k=1}^{\infty} \mathbb{P}(A_k) < \infty$, so folgt $\mathbb{P}(A) = 0$.
(b) Sind die A_k unabhängig mit $\sum_{k=1}^{\infty} \mathbb{P}(A_k) = \infty$, so folgt $\mathbb{P}(A) = 1$.

Ein zweites wichtiges Null-Eins-Gesetz beschäftigt sich mit Folgen unabhängiger Zufallsvariabler $X_1, X_2, \ldots$ und Ereignissen A, deren Eintreten „nicht von den Werten endlich vieler dieser Zufallsvariablen" abhängt; man denke z. B. an das Ereignis $A = \{\omega \mid \sum_k X_k(\omega) \text{ konvergiert}\}$. Zur Präzisierung dessen betrachtet man die kleinste σ-Algebra $\mathcal{A}_k$, die alle Mengen der Form $X_l^{-1}[B]$ mit $l > k$ und $B \in \mathcal{B}_0(\mathbb{R})$ enthält; Ereignisse in dieser σ-Algebra interpretiert man als nicht von den Werten von $X_1, \ldots, X_k$ abhängig. Der Schnitt $\mathcal{T} = \bigcap_{k \in \mathbb{N}} \mathcal{A}_k$ wird die σ-Algebra der *terminalen Ereignisse* genannt. Diese Ereignisse sind es, die eben etwas ungenau als „nicht von endlich vielen der X_k abhängig" beschrieben wurden, und man kann beweisen, dass $\{\omega \mid \sum_k X_k(\omega) \text{ konvergiert}\}$ in diesem technischen Sinn ein terminales Ereignis ist.

Nun können wir das *Kolmogorov'sche Null-Eins-Gesetz* formulieren.

Sind $X_1, X_2, \ldots$ unabhängige Zufallsvariable und ist A ein terminales Ereignis, so ist $\mathbb{P}(A) = 0$ oder $\mathbb{P}(A) = 1$.

Tritt also ein terminales Ereignis mit positiver Wahrscheinlichkeit ein, so tritt es fast sicher ein.

11.6   Das Gesetz der großen Zahl

Jeder Würfelspieler weiß, dass nach sehr häufigem, sagen wir n-maligem Werfen eines fairen Würfels die Augensumme in der Größenordnung $3.5 \times n$ liegt und dass unter diesen n Würfen etwa $n/6$ Sechsen sind. Diese Werte leiten sich nicht nur aus der Erfahrung des Glücksspielers her, sondern sind auch Ausdruck eines intuitiven Vorverständnisses von Erwartungswert und Wahrscheinlichkeit, wonach der zu erwartende Wert sich im Mittel ungefähr einstellt, wenn man den Versuch nur oft genug wiederholt. Eine solche Gesetzmäßigkeit wird landläufig Gesetz der großen Zahl genannt.

Das erwähnte intuitive Vorverständnis korrespondiert hier mit einem beweisbaren mathematischen Satz, den wir in diesem Abschnitt diskutieren. Nicht immer liegen Glücksspieler mit ihrer Intuition richtig: Wenn im Lotto seit 30 Wochen nicht mehr die 19 gezogen wurde, so ist es natürlich keinen Deut wahrscheinlicher, dass sie in der nächsten Ziehung kommt; die Ziehungen sind ja unabhängig.

Betrachten wir das obige Szenario auf dem mathematischen Seziertisch, so geht es um ein Zufallsexperiment (Würfelwurf), das durch eine Zufallsvariable X mit Erwartungswert $\mathbb{E}(X)$ modelliert wird. (Auch das Zufallsexperiment „Anzahl der Sechsen" ordnet sich dem unter; man muss nur dem Ereignis $A = $ „Sechs kommt" die Indikatorvariable $\chi_A(\omega) = 1$, wenn $\omega \in A$, und $\chi_A(\omega) = 0$, wenn $\omega \notin A$, zuordnen.) Dieses Experiment wird n-mal durchgeführt und zwar so, dass keine Ausführung eines Versuchs einen anderen Versuch der Versuchsreihe beeinflusst. Mathematisch gesehen haben wir es mit unabhängigen Zufallsvariablen $X_1, \ldots, X_n$ zu tun, die dieselbe Verteilung wie X besitzen. Es interessiert dann die neue Zufallsvariable $S_n = X_1 + \cdots + X_n$, von der das heuristische Gesetz der großen Zahl behauptet, sie sei für große n von der Größenordnung $\mathbb{E}(X) \cdot n$, oder anders gesagt, es sei $S_n/n \approx \mathbb{E}(X)$.

Eine solche approximative Gleichheit wird mathematisch durch die Grenzwertbeziehung $\lim_{n \to \infty} S_n/n = \mathbb{E}(X)$ präzisiert. In dieser Form machen wir nun aber die Idealisierung, nicht nur n, sondern unendlich viele unabhängige Kopien unserer ursprünglichen Zufallsvariablen zu besitzen und das Zufallsexperiment also unendlich oft durchzuführen. Um hier sicheren Boden unter den Füßen zu haben, muss man einen nichttrivialen Existenzsatz beweisen, der es gestattet, zu einer gegebenen Zufallsvariablen $X \colon \Omega \to \mathbb{R}$ einen neuen Wahrscheinlichkeitsraum $(\tilde{\Omega}, \tilde{\mathcal{A}}, \tilde{\mathbb{P}})$ zu konstruieren, auf dem eine Folge unabhängiger Zufallsvariabler existiert, die alle dieselbe Verteilung wie X haben; man spricht von unabhängigen Kopien von X. Das gelingt mittels der maßtheoretischen Konstruktion des unendlichen Produkts der Verteilung $\mathbb{P}_X$.

Des Weiteren ist zu präzisieren, in welchem Sinn die Folge (S_n/n) gegen $\mathbb{E}(X)$ konvergieren soll. Hier sind zwei unterschiedliche Konvergenzarten wichtig, die fast sichere und die stochastische Konvergenz. Die *fast sichere* Konvergenz ist selbsterklärend: Eine Folge (Z_n) von Zufallsvariablen konvergiert fast sicher gegen die Zufallsvariable Z, wenn $\mathbb{P}(\{\omega \mid Z_n(\omega) \to Z(\omega)\}) = 1$ ist; kurz $Z_n \to Z$ f. s. Für die *stochastische Konvergenz* $Z_n \xrightarrow{\mathbb{P}} Z$ betrachtet man hingegen die Wahrscheinlichkeit für eine Abweichung $\geq \varepsilon$ und verlangt $\mathbb{P}(|Z_n - Z| \geq \varepsilon) \to 0$ für jedes $\varepsilon > 0$. Die fast sichere Konvergenz impliziert die stochastische, aber nicht umgekehrt; es braucht dann nicht einmal ein einziges ω mit $Z_n(\omega) \to Z(\omega)$ zu geben. Jedoch folgt aus der stochastischen Konvergenz die Existenz einer fast sicher konvergenten Teilfolge.

Je nach Wahl des zugrundeliegenden Konvergenzbegriffs können wir nun zwei Versionen des *Gesetzes der großen Zahl* formulieren. Es sei X eine Zufallsvariable mit Erwartungswert $\mathbb{E}(X)$, und $X_1, X_2, \ldots$ seien (auf welchem Wahrscheinlichkeitsraum auch immer definierte) unabhängige Kopien von X sowie $S_n = X_1 + \cdots + X_n$.

$$(\text{Schwaches Gesetz der großen Zahl}) \qquad \frac{S_n}{n} \xrightarrow{\mathbb{P}} \mathbb{E}(X)$$

$$(\text{Starkes Gesetz der großen Zahl}) \qquad \frac{S_n}{n} \to \mathbb{E}(X) \quad f.\,s.$$

Beide Sätze lassen sich einfacher beweisen, wenn X endliche Varianz hat; der Beweis des schwachen Gesetzes ist dann sogar beinahe trivial. Er beruht auf der einfachen *Chebyshev'schen Ungleichung*

$$\mathbb{P}(|Z| \geq \alpha) \leq \frac{1}{\alpha^2} \text{Var}(Z)$$

für eine Zufallsvariable Z mit $\mathbb{E}(Z) = 0$ und für $\alpha > 0$. Wendet man diese Ungleichung nämlich auf $Z = S_n - n\mathbb{E}(X)$ und $\alpha = n\varepsilon$ an, folgt

$$\mathbb{P}\left(\left|\frac{S_n}{n} - \mathbb{E}(X)\right| \geq \varepsilon\right) = \mathbb{P}(|S_n - n\mathbb{E}(X)| \geq n\varepsilon)$$

$$\leq \frac{1}{n^2\varepsilon^2} \text{Var}(S_n - n\mathbb{E}(X)) = \frac{1}{n}\frac{\text{Var}(X)}{\varepsilon^2} \to 0,$$

was zu beweisen war; man beachte, dass $\text{Var}(S_n - n\mathbb{E}(X)) = \text{Var}(S_n) = \text{Var}(X_1) + \cdots + \text{Var}(X_n)$ aufgrund der Unabhängigkeit gilt.

Man mag sich fragen, warum das schwache Gesetz explizit formuliert wird, wenn es doch sowieso aus dem starken folgt. Der Grund liegt darin, dass es (zumindest im Fall endlicher Varianz) viel einfacher zu beweisen ist und sogar, wie oben gezeigt, die quantitative Abschätzung

$$\mathbb{P}\left(\left|\frac{S_n}{n} - \mathbb{E}(X)\right| \geq \varepsilon\right) \leq \frac{1}{n}\frac{\text{Var}(X)}{\varepsilon^2} \qquad (11.11)$$

für die Abweichung gestattet, die für die schließende Statistik wichtig ist.

Gesetze der großen Zahl werden auch für nicht identisch verteilte, aber unabhängige Zufallsvariable studiert; man sucht dann nach Bedingungen für die Konvergenz der Mittel $1/n((X_1 - \mathbb{E}(X_1)) + \cdots + (X_n - \mathbb{E}(X_n)))$ gegen 0; für die fast sichere Konvergenz ist zum Beispiel $\sum_{n=1}^{\infty} \text{Var}(X_n/n) < \infty$ hinreichend.

11.7 Der zentrale Grenzwertsatz

In vielen Anwendungen tauchen Zufallsvariable auf, die zumindest näherungsweise normalverteilt sind (Körpergröße bei Erstklässlern, jährliche Niederschlagsmenge in einer Wetterstation, Milchleistung der Kühe eines Bauernhofs etc.). Der zentrale Grenzwertsatz erklärt, warum; die Aussage dieses Satzes kann man mit „Die Summe vieler unabhängiger Zufallsvariabler ist ungefähr normalverteilt" wiedergeben; natürlich steckt hinter den Wörtern „viele" und „ungefähr" wieder ein Grenzprozess, der gleich erläutert werden soll. In Anwendungen kann man sich häufig vorstellen, dass viele Einzeleinflüsse die in der Summe beobachtete Zufallsgröße ausmachen, die nach dem zentralen Grenzwertsatz also näherungsweise normalverteilt ist.

Wir betrachten zunächst den Fall identisch verteilter Zufallsvariabler. Wir gehen von einer Zufallsvariablen X mit endlicher Varianz σ^2 (> 0) und Erwartungswert μ aus, und es seien $X_1, X_2, \ldots$ unabhängige Kopien von X. Dann werden die standardisierten Summenvariablen

$$S_n^* = \frac{(X_1 + \cdots + X_n) - n\mu}{\sqrt{n}\,\sigma}$$

definiert, für die $\mathbb{E}(S_n^*) = 0$ und $\mathrm{Var}(S_n^*) = 1$ gilt. Bezeichnet man noch mit φ bzw. Φ die Dichte bzw. Verteilungsfunktion der Standardnormalverteilung, also

$$\varphi(t) = \frac{1}{\sqrt{2\pi}}e^{-t^2/2}, \qquad \Phi(t) = \int\limits_{-\infty}^{t} \varphi(s)\,ds,$$

so besagt der *zentrale Grenzwertsatz*

$$\lim_{n\to\infty} \mathbb{P}(a \le S_n^* \le b) = \Phi(b) - \Phi(a) \tag{11.12}$$

für alle $a, b \in \mathbb{R}$. Die Konvergenz ist sogar gleichmäßig in a und b. Bezeichnet man mit Φ_{μ,σ^2} die Verteilungsfunktion der $N(\mu, \sigma^2)$-Normalverteilung, kann man also

$$\lim_{n\to\infty} \big(\mathbb{P}(a \le S_n \le b) - (\Phi_{n\mu,n\sigma^2}(b) - \Phi_{n\mu,n\sigma^2}(a))\big) = 0 \tag{11.13}$$

bzw.

$$\lim_{n\to\infty} \big(\mathbb{P}(a \le S_n \le b) - (\Phi(\tfrac{b-n\mu}{\sqrt{n}\sigma}) - \Phi(\tfrac{a-n\mu}{\sqrt{n}\sigma}))\big) = 0$$

schließen; und in diesem Sinn ist die Summenvariable $S_n = X_1 + \cdots + X_n$ ungefähr wie eine normalverteilte Zufallsvariable mit demselben Erwartungswert und derselben Varianz wie S_n verteilt. Die Universalität dieses Satzes ist bemerkenswert, denn die Grenzverteilung hängt überhaupt nicht von der Verteilung der Ausgangsvariablen X ab, solange diese endliche Varianz hat. (Die Voraussetzung $\sigma^2 > 0$ schließt nur den deterministischen Fall einer fast sicher konstanten Zufallsvariablen aus.)

Die hinter (11.12) stehende Konvergenz wird *Verteilungskonvergenz* genannt; man kann sie mittels der beteiligten Verteilungsfunktionen durch $F_{S_n^*}(t) \to \Phi(t)$ für alle t ausdrücken. Der Beweis des zentralen Grenzwertsatzes ist technisch aufwändig und wird häufig mit Hilfe der Maschinerie der *charakteristischen Funktionen* geführt; die charakteristische Funktion ϕ_X einer Zufallsvariablen X ist definiert durch

$$\phi_X(t) = \mathbb{E}(e^{itX}) = \int\limits_{\mathbb{R}} e^{itx}\,d\mathbb{P}_X(x);$$

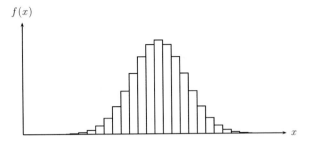

Abb. 11.2 Histogramm der Binomialverteilung

sie stimmt bis auf ein Vorzeichen und den Normierungsfaktor mit der Fourier-Transformation des Wahrscheinlichkeitsmaßes $\mathbb{P}_X$ überein.

Ein wichtiger Spezialfall des zentralen Grenzwertsatzes ist allerdings elementarer Behandlung zugänglich. Ist nämlich X eine Zufallsvariable mit der Verteilung $\mathbb{P}(X = 1) = p$, $\mathbb{P}(X = 0) = 1 - p$, so ist die obige Summenvariable S_n binomialverteilt, genauer $B(n, p)$-verteilt; in diesem Fall beschreiben (11.12) bzw. (11.13) die Approximation einer Binomialverteilung durch eine Normalverteilung. Dies ist der *Satz von de Moivre-Laplace*. Sein Beweis fußt auf der Idee, die in den Binomialkoeffizienten steckenden Fakultäten mittels der Asymptotik der *Stirling'schen Formel*

$$n! \sim \left(\frac{n}{e}\right)^n \sqrt{2\pi n}$$

zu vereinfachen (das Symbol $\sim$ soll bedeuten, dass der Quotient beider Seiten gegen 1 konvergiert); mit der Stirling'schen Formel kommt also die e-Funktion ins Spiel. An einem Histogramm (Abb. 11.2) lässt sich die sich herausbildende Glockenkurve gut erkennen.

Handbücher der angewandten Statistik geben die Faustregel an, dass man unter der Bedingung $np(1 - p) \geq 9$ so tun darf, als sei eine $B(n, p)$-verteilte Zufallsvariable $N(np, np(1 - p))$-verteilt.

Sind die $X_1, X_2, \ldots$ nicht identisch verteilt, so gilt (11.12) entsprechend, wenn man mit $s_n^2 = \mathrm{Var}(X_1 + \cdots + X_n) = \mathrm{Var}(X_1) + \cdots + \mathrm{Var}(X_n)$

$$S_n^* = \frac{(X_1 - \mathbb{E}(X_1)) + \cdots + (X_n - \mathbb{E}(X_n))}{s_n}$$

setzt; man muss allerdings Voraussetzungen treffen, die verhindern, dass eine der Zufallsvariablen X_k einen dominierenden Einfluss auf die Summe S_n besitzt. Die allgemeinste Bedingung dieser Art wurde von Lindeberg gefunden; leichter zugänglich ist jedoch die nach Lyapounov benannte Bedingung

$$\lim_{n \to \infty} \frac{1}{s_n^{2+\delta}} \sum_{k=1}^{n} \mathbb{E}\left(|X_k - \mathbb{E}(X_k)|^{2+\delta}\right) = 0 \qquad \text{für ein } \delta > 0,$$

die die Gültigkeit von (11.12) impliziert.

11.8 Parameterschätzung

In den bisherigen Betrachtungen gingen wir stillschweigend davon aus, die auftretenden Wahrscheinlichkeitsverteilungen in allen Aspekten genau zu kennen; das ist in Anwendungen aber nicht immer der Fall. Zwar ergibt sich die Wahrscheinlichkeitsverteilung beim fairen Würfeln a priori aus der Symmetrie des Würfels, aber wenn man eine Reißzwecke wirft, ist es nicht klar, mit welcher Wahrscheinlichkeit sie auf dem Rücken oder auf der Seite landet. In einer ähnlichen Situation befindet man sich in der empirischen Forschung: Wenn bei einer Wahl über Bestehen oder Abwahl der Regierung abgestimmt wird, versuchen Demoskopen, das Wahlergebnis vorherzusagen und somit die Wahrscheinlichkeit p_0 für einen Wahlerfolg der Regierung zu bestimmen, die freilich vor der Wahl unbekannt ist; und ein Bauer hat guten Grund zu der Annahme, dass sein Ernteertrag normalverteilt ist, aber die Parameter μ und σ^2 der Verteilung liegen nicht explizit vor.

Solche Parameter zu schätzen ist eine Aufgabe der mathematischen Statistik. Stellen wir uns etwa das Problem, den Erwartungswert einer unbekannten Verteilung zu schätzen, so liegt es nahe, n unabhängige Realisierungen einer Zufallsvariablen X mit der fraglichen Verteilung zu bilden und diese zu mitteln, also die neue Zufallsvariable

$$\bar{X} = \frac{1}{n}(X_1 + \cdots + X_n)$$

einzuführen. Dann wird man $\bar{X}(\omega)$ als Schätzwert des Erwartungswerts von X ansehen. Das ist natürlich das Vorgehen der Demoskopie: Hier hat X die Verteilung $\mathbb{P}(X = 1) = p_0$ und $\mathbb{P}(X = 0) = 1 - p_0$; jedes X_k repräsentiert eine Wählerbefragung, die in der Stichprobe $(X_1(\omega), \ldots, X_n(\omega))$ resultiert, und $\bar{X}(\omega)$ ist der Anteil der Regierungsanhänger unter den n Befragten. Wird die Befragung mit anderen Probanden wiederholt, bekommt man einen neuen Wert $\bar{X}(\omega')$, der genauso gut als Schätzwert für den wahren Wert $p_0 = \mathbb{E}(X)$ angesehen werden kann. Wie gut ist dieses Schätzverfahren also?

Der Schätzer $\bar{X}$ hat gegenüber anderen Schätzern (wie z. B. dem Median Y oder dem zugegebenermaßen wenig überzeugenden Schätzer $Z = 1/2(X_1 + X_n)$) mehrere Vorzüge. Zum einen ist er *erwartungstreu*. Zur Erläuterung dieses Begriffs begeben wir uns wieder ins Beispiel der Demoskopie und werden mit der Notation etwas penibler. Genau genommen ist unser Standpunkt ja, dass X nicht eine explizit vorab bekannte Verteilung hat, sondern die Verteilung von X ist eine aus der Familie $\mathbb{P}_p$ mit $\mathbb{P}_p(X = 1) = p$ und $\mathbb{P}_p(X = 0) = 1 - p, 0 \leq p \leq 1$, wir wissen nur nicht, welche. Entsprechend bezeichnen wir Erwartungswerte mit $\mathbb{E}_p$ statt einfach mit $\mathbb{E}$. Dann gilt nach den Rechenregeln des Erwartungswerts

$$\mathbb{E}_p(\bar{X}) = p = \mathbb{E}_p(X);$$

im Mittel schätzt $\bar{X}$ also den richtigen Wert. Auch der Schätzer Z ist erwartungstreu, nicht aber Y.

Des Weiteren ist $\bar{X}$ *konsistent*, d. h.

$$\lim_{n \to \infty} \mathbb{P}_p(|\bar{X}^{(n)} - p| \geq \varepsilon) = 0 \quad \text{für alle } \varepsilon > 0,$$

wobei wir $\bar{X}^{(n)}$ statt $\bar{X}$ geschrieben haben, denn $\bar{X}$ hängt ja von n ab. Diese Aussage ist nichts anderes als das schwache Gesetz der großen Zahl (Abschn. 11.6). (Die Schätzer Y und Z sind nicht konsistent.) In Worten besagt die Konsistenz, dass für große Stichprobenumfänge die Wahrscheinlichkeit einer Abweichung des Schätzers vom wahren Wert klein ist.

Das schwache Gesetz der großen Zahl leistet noch andere gute Dienste. Die langjährige Leiterin des Allensbacher Instituts für Demoskopie, Elisabeth Noelle-Neumann, wird mit den Worten zitiert, es sei ein Wunder, dass man nur ein paar Tausend Leute befragen müsse, um die Meinung eines ganzen Volkes zu kennen. Das schwache Gesetz der großen Zahl liefert eine Erklärung. Aus seiner quantitativen Form (11.11) schließt man nämlich

$$\mathbb{P}_p(|\bar{X}^{(n)} - p| \geq \varepsilon) \leq \frac{1}{n} \frac{p(1-p)}{\varepsilon^2} \leq \frac{1}{4n\varepsilon^2};$$

um also die Wahlaussicht p bis auf eine Abweichung von $\varepsilon = 0.02$ mit einer Fehlerwahrscheinlichkeit von 5 % zu bestimmen, genügt es, $n = 12500$ (unabhängige!) Wähler zu befragen.

Zur Schätzung der Varianz einer Zufallsvariablen bedient man sich des Schätzers

$$s^2 = \frac{1}{n-1} \sum_{k=1}^{n} |X_k - \bar{X}|^2.$$

Dieser Schätzer ist erwartungstreu (um das zu erreichen, hat man den Term $n-1$ statt n im Nenner) und konsistent.

Statt Erwartungswert und Varianz genau schätzen zu wollen, erscheint es oft sinnvoller, sich mit einem Intervall zufriedenzugeben, das „sehr wahrscheinlich" diesen Wert enthält. Man spricht dann von einem *Konfidenzintervall* zum Konfidenzniveau $1 - \alpha$, wenn „sehr wahrscheinlich" „mit Wahrscheinlichkeit $\geq 1 - \alpha$" bedeuten soll. (Typische Werte sind $\alpha = 0.05$ oder $\alpha = 0.01$.) Um ein solches Intervall für eine Erfolgswahrscheinlichkeit p zu bestimmen, geht man so vor. Man beschafft sich n unabhängige Zufallsvariable mit der Verteilung $\mathbb{P}(X = 1) = p$, $\mathbb{P}(X = 0) = 1 - p$ und betrachtet deren Summe S_n, die $B(n, p)$-binomialverteilt ist. Es sei $k = S_n(\omega)$ eine Realisierung von S_n. Mit anderen Worten wird das Zufallsexperiment n-mal konkret durchgeführt, und man zählt die Anzahl k der Erfolge bei dieser Durchführung. Nun versucht man, p_* und p^* so zu berechnen, dass für die $B(n, p_*)$-Verteilung die Wahrscheinlichkeit für k oder mehr Erfolge unter $\alpha/2$ liegt und für die $B(n, p^*)$-Verteilung die Wahrscheinlichkeit für k oder weniger Erfolge ebenfalls unter $\alpha/2$ liegt. (Das ist übrigens leichter gesagt als getan.) Die dem zugrundeliegende Idee ist, dass $p < p_*$ inkompatibel mit der Beobachtung „k Erfolge" ist, wenn es zu viele sind, und das Gleiche gilt für $p > p^*$, wenn es zu wenige sind. Das Intervall $I = [p_*, p^*]$ enthält dann p mit einer Wahrscheinlichkeit von mindestens $1 - \alpha$. Man beachte, dass k zufällig ist und deshalb $I = I(\omega)$ ebenfalls; formal ist $\mathbb{P}_p(\{ \omega \mid p \in I(\omega) \}) \geq 1 - \alpha$.

Konfidenzintervalle sind in der Literatur vertafelt (neuerdings natürlich auch online); man findet z. B. für $n = 20$ und $k = 5$ das Konfidenzintervall $[0.116, 0.474]$

zum Konfidenzniveau 0.95. Die Interpretation dieser Zahlen ist: Beobachtet man bei 20 Versuchen 5 Erfolge und rät man anschließend, die Erfolgswahrscheinlichkeit liege zwischen 0.116 und 0.474, so liegt man mit dieser Strategie in 95 % aller Fälle richtig.

11.9 Statistische Tests

Wir wollen die Grundideen der Testtheorie anhand eines einfachen Beispiels entwickeln. In einer Zuckerfabrik werden 500 g-Tüten abgefüllt; natürlich kommt es vor, dass in manchen Tüten ein klein wenig mehr und in anderen ein klein wenig weniger ist. Da sich beim Abfüllen der Tüten viele unabhängige Einflüsse überlagern, können wir das Gewicht einer Tüte mit einer $N(\mu, \sigma^2)$-verteilten Zufallsvariablen modellieren. Der Betreiber der Zuckerfabrik behauptet, seine Anlage arbeite im Durchschnitt einwandfrei, mit Abweichungen von ± 8 Gramm; mit anderen Worten behauptet er, die Parameter unserer Verteilung seien $\mu = 500$ und $\sigma = 8$. Ein Vertreter des Eichamts möchte nun diese Angaben überprüfen; er bezweifelt nicht, dass die Standardabweichung 8 beträgt, aber er möchte feststellen, ob der Verbraucher tatsächlich im Schnitt (mindestens) 500 Gramm pro Tüte bekommt. Das Eichamt nimmt sich nun zufällig 3 Zuckertüten und bestimmt das mittlere Gewicht; es ergeben sich 490 Gramm. Muss die Zuckerfabrik nun ein Bußgeld zahlen?

Wahrscheinlichkeitstheoretisch liegt folgende Situation vor: Wir haben es mit einer $N(\mu, \sigma)$-Verteilung zu tun, in der $\sigma = 8$ bekannt, aber μ unbekannt ist. Die Behauptung der Zuckerfabrik ist $\mu \geq 500$. Um den Wahrheitsgehalt dieser Behauptung zu beleuchten, hat das Eichamt drei gemäß der angeblichen Verteilung verteilte unabhängige Zufallsvariable beobachtet und die Werte $x_1 = X_1(\omega)$, $x_2 = X_2(\omega)$ und $x_3 = X_3(\omega)$ gemessen. Dann wurde die Prüfgröße $\bar{X} = \frac{1}{3}(X_1 + X_2 + X_3)$ gebildet und ausgewertet: $\bar{x} = \frac{1}{3}(x_1 + x_2 + x_3) = 490$. Um zu ermessen, ob das ein unter den gegebenen Umständen zu erwartender Wert oder ein höchst unwahrscheinlicher Wert ist, müssen wir die Verteilung von $\bar{X}$ unter der Hypothese $\mu \geq 500$ kennen; diese ist eine $N(\mu, 8^2/3)$-Verteilung, und die Wahrscheinlichkeit, dass $\bar{X} \leq 490$ ist, beträgt 0.015 für $\mu = 500$ und ist für größere μ noch kleiner. Das heißt: Wenn die Angaben der Zuckerfabrik stimmen, kommt ein Ergebnis wie bei der Messung nur in höchstens 1.5 % aller Überprüfungen vor, ist also eher unwahrscheinlich. Unmöglich ist es allerdings nicht, aber eben unwahrscheinlich, und deshalb werden wohl die Angaben der Zuckerfabrik kritisch beäugt werden.

Systematisieren wir das Vorangegangene. Wir hatten eine Menge von Verteilungen $\mathbb{P}_\vartheta$ zur Auswahl (alle $N(\mu, \sigma^2)$-Verteilungen mit $\sigma = 8$), und es war zu überprüfen, ob die vorliegende Verteilung einer Teilmenge H hiervon angehört (diejenigen mit $\mu \geq 500$). Dazu haben wir die in Frage stehende Zufallsvariable n-mal unabhängig reproduziert und eine *Testgröße*, eine neue Zufallsvariable T (nämlich $\bar{X}$), gebildet; T wird auch *Teststatistik* genannt. Entscheidend ist nun, die Verteilung von T unter Annahme der Hypothese zu kennen. Führt die Testgröße zu einem „zu unwahrscheinlichen" Wert, verwirft man die Hypothese, dass $\vartheta \in H$.

Was „zu unwahrscheinlich" heißt, muss man zu Beginn des Tests festlegen – man kann sich die Spielregeln natürlich nicht im Nachhinein aussuchen. Übliche Werte sind 5 % oder 1 %. Ein eher verbraucherfreundlicher Eichinspektor würde z. B. das Niveau auf 5 % festlegen und Messergebnisse, die unwahrscheinlicher als dieses Niveau sind, zum Anlass nehmen, ein Bußgeldverfahren in Gang zu setzen. Ein eher fabrikantenfreundlicher Inspektor würde das Niveau 1 % ansetzen und unseren Fabrikanten von oben davonkommen lassen.

Systematisieren wir weiter. Wir testen eine *Nullhypothese* H_0 gegen eine *Alternative* H_1, nämlich $\vartheta \in H$ gegen $\vartheta \notin H$. Und je nachdem, wie unsere Testgröße ausfällt, wird das massiv („signifikant") gegen die Nullhypothese sprechen oder nicht. Im ersten Fall sagt man, man *verwirft* die Nullhypothese, und im zweiten *behält* man sie *bei* bzw. verwirft sie nicht. Widerlegt oder bewiesen ist damit nichts; selbst, wenn fast alles gegen die Nullhypothese spricht, kann sie ja richtig sein.

Man kann nun nach Abschluss des Tests zwei Fehler machen:

- H_0 ist richtig, wird aber verworfen.   (*Fehler 1. Art*)
- H_0 ist falsch, wird aber beibehalten.   (*Fehler 2. Art*)

Bis hierher ist der Aufbau der Begriffe symmetrisch (ob wir $\mu \geq 500$ gegen $\mu < 500$ testen oder umgekehrt, erscheint irrelevant). Jedoch ist es praktisch so, dass die beiden Fehler unterschiedliches Gewicht haben. Es ist nun die Konvention der Statistik, dass der Fehler 1. Art der gravierendere ist und deshalb genauer kontrolliert werden sollte. Dieser Konvention haben wir gemäß dem Motto *in dubio pro reo* bei der Anlage des Zuckerbeispiels bereits entsprochen.

Zu Beginn eines Tests gibt man sich ein $\alpha > 0$ vor; die Irrtumswahrscheinlichkeit für einen Fehler 1. Art soll dann garantiert $\leq \alpha$ sein. α heißt das *Niveau* des Tests, wie gesagt sind $\alpha = 0.05$ und $\alpha = 0.01$ gängige Werte. Ein Test der Nullhypothese $\vartheta \in H$ gegen die Alternative $\vartheta \notin H$ zum Niveau α mittels der Teststatistik T verlangt dann, eine Teilmenge $A \subseteq \mathbb{R}$ (genannt *Ablehnungsbereich* oder *Verwerfungsbereich*) mit

$$\mathbb{P}_\vartheta (T \in A) \leq \alpha \qquad \text{für alle } \vartheta \in H \qquad (11.14)$$

zu bestimmen. Ist die Nullhypothese richtig, liegt T nur mit einer Wahrscheinlichkeit $\leq \alpha$ in A; die Interpretation ist: Das ist zu unwahrscheinlich, um wahr zu sein, also wird die Nullhypothese verworfen. Häufig sind Ablehnungsbereiche von der Form $[t, \infty)$ bzw. $(-\infty, t]$; (11.14) nimmt dann die Form $\mathbb{P}_\vartheta (T \geq t) \leq \alpha$ bzw. $\mathbb{P}_\vartheta (T \leq t) \leq \alpha$ für alle $\vartheta \in H$ an. Dann sprechen nur sehr große bzw. nur sehr kleine Werte von T gegen die Nullhypothese; solch ein Test wird *einseitig* genannt. (Unser Zuckerbeispiel war von diesem Typ.) Bei einem *zweiseitigen Test* ist die Nullhypothese z. B. $\mu = \mu_0$, und sowohl sehr große als auch sehr kleine Werte von T sprechen dagegen; der Ablehnungsbereich hat die Form $(-\infty, t_\mathrm{u}] \cup [t_\mathrm{o}, \infty)$.

Leider kann man bei einem Test die Fehler 1. Art und 2. Art nicht gleichzeitig kontrollieren. Schreiben wir die Menge Θ aller Parameterwerte als $\Theta = H \cup K$, wobei H der Nullhypothese und K der Alternative entspricht. Die *Gütefunktion* einer Teststatistik T mit dem Ablehnungsbereich A ist durch

$$G_T \colon \Theta \to [0,1], \quad G_T(\vartheta) = \mathbb{P}_\vartheta(T \in A)$$

definiert. Ein Fehler 2. Art bei Vorliegen eines $\vartheta \in K$ tritt dann auf, wenn $T \notin A$ ausfällt. Die Wahrscheinlichkeit dafür ist $\mathbb{P}_\vartheta(T \notin A) = 1 - G_T(\vartheta)$, und für $\vartheta \in K$ kann sie bis zu $1 - \alpha$ betragen.

Um zwei verschiedene Testverfahren (also verschiedene Teststatistiken) zu vergleichen, kann man ihre Gütefunktionen heranziehen. Ist $G_{T_1} \geq G_{T_2}$ auf K, so kontrolliert T_1 den Fehler 2. Art besser als T_2; man sagt dann, T_1 sei *trennschärfer* als T_2. Das Verfahren in unserem Beispiel wird *Gauß-Test* genannt. Der Gauß-Test ist trennschärfer als jeder andere Test (zum gleichen Niveau und gleichen Stichprobenumfang) des Erwartungswerts einer normalverteilten Zufallsvariablen mit bekannter Varianz.

Es sei erwähnt, dass die Voraussetzung der bekannten Varianz häufig unrealistisch ist. Bei unbekannter Varianz ist diese noch aus der Stichprobe zu schätzen; dies führt zu Teststatistiken, die nicht mehr normalverteilt sind, sondern einer sogenannten *Studentschen t-Verteilung* folgen. (Diese Verteilung wurde von W. S. Gosset gefunden und unter dem Pseudonym Student veröffentlicht; sein Arbeitgeber, die Guinness-Brauerei in Dublin, gestattete ihren Angestellten nämlich nicht, wissenschaftliche Arbeiten zu publizieren, weil man befürchtete, darin könnten Betriebsgeheimnisse enthalten sein.)

11.10 Markov'sche Ketten

Manche Anwendungen in der Physik, der Biologie oder den Wirtschaftswissenschaften lassen sich mit Hilfe von Folgen von Zufallsvariablen modellieren, die eine bestimmte Abhängigkeitsstruktur aufweisen; auch Googles „PageRank"-Algorithmus ist hier zu nennen. Betrachten wir der Anschaulichkeit halber ein weniger seriöses Beispiel. Stellen Sie sich einen Mensakoch vor, der seine Beilagen nach folgendem Speiseplan vorbereitet: Kocht er an einem Tag Kartoffeln, so kocht er am nächsten Tag mit 50-prozentiger Wahrscheinlichkeit Nudeln und mit 50-prozentiger Wahrscheinlichkeit Reis (Kartoffeln aber garantiert nicht); kocht er an einem Tag Nudeln, so kocht er am nächsten Tag mit 50-prozentiger Wahrscheinlichkeit Kartoffeln und mit je 25-prozentiger Wahrscheinlichkeit Nudeln oder Reis; kocht er an einem Tag Reis, so kocht er am nächsten Tag mit je $33^{1}/_3$-prozentiger Wahrscheinlichkeit Kartoffeln, Nudeln oder Reis. Wenn es heute Reis gibt, wie hoch ist dann die Wahrscheinlichkeit, dass es in drei Tagen auch Reis gibt? Wie hoch ist die Wahrscheinlichkeit, dass es heute in einem Jahr Reis gibt?

Der hier entstehende Prozess ist eine *Markov'sche Kette*. Darunter versteht man eine Folge von Zufallsvariablen $X_0, X_1, X_2, \ldots$ mit Werten in einer endlichen oder abzählbar unendlichen Menge S, dem *Zustandsraum*, die die Bedingung

$$\mathbb{P}(X_{n+1} = i_{n+1} \mid X_n = i_n, \ldots, X_0 = i_0) = \mathbb{P}(X_{n+1} = i_{n+1} \mid X_n = i_n) \quad (11.15)$$

für alle n und alle Auswahlen von Elementen $i_0, \ldots, i_{n+1} \in S$ erfüllen. (11.15)
wird *Markov-Eigenschaft* genannt und drückt die „Gedächtnislosigkeit" des stochastischen Prozesses $(X_n)_{n \geq 0}$ aus: Bei gegebener Gegenwart ($X_n = i_n$) hängt die
Zukunft ($X_{n+1} = i_{n+1}$) nicht von der Vergangenheit ($X_{n-1} = i_{n-1}, \ldots, X_0 = i_0$)
ab. Ist die rechte Seite in (11.15) unabhängig von n, d. h., gibt es p_{ij} mit

$$\mathbb{P}(X_{n+1} = j \mid X_n = i) = p_{ij} \quad \text{für alle } n \geq 0, \tag{11.16}$$

so heißt die Markovkette *zeitlich homogen*; im Folgenden betrachten wir nur solche
Ketten. Die Interpretation von p_{ij} ist dann die der Übergangswahrscheinlichkeit
vom Zustand i in den Zustand j, die zu jedem Zeitpunkt n dieselbe ist.

In diesem Abschnitt werden wir nur zeitlich homogene Markovketten mit endlichem Zustandsraum S untersuchen; es bietet sich dann an, S als $\{1, \ldots, s\}$ zu
bezeichnen, und die Übergangswahrscheinlichkeiten können nun bequem als *Übergangsmatrix* $P = (p_{ij})_{i,j=1,\ldots,s}$ notiert werden. Nach Konstruktion ist jede Zei-
lensumme $\sum_j p_{ij} = 1$, und natürlich sind die Einträge $p_{ij} \geq 0$. Eine Matrix mit
diesen Eigenschaften wird *stochastische Matrix* genannt. Es ist ein nichttrivialer
Existenzsatz, dass es zu jeder stochastischen Matrix P und jedem Wahrschein-
keitsvektor $\mu = (\mu_1, \ldots, \mu_s)$ (d. h., μ ist eine Wahrscheinlichkeitsverteilung auf
$\{1, \ldots, s\}$) eine Markovkette $(X_n)_{n \geq 0}$ gibt, die (11.15) und (11.16) erfüllt und daher P als Übergangsmatrix sowie μ als Startverteilung (d. h. $\mathbb{P}_{X_0} = \mu$) besitzt.
Diese ist eindeutig bestimmt in dem Sinn, dass die gemeinsamen Verteilungen der
$X_0, \ldots, X_n$ eindeutig bestimmt sind. In unserem Beispiel aus dem ersten Absatz ist
mit der Identifikation Kartoffeln = 1, Nudeln = 2 und Reis = 3

$$P = \begin{pmatrix} 0 & 1/2 & 1/2 \\ 1/2 & 1/4 & 1/4 \\ 1/3 & 1/3 & 1/3 \end{pmatrix}, \qquad \mu = (0, 0, 1).$$

Es ist nun nicht schwer, die Verteilung von X_1 zu bestimmen, da ja nach der
Formel von der totalen Wahrscheinlichkeit aus Abschn. 11.4

$$\mathbb{P}(X_1 = j) = \sum_i \mathbb{P}(X_1 = j \mid X_0 = i)\mathbb{P}(X_0 = i) = \sum_i \mu_i p_{ij}.$$

Schreibt man wie bei μ die Wahrscheinlichkeiten $\mathbb{P}(X_1 = j)$ in einen Zeilenvektor
$\mu^{(1)}$, so lässt sich die letzte Rechnung kompakt durch $\mu^{(1)} = \mu P$ wiedergeben.
Analog ergibt sich die Verteilung von X_2 durch $\mu^{(2)} = \mu^{(1)} P = \mu P^2$ und allgemein die von X_n durch $\mu^{(n)} = \mu P^n$. Die n-Schritt-Übergangswahrscheinlichkeiten
werden also durch die Matrixpotenz P^n gegeben. Daher wird die anfängliche Frage
nach $\mathbb{P}(X_3 = 3)$ im Mensabeispiel durch $151/432 \doteq 0.3495$ beantwortet.

Die zweite anfangs aufgeworfene Frage betrifft das Langzeitverhalten Markov'scher Ketten. Wir setzen dazu voraus, dass es eine Potenz P^N gibt, deren
sämtliche Einträge strikt positiv sind; für je zwei Zustände i und j ist also die Wahrscheinlichkeit $p_{ij}^{(N)} > 0$, in N Schritten von i nach j zu gelangen. Das impliziert,

dass die Markovkette den Zustandsraum ohne periodische Muster „durcheinander-wirbelt"; die technische Vokabel dafür ist *irreduzibel und aperiodisch*.

Für solche Ketten existiert $\pi = \lim_{n \to \infty} \mu P^n$ für jede Startverteilung μ, und der Grenzwert ist unabhängig von μ. Da sofort $\pi = \pi P$ folgt, wird π die *statio-näre Verteilung* der Kette genannt. (In der Sprache der linearen Algebra ist π ein „linker" Eigenvektor von P zum Eigenwert 1.) Darüber hinaus ist die Konvergenz gegen die stationäre Verteilung exponentiell schnell; Genaueres lässt sich aus dem Eigenwertverhalten der Matrix P ablesen. Setzt man nämlich $r = \max\{ |\lambda| \mid \lambda \neq 1$ ein Eigenwert von $P \}$, so gilt $r < 1$, und für die Konvergenzgeschwindigkeit hat man eine Abschätzung der Form $\|\pi - \mu P^n\| \leq M r^n$.

Die Markov'sche Kette des Mensabeispiels ist irreduzibel und aperiodisch (P^2 hat nur positive Einträge), und die stationäre Verteilung ist ($5/17, 6/17, 6/17$); ferner ist $r = 7/12$. Für große n ist daher $6/17$ eine sehr gute Approximation an $\mathbb{P}(X_n = 3)$; der Fehler ist für $n \geq 10$ kleiner als 10^{-4}. Egal, was es heute gab, heute in einem Jahr wird mit einer Wahrscheinlichkeit von $6/17 \doteq 0.3529$ Reis angeboten.

11.11   Irrfahrten

Es seien $X_1, X_2, \ldots$ unabhängige identisch verteilte Zufallsvariable mit Werten im $\mathbb{R}^d$, also Zufallsvektoren. Wie schon in vorangegangenen Abschnitten wollen wir die Summenvariablen $S_n = X_1 + \cdots + X_n$ betrachten, aber diesmal unter einem anderen Aspekt. Die Vorstellung ist jetzt, dass ein zum Zeitpunkt $n = 0$ im Punkte $0 \in \mathbb{R}^d$ startender Zufallswanderer ω sich in der ersten Zeiteinheit von dort nach $S_1(\omega) = X_1(\omega)$ begibt, in der zweiten Zeiteinheit von dort nach $S_2(\omega) = S_1(\omega) + X_2(\omega)$, in der dritten von dort nach $S_3(\omega) = S_2(\omega) + X_3(\omega)$ usw. Auf diese Weise entsteht ein zufälliger Pfad, $n \mapsto S_n(\omega)$, die *Irrfahrt* (engl. *random walk*) des Zufallswanderers.

Speziell wollen wir uns im Folgenden mit der symmetrischen d-dimensionalen Irrfahrt auf dem Gitter $\mathbb{Z}^d$ beschäftigen. Im Fall $d = 1$ ist jetzt die Verteilung der X_j durch $\mathbb{P}(X_j = -1) = \mathbb{P}(X_j = 1) = 1/2$ vorgegeben; der Wanderer wirft also eine faire Münze, ob er als Nächstes einen Schritt nach vorn oder zurück macht. Die Verteilung von S_n ist eine verschobene Binomialverteilung. Im Fall $d = 2$ hat er vier Möglichkeiten (vor, zurück, links, rechts), die jeweils mit der Wahrscheinlich-keit $1/4$ gewählt werden, und im Fall $d = 3$ kommen noch oben und unten hinzu. Allgemein ist bei der d-dimensionalen symmetrischen Irrfahrt die Verteilung der X_j durch $\mathbb{P}(X_j = \pm e_k) = 1/2d$ gegeben, wobei die e_k die kanonischen Basisvek-toren des $\mathbb{R}^d$ bezeichnen. Man zeigt leicht, dass der mittlere quadratische Abstand einer solchen Irrfahrt vom Ursprung mit der Anzahl der Schritte übereinstimmt: $\mathbb{E}(\|S_n\|^2) = n$.

Eine zentrale Frage ist, ob der Zufallswanderer zu seinem Ausgangspunkt zu-rückkehrt, genauer, ob das Ereignis „$S_n = 0$ unendlich oft" die Wahrscheinlich-keit 1 hat. Man kann mit einer Verallgemeinerung des Kolmogorovschen Null-Eins-Gesetzes aus Abschn. 11.5 zeigen, dass für diese Wahrscheinlichkeit nur die Werte 1 oder 0 in Frage kommen; im ersten Fall nennt man die Irrfahrt *rekurrent* und im zweiten *transient*. Bei der symmetrischen Irrfahrt hängt das Wiederkehrverhalten stark von der Dimension ab:

> Die d-dimensionale symmetrische Irrfahrt ist rekurrent für $d \leq 2$ und transient für $d \geq 3$.

Dieser *Satz von Pólya* wird gern griffig so formuliert: Man kann sich im Empire State Building verlaufen, nicht aber in Manhattan.

Allerdings kann es bis zur Rückkehr lange dauern. Sei nämlich $T(\omega) = \inf\{n \geq 1 \mid S_n(\omega) = 0\}$ der Zeitpunkt der ersten Rückkehr; T ist eine Zufallsvariable mit Werten in $\mathbb{N} \cup \{\infty\}$. Für $d \leq 2$ besagt der Satz von Pólya $T < \infty$ fast sicher; es gilt aber $\mathbb{E}(T) = \infty$. Man nennt die Irrfahrt dann *nullrekurrent*. Irrfahrten (S_n) auf dem Gitter $\mathbb{Z}^d$, ob symmetrisch oder nicht, kann man kanonisch als Markov'sche Ketten auf dem unendlichen Zustandsraum $\mathbb{Z}^d$ auffassen, und die Begriffe Transienz, Rekurrenz und Nullrekurrenz können allgemeiner für Markov'sche Ketten definiert und studiert werden.

Werfen wir noch einen genaueren Blick auf die eindimensionale symmetrische Irrfahrt. Eine interessante Skala von Zufallsvariablen ist hier $L_{2n} = \sup\{m \leq 2n \mid S_m = 0\}$; L_{2n} gibt den Zeitpunkt des letzten Besuchs der 0 vor dem Zeitpunkt $2n$ an. Die asymptotische Verteilung der L_{2n} beschreibt das *Arcussinusgesetz*

$$\lim_{n \to \infty} \mathbb{P}\left(a \leq \frac{L_{2n}}{2n} \leq b\right) = \frac{1}{\pi} \int_a^b \frac{dx}{\sqrt{x(1-x)}} = \frac{2}{\pi}(\arcsin\sqrt{b} - \arcsin\sqrt{a}).$$

Insbesondere folgt $\mathbb{P}(L_{2n} \leq n) \to 1/2$. Diese Konsequenz ist kontraintuitiv: Wenn Sie mit Ihrem Nachbarn das ganze Jahr täglich um einen Euro auf Kopf oder Zahl bei einer fairen Münze wetten, werden Sie also mit einer Wahrscheinlichkeit von etwa $1/2$ von Juli bis Dezember dauernd auf Verlust stehen.

11.12 Die Brown'sche Bewegung

Die *Brown'sche Bewegung* ist das fundamentale Beispiel eines stochastischen Prozesses in kontinuierlicher Zeit. Die erste Arbeit, die sich mathematisch rigoros damit befasst, stammt von N. Wiener aus dem Jahr 1924, weswegen auch der Name *Wienerscher Prozess* gebräuchlich ist. Doch schon am Beginn des 20. Jahrhunderts benutzte Bachelier die Brown'sche Bewegung in seiner Theorie der Börsenkurse, und Einstein verwandte sie in seiner molekularkinetischen Theorie der Wärme. Der Name erinnert an den Botaniker Robert Brown, der 1828 eine „stetige wimmelnde Bewegung" von Pollen unter dem Mikroskop beobachtete.

Die formale Definition einer (eindimensionalen) Brown'schen Bewegung ist die einer Familie von Zufallsvariablen $(B_t)_{t \geq 0}$ auf einem Wahrscheinlichkeitsraum

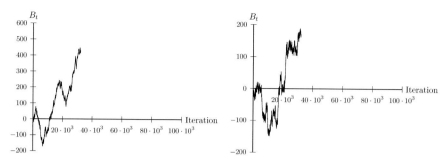

Abb. 11.3 Zwei Brown'sche Pfade

$(\Omega, \mathcal{A}, \mathbb{P})$ mit den Eigenschaften (1) $B_0 = 0$ f. s., (2) B_t ist $N(0, t)$-verteilt, (3) die Zuwächse sind unabhängig (d. h., $B_{t_2} - B_{t_1}$, $B_{t_3} - B_{t_2}, \ldots, B_{t_n} - B_{t_{n-1}}$ sind für alle $t_1 \leq \cdots \leq t_n, n \geq 1$, unabhängig), (4) die *Pfade* $t \mapsto B_t(\omega)$ des Prozesses sind stetig (vgl. Abb. 11.3). Dass es solche Zufallsvariablen überhaupt gibt, ist keine Selbstverständlichkeit, und Wiener war der Erste, der ihre Existenz rigoros bewiesen hat, und zwar mittels zufälliger Fourierreihen. Ein anderer Existenzbeweis besteht darin, die Brown'sche Bewegung als Grenzfall von symmetrischen Irrfahrten (Abschn. 11.11) zu erhalten. Hierbei skaliert man die Länge eines Zeitintervalls zu h, die Länge eines Schritts der Irrfahrt $(S_n^{(h)})$ zu $\sqrt{h}$, interpoliert zwischen den Punkten $(kh, S_k^{(h)}) \in \mathbb{R}^2$ linear (was einen zufälligen Polygonzug liefert) und geht zum Grenzwert $h \to 0$ über. Diese Skalierung wird dadurch motiviert, dass bei einer symmetrischen Irrfahrt mit Schrittweite s der mittlere quadratische Abstand vom Ursprung nach n Zeitschritten ns^2 ist.

Gleich ihren zeitdiskreten Analoga, den Markov'schen Ketten, ist die Brown'sche Bewegung gedächtnislos und daher ein sogenannter *Markov-Prozess*; das wird durch Bedingung (3) ausgedrückt. Anders gesagt ist für festes t_0 auch $(B_{t+t_0} - B_{t_0})_{t \geq 0}$ eine Brown'sche Bewegung. Eine entscheidende Ausdehnung ist die Idee der *starken Markov-Eigenschaft*: Für gewisse zufällige Zeiten T, genannt Stoppzeiten, ist $(B_{t+T} - B_T)_{t \geq 0}$ ebenfalls eine Brown'sche Bewegung. Dabei heißt eine Zufallsvariable $T: \Omega \to [0, \infty]$ *Stoppzeit*, wenn die Gültigkeit der Ungleichung $T(\omega) \leq s$ nur von den Werten $B_t(\omega)$ für $t \leq s$ abhängt. (Die technische Übersetzung dieser informellen Beschreibung erfolgt mit Hilfe der von den Zufallsvariablen B_t, $t \leq s$, erzeugten σ-Algebra $\mathcal{F}_s$ und lautet $\{T \leq s\} \in \mathcal{F}_s$ für alle s.) Zum Beispiel ist $T_a(\omega) = \inf\{t \geq 0 \mid B_t(\omega) = a\}$ eine Stoppzeit, genannt *Passierzeit bei a*.

Unter den Pfadeigenschaften sticht besonders deren Nichtdifferenzierbarkeit hervor. Fast sicher gilt nämlich, dass ein Pfad $t \mapsto B_t(\omega)$ an keiner Stelle differenzierbar ist. Was vor dem Hintergrund der elementaren Analysis als pathologische Ausnahme erscheint, nämlich eine stetige, nirgends differenzierbare Funktion, erweist sich unter dem stochastischen Blickwinkel als Regelfall. (In Abschn. 8.12 sind wir der Existenz solcher Funktionen schon einmal begegnet; auch dort gestattete der Satz von Baire die Interpretation, dass die „typische" stetige Funktion nirgends differenzierbar ist.)

Die Nullstellenmenge eines Brown'schen Pfads $Z(\omega) = \{t \mid B_t(\omega) = 0\}$ erweist sich fast sicher als überabzählbare abgeschlossene Menge ohne isolierte Punkte vom Lebesguemaß 0 und ist daher vom Typ einer Cantormenge; der Beweis fußt auf der starken Markov-Eigenschaft. Für die Verteilung der letzten Nullstelle vor dem Zeitpunkt 1, also von $L = \sup\{t \leq 1 \mid B_t = 0\}$, gilt wie im diskreten Fall der Irrfahrt ein Arcussinusgesetz der Form $\mathbb{P}(a \leq L \leq b) = \frac{2}{\pi}(\arcsin \sqrt{b} - \arcsin \sqrt{a})$.

Eine *d-dimensionale Brown'sche Bewegung* ist eine Familie von Zufallsvektoren $\mathbf{B}_t^{(d)}: \Omega \to \mathbb{R}^d$, $t \geq 0$, für die die Koordinaten $(B_t^1, \ldots, B_t^d)$ stets unabhängig sind und die $(B_t^k)_{t \geq 0}$ jeweils eindimensionale Brown'sche Bewegungen sind. (Sie ist ein Modell dessen, was Brown 1828 beobachtet hat.) Wir interessieren uns wie bei der d-dimensionalen Irrfahrt für das Rekurrenzverhalten. Wie gerade berichtet, kehrt in der Dimension 1 eine Brown'sche Bewegung mit Wahrscheinlichkeit 1 zum Ursprung zurück, für $d \geq 2$ ist diese Wahrscheinlichkeit aber 0. Aber in der Dimension 2 gilt noch fast sicher $\inf\{\|\mathbf{B}_t^{(2)}\| \mid t > 0\} = 0$; die Brown'sche Bewegung kehrt also fast sicher in jede ε-Umgebung des Ursprungs zurück. In diesem Sinn ist die zweidimensionale Brown'sche Bewegung rekurrent; in höheren Dimensionen trifft das wie bei der Irrfahrt nicht mehr zu.

Literaturhinweise

Allgemeine Lehrbücher

E. BEHRENDS: *Elementare Stochastik.* Springer Spektrum 2013.

W. FELLER: *An Introduction to Probability Theory and Its Applications, Volume 1.* 3. Auflage, Wiley 1968.

H.-O. GEORGII: *Stochastik.* 5. Auflage, de Gruyter 2015.

N. HENZE: *Stochastik für Einsteiger.* 10. Auflage, Springer Spektrum 2010.

G. KERSTING, A. WAKOLBINGER: *Elementare Stochastik.* 2. Auflage, Birkhäuser 2010.

U. KRENGEL: *Einführung in die Wahrscheinlichkeitstheorie und Statistik.* 8. Auflage, Vieweg 2005.

W. LINDE: *Stochastik für das Lehramt.* De Gruyter 2014.

Zur Statistik

F.M. DEKKING, C. KRAAIKAMP, H.P. LOPUHAÄ, L.E. MEESTER: *A Modern Introduction to Probability and Statistics.* Springer 2005.

H. PRUSCHA: *Vorlesungen über Mathematische Statistik.* Teubner 2000.

Zu stochastischen Prozessen

E. BEHRENDS: *Markovprozesse und stochastische Differentialgleichungen.* Springer Spektrum 2013.

N. HENZE: *Irrfahrten und verwandte Zufälle.* Springer Spektrum 2013.

G. KERSTING, A. WAKOLBINGER: *Stochastische Prozesse.* Birkhäuser 2014.

Mengenlehre und Logik

12

In diesem Kapitel stellen wir zentrale Begriffe und Ergebnisse der Mengenlehre und allgemeiner der mathematischen Logik vor. Dabei wollen wir dieses weite Feld nicht repräsentativ abstecken, sondern wir greifen vor allem Themen auf, die aus grundlagentheoretischer Sicht für die Mathematik als Ganzes von Bedeutung sind.

Wir beginnen mit einer Darstellung des Mächtigkeitsvergleichs von Mengen mit Hilfe von injektiven und bijektiven Funktionen. Im zweiten Abschnitt besprechen wir dann das Diagonalverfahren, mit dessen Hilfe wir Größenunterschiede im Unendlichen aufzeigen können. Von fundamentaler Bedeutung ist dabei die Überabzählbarkeit der Menge der reellen Zahlen. Vom Diagonalverfahren führt ein direkter Weg zur Russell-Antinomie, die wir im dritten Abschnitt diskutieren. Sie zeigt, dass die freie Mengenbildung über Eigenschaften nicht haltbar ist. Eine erfolgreiche Lösung der aufgeworfenen Schwierigkeiten stellt die Zermelo-Fraenkel-Axiomatik dar, deren Axiome wir in Abschnitt vier vorstellen. Dem vieldiskutierten Auswahlaxiom und seiner Verwendung in der Mathematik widmen wir den fünften Abschnitt, und dem zum Auswahlaxiom äquivalenten Zorn'schen Lemma den sechsten. Im siebten Abschnitt besprechen wir schließlich noch die schwerwiegenden Limitationen und zuweilen als paradox empfundenen Sätze, zu denen das Auswahlaxiom in der Maßtheorie führt.

Im achten Abschnitt stellen wir Turings bestechendes Maschinen-Modell vor, mit dessen Hilfe wir eine präzise Definition einer algorithmisch berechenbaren Funktion geben können – eine Definition, die auch durch moderne Programmiersprachen nicht erweitert wird. Danach betrachten wir in Abschnitt neun formale Beweise und weiter das Wechselspiel zwischen Syntax und Semantik, das im Korrektheitssatz und im Gödel'schen Vollständigkeitssatz zum Ausdruck kommt. Die beiden auch außerhalb der Mathematik vielbeachteten Gödel'schen Unvollständigkeitssätze, die die Grenzen eines formalen grundlagentheoretischen Axiomensystems aufzeigen, sind das Thema des zehnten Abschnitts. Im elften Abschnitt stellen wir die transfiniten Zahlen vor, die aus dem allgemeinen Wohlordnungsbegriff hervorgehen und ein Abzählen von beliebig großen Mengen ermöglichen. Das Kapitel schließt mit einer Einführung in das innerhalb der Zermelo-Fraenkel-Axiomatik

© Springer-Verlag Berlin Heidelberg 2016
O. Deiser, C. Lasser, E. Vogt, D. Werner, *12 × 12 Schlüsselkonzepte zur Mathematik*, DOI 10.1007/978-3-662-47077-0_12

nachweisbar unlösbare Kontinuumsproblem: Die unbekannte Mächtigkeit der Menge der reellen Zahlen lässt diese Grundstruktur der Mathematik in einem geheimnisvollen Licht erscheinen.

12.1 Mächtigkeiten

Zwei Hirten, die ihre Schafherden vergleichen wollen, können ihre Schafe paarweise durch ein Tor schicken, je eines von jeder Herde. Haben am Ende beide Hirten keine Schafe mehr, so sind die Herden gleich groß. Andernfalls hat derjenige, der noch Schafe übrig hat, mehr Schafe als der andere.

Mathematisch betrachtet entsteht durch den Vergleich der Schafherden eine Funktion: Dem Schaf x von Herde M wird das Schaf y von Herde N zugeordnet, wenn x und y gemeinsam durch das Tor geschickt werden. Es ergibt sich eine Injektion f, deren Definitionsbereich entweder eine echte Teilmenge von M oder aber ganz M ist. Im ersten Fall hat M mehr Schafe als N. Ist im zweiten Fall der Wertebereich von f ganz N (d.h., $f\colon M \to N$ ist bijektiv), so sind die Herden gleich groß. Andernfalls ist die Herde N größer als die Herde M.

Dieser Idee folgend gelangen wir zu einem einfach definierten Größenvergleich für zwei beliebige Mengen. Allerdings ist etwas Vorsicht geboten, da bei unendlichen Mengen der klassische Euklidische Grundsatz „das Ganze ist größer als der Teil" nicht mehr gilt. Würden wir definieren: „M hat weniger Elemente als N, falls es eine Injektion $f\colon M \to N$ gibt, die nicht surjektiv ist", so hätte $\mathbb{N}$ weniger Elemente als $\mathbb{N}$ selbst, da die Zuordnung $f(n) = n+1$ eine derartige Injektion darstellt. Unsere Definition wäre nur für endliche Mengen korrekt. Nach einiger Suche findet man aber Definitionen für den Größenvergleich zweier Mengen, die sich universell eignen und die der Intuition immer noch entgegenkommen. Wir definieren nämlich für je zwei Mengen M und N:

$$|M| \le |N|, \text{falls es ein injektives } f\colon M \to N \text{ gibt,}$$

$$|M| = |N|, \text{falls es ein bijektives } f\colon M \to N \text{ gibt,}$$

$$|M| < |N|, \text{falls } |M| \le |N| \text{ und non}(|M| = |N|).$$

Gilt $|M| \le |N|$, so sagen wir, dass die *Mächtigkeit* von M *kleinergleich der Mächtigkeit* von N ist. Gilt $|M| = |N|$, so sagen wir, dass M und N *dieselbe Mächtigkeit* haben oder *gleichmächtig* sind. Analoge Sprechweisen gelten für $|M| < |N|$.

Das Kleinergleich für Mächtigkeiten ist transitiv, und die Gleichmächtigkeit hat die Eigenschaften einer Äquivalenzrelation. Unerwartete Schwierigkeiten bereitet aber die Frage, ob das Kleinergleich mit der Gleichmächtigkeit so zusammenhängt, wie es die Zeichenwahl suggeriert. In der Tat gilt aber der *Satz von Cantor-Bernstein*:

Gilt $|M| \le |N|$ und $|N| \le |M|$, so gilt $|M| = |N|$.

Die Aufgabe des nichttrivialen, aber letztendlich doch elementaren Beweises ist es, zwei abstrakt gegebene Injektionen $f\colon M \to N$ und $g\colon N \to M$ zu einer Bijektion $h\colon M \to N$ zu verschmelzen.

Mit Hilfe dies Satzes von Cantor-Bernstein lassen sich dann alle elementaren Eigenschaften der Mächtigkeitsrelationen beweisen, z. B. die Transitivität von $<$. Ebenso hilft der Satz bei der Etablierung der Gleichmächtigkeit zweier Mengen M und N. Denn der Beweis von $|M| \leq |N|$ und von $|N| \leq |M|$ durch Konstruktion zweier Injektionen ist oft einfacher als der Beweis von $|M| = |N|$ durch Konstruktion einer Bijektion.

Offen bleibt die Frage der Linearität des Mächtigkeitsvergleichs. Man vermutet aufgrund der Erfahrungen im Endlichen, dass $|M| \leq |N|$ oder $|N| \leq |M|$ für alle Mengen M und N gilt. Dieser Vergleichbarkeitssatz ist richtig, aber nicht mehr mit elementaren Mitteln beweisbar (siehe Abschnitt 12.5). Einen einfachen Beweis kann man mit Hilfe des Zorn'schen Lemmas führen (siehe Abschn. 12.6).

Die Mächtigkeitsvergleiche lassen sich auch zur Definition der Endlichkeit verwenden: Eine Menge M heißt *endlich*, falls es eine natürliche Zahl n gibt derart, dass M und $\{0, 1, \ldots, n-1\}$ gleichmächtig sind. Andernfalls heißt sie *unendlich*. Eine gleichwertige Definition, die ohne natürliche Zahlen auskommt, stammt von Dedekind: Eine Menge M heißt *(Dedekind-) unendlich*, falls es eine Bijektion zwischen M und einer echten Teilmenge von M gibt. Andernfalls heißt sie *(Dedekind-) endlich*. Das Phänomen, dass das Ganze ebenso groß sein kann wie einer seiner echten Teile, charakterisiert die Unendlichkeit.

Im Endlichen ist alles einfach: Es gilt $|\{0, \ldots, n-1\}| \leq |\{0, \ldots, m-1\}|$ genau dann, wenn $n \leq m$. Die Methode der Hirten ist also korrekt, was niemanden überrascht. Überraschend sind dann aber viele der folgenden Mächtigkeitsresultate für prominente unendliche Mengen:

$$|\mathbb{N}| = |\mathbb{Z}| = |\mathbb{Q}| = |\mathbb{N}^2| = |\mathbb{N}^n| = |\{s \mid s \text{ ist eine endliche Folge in } \mathbb{N}\}|,$$

$$|\mathbb{R}| = |\mathbb{R}^2| = |\mathbb{R}^n| = |{}^{\mathbb{N}}\mathbb{R}| = |\mathcal{P}(\mathbb{N})|, \text{ wobei } n \geq 1.$$

Es gibt also nur abzählbar viele Bücher über einem abzählbaren Alphabet. Ebenso hat die Ebene $\mathbb{R}^2$ nur $\mathbb{R}$-viele Punkte, und Gleiches gilt für die mehrdimensionalen Kontinua $\mathbb{R}^n$ und sogar für ${}^{\mathbb{N}}\mathbb{R} = \{f \mid f\colon \mathbb{N} \to \mathbb{R}\}$.

Dagegen fallen die Mächtigkeiten der natürlichen Zahlen und der reellen Zahlen nicht zusammen: Es gilt $|\mathbb{N}| < |\mathbb{R}|$. Die Mächtigkeitstheorie für unendliche Mengen ist also nicht trivial in dem Sinne, dass je zwei unendliche Mengen gleichmächtig wären. Es gibt Größenunterschiede nicht nur im Endlichen, sondern auch im Unendlichen. Diesem bemerkenswerten Ergebnis widmen wir den folgenden Abschnitt über das Diagonalverfahren.

Eine Menge M heißt *abzählbar*, falls $|M| \leq |\mathbb{N}|$ gilt, und *abzählbar unendlich*, falls $|M| = |\mathbb{N}|$ gilt. Ist M nicht abzählbar, so heißt M *überabzählbar*. Das Resultat $|\mathbb{N}| < |\mathbb{R}|$ besagt also, dass die reellen Zahlen überabzählbar sind.

Eine abzählbare Menge M lässt sich als eine endliche oder unendliche Folge $x_0, x_1, \ldots, x_n, \ldots$ erschöpfend aufzählen. Die Überabzählbarkeit einer Menge M besagt dagegen: Ist $x_0, x_1, \ldots, x_n, \ldots$ eine Folge in M, so gibt es ein $y \in M$, das von allen x_n verschieden ist. Für die reellen Zahlen gilt also: Jede noch so geschickt konstruierte Folge reeller Zahlen „vergisst" eine reelle Zahl.

Trotz $|\mathbb{Q}| < |\mathbb{R}|$ sind die rationalen Zahlen *dicht* in $\mathbb{R}$: Sind $x < y$ reelle Zahlen, so gibt es eine rationale Zahl q mit $x < q < y$. Dieses zuweilen als kontraintuitiv bezeichnete Ergebnis zeigt, wie sehr ein „mehr" oder „weniger" im Unendlichen einer exakten Definition bedarf.

12.2   Das Diagonalverfahren

Gegeben seien Funktionen $f_n \colon \mathbb{N} \to \mathbb{N}$ für alle $n \in \mathbb{N}$. Wir fragen: Gibt es eine Funktion $g \colon \mathbb{N} \to \mathbb{N}$, die alle f_n dominiert? Dabei soll „g dominiert f" bedeuten, dass es ein n_0 gibt mit: $g(k) > f(k)$ für alle $k \geq n_0$.

In der Tat gibt es immer eine solche Funktion g, und wir können sie aus den Funktionen $f_0, f_1, \ldots, f_n, \ldots$ durch eine „diagonale" Konstruktion gewinnen. Zur Definition des Wertes $g(n)$ verwenden wir die Werte $f_0(n), \ldots, f_n(n)$ und setzen $g(n) = \max(\{f_k(n) \mid k \leq n\}) + 1$. Dann ist g wie gewünscht, denn für alle n und alle $k \geq n$ gilt, dass $g(k) > f_n(k)$.

Eine Variante dieser Konstruktion bildete de facto das erste diagonale Argumentieren in der Mathematik (Paul du Bois-Reymond 1875). Große Beachtung und Bedeutung erlangte die Idee aber erst, als Cantor 1892 mit ihrer Hilfe einen neuen Beweis für die *Überabzählbarkeit der reellen Zahlen* vorlegte, ein grundlegendes Resultat, das er bereits 1874 mit einer anderen Methode bewiesen hatte:

> Seien $x_0, x_1, \ldots, x_n, \ldots$ reelle Zahlen. Dann existiert eine reelle Zahl y mit $y \neq x_n$ für alle $n \in \mathbb{N}$.

Zum Beweis dieses Satzes schreiben wir alle von Null verschiedenen x_n in Dezimaldarstellung:

$$x_0 = a_0, b_{0,0}b_{0,1}b_{0,2}\ldots b_{0,n},\ldots$$
$$x_1 = a_1, b_{1,0}b_{1,1}b_{1,2}\ldots b_{1,n},\ldots$$
$$\vdots$$
$$x_n = a_n, b_{n,0}b_{n,1}b_{n,2}\ldots b_{n,n},\ldots$$
$$\vdots$$

Wir definieren nun $y = 0, c_0c_1c_2\ldots \in \mathbb{R}$ „diagonal" durch $c_n = 5$ falls $b_{n,n} = 4$ und $c_n = 4$ falls $b_{n,n} \neq 4$. Dann ist $y \neq x_n$ für alle $n \in \mathbb{N}$ aufgrund der Eindeutigkeit der nicht in 0 terminierenden Dezimaldarstellung einer reellen Zahl ungleich 0.

Der Beweis zeigt, dass es keine Surjektion $f \colon \mathbb{N} \to \mathbb{R}$ geben kann, denn sonst wäre $f(0), f(1), \ldots, f(n), \ldots$ ein Gegenbeispiel zum obigen Satz. Insbesondere gilt non($|\mathbb{N}| = |\mathbb{R}|$). Sicher gilt aber $|\mathbb{N}| \le |\mathbb{R}|$, denn die Identität ist eine Injektion von $\mathbb{N}$ nach $\mathbb{R}$. Insgesamt haben wir also $|\mathbb{N}| < |\mathbb{R}|$ gezeigt.

Auch obige Konstruktion einer dominierenden Funktion liefert die Überabzählbarkeit der reellen Zahlen als ein recht einfaches Korollar. Denn sie zeigt insbesondere, dass es keine Folge von Funktionen von $\mathbb{N}$ nach $\mathbb{N}$ geben kann, die alle Funktionen von $\mathbb{N}$ nach $\mathbb{N}$ durchläuft. Damit ist $|\mathbb{N}| < |{}^{\mathbb{N}}\mathbb{N}|$. Aus der mit Hilfe des Satzes von Cantor-Bernstein nicht schwer zu zeigenden Gleichmächtigkeit von ${}^{\mathbb{N}}\mathbb{N}$ und $\mathbb{R}$ ergibt sich dann die Überabzählbarkeit von $\mathbb{R}$.

Eine der schönsten, allgemeinsten und zugleich einfachsten Anwendungen der Diagonalmethode ist der Beweis des folgenden starken *Satzes von Cantor*:

> Sei M eine Menge. Dann gilt $|M| < |\mathcal{P}(M)|$.

Zunächst ist $|M| \le |\mathcal{P}(M)|$, denn $f(a) = \{a\}$ definiert eine Injektion von M nach $\mathcal{P}(M)$. Es genügt also zu zeigen, dass es keine Surjektion von M nach $\mathcal{P}(M)$ gibt. Sei hierzu $g \colon M \to \mathcal{P}(M)$. Wir setzen $D = \{a \in M \mid a \notin g(a)\}$. Dann ist $D \notin \operatorname{rng}(g)$ und also g nicht surjektiv: *Annahme*, es gibt ein $a^* \in M$ mit $g(a^*) = D$. Dann gilt $a^* \in D$ genau dann, wenn $a^* \notin g(a^*) = D$, *Widerspruch*.

Ist zum Beispiel $M = \{1, 2, 3, 4\}$ und $g(1) = \emptyset$, $g(2) = \{1, 2, 3\}$, $g(3) = M$, $g(4) = \{3\}$, so ist $D = \{1, 4\}$, und in der Tat liegt D nicht im Wertebereich von g. Jede Funktion g auf M „generiert" in diesem Sinne eine neue Teilmenge von M. Man kann sich anhand von Matrizen davon überzeugen, dass diese Konstruktion den Namen Diagonalverfahren verdient. Wir identifizieren Teilmengen von M wie üblich mit 0-1-Folgen der Länge 4, also $\emptyset$ mit 0000, $\{1, 2, 3\}$ mit 1110, M mit 1111, $\{3\}$ mit 0010.

$$\begin{pmatrix} 0 & 0 & 0 & 0 \\ 1 & 1 & 1 & 0 \\ 1 & 1 & 1 & 1 \\ 0 & 0 & 1 & 0 \end{pmatrix}$$

Der Funktion g ordnen wir entsprechend die Matrix $(a_{ij})_{1 \le i, j \le 4}$ zu mit $a_{ij} = 1$, falls $j \in g(i)$, und $a_{ij} = 0$ sonst (vgl. das Diagramm). Die Diagonale dieser Matrix ist 0110 und entspricht der Menge $E = \{a \in M \mid a \in g(a)\} = \{2, 3\}$. Der 0-1-Tausch der Diagonalen ist 1001, was der Menge $D = \{a \in M \mid a \notin g(a)\} = \{1, 4\}$ entspricht. Die Folge 1001 ist dann per Konstruktion von jeder Zeile der Matrix verschieden, und folglich ist $D \ne g(i)$ für alle $1 \le i \le 4$. Die Menge D lässt sich bei dieser Betrachtungsweise also aus der Funktion g „diagonal ablesen".

Nach dem Satz von Cantor gilt:

$$|\mathbb{N}| < |\mathcal{P}(\mathbb{N})| < |\mathcal{P}(\mathcal{P}(\mathbb{N}))| < |\mathcal{P}(\mathcal{P}(\mathcal{P}(\mathbb{N})))| < \ldots$$

Aus der Gleichmächtigkeit von $\mathbb{R}$ und $\mathcal{P}(\mathbb{N})$ erhalten wir erneut die Überabzählbarkeit der reellen Zahlen. Weiter ist $|\mathcal{P}(\mathcal{P}(\mathbb{N}))| = |\mathcal{P}(\mathbb{R})| = |^{\mathbb{R}}\mathbb{R}|$, und damit sind also die natürlichen Zahlen, die reellen Zahlen und die Menge $^{\mathbb{R}}\mathbb{R}$ der reellen Funktionen drei Repräsentanten für verschiedene Stufen des Unendlichen. Welche Unendlichkeitsstufe nimmt nun die Menge $\mathbb{R}$ genau ein? Dieses sog. Kontinuumsproblem diskutieren wir in einem eigenen Abschnitt (siehe Abschn. 12.12).

12.3 Die Russell-Antinomie

Wir betrachten noch einmal den Beweis des Satzes von Cantor aus dem vorangehenden Abschnitt. Dort hatten wir gesehen, dass für jede Menge M und jede Funktion g auf M die Menge $D = \{a \in M \mid a \notin g(a)\}$ nicht im Wertebereich von g liegen kann. (Hierzu ist es nicht notwendig anzunehmen, dass $\mathrm{rng}(g) \subseteq \mathcal{P}(M)$ ist.) Wählen wir als Funktion g die Identität auf M, so zeigt das Argument, dass für jede Menge M die Menge $D = \{a \in M \mid a \notin a\}$ kein Element von M sein kann. Das ist eine etwas skurrile Erkenntnis über Mengen, aber wir stoßen auf ernsthafte logische Probleme, wenn wir die Menge M sehr groß wählen. Ist nämlich $M = \{a \mid a = a\}$ die Menge aller Objekte, so folgt aus unserer Überlegung, dass $D = \{a \in M \mid a \notin a\} = \{a \mid a \notin a\}$ kein Element von M ist. Aber sicher gilt $D = D$, also gilt doch $D \in M$ nach Definition von M. Wir haben einen Widerspruch erzeugt, ohne irgendetwas widerlegen zu wollen!

Die Frage: „Wo ist hier der Argumentationsfehler?" lässt sich in der Tat nur durch eine Revision unserer stillschweigend oder naiv gemachten Annahmen über die Mengenbildung beantworten, denn in der Argumentation selbst ist kein Fehler zu finden. Diese Revision verlief historisch alles andere als einfach. Zum ersten Mal seit der Entdeckung der irrationalen Zahlen durch die alten Griechen sah sich die Mathematik gezwungen, ihre Fundamente zu diskutieren und zu überarbeiten. Es hat nach der Wende zum 20. Jahrhundert, als obiger Widerspruch unter dem Namen „Russellsche Antinomie" bekannt wurde und daneben auch andere „mengentheoretische Antinomien" die Runde machten, mehrere Jahrzehnte gedauert, bis sich die Wogen wieder geglättet hatten und eine Fundierung der Mathematik erreicht war, die allen antinomischen Angriffen trotzen konnte und schließlich auch breite Akzeptanz fand.

In der Tat ist Bertrand Russell durch Überlegungen im Umfeld des Satzes von Cantor auf seine Antinomie gestoßen, die unabhängig auch von Ernst Zermelo gefunden wurde. Es lohnt sich, das Argument von jedem unnötigen Kontext zu befreien und auf seine logische Form zu reduzieren. Wir formulieren also das Ergebnis neu und wiederholen den kurzen Beweis:

Russell-Zermelo-Antinomie
Die Zusammenfassung $R = \{a \mid a \notin a\}$ ist keine Menge. Das heißt genau: Es gibt keine Menge R derart, dass für alle Objekte a gilt:

$$a \in R \text{ genau dann, wenn } a \notin a. \tag{\#}$$

Zum Beweis nehmen wir an, dass eine Menge R mit der Eigenschaft (#) existiert. Setzen wir nun das Objekt R für a in (#) ein, so erhalten wir: $R \in R$ genau dann, wenn $R \notin R$, *Widerspruch*.

In dieser Form sieht die Russell-Antinomie eher nach einem positiven Ergebnis aus. Ein Widerspruch entsteht erst, wenn wir die uneingeschränkte Bildung von Mengen durch Eigenschaften zulassen. Für jede Eigenschaft $\mathcal{E}(a)$ hatten wir die Menge $\{a \mid \mathcal{E}(a)\}$ aller Objekte a mit der Eigenschaft $\mathcal{E}$ gebildet (siehe Abschn. 1.5). Die Existenz dieser zu $\mathcal{E}$ gehörigen Menge haben wir ohne Bedenken angenommen, und genau hier liegt der Fehler.

Zusammenfassend lassen sich die Ereignisse wie folgt beschreiben. Eine naive Mengenlehre enthält als zentrales Prinzip das *Komprehensionsschema*:

Für jede Eigenschaft $\mathcal{E}(a)$ existiert die Menge $\{a \mid \mathcal{E}(a)\}$ aller Objekte a, auf die die Eigenschaft $\mathcal{E}$ zutrifft.

Der Name „Schema" bedeutet hier, dass wir ein Axiom pro Eigenschaft vorliegen haben, also unendlich viele Aussagen postulieren.

Die Russell-Zermelo-Antinomie zeigt, dass das Komprehensionsschema in seiner allgemeinen Form nicht haltbar ist. Die Eigenschaft $\mathcal{E}(a) = $ „$a \notin a$" führt rein logisch zu Widersprüchen. Die Mengenbildung ist also nicht so harmlos, wie sie aussieht!

Georg Cantor, der Begründer der Mengenlehre, war sich der Schwierigkeiten der inkonsistenten Zusammenfassungen übrigens schon einige Jahre vor Russell und Zermelo bewusst. Leider hat er aber darüber nur brieflich mit Hilbert diskutiert, so dass seine Erfahrungen die nachfolgende wissenschaftliche Diskussion nur indirekt beeinflussten.

Ein naheliegender Lösungs-Ansatz ist, im Komprehensionsschema alle problematischen Eigenschaften auszuschließen. Das Problem ist hier aber nicht nur eine Definition von „problematisch", sondern es erhebt sich auch die Frage, welche Objektwelt man eigentlich axiomatisch beschreiben will, wenn man bestimmte Eigenschaften nur aufgrund von syntaktischen Merkmalen von der Komprehension ausschließt.

Eine Alternative zu diesem syntaktischen Ansatz stellt ein inhaltlich motiviertes Axiomensystem dar, das ein intendiertes Modell verfolgt. Eine Axiomatisierung der Zahlentheorie beschreibt zum Beispiel das Modell $0, 1, 2, \ldots$, das man vor Augen zu haben glaubt. Durch die Beschreibung eines intuitiven Modells kann man zu einer gefühlten Sicherheit gelangen, nicht erneut mit einem inkonsistenten System zu arbeiten. Welches Modell eine axiomatische Mengenlehre aber überhaupt beschreiben will, ist zunächst nicht klar.

Neben inhaltlichen Aspekten wird man sich schließlich auch mit der Anforderung konfrontiert sehen, ein einfaches und brauchbares System zu etablieren, das breite Verwendung in der Mathematik finden kann.

Bei der Lösung, die sich im 20. Jahrhundert schließlich durchgesetzt hat, dominiert zunächst der pragmatische Aspekt, den mathematisch wertvollen Teil der naiven Mengenlehre zu retten: Das Komprehensionsschema wird durch einen Satz von Axiomen ersetzt, der die Existenz von Mengen vorsichtig, aber liberal genug behandelt. Statt problematische Komprehensions-Eigenschaften zu streichen, werden hinreichend viele nützliche Eigenschaften gesammelt. Das erfolgreichste derartige Axiomensystem diskutieren wir im folgenden Kapitel. Dieses System besitzt zudem ein „a posteriori gefundenes intendiertes Modell" (siehe Abschn. 12.11).

12.4   Die Zermelo-Fraenkel-Axiomatik

Ernst Zermelo stellte 1908 ein System von Axiomen vor, das im Lauf der Zeit noch ergänzt wurde und heute als Zermelo-Fraenkel-Axiomatik (kurz ZFC) der Mengenlehre bekannt ist. Die beiden Leitmotive sind: (A) Manche „Zusammenfassungen" $\{x \mid \mathcal{E}(x)\}$ sind zu groß, um Mengen sein zu können (etwa $\{x \mid x = x\}$ oder $\{x \mid x \notin x\}$). Sie bilden kein „Ganzes" mehr, mit dem man als Objekt weiterarbeiten könnte (vgl. Abschn. 1.5). (B) Mengentheoretische Axiome werden aus der mathematischen Praxis gewonnen. Wir sammeln, was wir brauchen.

Jedes Objekt der Theorie ZFC ist eine Menge (es gibt keine „Urelemente"). Neben der Gleichheit haben wir nur eine zweistellige Relation $\in$, die *Epsilon-* oder *Element*-Relation. Wir fordern:

Extensionalitätsaxiom Zwei Mengen sind genau dann gleich, wenn sie die gleichen Elemente haben.

An die Stelle des inkonsistenten Komprehensionsschemas tritt nun folgendes Prinzip, das vorsichtiger, aber ähnlich flexibel ist:

Aussonderungsschema (Existenz von $y = \{z \in x \mid \mathcal{E}(z)\}$) Zu jeder Eigenschaft $\mathcal{E}$ und jeder Menge x gibt es eine Menge y, die genau die Elemente von x enthält, auf die $\mathcal{E}$ zutrifft.

Das Axiom folgt dem ersten Leitmotiv: Die Komprehension $y = \{z \in x \mid \mathcal{E}(z)\}$ liefert eine Teilmenge von x, und y kann daher nicht „zu groß" sein. Das Aussonderungsschema wird nun durch Existenz-Axiome flankiert, die Mengen liefern, aus denen man aussondern kann. Wir fordern:

Existenz der leeren Menge (Existenz von $\emptyset$) Es gibt eine Menge, die kein Element besitzt.

Paarmengenaxiom (Existenz von $z = \{x, y\}$) Für alle Mengen x, y gibt es eine Menge z, die genau x und y als Elemente besitzt.

Vereinigungsmengenaxiom (Existenz von $y = \bigcup x$) Zu jeder Menge x existiert eine Menge y, deren Elemente genau die Elemente der Elemente von x sind.

Unendlichkeitsaxiom (Existenz von $\mathbb{N}$) Es existiert eine kleinste Menge x, die die leere Menge als Element enthält und die mit jedem ihrer Elemente y auch $y \cup \{y\}$ als Element enthält.

Potenzmengenaxiom (Existenz von $y = \mathcal{P}(x)$) Zu jeder Menge x existiert eine Menge y, die genau die Teilmengen von x als Elemente besitzt.

Die Menge x des Unendlichkeitsaxioms heißt *Menge der natürlichen Zahlen* und wird mit $\mathbb{N}$ oder ω bezeichnet. Informal gilt $\mathbb{N} = \{0, 1, 2, \ldots\}$ mit $0 = \emptyset$, $1 = \{0\}$, $2 = \{0, 1\}, \ldots, n + 1 = n \cup \{n\} = \{0, \ldots, n\}, \ldots$. Der Satz von Cantor zeigt, dass das Potenzmengenaxiom ausgehend von $\mathbb{N}$ zu vielen Stufen des Unendlichen führt. In der Mathematik wenden wir das Potenzmengenaxiom z. B. an, wenn wir $\mathbb{R}$ aus $\mathbb{Q}$ konstruieren. Das letzte Axiom der Zermelo-Axiomatik von 1908 ist ein vieldiskutiertes Axiom, dem wir den folgenden Abschnitt widmen:

Auswahlaxiom Ist x eine Menge, deren Elemente nichtleer und paarweise disjunkt sind, so gibt es eine Menge y, die mit jedem Element von x genau ein Element gemeinsam hat.

Zermelos System wurde schließlich noch um zwei Axiome ergänzt:

Ersetzungsschema (Existenz von $\{\mathcal{F}(y) \mid y \in x\}$) Das Bild einer Menge x unter einer Funktion $\mathcal{F}$ ist eine Menge.

Fundierungsaxiom oder Regularitätsaxiom (Existenz $\in$-minimaler Elemente) Jede Menge $x \neq \emptyset$ hat ein Element y, das mit x kein Element gemeinsam hat.

Erst mit Hilfe des Ersetzungsschemas kann man z. B. die Existenz der Menge $M = \{\mathcal{P}^n(\mathbb{N}) \mid n \in \mathbb{N}\}$ zeigen, wobei $\mathcal{P}^0(\mathbb{N}) = \mathbb{N}$ und $\mathcal{P}^{n+1}(\mathbb{N}) = \mathcal{P}(\mathcal{P}^n(\mathbb{N}))$. Wir „ersetzen" in der Menge $\{0, 1, 2, \ldots\}$ jedes Element n durch das sprachlich zugeordnete Objekt $\mathcal{P}^n(\mathbb{N})$ und erhalten so M.

Das Fundierungsaxiom schließt Mengen x mit $x = \{x\}$, $x \in x$ oder unendliche absteigende Folgen $x_0 \ni x_1 \ni x_2 \ni x_3 \ni \ldots$ aus. Es führt zu einem recht klaren Bild des durch die Axiomatik beschriebenen Universums (siehe Abschn. 12.11).

Das vorgestellte Axiomensystem wird mit ZFC bezeichnet, wobei „Z" für Zermelo, „F" für Fraenkel und „C" für das Auswahlaxiom steht (engl. „axiom of choice"). Wird ZFC in einer formalen Sprache formuliert, so kann der Eigenschaftsbegriff im Aussonderungsschema und der sprachliche Funktionsbegriff im Ersetzungsschema präzisiert werden.

ZFC dient heute nicht nur als Axiomatisierung der Mengenlehre, sondern auch als Fundament für die gesamte Mathematik. Alle mathematischen Objekte lassen sich als Mengen interpretieren und alle Beweise, die in den verschiedenen Gebieten der Mathematik geführt werden, lassen sich auf der Basis der ZFC-Axiome durchführen. Daneben ist die axiomatische Mengenlehre selber zu einer mathematischen Disziplin mit einer eigenen Dynamik geworden.

Mit der Axiomatik ZFC gelang es, alle mengentheoretischen Paradoxien zu eliminieren und zugleich alle wichtigen mengentheoretischen Begriffsbildungen und Konstrukte zu retten. Die Theorie erwies sich dann aber als unvollständig: Es gibt interessante Aussagen, die sich in ZFC weder beweisen noch widerlegen lassen (vgl. Abschn. 12.10 und Abschn. 12.12). Dadurch wurde die Suche nach neuen Axiomen zu einem spannenden Thema, und seine bis heute nicht abgeschlossene Durchführung brachte einen ungeahnten Reichtum an verborgener mengentheoretischer Struktur ans Licht.

12.5   Das Auswahlaxiom

Zermelos *Auswahlaxiom* von 1908 lautet:

> Ist x eine Menge, deren Elemente nichtleer und paarweise disjunkt sind, so existiert eine Menge y, die mit jedem Element von x genau ein Element gemeinsam hat.

Ist y wie im Axiom, so nennen wir y eine *Auswahlmenge* für x.

Das Auswahlaxiom hat eine andere Natur als alle anderen Existenzaxiome des Systems ZFC. Letztere behaupten die Existenz einer in einer bestimmten Situation eindeutig bestimmten Menge, zum Beispiel von $z = \{x, y\}$ für gegebene x und y oder von $y = \{z \in x \mid \mathcal{E}(z)\}$ für eine gegebene Menge x und eine betrachtete Eigenschaft $\mathcal{E}$. Das Auswahlaxiom dagegen liefert, gegeben x, eine unbestimmte „dunkle" Auswahlmenge y. Wenn wir mit y arbeiten, wissen wir im Allgemeinen nicht mehr genau, welches Objekt wir in der Hand haben. De facto lassen sich alle Existenzaxiome von ZF als Instanzen des Komprehensionsschemas schreiben und besagen damit, dass bestimmte Zusammenfassungen eine Menge liefern. Das Auswahlaxiom dagegen erlaubt keine derartige Lesart.

Die folgenden Aussagen sind allesamt äquivalent zum Auswahlaxiom (über den restlichen Axiomen):

Existenz von Auswahlfunktionen Sind I eine Menge und $\langle M_i \mid i \in I \rangle$ eine I-Folge nichtleerer Mengen, so ist $\bigtimes_{i \in I} M_i$ nichtleer, d. h., es gibt ein $f\colon I \to \bigcup_{i \in I} M_i$ mit $f(i) \in M_i$ für alle $i \in I$.

Existenz von vollständigen Repräsentantensystemen Jede Äquivalenzrelation besitzt ein vollständiges Repräsentantensystem.

Existenz von Injektionen zu Surjektionen Für alle surjektiven $f\colon A \to B$ gibt es ein injektives $g\colon B \to A$ mit $f(g(b)) = b$ für alle $b \in B$.

Wohlordnungssatz Jede Menge lässt sich wohlordnen.

Vergleichbarkeitssatz Für alle Mengen M, N gilt $|M| \leq |N|$ oder $|N| \leq |M|$.

Multiplikationssatz Für alle unendlichen Mengen M gilt $|M \times M| = |M|$.

Zorn'sches Lemma Sei P eine partielle Ordnung derart, dass jede linear geordnete Teilmenge von P eine obere Schranke besitzt. Dann existiert ein maximales Element von P.

Hausdorff'sches Maximalprinzip Jede partielle Ordnung besitzt eine maximale lineare Teilordnung.

Existenz von Basen in Vektorräumen Jeder Vektorraum besitzt eine Basis.

Satz von Tikhonov Das Produkt von kompakten topologischen Räumen ist kompakt.

Daneben gibt es viele Sätze der Mathematik, die zwar nicht äquivalent zum Auswahlaxiom sind, aber auch nicht ohne Auswahlaxiom beweisbar sind, z. B.:

(a) „Eine abzählbare Vereinigung von abzählbaren Mengen ist abzählbar."
(b) „Jede unendliche Menge ist Dedekind-unendlich."
(c) „Jeder unendliche Baum, dessen Knoten nur endlich viele Nachfolger haben, besitzt einen unendlichen Zweig."
(d) „Jede Menge lässt sich linear ordnen."
(e) Der Satz von Hahn-Banach aus der Funktionalanalysis.

Selbst wenn M eine Menge nichtleerer und paarweise disjunkter Mengen ist, die alle genau zwei Elemente besitzen, lässt sich die Existenz einer Auswahlmenge für M in der Regel nicht ohne Verwendung des Auswahlaxioms zeigen. Russell hat hier bildhaft auf den Unterschied zwischen Socken und Schuhen hingewiesen. Aus einer unendlichen Menge S von Sockenpaaren können wir eine Auswahlmenge nur mit Hilfe des Auswahlaxioms gewinnen: Wir „wählen" für jedes Sockenpaar $S \in \mathcal{S}$ ein $s \in S$. Liegt dagegen eine unendliche Menge $\mathcal{S}$ von Schuhen vor, so wird das Auswahlaxiom nicht gebraucht. Die Menge L der linken Schuhe ist dagegen eine Auswahlmenge für $\mathcal{S}$, die sich durch Vereinigung und Aussonderung gewinnen lässt: $L = \{ s \in \bigcup \mathcal{S} \mid s \text{ ist ein linker Schuh} \}$.

Im Endlichen wird das Auswahlaxiom dagegen nicht benötigt. Man zeigt leicht durch Induktion nach $n \in \mathbb{N}$, dass für eine n-elementige Menge x wie im Auswahlaxiom eine Auswahlmenge y existiert. Das Auswahlaxiom und seine Problematik gehören damit ganz dem Reich des Unendlichen an.

Den Einsatz des Auswahlaxioms erkennt man in Beweisen sehr leicht an Formulierungen wie „für jedes $a \in A$ wählen wir ein $b \in B$ mit den und jenen Eigenschaften" oder „für jedes $a \in A$ sei $f(a)$ ein $b \in B$ mit …". Können wir dagegen Objekte eindeutig definieren und etwa schreiben „für jedes $a \in A$ sei $f(a)$

das eindeutig bestimmte $b \in B$ mit ... ", so muss das Auswahlaxiom nicht herangezogen werden.

Das Auswahlaxiom ist vor allem aufgrund seiner zuweilen als „pathologisch"
oder „kontraintuitiv" empfundenen Konsequenzen kritisiert worden. Es führt zum
Beispiel zur Existenz einer Wohlordnung auf den reellen Zahlen, und es produ-
ziert Teilmengen von $\mathbb{R}$, die nicht Lebesgue-messbar sind. Ganz allgemein sind die
Konsequenzen des Auswahlaxioms in der Maßtheorie besonders verblüffend (siehe
Abschn. 12.7).

Man weiß durch Arbeiten von Kurt Gödel, dass das Auswahlaxiom nicht für
einen Widerspruch der mengentheoretischen Fundierung verantwortlich sein kann:
Ist ZF widerspruchsfrei, so ist auch ZFC widerspruchsfrei. Wenigstens in diesem
Sinne ist das Auswahlaxiom also über jeden Zweifel erhaben.

12.6   Das Zorn'sche Lemma

Das nach dem Mathematiker Max Zorn benannte *Zorn'sche Lemma* lautet:

> Sei P eine partielle Ordnung derart, dass jede linear geordnete Teilmenge von
> P eine obere Schranke besitzt. Dann existiert ein maximales Element von P.

Wir wollen die kompakte Notation dieses Satzes etwas auflösen. Sei hierzu $\leq$ die
auf der Menge P gegebene partielle Ordnung, d. h., $\leq$ ist reflexiv, antisymmetrisch
und transitiv auf P. Eine Teilmenge A von P heißt *linear geordnet*, falls für alle
$a, b \in A$ gilt, dass $a \leq b$ oder $b \leq a$. Ein $s \in P$ heißt *obere Schranke* von A,
falls $A \leq s$ gilt, d. h., es gilt $a \leq s$ für alle $a \in A$. Die Schranke s kann, muss aber
nicht zu A gehören. Schließlich heißt ein $z \in P$ *maximal* in P, falls es kein $x \in P$
gibt mit $z < x$. „Maximal" bedeutet also „nichts liegt darüber" und nicht etwa
„alles liegt darunter". Wir bemerken schließlich, dass die leere Menge als linear
geordnete Teilmenge von P gilt. Nach Voraussetzung existiert eine obere Schranke
$s \in P$ von $\emptyset$, also ist P automatisch nichtleer.

Allen Anwendungen des Zorn'schen Lemmas liegt ein gemeinsames Schema zugrunde. Man möchte zeigen, dass ein Objekt existiert, das in einem gewissen Sinne
nicht mehr verbessert werden kann, also optimal oder maximal in bestimmter Hinsicht ist. Das Zorn'sche Lemma wird dann zum Beweis der Existenz eines solchen
guten Objekts eingesetzt. Man definiert hierzu eine Menge P von Approximationen
an das gesuchte Objekt. Diese Approximationen ordnet man partiell durch eine Ordnung, die angibt, wann eine Approximation besser ist als eine andere. Damit sind
die Vorbereitungen zu Ende. Man muss nun nur noch nachweisen, dass jede linear geordnete Menge von Approximationen eine gemeinsame Verbesserung zulässt,
d. h., dass jedes linear geordnete $A \subseteq P$ eine obere Schranke in P besitzt. Sobald
man dies bewiesen hat, liefert das Zorn'sche Lemma ein maximales Element von
P.

In Anwendungen ist in den meisten Fällen P ein nichtleeres Mengensystem, das durch die Inklusion $\subseteq$ partiell geordnet wird. Die obere Schranken-Bedingung ist zudem dadurch gesichert, dass für alle nichtleeren linear geordneten Teilsysteme A von P, sogenannte (nichtleere) *Ketten*, auch $s = \bigcup A \in P$ ist. Dann ist nämlich s eine obere Schranke von A. Wir halten also explizit fest:

Sei $P \neq \emptyset$ ein Mengensystem derart, dass für alle Ketten $A \subseteq P$ gilt, dass $\bigcup A \in P$. Dann existiert ein maximales Element von P.

Wir besprechen einige Anwendungen. Zuerst zeigen wir den *Basisergänzungssatz*: Jede linear unabhängige Teilmenge E_0 eines Vektorraumes V lässt sich zu einer Basis ergänzen, d. h., es existiert eine Basis B von V mit $B \supseteq E_0$. Die „Approximationen" sind hier die linear unabhängigen Teilmengen von V, die E_0 fortsetzen. Ein linear unabhängiges $A \subseteq V$ ist „besser" als ein linear unabhängiges $B \subseteq V$, falls $B \subset A$ gilt. Wir definieren also $P = \{E \subseteq V \mid E$ ist linear unabhängig und $E \supseteq E_0\}$. Ist nun $A \subseteq P$ eine Kette, so ist $\bigcup A$ linear unabhängig und eine Obermenge von E_0, also ein Element von P. Nach dem Zorn'schen Lemma existiert also ein maximales $B \in P$. Dann ist aber B eine maximale linear unabhängige Teilmenge von V und damit eine Basis von V. Zudem ist $B \supseteq E_0$.

Weiter zeigen wir den *Vergleichbarkeitssatz für Mächtigkeiten*: Für je zwei Mengen M und N gilt $|M| \leq |N|$ oder $|N| \leq |M|$. Als Menge von Approximationen verwenden wir $P = \{f \mid f\colon A \to B$ bijektiv, $A \subseteq M,\ B \subseteq N\}$. Ist $A \subseteq P$ eine Kette, so ist $\bigcup A \in P$. Also existiert ein maximales Element g von P. Dann gilt aber $\mathrm{dom}(g) = M$ oder $\mathrm{rng}(g) = N$, da wir andernfalls g noch fortsetzen könnten, indem wir ein $x \in M - \mathrm{dom}(g)$ auf ein $y \in N - \mathrm{rng}(g)$ abbilden. Im ersten Fall ist $g\colon M \to N$ injektiv und damit $|M| \leq |N|$, und im zweiten Fall ist $g^{-1}\colon N \to M$ injektiv, also $|N| \leq |M|$.

Hat man diesen Beweistyp einige Male durchgeführt, so wird man schnell Wendungen der Form „eine typische Anwendung des Zorn'schen Lemmas zeigt ..." gebrauchen. Erfahrungsgemäß liegen anfängliche Schwierigkeiten zumeist auch eher darin, mit den Grundbegriffen der Ordnungstheorie umgehen zu können. Der Rest ist dann Approximieren und Schrankensuche.

Es bleibt die Frage, wie sich das so vielseitig verwendbare Zorn'sche Lemma selbst beweisen lässt. Der Beweis kann nicht völlig elementar sein, denn es gilt: Das Zorn'sche Lemma impliziert das Auswahlaxiom. Zum Beweis sei M eine Menge von nichtleeren paarweise disjunkten Mengen. Wir setzen $P = \{X \mid X$ ist eine Auswahlmenge für ein $N \subseteq M\}$. Für jede Kette A in P ist $\bigcup A \in P$. Also existiert ein maximales Element Y von P, und Y ist dann eine Auswahlmenge für M.

Eine sehr anschauliche Beweisidee für das Zorn'sche Lemma lautet: „Steige die partielle Ordnung so lange hinauf, bis du nicht mehr weiterkommst." Zur Umsetzung dieser Idee müssen allerdings die transfiniten Zahlen verwendet werden, damit der Aufstieg formal befriedigend durchgeführt werden kann (siehe Abschn. 12.11).

Das Auswahlaxiom wird dann als „Schrittmacher" benutzt. Ist man bei $x \in P$ angekommen, so „wählt" man im Falle der Existenz ein $y > x$ für den nächsten Schritt nach oben.

12.7 Paradoxa der Maßtheorie

Das Auswahlaxiom führt in der Maßtheorie zu bemerkenswerten Phänomenen. So kann zum Beispiel nicht allen Teilmengen A von $\mathbb{R}$ ein σ-additives translationsinvariantes Längenmaß $\lambda(A)$ zugeordnet werden. Dies zeigt die Konstruktion von Vitali: Wir definieren für alle $x, y \in \mathbb{R}$ $x \sim y$, falls $x - y \in \mathbb{Q}$, und betrachten ein vollständiges Repräsentantensystem $V \subseteq [0, 1]$ für die Äquivalenzrelation $\sim$. Zur Gewinnung der Menge V wird das Auswahlaxiom benutzt. Dann hat V keine σ-additive Länge $\lambda(V)$: *Annahme doch.* Die abzählbar vielen Translationen $V + q = \{v + q \mid v \in V\}, q \in \mathbb{Q}$, sind eine Zerlegung von $\mathbb{R}$, also hat nach σ-Additivität ein $V + q$ eine positive Länge η (sonst wäre $\lambda(\mathbb{R}) = 0$). Nach Translationsinvarianz gilt dann aber auch $\lambda(V) = \eta$. Sei nun n so groß, dass $n \cdot \eta > 2$, und seien $0 < q_1 < \ldots < q_n < 1$ rationale Zahlen. Sei $W = \bigcup_{1 \le i \le n} V + q_i$. Dann ist $W \subseteq [0, 2]$ und $\lambda(W) = n\eta > 2 = \lambda([0, 2]) \ge \lambda(W)$, *Widerspruch!*

Allgemein sind σ-additive Maße, die auf der ganzen Potenzmenge einer überabzählbaren Menge definiert sind, schwer zu haben, auch ohne zusätzliche Symmetrieforderungen wie die Translationsinvarianz. Die Maßtheorie begnügt sich deswegen mit der Konstruktion von Maßen auf hinreichend großen Teilsystemen der Potenzmenge, sogenannten σ-Algebren. Dies ist für viele Anwendungen zwar ausreichend, aber zurück bleibt eine Verunsicherung, die durch die folgenden, weitaus dramatischeren Resultate noch verstärkt wird.

Wir brauchen folgenden allgemeinen Begriff der Zerlegungsgleichheit. Sei hierzu M eine Menge, und sei G eine Gruppe von Bijektionen auf M. Dann heißen zwei Teilmengen A und B von M *zerlegungsgleich* oder *stückweise kongruent* bzgl. G, falls es $A_1, \ldots, A_n \subseteq A$, $B_1, \ldots, B_n \subseteq B$ sowie $g_1, \ldots, g_n \in G$ gibt mit den Eigenschaften:

(a) $A_i \cap A_j = B_i \cap B_j = \emptyset$ für alle $1 \le i < j \le n$,
(b) $\bigcup_{1 \le i \le n} A_i = A$, $\bigcup_{1 \le i \le n} B_i = B$,
(c) $g_i[A_i] = B_i$ für alle $1 \le i \le n$.

Sind A und B zerlegungsgleich bzgl. G, so schreiben wir $A \sim^G B$. In der Tat ist die Zerlegungsgleichheit eine Äquivalenzrelation auf der Potenzmenge von M.

Ist z. B. G die Gruppe aller Translationen auf $\mathbb{R}$, so sind die Mengen $A = [0, 1] \cup [2, 4] \cup \{6\}$, und $B = [-3, -1] \cup \{0\} \cup [1, 2]$ zerlegungsgleich. Denn seien $A_1 = [0, 1]$, $A_2 = [2, 4]$, $A_3 = \{6\}$, $B_1 = [1, 2]$, $B_2 = [-3, -1]$, $B_3 = \{0\}$. Dann sind $g_1 = \mathrm{tr}_1$, $g_2 = \mathrm{tr}_{-5}$ und $g_3 = \mathrm{tr}_{-6}$ wie gewünscht, wobei für alle $a \in \mathbb{R}$ die Translation tr_a um a definiert ist durch $\mathrm{tr}_a(x) = x + a$ für alle $x \in \mathbb{R}$.

Wir nennen nun ein nichtleeres $A \subseteq M$ *paradox* bzgl. G, falls es eine Zerlegung von A in disjunkte Mengen B und C gibt mit $A \sim^G B \sim^G C$. Die Mengen

B und C heißen dann eine *paradoxe Zerlegung* von A bzgl. G. Die Menge A zerfällt in diesem Fall also in zwei zerlegungsgleiche Teile B und C und ist selbst zerlegungsgleich zu jedem dieser Teile.

Damit können wir nun die maßtheoretischen Paradoxa von Hausdorff und Banach-Tarski formulieren. Das *Hausdorff-Paradoxon* lautet:

> Sei $S^2 = \{x \in \mathbb{R}^3 \mid d(x,0) = 1\}$ die Oberfläche der Einheitskugel im $\mathbb{R}^3$. Dann ist S^2 paradox bzgl. der Gruppe SO_3 aller Rotationen im $\mathbb{R}^3$ um eine Achse durch den Nullpunkt.

Die Sphäre S^2 zerfällt also in Teile A und B derart, dass S^2, A, B durch Rotationen zur Deckung gebracht werden können. Es folgt, dass es keinen rotationsinvarianten endlich-additiven Inhalt geben kann, der auf allen Teilmengen von S^2 definiert ist. Im Gegensatz dazu gibt es nach einem Satz von Banach einen isometrieinvarianten Inhalt, der auf allen Teilmengen A von $\mathbb{R}^2$ definiert ist. Folglich gilt ein Analogon zum Hausdorff-Paradoxon nicht für die Ebene. Die Ursache für dieses Dimensionsphänomen sind kombinatorische Gruppen, die sich in der Rotationsgruppe SO_3 finden, aber nicht in der Isometriegruppe $\mathcal{I}_2$ der Ebene.

Das Banach-Tarski-Paradoxon baut auf dem Hausdorff-Paradoxon auf. Die verwendete Gruppe ist hier die Gruppe $\mathcal{I}_3^+$ aller orientierungserhaltenden Isometrien im $\mathbb{R}^3$. Diese Gruppe wird von allen Translationen und Rotationen im $\mathbb{R}^3$ erzeugt, und darüber hinaus lässt sich sogar jedes Element der Gruppe schreiben als eine Rotation um eine Achse, gefolgt von einer Translation um einen zu dieser Achse parallelen Vektor. In seiner irritierend allgemeinen Form lautet das *Banach-Tarski-Paradoxon* nun:

> Seien A und B beschränkte Teilmengen des $\mathbb{R}^3$ mit nichtleerem Inneren, d. h., es gebe $x_1, x_2 \in \mathbb{R}^3$ und $\varepsilon_1, \varepsilon_2 > 0$ mit $U_{\varepsilon_1}(x_1) \subseteq A$ und $U_{\varepsilon_2}(x_2) \subseteq B$. Dann gilt $A \sim B$ bzgl. der Gruppe $\mathcal{I}_3^+$. Folglich ist jede beschränkte Teilmenge des $\mathbb{R}^3$ mit nichtleerem Inneren paradox bzgl. $\mathcal{I}_3^+$.

Nach dem Banach-Tarski-Paradoxon sind zum Beispiel eine Erbse und die Sonne zerlegungsgleich. Wir können die Erbse in endlich viele Teile zerlegen und diese Teile durch Anwendungen von Rotationen und Translationen zur Sonne zusammensetzen. Die regelmäßige Form der Sonne ist nicht entscheidend: Wir können die Erbse analog auch zum Asteroidengürtel zusammensetzen, der auch noch beliebig viel Feinstaub enthalten darf. Eine andere Zerlegung der Erbse liefert alle Galaxien unseres Universums ...

Alle diese Zerlegungen der Erbse können nicht messbar für ein isometrieinvariantes Volumenmaß sein, und nur unter Messbarkeits-Voraussetzungen wäre das

Ergebnis wirklich paradox. In jedem Falle ist das Resultat aber verblüffend. Es erlaubt uns einen Einblick in die geheimnisvolle Welt der irregulären Teilmengen des dreidimensionalen Raumes.

12.8   Berechenbare Funktionen

Während der Begriff *Algorithmus* selbst schwer präzise zu fassen ist, ist es Alan Turing und anderen bereits in den 1930er Jahren gelungen, den Begriff der *(algorithmisch) berechenbaren Funktion* genau zu definieren. In der Folge wurden dann eine Vielzahl von unterschiedlichen Definitionen gegeben, die sich alle äquivalent erwiesen. Wir stellen hier die klassische sog. Turing-Berechenbarkeit vor, die sich anhand eines einfachen Maschinen-Modells besonders gut illustrieren lässt.

Eine *Turing-Maschine* besteht aus einem zweiseitig unendlichen Band von Zellen, die entweder mit 0 („leer") oder mit 1 („voll") beschriftet sind. Weiter besitzt eine Turing-Maschine einen beweglichen Lese- und Schreibkopf, der sich immer über einer bestimmten Zelle befindet (Abb. 12.1).

Ein *Turing-Programm* ist ein $P: (Q - \{q_0\}) \times \{0, 1\} \to Q \times \{0, 1\} \times \{\ell, r\}$, wobei $Q = \{q_0, \ldots, q_n\}$, $n \geq 1$, eine endliche Menge von paarweise verschiedenen sog. *Zuständen* ist. Speziell heißt q_0 der *Haltezustand* und q_1 der *Startzustand*.

Eine Turing-Maschine arbeitet unter einem Turing-Programm P wie folgt. Unsere „Inputs" sind Tupel natürlicher Zahlen beliebiger Länge. Für einen Input $(n_1, \ldots, n_k) \in \mathbb{N}^k$ beschriften wir das Band mit

$$\ldots 01^{n_1+1}01^{n_2+1}0 \ldots 01^{n_k+1}0 \ldots,$$

wobei 1^m eine Folge von m aufeinanderfolgenden Einsen bedeutet. Dem Input $(2, 0, 1)$ entspricht also z. B. das Band $\ldots 0111010110 \ldots$ Der Kopf befindet sich zu Beginn über der ersten 1 des Bandes, und die Maschine selbst befindet sich im Startzustand q_1. Nun wird folgende Anweisung iteriert:

Aktion einer Turing-Maschine im Zustand q unter dem Programm P Ist $q = q_0$, so stoppt die Maschine. Andernfalls liest der Kopf den Inhalt c der Zelle unter dem Kopf. Sei $P(q, c) = (p, b, d)$. Dann:

1. begibt sich die Maschine in den Zustand p,
2. löscht der Kopf die gelesene Zelle und beschriftet sie mit b,
3. bewegt sich der Kopf um eine Zelle nach links, falls $d = \ell$, und um eine Zelle nach rechts, falls $d = r$ gilt.

Abb. 12.1 Turing-Maschine

Abb. 12.2 Ein Turing-
Programm

q1	0	→	q2	1	r
q1	1	→	q1	1	r
q2	0	→	q3	0	l
q2	1	→	q2	1	r
q3	1	→	q4	0	l
q4	1	→	q5	0	l
q5	1	→	q0	0	l

Wird der Haltezustand erreicht, so nennen wir die Anzahl der Einsen, die sich am Ende auf dem Band befinden, das *Ergebnis der Berechnung* und bezeichnen es mit $P(n_1, \ldots, n_k)$. Wir sagen dann, dass das Programm P bei Input $(n_1, \ldots, n_k)$ *konvergiert* oder *terminiert*. Wird der Haltezustand nicht erreicht, so sagen wir, dass das Programm P bei Input $(n_1, \ldots, n_k)$ *divergiert*.

Eine Funktion $f: A \to \mathbb{N}$ mit $A \subseteq \mathbb{N}^k$ heißt *(Turing-) berechenbar*, falls es ein Turing-Programm P gibt, so dass für alle $(n_1, \ldots, n_k) \in \mathbb{N}^k$ gilt:

(i) $(n_1, \ldots, n_k) \in A$ genau dann, wenn P bei Input $(n_1, \ldots, n_k)$ terminiert,

(ii) $f(n_1, \ldots, n_k) = P(n_1, \ldots, n_k)$ für alle $(n_1, \ldots, n_k) \in A$.

Wir geben zur Illustration ein einfaches Turing-Programm konkret an (Abb. 12.2). Es zeigt, dass die Addition $f: \mathbb{N}^2 \to \mathbb{N}$ mit $f(n, m) = n + m$ Turing-berechenbar ist. Das Verlaufsprotokoll in Abb. 12.3 zeigt die Arbeitsweise des Programms.

Abb. 12.3 Verlauf des
Turing-Programms aus
Abb. 12.2

```
                        X
        ...0001110111110000...        q1
                        X
        ...0001110111110000...        q1
                         X
        ...0001110111110000...        q1
                          X
        ...0001110111110000...        q1
                          X
        ...0001111111110000...        q2
                           X
        ...0001111111110000...        q2
                            X
        ...0001111111110000...        q2
                             X
        ...0001111111110000...        q2
                              X
        ...0001111111110000...        q2
                               X
        ...0001111111110000...        q2
                              X
        ...0001111111110000...        q3
                             X
        ...0001111111100000...        q4
                            X
        ...0001111111000000...        q5
                           X
        ...0001111110000000...        q0
```

Abb. 12.4 Ein Biber

q1	0	q2	1	l
q1	1	q1	1	l
q2	0	q3	1	r
q2	1	q2	1	r
q3	0	q1	1	l
q3	1	q4	1	r
q4	0	q1	1	l
q4	1	q5	1	r
q5	0	q0	1	r
q5	1	q3	0	r

Der Input ist $(2, 4)$, was der Beschriftung $\ldots 01110111110 \ldots$ entspricht. Das „X" deutet die Position des Kopfes an und rechts ist jeweils der aktuelle Zustand notiert. Am Ende bleiben 6 Einsen, wie es sein soll (Abb. 12.3).

Der Umfang der Turing-Berechenbarkeit ist enorm: Jede Funktion $f: A \to \mathbb{N}$, die mit Hilfe einer modernen Programmiersprache berechnet werden kann, ist, wie man zeigen kann, Turing-berechenbar!

Mit Hilfe von Turing-Maschinen können wir auch die Grenzen der Berechenbarkeit aufzeigen. Ein *Biber* der Gewichtsklasse n ist ein Turing-Programm mit den Zuständen $q_0, \ldots, q_{n+1}$, welches bei Eingabe des leeren Bandes terminiert. Der *Fleiß* eines Bibers ist das Ergebnis der Berechnung bei Eingabe des leeren Bandes. Ein Biber P heißt ein *Gewinner* seiner Klasse, falls kein Biber derselben Klasse fleißiger ist als P. Für alle $n \in \mathbb{N}$ definieren wir $\Sigma(n) = $ „der Fleiß eines Gewinners der Gewichtsklasse n". Die Zahl $\Sigma(n)$ ist also die größtmögliche Anzahl an Einsen, die eine Turing-Maschine mit den Zuständen $q_0, \ldots, q_{n+1}$ auf ein leeres Band schreiben kann.

Die Funktion Σ wächst enorm. Der in Abb. 12.4 wiedergegebene Biber der Gewichtsklasse 4 wurde von H. Marxen und J. Buntrock gefunden. Er terminiert mit 4098 Einsen nach über 10 Millionen Schritten. Biber der Klasse 5 können über 10^{100} Einsen schreiben, bevor sie terminieren.

Man kann zeigen, dass die Biber-Funktion Σ nicht berechenbar ist. Viele andere Beispiele und allgemeine theoretische Ergebnisse zeigen: Zwischen Berechenbarkeit und Definierbarkeit liegen Welten, ebenso wie zwischen Definierbarkeit und abstrakter Existenz.

12.9 Formale Beweise und Modelle

Beweise werden in der Mathematik in einer nicht genau spezifizierten Form der Umgangssprache geführt. Je nach Kommunikationsebene wird dabei ein unterschiedliches Maß an Ausführlichkeit, Genauigkeit und Bildhaftigkeit verwendet. In jedem Falle aber wird inhaltlich argumentiert.

Abb. 12.5 Modus ponens

$$A \; \rightarrow \; B \qquad A$$
$$\overline{}$$
$$B$$

Dem semantischen Argumentieren steht der formale Beweisbegriff gegenüber, der das mathematische Beweisen als ein Operieren mit Zeichenketten auffasst, die nach den strengen syntaktischen Regeln eines sog. Kalküls umgeformt werden. Statt von formalen Beweisen spricht man auch von *Herleitungen*.

Wir wollen hier das von Gerhard Gentzen entwickelte *natürliche Schließen* vorstellen, das zwar ein formaler Kalkül ist, sich aber doch wie ein bis ins Detail aufgelöstes mathematisches Argumentieren anfühlt und dadurch seine Bezeichnung „natürlich" rechtfertigt. Herleitungen haben hier die Form von Bäumen, an deren Wurzel die bewiesene Aussage steht und an deren Blättern sich die Annahmen befinden, die man bei der Beweisführung getätigt hat. Der Baum selbst wird durch das Anwenden von Schlussregeln gebildet.

Die wichtigste Schlussregel ist der *modus ponens* oder die *Pfeil-Beseitigung*: Haben wir $A \rightarrow B$ und A bewiesen, so haben wir auch B bewiesen.

Abbildung 12.5 zeigt die entsprechende Beweisfigur in unserem Baumkalkül. Die Punkte stehen dabei für Bäume mit Wurzel $A \rightarrow B$ bzw. A, und der Strich für das Anwenden der Schlussregel. Es entsteht ein neuer Baum, an dessen Wurzel die Aussage B steht.

Ein ebenso wichtiges Element unseres Baumkalküls ist das sog. *Abbinden von Annahmen* oder die *Pfeil-Einführung*.

Haben wir B mit Hilfe einer Annahme A bewiesen, so haben wir $A \rightarrow B$ bewiesen, ohne dass wir dazu dann noch A annehmen müssten. Dies ist wichtig, da wir ja unsere Ergebnisse mit möglichst wenigen Annahmen beweisen möchten. Abbildung 12.6 zeigt diesen Vorgang wieder als Figur. Beim Übergang zu $A \rightarrow B$ werden alle Blätter des darüberliegenden Baumes, an denen A steht, als „gebunden" markiert. Liegt ein Beweisbaum vor, dessen Blätter alle gebunden sind, so hängt die bewiesene Aussage von keiner Annahme mehr ab.

Mit diesen beiden Schlussregeln leiten wir nun zur Illustration die Rückrichtung des Kontrapositionsgesetzes her, also die Aussage $(\neg B \rightarrow \neg A) \rightarrow (A \rightarrow B)$. Da wir möglichst viele Implikationen zur Verfügung haben möchten, führen wir ein spezielles Aussagensymbol ein, das sog. Falsum $\bot$. Die Negation $\neg A$ einer Aussage ist dann gleichwertig mit $A \rightarrow \bot$. Die zu beweisende Aussage lautet nun

Abb. 12.6 Abbinden von Annahmen

$$B$$
$$\overline{}$$
$$A \; \rightarrow \; B$$

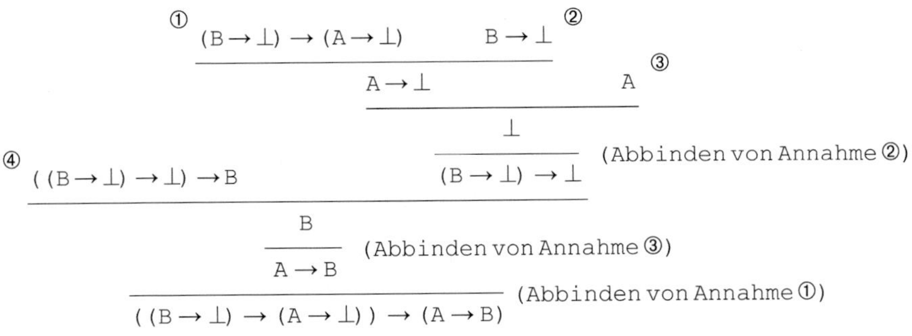

① $(B \to \bot) \to (A \to \bot)$ $B \to \bot$ ②

$$\frac{}{A \to \bot} \qquad A \text{ ③}$$

$$\frac{\bot}{(B \to \bot) \to \bot} \qquad \text{(Abbinden von Annahme ②)}$$

④ $((B \to \bot) \to \bot) \to B$

$$\frac{B}{A \to B} \qquad \text{(Abbinden von Annahme ③)}$$

$$\frac{}{((B \to \bot) \to (A \to \bot)) \to (A \to B)} \qquad \text{(Abbinden von Annahme ①)}$$

Abb. 12.7 Beweisbaum für $(\neg B \to \neg A) \to (A \to B)$

also $((B \to \bot) \to (A \to \bot)) \to (A \to B)$. Eine nach den Regeln unseres Kalküls gebildete Herleitung dieser Aussage ist der Baum in Abb. 12.7.

Dieser Beweisbaum hat vier Blätter, nämlich die mit den Ziffern 1 bis 4 bezeichneten Aussagen. Jeder Schluss ist entweder eine Pfeileinführung oder eine Pfeilbeseitigung. Die Pfeileinführungen zeigen, dass die an der Wurzel bewiesene Aussage nicht mehr von den Annahmen 1 bis 3 abhängt, denn diese sind alle mit „gebunden" markiert. Sie hängt nur noch von der nichtgebundenen vierten Annahme ab, also von $\neg\neg B \to B$. Diese Aussage ist innerhalb der klassischen Logik aber ein Axiom (Streichen einer doppelten Negation). Damit ist die Rückrichtung des Kontrapositionsgesetzes im Rahmen der klassischen Logik bewiesen. Es gibt, wie man zeigen kann, keinen Beweis, der auf das Streichen einer doppelten Negation verzichten könnte. Damit beleuchtet der Kalkül das Kontrapositionsgesetz auf eine neue Art und Weise.

Neben der Pfeil-Beseitigung und Pfeil-Einführung hat der Kalkül des natürlichen Schließens noch weitere Einführungs- und Beseitigungsregeln für die anderen Junktoren und für die Quantoren, auf die wir hier nicht weiter eingehen können. Insgesamt ergibt sich ein *korrekter* und *vollständiger* Kalkül. Diese beiden Begriffe wollen wir nun noch erläutern.

Hierzu brauchen wir den Begriff der *Gültigkeit* (oder Wahrheit) einer formal notierten Aussage A in einer *Struktur* oder einem *Modell* M. Wir begnügen uns mit einer anschaulichen Erläuterung dieses Begriffs. Als Beispiel für eine Aussage A betrachten wir das formal notierte Kommutativgesetz für ein zweistelliges Funktionssymbol $\circ$:

$$A = „\forall x \; \forall y \; (x \circ y = y \circ x)".$$

Ist M eine nichtleere Menge und ist $\circ_M \colon M^2 \to M$ eine zweistellige Operation, so sagen wir, dass A in M gilt oder A in M wahr ist oder M ein *Modell von* A ist, falls A gelesen über M zutrifft, d. h., für alle $x, y \in M$ gilt $x \circ_M y = y \circ_M x$. Die Modelle von A sind also einfach die mit einer kommutativen Operation ausgestatteten Mengen.

Der Leser wird sich selbst leicht weitere Beispiel für die Gültigkeit von Aussagen in Modellen zurechtlegen können. So gilt $\forall x \; \exists y \; (y < x)$ in $(\mathbb{Z}, <_{\mathbb{Z}})$, nicht aber in $(\mathbb{N}, <_\mathbb{N})$. Die Aussage $\forall x \, \exists y \, (y \cdot y \cdot y = x)$ gilt in $(\mathbb{R}, \cdot_\mathbb{R})$, aber nicht in $(\mathbb{Q}, \cdot_\mathbb{Q})$.

Ist Σ eine Menge von Aussagen, so sagen wir, dass M ein *Modell von* Σ ist, falls jedes A von Σ in M gilt. Besteht zum Beispiel Σ aus den Gruppenaxiomen, so sind die Modelle von Σ genau die Gruppen. Und die Modelle von Σ, in denen die Aussage $\forall x \, \forall y \, (x \circ y = y \circ x)$ gilt, sind genau die kommutativen Gruppen.

Ist Σ eine Menge von Aussagen, so sagen wir, dass sich eine Aussage A *aus Σ herleiten* oder *in Σ formal beweisen* lässt, falls es einen Beweisbaum mit Wurzel A gibt, dessen nichtgebundene Annahmen alle zu Σ gehören oder logische Axiome sind (etwa der Form $\neg\neg B \to B$).

Wir können nun die Korrektheit und Vollständigkeit unseres Kalküls formulieren. Relativ einfach zu zeigen ist der folgende *Korrektheitssatz*, der besagt, dass die Schlussregeln des Kalküls semantisch „korrekt" sind:

Sei A eine Aussage, die sich aus einer Menge Σ von Aussagen herleiten lässt. Dann gilt die Aussage A in jedem Modell von Σ.

Wir können also mit unserem Kalkül keinen Unfug herleiten.

Die Umkehrung des Korrektheitssatzes ist als *Gödel'scher Vollständigkeitssatz* bekannt. Er ist wesentlich schwieriger zu beweisen und gilt als einer der Eckpfeiler der mathematischen Logik:

Sei Σ eine Menge von Aussagen, und sei A eine Aussage, die in jedem Modell von Σ gilt. Dann lässt sich A aus Σ herleiten.

Unser Kalkül ist also vollständig in dem Sinne, dass er das semantische Argumentieren restlos einfängt: Ein üblicher mathematischer Beweis einer Aussage A, der sich auf eine Menge Σ von Voraussetzungen stützt, zeigt durch semantische Argumentation, dass A in jedem Modell von Σ gilt. Wenn wir zeigen wollen, dass A aus den Gruppenaxiomen Σ folgt, so beginnen wir unseren Beweis mit dem Satz „Sei G eine beliebige Gruppe" und beweisen, dass die Aussage A in G gilt. Damit haben wir gezeigt, dass A in jeder Gruppe gilt, also in jedem Modell von Σ. Nach dem Gödel'schen Vollständigkeitssatz existiert dann ein Beweisbaum (ein syntaktisches Objekt) mit Wurzel A und ungebundenen Annahmen, die zu Σ gehören oder logische Axiome darstellen. Jedem informalen Beweis der Mathematik entspricht in dieser Weise ein formaler Beweis, der sich aufgrund seiner syntaktischen Natur mechanisch auf seine Richtigkeit überprüfen lässt. Man kann also den Gödel'schen Vollständigkeitssatz so lesen, dass er den tieferen Grund ans Licht bringt, warum in der Mathematik allenfalls über Annahmen, niemals aber über Argumentationen gestritten wird.

12.10   Die Gödel'schen Unvollständigkeitssätze

Die Gödel'schen Unvollständigkeitssätze zählen zu den tiefsten Einblicken in die Möglichkeiten und Grenzen einer axiomatisch begründeten Mathematik. Zu ihrer Motivation und exakten Formulierung schicken wir einige Begriffe voraus.

Ein *Axiomensystem* Σ ist ein System von Aussagen in einer bestimmten Sprache derart, dass wir von jeder Aussage der Sprache entscheiden können, ob sie zu dem System gehört oder nicht. Beispiele sind die Axiomatik ZFC der $\in$-Sprache, die zahlentheoretische Peano-Axiomatik PA der Sprache $+, \cdot, S, 0$, sowie die Gruppenaxiome der Sprache $\circ$. Zwei klassische Forderungen, die man an ein Axiomensystem stellt, sind seine Vollständigkeit und seine Widerspruchsfreiheit.

Die *Vollständigkeit* eines Axiomensystems Σ bedeutet, dass sich für jede Aussage A der Sprache der Axiomatik A oder $\neg A$ mit Hilfe von Σ beweisen lässt. Das System Σ lässt sich dann nicht mehr substantiell verstärken, es entscheidet alle Aussagen seiner Sprache. Diese Vollständigkeit wird nur dann angestrebt, wenn man ein intendiertes Modell vor Augen hat, das man axiomatisch beschreiben möchte. So soll PA vollständig sein, da das als eindeutig empfundene Modell 0, 1, 2, 3, … „axiomatisch eingefangen" werden soll. Die Axiome der Gruppentheorie wollen dagegen gar nicht vollständig sein. Es geht hier darum, einen Satz von Struktureigenschaften zu bündeln und zu analysieren, der in verschiedenen mathematischen Kontexten auftritt.

Die *Widerspruchsfreiheit* oder *Konsistenz* einer Axiomatik Σ bedeutet, dass die Aussage $\exists x \; (x \neq x)$ mit Hilfe von Σ nicht bewiesen werden kann. Die Widerspruchsfreiheit ist offenbar für jede Axiomatik von Interesse. Ist eine Axiomatik Σ widerspruchsfrei und vollständig, so ist für alle Aussagen A entweder A oder $\neg A$ beweisbar. Für grundlagentheoretische Systeme wäre dies der Idealfall.

Die beiden Gödel'schen Unvollständigkeitssätze betreffen die Vollständigkeit und die Widerspruchsfreiheit von fundamentstiftenden Systemen wie PA oder ZFC. Der *erste Gödel'sche Unvollständigkeitssatz* lautet:

> Die Axiomensysteme PA und ZFC sind, wenn sie widerspruchsfrei sind, unvollständig: Ist PA widerspruchsfrei, so gibt es eine Aussage A derart, dass weder A noch $\neg A$ mit Hilfe von PA beweisbar ist. Analoges gilt für ZFC.

Allgemeiner gilt: Ist Σ ein widerspruchsfreies Axiomensystem, das ein gewisses Maß an arithmetischer Argumentation zulässt, so ist Σ unvollständig. Damit sind insbesondere auch alle widerspruchsfreien axiomatischen Erweiterungen von PA und ZFC unvollständig.

Die Idee des Beweises ist, das formale Beweisen innerhalb der betrachteten Axiomatik Σ nachzubauen. Eine Axiomatik, die ein gewisses Maß an Arithmetik zulässt, kann über Aussagen, Axiomensysteme, formale Beweise usw. reden. Am Beispiel der Zahlentheorie geschieht dies vereinfacht geschildert wie folgt: PA spricht zunächst nur über natürliche Zahlen. Durch eine geeignete Kodierung kann PA aber auch über endliche Folgen natürlicher Zahlen sprechen, damit dann über endliche Zeichenketten, und damit dann über Axiomensysteme und formale Beweise. Mit Hilfe einer diagonalen Konstruktion lässt sich nun eine Aussage A angeben, die besagt: „Ich bin nicht beweisbar." Diese Aussage erweist sich dann als weder beweisbar noch widerlegbar, es sei denn, das betrachtete System PA ist widerspruchsvoll.

Der *zweite Gödel'sche Unvollständigkeitssatz* gibt eine unbeweisbare Aussage an, die eine konkretere Bedeutung hat als die selbstbezügliche Aussage „Ich bin nicht beweisbar":

> Die Axiomensysteme PA und ZFC können, wenn sie widerspruchsfrei sind, ihre eigene Widerspruchsfreiheit nicht beweisen: Ist Con(PA) die formalisierte Aussage „Es gibt keinen Beweis in PA von $\exists x \; (x \neq x)$", so ist Con(PA) nicht in PA beweisbar (es sei denn, PA ist widerspruchsvoll). Das Gleiche gilt wieder für ZFC und axiomatische Verstärkungen von PA und ZFC.

Um die Widerspruchsfreiheit von PA zu beweisen, muss man also mit einem substantiell stärkeren Axiomensystem arbeiten. In der Axiomatik ZFC kann man in der Tat die Widerspruchsfreiheit von PA relativ einfach zeigen, indem man ein Modell der Peano-Arithmetik angibt: Die mengentheoretische Konstruktion von $\mathbb{N}$ zeigt, dass ZFC die Widerspruchsfreiheit von PA beweisen kann. Andererseits kann man, wenn ZFC widerspruchsfrei ist, in ZFC kein Modell von ZFC konstruieren. Man kennt mittlerweile aber viele mathematisch interessante Erweiterungen von ZFC, die die Widerspruchsfreiheit von ZFC beweisen.

Die Gödel'schen Unvollständigkeitssätze beendeten das sog. *Hilbert'sche Programm*. Nach dem Aufkommen der mengentheoretischen Paradoxien wollte Hilbert die Mathematik mit finitären Methoden als widerspruchsfrei nachweisen. Prinzipiell konnte man hoffen, formalisierte Systeme wie PA und ZFC kombinatorisch auf ihre Konsistenz untersuchen zu können. Gödel zeigte, dass das Programm zum Scheitern verurteilt war. Wir müssen mit der prinzipiellen Möglichkeit eines Widerspruchs in starken grundlagentheoretischen Theorien leben. Ob diese Gefahr nur theoretisch oder mit einem „Wohnen unter einem Vulkan" zu vergleichen ist, lässt sich kaum beurteilen. 100 Jahre der Untersuchung von ZFC haben jedenfalls keinen Widerspruch ans Licht gebracht, und die Widerspruchsfreiheit der Peano-Arithmetik wird heute nur von sehr wenigen Mathematikern bezweifelt.

Im Laufe der Zeit wurden weitere Belege der Unvollständigkeit von PA und ZFC gefunden. Für die PA fanden Paris und Harrington eine in ZFC beweisbare Aussage mit einer greifbaren mathematischen Bedeutung, die in PA nicht beweisbar ist. Für ZFC selbst liefert die Cantor'sche Kontinuumshypothese ein Beispiel für eine Aussage, die unter der Voraussetzung der Widerspruchsfreiheit von ZFC weder beweisbar noch widerlegbar ist (siehe Abschn. 12.12).

12.11   Transfinite Zahlen

Eine lineare Ordnung auf einer Menge M heißt eine *Wohlordnung*, falls jede nicht-leere Teilmenge von M ein kleinstes Element besitzt. Beispiele für Wohlordnungen sind, mit $k \in \mathbb{N}$ beliebig:

$0, 1, \ldots, k - 1$ (Länge k)

$0, 1, 2, \ldots$ (Länge ω)

$1, 2, 3, \ldots, 0$ (Länge $\omega + 1$)

$k, k + 1, k + 2, \ldots, 0, 1, 2, \ldots, k - 1$ (Länge $\omega + k$)

$0, 2, 4, 6, 8, \ldots, 1, 3, 5, 7, 9, \ldots$ (Länge $\omega + \omega = \omega \cdot 2$)

$0, 3, 6, 9, 12, \ldots, 1, 4, 7, 10, 13, \ldots, 2, 5, 8, 11, 14, \ldots$ (Länge $\omega \cdot 3$)

ω ist hier nur ein Zeichen, das an das Unendlichkeitssymbol ∞ erinnert, und wir verwenden arithmetische Notationen zur Bezeichnung der „Länge" der angegebenen Wohlordnungen.

Ordnen wir die natürlichen Zahlen in einem quadratischen Schema wie rechts an, so gewinnen wir, Zeile für Zeile lesend, die Wohlordnung

$$0, 2, 5, 9, \ldots, 1, 4, 8, \ldots, 3, 7, \ldots, 6, 11, \ldots, 10, \ldots$$

der Länge $\omega \cdot \omega = \omega^2$.

Ähnlich erhält man Wohlordnungen der Länge $\omega^3, \omega^4, \ldots, \omega^\omega, \ldots$.

Zur genaueren Untersuchung des Wohlordnungsbegriffs betrachten wir strukturerhaltende Abbildungen. Seien M und N Wohlordnungen. M und N heißen *gleichlang*, wenn es einen Ordnungsisomorphismus zwischen ihnen gibt (siehe Abschn. 1.12). M heißt *kürzer* als N, falls es ein $x \in N$ gibt derart, dass M und das Anfangsstück $N_x = \{y \in N \mid y < x\}$ von N gleichlang sind. Man kann nun zeigen: Je zwei Wohlordnungen sind gleichlang, oder die eine ist kürzer als die andere. Dies motiviert folgende Abstraktion: Jeder Wohlordnung M ordnen wir ein Zeichen α zu, das wir den *Ordnungstyp* oder die *Länge* von M nennen. Dies geschieht derart, dass gleichlange Wohlordnungen und nur diese das gleiche Zeichen erhalten. Jedes solche Zeichen α heißt dann auch eine *Ordinalzahl*. Ist α der Ordnungstyp einer Wohlordnung auf einer unendlichen Menge M, so heißt α eine *transfinite Zahl*.

Die Ordinalzahlen sind selbst in natürlicher Weise wohlgeordnet. Die ersten Ordinalzahlen lauten, bei arithmetischer Zeichenvergabe:

$$0, 1, 2, 3, \ldots, \omega, \omega + 1, \omega + 2, \ldots, \omega \cdot 2, \ldots, \omega \cdot 3, \ldots, \omega^2, \ldots, \omega^\omega, \ldots, \omega^{\omega^\omega}, \ldots$$

Jede Ordinalzahl α hat einen eindeutigen Nachfolger $\alpha + 1$. Im Gegensatz zu den natürlichen Zahlen haben manche Ordinalzahlen ungleich 0 aber keinen direkten Vorgänger mehr, etwa ω, $\omega \cdot 2$, ω^2. Diese Zahlen heißen *Limesordinalzahlen*, Zahlen mit einem direktem Vorgänger dagegen *Nachfolgerordinalzahlen*.

Wohlordnungen gibt es aber nun in so reichhaltiger Weise, dass arithmetische Bezeichnungen nicht ausreichen. Wie die Ordinalzahlen allgemein und rigoros definiert werden können, ist (wie die Definition der Mächtigkeit einer Menge) eine nichttriviale Angelegenheit. Man isoliert hierzu eine Klasse von kanonischen Wohlordnungen, die die Aufgabe der Zeichenzuordnung übernehmen können. Eine Definition, die dies leistet, ist erst 1923 von John von Neumann gefunden worden, als die Ordinalzahlen in informaler Gestalt schon einige Jahrzehnte in Gebrauch waren. Eine Menge α heißt *(von Neumann'sche) Ordinalzahl*, falls gilt:

(i) α ist $\in$-transitiv, d. h., für alle $\beta \in \alpha$ und alle $\gamma \in \beta$ gilt $\gamma \in \alpha$,
(ii) die $\in$-Relation ist eine Wohlordnung auf α.

Die Mengen $0 = \emptyset$, $1 = \{0\}$, $2 = \{0, 1\}, \ldots, n = \{0, \ldots, n - 1\}$ erfüllen die Eigenschaften (i) und (ii) und können als natürliche Zahlen dienen. Damit liefert die Definition auch gleich eine Definition von $\omega = \mathbb{N} = \{0, 1, 2, \ldots\}$. Die Menge ω ist selbst wieder eine von Neumann'sche Ordinalzahl und zudem die erste Limesordinalzahl. Der direkte Nachfolger von ω ist $\omega \cup \{\omega\}$. Allgemein ist für alle α die Menge $\alpha + 1 = \alpha \cup \{\alpha\}$ der direkte Nachfolger von α.

Es lässt sich zeigen, dass es für jede Wohlordnung M eine eindeutig bestimmte von Neumann'sche Ordinalzahl α gibt, so dass M und α gleichlang sind. Dieses α wird nun als der Ordnungstyp oder die Länge von M definiert. Damit sind die Ordinalzahlen in rigoroser Weise eingeführt. Man kann zeigen, dass die Zusammenfassung $\{\alpha \mid \alpha \text{ ist Ordinalzahl}\}$ ähnlich wie die Russell-Komprehension keine Menge mehr bildet (siehe Abschn. 12.3).

Ordinalzahlen lassen sich addieren und multiplizieren, und man kann auch eine Exponentiation auf ihnen einführen. Neben dem Vorhandensein arithmetischer Operationen gibt es noch eine andere entscheidende Eigenschaft, die es rechtfertigt, die Ordinalzahlen als Fortsetzung der natürlichen Zahlen zu betrachten: Die Methoden der Induktion und Rekursion lassen sich von den natürlichen Zahlen auf die Ordinalzahlen erweitern. Man spricht dann von *transfiniter Induktion* und *transfiniter Rekursion*. Ein wichtiges Beispiel für eine transfinite Rekursion ist die sog. *von Neumann'sche Hierarchie*. Hier definieren wir durch Rekursion entlang der Ordinalzahlen:

$$V_0 = \emptyset, V_{\alpha+1} = \mathcal{P}(V_\alpha) \quad \text{für alle Ordinalzahlen } \alpha,$$

$$V_\lambda = \bigcup_{\alpha < \lambda} V_\alpha \quad \text{für alle Limesordinalzahlen } \lambda.$$

Man kann mit Hilfe des Fundierungsaxioms zeigen, dass jede Menge ein Element einer dieser Stufen V_α ist. Damit beschreibt die V_α-Hierarchie das „intendierte Modell" der Theorie ZFC: Der Bereich aller Mengen wird ausgeschöpft, wenn wir startend mit der leeren Menge entlang der Ordinalzahlen die Potenzmengenoperation iterieren. Alles entsteht aus dem Nichts.

12.12   Die Kontinuumshypothese

Die reellen Zahlen $\mathbb{R}$ sind überabzählbar, sie haben eine größere Mächtigkeit als die natürlichen Zahlen $\mathbb{N}$. Wie groß ist die Mächtigkeit von $\mathbb{R}$ genau? Zur Präzisierung dieser Frage ist es nicht notwendig, einen allgemeinen Kardinalzahlbegriff einzuführen, der gleichmächtigen Mengen und nur diesen dieselbe Kardinalzahl zuordnet. Wer über die Mächtigkeit von $\mathbb{R}$ nachdenkt, kann, wie Cantor 1878, auf folgende *Kontinuumshypothese* stoßen:

Sei $A \subseteq \mathbb{R}$ überabzählbar. Dann gilt $|A| = |\mathbb{R}|$.

Eine äquivalente Version lautet:

Gilt $|\mathbb{N}| \leq |M|$ und $|M| \leq |\mathbb{R}|$ für ein M, so ist $|\mathbb{N}| = |M|$ oder $|\mathbb{R}| = |M|$.

In dieser Form besagt die Hypothese einfach, dass es keine Mächtigkeit gibt, die echt zwischen den Mächtigkeiten von $\mathbb{N}$ und $\mathbb{R}$ liegt.

Die erste durch $\mathbb{N}$ repräsentierte Unendlichkeitsstufe wird mit $\aleph_0$ [lies: Aleph 0] bezeichnet. Man kann nun zeigen, dass es eine kleinste Unendlichkeitsstufe $\aleph_1$ [lies: Aleph 1] gibt, die größer ist als $\aleph_0$: Es gibt eine überabzählbare Menge M, so dass für jede überabzählbare N gilt, dass $|M| \leq |N|$. Mit Hilfe dieses Satzes lässt sich die Kontinuumshypothese so formulieren:

$\mathbb{R}$ repräsentiert die kleinste überabzählbare Mächtigkeitsstufe, d. h., für alle überabzählbaren Mengen N ist $|\mathbb{R}| \leq |N|$.

Die Mengen $\mathbb{R}$, $\mathcal{P}(\mathbb{N})$ und $^{\mathbb{N}}\{0, 1\} = \{f \mid f \colon \mathbb{N} \to \{0, 1\}\}$ sind gleichmächtig. Die Mächtigkeitsstufe dieser Mengen wird mit $2^{\aleph_0}$ bezeichnet, was im Hinblick auf die Menge $^{\mathbb{N}}\{0, 1\}$ nicht überrascht. (Hat eine endliche Menge M genau n Elemente, so hat $^{M}\{0, 1\}$ genau 2^n Elemente. Ebenso hat für jede abzählbar unendliche Menge M die Menge $^{M}\{0, 1\}$ die Mächtigkeit $2^{\aleph_0}$.) Damit erhalten wir die bestechende arithmetische Version der Kontinuumshypothese:

$2^{\aleph_0} = \aleph_1$.

Das Kontinuumsproblem ist nun in einem gewissen Sinne ebenso gelöst wie offen. Es gilt der folgende bemerkenswerte Satz von der *Unabhängigkeit der Kontinuumshypothese* (Gödel 1937, Cohen 1963):

Die Kontinuumshypothese ist in der Axiomatik ZFC weder beweisbar noch widerlegbar (vorausgesetzt, ZFC ist widerspruchsfrei).

Während die Kontinuumshypothese also weder beweisbar noch widerlegbar ist, ist diese Unbeweisbarkeit und Unwiderlegbarkeit selbst beweisbar.

In einfachen Fällen lassen sich derartige Unabhängigkeitsergebnisse leicht gewinnen. Es gilt z. B.: Das Kommutativgesetz „Für alle x, y gilt $x \circ y = y \circ x$" ist unabhängig von den Gruppenaxiomen: Es ist mit Hilfe der Gruppenaxiome weder beweisbar noch widerlegbar.

Zum Beweis genügt es, eine kommutative Gruppe G_1 sowie eine nichtkommutative Gruppe G_2 zu konstruieren. Denn jede Aussage, die sich mit Hilfe der Gruppenaxiome beweisen lässt, gilt in jeder beliebigen Gruppe. Würde also das Kommutativgesetz aus den Gruppenaxiomen folgen, so würde es in G_2 gelten, was nicht der Fall ist. Würde die Negation des Kommutativgesetzes aus den Gruppenaxiomen folgen, so würde sie in G_1 gelten, was nicht der Fall ist. Dieses Gesetz ist also, auf der Basis der Gruppenaxiome, weder beweisbar noch widerlegbar. Die Gruppenaxiome sind einfach nicht stark genug, diese Frage zu entscheiden.

Ein analoger Ansatz führt zum Beweis der Unabhängigkeit der Kontinuumshypothese: Zum Beweis der Unabhängigkeit werden zwei „Modelle" M_1 und M_2 der Theorie ZFC konstruiert. In M_1 gilt die Kontinuumshypothese, in M_2 ist sie verletzt. Im Gegensatz zum Beispiel aus der Gruppentheorie ist die Durchführung dieses Ansatzes für die Kontinuumshypothese aber ein enorm aufwändiges Projekt, bei dem logische Untiefen zu umschiffen sind, denn aufgrund der Gödel'schen Sätze können wir in ZFC kein Modell von ZFC konstruieren. Insgesamt ist aber die Vorstellung, dass zwei Welten von ZFC konstruiert werden, in denen die Kontinuumshypothese einmal gilt und einmal nicht, doch die richtige.

Die klassische Mathematik, konkretisiert durch ZFC, kennt also die Größe ihrer Grundstruktur $\mathbb{R}$ nicht. Der Übergang von $\mathbb{N}$ zu $\mathbb{R}$ alias $\mathcal{P}(\mathbb{N})$ bleibt rätselhaft. Noch spannender als philosophische Betrachtungen über „mathematische Wahrheit" ist die Suche von „guten" Erweiterungen von ZFC, die die Kontinuumshypothese entscheiden. Viele interessante – sich oft widersprechende – derartige Erweiterungen sind gefunden worden. Viele Mathematiker haben das Bild von „Verzweigungen oberhalb einer Basistheorie" akzeptiert, in jüngster Zeit sind dagegen Argumente für die Lösung $2^{\aleph_0} = \aleph_2$ vorgebracht worden, bei der $\mathbb{R}$ nicht die erste, sondern die zweite überabzählbare Stufe repräsentiert.

Ist ZFC zu schwach für die Lösung der Kontinuumshypothese, so ist die Theorie doch immerhin stark genug, um zu zeigen, dass für viele überabzählbare $A \subseteq \mathbb{R}$ gilt, dass A und $\mathbb{R}$ gleichmächtig sind. Diese Aussage gilt, wie man leicht sehen kann, für alle offenen Teilmengen A von $\mathbb{R}$. Cantor bewies sie 1884 für alle abgeschlossenen Mengen A, Hausdorff und Alexandrov konnten sie 1916 für alle Borelmengen A zeigen, und Lusin und Suslin konnten das Ergebnis kurz darauf noch einmal erweitern, nämlich auf die sog. analytischen Mengen. Für noch kompliziertere Mengen schwinden dann aber nachweisbar die Kräfte von ZFC, und wir brauchen wieder Erweiterungen der Axiomatik, um interessante Klassen von definierbaren Teilmengen von $\mathbb{R}$ in den Griff zu bekommen.

Literaturhinweise

Allgemeine Lehrbücher
O. DEISER: *Einführung in die Mengenlehre.* 3. Auflage, Springer 2010.

H.-D. EBBINGHAUS, J. FLUM, W. THOMAS: *Einführung in die mathematische Logik.* 5. Auflage, Spektrum 2007.

W. RAUTENBERG: *Einführung in die mathematische Logik.* 3. Auflage, Vieweg 2008.

R. SCHINDLER: *Logische Grundlagen der Mathematik.* Springer 2009.

R. SCHINDLER: *Set Theory.* Springer 2014.

Literatur zu speziellen Themen
D.W. HOFFMANN: *Die Gödel'schen Unvollständigkeitssätze.* Springer Spektrum 2013.

D.W. HOFFMANN: *Grenzen der Mathematik.* 2. Auflage, Springer Spektrum 2013.

S. WAGON: *The Banach-Tarski Paradox.* Cambridge University Press 1985.

Sachverzeichnis

A

Abbildung, 16
  adjungierte, 133
  differenzierbare, 204, 248
  inverse, 121
  lineare, 120
  stetige, 201, 202, 231
  strukturerhaltende, 25
Abbinden von Annahmen, 335
abgeschlossene Hülle, 230
Ableitung, 180
  Leibniz'sche Symbolik, 50, 186
  partielle, 203
Ableitungsregeln, 181
Abschluss
  algebraischer, 162
  in einem topologischen Raum, 230
absolute Konvergenz, 175
abzählbar, 319
  unendlich, 319
Abzählbarkeitsaxiome, 233
affiner Unterraum, 123
ähnliche Matrizen, 126
Aleksandrov-Kompaktifizierung, 243
Algorithmus, 332
  Euklidischer, 56
  extrahierter, 23
Algorithmus von
  Agrawal, Kayal und Saxena, 65
  Hierholzer, 93
  Warshall, 110
Allquantor, 6
Anfangswertproblem, 207
Anheften einer n-Zelle, 237
äquivalente Normen, 131
Äquivalenz, 4

Äquivalenzklasse, 20
Äquivalenzrelation, 15, 19
archimedisches Axiom, 36, 172
Arcussinusgesetz, 314, 316
arithmetische Progressionen, 66
asymptotisch
  gleich, 24
  schneller wachsend, 24
Atlas, 248
Auslöschung, 263
Aussage, 4
Aussonderungsschema, 324
Auswahlaxiom, 325, 326
Automorphismus, 148
Axiomensystem, 338

B

Bailey-Borwein-Plouffe-Formel, 47
Baire'scher Kategoriensatz, 224
Banachraum, 201, 224
Banach'scher Fixpunktsatz, 207, 221
Banach-Tarski-Paradoxon, 331
baryzentrische Interpolationsformel, 276
Basis
  einer abelschen Gruppe, 156
  einer Topologie, 232
  eines Vektorraums, 118
Basisergänzungssatz, 119, 329
Baum, 96
Bayessche Formel, 300
bedingte Wahrscheinlichkeit, 299
Berührpunkt, 230
Bestapproximation, 133
beste rationale Approximation, 73, 75
Betrag einer komplexen Zahl, 38
Beweis, 3
  direkter, 8

© Springer-Verlag Berlin Heidelberg 2016
O. Deiser, C. Lasser, E. Vogt, D. Werner, *12 × 12 Schlüsselkonzepte zur Mathematik*,
DOI 10.1007/978-3-662-47077-0

Niveau eines Tests, 310
non-deterministic polynomial, 95
Norm, 127, 129, 200
   induzierte Matrixnorm, 130, 263, 274, 287
   Integralnorm, 201
   Spaltensummennorm, 130
   Summennorm, 130
   Supremumsnorm, 130
   Zeilensummennorm, 131
Normabbildung in einem Zahlkörper, 81
Normalengleichung, 272
normaler Raum, 240
Normalteiler, 152
Normalverteilung, 296, 305
normierter Raum, 200
NP-vollständig, 95
Null-Eins-Gesetze, 301
nullhomotop, 219
Nullhypothese, 310
Nullmenge, 212, 225
Nullstelle eines Polynoms, 161
Nullteiler, 154
numerische Quadratur, 280

O

Oberflächenintegral, 216
Obermenge, 11
Obersumme, 183
offener Kern, 230
Operation
   n-stellige, 16
Ordinalzahl, 340
   Limesordinalzahl, 340
   Nachfolgerordinalzahl, 340
   von Neumann'sche, 341
Ordnung
   einer Gruppe, 147
   eines Graphen, 90
   eines Gruppenelements, 148
   lexikographische, 22
   lineare, 22
     vollständige, 35
   partielle, 15, 21
   totale, 22
Ordnungstyp, 340
orientierbar, 249
orthogonale Polynome, 283
   Chebyshev-Polynome, 283
   Legendre-Polynome, 129, 283
orthogonale Projektion, 132
orthogonales Komplement, 132
Orthogonalität, 193
Orthonormalbasis, 131

P

Paarmengenaxiom, 324
Paraboloid, 244
Paradoxa der Maßtheorie, 330
Parallelenaxiom, 257
Parallelogrammgleichung, 130
Parseval'sche Gleichung, 131
Partialsumme, 174
partielle Integration, 186, 217
partielle Ordnung, 15
   strikte, 15
   vollständige, 22
Peano-Axiome, 31, 338
Pell'sche Gleichung, 78
Permutation, 126, 145, 153
Pfeil
   Beseitigung, 335
   Einführung, 335
π, 46, 180
Pivotelement, 270
Poincaré-Vermutung, 250
Poisson-Verteilung, 296
Pol, 219
Polygonzug, 284
Polynom, 159
   als Abbildung auf einem Körper, 159
   irreduzibles, 161
   normiertes, 81
Polynomring, 159
Potenzmenge, 13, 88
Potenzmengenaxiom, 325
Potenzreihe, 192, 217
precision
   double, 265
   single, 265
Primelement, 57, 154
Primfaktorzerlegung, 57, 66
   in Ringen, 83
Primideal, 154
Primidealzerlegung, 83
Primkörper, 150
Primzahl, 57
   Mersenne'sche, 54, 64
   reguläre, 84
Primzahlsatz, 67
   von Dirichlet, 69
Primzahltests
   Lucas-Lehner-Test, 64
   Miller-Rabin-Test, 63
Primzahlverteilung
   Asymptotik, 67
   Lücken, 66
Primzahlzwilling, 58